国际科学技术前沿报告 2014

张晓林　张志强　主编

科学出版社
北京

内 容 简 介

本书从基础科学、生命科学与生物技术、资源环境科学与技术、战略高技术等四大科学技术领域选择量子计算、锂离子电池正极材料、微生物农药、工业酶、个性化医疗、环境污染与健康、人类世、国际空间站物理科学、大数据、仿生机器人、压缩空气储能技术等 11 个科技创新前沿领域、前沿学科、热点问题或技术领域，逐一对其进行国际研究发展态势的系统分析，全面剖析这些前沿领域、热点学科或问题的国际科技发展的整体进展状况、研究动态与发展趋势、国际竞争发展态势，并提出我国开展这些相关前沿领域和热点问题研究的对策建议，为我国这些领域的科技创新发展战略决策提供重要的决策依据，为有关科研机构开展这些科技领域的研究提供国际发展的参考背景。

本书所阐述的科技前沿领域或热点问题，选题新颖，具有前瞻性，分析数据准确，资料翔实，研发对策建议可操作性强，适合政府科技管理部门和科研机构的管理者、科技战略研究人员和相关学科领域的研究人员及高校师生阅读。

图书在版编目（CIP）数据

国际科学技术前沿报告 2014 / 张晓林，张志强主编. —北京：科学出版社，2014.9
 ISBN 978-7-03-041946-0

Ⅰ. 国… Ⅱ. ①张… ②张… Ⅲ. 科技发展–研究报告–世界–2014 Ⅳ. N11

中国版本图书馆 CIP 数据核字（2014）第 218401 号

责任编辑：邹 聪 卜 新／责任校对：刘亚琦
责任印制：钱玉芬／封面设计：黄华斌
编辑部电话：010-64035853
E-mail：houjunlin@mail.sciencep.com

科学出版社 出版
北京东黄城根北街 16 号
邮政编码：100717
http://www.sciencep.com

中国科学院印刷厂 印刷
科学出版社发行 各地新华书店经销

*

2014 年 9 月第 一 版　开本：787×1092　1/16
2014 年 9 月第一次印刷　印张：30　插页：12
字数：700 000
定价：158.00 元
（如有印装质量问题，我社负责调换）

《国际科学技术前沿报告 2014》
研 究 组

组 长：张晓林　张志强

成 员：张　薇　冷伏海　刘　清

高　峰　邓　勇　曲建升

房俊民　张　军　徐　萍

赵亚娟　杨　帆　熊永兰

王雪梅　陈　方　张　娴

梁慧刚　魏　凤　边文越

前　言

中国科学院文献情报系统作为服务于国家基础科学、资源环境科学与技术、生命科学与生物技术、战略高技术及重大产业与技术创新、边缘交叉前沿科学发展的国家级科技信息与决策咨询知识服务骨干机构系统，以服务科技决策一线和科技研究一线为己任，在全面建设支撑科技创新的信息资源与服务体系的同时，建立全方位、多层次、集成化和协同化的支持科技战略研究、科技规划和科技决策的战略情报研究服务体系，跟踪监测国际科技战略与科技政策，系统分析科技领域发展态势，深入调研重大科技进展和重要科技政策，全面评价国际科技领域的竞争力，建立系统的世界科技态势监测分析的知识服务与决策咨询机制。

中国科学院文献情报系统在其理事会的领导下，根据中国科学院科技创新的战略布局，发挥其系统整体化优势，按照"统筹规划、系统布局、协同服务、整体集成"的原则，构建"分工负责、长期积累、深度分析、支撑决策"的战略情报研究服务体系，面向国家和中国科学院科技创新的宏观战略决策，面向中国科学院科技创新领域和前沿方向的创新决策，开展深层次战略情报研究服务：文献情报中心（北京）负责基础科学以及交叉和重大前沿、空间光电与大科学装置、现代农业科技等创新领域的战略情报研究，兰州文献情报中心负责资源环境科学以及生态环境、资源科技、海洋科技等创新领域的战略情报研究，成都文献情报中心负责部分战略高技术以及信息科技、先进工业生物技术等创新领域的战略情报研究，武汉文献情报中心负责部分战略高技术以及先进能源、先进制造与先进材料等创新领域的战略情报研究，上海生命科学信息中心负责生命科学以及人口健康与医药等创新领域的战略情报研究。基于上述统筹规划，形成了覆盖主要科技创新领域的10个学科领域科技战略情报研究团队体系。服务体系建设、科技前沿聚焦、决策需求导向、专业战略分析、政策咨询研究的发展机制和措施，促进了这些学科领域科技战略情报研究与决策咨询专门知识服务中心的快速成长和发展。

从2006年起，我们部署这些学科领域科技战略情报研究团队，围绕各自分工关注的科技创新领域的发展态势，结合中国科学院和我国科技创新的决策需求，每年选择相应科技创新领域的前沿科技问题或热点科技方向，开展国际科技发展态势的系统战略分析研究，汇编形成年度《国际科学技术前沿报告》，呈交中国科学院有关部门、研究所和国家相关科技管理部门，以供科技决策参考。从2010年开始，完成的研究报告《国际科学技术前沿报告2010》、《国际科学技术前沿报告2011》、《国际科学技术前沿报告2012》、《国际科学技术前沿报告2013》等公开出版，供科研人员和科技管理人员参考。这些年度的《国际科学技术前沿报告》汇集在一起，就形成相关科技领域科技前沿变化发展的百科全书，对相关科技领域的发展战略研究、科技决策等具有重要参考价值。

2014 年，我们继续部署这些学科领域科技战略情报研究团队，选择相应科技创新领域的前沿学科、热点问题或重点技术领域，开展国际发展态势分析研究，完成这些研究领域的分析研究报告 11 份。文献情报中心完成《量子计算国际发展态势分析》、《锂离子电池正极材料国际发展态势分析》、《微生物农药国际发展态势分析》和《国际空间站物理科学研究前沿发展态势分析》，兰州文献情报中心完成《环境污染与健康研究国际发展态势分析》和《人类世研究国际发展态势分析》，成都文献情报中心完成《工业酶领域国际发展态势分析》和《大数据研究国际发展态势分析》，武汉文献情报中心完成《仿生机器人国际发展态势分析》和《压缩空气储能技术国际发展态势分析》，上海生命科学信息中心完成《个性化医疗领域国际发展态势分析》。本书将这 11 份前沿学科、热点问题或技术领域的国际发展态势分析研究报告汇编为《国际科学技术前沿报告 2014》，正式出版，供科技创新决策部门和科研管理部门、相关领域的科研人员和科技战略研究人员参考。

围绕有效支撑和服务国家和中国科学院的科技战略研究、科技发展规划和科技战略决策的新需求，适应数字信息环境和数据密集型科研新范式的新趋势，中国科学院文献情报系统的科技战略研究咨询工作将进一步面向前沿，面向需求，面向决策，着力推动建设科技战略情报研究的新型业务发展模式，着力推动开展专业型、计算型、战略型、政策型和方法型战略情报分析和科技战略决策咨询研究，持续监测、跟踪国际最新科技进展、重要国家和国际组织关注的重要科技问题，系统开展科技热点和前沿、科技发展战略与政策、科技评价与管理等研究和分析，及时把握科技发展新趋势、新方向和新变革，及时揭示国际科技政策、科技管理发展的新动态与新举措，为重大咨询研究、学科战略研究、科技领域战略研究、科技政策研究提供战略情报分析和知识计算服务，在中国科学院科技战略咨询研究院的建设和发展中发挥不可替代的作用。

中国科学院文献情报系统的战略情报研究服务工作一直得到中国科学院领导和院有关部门的指导和支持，得到院属有关研究所科技战略专家的指导和帮助，得到科技部、国家自然科学基金委员会等部门领导和专家的大力支持和指导，得到相关领域专家学者的指导和参与，在此特别表示感谢。衷心希望我们的工作能够继续得到中国科学院和国家有关部门领导和战略研究专家的大力指导、支持和帮助。

国际科学技术前沿报告研究组
2014 年 6 月 10 日

目 录

前言

1 量子计算国际发展态势分析 (1)
   1.1 引言 (2)
   1.2 世界各国/组织量子计算研究现状 (3)
   1.3 量子计算研究论文计量分析 (11)
   1.4 量子计算技术专利态势分析 (16)
   1.5 研究总结与建议 (23)

2 锂离子电池正极材料国际发展态势分析 (27)
   2.1 引言 (28)
   2.2 锂离子电池正极材料研究现状及论文计量分析 (31)
   2.3 锂离子电池正极材料专利分析 (38)
   2.4 建议与对策 (50)

3 微生物农药国际发展态势分析 (53)
   3.1 引言 (54)
   3.2 微生物农药研究领域的文献计量分析 (55)
   3.3 微生物农药专利分析 (84)
   3.4 微生物农药产业发展态势 (104)
   3.5 结论与建议 (113)

4 工业酶领域国际发展态势分析 (118)
   4.1 引言 (119)
   4.2 国际规划与举措 (120)
   4.3 国际工业酶研究与应用现状 (127)
   4.4 工业酶产业发展现状 (147)
   4.5 总结与建议 (156)

5 个性化医疗领域国际发展态势分析 (160)
   5.1 引言 (161)
   5.2 个性化医疗政策规划 (162)
   5.3 个性化医疗发展趋势 (177)
   5.4 个性化医疗产业现状 (192)

5.5 政策建议 ··· (195)

6 环境污染与健康研究国际发展态势分析 ································· (200)
6.1 引言 ·· (201)
6.2 各国环境污染与健康发展战略与计划 ······························· (203)
6.3 环境污染与健康研究文献计量分析 ·································· (212)
6.4 环境污染与健康研究进展及动向 ····································· (226)
6.5 我国环境污染与健康研究现状 ·· (236)
6.6 结论与建议 ··· (240)
附录 环境污染与健康研究国际发展态势分析检索式 ················ (248)

7 人类世研究国际发展态势分析 ·· (250)
7.1 引言 ·· (251)
7.2 国外人类世研究现状 ··· (254)
7.3 我国人类世研究现状 ··· (269)
7.4 人类世研究前沿热点 ··· (270)
7.5 人类世主要研究方向 ··· (281)
7.6 人类世的科学反思——地球系统管理 ································ (285)
7.7 结论与建议 ··· (286)
附录 人类世工作小组成员表 ·· (292)

8 国际空间站物理科学研究前沿发展态势分析 ···························· (294)
8.1 引言 ·· (295)
8.2 主要国家/地区微重力物理科学研究历程、重要计划及未来发展战略 ······· (297)
8.3 国际空间站物理科学实验研究态势及其产出分析 ················· (310)
8.4 国际空间站物理科学研究设备 ······································· (337)
8.5 研究结论 ·· (344)
8.6 启示与建议 ··· (346)

9 大数据研究国际发展态势分析 ·· (351)
9.1 引言 ·· (352)
9.2 各国大数据发展战略与政策分析 ····································· (354)
9.3 大数据关键技术研发与应用态势 ····································· (377)
9.4 大数据科学与工程的关键问题与挑战 ································ (389)
9.5 总结与建议 ··· (396)

10 仿生机器人国际发展态势分析 ·· (402)
10.1 引言 ··· (403)
10.2 国内外机器人研究战略与计划 ······································ (406)

10.3	仿生机器人研究进展	(411)
10.4	仿生机器人研究的部分关键技术	(419)
10.5	仿生机器人相关专利计量分析	(425)
10.6	结语与启示	(434)
附录	专利检索策略	(438)

11 压缩空气储能技术国际发展态势分析 (439)

11.1	引言	(440)
11.2	压缩空气储能系统与经济性	(441)
11.3	压缩空气储能应用与发展	(445)
11.4	压缩空气储能技术专利总体态势分析	(454)
11.5	发展对策	(465)

彩图

1 量子计算国际发展态势分析

黄龙光　刘小平　李泽霞　冷伏海

（中国科学院文献情报中心）

摘　要　量子计算在提高运算速度方面具有突破现有传统信息系统的极限的能力，已成为物理学研究最热门的领域之一。近年来，量子计算的研究开始从理论进入实验研究，其中，量子算法和量子计算的物理实现是量子计算的两大热点研究方向。量子计算研究旨在实现真正意义上的量子计算机，而量子计算机具有巨大应用前景和市场潜力，因此，各国政府制定了一系列针对量子计算的研发计划。美国通过国防部高级研究计划局和国家科学基金会等机构部署了一系列计划，投入巨资支持量子计算的研究。欧盟在框架计划中对量子计算进行了大力的支持，日本、加拿大和中国等都设立了相关的计划。此外，量子计算也引起了商业应用的兴趣，各国企业都积极投入量子计算的研究中。

本报告定性调研和分析了美国、欧洲、日本、加拿大和中国等在量子计算的研究现状，发现各国高度重视量子计算研究，对其资助保持增长势头。其中，美国的研发投入最多，目前的研究重点为开发新的量子算法及表征和操纵纠缠量子系统。欧盟的资助也在增加，研究重点为量子算法和混合量子系统的开发。中国对量子计算也越来越重视，通过973计划和国家自然科学基金等的资助进行了大力支持。

本报告还对量子计算研究论文和专利进行了定量分析，发现量子计算研究保持了很高的热度，美国是研究论文发表最多的国家，中国近3年[①]表现活跃。量子计算领域近3年新出现的主题词主要有固态自旋、量子失协、耦合腔、量子化电导、非对称量子码、量子因子算法、量子图像处理等，从一定程度反映了量子计算研究最近的发展趋势。从专利看，量子计算专利申请量从1996年开始快速增加，到2006年申请量达到高点。量子计算的专利受理大多数集中在美国专利商标局和日本专利局，中华人民共和国国家知识产权局受理的专利数量虽然位居第三，但远少于这两家专利机构。

基于这些特点，本报告建议，中国应持续支持量子计算领域已有或未来有前途的优先领域，集中优势突破关键技术以打破技术垄断局面，并及早走出商业化之路。

关键词　量子计算　文献计量　量子算法　物理实现　量子计算机

[①]　本书中，除注明具体年份外，近3年指2011~2013年

1.1 引言

量子计算是应用量子力学原理来进行有效计算的新颖计算模式（周正威等，2005）。量子计算利用量子态的相干叠加性和纠缠特性来实现量子的并行计算，这些特性可以指数倍的提高计算速度，远超经典计算，因此量子计算可以用来解决一些经典计算难以解决的问题。由于量子计算相对于经典计算的巨大优势，近年来，量子计算已成为物理学领域最活跃的研究前沿之一。量子计算研究的最终目标是实现真正意义上的量子计算机，科学家认为，量子计算机将掀起一场划时代的科学革命。量子计算机具有强大的计算能力，可以增强人类分析解决问题的能力，从而促进各领域的研究。

1.1.1 量子计算的发展历程

量子计算的研究工作始于20世纪80年代。1980年，美国阿贡国家实验室的保罗·贝尼奥夫（Paul Benioff）提出用量子物理系统来有效地模拟经典计算机（Benioff，1980）。1982年，美国著名物理学家理查德·费曼（Richard Feynman）提出了量子计算机的设想（Feynman，1982）。1985年，英国牛津大学的戴维·多伊奇（David Deutsch）明确提出了量子计算机的概念，并指出任何物理过程原则上都能很好地被量子计算机模拟（Deutsch，1985）。1994年，美国贝尔实验室的彼得·肖尔（Peter Shor）提出大数因子分解的量子算法（Shor，1994），证明运用量子计算机能有效地进行大数的因式分解，这一算法展示了量子计算的广泛用途，并极大地威胁到了以大数质因数分解难题为基础、广泛用于当今银行和政府部门的RSA密钥体系。自此，物理学界掀起了研究量子计算的热潮，世界各国的大学、研究机构和企业都纷纷投入到量子计算的研究中。进入21世纪之际，量子计算的研究也开始从理论进入到实验研究。研究人员在核磁共振、离子阱、线性光学、超导约瑟夫森结、量子点等物理系统上，开展了量子计算的基础研究。

1.1.2 量子计算的研究现状

目前，量子算法和量子计算的物理实现是量子计算的两大热点研究方向。

量子算法是能在量子计算机上运行的算法，它利用了量子相干性或其他量子特性，能够提高计算速度。在Feynman提出量子计算机设想后，研究人员陆续提出Deutsch-Jozsa算法（Deutsch，Jozsa，1992）和Simon算法（Simon，1994）等量子算法，这些算法显示了量子计算的威力，但不能应用于求解与实际生活密切相关的重要问题。1994年的量子Shor算法和1997年的Grover算法（Grover，1997）是目前最具广泛影响的两种量子算法，前者可以用于求解大数的质因子分解，进而可以攻破RSA密钥系统，后者能实现平方加速，即只需要根据数据库大小的平方根次搜索就能找到答案。正是这两种量子算法的出现，使量子计算成为了物理学领域的国际热点研究前沿。量子随机行走（Aharonov et al.，1993）

利用了量子力学的态相干叠加,被广泛应用于量子算法的研究,是量子计算的一个重要研究方向。近年来,几乎没有新的量子工具出现,量子算法的研究主要围绕现有的核心量子算法展开深入研究,如实现 21 的质因数分解(Martín-López et al., 2012)、基于 Grover 算法延拓的计算几何算法(Furrow, 2008)、利用量子随机行走进行普适量子计算(Childs et al., 2009, 2013; Lovett et al., 2010)等。

量子计算研究的最终目标是实现真正意义上的量子计算机。2000 年,美国 IBM 公司的 DiVincenzo 提出了在具体物理体系中建造量子计算机的判据,原则上,任何真正意义上的量子计算机都需要满足 DiVincenzo 判据(DiVincenzo, 2000)。量子计算的物理实现主要包括量子光学和凝聚态物理等方法。应用量子光学方法的技术主要有离子阱(Cirac, Zoller, 1995)、中性原子(Jaksch et al., 1998)、线性光学(Knill et al., 2001)、量子点(Loss, DiVincenzo, 1998)、腔量子电动力学(Turchette et al., 1995)等,应用凝聚态物理方法的技术主要有超导约瑟夫森结(Shnirman et al., 1997)、液态核磁共振(Gershenfeld, Chuang, 1997)、金刚石 NV 色心(Gruber et al., 1997)等。近年来,这些技术都取得了重大进展,如在线性离子阱系统中实现了 14 个量子比特的纠缠态的制备(Monz et al., 2011)、在线性光学系统中实现了 Shor 量子分解算法(Lu et al., 2007)、在半导体量子点器件上实现了量子计算的全部要素(Nowack et al., 2007),提出超导量子计算的 RezQu(振子−零态量子比特)构建(Galiautdinov et al., 2012),研制出冯·诺伊曼结构的量子计算机系统(Mariantoni et al., 2011),等等。然而,哪些方案能在未来实现真正的量子计算机,还有待进一步的研究。2011 年,加拿大 D-Wave 公司发布全球第一台商用量子计算机,然而,D-Wave 量子计算机是否是真正意义上的量子计算机,一直备受争议和质疑。

1.2 世界各国/组织量子计算研究现状

1.2.1 美国

美国投入巨资支持量子计算的研究,而且,资助量子计算研究的机构众多,如美国国防部高级研究计划局(DARPA)、国家科学基金会(NSF)、情报高级研究计划局(IARPA)、国家安全局、国家航空航天局、能源部和国家标准与技术研究院等。

1.2.1.1 美国 DARPA 对量子计算的资助

美国 DARPA 对量子计算一直都很重视,从 20 世纪 90 年代开始就大力资助量子计算相关的研究。1997 年,DARPA 资助 500 万美元支持量子信息与计算研究所研究量子计算及其应用。从 90 年代末到 2013 年,DARPA 在国防研究科学、电子学技术和通信技术等领域对量子计算进行了多方面的支持。1998 年投入 568 万美元,用于研究能实现量子计算技术的计算模型;2000 年投入 400 万美元,开发量子计算的新算法,研究量子计算的排序和输入、输出机制等;2001 年投入 400 万美元,模拟量子计算新算法,并评估其与传统方法的速度对比及量子计算排序和输入、输出机制的原型验证等。

2001年，美国DARPA启动了为期5年的《量子信息科学与技术计划》（QuIST），资助金额为约1亿美元，其目标是全方位开展研究以产生基于量子信息科学的新技术，历年的资助金额和研究内容见表1-1。2005年，DARPA启动了《重点量子系统计划》（FoQuS），以将QuIST计划获得的技术用于开发先进的量子信息处理器，重点研究架构开发、量子存储器、输入输出接口、态合成器及材料和器件的纳米制造等，目的是加速量子计算机的开发。FoQuS计划在2005年的资助经费为2228万美元，2006年为2470万美元。2007年，FoQuS计划更名为"量子纠缠科学与技术计划"（QUEST）。由于2007年DARPA在国防研究科学领域也设立了QUEST计划，2008年起，在电子学技术领域资助的QUEST计划更名为"量子信息科学计划"（QIS）。

表1-1 QuIST计划历年资助经费及研究内容

年份	资助经费/万美元	研究内容
2001	1429	研究能把可靠、可扩展的量子比特制造为器件的技术，研究超越因子分解和无序搜索、能有效提高量子计算机效率的新问题
2002	1539	研究固态量子比特存储器、可靠生成纠缠量子比特等用于容错通信和计算的设计和器件
2003	2060	为量子通信和量子计算开发模型和可扩展架构，验证单光子源和探测器，研发在更小量子计算机上模拟大型量子问题的方法，研究成千上万个量子比特的纠错，验证可扩展的量子计算和存储架构
2004	2727	验证改进的单光子源和纠缠光子源及探测器；研究可用于量子通信、量子计算和量子存储器的设计、架构和器件，验证容错固态量子比特存储器和至少两个纠缠量子比特的量子逻辑门
2005	2544	验证改进的单光子源和纠缠光子源及探测器；研究可用于量子通信、量子计算和量子存储器的设计、架构和器件，验证容错固态量子比特存储器和至少两个纠缠量子比特的量子逻辑门；用可扩展量子比特架构验证国防部感兴趣的应用（如量子中继器）

国防研究科学领域的QUEST计划自2007年起的年度资助经费见表1-2。QUEST计划探索建立基于量子信息科学的新技术所需的研究。其技术挑战包括：量子退相干导致的信息丢失、信号衰减导致的有限通信距离、算法和协议的有限选择，以及数量更多的量子比特。关键挑战之一是将改进的单光子、纠缠光子和电子源，以及探测器集成到量子计算和近信网络中。纠错码、容错方案以及较长的退相干时间将解决信息丢失问题。该计划的研究成果将对高度安全的通信、物流优化算法、地球上和太空中时间和位置的精确测量、用于目标跟踪的新的图像和信号处理方法产生重大影响。

表1-2 QUEST计划历年资助经费及研究内容

年份	资助经费/万美元	研究内容
2007	393	开发减少退相干导致的信息丢失的方法，研发非邻近量子比特之间快速通信的技术，开发新的量子算法
2008	442	探索纠缠、退相干、多体量子系统等基础量子系统，开发与量子信息科学密切相关的新算法和新协议，研究小量子系统

续表

年份	资助经费/万美元	研究内容
2009	1480	开发提高退相干时间的方法，设计纠缠量子系统的全面表征和操纵，开发新的量子算法
2010	880	继续量子信息领域的基础研究，开发提高退相干时间的新方法，验证新量子算法
2011	1913	继续量子信息领域的基础研究，验证纠缠量子系统的全面表征和操纵
2012	509	继续量子信息领域的基础研究，表征和操纵纠缠量子系统

2008年起，QIS计划的年度资助经费见表1-3。QIS计划是一项基础广泛的工作，将继续探索未决的基础问题，发现新算法，探索量子处理的理论和实验局限性，构建高效的实现方法。该领域研究的最终目标是，证明量子力学效应在通信和计算中潜在的优势。

表1-3　QIS计划历年资助经费及研究内容

年份	资助经费/万美元	研究内容
2008	197	把改进的单光子源和纠缠光子源及探测器集成到现有的量子通信网络，研究量子信息科学未决的基础问题，用量子比特架构验证国防部感兴趣的应用（如量子中继器、大城市区域的安全网络等）
2009	799	研究量子信息科学未决的基础问题，用量子比特架构验证国防部感兴趣的应用（如量子中继器、大城市区域的安全网络等），验证多量子比特类型之间的交互以连接量子通信链接
2010	342	测量单电子自旋寿命和在硅片上的门控量子点验证可控门运算，对动力学去耦引起的退相干时间的提高开展理论分析，为超导量子比特探索新材料、噪声特征和减少退相干策略
2011	714	测量硅片上门控量子点单电子自旋的退相干时间，在硅片上的量子器件验证量子交换协议，实施一个和两个超导量子比特的断层扫描态和色散读出，通过材料改进制造高质量超导隧道结
2012	470	验证量子信息从一种类型变为另一种类型的互换，验证微观尺度量子信息的输运
2013	235	在量子比特上实施断层扫描态，验证不同量子比特技术之间的量子信息互换，验证微观尺度量子信息的输运

1.2.1.2　美国NSF资助的与量子计算有关的项目

美国NSF长期保持对量子计算相关项目的资助。2000年开始，NSF在信息技术研究计划中大力支持量子计算的研究。2002年，NSF设立"量子和生物启发的计算"（QuBIC），在量子信息科学方面重点资助两个方面，与量子信息科学相关的物理基础研究和开发通用计算、系统级计算设计及特定用途算法所需的量子计算原理。NSF近期对量子计算的资助有以下几种。

1) 量子算法和复杂性中心项目

量子算法和复杂性中心项目的资助经费是135万美元，资助期限是2009～2013年

(National Science Foundation, 2013-11-08)。该项目重点研究量子计算的几个基本算法问题,如新量子算法的设计等。量子算法和复杂性中心将探索一些方法,包括通过张量网络的量子逼近实现量子算法设计的新框架,以及最近使用量子算法发现隐藏非线性结构的工作。复杂性中心还将研究量子复杂性理论的基本问题,包括量子交互证明系统的复杂性。

2)化学创新中心项目:化学量子信息与计算

化学创新中心项目资助经费是152.5万美元,资助期限2010～2014年(National Science Foundation, 2013-11-12)。化学创新中心第一阶段的目标是促进利用理论概念和量子信息框架对化学过程的理解。通过创建一套工具,将量子化学计算映射到量子算法实现该目标,量子算法和计算适用于当前和近期的量子信息处理器,可以扩展到未来的设备。化学创新中心将研究新的方法来抑制误差控制和噪声环境造成的误差,实现实验量子模拟,创造解耦脉冲的工具箱和优化纠错,以便将量子算法集成到化学系统。这些量子信息技术将被用来获得对从光合作用到化学键断裂等不同化学过程的新观点。化学创新中心将聚集理论化学和量子信息处理的专家密切合作,开发量子算法和研究结构,为量子计算机的实验实现和量子信息革命做出贡献。

3)复杂量子系统仿真的量子网络基础设施项目

复杂量子系统仿真的量子网络基础设施项目资助经费为205万美元,资助期限为2010～2014年(National Science Foundation, 2013-11-13)。该项目支持设计一种新型量子计算机的研究,将开发根据超导电路建立的通用量子模拟器。10年或20年后,这些通用量子模拟器将配备超级计算中心的传统机器,将作为在线计算资源提供给科学家。这种资源将对原子和分子碰撞、冷原子气体、复杂的化学动力学、低温物理学、材料物理学和量子化学等许多领域产生重大影响。

1.2.1.3 美国 IARPA 的量子计算机科学项目

美国 IARPA 是为美国国家安全局服务的机构,其设立量子信息科学计划,目的是建立一个科学规模的量子计算机并研究它的特性,该计划在2008年资助了13个项目,其中对量子计算概念熟化的资助为每年50万～100万美元(Berkeland, 2013)。2010年,IARPA 发布量子计算机科学计划,将重点研究在实际量子计算机上运行量子算法所需的计算资源问题。这个计划分为三个核心技术领域:量子算法的实现、量子纠错和量子最优控制。研究这些问题需要开发一个量子计算工具箱,包括量子编程环境,以及生成、分析和优化选择量子纠错和控制协议的工具。

1.2.2 欧盟

欧洲也在积极研发量子计算(QUROPE, 2013)。20世纪80年代末90年代初,欧盟资助的光电子学和电子学领域的项目,研究了量子现象,目的是克服一流设备中的限制。在1995～1998年的第四框架计划(FP4)中,这一研究逐渐演化为"量子信息处理"。量子信息处理的研究重点是证明光子的量子纠缠。在90年代中期,欧洲有若干研究小组取得了重要成果,这些小组不久后就成为众多"未来与新兴技术"(FET)项目的主力军。

在FP5（1999~2002年）中，FET启动了量子信息处理和通信（QIPC）计划。QIPC计划征集了两次申请，共资助了25个项目，总资助经费为4100万欧元，此外还有欧盟3100万欧元的资助。

FP6（2003~2006年）继续支持FET计划。其中，与量子计算相关的项目共有3个，为期4年，总资助经费为2500万欧元。这3个项目为：对光子和原子的可扩展量子计算（SCALA）项目，资助经费为940万欧元，研究重点是通过使用可单独控制的原子、离子和光子，实现可扩展量子计算机；量子比特应用（QAP）项目，资助经费为990万欧元，研究重点是基于光子、原子及固态系统的量子比特应用；欧洲超导量子信息处理器（EuroSQIP）项目，资助经费为600万欧元，研究重点是发展3~5个量子比特的量子信息处理器。此外，在FP6中，还有8个小型项目（特别目标研究项目，STREP）获批，总资助经费为1360万欧元。它们包括：COVAQIAL，原子和光的连续变量量子信息；QUELE，捕获电子量子计算；RSFQUBIT，约瑟夫森结量子比特的快速单通量子控制；OLAQUI，光学网格和量子信息；ACDET，声电单光子探测器；MICROTRAP，发展泛欧洲微捕获技术，以发展捕获离子量子信息科学；QICS，量子信息和量子计算的基础结构；EQUIND，纳米结构金刚石中的工程化量子信息。

在FP7中，QIPC计划继续获得支持，量子计算相关项目包括：原子量子技术（AQUTE）项目，获得530万欧元的资助，其研究内容是实现10量子比特和能模拟量子系统的量子信息处理器，开发新型混合量子系统，探索耗散量子计算等新理论概念；量子接口、传感器和基于纠缠的通信（Q-ESSENCE）项目，获得了470万欧元的资助，其研究内容是开发能高保真映射不同量子系统之间量子信息的量子接口，产生新尺度和新距离的量子纠缠，在基本系统的特定拓扑结构中设计多提纠缠；量子信息处理固态系统（SOLID）项目，获得了500万欧元的资助，其研究内容是基于微波和光学纳米光子腔开发小型固态混合系统，在这些混合系统中，约瑟夫森结电路、量子点和金刚石NV色心等类型的固态量子比特与电磁中心相关联。2013年启动的项目有：人工与自然混合原子系统（HANAS）项目，资助经费324万欧元，旨在研究固态和原子组分相结合的混合量子系统；量子算法（QALGO）项目，257万欧元，寻找用于量子计算机的新算法和新的量子通信协议；量子波导应用于开发（QWAD）项目，216万欧元，引入激光写入集成光学技术，解决可扩展性和可靠性等重大问题；量子信息纠缠技术的可扩展超导处理器（SCALEQIT）项目，594万欧元，解决量子信息处理的工程问题，分析和实现量子计算和量子模拟大规模超导混合系统的实际情景。

1.2.3 日本

2000年，日本科学技术振兴机构（JST）在其《先进技术探索研究计划》（ERATO）中，设立了为期5年的"量子计算与信息"项目，重点研究量子计算和量子通信的复杂性、设计新的量子算法、开发量子电路、找出量子自控的有用特性及开发量子计算模拟器。2001年，日本制定了第2次科学技术基本计划。该计划的重点之一是加强基础研究，因此，日本科学技术振兴机构设立了《解决方案导向的科学技术研究计划》（SORST），对已资助的优秀项目进行追加支持，ERATO-SORST 量子计算与信息项目是其中之一，为期 5 年（2005 年 10 月~2011 年 3 月），资助金额为 8.2 亿日元，重点研究新量子计算范式的开发，包括量子算法、量子分布式计算、量子信息处理等。

2001 年，日本邮政省（已合并到现在的总务省）启动了一个为期 10 年的《量子信息科学和技术计划》，总资助经费为 350 万美元。研究重点包括：量子信息理论的实现、量子通信技术的基础研究、量子密码试验平台的开发。

2009 年，日本学术振兴会（JSPS）投入 1000 亿日元设立了《世界一流科学技术创新研究资助计划》（FIRST），旨在推动日本的前沿研究。"量子信息处理项目"是该计划资助的 30 个项目之一，资助金额为 32.5 亿日元，重点研究量子计算机/量子模拟器、量子通信、量子度量学及光频钟等四个领域（FIRST，2013-11-18）。该项目将研究数字量子计算机和模拟量子计算机，其中，模拟量子计算机由于不需要控制单个量子门，力争在 5 年内开发出可行的技术；而数字量子计算机需要操控单个量子比特，因此，该项目将放弃那些不能规模化为大量量子比特的方法，重点研究具有强大纠错能力的系统：超导量子比特系统和自旋量子比特系统。

1.2.4 加拿大

加拿大自然科学和工程研究理事会从 1994 年就开始资助量子计算的基础研究"量子计算和加密"，至今已经持续资助了近 20 年，累计在量子计算的研究中投入了约 2500 万加元（图 1-1）。而且，其资助强度不断加大，从 1994~1995 财年的 8.7 万加元增加到 2012~2013 财年的 518 万加元。

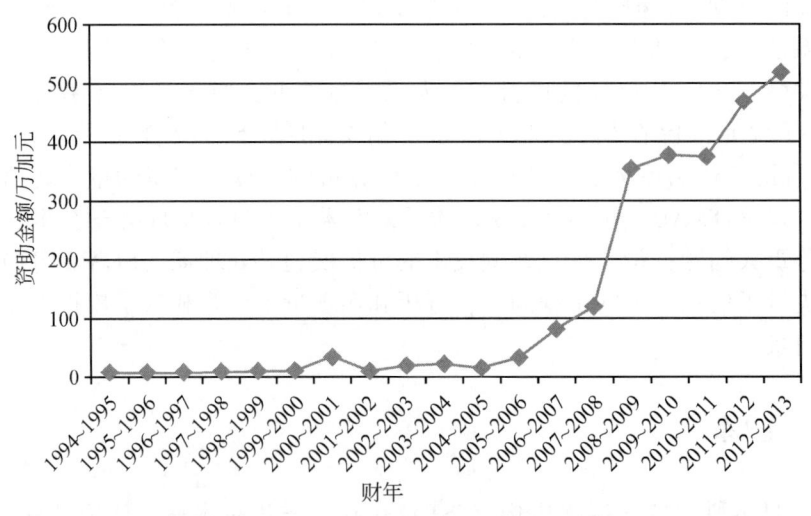

图 1-1 加拿大量子计算研究历年资助情况

资助的项目涉及量子计算的方方面面，表 1-4 中列出了加拿大自然科学和工程研究理事会资助的与量子计算相关的部分重点项目。

表 1-4　加拿大自然科学和工程研究理事会资助量子计算的重点项目

项目名称	资助金额/万加元	资助年份
量子计算和密码学	70.3	1994~2001
实际量子系统的紧致纠缠光源	48.6	2009~2012
加拿大量子计算首席科学家	40.0	2002~2007
量子动力学的数学研究	28.5	2007~2012
核磁共振在量子计算中的应用	28.0	2002~2007
强三阶非线性量子光学	27.6	2009~2013
量子力学在新光学概念和器件实现中的应用	27.6	2009~2013
超导电路可伸缩量子计算	27.1	2009~2013
有效的量子算法和协议	25.4	2009~2012
量子纠错应用和理论的数学集成	22.0	2008~2013
高效的单向量子计算与广义测量	21.3	2007~2012
量子计算和密码学	20.5	2008~2013
分子相干量子计算	20.0	2000~2002
下一代通信网络的自由空间量子密码	19.7	2007~2009
标志性凝聚态物质的量子模拟	19.3	2007~2010
量子计算的语义方法	18.4	2006~2012
纳米结构物理及其在量子计算中应用	18.0	2000~2006
强相关量子物质的计算研究	15.3	2008~2013
基于自旋的固态量子信息处理	15.3	2008~2013
基于光纤的纠缠光子源的实际量子应用	15.2	2009~2013
应用于分子束外延生长的新量子器件研究的高分辨率 X 射线衍射	15.0	2012~2013
高温超导体：量子计算中的微观理论及其应用	15.0	2000~2006
NSERC 合作研究和培训经验（CREATE）计划：量子电子科学和技术	15.0	2012~2013
快量子逻辑的控制电子学	13.9	2009~2010
用于硅基量子信息研究的 G 赫兹任意波形发生器	13.4	2011~2012
应用于绿色光纤网络的先进纳米光子器件设备：光伏、固态照片和量子计算	13.0	2010~2011
量子容错的理论及实验	11.4	2011~2013
利用纳米波纹方法进行超导约瑟夫森结组装：应用于量子计算和快速单量子通道	10.4	2009~2013

2009~2010 财年，在加拿大经济行动计划中，政府宣布了一项为期 5 年的 5000 万加元投资来支持在滑铁卢大学建设一个新的量子计算研究设施。该设施依托建设在滑铁卢大学的量子计算研究所及迈克与奥菲莉娅 - 拉扎里迪斯（Mike & Ophelia Lazaridis）量子纳米中心。

1.2.5 中国

中国是较早重视并大力支持量子计算研究的国家之一。1999 年，中国科学院设立了"中国科学院量子信息重点实验室"，主要研究方向为量子密码、半导体量子芯片、用于量子模拟的集成光量子器件及量子纠缠技术等。2001 年，科技部 973 计划资助量子计算与量子信息技术项目（其 2004～2007 年的资助金额为 1500 多万元），重点研究核磁共振的量子信息技术、量子密码、量子计算网络等。2006 年，《国家中长期科学和技术发展规划纲要（2006—2020 年）》重点部署了四项重大科学研究计划，量子调控研究是其中之一，其研究重点包括量子计算的载体和调控原理及方法、量子计算等，该年，量子计算的物理实现和关键量子器件是量子调控研究计划重要支持方向之一，资助了"基于光子与原子系统的量子计算与关键量子器件"、"基于冷原子与量子点的量子信息处理"、"量子计算与量子计算的物理实现"等项目，资助金额为 7000 多万元。近几年，量子调控研究计划还支持了"量子计算网络和量子仿真关键器件的物理实现"、"基于光与冷原子的量子物理和量子信息"、"固态电子系统的量子效应"、"量子结构设计和量子计算"等项目，每个项目的资助金额都在 2000 万元以上。《国家"十二五"科学和技术发展规划》指出要强化前沿技术研究，在信息技术领域，量子计算是要突破的重点技术之一。

"十二五"期间，中国科学院将实施 15 项重大科技任务，其中之一是量子通信与量子计算。中国科学院希望在该领域形成若干重大突破，占据竞争制高点，为国家量子计算的产业化和信息技术水平的跨越式提升提供重要的科技支撑。2012 年底，中国科学院启动"量子系统的相干控制"先导专项，将大力发展可扩展的量子系统相干控制技术，以期能应用于量子计算等前沿研究方向。

1.2.6 各国企业

量子计算也引起了商业应用的兴趣。在美国，IBM、微软、惠普、谷歌等科技公司都积极投入量子计算的研究中。其中，IBM 的表现非常突出。1998 年，IBM 阿尔马登研究中心研究人员实验验证了量子算法；2000 年，首次对次序查找问题进行了计算；2001 年，完成了首次 Shor 算法运算；2012 年，IBM 发布了其在提高量子计算装置性能方面的重要进展。2013 年，谷歌也加入了这一行列，与美国国家航空航天局联合打造量子计算机实验室，将研究机器学习等领域，以助于实现语言翻译、图像搜索和语音命令识别等功能。此外，在量子计算研究方面活跃的还有一些由初创企业发展起来的公司，如 MagiQ 公司等，这些公司大多是从量子信息科学技术研究小组剥离出来，早期阶段在大学孵化器等计划的支持下，随后是商业天使基金或对冲基金的帮助下，逐渐发展起来的。在欧洲，一些大公司对量子计算感兴趣，如法国泰雷兹公司、荷兰飞利浦公司等，他们关注的是应用系统的研究和元件。在日本，不少公司积极参与量子计算研究，有些公司还拥有自己的实验室，如 NEC、东芝等。加拿大 D-Wave 是目前世界上唯一生产商用量子计算机的企业，始建于 1999 年，最初的目标是使量子计算成为现实。经过 5 年的技术准备，获得了多家投资公司的青睐。2004年，该公司意识到，仅有好的想法，试图寻求外部研究力量帮助来研制量子计算机，并不现实。D-Wave建造了加工设备——超导电子加工平台，生产量子处理器，并邀请多名科学家在D-Wave实验室设计、装配并测试处理器。2011年，D-Wave正式发布第一台商用量子计算机，而且，美国航空巨头洛克希德–马丁公司和谷歌公司先后购买了D-Wave的量子计算机。D-Wave量子计算机从2007年的16量子比特原型机，发展到2011年的128量子比特，2013年为512量子比特，不过，科学家一直在质疑：D-Wave量子计算机是否是真正的量子计算机。

1.3 量子计算研究论文计量分析

SCI学术论文作为重要科研成果的载体，为分析学术领域研究动态提供了一条有效途径。通过SCI论文计量分析，可以反映该研究领域的研发态势。本报告以汤森路透公司的Web of Science（WOS）数据库作为分析数据源，通过建立检索策略，并利用分析工具汤森数据分析器（Thomson Data Analyzer，TDA）分析了1981～2013年量子计算领域的SCI论文，数据采集时间为2013年12月。

1.3.1 论文数量的年度变化趋势

在量子计算研究中，1981～2013年SCI论文的年度变化见图1-2，可以看出，这期间量子计算的研究可分为三个阶段：1981～1990年（起步阶段），该领域的研究处于起步状态，论文数量很少；1991～2001年（发展阶段），发文量整体呈快速增长趋势；2002～

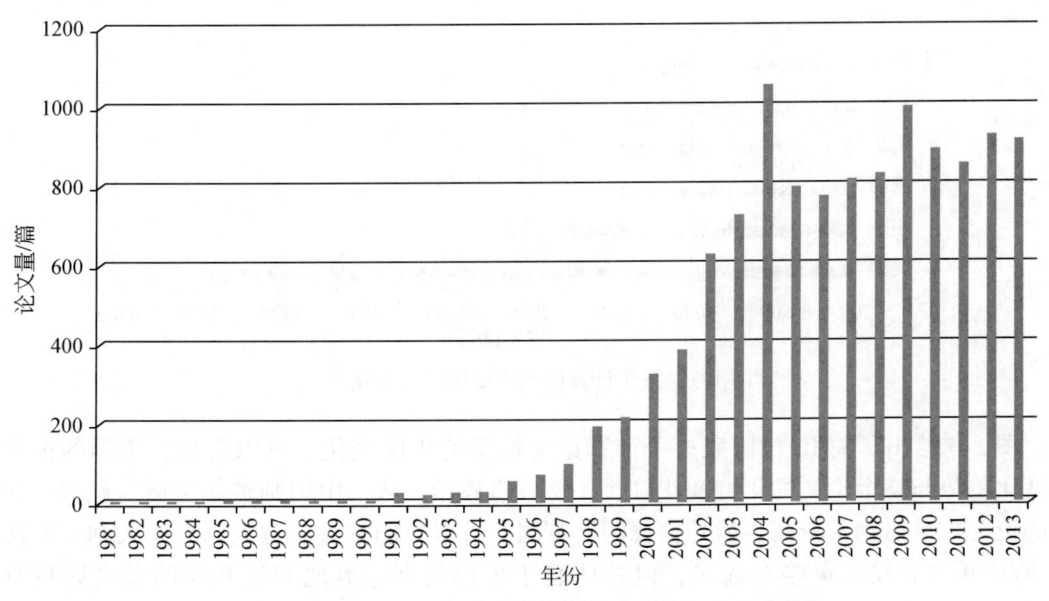

图1-2　1981～2013年量子计算研究论文的年度变化趋势

2013年（快速发展阶段），2002年后论文数量暴增，随后在该水平上保持增长趋势，2004年论文数量最多。结合量子计算的发展历史来看，20世纪80年代是量子计算的探索时期，因此发文量较少；1995年的论文数量比1994年增加了一倍，可能与1994年肖尔算法的发表有关；1998年的论文数量也翻番，可能与1997年Grover算法和核磁共振量子计算的发表有关；2002年的论文数量也接近翻番，这与2000~2001年各国出台量子计算相关计划有一定的关系；近年来，量子计算的论文数量保持在较高的水平，反映了其研究热度仍在持续。

1.3.2 主要国家论文情况

从各国量子计算研究论文发文情况来看，论文数量最多的前10位国家，发表的论文数量占总发文量的75.2%，而其他国家的发文量只占24.8%，表明量子计算研究集中在这前10位国家：美国、中国、德国、英国、日本、加拿大、意大利、澳大利亚、法国和奥地利（图1-3）。美国在量子计算研究领域的论文数量占绝对优势，是排在第2位的中国发文量的2倍多，占世界总发文量的24%。这在一定程度上反映了美国在量子计算研究领域的科研活动相当活跃，并且具有相当强的研究实力。中国的发文数量排第2位，占总发文量的11.6%，德国、英国和日本的发文数量相差不大，分别位居第3位、第4位、第5位，分别占总发文量的7.2%、7.1%和7.0%。

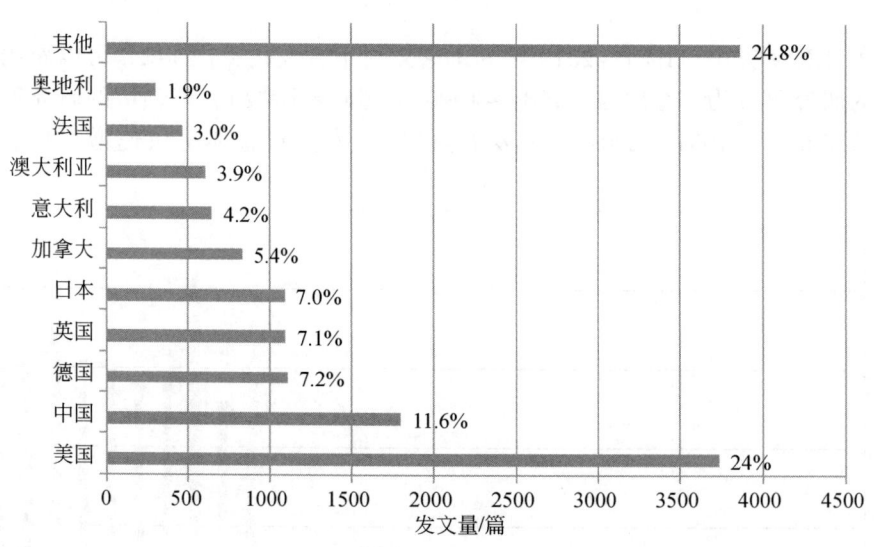

图1-3 量子计算研究主要国家发文量对比

图1-4给出了前10位国家量子计算论文数量的年度变化。可以看出，美国的论文年度变化趋势与整个论文的年度变化（图1-2）趋势相一致。中国则整体呈增长趋势，2013年的论文数量达到了新高。另外，德国、英国、日本、加拿大、意大利、澳大利亚和法国在2004年之后发文量略有起伏，但总体趋于平稳发展。奥地利近几年的发文数量有所下降。

1 量子计算国际发展态势分析

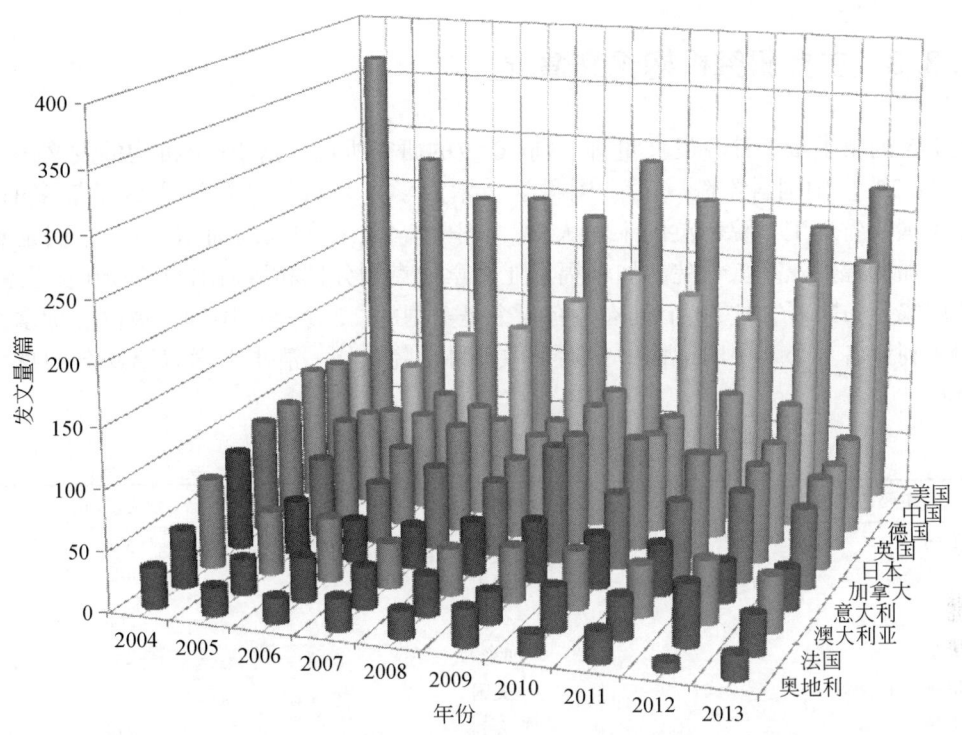

图 1-4 前 10 位国家量子计算研究发文量随时间变化的趋势

从前 10 位国家近 3 年发表的论文占全部论文的比例（图 1-5）来看，中国近 3 年的发文量占总发文量的 32.5%，是所有国家中比例最高的，反映了中国近 3 年在量子计算领域非常活跃。其次是德国和法国，分别为 26.5% 和 25.8%。美国近 3 年发表的论文占全部论文的比例为 20.2%，其他国家的论文比例都在 17% 以上。可以看出，近 3 年各国的量子计算研究都很活跃。

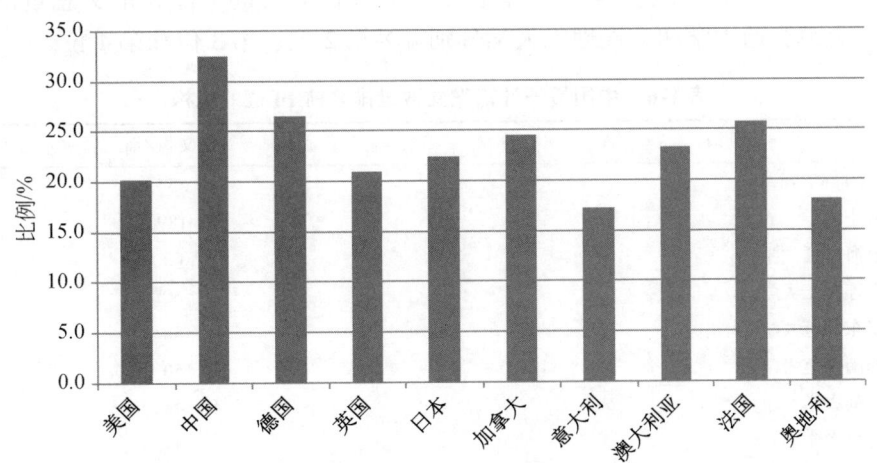

图 1-5 前 10 位国家量子计算论文近 3 年发文量占总发文量的比例

1.3.3 主要研究机构论文情况

表1-5列出了量子计算发文量排名前10位的研究机构。这10个机构的发文量占总发文量的23.2%。中国科学院(含中国科学技术大学)是量子计算论文数量最多的机构,其次是美国麻省理工学院和英国牛津大学。美国有4个机构入围前10位,它们是麻省理工学院、加利福尼亚理工学院、加利福尼亚大学伯克利分校和洛斯阿拉莫斯国家实验室。

从国家分布来看,这10个机构中有4个是美国的,2个是中国的,英国、加拿大、德国和澳大利亚各1个。中国机构中,除了中国科学院以外,清华大学以第9名的身份跻身前10位。

表1-5 量子计算研究论文发表排名前10位机构

主要研究机构	国家	发文量/篇
中国科学院	中国	554
麻省理工学院	美国	273
牛津大学	英国	268
滑铁卢大学	加拿大	256
加利福尼亚理工学院	美国	234
昆士兰大学	澳大利亚	214
马普学会	德国	210
加利福尼亚大学伯克利分校	美国	198
清华大学	中国	189
洛斯阿拉莫斯国家实验室	美国	185

对量子计算领域论文数量较多的中国机构(表1-6)进行分析,可以看出,中国科学院的量子计算论文数量远多于其他机构,是排在第2位的清华大学发文量的2.9倍。1981~2013年,中国科学院的量子计算论文数量占到中国量子计算论文总量的30.8%。清华大学、上海交通大学和大连理工大学分别排名第2位、第3位和第4位。

表1-6 中国量子计算发文数量排名前10位的机构

机构	发文量/篇
中国科学院	554
清华大学	189
上海交通大学	62
大连理工大学	60
华东师范大学	58
湖南师范大学	50
香港大学	43
复旦大学	41
哈尔滨工业大学	41
北京邮电大学	40

1.3.4 重点作者分析

对量子计算论文进行作者分析（表1-7），其中，论文数量在31篇及以上的作者有20位，40篇及以上的有10位，52篇及以上的有5位，60篇以上的有1位。从表1-7可以看出，美国马里兰大学萨尔马（S. Das Sarma）教授发表的论文数量最多，澳大利亚科学院的佐勒（P. Zoller）教授、美国国家标准与技术研究院的尼尔（E. Knill）、中国科学院的郭光灿、美国加利福尼亚大学的利达尔（D. A. Lidar）教授发表的论文数量都在50篇以上。排名前20位的作者中，有11位来自美国，马里兰大学、国家标准与技术研究院、加利福尼亚大学各有2位；有5位来自澳大利亚，澳大利亚科学院有2位；来自中国、德国、加拿大和日本的各有1位。

表1-7 重点作者论文数量

排名	作者	单位	论文数量/篇
1	S. Das Sarma	美国马里兰大学	68
2	P. Zoller	澳大利亚科学院	58
3	E. Knill	美国国家标准与技术研究院	54
4	郭光灿	中国科学院	52
5	D. A. Lidar	美国加利福尼亚大学	52
6	Milton Feng	美国伊利诺伊大学	49
7	J. I. Cirac	德国马普学会	47
8	R. Laflamme	加拿大滑铁卢大学	46
9	R. G. Clark	澳大利亚新南威尔士大学	42
10	P. Zanardi	美国加利福尼亚大学	40
11	R. Blatt	澳大利亚科学院	37
12	I. L. Chuang	美国麻省理工学院	37
13	L. C. L. Hollenberg	澳大利亚墨尔本大学	35
14	D. Leibfried	美国国家标准与技术研究院	35
15	S. Lloyd	美国麻省理工学院	35
16	C. Monroe	美国马里兰大学	35
17	G. J. Milburn	澳大利亚昆士兰大学	34
18	G. P. Berman	美国洛斯阿拉莫斯国家实验室	33
19	Franco Nori	日本理化学研究所	32
20	Austin G. Fowler	美国加利福尼亚大学圣巴巴拉分校	31

1.3.5 主题词分析

对研究论文的主题词进行分析，可以大致反映该领域的总体特征、发展趋势、研究热点和重点方向。利用TDA工具对近10年量子计算论文的主题词进行分析，可发现该领域每年最受关注的研究主题词和当年新出现的主题词（表1-8）。

从最受关注的主题词来看，量子计算、量子态、量子纠缠和量子算法是10年来一直都备受关注的主题词。从新出现的主题词来看，每年都有新的研究主题出现，其中，2004年和2006年是新主题词出现较多的两年，2004年新出现的主题词包括共振隧穿、量子计量学、纳米计算机、半导体量子点、量子点元胞自动机、缺陷容错、单光子探测器等。2006年新出现的主题词包括矢量量子化、三共振核磁共振、量子比特神经网络、单自旋、量子关联、部分纠缠态、非量子门等。2013年新出现的主题词包括量子水印、非对称量子码、量子神经计算、量子因子算法和量子图像处理等。

表1-8 2004~2013年量子计算研究最受关注的主题词和新出现的主题词

年份	最受关注的主题词	新出现的主题词
2004	量子计算、量子态、量子纠缠	点阵列、共振隧穿、量子计量学、非线性动力学方程、纳米计算机、半导体量子点、量子点元胞自动机、布洛赫方程、缺陷容错、单光子探测器、电子束光刻
2005	量子计算、量子态、量子纠缠	磁通量子比特
2006	量子计算、量子态、量子纠缠	矢量量子化、广义测量、实时探测、紧李（Lie）代数、三共振核磁共振、光学激发、泛音光谱、量子比特神经网络、Gross-Pitaevskii方程、单自旋、量子关联、部分纠缠态、模糊逻辑、第二朗道能级、微芯片阱、非量子门、离子束光刻
2007	量子计算、量子态、量子纠缠	量子电动力学、单分子
2008	量子计算、量子态、量子纠缠	各向异性超交换相互作用、复杂网络、复本对称破缺
2009	量子计算、量子态、量子纠缠	随机过程、原子-光子碰撞、光学压缩
2010	量子计算、量子态、量子纠缠	微分进化算法、电路量子电动力学
2011	量子计算、量子态、量子纠缠	量子失协、耦合腔、Jarzynski等式
2012	量子计算、量子态、量子算法	固态自旋、量子化电导、光谱扩散衰变、忆阻器
2013	量子计算、量子态、量子纠缠	量子水印、非对称量子码、量子神经计算、量子因子算法、量子图像处理

1.4 量子计算技术专利态势分析

为全面了解世界各国在量子计算领域专利技术发展的全貌，本报告以德温特创新索引（Derwent Innovation Index，DII）数据库和TI（Thomson Innovation）平台数据为数据来源，利用关键词+手工代码的方式构建了检索策略，采用机器自动检索和人工判读相结合的方式确定分析数据范围，并借助TDA和TI等工具，从专利年度的申请趋势、专利受理机构、专利权人和专利的技术布局、发展趋势等对量子计算相关技术进行了分析。

1.4.1 专利申请数量的年度变化趋势

图1-6显示了量子计算专利申请的年度变化趋势。可以看出，自1982年起，就有与量子计算相关的专利申请（与量子寄存器、量子电路相关的技术），到1995年为止相关技术都发展较慢，从1996年开始量子计算的相关技术受到大家的重视，专利申请开始呈现快速增长的趋势，1996~2006年以年均增长率41.6%的速度增长，到2006年达到申请量的高点，申请量达到130项。从2006年开始逐步下降，到2009年后稳定在每年80项专利左右。本节中，由于专利公开存在18个月的时滞，因此在进行年度数据分析时，分析时段截止到2011年。

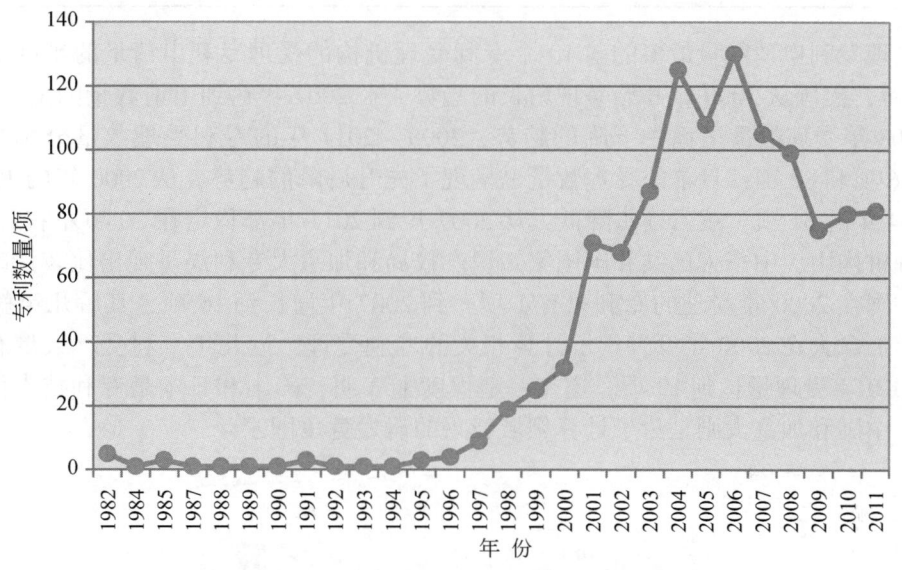

图1-6 量子计算相关专利申请数量的年度变化

1.4.2 专利申请受理机构分析

根据对量子计算相关专利的受理机构（表1-9）的分析，可以看出受理量最多的10个机构是美国专利商标局（US）、日本专利局（JP）、中华人民共和国国家知识产权局（CN）、英国专利局（GB）、欧洲专利局（EP）、韩国专利局（KR）、加拿大专利局（CA）、德国专利局（DE）、世界知识产权组织（WIPO）、澳大利亚（AU），排名前10的机构受理的专利数量占全部申请量的94.5%，其中大多数专利受理集中在美国专利商标局和日本专利局，占全部申请量的76%。美国专利商标局受理的专利申请最多，为561件，占专利申请总量的48.2%；日本专利局受理的申请量居第二位，为341项，占专利申请总量的29.3%；受理量排名第三的中华人民共和国国家知识产权局受理的专利数量为67项，约占申请总量的5.7%，远低于前两个受理机构。其他7个受理机构受理的专利数量均低于 50 项。

表 1-9 受理量子计算相关专利申请最多的 10 个专利机构

排序	专利机构 中文名	英文缩写	专利受理 /项	排序	专利机构 中文名	英文缩写	专利受理 /项
1	美国专利商标局	US	561	6	韩国专利局	KR	37
2	日本专利局	JP	341	7	加拿大专利局	CA	34
3	中华人民共和国国家知识产权局	CN	67	8	德国专利局	DE	33
				9	世界知识产权组织	WIPO	31
4	英国专利局	GB	49	10	澳大利亚	AU	26
5	欧洲专利局	EP	37				

从受理专利申请数量最多的前 10 个专利受理机构的受理专利申请量的年度变化（图 1-7）来看，美国从 2000 年开始呈现增长的趋势，在 2007 年达到申请数量的最大值（103 项），2008 年受理数量呈稳中下降的趋势，2008～2011 年的专利受理数量分别是 93 项、56 项、76 项和 82 项；日本的受理数量也呈现了先升后降的趋势，从 2000 年的 12 项，增长到 2004 年的 51 项，然后逐步降低，从 2007 年到 2011 年都稳定在 20 项左右。前 10 个专利受理机构中，中华人民共和国国家知识产权局和加拿大专利局呈现出比较清晰的增长趋势。中国在 2000 年受理的专利只有 1 项，到 2007 年增长到 16 项，其后几年稳定在 10 项左右。加拿大在 2000 年没有量子计算相关的专利受理，近几年专利受理数量有大幅的增长，2010 年受理量达到 19 项。这在一定程度上表明，美国和日本是专利技术保护的重点国家，中国和加拿大则是量子计算领域新兴的研发竞争国家。

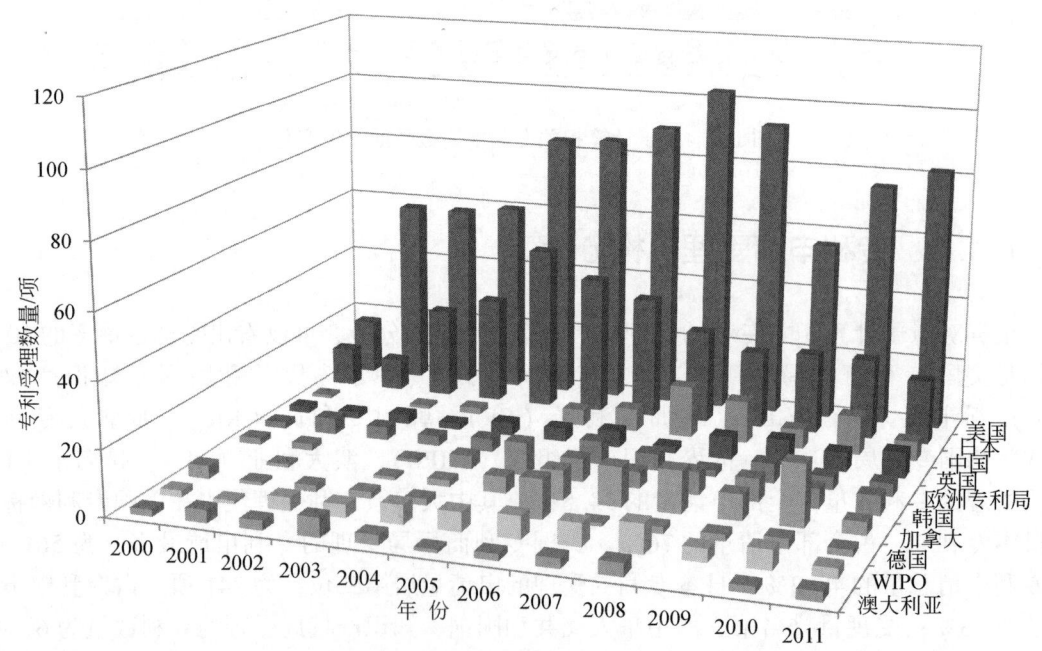

图 1-7 受理量子计算相关专利最多的前 10 个专利机构受理数量的年度分布（2000～2011 年）

1.4.3 专利权人分析

表1-10给出了量子计算相关专利申请量最多的前15个专利权人及其专利申请量的情况，分别是加拿大的D-Wave公司、日本电报电话公司、东芝、NEC、日立、IBM、日本科学技术振兴机构、惠普、微软、富士通、索尼、MathWorks公司、诺斯洛普•格鲁门公司、Qucor Pty公司和MAGIQ技术公司。在这些公司中以日本和美国的公司最多，日本的机构有7家，美国的机构有6家，加拿大和澳大利亚的机构各1家。加拿大D-Wave公司的专利申请量最多，为94项，比位列其后的日本电报电话公司多近一半。这些机构中，有14家企业，只有1个是科技资助机构。

表1-10 量子计算相关专利申请量最多的前15个专利权人及其专利申请量

排序	专利权人	所属国家	专利申请/项
1	D-Wave	加拿大	94
2	日本电报电话	日本	63
3	东芝	日本	55
4	NEC	日本	48
5	日立	日本	35
6	IBM	美国	32
6	日本科学技术振兴机构	日本	32
8	惠普	美国	31
9	微软	美国	27
10	富士通	日本	25
11	索尼	日本	22
12	MathWorks公司	美国	21
13	诺斯洛普•格鲁门公司	美国	17
13	Qucor Pty公司	澳大利亚	17
15	MAGIQ技术公司	美国	16

从申请量最多的前10个专利权人的专利申请年度分布（图1-8）来看，各专利权人的发展趋势不完全相同，D-Wave公司从2000年开始申请量子计算相关的专利，在整个分析时段始终保持了较为强劲的研发能力，2000年申请的专利数量最少为5项，2008年最多为27项。日本电报电话公司（DTT）2000年没有专利申请，2001~2004年有一个较快速的增长，2004年申请专利的数量最多为16项，此后持续下降，到2007年稳定在5项左右。此外，NEC和微软这两个公司在量子计算方面表现出相对稳定的研发态势，NEC从2002年开始，微软从2004年开始，每年都有量子计算相关专利技术的申请。

从2009~2011年量子计算相关专利权人的活跃程度（表1-11）来看，美国的IBM、日本电报电话公司、南非元素六公司、诺斯洛普•格鲁门公司、哈佛学院、加拿大D-Wave公司、日立公司、哥伦比亚大学及我国的安徽量子通信技术公司是期间申请量最多

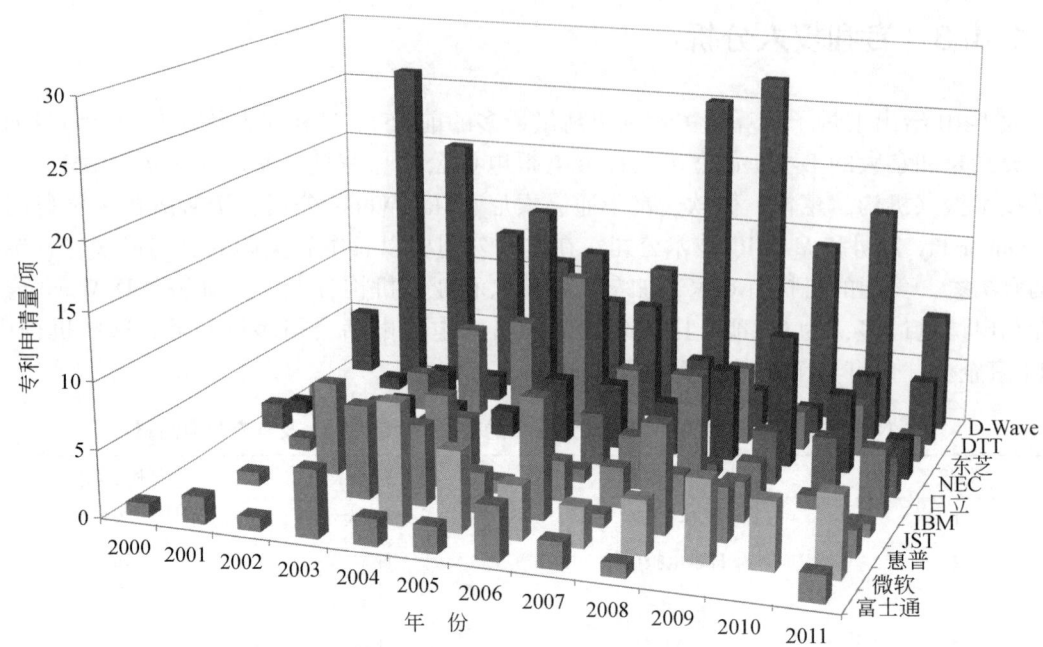

图 1-8 量子计算相关专利申请量最多的前 10 个专利权人的专利申请年度分布（2000～2011 年）

的机构；而安徽量子通信技术公司、山东量子科学技术研究院有限公司、通用电气、意大利 Selex 系统集成公司、河南理工大学是期间首次申请的机构，其中我国的机构有三个，表明我国的量子计算技术在近几年具有很好的发展势头；同时，在总体技术申请上表现比较突出的几个机构，如美国惠普公司、日本索尼公司、美国 MathWorks 公司、Qucor Pty 公司、MAGIQ 技术公司在 2009～2011 年没有专利申请，此外，普利司通公司、三菱电子、意法半导体公司、日本理化学研究所也在同期没有专利申请。

表 1-11　2009～2011 年量子计算相关专利权人的活跃程度

2009～2011 年 申请量最多的机构	2009～2011 年 首次申请的机构	2009～2011 年 没有申请的机构
美国 IBM（5）	安徽量子通信技术公司（3）	美国惠普公司（31）
日本电报电话公司（5）	山东量子科学技术研究院有限公司（2）	日本索尼公司（22）
南非元素六公司（4）	通用电气（2）	美国 MathWorks 公司（21）
诺斯洛普·格鲁门公司（4）	意大利 Selex 系统集成公司	Qucor Pty 公司（17）
哈佛学院（4）	河南理工大学（2）	MAGIQ 技术公司（16）
加拿大 D-Wave 公司（4）		普利司通公司（11）
日立公司（3）		三菱电子（11）
哥伦比亚大学（3）		意法半导体公司（11）
安徽量子通信技术公司（3）		日本理化学研究所（10）

注：2009～2011 年申请量最多的机构和首次申请的机构后括号内的数字代表 2009～2011 年该机构申请的专利数量，2009～2011 年没有申请的机构后括号内的数字代表全时间段该机构申请的专利数量

1.4.4 技术布局分析

表1-12给出了量子计算专利涉及的前10个技术方向（IPC小类），可以看出量子计算相关专利涉及的最多的技术主题是H01L（半导体器件，其他类目未包含的电固体器件），有超过1/3的专利家族（413项）属于这一技术类别；专利数量排名其后的技术主题依次是G06F（电数字数据处理）和H04L（数字信息的传输），这两个技术类别涉及的技术数量分别是272项和217项。之后，根据涉及专利数量的多少排名依次是G06N（基于特定计算模型的计算机系统）、G02F（用于控制光的强度、颜色、相位、偏振或方向的器件或装置）、H03K（脉冲技术）、G02B（光学元件、系统或仪器）、H04B（传输）、H01S（利用受激发射的器件）和G11C（静态存储器）。

表1-12 量子计算专利涉及的主要技术方向

排序	IPC小类	技术说明	专利数量/项
1	H01L	半导体器件、其他类目未包含的电固体器件	413
2	G06F	电数字数据处理	272
3	H04L	数字信息的传输	217
4	G06N	基于特定计算模型的计算机系统	198
5	G02F	用于控制光的强度、颜色、相位、偏振或方向的器件或装置	102
6	H03K	脉冲技术	94
7	G02B	光学元件、系统或仪器	67
8	H04B	传输	65
9	H01S	利用受激发射的器件	64
10	G11C	静态存储器	50

图1-9给出了专利申请量前5位的机构在量子计算专利申请的分类情况，可反映出这些企业在专利技术布局上的差异。5家公司在半导体器件（H01L）上都进行了重要布局，D-Wave公司在数量上远超其他公司，NEC公司的数量也不少。D-Wave在基于特定计算模型的计算机系统（G06N）、电数字数据处理（G06F）和脉冲技术（H03K）上的优势也很明显，在基于特定计算模型的计算机系统和电数字数据处理这两个技术领域，D-Wave的主要竞争对手是日本电报电话公司。在模拟计算机（G06G）领域，D-Wave一家独大，在该领域布局的公司很少。此外，在利用受激发射的器件（H01S）和用于控制光的强度、颜色、相位、偏振或方向的器件或装置（G02F）这两个技术领域上，东芝公司具有较大的优势。

基于专利数据中的标题和摘要信息，借助于TI的聚类和可视化功能，并通过内容分析，进一步理解专利的技术信息，得到了量子计算的技术研发热点，从图1-10中可以看出，超导量子干涉仪，量子计算的仪器方法，量子数据处理，量子电路，量子运算的器件及方法，量子算法，量子计算机：逻辑门，半导体及纳米等材料量子结构，量子处理器：光子特性、处理方法，单光子源的产生：在量子计算中的应用，量子计算：信号产生、处

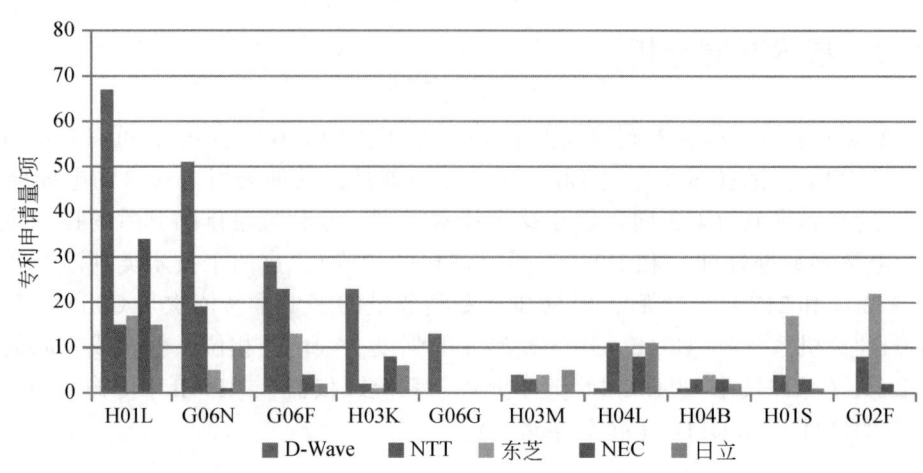

图1-9 专利申请量前5位的机构量子计算专利技术分类比较（见彩图）

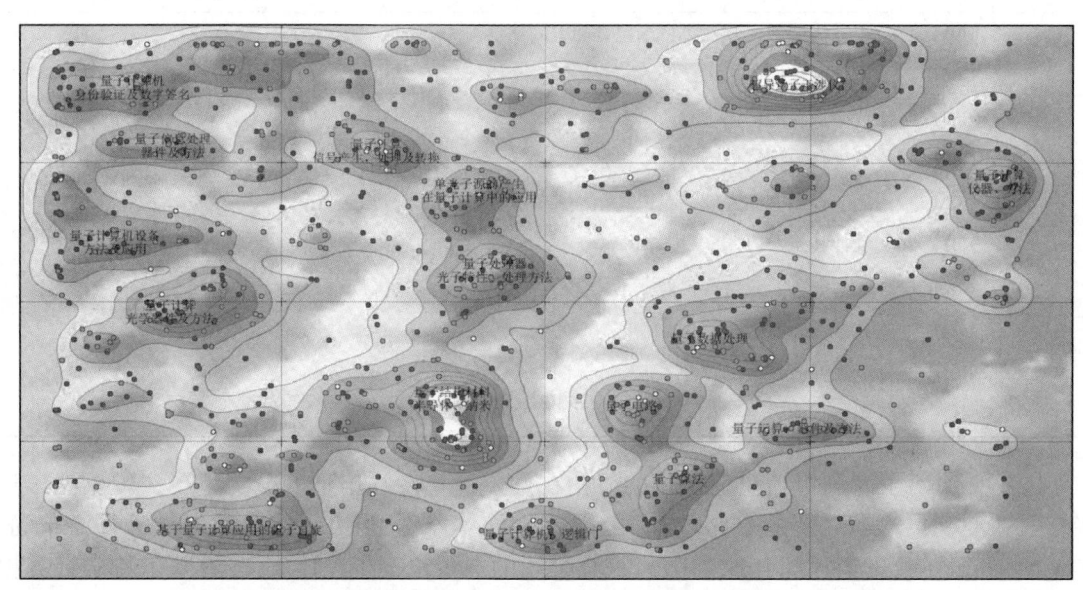

图1-10 量子计算相关技术的专利热点布局及发展趋势（见彩图）
黄色点，1975~1999年；绿色点，2000~2005年；红色点，2006~2011年

理及转换，量子计算机：身份验证及数字签名，量子信息处理：器件及方法、量子计算机设备方法及应用，量子计算：光学器件及方法，基于量子计算应用的量子自旋等技术是量子计算的热点技术。这些技术也表现出了相对清晰的时间变化特征。1975~1999年（黄色点），量子计算相关的技术申请数量并不太多，主要集中在超导量子干涉仪，量子数据处理，量子信号产生、处理及转换；2000~2005年（绿色点），较1975~1999年专利申请有了大幅度的增长，技术的分布范围也比较广，基本上覆盖了所有的技术热点，但在超导量子干涉仪、量子运算器件及方法、半导体及纳米等材料量子结构、基于量子计算的量子自旋等技术热点上布局更加集中；2006~2011年（红色点），专利申请数量的增长速度

进一步加快，在每一个技术热点上均有布局，特别在量子计算机：身份验证及数字签名、量子计算：光学器件及方法、量子数据处理和量子计算机：逻辑门等技术方面布局相对集中。

1.5 研究总结与建议

经过多年的研究，量子计算已成为物理学领域最活跃的研究前沿之一。量子计算和量子计算机具有巨大应用前景和市场潜力，因此各国政府制定了一系列针对量子计算的研发计划。本报告通过定性调研和分析美国、欧洲、日本、加拿大和中国等在量子计算的研究现状，结合对量子计算研究论文和专利的定量分析，发现量子计算研究呈现出以下特点。

(1) 各国对量子计算研究保持高度重视，整体资助呈增长趋势。其中，美国是研发投入最多的国家，国家安全局、DARPA、NSF 等众多机构都大力资助量子计算研究。欧盟对量子计算的资助也保持了很大的力度。中国对量子计算越来越重视，从项目资助升级到国家战略，资助规模也越来越大。各国目前量子计算研究计划的重点集中在开发新的量子算法、量子计算的物理实现以及量子器件的研发。

(2) 从研究论文来看，2002 年至今，量子计算研究保持了很高的热度。美国是研究论文发表最多的国家，远超过其他国家。中国已成为量子计算领域论文发表数量居第二的国家，而且，中国是所有国家中近 3 年发表的论文占总发文量的比例最高的，表现相当活跃。发文量最多的机构中，中国科学院位列第一，美国有 4 家机构进入前 10 位。量子计算发文量最多的前 20 位作者中，11 位来自美国，5 位来自澳大利亚，中国、德国、加拿大和日本各有 1 位。

(3) 从论文的研究主题来看，近 10 年最关注的主题主要侧重于量子计算、量子态、量子算法和量子纠缠。该领域的研究不断发展，每年都有新主题词出现，近 3 年新出现的主题词主要有固态自旋、量子失协、耦合腔、Jarzynski 等式、量子化电导、非对称量子码、量子神经计算、量子因子算法、量子图像处理等。

(4) 从专利看，量子计算相关技术从 1996 年开始受到重视，专利申请量逐年快速增加，到 2006 年达到申请量的高点，随后有所下降并保持稳定。量子计算的专利受理大多数集中在美国专利商标局和日本专利局，中华人民共和国国家知识产权局受理的专利数量虽然位居第三，但数量并不多。此外，近年来中国和加拿大受理的专利数量呈明显的增长趋势。专利申请量最多的机构是加拿大 D-Wave 公司，前 15 个机构中日本的机构有 7 家，美国的机构有 6 家，加拿大和澳大利亚的机构各 1 家。2009～2011 年，专利申请量最多的是美国 IBM、日本电报电话公司、加拿大 D-Wave 公司等，首次申请的机构中，安徽量子通信技术公司、山东量子科学技术研究院有限公司等是申请量较多的机构。

(5) 从量子计算专利的技术布局看，该领域的专利申请基本集中在半导体器件、电数字数据处理和数字信息的传输等主题。专利申请量最多的 5 家机构中，D-Wave 公司在半导体器件、特定计算模型的计算机系统、电数字数据处理和脉冲技术等主题上都有着明显的优势，并且在模拟计算机主题上一家独大。

（6）各国企业对量子计算也很感兴趣，包括美国的 IBM、微软、惠普、谷歌，欧洲的泰雷兹公司、飞利浦公司，以及日本的 NEC、东芝等。加拿大 D-Wave 公司是目前唯一能生产商用量子计算机的企业，2011 年和 2013 年分别生产出 128 量子比特和 512 量子比特的量子计算机。

因此，拟提出以下建议，希望能够对我国发展量子计算有所借鉴。

（1）满足国家需求，继续支持有前途的优势领域。

我国在量子计算研究上布局较早，投资力度直追美国和欧盟，而且已把量子计算研究上升为国家战略。目前，我国在量子计算论文方面处于世界领先水平，有表现突出的机构和科学家。量子计算研究固有的投资风险性和因无法达到既定目标而失败的概率都很高；但是，一旦成功，将带来巨大的回报。因此，为了充分满足国家需求，取得重点领域突破，必须对已有或未来有前途的优势领域给予必要和持续的支持。

（2）集中资源和力量，力争率先突破关键技术。

全球量子计算相关专利申请有 3/4 集中在美国和日本，中国只占 5.7%。尽管近年来量子计算专利申请量逐渐增加，但与美国和日本相比，仍是微不足道。目前专利申请量最多的机构基本都是美国和日本的企业。因此，中国应集中优势，争取突破若干项关键技术，打破量子计算技术被垄断的局面。

（3）走面向商业化的发展之路。

众多国际大型科技公司都已投入量子计算研究，力争在这一富有潜力的领域夺得先机。加拿大 D-Wave 公司始建于 1999 年，并不算早，其经过多年技术准备和吸引多方投资，利用自身优势，将自己打造成为唯一能生产商用量子计算机的企业。此外，美国 MAGIQ 公司最初从科研小组剥离出来，在大学孵化器等计划及商业天使基金或对冲基金的帮助下，度过了创业的艰难时期，逐渐壮大起来。因此，我们既要持续开展技术研发，进行技术储备，更要及早走出商业化之路，吸引各方投资，转化核心专利和优势技术，从而在未来的量子信息工业领域占得一席之地乃至战略高地，为社会经济发展做出贡献。

致谢：中国科学技术大学周正威教授对本报告提出了宝贵的意见和建议，谨致谢忱！

参 考 文 献

周正威，黄运锋，张永生，等．2005．量子计算的研究进展．物理学进展，25（4）：368-385.

Aharonov Y, Davidovich L, Zagury N. 1993. Quantum random walks. Phys Rev A, 48（2）：1687-1690.

Benioff P. 1980. The computer as a physical system：a microscopic quantum mechanical Hamiltonian model of computers as represented by Turing machines. Journal of Statistical Physics, 22（5）：563-591.

Berkeland D. 2013-11-18. Overview of the IARPA Quantum Information Science Program. http：//www.scala-ip.org/crm/pdf/8-Berkeland%20IARPA%20QIS%202008.pdf.

Childs A M, Gosset D, Webb Z. 2009. Universal computation by quantum walk. Phys Rev Lett, 102（18）：180501.

Childs A M, Gosset D, Webb Z. 2013. Universal computation by multiparticle quantum walk. Science, 339（6121）：791-794.

Cirac J I, Zoller P. 1995. Quantum Computations with Cold Trapped Ions. Phys Rev Lett, 74 (20): 4091-4094.

Deutsch D. 1985. Quantum-theory, the Church-Turing principle and the universal quantum computer. Proceedings of the Royal Society of London Series A-Mathematical Physical and Engineering Sciences, 400 (1818): 97-117.

Deutsch D, Jozsa R. 1992. Rapid solutions of problems by quantum computation. Proceedings of the Royal Society of London Series A—Mathematical Physical and Engineering Sciences, 439 (1907): 553-558.

DiVincenzo D P. 2000. The Physical Implementation of Quantum Computation. Fortschr Physik, 48 (9-11): 771-783.

Feynman R P. 1982. Simulating physics with computers. International Journal of Theoretical Physics, 21 (6-7): 467-488.

FIRST. 2013-11-18. Quantum Information Processing Project. http://www.nii.ac.jp/qis/first-quantum/e/overview/index.html.

Furrow B. 2008. A panoply of quantum algorithms. Quantum Information & Computation, 8 (8): 834-859.

Galiautdinov A, Korotkov A N, Martinis J M. 2012. Resonator-zero-qubit architecture for superconducting qubits. Phys Rev A, 85 (4), 042321.

Gamache R R, Davies R W. 1983. Theoretical calculations of N_2-broadened halfwidths of H_2O using quantum Fourier transform theory. Applied Optics, 22 (24): 4013-4019.

Gershenfeld N A, Chuang I L. 1997. Bulk Spin-Resonance Quantum Computation. Science, 275 (5298): 350-356.

Grover L K. 1997. Quantum mechanics helps in searching for a needle in a haystack. Phys Rev Lett, 79 (2): 325-328.

Gruber A, Drabenstedt A, Tietz C, et al. 1997. Scanning confocal optical microscopy and magnetic resonance on single defect centers. Science, 276 (5321): 2012-2014.

Jaksch D, Bruder C, Cirac J I, et al. 1998. Cold bosonic atoms in optical lattices. Phys Rev Lett, 81 (15): 3108-3111.

Knill E, Laflamme R, Milburn G J. 2001. A scheme for efficient quantum computation with linear optics. Nature, 409 (6816): 46-52.

Loss D, DiVincenzo D P. 1998. Quantum computation with quantum dots. Phys Rev A, 57 (1): 120 – 126.

Lovett N B, Cooper S, Everitt M., et al. 2010. Universal quantum computation using the discrete-time quantum walk. Phys Rev A, 81 (4): 042330.

Lu C Y, Browne D E, Yang T, et al. 2007. Demonstration of a compiled version of Shor's quantum factoring algorithm using photonic qubits. Phys Rev Lett, 99 (25): 250504.

Mariantoni M, Wang H, Yamamoto T, et al. 2011. Implementing the quantum von Neumann architecture with superconducting circuits. Science, 334 (6052): 61-65.

Martín-López E, Laing A, Lawson T, et al. 2012. Experimental realization of Shor's quantum factoring algorithm using qubit recycling. Nature Photonics, 6 (11): 773-776.

Monz T, Schindler P, Barreiro J T, et al. 2011. 14-qubit entanglement: Creation and coherence. Phys Rev Lett, 106 (13): 130506.

National Science Foundation. 2013-11-08. AF: Medium: Center for Quantum Algorithms and Complexity. http://www.nsf.gov/awardsearch/showAward?AWD_ID=0905626.

National Science Foundation. 2013-11-12. Centers for Chemical Innovation, Phase I: Quantum Information and Computation for Chemistry. http://www.nsf.gov/awardsearch/showAward?AWD_ID=1037992.

National Science Foundation. 2013-11-13. CDI-Type II: Quantum Cyberinfrastructure for the Simulation of Complex Quantum Systems. http://www.nsf.gov/awardsearch/showAward? AWD_ID=1029764.

Nowack K C, Koppens F H L, Nazarov Y V, et al. Coherent control of a single electron spin with electric fields. Science, 2007, 318 (5855): 1430-1433.

QUROPE. 2013-02. Quantum information processing and communication: Strategic report on current status, visions and goals for research in Europe. http://qurope.eu/content/Roadmap.

Shnirman A, Schön G, Hermon Z. 1997. Quantum manipulations of small Josephson junctions. Phys Rev Lett, 79 (12): 2371–2374.

Shor P W. 1994. Algorithms for quantum computation: discrete logarithms and factoring. Santa Fe, NM, USA: Proceedings 35th Annual Symposium on Foundations of Computer Science: 124-134.

Simon D R. 1994. On the power of quantum computation. Proceedings 35th Annual Symposium on Foundations of Computer Science. Santa Fe, NM, USA: 116-123.

Turchette Q A, Hood C J, Lange W, et al. 1995. Measurement of Conditional Phase Shifts for Quantum Logic. Phys Rev Lett, 75 (25): 4710-4713.

2 锂离子电池正极材料国际发展态势分析

吕晓蓉 李超

(中国科学院文献情报中心)

摘要 锂离子电池研究是涉及化学、物理、材料、能源和电子学等学科的交叉前沿研究领域,引发了国际学术界和产业界的研发热潮。在锂离子电池研究中,正负极材料、隔膜以及电解液是锂离子电池产业链中最具投资价值的环节。而发展新一代锂离子电池,新型电极材料体系的研发,尤其是新一代正极材料的创新性研究及其商业化成为关键。在目前商业化的锂离子电池正极材料中,钴酸锂和镍酸锂仍将主导小型电池市场,而锰酸锂和磷酸铁锂正极材料将会促进大型电池市场的未来发展,锂离子电池新型电极材料体系也正在研发探索中。锂离子电池正极材料的未来发展方向将趋向于微结构尺度越来越小而电容量越来越大的嵌锂化合物,原材料尺度向纳米级发展。随着纳米技术在大容量动力电池上的应用,锂离子电池的未来应用前景将更为广阔。如何进一步提升我国锂离子电池研究及产业发展水平,促进新的技术生长点,实现重大技术成果转化,已成为科技战略布局关注的重点。本文在对锂离子电池正极材料国际发展态势及其专利技术研发趋势和相关重大计划、项目布局分析基础上,拟提出若干战略性部署建议与对策:①发展有商业应用前景的锂离子电池正极材料,实现关键技术突破。目前多种有商业应用前景的锂离子电池正极材料均存在使用循环过程中电容量衰减的问题,这也成为材料研究的关键问题之一。解决电容量提高和循环容量衰减等问题,实现关键技术突破,获得比容量高、循环寿命长的锂离子电池是锂离子电池研究领域的研发重点。②高能量密度、高功率密度及大型化发展成为锂离子电池未来发展趋势。从降低电池成本、提高高能量密度电池的安全性及长期循环稳定性等方面来看,新型正极材料体系的研发及其商业化成为关键。新型锂离子电池材料体系的潜在市场价值也将随着关键技术的突破而在锂离子电池、电动汽车等相关产业中占据优势。③交叉前沿催生新的科技生长点,开拓新的应用领域,产业政策将助推未来市场发展。目前锂离子电池研究领域的进展已引起化学电源界和产业界的高度关注。随着电极材料结构和性能的进一步深入研究,从分子水平上设计出的各种规整结构或掺杂复合结构的正负极材料将极大地推动锂离子电池的科学研究和产业应用。锂离子电池将会是继镍镉、镍氢电池之后,在未来相当长一段时期内,市场前景最好、发展最迅速的一种二次电池。目前锂离子电池已广泛应用于笔记本电脑、智能手机等便携式电子产品,并在电动汽车、混合动力汽车等新能源汽车领域具有显著优势。国家产业政策,尤其是对新能源汽车的大力扶持,将助推大容量锂离子动力电池产业的未来发展。

关键词 锂离子电池 正极材料 大容量动力电池 三元掺杂电极材料 钴酸锂材料

2.1 引言

2.1.1 锂离子电池发展概述

锂离子电池是指以两种不同的能够可逆嵌入和脱出锂离子的化合物分别作为电池的正极和负极的二次电池体系。1972年,美国埃克森(Exxon)公司的研发人员惠廷厄姆(M. S. Whittingham)设计了一种以TiS_2为正极、锂金属为负极、$LiClO_4/1,3-$二氧戊烷为电解液的锂二次电池,但是这种电池会产生"枝晶锂",存在严重的安全隐患。1980年,阿曼德(Armand)首次提出"摇椅式电池"构想,即用低嵌锂电位的层间化合物代替金属锂负极,配之以高插锂电位的化合物作正极,解决了二次锂离子电池的枝晶问题。同年,古迪纳夫(J. Goodenough)发现过渡金属氧化物钴酸锂可以作为锂离子电池的正极材料。1981年,萨马(B. Sama)提出以石墨碳代替金属锂作为负极材料,形成"以过渡金属氧化物为正极,碳材料为负极"的电池体系概念。1991年,日本索尼公司以$LiCoO_2$和C为正负极,成功研制出世界上首款商品化的锂离子电池(郑洪河等,2007;吴宇平等,2004)。

锂离子电池的工作电压一般在3.6伏左右,有时甚至高达4伏以上,远远高于其他二次电池(镉镍电池、镍氢电池、铅酸电池等)。此外,锂离子电池还具有比能量大、自放电小、循环寿命长、无记忆效应、安全性好、无环境污染等优点。目前,锂离子电池已经广泛用于手机、笔记本电脑、数码相机、MP3、电子词典等便携式电子产品。同时在电动汽车、航空航天、人造卫星和大型储能等领域,也经常看到锂离子电池的身影。2010年,全球锂离子电池的年产值已高达约118亿美元。预计到2015年,锂离子电池的市场价值将达到314亿美元,2020年将升至537亿美元(郑洪河等,2007;Reddy et al,2013)。

2.1.2 各国/地区在锂离子电池领域战略计划重点分析

2.1.2.1 美国

美国政府历来重视对锂离子电池相关技术的研究,美国能源部和航天局对这一领域的资助从未停止。

1)美国能源部

为减少美国对石油的依赖、提高燃油效率、减少温室气体排放和改善国家的能源安全处境，美国能源部汽车技术办公室以发展可持续并具有成本竞争力的技术为战略目标，制定了车辆技术规划（Vehicle Technologies Program）。该规划将电化学储能技术列为12个重点的技术方向之一，并制定了详细的技术路线图，下一代锂离子电池和锂离子电池之外的研发是其主体。其中下一代锂离子电池研发由11部分组成：高电压正极、新高电压/高容量正极、高能合金负极、新改进合金负极、先进电解质、新电解质、分离器、制造创新、增强耐受性、改善热管理和计算机辅助电池设计等（美国能源部，2010；2013）。

2012年，美国成立能源存储研究联合中心（JCESR），是美国电池和能源存储研究的大本营，美国能源部计划用5年时间，投入1.2亿美元研发容量是现在5倍的新型电池，而成本则要降到现在的1/5。现在已有5所知名大学和部分科技企业、独立实验室参与其中（时代商报，2012）。

2）美国国家航空航天局

美国国家航空航天局（NASA）历来重视空间电池的研发，为了改进空间电源系统的安全性、性能和可靠性，制定的NASA空间飞行电池规划（NASA Aerospace Flight Battery Program），集中体现了NASA的锂离子电池研究布局，包含3个重点部分（美国国家航空航天局，2010）：

- 锂离子电池的通用安全性、操控性和质量的控制标准。

NASA制定锂离子电池性能的评价指标体系（包含26个一级指标和32个二级指标），并使用该体系对来自美国、日本、英国、法国和加拿大的23种电池进行评价考核。

公布锂离子电池在空间的应用指南，影响电池性能的因素，电池设计、危害与控制，电池要求，电池操作过程、测试等。

- 可用于锂离子电池的原材料。

商用锂离子电池常常需要最大限度减轻重量，缩小体积，而牺牲循环寿命，因此并不适用于执行低轨道和地球同步轨道变轨任务所要求的循环寿命长的特性。政府主导，NASA出资，研发和供应用于保障航天任务所必需的长寿命电池原材料。

- 与空间电池相关的技术交流合作。

NASA空间电池研讨会（NASA Aerospace Battery Workshop）是NASA空间飞行电池系统项目资助的每年一度的盛会，参加者来自美国政府各机构、航空航天承包商和电池制造商，以及其他国家。所涵盖主题包括电池技术、飞行和地面试验数据、在轨运行和解决问题及其他相关主题的研发工作。

2.1.2.2 欧盟

欧盟第七框架计划的电动汽车先进锂离子电池制造项目（ELIBAMA）将使用先进的电池生态设计方法，实现降低成本和环境友好，以确保整个电池生产价值链获得最大收益，产品更廉价，同时提高电池组的总体安全性和效率。重点发展环保型工艺的电极生产、电解液制造、快速均匀的电解液灌装和电池设计组装。还将开发新技术，如引入超净车间制造工艺等，提高下游质量，降低生产链末端的不良品率（欧盟委员会，2011）。

2.1.2.3 日本

日本新能源产业技术开发机构（NEDO）启动汽车锂离子电池基础研究计划。2009年NEDO与22所大学和公司联合启动了一项汽车锂离子电池基础研究计划。该项目集中发展高性能锂离子电池、电池材料及外围系统（如电池控制器、发动机），基于新概念和新材料的创新电池，控制电池电化学反应的基础技术。其他主要研究主题包括弄清电池退化机制、制定安全标准、制定标准电池测试方法。在京都大学成立联合研究中心，集中研究反应机制和性能，稳定性和可靠性的控制因素，最终的目标是发展目前汽车应用水平5倍能量密度的创新电池。参与的其他成员包括：京都大学、东北大学、东京工业大学、早稻田大学、九州大学、立命馆大学、独立行政法人产业技术综合研究所、静冈大学、能源加速器研究组织、三洋、Yoo JieSu公司、Asafa有限公司、丰田汽车公司、丰田中央研究所有限公司、日产汽车有限公司、松下公司、日立公司、日立Maxell、本田研发公司、三菱汽车公司和三菱重工（Green Car Congress，2009）。

2.1.2.4 中国

2012年，科技部发布的《电动汽车科技发展"十二五"专项规划》指出"以动力电池模块为核心，实现我国以能量型锂离子动力电池为重点的车用动力电池大规模产业化突破"（科技日报，2012）。可以预见，锂离子电池将是我国新能源战略的一个重要组成部分。

科技部发布的2013年国家重点新产品计划立项通知中，由青岛乾运高科新材料股份有限公司申报的"镍钴锰酸锂正极材料QY-901"获批国家重点新产品计划战略性创新产品立项。国内除了江浙区域、深圳区域和天津区域外，青岛在2005年之后蓄力发展，已经成为国内第四个锂离子电池新材料的研发和生产核心区域（青岛早报，2013）。

2.1.3 锂离子电池产业动态

在产业层面，锂离子电池是新能源汽车产业链的重要组成部分，因其重要程度，也成为金融危机后经济复苏当中美国重点支持的领域。2009年，美国总统奥巴马批准《美国经济恢复与再投资法案》（American Recovery and Reinvestment Act of 2009），宣布了用24亿美元支持企业发展"'下一代'电池和电动车计划"，要求企业按1:1配套24亿美元，发展9类、48个科研生产项目。其中，15亿美元资助美国的电池及其配件制造者以提高电池的循环容量，涉及的正极材料主要有纳米磷酸亚铁锂、尖晶石锰酸锂、镍钴基材料等（杨裕生，2010）。

日本的锂离子电池产业发展较好，2011年底，日本三井造船工业有限公司与户田工业公司宣布将共同组建工厂，以生产锂离子电池正极用磷酸铁锂，设计能力为2100吨/年，主要供应插电式混合动力电动汽车和纯电动汽车用动力电池（JN钜能电池，2012）。2013年，日本NEC、田中化学研究所、积水化学工业与日本产业技术综合研究所共同开发了新的正极材料——具有层状岩盐结构的锂铁镍锰氧化物。这种正极材料的容量密度达到247

（毫安·时）/克，是锰尖晶石正极材料［容量密度为110（毫安·时）/克］的约2.2倍（佚名，2013）。

韩国LG锂离子电池与国际磷酸铁锂专利拥有者德国南方化学共同组建合资公司，生产磷酸铁锂材料（JN钜能电池，2012）。

2012年4月国务院讨论通过节能与新能源汽车产业发展规划，明确了今后电动汽车的发展目标，争取到2015年，纯电动汽车和插电式混合动力汽车累计产销量达到50万辆，到2020年超过500万辆（国务院，2012-07-10）。锂离子电池成为车用动力电池的主要发展方向之一。2012年，我国发布的《"十二五"国家战略性新兴产业发展规划》指出，新能源汽车产业要加快高性能动力电池、电机等关键零部件和材料核心技术研究及推广应用，形成产业化体系（国务院，2012-07-20）。作为新能源汽车中必备的储能设备，动力电池起着举足轻重的作用。应用于新能源汽车的动力电池包括锂离子动力电池、镍氢动力电池及新型铅酸动力电池等。

从全球范围来看，锂离子电池生产企业主要集中在日本、中国和韩国，相应正极材料的生产企业也主要集中在以上国家。日本工业信息研究院（IIT）统计数据显示，2010年全球正极材料的消费量约为5.3万吨。其中，钴酸锂占54%，锰酸锂占11%，三元材料占27%，磷酸铁锂占4%，镍酸锂及其他正极材料占4%（贾冬梅，2012）。

2.2 锂离子电池正极材料研究现状及论文计量分析

SCI学术论文作为重要科研成果的载体，为分析学术领域研究动态提供了一条有效途径。通过SCI论文影响力分析、研究主题布局、研究机构等反应该研究领域各国研发态势。本报告通过建立论文检索式检索1981~2013年锂离子电池正极材料研究领域中的SCI论文文献，运用WOS工具分析该领域30多年来的发展动态。

2.2.1 锂离子电池正极材料研究动态

2.2.1.1 锂离子电池正极材料研究领域SCI论文影响力分析

在锂离子电池正极材料研究领域，1981~2013年发表的SCI论文逐年发文量统计分析（图2-1）显示，1981~1990年，锂离子电池的发展还处在商业化之前的探索研究阶段，论文数量较少。1991年，随着Sony和Asahi Kasei发布了首个商业化的锂离子电池，该领域研究顿时活跃起来。1996年，Goodenough、Akshaya Padhi及其同事提出$LiFePO_4$和其他磷酸橄榄石（金属锂的磷酸盐，具有相同的结构，矿物橄榄石）作为正极材料（Padhi A. K.，1997）。2002年，麻省理工学院的Yet-Ming Chiang及其团队发现，掺杂铝、铌和锆等金属提高了材料的导电性，从而使锂离子电池的性能大幅改善。2004年，利用直径小于100纳米的磷酸铁颗粒再次获得性能提升。随着这些重要发现和进展的不断涌现，该领域发文数量持续增长。至1999年发文量超过100篇之后呈现出迅速增长的趋势。在数量上看，2001年至今，是快速发展的阶段。2012年6月John Goodenough、Rachid Yazami和Akira Yoshino因锂离子电池的开发而获得2012年环境和安全技术IEEE奖章，也反映出这个研究领域的繁荣，这一年发文量首次突破1000篇。2013年的新进展包括已开发出的磷酸钒锂离子电池，它增加正向和反向反应的能量效率。近3年，该领域的发文量加速增长，2011年接近1000篇（950篇），2012年接近1 300篇（1270篇），2013年已经超过1700篇（截至目前统计）。2014年第25次美国工程院奖被授予John Goodenough、Yoshio Nishi、Rachid Yazami和Akira Yoshino，以表彰他们对现今锂离子电池的基础工作的开拓和领导作用，这一领域科学家的工作又一次获得殊荣。综上所述，锂离子电池正极材料研究领域已经成为目前国际上的热点研究领域。

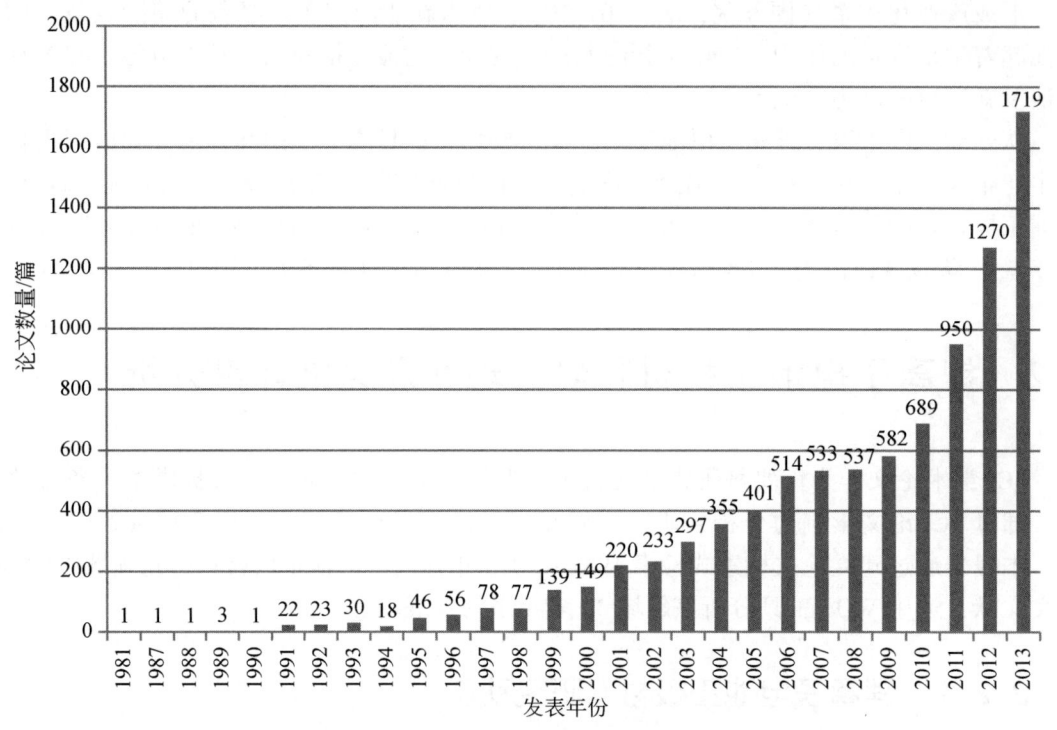

图2-1　锂离子电池正极材料领域SCI论文数量逐年分布

从锂离子电池正极材料研究领域SCI论文发文量国家/地区排名情况（图2-2）来看，排名前5位的国家依次是中国、美国、日本、韩国和法国。其中，中国内地在该领域的SCI学术论文数量远大于其他国家，接近第二名美国论文数量的2倍。日本、韩国的论文数量接近，均超过1000篇，法国、德国、印度、加拿大稍次之，发文量587～307篇。中国台湾、澳大利亚、西班牙、新加坡、英国、意大利、瑞士紧随其后，发文量在300篇之下。

从锂离子电池正极材料研究领域SCI论文发文机构排名情况（图2-3）来看，排名前10位的研究机构依次是美国能源部所属研究机构、中国科学院、中南大学、芝加哥大学、汉阳大学、日本国家产业技术综合研究所、美国加利福尼亚大学、清华大学、法国巴黎第六大学和韩国科学技术研究院。排名前10位的机构中，国立科研机构占4家，大学有6

所，体现了美国、中国、韩国、日本、法国等对该领域研究的重视程度都很高。

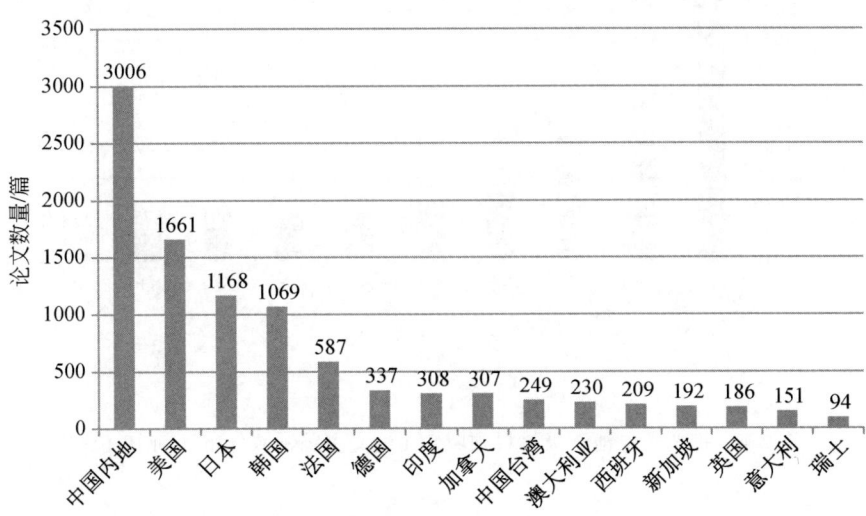

图 2-2　锂离子电池正极材料研究领域 SCI 论文发文量国家/地区排名（前 15 位）

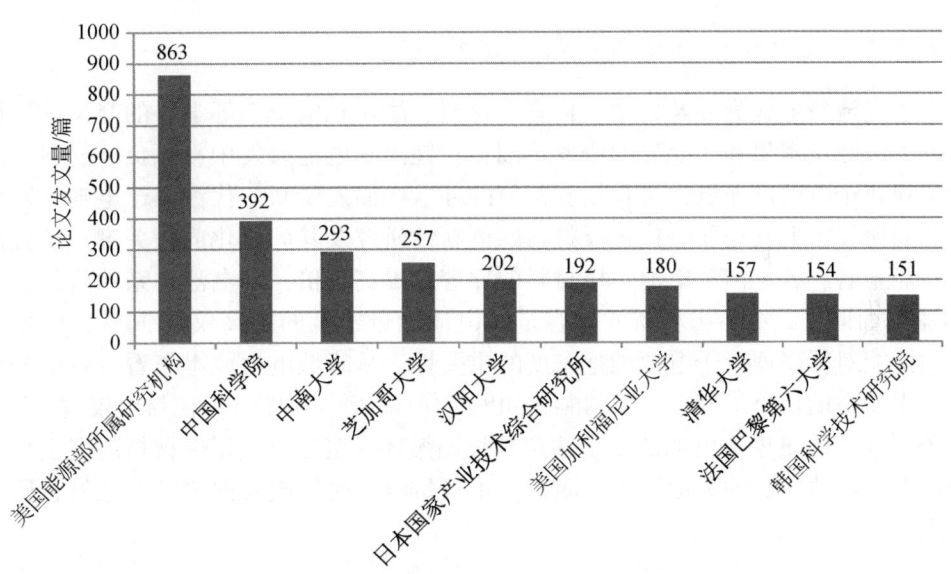

图 2-3　锂离子电池正极材料领域 SCI 论文发文量机构排名（前 10 位）

对 SCI 收录的锂离子电池正极材料领域科研论文数据进行主题领域统计分析（图 2-4）显示，锂离子电池正极材料研究领域 SCI 论文研究主题主要分布在电化学、材料科学多学科交叉、化学物理、能源燃料、凝聚态物理、材料科学涂层薄膜、化学多学科交叉、应用物理、纳米科技、冶金矿冶工程等领域。

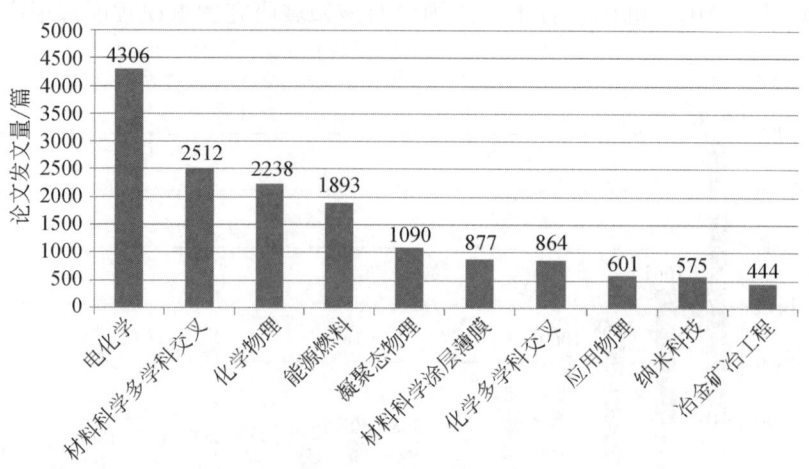

图 2-4 锂离子电池正极材料领域 SCI 论文主题领域分布（前 10 位）

2.2.2 锂离子电池正极材料研究热点及其关键技术

2.2.2.1 锂离子电池正极材料研究热点

锂离子电池研究成为涉及化学、物理、材料、能源和电子学等学科的交叉前沿研究领域，引发了国际学术界和产业界的研发热潮。在锂离子电池研发中，正负极材料、隔膜及电解液是锂离子电池产业链中最具投资价值的环节。而发展新一代锂离子电池，新型电极材料体系的研发，尤其是新一代正极材料的创新性研究及其商业化成为关键。从提高锂离子电池性能来看，若锂离子电池正极材料的比容量提高 1 倍，则电池体系的能量密度可提高约 57%；而同样提高负极材料的比容量对电池能量密度的提高仅为 26%，可见改善正极材料的性能对提高锂离子电池能量密度的重要性。从降低电池成本来看，各部分材料在电池成本中所占的比例不同，正极材料占 40%，电解液占 16%，负极材料仅占 5%（图 2-5）。另外，在高能量密度电池的安全性及其长期循环稳定性上，正极材料的安全性能也成为影响锂离子电池发展的关键因素。因此，正极材料的研究成为锂离子电池材料研究的焦点和热点。

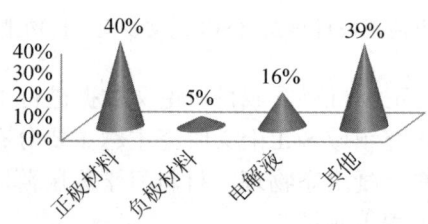

图 2-5 锂离子电池各组成部分材料在成本中所占比例

目前，对锂离子电池正极材料的研究多集中在有商业应用前景的正极材料，已商业化的正极材料包括 $Li_{1-x}CoO_2$（$0<x<0.8$）、$Li_{1-x}NiO_2$（$0<x<0.8$）、$LiMnO_2$ 等。然而，多种有

商业应用前景的锂离子电池正极材料均存在使用循环过程中电容量衰减的问题,这成为该材料研究的关键问题之一。已商业化的锂离子电池正极材料各有其优缺点。从应用前景分析,寻求储量丰富、价格低廉、环境友好、过充电时对电压控制和电力保护的要求较低等优势且高性能的正极材料将是锂离子电池正极材料研究的重点。而成功的商业化电极材料的制备工艺都有独到之处,并得到相关专利的保护,这也是国内目前研究的差距所在。

分析锂离子电池正极材料的国际研究态势,其电容量正以 30~50(毫安·时)/(克·年)的速度增长,未来发展趋向于微结构尺度越来越小而电容量越来越大的嵌锂化合物,原材料尺度向纳米级发展。对于锂离子电池正极材料研发中电容量提高和循环容量衰减的问题,目前已有的研究方法是掺杂或添加其他组分,这种方法的理论机制有待进一步研究。

2.2.2.2 重点研发的锂离子电池正极材料

以下重点分析目前成为研发热点的锂离子电池正极材料及其发展趋势。

1) 锰酸锂材料领域

由于锰资源丰富、价格低廉、对环境友好、安全性高,而且所具有的独特三维隧道结构有利于锂离子的嵌入与脱出。因此,锰酸锂($LiMn_2O_4$)成为 21 世纪极具发展前途的绿色能源材料。尖晶石型 $LiMn_2O_4$ 正极材料由于具有资源丰富、价格便宜、安全性高且易合成等优点,因而在锂离子动力电池正极材料竞争中极具发展潜力(张临超,陈春华,2011)。然而,$LiMn_2O_4$ 材料在充放电循环过程中容量衰减迅速等问题也成为制约其大规模工业应用的技术瓶颈。即便如此,尖晶石型 $LiMn_2O_4$ 材料仍被认为将取代 $LiCoO_2$ 而成为新一代锂离子电池正极材料。提高 $LiMn_2O_4$ 材料的比容量,寻找新型富锂化合物或增加活性物质中能可逆脱嵌的 Li 量成为研发重点之一。同时,改进 $LiMn_2O_4$ 材料制备工艺,包括研发材料新合成方法也是重点研究方向。

2) 磷酸铁锂材料领域

磷酸铁锂($LiFePO_4$)材料具有价格低廉、资源丰富、环保无毒、良好的循环性能、优异的安全性能及在低倍率充放电条件下有较高的容量等特性,已成为重点关注的锂离子电池正极材料。近年来,随着纳米技术在正极材料上的应用,为材料的循环稳定性能及比容量带来了许多新的突破,$LiFePO_4$ 材料展现出更具潜力的市场前景。$LiFePO_4$ 材料具有安全性高、循环性能稳定、价格低廉,并具有 170(毫安·时)/克的理论容量、3.5 伏的平稳放电平台性能,已成为高容量锂离子电池正极材料的重要候选者之一,将主导未来大型锂离子动力电池市场(廖文明等,2008)。目前,在磷酸铁锂材料领域中,领先企业包括美国 A123、加拿大佛斯泰克(Phostech)公司及美国华伦斯(Valence)技术公司等。中国在 $LiFePO_4$ 材料领域也具备一定的优势,至 2009 年,中国共有 50~60 家电芯厂商完成磷酸铁锂生产线的购置,并进行产能扩张。其中,已进入工业化批量生产并向市场稳定供货的企业包括天津斯特兰、北大先行和比亚迪等。目前,$LiFePO_4$ 材料研究中有待解决的关键问题包括如何提高材料的导电性及克服材料振实密度较低的缺陷等。其中,导电性差是影响 $LiFePO_4$ 应用的最大问题之一;通过制备工艺改进等增加材料的振实密度,已成为 $LiFePO_4$ 研发中的关键技术;发展新材料体系也成为目前的一个研究热点(Suo et al.,

2013）。

3）Li［Ni，Co，Mn］O_2三元掺杂的锂离子电池正极材料

层状结构 Li［Ni，Co，Mn］O_2是三元掺杂的锂离子电池正极材料，通过引入 Co 能够减少阳离子混合占位情况，从而有效稳定材料的层状结构；通过引入 Ni 可提高材料的容量；通过引入 Mn 不仅可以降低材料成本，而且还可以提高材料的安全性。目前，锂离子正极材料的共混改性已经成为研究热点之一。共混材料有着优异的高温存储性能，放电比容量也有很大提高；虽然共混材料初始放电比容量低于未共混，但其长期高温存储性能优于后者。这种共混材料由于有着较高的放电比容量和优异的高温稳定性能，有望成为下一代锂离子电池正极材料的重要候选者。如何实现 Li［Ni，Co，Mn］O_2三元材料的规模化生产，优化制备工艺，提高材料振实密度及高低温下的循环稳定性和倍率性能并降低成本，成为实现 Li［Ni，Co，Mn］O_2三元材料的大规模应用中的研发重点和热点。

表 2-1 和表 2-2 列出钴酸锂、镍酸锂、锰酸锂、磷酸钒锂、磷酸铁锂等学术界和产业界重点关注的已商业化/有商业应用前景的锂离子电池正极材料性能和制备方法（庞春会等，2012）。

表 2-1 几种重要的锂离子电池正极材料性能比较

正极材料	结构	基本性能参数	优点	缺点
$LiCoO_2$	层状岩石结构	理论容量 274（毫安·时）/克 实际容量 140（毫安·时）/克 工作电压范围 2.5～4.2 伏	工作电压较高 充放电电压平稳 适合大电流充放电 比能量高、循环性能优 电导率高、生产工艺简单	钴有毒，污染环境，资源短缺且价格昂贵，电极材料抗过充电性较差，循环性能有待进一步提高
$LiNiO_2$	层状岩石结构	理论容量 274（毫安·时）/克 实际容量 190～210（毫安·时）/克 工作电压范围 2.5～4.2 伏	自放电率低 无污染 与多种电解质相容性优 与 $LiCoO_2$ 相比价格便宜	首次充放电库仑效率低，工作电压低，充放电循环寿命短 制备条件苛刻，热稳定性差，充放电过程中易发生结构变化，电池循环性能差，容量衰减快；大规模合成较困难
$LiMn_2O_4$	立方尖晶石型	理论容量 148（毫安·时）/克 实际容量 110～120（毫安·时）/克 工作电压 3.0～4.0 伏	Mn 资源丰富、成本低，原料价格低 污染小、安全性高、无毒 工作电压低 电解液选择相对容易 抗过充性能好 制备较容易	理论容量不高 结构不稳定，存在 John-Teller 效应，在深度充放电中，易发生晶格畸变，使电池容量衰减加快，尤其在较高温度下衰减加剧
$Li_3V_2(PO_4)_3$	类 Nasicon 结构	理论容量 197（毫安·时）/克 工作电压 3.0～4.8 伏	原料丰富，生产成本低 环境友好，循环性能好 倍率性能好，热稳定性好	电导率较低，高倍率充放电时比容量过低

续表

正极材料	结构	基本性能参数	优点	缺点
LiFePO$_4$	橄榄石结构	理论容量 170（毫安·时）/克 实际容量 110（毫安·时）/克（无掺杂）、165（毫安·时）/克（掺杂修饰） 工作电压约 3.4 伏	Fe、P 资源丰富低成本、低毒性；稳定性高，安全性高 高能量、长寿命、无记忆	能量密度低于 LiMn$_2$O$_4$、LiNiO$_2$、LiCoO$_2$ 电子和离子电导率低，倍率性能差，振实密度小，循环性能差 高倍率充放电性能差 理论容量较高

表 2-2 锂离子电池正极材料制备方法

正极材料	制备方法		改性方法
LiCoO$_2$	固相法	高温固相法	掺杂、包覆 Ni 掺杂 Mg 掺杂，等离子体增强 化学气相沉积法，涂覆 ZnO，改善循环性能
		低温固相法	
	液相法	共沉淀法	
		溶胶-凝胶法	
		喷雾干燥法	
		水热合成法	
LiMn$_2$O$_4$	高温固相法	缺点：颗粒粒度大、物相分布不均匀，电化学性能不理想 改进的固相法有：固相分段合成法、熔融浸渍法	表面修饰，包覆 掺杂 阳离子掺杂，改善循环性能和倍率性能 阴离子掺杂，如 F 掺杂提高稳定性等 复合掺杂，改善循环性能，提高初始容量
	微波合成法	优点：缩短加热时间，能够有效抑制固体粉末的团聚现象	
	溶胶-凝胶法	优点：合成温度低，纯度高、均匀性好	
	乳化干燥法	优点：合成材料粒度小且分布均匀	
	共沉淀法	优点：材料颗粒小，成分均一化程度高 缺点：反应难控制	
	水热法	优点：具有较好的结晶状态，有利于材料的稳定性，如合成了超微 LiMn$_2$O$_4$ 碳纳米管纳米复合材料，具有优异的大功率放电能力和循环性能	
	模板法	较传统固相法具有更好的初始容量和更高容量保持率	
Li$_3$V$_2$（PO$_4$）$_3$	固相法（常用）		掺杂 包覆
	溶胶-凝胶法		
	微波法		
	水热法		

续表

正极材料	制备方法		改性方法
LiFePO$_4$	固相烧结法	缺点：反应周期长，温度控制较烦琐	掺杂 包覆 纳米化
	微波法		
	溶胶-凝胶法	优点：能使溶液达到分子级水平混合，反应温度较低，制备产物粒度分布均匀、粒径小且分布窄	
		缺点：制备周期长，影响因素多，难实现规模化	
	液相共沉积法		
	水热法		
	新方法	模板法	
		熔盐法	
		冷冻干燥法	

2.3 锂离子电池正极材料专利分析

2.3.1 锂离子电池正极材料专利申请时序分析

2.3.1.1 锂离子电池正极材料专利逐年申请量

全球锂离子电池专利申请量的发展趋势可分为三个阶段，如图2-6所示。1994～2000年为发展的初期阶段，专利年均申请量为几百件；2002年专利申请量开始突破1000件，至2006年为加速发展阶段；2008年之后专利申请量突破2 000件，专利申请量增长迅猛，年均增速超过22％，且该高速增长趋势仍将持续。考虑到专利申请到专利公开有18个月的滞后期，2012年之后的专利数据未计入分析。

锂离子电池专利申请量中，正极材料的专利申请量占比超过30％。图2-7显示出全球锂离子电池正极材料的专利申请量趋势。锂离子电池正极材料的专利申请量在21世纪初为缓慢发展阶段，其中2002年最高申请量为347件；近几年，正极材料的专利申请量呈现出快速增长趋势，年均专利申请量超过900件，2011年专利申请量达到最高峰为1488件。随着电极材料结构和性能的进一步研发突破及更优性能的正极材料推向产业化，预计锂离子电池，尤其是正极材料的专利申请量将呈现出持续增长的发展趋势。

2.3.1.2 锂离子电池正极材料专利在各国/地区的申请量分布

在全球锂离子电池技术领域中，专利申请量排名前10位的国家/地区分别是：日本、中国内地、美国、韩国、德国、法国、欧洲专利局、中国台湾、英国和加拿大（图2-8）。其中，中国内地和日本在锂离子电池领域的专利申请量远大于其他国家/地区。韩国及欧

2 锂离子电池正极材料国际发展态势分析

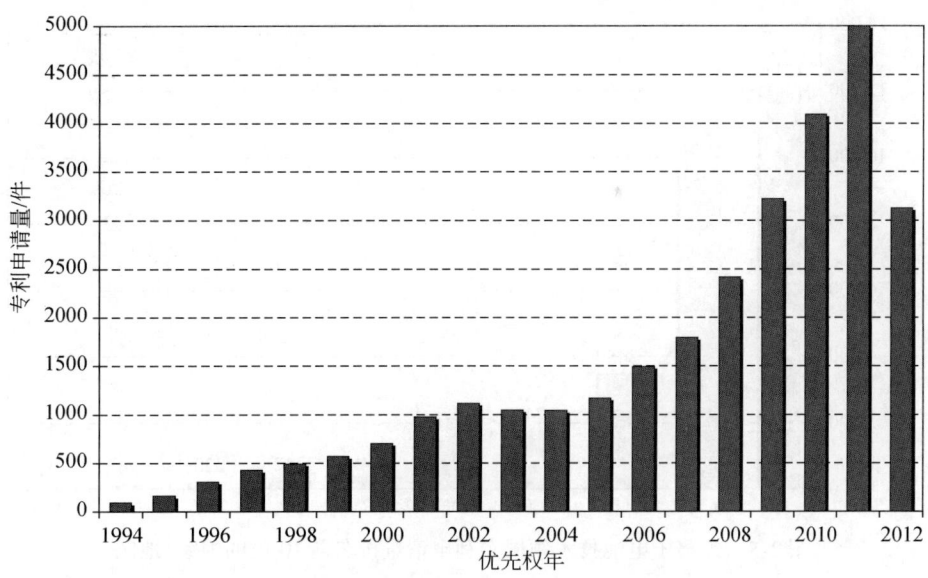

图 2-6　全球锂离子电池专利申请量趋势

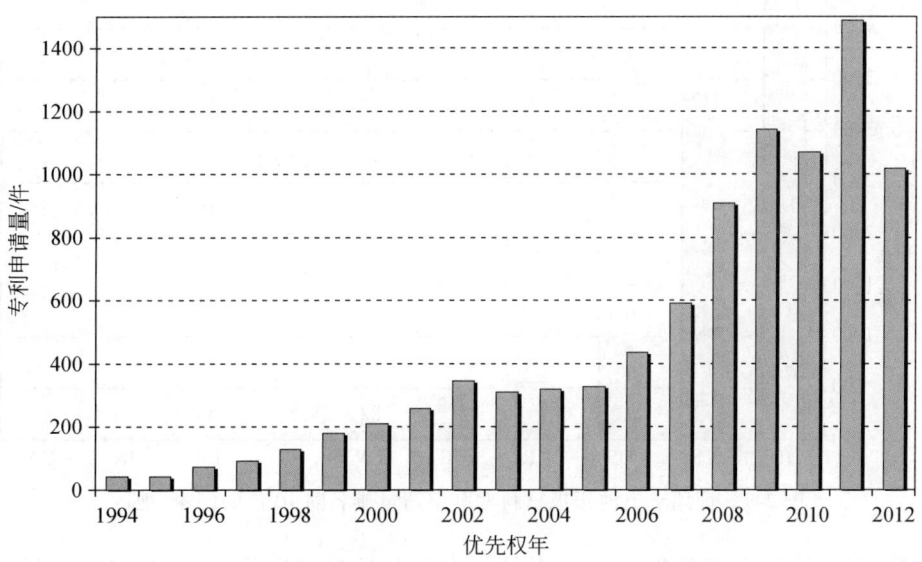

图 2-7　全球锂离子电池正极材料专利申请量趋势

洲地区在该领域的专利申请量较高。

在锂离子电池正极材料专利申请中，申请量排名前 10 位的国家/地区如图 2-9 所示。排名前 5 位的分别是日本、中国内地、美国、韩国和德国。中国台湾排名第 6 位，在锂离子电池正极材料的研发中，专利申请量略高于法国等欧洲国家；印度在正极材料的研发中也具备一定优势。

对锂离子电池正极材料领域专利申请量前 5 位的国家/地区逐年专利申请进行统计分析（图 2-10）显示，日本在正极材料研发领域起步最早，年均申请量已接近 100 件，2002

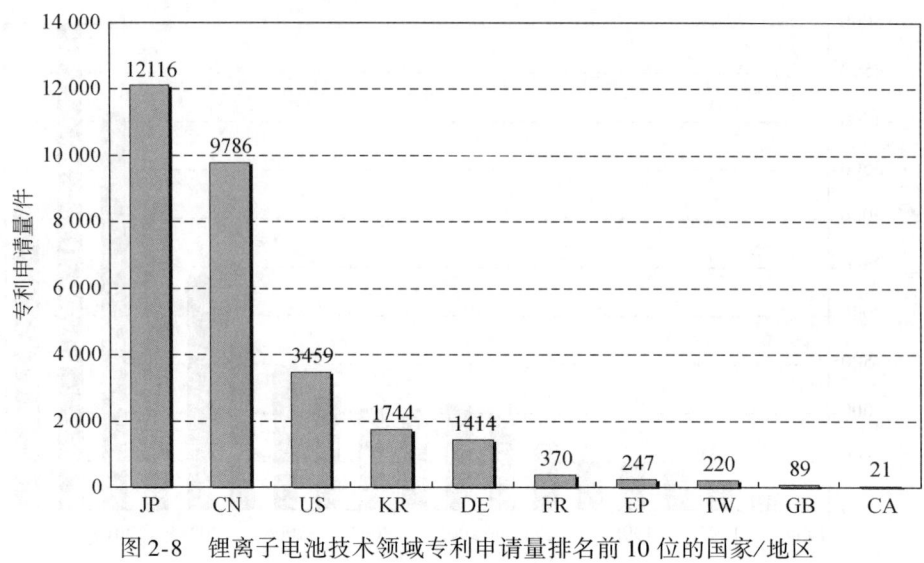

图 2-8 锂离子电池技术领域专利申请量排名前 10 位的国家/地区

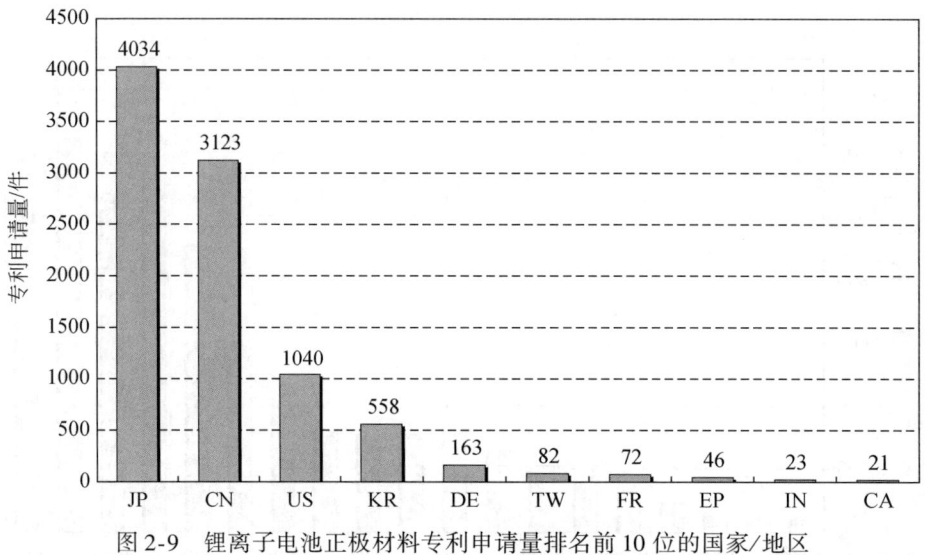

图 2-9 锂离子电池正极材料专利申请量排名前 10 位的国家/地区

年达到申请量的第一个高峰期,为 223 件;之后申请量稍有回落,2006 年又开始加速增长,至 2009 年达到第二个高峰期,专利申请量达到 602 件;近 2 年来,专利申请量稍有下降,但仍维持在 400 件/年的水平。中国在锂离子电池正极材料领域的研发活动于 2006 年开始呈现出加速增长趋势,从 2007 年的 138 件跃升至 2011 年的 824 件,增长速度高达 35%;近 2 年来的专利申请量已超过排名第一的日本,年均专利申请量达 800 件左右,在该领域已具备相当的竞争实力。美国、韩国和德国的专利申请量趋势较为相似,年均申请量基本低于 100 件。由此可见,在锂离子电池正极材料领域,最具竞争实力的国家主要集中在日本和中国,中国近 2 年来专利技术发展迅速,这也在一定程度上反映出政府对锂离子电池产业化的支持力度。

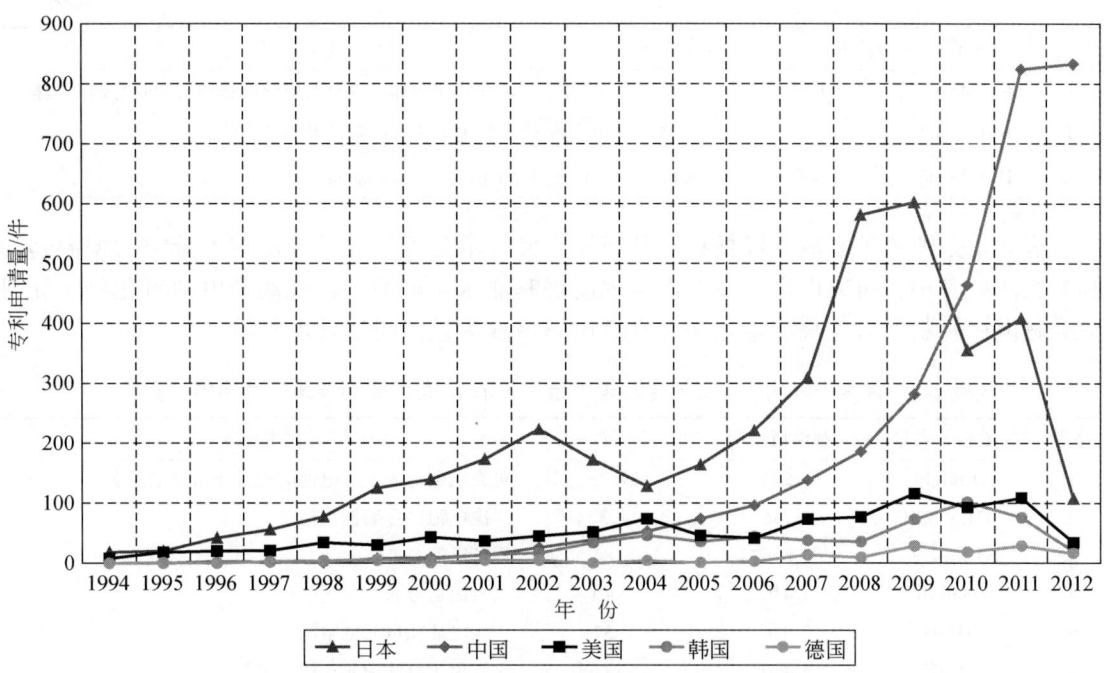

图2-10 锂离子电池正极材料技术领域前5位国家专利逐年申请量

2.3.2 锂离子电池重点技术领域分析

2.3.2.1 锂离子电池技术领域专利申请国际专利分类

国际专利分类（IPC）包含了专利的技术信息，反映了专利技术所属研发领域。通过对全球锂离子电池专利申请的 IPC 统计来了解技术的研发重点。表2-3 给出了锂离子电池领域主要技术分类情况。专利申请的技术分类主要集中在锂离子电池活性材料电极制造方法、电极材料的选取及二次电池的充放电方法等。

表2-3 锂离子电池专利申请量位于前10位的专利技术（IPC）

序号	IPC	专利申请量/件	百分比/%	技术领域
1	H01M10/525	4 744	16.96	锂离子电池
2	H01M4/58	3 459	12.37	除氧化物或氢氧化物以外的无机化合物（如硫化物、硒化物、碲化物、氯化物或 $LiCoF_y$）的活性材料的电极
3	H01M10/40	3 252	11.63	高温工作的非水电解质蓄电池
4	H02J7/00	3 117	11.15	用于电池组的充电或去极化或用于由电池组向负载供电的装置
5	H01M10/44	1 685	6.02	使用或维护二次电池的充放电方法
6	H01M10/36	3 070	10.98	蓄电池
7	H01M4/02	2 632	9.41	由活性材料组成或包括活性材料的电极

续表

序号	IPC	专利申请量/件	百分比/%	技术领域
8	H01M4/62	2 082	7.44	电极中在活性物质中非活性材料成分的选择,如胶合剂、填料
9	H01M2/02	2 060	7.37	电池组件,如电池箱/套/罩及其制造方法
10	H01M4/04	1 866	6.67	由活性材料组成的电极的制造方法

表2-4是锂离子电池正极材料专利研发主要技术分类情况,所用技术分类为德温特专利分类法。其中,可充电电池或二次电池的锂基非水性电池芯、锂离子电池氧化物、无机化合物电极材料及含锂离子电池中非水性电解液成为重点研发技术领域。

表2-4 锂离子电池正极材料专利申请量位于前10位的专利技术(德温特分类)

序号	德温特分类号	专利申请量/件	百分比/%	技术领域
1	X16B01F1	5 246	27.35	可充电电池或二次电池的锂基非水性电池芯
2	L03E01B5B	2 746	14.32	二次电池碱金属锂电极
3	X16A02A	1 696	8.84	锂基电池
4	L03E08B	1 419	7.40	电极制造方法
5	L03E03	1 414	7.37	二次电池或可充电电池
6	L03H05	1 410	7.35	含锂离子电池中非水性电解液
7	X16E01C1	1 378	7.18	电化学存储中氧化物活性材料
8	X16E01G	1 363	7.11	电化学存储中活性材料制造
9	X16E01C	1 347	7.02	电化学存储中无机化合物活性材料
10	L03E08C	1 161	6.05	电池及其组件制造

日本的技术布局较为均衡,在表2-3中所列的重点技术研发领域中均有专利布局。其中,锂离子电池电极材料,尤其是无机化合物材料的研发及高温工作的非水电解质蓄电池等成为日本的重点技术研发领域。中国在锂离子电池领域也颇具研发实力,无机化合物电极材料也是技术布局重点。另外,在用于电池组的充电或去极化及用于由电池组向负载供电的装置研发领域的技术布局强于日本,但在高温工作的非水电解质蓄电池领域明显弱于日本。从专利布局上来看,中国在锂离子电池电极活性材料的研发力量整体上还是与日本存在一定的差距。美国、韩国、德国及法国在该领域也具备竞争实力。

2.3.2.2 锂离子电池正极材料专利研发热点及技术布局

运用专利地图来分析锂离子电池领域的重点技术布局情况,如图2-11所示。锂离子电池专利技术目前的重点应用领域集中在电动汽车和混合动力汽车、便携式电子产品、固态电源存储及医学设备等领域。以下重点分析锂离子电池领域专利研发热点。

1)锂离子电池正极材料

小型电池市场的主导材料是钴酸锂和镍酸锂,锰酸锂和磷酸铁锂将促进大型电池市场的未来发展。从专利申请情况来看,磷酸铁锂及镍-钴-锰三元电极材料是锂离子电池正极材料领域的研发热点。核心技术集中在高导电性、长循环、稳定性、高容量及倍率性能等的电极材料及其制造工艺。

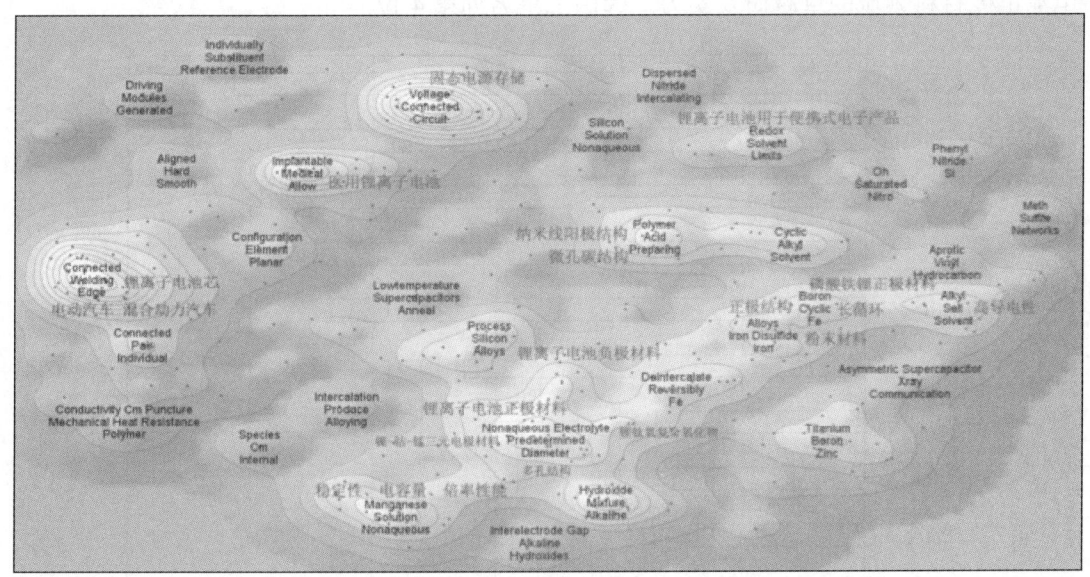

图 2-11 锂离子电池领域专利地图-研发热点和技术布局（见彩图）

2）锂离子电池负极材料

锂离子电池负极材料的研发热点集中在碳材料和具有特殊结构的其他金属氧化物等。负极材料研究中同样需要克服容量循环衰减等问题。制备高纯度和规整的微结构碳负极材料是专利研发的热点。

3）纳米技术对电极材料性能的改进

纳米技术在正极材料上的应用为材料的循环稳定性能及比容量等带来了新的技术突破，包括纳米级超小颗粒正极材料、多孔结构、纳米线阳极结构、微孔碳结构等。

4）优化电极材料制造工艺

从专利申请来看，正极材料的制造方法主要包括高温固相法、溶胶-凝胶法、喷雾干燥法、微波合成法、模板法、熔盐法、冷冻干燥法等。例如，传统固相合成法存在高温时间长、需机械搅拌、合成产物的表面形状和粒子尺寸难以控制等问题。近年来一些新的合成方法不断涌现，专利技术旨在优化合成技术、缩短合成时间、控制合成产品的粒子尺寸等。优化技术和新的制造方法包括：Pechini 法、溶胶-凝胶法、软化学沉淀法、乳胶干燥法、熔融浸渍法、微波合成法等。

2.3.3 锂离子电池正极材料研发领域专利申请机构分析

2.3.3.1 锂离子电池正极材料研发领域专利重点申请机构

锂离子电池正极材料研发领域专利申请量位居前 10 位的研发机构，如图 2-12 所示。其中，有 9 家公司均是日本企业，分别是索尼公司、三洋电机、松下电器、丰田汽车、日产汽车、新神户电机、日立电器、住友电工及 NEC TOKIN 电容公司，显示出日本在锂离子电池正极材料领域的卓越研发实力。韩国三星名列第 4 位。

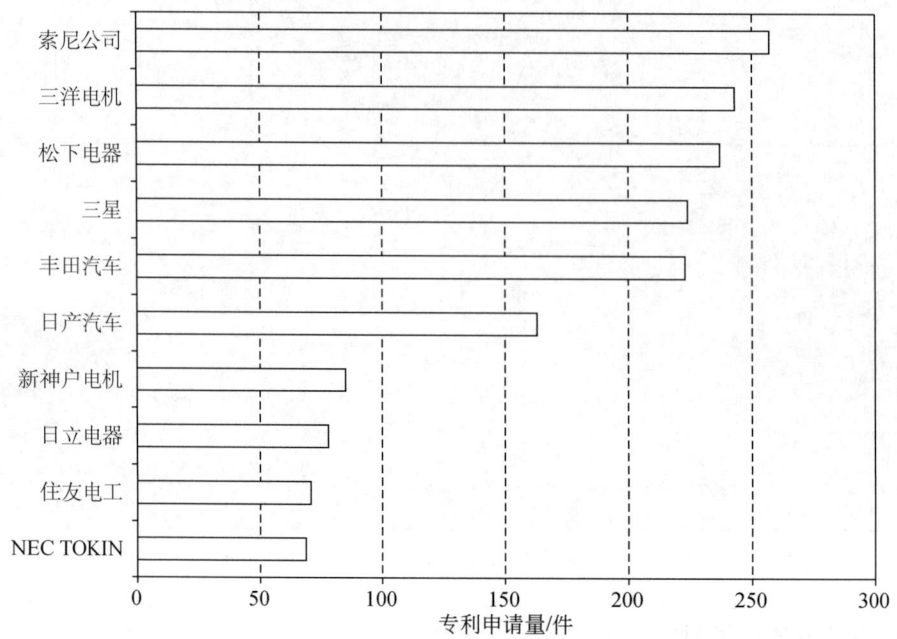

图 2-12　锂离子电池正极材料专利申请量排名前 10 位的研发机构

2.3.3.2　锂离子电池正极材料领域专利引用率高的研发机构

专利引用率从一个侧面反映了研发机构的研发实力。表 2-5 列出了锂离子电池正极材料领域专利引用率高的主要研发机构。3M 公司、永备电池制造商及 A123 系统公司的专利引用率高，拥有核心技术。旭硝子玻璃公司、普利司通公司（日本）及日本电装也拥有高被引专利，极具竞争实力。德国巴斯夫化工公司及博世公司（汽车零部件供应商）的专利也得到行业高度关注。法国原子能研究院及中国外商独资企业新能源科技有限公司成为锂离子电池正极材料研发领域的重要研发机构和企业。

表 2-5　锂离子电池正极材料高被引专利所属研发机构

专利权人	所属研发机构	高被引专利/件	引用者	平均引用
Asahi Glass Co., Ltd.	旭硝子玻璃公司（日本三菱子公司）	40	259	6.48
3M Innovative Properties Co.	3M 公司（美国）	25	158	6.32
Eveready Battery Inc.	永备电池制造商（美国）	14	74	5.29
A123 Systems Inc.	A123 系统公司（美国电池制造商）	19	94	4.59
Bridgestone Corp.	普利司通公司（日本）	17	83	4.88
DENSO Corp.	日本电装（日本汽车电子设备供应商）	30	57	1.90
BASF SE	巴斯夫化工公司（德国）	13	16	1.23
Commissariat Energie Atomique	法国原子能研究院	17	13	0.76

2 锂离子电池正极材料国际发展态势分析

续表

专利权人	所属研发机构	高被引专利/件	引用者	平均引用
Bosch Gmbh Robert	博世公司（德国汽车零部件供应商）	30	18	0.63
Amperex Technology Ltd.	新能源科技有限公司（外商独资企业，隶属于日本TDK公司）	38	5	0.13

以下对美国3M公司及A123系统公司的核心专利进行具体分析，反映锂离子电池正极材料领域核心专利技术及研发热点，如表2-6和表2-7所示。可见，纳米技术对锂离子电池正极材料的性能改进已成为目前的一个重点研发方向，包括纳米粒电极材料等；此外，有关磷酸铁锂正极材料及优化制造工艺的核心技术也是目前锂离子电池领域中众多企业的研发布局重点。

表2-6 美国3M公司在锂离子电池正极材料领域中的核心专利

专利号	专利名称及技术要点	公开时间
US20110183209A1	高容量锂离子电池芯 技术要点：金属氧化物电极材料	2011-07-28
S20100273055A1	电动工具（电动汽车）用锂离子电池芯 技术要点：混合金属氧化物、钛酸锂纳米粒电极材料	2010-10-28
US20090239148A1	高电压正极材料 技术要点：金属锂氧化物微粒	2009-09-24
US20090087744A1	正极材料制造方法 技术要点：混合氧化钴、金属氢氧化物、氧化物和锂盐，固相烧结法合成	2009-04-02
US20080187838A1	电极及其制备方法，包含聚丙烯酸酯，作为黏合剂	2008-08-07
US20080032185A1	锂离子电池正极材料 技术要点：纳米粒电极材料	2008-02-07
US20070269718A1	电极材料和锂离子电池及其制备方法	2007-11-22
US20070196727A1	含有三苯胺氧化还原梭的可充电锂离子电池芯	2007-08-23
US20070054186A1	电极材料 技术要点：用于燃料电池	2007-03-08
US20060099506A1	聚酰亚胺电极黏合剂 技术要点：粉末材料，用于二次可充电电池	2006-05-11
US20050079418A1	共沉积法用于薄膜电池制造	2005-04-14
S20040179993A1	锂离子电池正极材料制备方法	2004-09-16
S20030099878A1	固态薄膜电池	2003-05-29

表2-7 美国A123系统公司在锂离子电池正极材料领域中的核心专利

专利号	专利名称	公开时间
US20110244324A1	含有过充电保护的锂离子电池正极材料	2011-10-06
US20110195306A1	纳米级离子储能材料	2011-08-11
US20110068295A1	磷酸铁锂锂离子电池正极材料及其制备方法	2011-03-24
US20100323244A1	锂离子电池电极制造方法	2010-12-23

2.3.3.3 锂离子电池正极材料核心技术竞争力分析

运用 Innography 专利软件分析锂离子电池正极材料研发领域中的高价值专利及其所属专利权人在该领域的竞争力。如图 2-13 所示，美国美敦力公司（Medtronic Inc.）在医用锂离子电池开发领域实力卓越，技术领先，拥有核心专利技术，拥有广阔的市场发展前景。韩国三星公司在锂离子电池正极材料领域拥有核心竞争力，其核心专利数量多、未来市场空间很大。日本松下电器和东芝公司在该领域的竞争实力也非常强，松下电器在目前的市场占有率高于东芝等公司，而东芝公司的专利技术较为领先于松下电器。美国华伦斯技术公司是全球最具规模的电动汽车磷酸锂离子电池供应商之一，拥有高价值专利技术，其未来市场占有率将呈增长趋势。日本索尼公司，作为锂离子电池领域最先发展的企业，目前其专利技术和市场占有率已逊色于上述企业；而作为发展中的 3M 公司及 A123 系统公司等，其未来潜力值得高度关注。

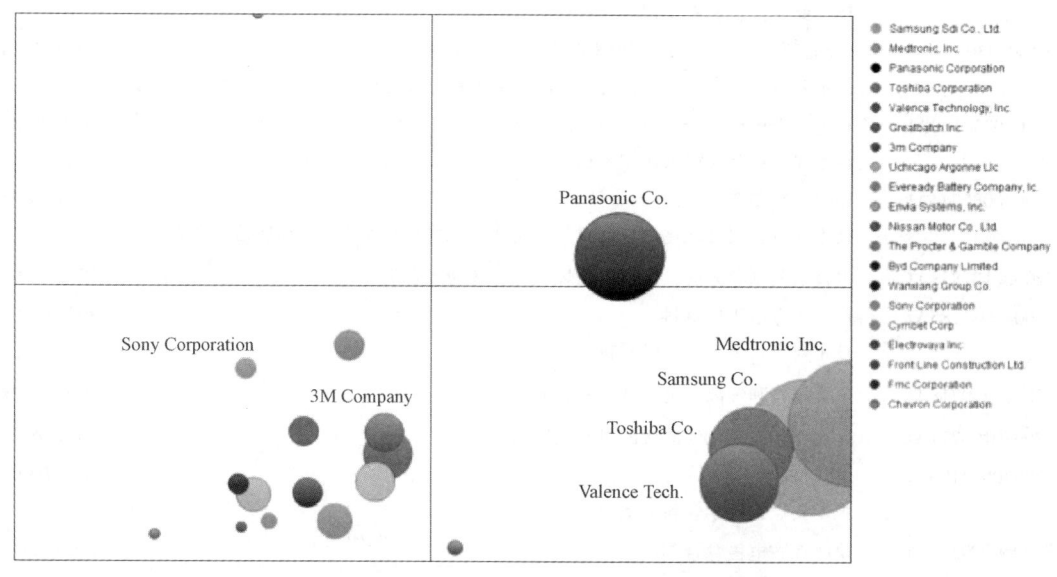

图 2-13　锂离子电池正极材料领域高价值专利及其所属专利权人（见彩图）

2.3.4 锂离子电池正极材料重要研发机构核心专利技术布局比较分析

2.3.4.1 美国美敦力公司和华伦斯技术公司专利研发布局比较

美国美敦力公司在医用锂离子电池研发领域技术领先；美国华伦斯技术公司，作为全球最具规模的电动汽车磷酸锂离子电池供应商之一，在电动汽车应用领域具有代表性。以下以这两个公司为例，具体分析锂离子电池正极材料专利重要申请机构的专利技术布局情况。

图 2-14 显示出美国美敦力公司在锂离子电池领域的专利申请趋势。该公司的发展起

步于 21 世纪初，2004 年专利申请量达到最高峰，近几年来发展较为平稳。该公司的专利申请基本集中在美国，占比 38.08%，国际专利申请占比 15.38%，欧洲专利占比 1.54%，可见，美敦力公司除了在美国本土以外，对海外市场也有大量专利布局。

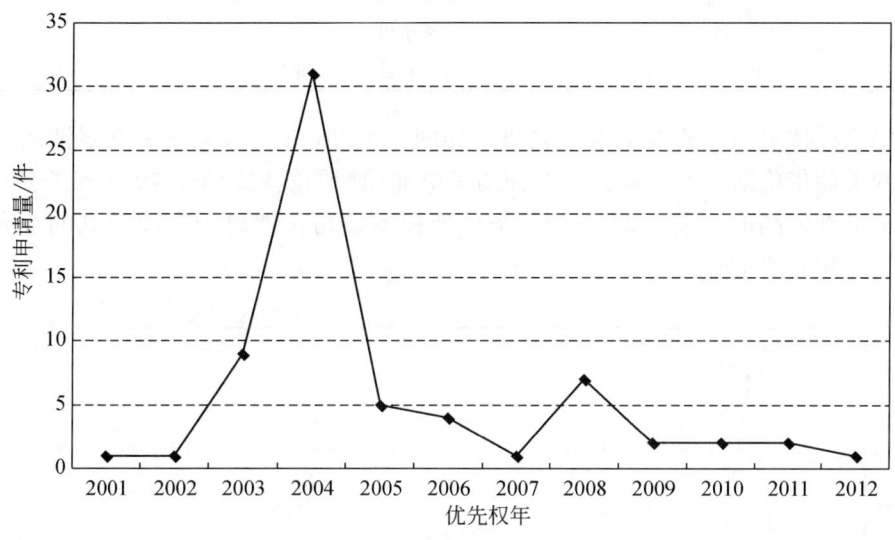

图 2-14　美国美敦力公司专利趋势

从专利技术分类（图 2-15、表 2-8）来看，美国美敦力公司对锂离子电池正极材料的选择以锰酸锂材料为主。研发产品主要应用于医学领域，其中，可植入式医学设备及心脏起搏器和除颤器用锂离子电池是其技术研发重点。从 2006 年起，该公司加大了对植入式医学设备及心脏起搏器和除颤器用锂离子电池技术的研发；近几年，心脏起搏器和除颤器用锂离子电池已成为该公司的核心专利技术，并在医学应用领域居领先地位。

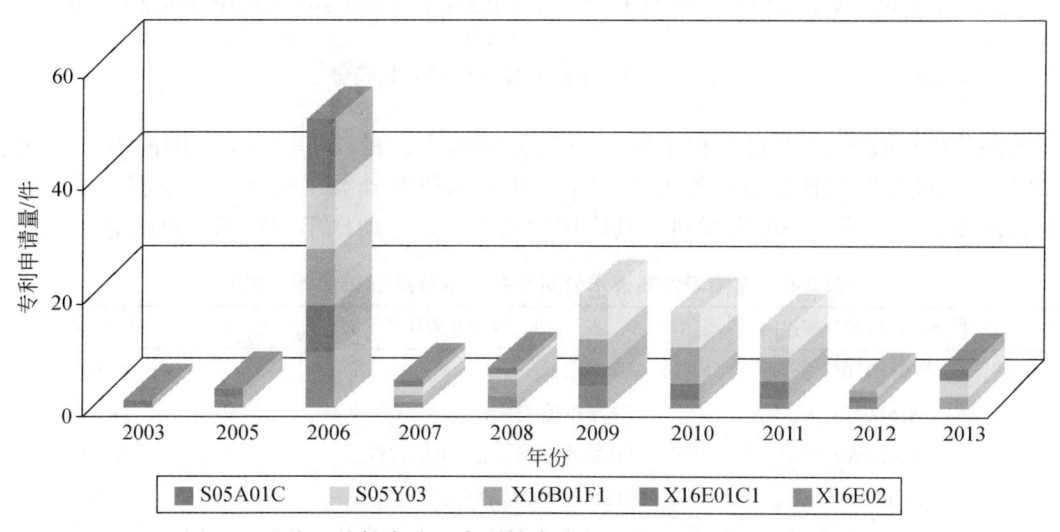

图 2-15　美国美敦力公司专利技术分类（德温特分类）（见彩图）

表 2-8　美国美敦力公司专利技术分类（德温特分类）

专利德温特技术分类代码	技术分类释义
S05Y03	可植入式医学设备
S05A01C	心脏起搏器和除颤器用电源存储
X16B01F1	锂离子电池
X16E01C1	氧化物或复合氧化物电极材料

美国华伦斯技术公司的专利申请趋势，如图 2-16 所示。作为全球重要锂离子电池供应商之一的美国华伦斯技术公司，其在锂离子电池领域的发展较早，1996 年该公司的专利申请量即上升到最高值；进入 21 世纪，华伦斯技术公司在锂离子电池领域的专利量稳步发展，但近 3 年有所下降。

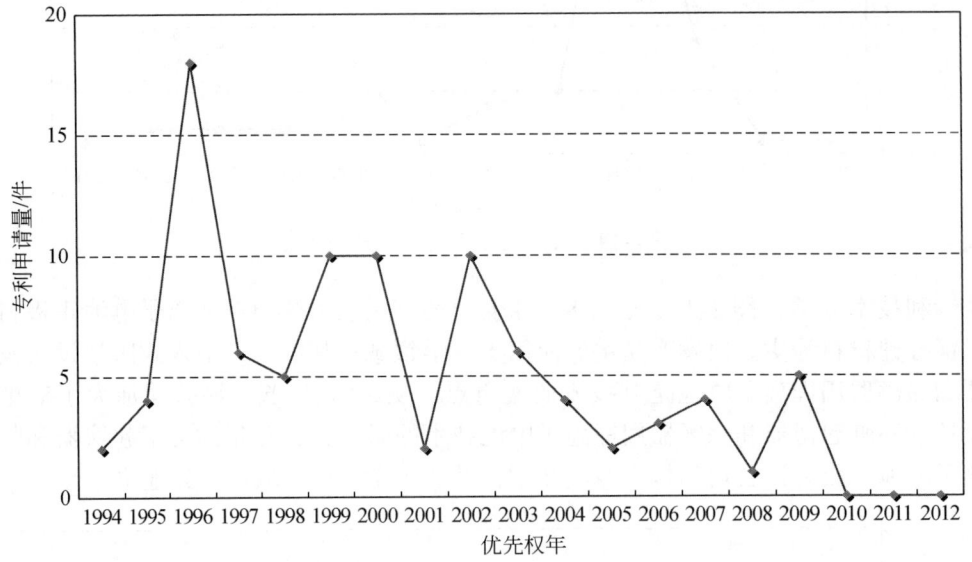

图 2-16　美国华伦斯技术公司专利趋势

美国华伦斯技术公司的专利主要集中在美国本土，占比 58.00%，国际专利申请占 40.00%，欧洲专利和日本专利各占 1.00%。从专利技术分类（表 2-9）来看，华伦斯技术公司的专利布局重点是电极材料，其应用领域主要是电动汽车用锂离子电池等。

表 2-9　美国华伦斯技术公司专利技术分类（德温特分类）

专利德温特技术分类代码	技术分类释义	占比/%
L03E01B5	碱金属电极	10.63
X16B01F1	锂离子电池	14.08
X16E01C1	氧化物或复合氧化物电极材料	12.07
X16E01C	无机化合物电极材料	7.76
X16E01G	电极活性材料制造	5.46

2.3.4.2 美国美敦力公司和华伦斯技术公司专利地图

图 2-17 显示出美国美敦力公司和华伦斯技术公司在锂离子电池正极材料领域中的核心专利分布。美敦力公司研发重点为医用锂离子电池，核心专利技术包括：①可植入式医学设备，如可植入式除颤器用锂离子电池等；②高充放电性能，如掺杂锂离子电池；③可植入式医学传感器等。华伦斯技术公司研发热点：高性能锂离子电池正极材料，应用于电动汽车、混合动力汽车等。核心专利技术包括：①高性能电极材料，如氧化锂薄膜电极、多孔碳-聚合物复合电极；②低阻抗锂离子电池，降低自放电的电池芯技术等；③高性能锂离子电池制造方法及新型碱金属电极活性材料等；④磷酸铁锂正极材料及高性能锂离子电池。

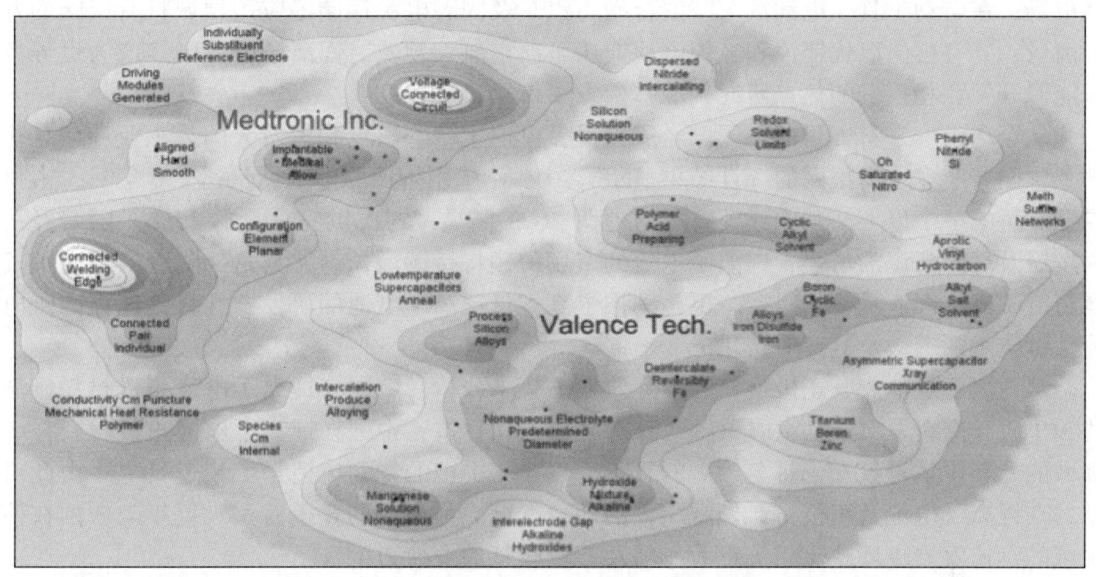

图 2-17　美国美敦力公司与华伦斯技术公司在锂离子电池正极材料领域核心专利技术地图（见彩图）
图中红色点代表美敦力公司核心专利，蓝色点代表华伦斯技术公司核心专利

2.3.4.3 美国美敦力公司和华伦斯技术公司核心专利技术追踪与演进分析

美国美敦力公司的核心专利 US20060093923A1 的申请时间为 2004 年 10 月 29 日，涉及一种心脏除颤器，包含锂离子电池为其提供电力。该项专利引用了之前的专利 202 次，是在现有技术基础上的再研发。该项专利被引用次数也较高，被引频次为 27，得到医疗设备生产商肯特-穆尔（Kent-Moore）公司等的关注和引用。在该项专利的被引中，引用该项专利最多的公司还是美敦力公司自身，由此可见，美敦力公司采用外围专利对其核心技术进行严密保护的专利策略。

美国华伦斯技术公司的核心专利 WO2000057505A1 的申请时间为 2000 年 2 月 22 日，涉及一种高性能锂离子电池，包含电极材料为磷酸铁锂正极材料。该专利技术制造的锂离子电池充放电性能高，比容量高，使用循环中电容衰减低。该核心专利得到众多公司的关注，引用次数达 45 次，涉及十几个技术应用范围，引用时间 2001~2012 年均有后续研发专利引用，成为该领域的核心专利。

2.4 建议与对策

锂离子电池研究始于20世纪80年代。1991年，日本Sony公司研制出以$LiCoO_2$为正极材料的锂离子电池，首先实现了锂离子电池的商业化生产。锂离子电池具有能耗低、比容量和比能量高、工作电压高、循环寿命长、记忆效应小、自放电小、环境友好等显著优点，作为新一代绿色环保、可再生、高能的化学能源，锂离子电池目前正以其他电源所不可比拟的优势迅速占领了笔记本电脑、移动电话、数码相机、小型摄像机等便携式电子产品市场；在电动工具、电动汽车、混合动力汽车及固态电源存储等应用领域具有广阔的发展前景；并有可能取代镉镍和氢镍电池应用于航空航天领域。锂离子电池已经成为世界各国能源开发竞相投资的热点研究领域并引发了市场投资热潮。

从全球市场来看，目前中国已经成为世界电池生产、出口和消费大国。工业和信息化部及中国产业竞争情报网的统计结果显示，2010年中国生产原电池总量达400亿只，占世界总产量的一半以上。其中，锂离子电池为26.8亿只，约占世界总量的25%。随着经济的发展及环保意识的增强，锂离子电池的市场份额将持续增长。尤其是伴随着各国有关发展新能源汽车产业政策的出台，更是助推了高容量锂离子电池的研发，并将提速锂离子电池关键技术的突破及其产业转化。

从锂离子电池及其正极材料的国际研发态势来分析，中国在锂离子电池正极材料领域的SCI研究论文发文量已位居第一，其次是美国和日本；中国在锂离子电池正极材料技术领域的专利申请量仅次于排名第一的日本，近3年中国的专利申请量已超过日本。由此可见，在锂离子电池及正极材料领域，中国和日本已成为主要的竞争对手。近年来中国在该领域的迅速发展也反映出相关重大专项及产业政策的支持力度。

如何进一步提升我国锂离子电池研究及产业发展水平，促进新的技术生长，实现重大技术成果转化及重点领域发展前景预测等，是科技战略决策关注的重心所在。在对锂离子电池正极材料国际发展态势及其专利技术研发趋势和相关重大计划与项目布局分析基础上，拟提出若干战略性部署建议与对策。

1）发展有商业应用前景的锂离子电池正极材料，实现关键技术突破

锂离子电池正负极材料的研究和开发应用，是国际热点研究领域。锂离子电池正极材料是锂离子电池发展的关键。锂离子电池正极材料的未来发展趋向于微结构尺度越来越小而电容量越来越大的嵌锂化合物，原材料尺度向纳米级发展。目前多种有商业应用前景的锂离子电池正极材料均存在使用循环过程中电容量衰减的问题，这也成为材料研究的关键问题之一。解决电容量提高和循环容量衰减等问题，实现关键技术突破，获得比容量高、循环寿命长的锂离子电池是锂离子电池研究领域的研发重点。

2）高能量密度、高功率密度及大型化发展方向成为锂离子电池未来发展趋势

商用锂离子电池的能量密度虽已实现200（瓦·时）/千克的指标，但市场的需求仍然需要锂离子电池的能量密度进一步提高，如增加到250~300（瓦·时）/千克，甚至更高的水平。同时，从降低电池成本、提高高能量密度电池的安全性及长期循环稳定性等方

面来看，发展新一代锂离子电池，新型电极材料体系的研发，尤其是新一代正极材料的创新性研究及其商业化成为关键。

目前，钴酸锂和镍酸锂仍将主导小型电池市场；锰酸锂和磷酸铁锂将会促进大型电池市场的未来发展。此外，纳米技术在动力电池上的应用将使得锂离子电池的未来应用前景更为广阔。具体来分析，电池正极材料的性能成为制约锂离子电池大型化发展方向的主要技术瓶颈之一。已商业化的 $LiCoO_2$ 及其衍生物凭借容量较高、充放电较平稳等优势仍占据小型锂离子电池市场，然而钴资源短缺、价格较高、有毒性、材料热稳定性较差及存在安全性等问题使得钴酸锂材料难以作为大型锂离子电池正极材料的候选者。同样，$LiNiO_2$ 和 $LiMn_2O_4$ 也由于充放电过程中容量衰减等问题难以应用于大型锂离子电池市场。而 $LiFePO_4$ 具有价格低廉、资源丰富、环境友好、循环性能、比容量及安全性好等优势得到重点关注，纳米技术在正极材料上的应用为 $LiFePO_4$ 材料的循环稳定性能及比容量带来了许多新的技术突破，使得其应用范围得到很大的提高。$LiFePO_4$ 材料将主导未来锂离子电池市场，并推动大型锂离子电池市场的发展。研发人员正在探索一些新型锂离子电池材料体系，随着关键技术的突破，它们会因其潜在市场价值而在锂离子电池产业中占据优势。

3）交叉前沿催生新的科技生长点并开拓新的应用领域、产业政策助推未来市场发展

锂离子电池研究是涉及化学、物理、材料、能源和电子学等学科的交叉前沿研究领域。目前该领域的进展已引起化学电源界和产业界的高度关注。随着电极材料结构和性能的进一步深入研究，从分子水平上设计出的各种规整结构或掺杂复合结构的正负极材料将极大地推动锂离子电池的科学研究和产业应用。锂离子电池将会是继镍镉、镍氢电池之后，在未来相当长一段时期内，市场前景最好、发展最迅速的一种二次电池。目前锂离子电池已广泛应用于笔记本电脑、智能手机等便携式电子产品，并在电动汽车、混合动力汽车等新能源汽车领域具有显著优势。国家产业政策，尤其是对新能源汽车的大力扶持，将助推大容量锂离子动力电池产业的未来发展。

致谢： 作者非常感谢中国科学院物理研究所李泓研究员和国家纳米科学中心魏志祥研究员对本报告的审阅及专家咨询意见与建议，特此致谢！

参 考 文 献

国务院．2012-07-10．国务院印发节能与新能源汽车产业发展规划（2012—2020 年）．http：//www. nea. gov. cn/2012-07/10/c_ 131705726. htm.

国务院．2012-07-20．"十二五"国家战略性新兴产业发展规划．http：//www. gov. cn/zwgk/2012-07/20/content_ 2187770. htm.

贾冬梅．2012．锂离子电池正极材料市场分析．精细与专用化学品，20（4）：37-41.

科技日报．2012-03-06．电动汽车科技发展"十二五"专项规划（摘要）．http：//politics. people. com. cn/GB/70731/17304980. html.

廖文明，戴永年，姚耀春，等．2008．4 种正极材料对锂离子电池性能的影响及其发展趋势．材料导报，22（10）：45-49.

美国国家航空航天局．2010-08．NASA Aerospace Flight Battery Program. http：//ntrs. nasa. gov/archive/nasa/

casi. ntrs. nasa. gov/20100028067. pdf.

美国国家航空航天局. 2013. NASA Aerospace Battery Workshop. https：//batteryworkshop. msfc. nasa. gov.

美国能源部. 2010. U. S. Department of Energy's Vehicle Technologies Office . Vehicle Technologies Program Planning. http：//www1. eere. energy. gov/vehiclesandfuels/pdfs/pir/vtp_ planning. pdf.

美国能源部. 2013-06. U. S. Department of Energy's Vehicle Technologies Office . Electrochemical Energy Storage Technical Team Roadmap. http：//www1. eere. energy. gov/vehiclesandfuels/pdfs/program/eestt_ roadmap_ june2013. pdf.

欧盟委员会. 2011. European Li-Ion Battery Advanced Manufacturing for Electric Vehicles. http：//www. transport-research. info/web/projects/project_ details. cfm? id＝41334.

庞春会，吴川，吴锋，等. 2012. 锂离子电池纳米正极材料合成方法研究进展. 硅酸盐学报，40（2）：247-255.

青岛早报. 2013-09-30. 国家新产品计划青岛居首位. http：//news. qingdaonews. com/qingdao/2013-09/30/content_ 10018008. htm.

时代商报. 2012-12-05. 美能源部拟投入1.2亿美元研发新电池. http：//epaper. lnd. com. cn/html/sdsb/20121205/sdsb1119218. html.

吴宇平，戴晓兵，马军旗，等. 2004. 锂离子电池：应用与实践. 北京：化学工业出版社：3-10.

杨裕生. 2010. 关于我国电动车的技术发展路线建议. 新材料产业，03：11-17.

佚名. 2013. NEC等开发出铁锰类正极材料锂电池. 金属功能材料，20（5）：59.

张临超，陈春华. 2011. 锂离子电池电极材料选择. 化学进展，23（2）：275-283.

郑洪河，等. 2007. 锂离子电池电解质. 北京：化学工业出版社：1-6.

Green Car Congress. 2009-06-10. Japan's NEDO Launches Li-Ion Automotive Battery Basic Research Project with Goal of 5x Energy Density. http：//www. greencarcongress. com/2009/06/nedo-20090610. html.

JN钜能电池. 2012-01-04. 日本两企业计划联合开发锂电池正极材料. http：//www. 18650. cc/news/321. htm.

Padhi A K. Phospho-olivines as positive-electrode materials for rechargeable lithium batteries. Journal of the Electro-chemical Society，1997，144（4）：1188-1110.

Reddy MV, Subba Rao G V, Chowdari B V R. 2013. Metal Oxides and Oxysalts as Anode Materials for Li Ion Batteries. Chemical Reviews. 113（7）：5364-5457.

Suo L M，Hu Y S，Li H，et al. 2013. A new class of Solvent-in-Salt electtolyte for high-energy rechargeable metallic lithium batteries. Nature Communications. 4，1481.

3 微生物农药国际发展态势分析

张 博 杨艳萍 邢 颖 袁建霞 唐果媛 董 瑜

(中国科学院文献情报中心)

摘 要 随着世界各国对化学农药的限用或禁用、欧洲部分国家对转基因作物的排斥,以及人们对抗病、抗虫、抗除草剂等转基因作物安全性的质疑和对有机食品的渴求,生物农药特别是微生物农药的发展与应用受到越来越多的重视。本报告针对农药领域这一新的发展趋势,利用 TDA、TI、Innography、UCNET 等分析工具,从论文、专利以及市场3个角度,系统分析了微生物农药从基础研究到技术开发、再到产业化的发展趋势,并在此基础上综合分析了全球微生物农药研发的态势和前沿热点。结果表明:

(1) 1991 年以来,微生物农药基础研究快速发展。美国和英国在该领域具有较强的研究实力,中国近年来研究实力提升明显。其中,美国农业部农业研究局、加利福尼亚大学的研究实力最强,巴西维索萨联邦大学、浙江大学和中国科学院近年来研究实力提升明显。目前真菌类和细菌类微生物农药研究主要集中在作用靶标研究、重要菌系(株)的分类鉴定、生理生化机理以及剂型开发上;病毒类研究主要集中在重要病毒的分类鉴定、作用靶标活性、病毒的致病性等生理生化机理以及病毒的遗传改良等方面;线虫类主要集中在作用靶标、重要线虫种类的分类鉴定、线虫共生菌以及线虫的传染、致病性等作用机理方面。

(2) 微生物农药技术研发正处于快速发展阶段。4 类微生物农药的专利申请均呈现增长态势。其中,真菌类和细菌类的专利申请量相当,病毒类次之,线虫类最少。企业尤其是跨国企业是技术开发的主体,美国和中国是专利权机构重点布局的专利保护国家。真菌类微生物农药的技术研发主要集中在"白僵菌、木霉等重要真菌的鉴定、培养及应用开发"、"基因表达重组"、"重要有害生物的防治"等技术上,细菌类主要集中在"苏云金芽孢杆菌菌株、杀虫活性、杀虫蛋白及其编码序列"、"剂型开发"、"细菌培养成分"、"链霉素抗生素制备"等技术上;病毒类主要集中在"重组杆状病毒表达"、"编码 DNA 序列"、"粉剂制备"等技术上;线虫类主要集中在"种群优选技术"、"线虫类微生物农药的储藏、运输技术"、"作物(茄科)有害生物防除方法"、"草坪接种"等技术上。

(3) 细菌类微生物农药的销售额和产品种类在4类微生物农药中均位居首位。其中,以苏云金芽孢杆菌微生物农药产品的销售额最高。拜耳、巴斯夫、先正达和孟山都等一直以化学农药著称的大型跨国企业纷纷开始通过并购、合作等方式进军低毒、低污染的生物农药产业,微生物农药成为其重点发展领域。预计未来微生物农药市场将呈增长趋势。

关键词 微生物农药 发展态势 基础研究 技术研究 产业化

3.1 引言

病虫草害等有害生物一直是危害作物生产、影响粮食安全与食品卫生的重要因素之一。研究表明，包括无脊椎动物、病原菌和杂草等在内的有害生物每年所造成的主要作物产量损失27%~42%，如果没有植物保护，产量损失将上升到48%~83%（Oerke et al.，2004）。人类在长期的作物生产实践过程中，逐渐形成了农业防治、生物防治、物理防治、化学防治以及抗性育种等措施。微生物防治作为生物防治措施之一，进入人类生产实践的时间较早。19世纪70年代末，乌克兰微生物学家Metchnikoff利用黑僵菌（*Metarhizium anisopliae*）开展了小麦金龟子幼虫的防治工作（Lord，2005）。这被认为是人类利用微生物防治有害生物实践的开始，至今已有130多年历史。早期，昆虫病原真菌的开发利用占据主导地位，但由于在美国防治麦长蝽与柑橘害虫中的效果受到质疑，其关注度开始下降（Lord，2005）。20世纪初，苏云金芽孢杆菌（*B. thuringiensis*，Bt）和乳状芽孢杆菌（*Bacillus popilliae*）的发现开启了人类利用昆虫病原细菌防治有害生物的实践，并从此主导了整个微生物农药的发展。1929年，格氏线虫（*Steinernema glaseri*）（Stock，2005）的发现，标志着线虫开始进入微生物防治的舞台。20世纪后半叶，人类开始了利用病毒防治害虫的实践。

随着真菌、细菌、线虫和病毒等生防微生物种类的相继发现和利用，微生物农药也开始进入商业化时代，其标志是1938年法国推出的全球第一个商业化的Bt产品。20世纪40年代，有机化学农药因其杀虫谱广、持效期长、成本低等显著优势得到快速发展，成为阻碍微生物农药发展的主要因素。但随着有机化学农药的大量施用，其对生态环境的破坏、人类健康的危害日益显现。学术界逐渐认识到农药作为单一控制有害生物手段的弊端，于是在20世纪70年代引入了有害生物综合治理（Integrated Pest Management，IPM）战略，强调多种措施的并用。许多国家也加强了对化学农药的监管，农药使用越来越受到限制。美国为响应公众对更清洁的水、空气和土地等日益增强的要求，于1970年12月组建了美国环境保护局（US Environmental Protection Agency，EPA）以管理危害人体健康及破坏环境的污染物问题，其中农药作为一种重要的环境污染物受到其监管和控制。在这一背景下，微生物农药又逐渐受到各方面的重视。尤其是近年来，拜耳、巴斯夫、先正达、孟山都等跨国企业，或通过拓展研发渠道或通过企业并购，进军生物农药行业，其中微生物农药是这些跨国企业进军生物农药的一个重要方向。2012年，巴斯夫通过收购美国作物保护公司Becker Underwood，将业务延伸至生物种子处理剂，并于2013年9月开始在加拿大出售生物种子处理剂。另外，巴斯夫还与巴西农业研究院签订了长达五年的合作协议，重点开发生物农药。2013年1月，拜耳收购德国生物防治公司Prophyta，7月收购美国生物技术公司AgraQuest，将生物农药纳入其研发管道。2012年12月，孟山都扩充了其研发渠道，开始了农业生物制剂的研发；2013年12月，孟山都和诺维信建立了生物农业解决方案战略联盟，两家公司将合作对科研成果进行转化，并将可持续生物产品商业化，为全世界的农民提供崭新的解决方案平台。

当前，对于微生物农药的概念存在着广义和狭义两种不同观点。广义的微生物农药是指由微生物及其代谢产物加工而成的具有杀虫、杀菌、除草、杀鼠或调节植物生长等具有农药活性的物质，包括农用抗生素和活体微生物农药，是生物防治的物质基础和重要手段

（张兴等，2002；朱玉坤，尹衍才，2012；Glare et al.，2012）。狭义的微生物农药仅指活体微生物本身。美国环境保护局将生物农药分成3大类，即微生物农药、植物整合保护剂（Plant-Incorporated-Protectants，PIPs）和生物化学农药（EPA，2013），其中的微生物农药采用了狭义的概念。我国农业部在2007年出台的《农药登记资料规定》中，也将微生物农药定义为以细菌、真菌、病毒和原生动物或基因修饰的微生物等活体为有效成分（农业部，2007）。本报告的研究采用了狭义的概念，即本报告中的微生物农药仅指微生物活体农药。

3.2 微生物农药研究领域的文献计量分析

本部分对微生物农药研究领域发表的SCI论文进行了定量分析，从中挖掘了该领域的研究态势。研究以汤森路透Web of Science平台中的科学引文索引扩展版（Science Citation Index Expanded，SCI-E）数据库为数据源，利用关键词对微生物农药研究领域发表的论文进行了检索，共检索到13 295篇（检索截止时间为2014年1月10日），其中真菌类、细菌类、病毒类和线虫类微生物农药研究领域的论文分别为5 153篇、4 955篇、2 002篇和1 645篇。然后，利用汤森路透的分析工具TDA对数据集进行清洗和分析，并使用社会网络分析软件UCINET分析了主要国家之间及机构之间的合作情况。

3.2.1 微生物农药研究总体情况

3.2.1.1 发文量年度分析

微生物农药研究的SCI发文量共有13 295篇，总体呈增长趋势（图3-1）。最早一篇

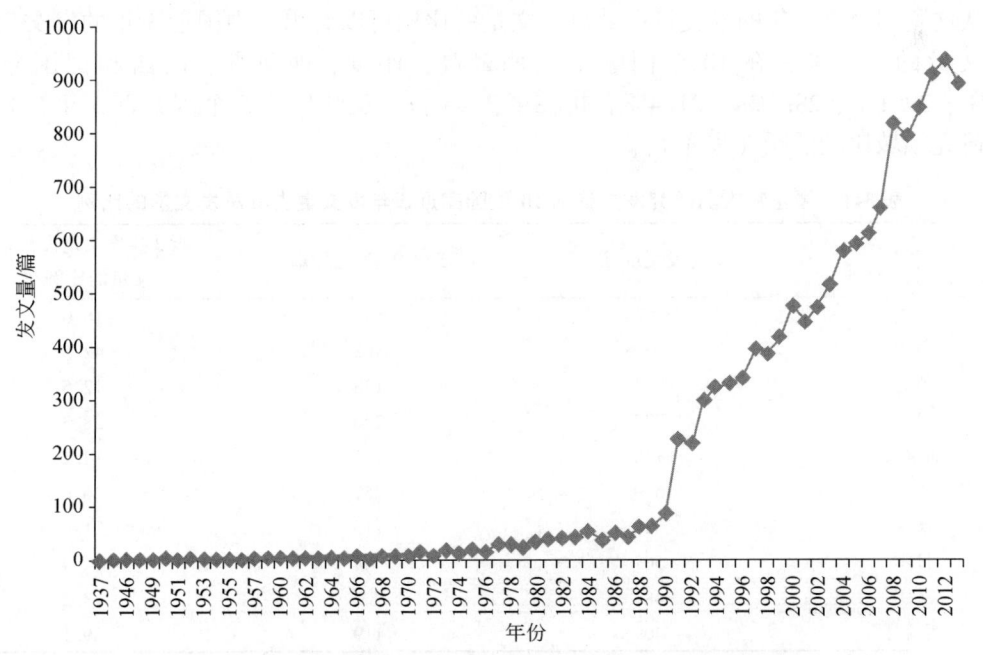

图3-1 微生物农药研究相关的SCI论文量年度变化趋势

出现在1937年；1991年之前，发文量缓慢增长，年发文量不足百篇；1991年发文量跃升至226篇，此后发文量基本呈稳步增加的态势，2012年总体发文量达到峰值，为936篇（在3.2节中，由于数据库收录论文略有滞后，2013年的数据仅供参考）。

3.2.1.2 重要国家分析

1）发文量前10位国家及其近期发文趋势分析

微生物农药研究发文量最多的前10个国家依次为美国、中国、英国、巴西、加拿大、印度、德国、日本、法国和西班牙（图3-2）。其中美国发文量总计为3 420篇，远远高于其他国家，位居首位；中国以1 086篇的数量位居第2位；英国为983篇，位居第3位。

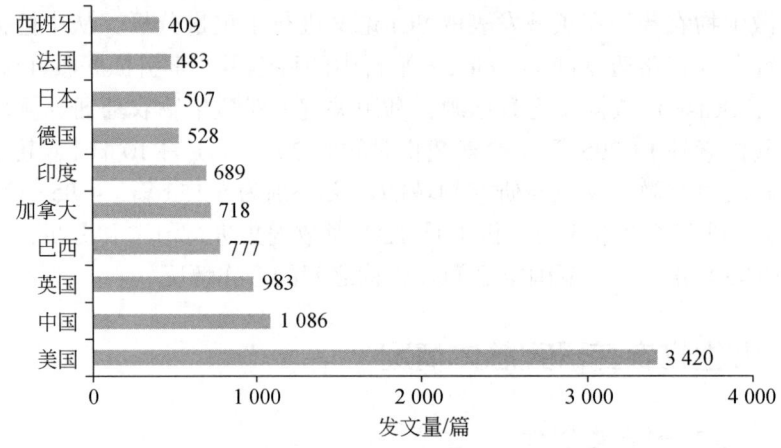

图3-2 微生物农药SCI发文量居世界前10位的国家

从这些国家近3年的发文量占其总发文量的比例可以看出，中国近3年的发文量占其总发文量的42.5%，在10个国家中比例最高；印度、西班牙、巴西和德国分别以36.6%、29.1%、28.3%和21.4%，排在第2～5位，反映出这5个国家近3年在微生物农药研究领域比较活跃（表3-1）。

表3-1 微生物农药研究发文量前10位国家近3年发文量占其总发文量的比例

国家	总发文量/篇	近3年发文量/篇	近3年发文量占其总发文量的比例/%
美国	3 420	548	16.0
中国	1 086	462	42.5
英国	983	123	12.5
巴西	777	220	28.3
加拿大	718	102	14.2
印度	689	252	36.6
德国	528	113	21.4
日本	507	73	14.4
法国	483	88	18.2
西班牙	409	119	29.1

2) 前 10 位国家合作发文情况

利用社会网络分析软件 UCINET（Borgatti et al.，2002）分析微生物农药研究领域发文量排名前 10 位国家的合作网络图（图 3-3），网络连线的阈值为 30（即图中的线表示两个国家的合作发文量大于 30 篇）。可以看出，美国是开展合作最多的国家，除日本外，美国与其他 8 个国家的合作发文量都超过了 30 篇，与美国合作最多的国家是中国，其次是加拿大和英国；中国的主要合作国家是美国，与其他国家合作很少；英国、西班牙、德国、法国等欧洲国家之间合作比较频繁；日本与其他 9 个国家的合作都比较少。

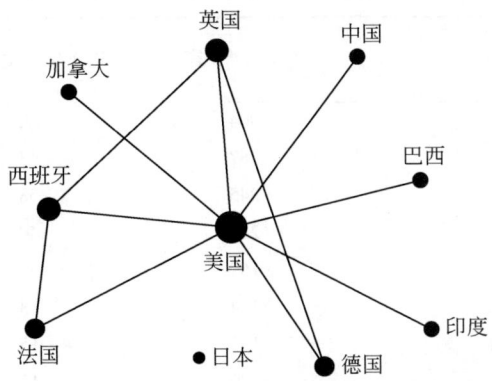

图 3-3　微生物农药研究 SCI 发文量前 10 位国家的合作关系

图中节点的大小表示度数中心度，节点之间的连线表示合作次数超过 30 次

3.2.1.3　重要机构分析

1) 重要机构及发文趋势

在发文量排名的前 11 位机构中，美国农业部农业研究局的发文量（为 904 篇）最高，为排名第 2 位美国加利福尼亚大学发文量的 3 倍以上；中国科学院和浙江大学的发文量分别为 167 篇和 113 篇，排名分别为第 5 位和第 9 位（图 3-4）。另外，在这 11 个机构中，

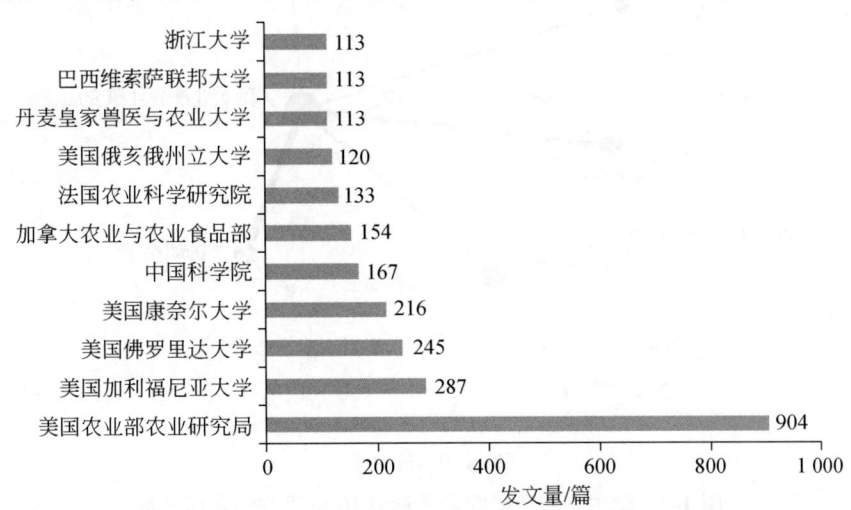

图 3-4　微生物农药研究 SCI 总发文量位居世界前列的机构

美国占据 5 个席位且包揽了前 4 位；中国占了 2 个席位；加拿大、法国、丹麦和巴西各占 1 个席位。

分析发文量排名前 11 位机构近 3 年的发文量占其总发文量的比例（表 3-2），可以看出，巴西维索萨联邦大学以 46.9% 位列榜首，其后依次为浙江大学和中国科学院，分别为 38.9% 和 34.1%。表明这 3 家机构近 3 年在微生物农药研究领域发展较快。其他机构近 3 年发文量所占比例均低于 25%。

表 3-2　微生物农药研究发文量排名靠前机构近 3 年发文量占其总发文量的比例

机构	总发文量/篇	近 3 年发文量/篇	近 3 年发文量占总发文量的比例/%
美国农业部农业研究局	904	145	16.0
美国加利福尼亚大学	287	33	11.5
美国佛罗里达大学	245	58	23.7
美国康奈尔大学	216	40	18.5
中国科学院	167	57	34.1
加拿大农业与农业食品部	154	23	14.9
法国农业科学研究院	133	15	11.3
美国俄亥俄州立大学	120	12	10.0
丹麦皇家兽医与农业大学	113	1	0.9
巴西维索萨联邦大学	113	53	46.9
浙江大学	113	44	38.9

2）合作分析

从微生物农药研究领域发文量前 11 位机构的合作关系图（图 3-5）可以看出，美国农

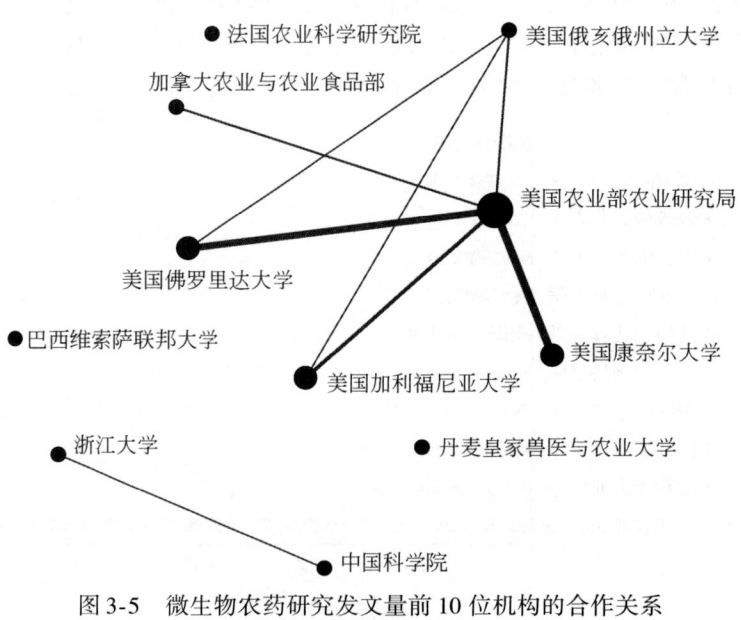

图 3-5　微生物农药研究发文量前 10 位机构的合作关系

连线的阈值为 4

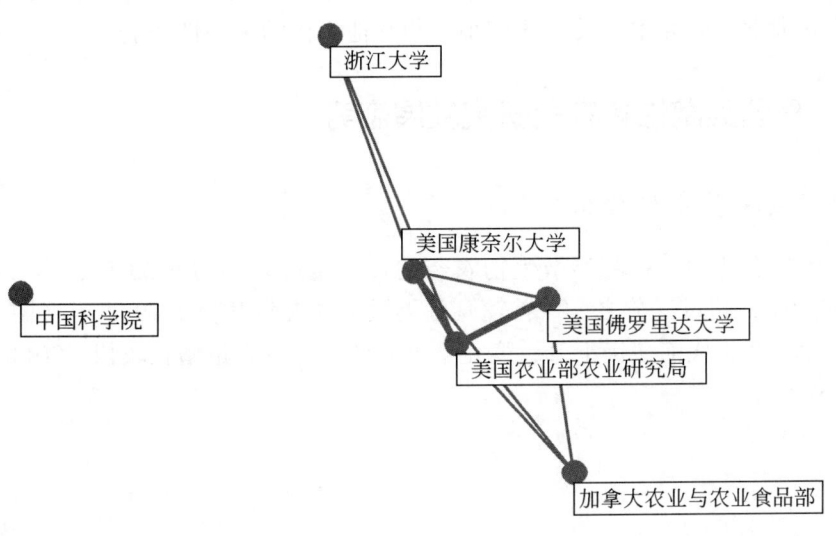

图 3-6 微生物农药研究领域基于研究主题（关键词）的机构关联可视化图

业部农业研究局为合作的核心节点，与其他机构的合作最多，尤其与本国的大学合作较多，此外与加拿大农业与农业食品部也有合作；中国科学院和浙江大学之间的合作较多；其他机构包括法国农业科学研究院、巴西维索萨联邦大学、丹麦皇家兽医与农业大学和其他机构的合作较少。总体而言，机构间的合作更倾向于在同一国家的不同机构间开展合作。

3）主题关联分析

在微生物农药研究领域，发文量排名前11位机构的研究主题关联可视化图（图3-6）

显示，美国农业部农业研究局、美国佛罗里达大学、美国康奈尔大学、加拿大农业与农业食品部以及浙江大学的研究主题相关性较强，共同组成了一个网络，其中美国农业部农业研究局处于网络的中心位置。另外，丹麦皇家兽医与农业大学和巴西维索萨联邦大学两者之间的主题相关性也比较强。中国科学院、法国农业科学研究院、美国加利福尼亚大学、美国俄亥俄州立大学的研究主题关联比较小，与其他机构的关联性较弱。

3.2.2 真菌类微生物农药研究发展态势

3.2.2.1 发文量年度分析

在4种微生物农药中，真菌类微生物农药的发文量最多，为5153篇，占微生物农药总发文量的38.8%，超过三分之一。首篇真菌类微生物农药发表于1938年（图3-7）；论文数量在20世纪90年代前缓慢上升，变化不大；此后，发文量增长较快，2011年发文量最高，达到367篇。

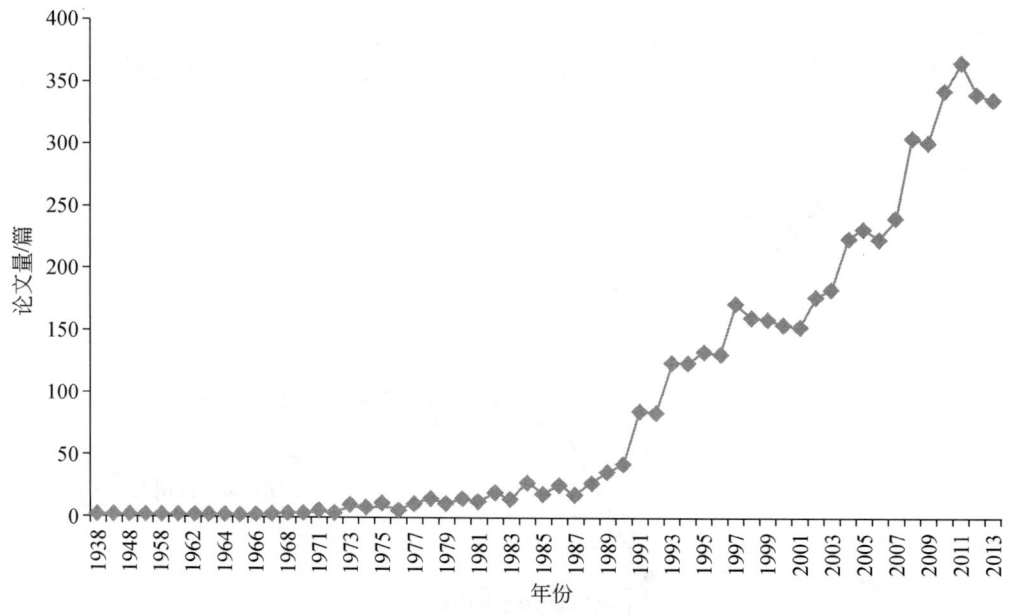

图3-7 真菌类微生物农药研究的SCI论文量年度变化趋势

3.2.2.2 研究主题分析

1）高频关键词及其分类

本部分共筛选出了100个出现频次为20及以上的高频词，根据功能活性、重要真菌（目、属）、生理生化、剂型和分类等，对这100个词进行了分析（表3-3）。可以看出：当前，真菌类微生物农药的靶标活性主要集中在杀虫、杀线虫、除草以及杀菌等方面。其中，在杀虫方面的研究最多，杀线虫和除草活性次之。在杀虫研究领域，昆虫病原真菌或昆虫寄生真菌是研究人员关注最多的主题；主要靶标有鳞翅目害虫，如舞毒蛾（*Lymantria dispar*）等，以及蝗虫、蚜虫、粉虱等其他类害虫。在杀线虫研究领域，食线虫真菌是研究人员关注最多的主题；靶标生物主要有南方根结线虫（*Meloidogyne incognita*）和大豆胞囊线虫（*Heterodera glycines*）。另外，真菌除草剂也是真菌类微生物农药的一个重要研究主题。

在重要真菌（目、属或种）方面，研究主要集中在白僵菌（*Beauveria*）、虫霉目（Entomophthorales）、绿僵菌（*Metarhizium*）、拟青霉（*Paecilomyces*）等目或属中，主要真菌主要有球孢白僵菌（*Beauveria bassiana*）、金龟子绿僵菌（*Metarhizium anisopliae*）、玫烟色拟青霉（*Paecilomyces fumosoroseus*）、蜡蚧轮枝菌（*Verticillium lecanii*）、舞毒蛾噬虫霉（*Entomophaga maimaiga*）、布氏白僵菌（*Beauveria brongniartii*）、厚垣普奇尼亚菌（*Pochonia chlamydosporia*）、莱氏野村菌（*Nomuraea rileyi*）、玫烟色棒束孢（*Isaria fumosorosea*）、洛斯里被毛孢（*Hirsutella rhossiliensis*）、尖孢镰刀菌（*Fusarium oxysporum*）、黄绿绿僵菌（*Metarhizium flavoviride*）、新蚜虫疠霉（*Pandora neoaphidis*）、粉拟青霉（*Isaria farinosa*，以前名称为 *Paecilomyces farinosus*）等。

表 3-3　真菌类微生物农药相关 SCI 论文中出现的 100 个高频词及其分类

研究主题		高频关键词（括号内是出现频次）
通用词		生物防治（1247）、昆虫病原真菌（851）、昆虫病原菌（132）、真菌（135）、昆虫寄生真菌（58）、生物农药（38）、昆虫（33）、真菌农药（31）、天敌（31）、植物内生真菌（29）、真菌昆虫病原菌（28）、防治（27）、农药（27）、真菌病原菌（25）、杀菌剂（25）、丝胞菌类（25）、有害生物综合治理（24）、土壤（23）、昆虫病原线虫（23）、昆虫纲（23）、吡虫啉（20）、昆虫免疫（20）
靶标活性	杀虫	舞毒蛾（*Lymantria dispar*）（101）、温室白粉虱（*Trialeurodes vaporariorum*）（52）、大蜡螟（*Galleria mellonella*）（39）、蝗虫（37）、蚜虫（33）、烟草粉虱（*Bemisia tabaci*）（30）、小菜蛾（*Plutella xylostella*）（29）、家蝇（*Musca domestica*）（24）、桃蚜（*Myzus persicae*）（24）、鳞翅目昆虫（21）
	杀线虫	嗜线虫真菌（254）、线虫（81）、食线虫真菌（48）、根结线虫（42）、南方根结线虫（*Meloidogyne incognita*）（27）、大豆胞囊线虫（*Heterodera glycines*）（20）、植物寄生线虫（20）
	除草	真菌除草剂（232）、生物农药（83）、杂草生物防治（38）、杂草（23）
	杀菌	抗菌活性（27）、真菌寄生菌（20）
重要真菌（目、属）		球孢白僵菌（*Beauveria bassiana*）（612）、金龟子绿僵菌（*Metarhizium anisopliae*）（461）、虫霉目（105）、玫烟色拟青霉（*Paecilomyces fumosoroseus*）（72）、绿僵菌属（66）、蜡蚧轮枝菌（*Verticillium lecanii*）（56）、舞毒蛾噬虫霉（*Entomophaga maimaiga*）（53）、白僵菌属（52）、布氏白僵菌（*Beauveria brongniartii*）（51）、厚垣普奇尼亚菌（*Pochonia chlamydosporia*）（49）、少孢节丛孢菌（*Arthrobotrys oligospora*）（42）、淡紫拟青霉（*Paecilomyces lilacinus*）（39）、莱氏野村菌（*Nomuraea rileyi*）（35）、肉座菌目（33）、玫烟色棒束孢（*Isaria fumosorosea*）（33）、洛斯里被毛孢（*Hirsutella rhossiliensis*）（32）、尖孢镰刀菌（*Fusarium oxysporum*）（31）、黄绿绿僵菌（*Metarhizium flavoviride*）（30）、拟青霉属（30）、新蚜虫疠霉（*Pandora neoaphidis*）（26）、粉拟青霉（*Paecilomyces farinosus*）（21）

续表

研究主题	高频关键词（括号内是出现频次）
生理生化	毒力（126）、致病性（110）、萌发（64）、几丁质酶（56）、分生孢子（50）、温度（50）、寄生关系（42）、真菌寄生作用（41）、孢子形成（40）、蛋白酶（35）、侵染（32）、拟寄生（30）、死亡率（28）、芽生孢子（26）、绿僵菌素（26）、寄主专一性（26）、菌丝生长（20）、丝氨酸蛋白酶（20）
剂型	剂型（86）、生物测定（73）、持久性（21）
分类	分类学（39）、系统发育学（21）、分类（20）

2) 主题年度变化趋势

从真菌类微生物农药2000年后的年度高频主题词以及年度新出现主题词（表3-4）可以看出，自2000年以来，高频主题词主要为生物防治、昆虫病原真菌、球孢白僵菌（*Beauveria bassiana*）等，表明这些相关主题一直是研究人员关注的研究领域。另外，每年都有许多新主题词出现，如2000年出现的非靶标效应、褐飞蝗和黄绿绿僵菌（*Metarhizium anisopliae* var. *acridum*），2006年的生物除草剂、杂草寄生以及分生孢子生产等，2007年的社会昆虫、应用后生物学和分子系统发生学等，说明该研究领域的研究还在不断发展之中。

表3-4 2000~2013年真菌类微生物农药SCI研究论文主题词变化

年份	高频主题词	新出现主题词
2000	生物防治、昆虫病原真菌、球孢白僵菌、金龟子绿僵菌	饲养、新接霉属（*Neozygites*）、非靶标效应、物候学、褐飞蝗（*Locustana pardalina*）
2001	生物防治、球孢白僵菌、昆虫病原真菌	有性世代、他感作用、植物病原菌、米象（*Sitophilus oryzae*）、非蛋白氨基酸、水平传染、半活体寄生
2002	生物防治、球孢白僵菌、昆虫病原真菌	牧场、太阳麻、虫霉属、栖北散白蚁（*Reticulitermes speratus*）、温室白粉虱、白僵菌毒素、萝卜地种蝇（*Delia floralis*）、半知菌门、菌株鉴定、多核NMR、大麦
2003	生物防治、昆虫病原真菌、球孢白僵菌、金龟子绿僵菌	厚垣普奇尼亚菌（*Pochonia chlamydosporia*）、黍子、因子分析、可可树、反应曲面法
2004	生物防治、球孢白僵菌、昆虫病原真菌	玉米褐鳃角金龟（*Heptophylla picea*）、多形白僵菌（*Beauveria amorpha*）、土壤基质、乳油、落叶松八齿小蠹引诱剂、接种生产、圣甲虫（*Hoplia philanthus*）、臂形草属、感染昆虫、peridomestic、亚洲长角天牛、异小杆线虫（*Heterorhabditis megidis*）、真菌-昆虫相互作用、农杆菌介导的转化、杀卵活性、接种
2005	生物防治、球孢白僵菌、金龟子绿僵菌	干燥、*Lecanicillium muscarium*、胞外多糖、免疫活性、圆盘菌科真菌、测序、secondary pick-up、椿象、刀孢蜡蚧菌（*Lecanicillium psalliotae*）、土壤食物网、蛹虫草（*Cordyceps militaris*）

续表

年份	高频主题词	新出现主题词
2006	生物防治、球孢白僵菌、昆虫病原真菌	生物除草剂、寄生杂草、分生孢子粉生产、稗草、花椿科、蛇孢菌素、真菌萃取物、欧原花蝽（*Anthocoris nemorum*）、异皮线虫属、毒力增强、巨德斯霉（*Drechslera gigantea*）、规避放牧、青霉素菌株、穿孔线虫 MTB-951
2007	生物防治、球孢白僵菌、昆虫病原真菌	旋花类的植物、稻绿蝽、社会昆虫、施用后生物学、分子系统学、谷象、温室害虫、渐狭蜡蚧菌（*Lecanicillium attenuatum*）、内寄生、海洋真菌、环境归宿
2008	生物防治、球孢白僵菌、昆虫病原真菌	异色瓢虫（*Harmonia axyridis*）、壳聚糖、吉丁虫、*Phyllosticta cirsii*、致死浓度、遗传算法、热击胁迫、生物多样性、降解、营养胁迫、蝎子神经毒素、沙漠蝗虫（*Psammotermes hybostoma*）
2009	生物防治、球孢白僵菌、昆虫病原真菌	表达序列标签、多肽、根内生菌、独角金、红棕象、外切型几丁质酶、瓦螨病、木贼镰刀菌（*Fusarium equiseti*）、全合成、生化分类、枝孢属、溶菌酶
2010	生物防治、昆虫病原真菌、球孢白僵菌	*Metarhizium brunneum*、*Betula pubescens*
2011	生物防治、球孢白僵菌、昆虫病原真菌	台湾乳白蚁（*Coptotermes formosanus*）、粗提物、圆盘菌目、甘鹿沫蜂、简单序列重复
2012	生物防治、球孢白僵菌、昆虫病原真菌	分子内葆森-侃德反应、复分解反应、几丁质酶活性、小环大环内酯化合物、疟原虫、黑色素、智利小植绥螨（*Phytoseiulus persimilis*）、按蚊属
2013	生物防治、昆虫病原真菌、球孢白僵菌	SAR 超类群、农药替代物、反吐丽蝇（*Calliphora vomitoria*）、蚕、木霉属、比较基因组学、植物性药物、甘蔗螟虫、昆虫病原细菌、表皮脂质

3.2.2.3 重要国家分析

1）重要国家发文量

真菌类微生物农药研究发文量最多的国家前 10 位依次为美国、巴西、中国、英国、加拿大、印度、德国、日本、丹麦和法国，其发文量见图 3-8。其中美国发文量为 1 146 篇，远远高于其他国家，位居榜首；巴西和中国相差仅 1 篇，分别以 471 篇和 470 篇位列第 2、3 位。

从发文量前 10 位国家近 3 年的发文量占其总发文量的比例（表 3-5）可以看出，中国近 3 年的发文量占其总发文量的 40.6%，在 10 个国家中比例最高；印度和巴西分别以 35.0% 和 30.8% 排在第 2、3 位。反映出这 3 个发展中国家近 3 年在微生物农药研究领域非常活跃。

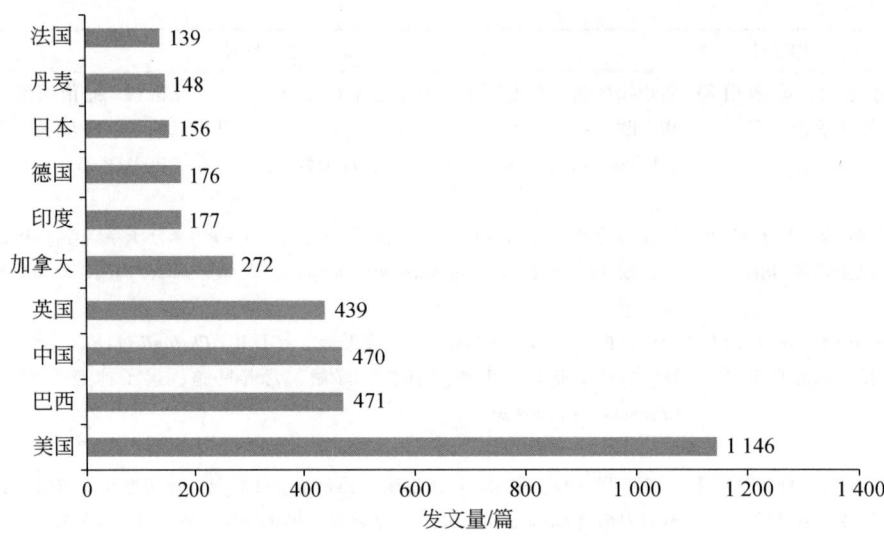

图 3-8 真菌类微生物农药 SCI 发文量居世界前 10 位的国家

表 3-5 真菌类微生物农药发文量前 10 位国家近 3 年发文量占其总发文量的比例

国家	总发文量/篇	近 3 年发文量/篇	近 3 年发文量占其总发文量的比例/%
美国	1 146	200	17.5
巴西	471	145	30.8
中国	470	191	40.6
英国	439	57	13.0
加拿大	272	37	13.6
印度	177	62	35.0
德国	176	30	17.0
日本	156	30	19.2
丹麦	148	17	11.5
法国	139	19	13.7

2）重要国家相对影响力分析

以篇均被引次数为横坐标，发文量为纵坐标绘制国家的"发文量—篇均被引次数"二维平面图，再分别以重要国家的发文量和篇均被引次数的平均值为原点，将平面划分出 4 个象限，可以反映出各国的相对研究规模和影响力（图 3-9）。可以看出，在真菌类微生物农药研究中，美国和英国处于篇均被引次数和发文量均高于平均值的第一象限，属于双高（高篇均被引次数、高发文量）国家，其中美国发文量最高，英国篇均被引次数最高；中国和巴西处于发文量高于平均值、篇均被引次数低于平均值的第二象限，属于相对高发文量、低篇均被引次数的国家；加拿大、德国、丹麦和法国位于发文量低于平均值、篇均被引次数高于平均值的第四象限，这些国家虽然相对发文量有限，但其论文影响力较高。

印度和日本集中在篇均被引次数和发文量均低于平均值的第三象限，属于相对双低（低篇均被引次数、低发文量）国家，研究规模和影响力较弱。

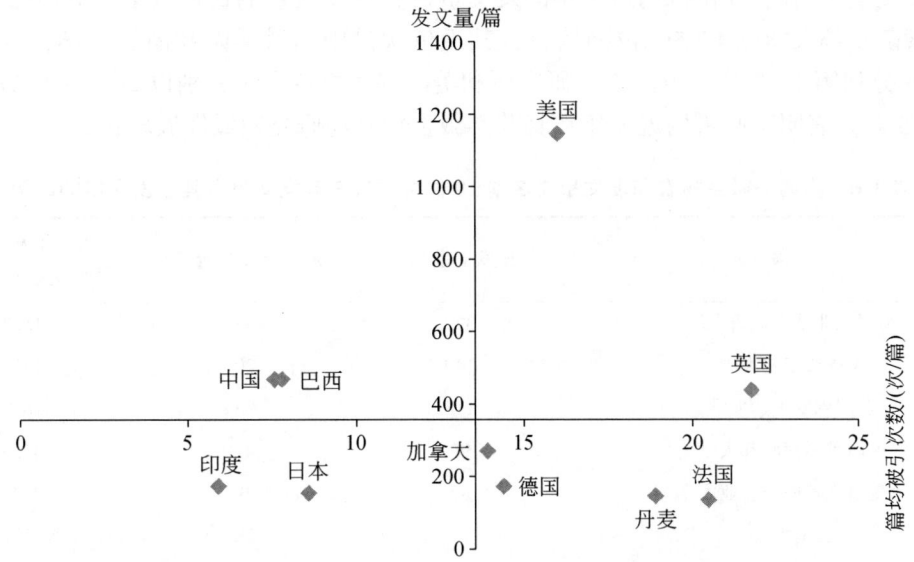

图 3-9　真菌类微生物农药研究重要国家的 SCI 发文量和篇均被引次数相对位置分布图

3.2.2.4　重要机构分析

1）重要机构发文量

真菌类微生物农药 SCI 论文中，发文量居前 10 位的机构依次是美国农业部农业研究局、康奈尔大学、佛罗里达大学、巴西维索萨联邦大学、丹麦皇家兽医与农业大学、云南大学、浙江大学、中国科学院、加拿大农业与农业食品部、英国洛桑研究所（图 3-10）。

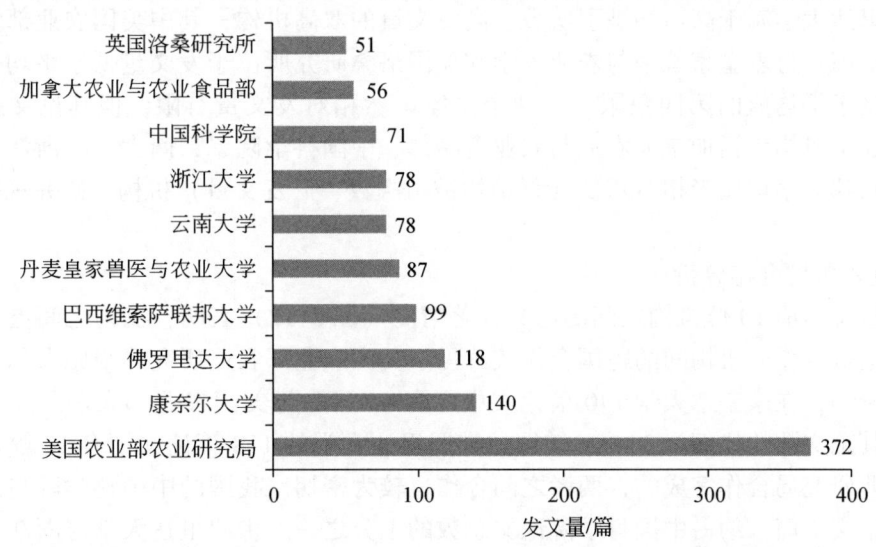

图 3-10　真菌类微生物农药 SCI 发文量居世界前 10 位的机构

在这10个机构中,美国的机构占据3个席位,并且发文量全部排在前3位,中国也占了3个席位,巴西、丹麦、加拿大和英国各占1个席位。

从发文量排名前10位机构近3年的发文量占其总发文量的比例(表3-6)可以看出,巴西维索萨联邦大学以47.5%位列榜首;其后依次是中国科学院和浙江大学,以39.4%和35.9%分列第2、3位;英国洛桑研究所和美国佛罗里达大学分别以29.4%和28.0%位列第4、5名。表明这些机构近3年在真菌类微生物农药研究领域发展较快。

表3-6 真菌类微生物农药发文量排名前10位机构近3年发文量占其总发文量的比例

机构	总发文量/篇	近3年发文量/篇	近3年发文量占总发文量的比例/%
美国农业部农业研究局	372	57	15.3
美国康奈尔大学	140	20	14.3
美国佛罗里达大学	118	33	28.0
巴西维索萨联邦大学	99	47	47.5
丹麦皇家兽医与农业大学	87	0	0.0
云南大学	78	18	23.1
浙江大学	78	28	35.9
中国科学院	71	28	39.4
加拿大农业与农业食品部	56	6	10.7
英国洛桑研究所	51	15	29.4

2) 重要机构相对影响力分析

分别以真菌类微生物农药重要研究机构的篇均被引次数和发文量为横、纵坐标作图(图3-11)分析其研究规模和影响力,可以看出:美国农业部农业研究局、美国康奈尔大学和佛罗里达大学属于高篇均被引次数、高发文量的双高机构,其中美国农业部农业研究局发文量最高;丹麦皇家兽医与农业大学和英国洛桑研究所位于发文量低于平均值、篇均被引次数高于平均值的第四象限,这两个国家虽然相对发文量有限,但其论文影响力较高;其余5个机构包括加拿大农业与农业食品部、中国科学院、云南大学、浙江大学和巴西维索萨联邦大学均属于相对双低(低篇均被引次数、低发文量)机构,研究规模和影响力较弱。

3) 重要机构合作分析

发文量排名前10位机构之间的论文合著情况(图3-12)表明,机构之间更倾向与本国的机构进行合作,机构间的跨国合作较鲜见。美国农业部农业研究局与康奈尔大学之间合作非常密切,在康奈尔大学140篇论文中,有48篇是与美国农业部农业研究局合作完成的,占其论文数的比例为34%;美国的佛罗里达大学的118篇论文中有11篇是与美国农业部农业研究局合作完成的,两者之间合作也较为密切。我国的中国科学院与浙江大学合作完成论文7篇,约占中国科学院论文总数的十分之一。佛罗里达大学与浙江大学之间合作完成论文4篇,数量在机构跨国合作之间最多。

3 微生物农药国际发展态势分析

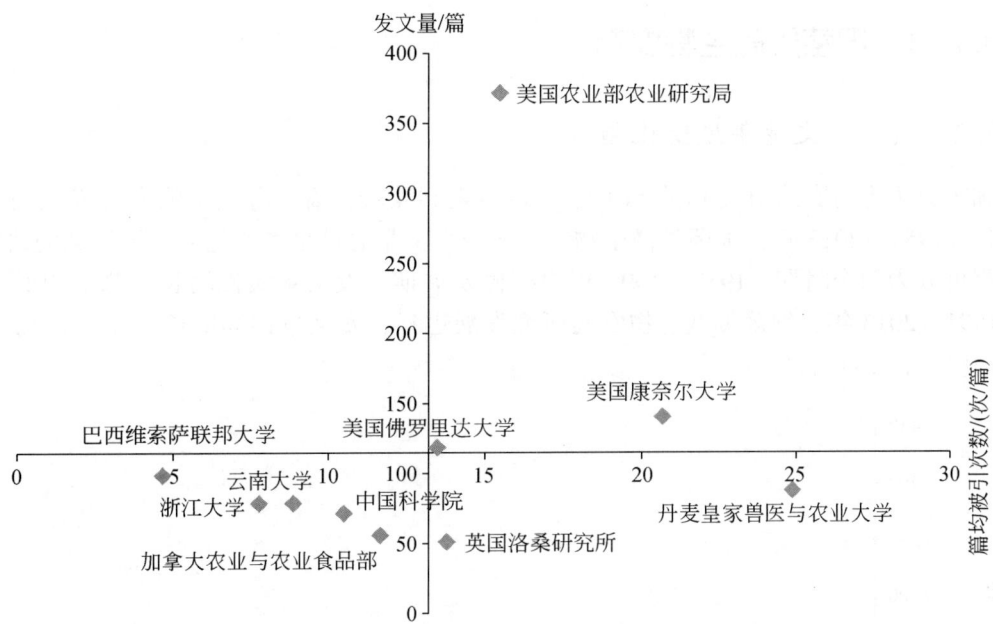

图 3-11　真菌类微生物农药研究重要机构 SCI 发文量和篇均被引次数相对位置分布图

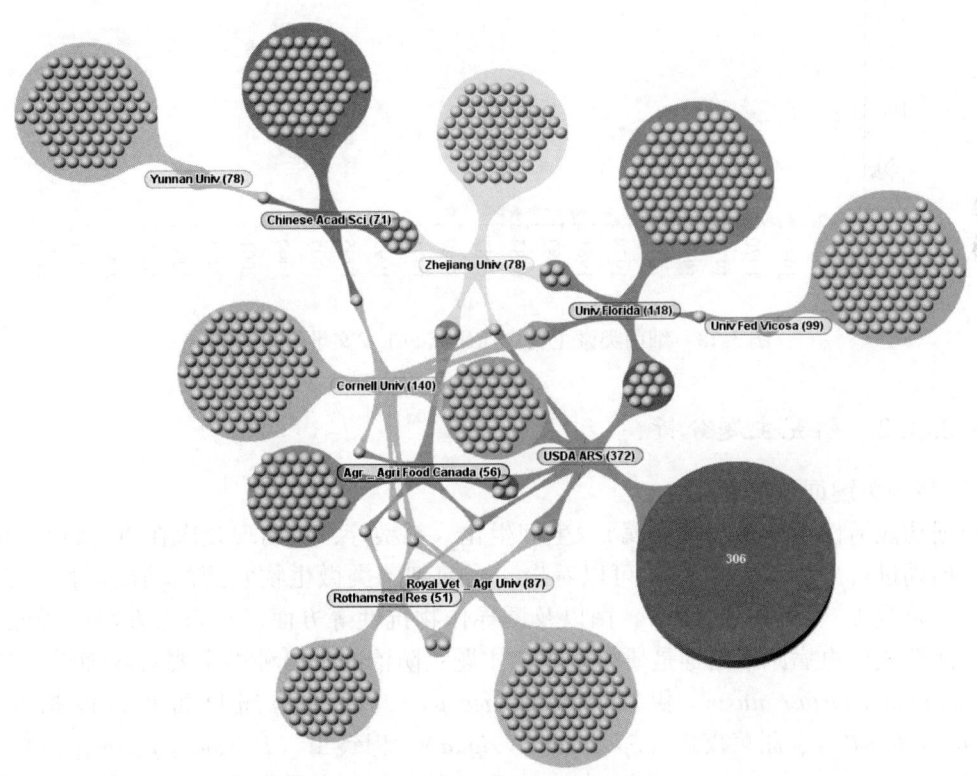

图 3-12　重要机构在真菌类微生物农药领域的 SCI 论文合作情况（见彩图）

3.2.3 细菌类微生物农药

3.2.3.1 发文量年度变化趋势

细菌类微生物农药研究相关 SCI 论文共检索到 4 955 篇,占微生物农药发文总量的 37.3%。1957～2013 年,细菌类微生物农药领域发文量总体呈增长趋势。该领域的研究发展过程可分为两个时期:1957～1990 年为缓慢发展期,发文量缓慢增长,总量均低于 30 篇;1991～2013 年,细菌类微生物农药研究发展迅猛,发文量连续增长,并于 2012 年达到最高峰(图 3-13)。

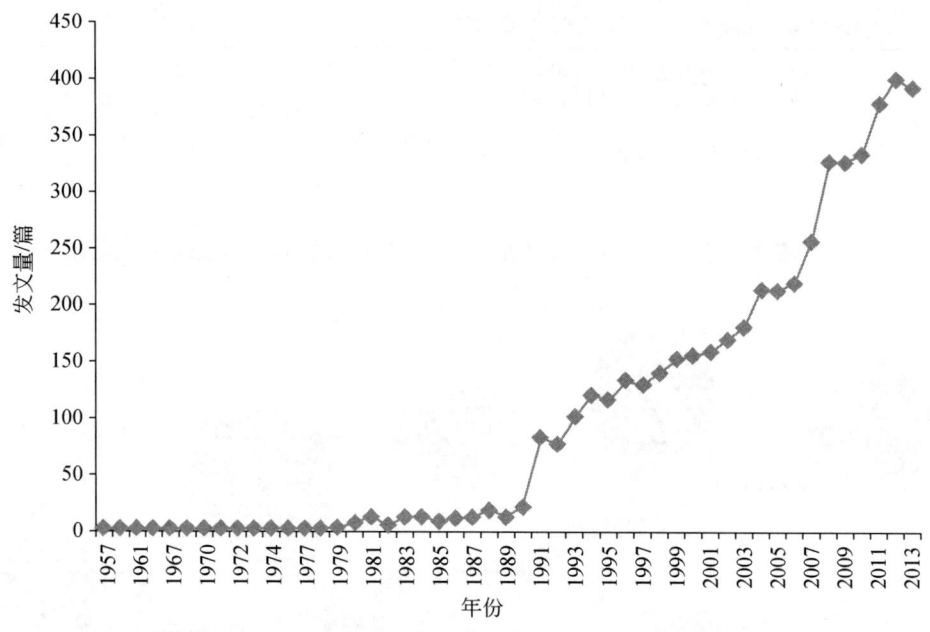

图 3-13　细菌类微生物农药研究 SCI 发文量年度变化

3.2.3.2 研究主题分析

1) 高频关键词及其分类

根据功能活性、重要细菌(属)、生理生化、剂型等,对出现频次在 20 及以上的 100 个高频词词进行分析(表 3-7)。可以看出,当前细菌类微生物农药的功能活性主要集中在杀虫、杀线虫、除草、抗(杀)菌以及诱导作物抗性等方面。在杀虫方面的研究最多,杀幼虫活性或昆虫病原细菌等是研究较多的主题;防治的害虫种类主要有蚊蝇类,包括库蚊(*Culex quinquefasciatus*)、伊蚊(*Aedes aegypti*),以及鳞翅目害虫,包括小菜蛾(*Plutella xylostella*)、甜菜夜蛾(*Spodoptera exigua*)、棉铃虫(*Helicoverpa armigera*)、草地贪夜蛾(*Spodoptera frugiperda*)等。在抗(杀)菌方面,主要集中在抗菌活性、抗真菌活性、抗细菌活性、抗病毒活性等研究上,其中纹枯病病原菌(*Rhizoctonia solani*)和灰霉病病原菌（*Botrytis cinerea*）是研究较多的作物病原菌。在杀线虫活性方面，防治的线虫种类主要为南方根结线虫（*Meloidogyne incognita*）。

用于开发细菌类微生物农药的细菌种类比较多，主要集中在芽孢杆菌属（*Bacillus*）、假单胞菌属（*Pseudomonas*）、链霉菌属（*Streptomyces*）、致病杆菌属（*Xenorhabdus*）、放线菌属（*Actinomycetes*）和发光杆菌属（*Photorhabdus*）。其中，芽孢杆菌是研究最多的主题，主要的品种有苏云金芽孢杆菌（*Bacillus thuringiensis*）、荧光假单胞菌（*Pseudomonas fluorescens*）、枯草芽孢杆菌（*Bacillus subtilis*）、苏云金芽孢杆菌以色列亚种（*Bacillus thuringiensis* var. *israelensis*）、解淀粉芽孢杆菌（*Bacillus amyloliquefaciens*）、蜡样芽孢杆菌（*Bacillus cereus*）等。另外，植物根际促生菌（PGPR）、植物内生菌（endophytes）以及植物内生细菌（endophytic bacteria）的研究也较多。

在生理生化研究方面，关注较多的主题主要有：内毒素（包括晶体蛋白）、根际和土壤、细菌的毒性（致病性）以及细菌间的互作（协同、拮抗、群体感应等）、酶类（包括几丁质酶、蛋白酶）等。

表3-7 细菌类微生物农药SCI论文中出现的100个高频词及其分类

研究主题分类		高频关键词
通用词		生物防治（1065）、生物农药（291）、杀虫活性（99）、细菌（58）、微生物防治（51）、番茄（48）、农药（39）、有害生物综合治理（35）、厚垣普奇尼亚菌（*Pochonia chlamydosporia*）（35）、昆虫病原线虫（31）、转基因植物（30）、精油（29）、杀菌剂（28）、哈茨木霉（*Trichoderma harzianum*）（26）、PCR（25）、木霉属（25）
功能活性	杀虫	致倦库蚊（*Culex quinquefasciatus*）（56）、杀幼虫活性（46）、埃及伊蚊（*Aedes aegypti*）（38）、昆虫病原细菌（36）、Cry基因（34）、小菜蛾（*Plutella xylostella*）（34）、鳞翅目害虫（30）、昆虫病原菌（29）、甜菜夜蛾（*Spodoptera exigua*）（29）、蚊子防治（28）、Cry蛋白毒性（23）、棉铃虫（*Helicoverpa armigera*）（22）、草地贪夜蛾（*Spodoptera frugiperda*）（22）、昆虫抗性（22）
	杀线虫	线虫（61）、南方根结线虫（*Meloidogyne incognita*）（33）
	除草	生物除草剂（24）
	抗(杀)菌	抗菌活性（58）、立枯丝核菌（*Rhizoctonia solani*）（57）、抗真菌活性（54）、抗细菌活性（41）、抗生素（39）、抗病毒活性（38）、抗真菌（35）、抗菌（33）、灰葡萄孢（*Botrytis cinerea*）（31）、抗细菌（28）、抑病土壤（25）、真菌（24）、终极疫霉（*Pythium ultimum*）（24）、抗生（23）、抗病毒（22）
	其他	诱导系统抗性（28）、植物生长促进（28）、诱导抗性（26）
重要细菌（属）		苏云金芽孢杆菌（*Bacillus thuringiensis*）（663）、荧光假单胞菌（*Pseudomonas fluorescens*）（124）、枯草芽孢杆菌（*Bacillus subtilis*）（121）、球形芽孢杆菌（*Bacillus sphaericus*）（101）、假单胞菌属（89）、植物根际促生菌（86）、芽孢杆菌属（63）、苏云金芽孢杆菌以色列变种（*Bacillus thuringiensis* var. *israelensis*）（59）、根际细菌（51）、链霉菌属（44）、穿通巴氏杆菌（*Pasteuria penetrans*）（40）、解淀粉芽孢杆菌（*Bacillus amyloliquefaciens*）（34）、蜡样芽孢杆菌（*Bacillus cereus*）（33）、芽孢杆菌属菌株（32）、植物内生菌（28）、致病杆菌属（28）、恶臭假单胞菌（*Pseudomonas putida*）（27）、*Pseudomonas* sp.（27）、发光光杆菌（*Photorhabdus luminescens*）（26）、植物内生细菌（24）、绿脓假单胞菌（*Pseudomonas aeruginosa*）（24）、放线菌属（22）、发光杆菌属（22）

续表

研究主题分类	高频关键词
生理生化	内毒素（77）、Cry 蛋白（65）、根际（55）、几丁质酶（54）、拮抗（45）、毒性（44）、致病性（37）、铁载体（34）、土壤（32）、抗性（29）、蛋白酶（26）、协同（26）、毒素（26）、细胞毒性（24）、废水污泥（23）、群体感应（22）、孢子形成（22）
剂型开发	生物测定（54）、剂型（40）、拮抗剂（36）、风险评价（27）

注：括号内是出现频次

2）主题年度变化趋势

从细菌类微生物农药2000年后的年度高频主题词以及新出现主题词（表3-8）可以看出，自2000年以来，细菌类微生物农药研究的高频主题词一直为生物防治、苏云金芽孢杆菌等，表明这些主题一直是研究人员关注的研究领域。另外，每年都有许多新主题词出现，如2011年出现的Bt玉米、2005年出现的Cry3Aa内毒素、2007年出现的配合剂、2008年出现的Cry3Bb1蛋白、2010年出现的Cry1Ac杀出蛋白等，说明该研究领域的研究还在不断发展之中。

表3-8　2000~2013年细菌类微生物农药研究的主题词变化

年份	高频主题词	新出现主题词
2000	生物防治、Bt、荧光假单胞菌	土壤微生物、微生物接种剂、冰核活性细菌、植物内生菌、污泥
2001	Bt、生物防治	菜豆壳球孢（Macrophomina phaseolina）、废水污泥、苏云金芽孢杆菌以色列变种
2002	生物防治、Bt、生物农药	棉铃虫（Helicoverpa armigera）、Bt玉米、黏土、抗菌活性、降解物阻遏、虾和蟹壳、红曲霉、体内抗菌活性、Bt81
2003	生物防治、Bt	厚垣普奇尼亚菌（Pochonia chlamydosporia）、种群、山核桃象鼻虫、震荡速度
2004	生物防治、Bt	脂肽、罗伦隐球酵母（Cryptococcus laurentii）、Monilinia vaccinii-corymbosi、木乃伊贝瑞疾病、血细胞
2005	生物防治、Bt	液体剂型、分布、孔雀草、Cry3Aa内毒素、植物萃取物、十字花科植物、单核细胞增多性李斯特氏菌（Listeria monocytogenes）、Streptomyces halstedii、黏度、宿主、蛋白酶活性、疫病
2006	生物防治、Bt	致病疫霉、桃褐腐病菌（Monilinia laxa）、抗生物素蛋白、混合物、GCSC-BtA、钙黄素释放、RNAi、微聚集、共栖、cry4Ba型基因
2007	生物防治、Bt	增效剂、杀螨活性、二元毒素、1，2，4-三唑类农药、合成、杀线虫活性、家蝇、棘孢木霉（Trichoderma asperellum）、1，3-二氯丙烯、冰城链霉菌（Streptomyces bingchenggensis）、乳酸菌、拟南芥、双歧杆菌、土壤酶、韧皮部特异性表达
2008	Bt、生物防治	孢子计数、非靶标昆虫、拮抗效应、革兰氏阴性细菌、香蕉炭疽病病原菌（Colletotrichum musae）、昆虫消化、嗜线虫真菌（Duddingtonia flagrans）、农药残留、转基因植物、Cyt毒素、先天免疫、维管萎蔫病、Cry3Bb1蛋白、遗传改良、Paenibacillus ehimensis、烟草花叶病毒、内共生体、雪霉叶枯菌（Microdochium nivale）、辣椒疮痂病菌（Xanthomonas axonopodis pv. Vesicatoria）、舞毒蛾、链孢粘帚霉（Gliocladium catenulatum）、16S rRNA基因、Monacrosporium sinense

续表

年份	高频主题词	新出现主题词
2009	生物防治、Bt	脱氧萎镰菌醇、番茄、奇妙单顶孢（*Monacrosporium thaumasium*）、溶磷
2010	生物防治、Bt	曲酸、粉红腐烂病、Cry1Ac 杀虫蛋白、荧光光谱学、豌豆长管蚜（*Acyrthosiphon pisum*）、真菌病原、遗传变异、种群结构、Cry3Bb1、生长抑制、呼吸作用、cry1Ac 基因、效应面优化法
2011	生物防治、Bt	里海伊蚊 α-葡糖苷酶抑制剂、穿心莲（*Andrographis paniculata*）、红腐病、吡咯伯克霍尔德氏菌（*Burkholderia pyrrocinia*）、肠道、假定检验、最小杀菌剂浓度、短乳杆菌（*Lactobacillus brevis*）、氧化胁迫抗性、半夏凝集素、活性氧
2012	生物防治、Bt	幼虫、主成分分析、种间、绿色荧光蛋白、溶解氧浓度、转基因玉米、植物性农药、蛋白酶、大肠杆菌表达
2013	生物防治、Bt	齐聚反应、膜结合、三级营养、昆虫免疫反应、钙粘蛋白类受体、厚垣孢子、土壤浸液、乳白蚁、重金属抗性、藻青菌、Bt 水稻、组织病理学效应

3.2.3.3 重要国家分析

1）发文量

细菌类微生物农药研究发文量最多的前 10 位国家中，发文量最多的为美国，发文量为 1 090 篇，是排名第 2 位中国发文量的 2 倍多；中国排名第 2 位，发文量为 443 篇（图 3-14）。

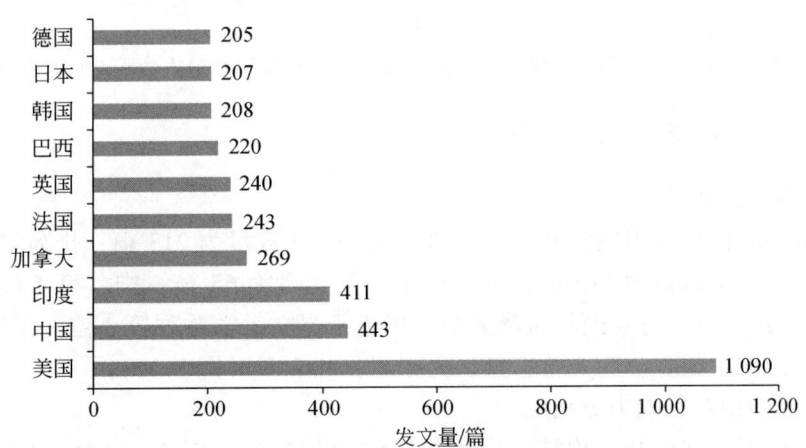

图 3-14　细菌类微生物农药 SCI 发文量居世界前 10 位的国家及数量

2）重要国家相对影响力分析

根据重要国家发文量和篇均被引次数相对位置分布图（图 3-15）可以看出，在细菌类微生物农药研究中，美国处于篇均被引次数和发文量均高于平均值的第一象限，属于双高（高篇均被引次数、高发文量）国家；中国和印度处于发文量高于平均值、篇均被引次数低于平均值的第二象限，属于相对高发文量、低篇均被引次数的国家；德国、法国、加拿大和英国位于发文量低于平均值、篇均被引次数高于平均值的第四象限,这些国家虽然相对发文量有限,但其论文影响力较高。韩国、巴西和日本集中在篇均被引次数和发文量均低于平均值的第三象限,属于相对双低(低篇均被引次数、低发文量)国家,研究规模和影响力较弱。

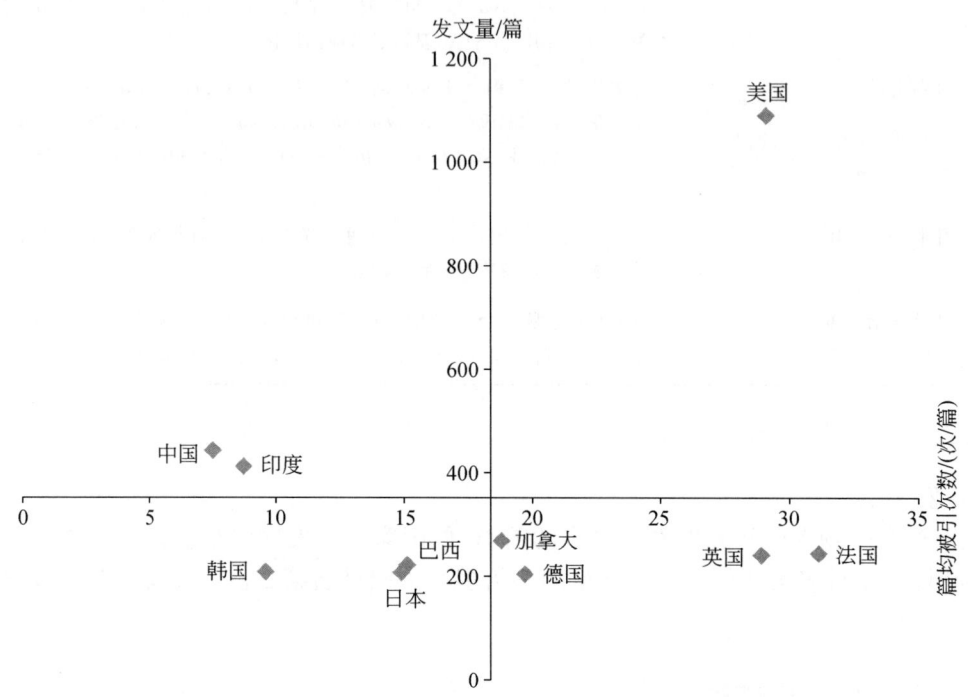

图3-15 细菌类微生物农药研究重要国家的发文量和篇均被引次数相对位置分布图

3.2.3.4 重要研究机构分析

1)重要机构发文量

发文量最多的机构为美国农业部农业研究局,发文数量为213篇;排名第2位的为加利福尼亚大学,发文数量为113篇;中国科学院发文量为65篇,排名第4位;中国农业科学院发文量为49篇,与泰国玛希隆大学、华盛顿州立大学并列第9位。在这些机构中,美国所属机构的数量最多,为5个;其次为中国,共2个(图3-16)。

2)重要机构相对影响力分析

根据重要国家发文量和篇均被引次数相对位置分布图(图3-17)可以看出,在细菌类微生物农药研究中,美国农业部农业研究局和加利福尼亚大学处于篇均被引次数和发文量均高于平均值的第一象限,属于双高(高篇均被引次数、高发文量)机构;法国农业科学院、威斯康星大学和华盛顿州立大学位于发文量低于平均值、篇均被引次数高于平均值的第四象限,这些机构虽然相对发文量有限,但其论文影响力较高。中国科学院、中国农业科学院、玛希隆大学、加拿大农业食品部、佛罗里达大学以及九州大学集中在篇均被引次数和发文量均低于平均值的第三象限,属于相对双低(低篇均被引次数、低发文量)机构,研究规模和影响力较弱。

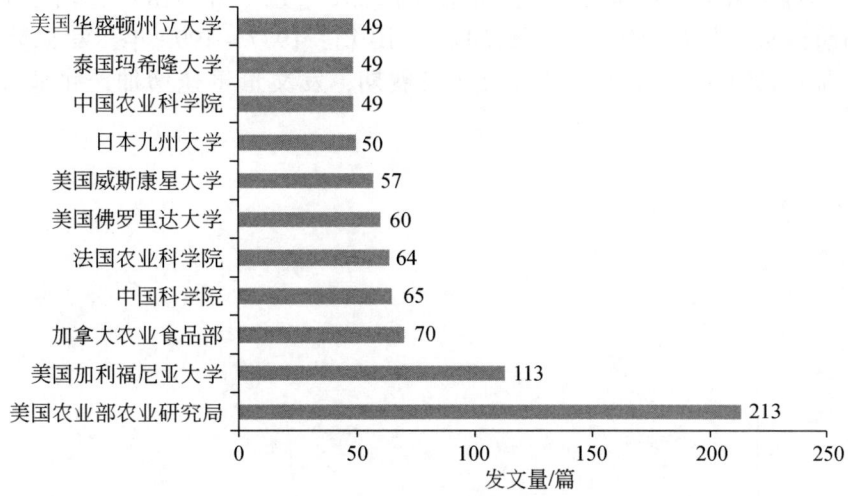

图 3-16 细菌类微生物农药 SCI 发文量位居世界前列的重要机构

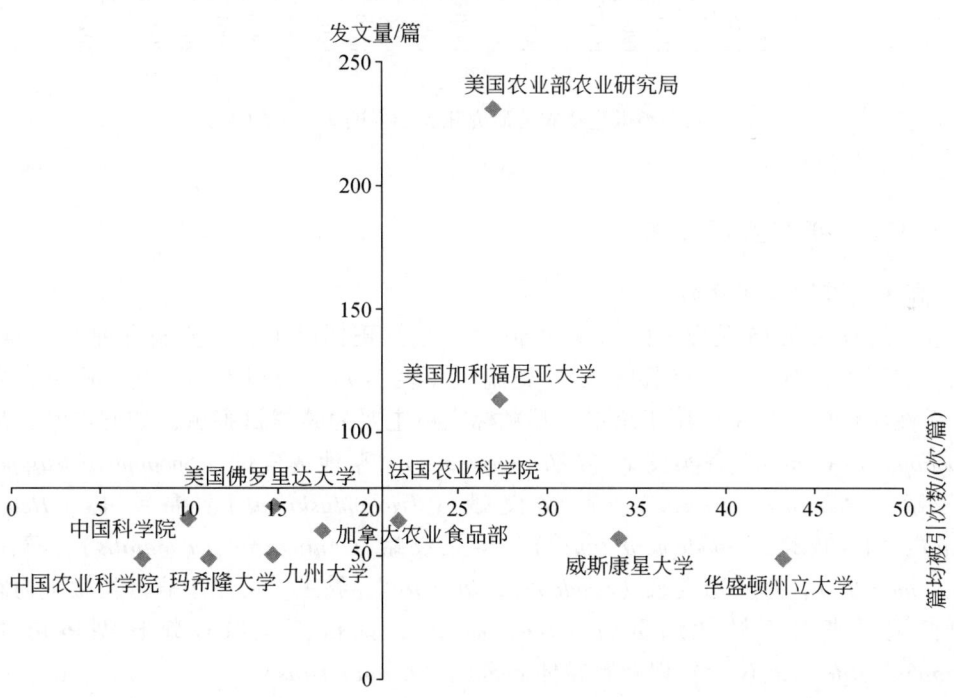

图 3-17 细菌类微生物农药研究重要机构的 SCI 发文量和篇均被引次数相对位置分布图

3.2.4 病毒类微生物农药

3.2.4.1 发文量年度变化趋势

本次共检索到病毒类微生物农药研究相关 SCI 论文 2002 篇,占微生物农药发文总量的15.1%。病毒类微生物农药领域发文量总体呈增长趋势（图3-18）。其中，1937~1976年为研究的萌芽期，发文量较少，总数均低于10篇；1977~1990年，发文量缓慢增长，总量有所增加；1991~2013年，进入快速发展期，发文量迅速增加，并呈现波动增长趋势。

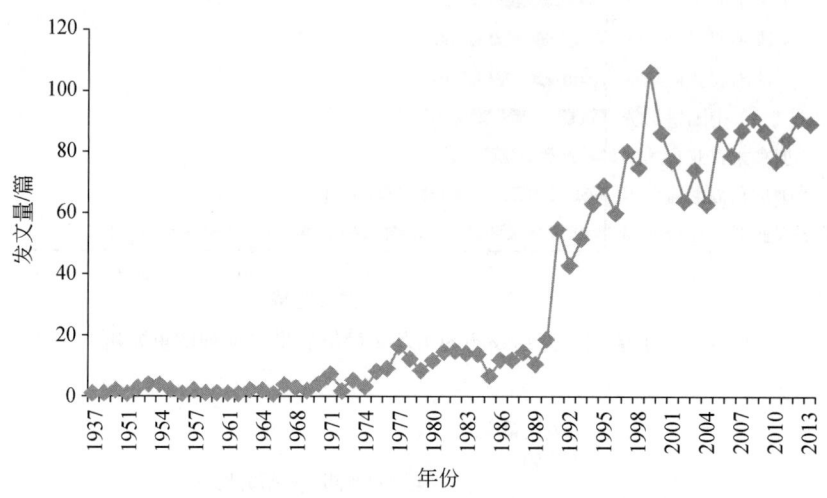

图3-18　病毒类微生物农药研究相关SCI论文数量的年度变化

3.2.4.2　研究主题分析

1）高频关键词及其分类

筛选出现频次在15及以上的高频词50个，根据靶标昆虫、重要病毒种类（属）、生理生化、剂型等，对这50个词进行了分类梳理（表3-9）。可以看出，当前病毒类微生物农药的活性比较单一，主要用于杀虫，其靶标害虫主要为鳞翅目害虫，如舞毒蛾、甜菜夜蛾（*Spodoptera exigua*）、谷实夜蛾（*Helicoverpa zea*）、草地贪夜蛾（*Spodoptera frugiperda*）、烟芽夜蛾（*Heliothis virescens*）、粉纹夜蛾（*Trichoplusia ni*）、棉铃虫（*Helicoverpa armigera*）、斜纹夜蛾（*Spodoptera litura*）、黎豆夜蛾（*Anticarsia gemmatalis*）、苹果蠹蛾（*Cydia pomonella*）、海灰翅夜蛾（*Spodoptera littoralis*）、黏虫。可用于病毒类微生物农药的病毒种类主要来自于杆状病毒属（*Baculovirus*），如苜蓿银纹夜蛾核型多角体病毒（*Autographa californica* NPV）以及颗粒体病毒属（*Granulovirus*）。

在生理生化方面，病毒的致病性、传播、持久性、抗性等研究比较活跃。在剂型开发方面，利用荧光增白剂（Optical brightener 和 fluorescent brightener）提高病毒类微生物农药的防治效果是比较受关注的主题。另外，重组杆状病毒出现频次也较高，表明该主题已成为病毒类微生物农药的一个研究热点。

3 微生物农药国际发展态势分析

表 3-9 病毒类微生物农药相关 SCI 论文中出现的 50 个高频词及其分类

研究主题分类	高频关键词（括号内是出现频次）
通用词	生物防治（117）、Bt（53）、昆虫病毒（53）、微生物防治（38）、生物农药（33）、昆虫痘病毒（25）、昆虫纲（22）、拟寄生物（21）、生物农药（19）、昆虫病原（19）、昆虫（19）、有害生物综合治理（19）、细胞系（18）、昆虫细胞培养（18）、杀菌剂（16）
靶标昆虫	舞毒蛾（120）、鳞翅目害虫（69）、甜菜夜蛾（*Spodoptera exigua*）（62）、草地贪夜蛾（*Spodoptera frugiperda*）（60）、谷实夜蛾（*Helicoverpa zea*）（45）、烟芽夜蛾（*Heliothis virescens*）（40）、粉纹夜蛾（*Trichoplusia ni*）（39）、苹果蠹蛾（*Cydia pomonella*）（38）、棉铃虫（*Helicoverpa armigera*）（36）、斜纹夜蛾（*Spodoptera litura*）（25）、黎豆夜蛾（*Anticarsia gemmatalis*）（23）、家蚕（*Bombyx mori*）（22）、海灰翅夜蛾（*Spodoptera littoralis*）（20）
重要病毒种类（属）	核型多角体病毒（399）、杆状病毒（340）、苜蓿银纹夜蛾 NPV（81）、*Granulovirus*（71）
生理生化	致病性（26）、转移（26）、持久性（23）、抗性（20）、种群动态（19）、寄主范围（17）、细胞凋亡（16）、毒力（16）、围食膜（15）
剂型开发	生物测定（35）、光学增白剂（29）、重组杆状病毒（25）、荧光增白剂（18）、剂型（16）

2）主题年度变化趋势

根据 2000 年后病毒类微生物农药论文的年度高频主题词以及新出现的主题词（表 3-10）可以看出，自 2000 年以来，病毒类微生物农药研究的高频主题词变化不大，主要集中在杆状病毒、核型多角体病毒等主题上。但是每年都有许多新主题词出现，特别是在 2000～2004 年期间新出现主题词较多，这说明病毒类微生物农药还处于发展之中。另外，从 2006 开始，蛋白质芯片、PCR、基因组序列、转录组等主题词开始出现，表明领域研究开始进入分子生物学阶段。

表 3-10 2000～2013 年病毒类微生物农药研究的主题词变化

年份	高频主题词	新出现主题词
2000	杆状病毒、核型多角体病毒	谷实夜蛾多角体病毒、病害、细胞凋亡、转基因生物、喷雾干燥、形态学、菜青虫颗粒体病毒、非靶标生物、鹰嘴豆、绿色荧光蛋白、抗性管理、蝎子神经毒素、CfMNPV、病毒侵染、DNA 酶切特征、组织病理学、巨噬细胞、森林天幕毛虫、*Microplitis croceipes*、吞噬作用、TnGV、不育、杀死速度、蝎毒、内寄生蜂、地理镶嵌理论、晶体化、核型多角体病毒、死亡率、共进化、质量控制、q 离体培养、DNA 病毒、产量、电压门控钠离子通道
2001	杆状病毒、核型多角体病毒、舞毒蛾、谷实夜蛾	Hz-1 病毒、混合感染、Hz-2V、Bt、半翅目、四病毒、安全性、病毒特征、SfMNPV、病毒粒子、*Serratia marcescens*、舞毒蛾核型多角体病毒、细胞凋亡、基因型、耐光性、Blankophor BBH、晚期表达基因、DNA 复制、寄主植物、生物农药、阳光稳定性、组织蛋白酶、初级培养、核型多角体病毒、多粒包埋型核型多角体病毒、鳞翅目昆虫、病毒活性、进化分析
2002	杆状病毒、核型多角体病毒、谷实夜蛾	温室菊花、交配、芹菜夜蛾核型多角体病毒、茶小卷夜蛾、食物、黏虫

续表

年份	高频主题词	新出现主题词
2003	核型多角体病毒、杆状病毒、生物防治	油棕榈害虫、变异、HaSNPV、苹果蠹蛾颗粒体病毒、四病毒科、小地老虎核型多角体病毒、病毒增效、死亡时间、杆状病毒质粒、多角体蛋白基因、甘蓝夜蛾核型多角体病毒、细小病毒科、生活史、RNA 病毒、双翅目、透射电子显微镜法、发育速度、棉铃虫核型多角体病毒、协同效应、呼肠病毒科、TM 生物防治–1、种群波动、地方适应性、二氧化钛、RNA 复制、昆虫捕食者
2004	杆状病毒、核型多角体病毒、鳞翅目、舞毒蛾	异翅亚目、广食性捕食者、淹没式生物防治、姬蜂病毒、免疫反应、信息素、*Chrysodeixis chalcites* 柑橘、肠吸收、虫媒病毒、虫茧蜂病毒属、生物活性、parasite guild、共育寄生性、UV 敏感性、荧光光谱学、重组蛋白、椿象科、田间功效、SpltNPV、蚊子
2005	核型多角体病毒、杆状病毒、生物防治	香脂冷杉叶蜂、非线性传播、分类
2006	杆状病毒、核型多角体病毒、传播、斜纹夜蛾、草地贪夜蛾、生物活性、细胞系、昆虫、杆状病毒科、生物农药、质型多角体病毒、谷实夜蛾、生物防治	蛋白质芯片、DAF-PCR、大规模生产、基因组、协同感染、全须夜蛾核型多角体病毒、脂肪体
2007	核型多角体病毒、杆状病毒、甜菜夜蛾	温室作物、豆野螟、甜辣椒、苜蓿银纹夜蛾核型多角体病毒、围食膜基质
2008	杆状病毒、核型多角体病毒、生物防治	马铃薯、协同交互作用、赤霉病抗性品种、基因组序列
2009	杆状病毒、核型多角体病毒、棉铃虫、甜菜夜蛾	大豆夜蛾核型多角体病毒、地老虎多体病毒、菜粉蝶、胚胎细胞系、病毒剂型、实验进化、表达谱、种群爆发焦点、体外生产、生物效能、遗传多样性、EppoNPV、锥蝽属病毒、家蝇、saUFL-AG-286 细胞系、纯化
2010	杆状病毒、核型多角体病毒、天才夜蛾、传播、棉铃虫	人工饲料、根除、依赖 RNA 的 RNA 聚合酶
2011	杆状病毒、核型多角体病毒、昆虫病毒、鳞翅目	病菌生态学、转录组、Hytrosaviridae、延时
2012	杆状病毒、核型多角体病毒、甜菜夜蛾	同安钮夜蛾、思茅松毛虫
2013	杆状病毒、核型多角体病毒、生物防治	病毒变种、安第斯马铃薯块茎蛾

3.2.4.3 重要国家分析

1）重要国家发文量

病毒类微生物农药研究发文量排在前 10 位的国家依次为美国、英国、加拿大、中国、日本、西班牙、法国、澳大利亚、印度和荷兰（图 3-19）。

3 微生物农药国际发展态势分析

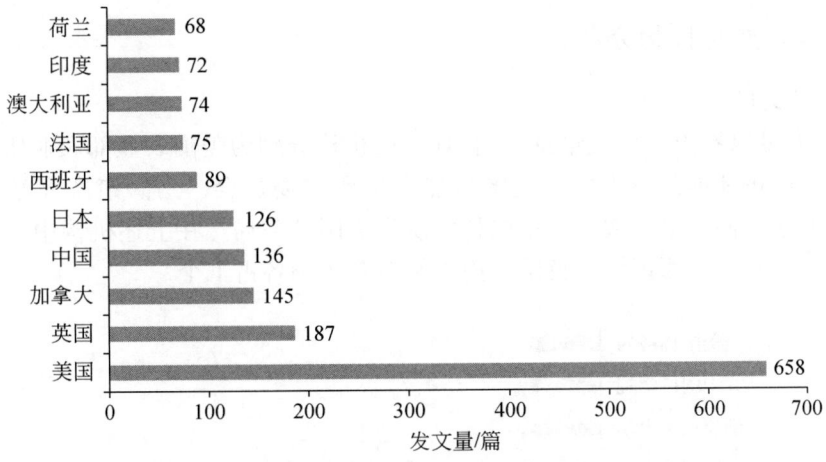

图 3-19　病毒类微生物农药 SCI 发文量居世界前 10 位的国家

2）重要国家相对影响力分析

在病毒类微生物农药研究中，英国处于篇均被引次数和发文量均高于平均值的第一象限，属于双高（高篇均被引次数、高发文量）国家；美国处于发文量高于平均值、篇均被引次数低于平均值的第二象限，属于相对高发文量、低篇均被引次数的国家；中国、日本、加拿大、西班牙、荷兰、澳大利亚、法国和印度集中在篇均被引次数和发文量均低于平均值的第三象限，属于相对双低（低篇均被引次数、低发文量）国家，研究规模和影响力较弱（图 3-20）。

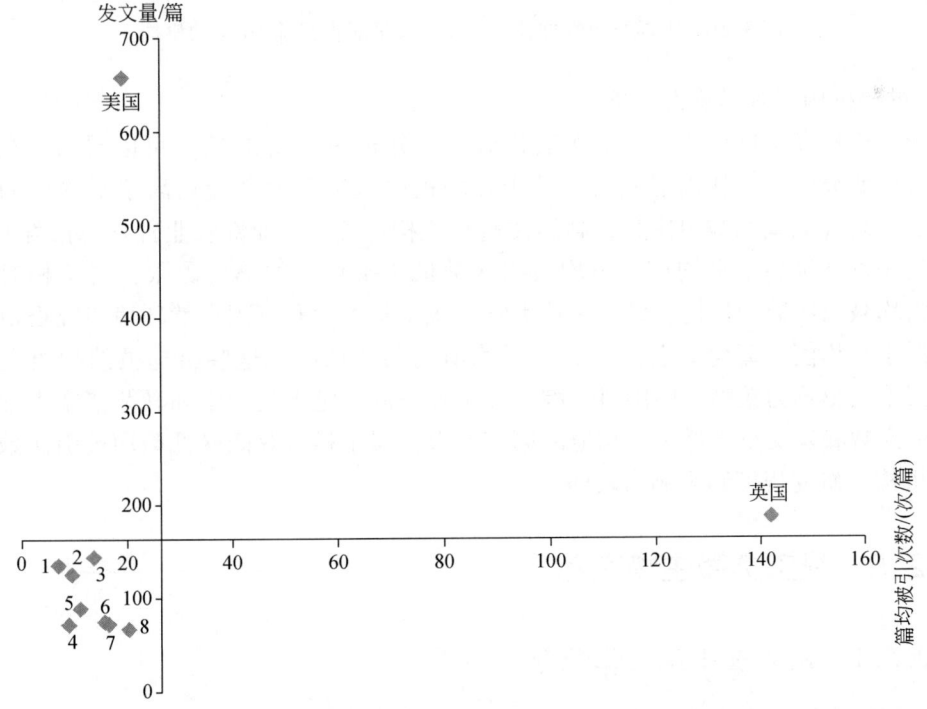

图 3-20　病毒类微生物农药研究重要国家的发文量和篇均被引次数相对位置分布图
1. 中国；2. 日本；3. 加拿大；4. 印度；5. 西班牙；6. 法国；7. 澳大利亚；8. 荷兰

3.2.4.4 重要机构分析

1) SCI 发文量

从图 3-21 可以看出，发文量排名前 10 位的机构分别为美国农业部农业研究局、加利福尼亚大学、西班牙纳瓦拉大学、英国自然环境研究委员会、马萨诸塞大学、昆士兰大学、康奈尔大学、佛罗里达大学、中国科学院和美国林务局。在上述机构中，美国所属机构数量最多，共 6 个，西班牙、英国、澳大利亚和中国各占 1 个。

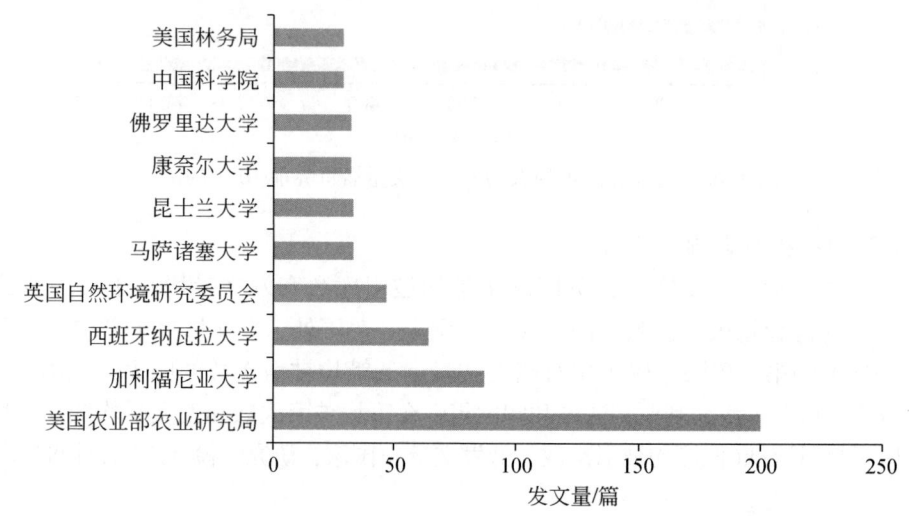

图 3-21 病毒类微生物农药 SCI 发文量居世界前 10 位的机构

2) 重要机构相对影响力分析

从重要机构发文量和篇均被引次数相对位置分布图（图 3-22）可以看出，在病毒类微生物农药研究中，加利福尼亚大学处于篇均被引次数和发文量均高于平均值的第一象限，属于双高（高篇均被引次数、高发文量）机构；美国农业部农业研究局和西班牙纳瓦拉大学处于发文量高于平均值、篇均被引次数低于平均值的第二象限，属于相对高发文量、低篇均被引次数的机构；佛罗里达大学、康奈尔大学和英国自然环境研究委员会位于发文量低于平均值、篇均被引次数高于平均值的第四象限，这些机构虽然相对发文量有限，但其论文影响力较高。中国科学院、美国林务局、昆士兰大学和马萨诸塞大学集中在篇均被引次数和发文量均低于平均值的第三象限，属于相对双低（低篇均被引次数、低发文量）机构，研究规模和影响力较弱。

3.2.5 线虫类微生物农药

3.2.5.1 发文量年度变化趋势

从数据库中检索出线虫类微生物农药研究相关论文 1 645 篇，占微生物农药发文总量的 12.4%。线虫类微生物农药领域研究经历了两个波动发展时期（图 3-23），1985～1999

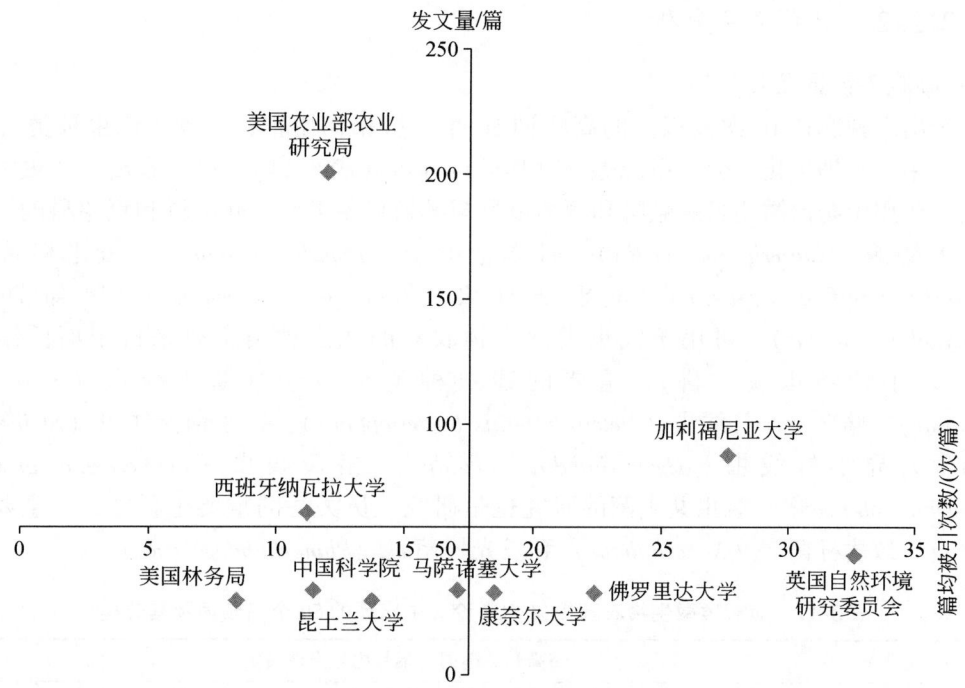

图 3-22　病毒类微生物农药研究重要机构的 SCI 发文量和篇均被引次数相对位置分布图

年为第一个发展周期，发文时间最早出现于 1985 年，随后呈现出先增长后下降的趋势；2000~2013 年，进入快速发展期，发文量迅速增加，并呈现出波动增长趋势。

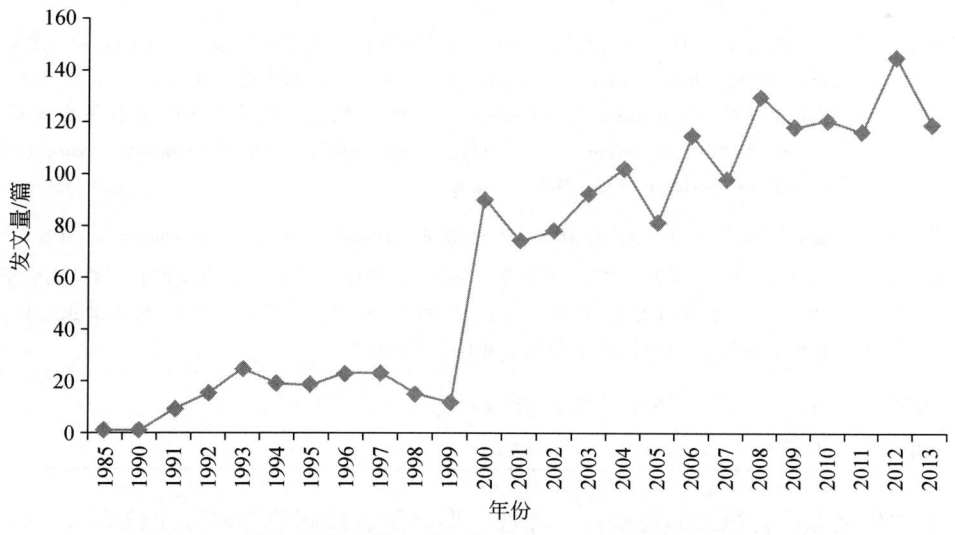

图 3-23　线虫类微生物农药研究相关 SCI 论文数量的年度变化

3.2.5.2 研究主题分析

1）高频关键词及其分类

筛选出现频次在 16 次及以上的高频词 50 个，根据作用靶标、重要线虫种类（属）、线虫共生菌、生理生化、分类系统等，对其进行分析（表 3-11）。可以看出，线虫类微生物农药主要用于防治鳞翅目螟蛾科和丽金龟科与鞘翅目象甲科、叶甲科和豆象科的一些害虫，如大蜡螟（*Galleria mellonella*）、日本金龟子（*Popillia japonica*）、玉米根萤叶甲（*Diabrotica virgifera virgifera*）、蔗根非耳象（*Diaprepes abbreviatus*）、黑葡萄耳象（*Otiorhynchus sulcatus*）。可用于线虫类微生物农药的线虫种类主要来自于斯氏线虫属（科）、异小杆线虫属（科），重要的线虫种类有小卷蛾斯氏线虫（*Steinernema carpocapsae*）、嗜菌异小杆线虫（*Heterorhabditis bacteriophora*）、夜蛾斯氏线虫（*Steinernema feltiae*）、大异小杆线虫（*Heterorhabditis megidis*）、格氏线虫（*Steinernema glaseri*）、*Steinernema riobrave* 等。线虫共生菌的研究也是研究人员关注的重要主题之一，主要的共生菌来自于致病杆菌属（*Xenorhabdus*）和发光杆菌属（*Photorhabdus*）等。

表 3-11 病毒类微生物农药相关 SCI 论文中出现的 50 个高频词及其分类

研究主题分类	高频关键词（括号内是出现频次）
通用词	昆虫病原线虫（592）、生物防治（436）、线虫（109）、有害生物综合防治（40）、昆虫病原（35）、昆虫-寄生线虫（30）、描述（28）、草坪草（24）
作用靶标	大蜡螟（*Galleria mellonella*）（53）、日本金龟子（*Popillia japonica*）（38）、玉米根萤叶甲（*Diabrotica virgifera virgifera*）（21）、昆虫（20）、蔗根非耳象（*Diaprepes abbreviatus*）（19）、黑葡萄耳象（*Otiorhynchus sulcatus*）（17）、蛴螬类害虫（17）
重要线虫种类（属）	斯氏线虫属（207）、异小杆属（184）、小卷蛾斯氏线虫（*Steinernema carpocapsae*）（179）、嗜菌异小杆线虫（*Heterorhabditis bacteriophora*）（171）、夜蛾斯氏线虫（*Steinernema feltiae*）（155）、大异小杆线虫（*Heterorhabditis megidis*）（45）、斯氏线虫科（41）、格氏线虫（*Steinernema glaseri*）（37）、*Steinernema riobrave*（33）、异小杆线虫科（31）、*Heterorhabditis indica*（19）、*Heterorhabditis marelatus*（17）、*Steinernema affine*（17）
线虫共生菌	致病杆菌属（52）、发光杆菌属（38）、发光光杆状菌（*Photorhabdus luminescens*）（27）
生理生化	传染性（42）、毒力（42）、形态学（39）、致病性 y（33）、温度（27）、扫描式电子显微镜（25）、病毒分子（25）、存活（22）、形态测定（21）、共生（21）、传染幼虫（18）、寄生（18）、持久性（18）、繁殖（18）、死亡率（16）
分类系统	分类学（61）、系统学（35）、新种 s（21）
其他	Bt（17）

在生理生化方面，线虫的传染性、毒性、形态学、致病性等研究比较活跃。另外，线虫的分类也是研究人员关注的研究主题之一。

2）主题年度变化趋势

从近 10 年线虫类微生物农药论文的年度高频主题词以及新出现的主题词（表 3-12）可以看出，自 2000 年以来，线虫类微生物农药研究各年度的高频主题词变化不大，主要集中在昆虫病原线虫、生物防治、小卷蛾斯氏线虫（*Steinernema carpocapsae*）、嗜菌异小杆线虫（*Heterorhabditis bacteriophora*）、夜蛾斯氏线虫（*Steinernema feltiae*）等主题上。但是每年都有许多新主题词出现，这说明线虫类微生物农药还处于不断发展之中。

表3-12 2000～2013年病毒类微生物农药研究的主题词变化

年份	高频主题词	新出现主题词
2000	昆虫病原线虫、生物防治、小卷蛾斯氏线虫	糖原、低湿休眠、脂肪、海藻糖、能源储备
2001	昆虫病原线虫、生物防治、嗜菌异小杆线虫	植物根系、核桃象甲、食草性、土栖阶段、进化、隐生现象、线虫行为、化学信息素、RFLPs、脂肪酸
2002	昆虫病原线虫、生物防治、嗜菌异小杆线虫	体内毒性、欧洲切根鳃金龟（*Rhizotrogus majalis*）、低温、柑橘根象鼻虫、脱水、抑制、胁迫抗性
2003	生物防治、昆虫病原线虫、夜蛾斯氏线虫	竞争、高羊茅（*Festuca arundinacea*）、内生线虫
2004	昆虫病原线虫、生物防治、夜蛾斯氏线虫	叶甲科、凤仙花属植物、取样、*Hoplia philanthus*、拮抗、食蚜瘿蚊（*Aphidoletes aphidimyza*）、玫烟色拟青霉（*Paecilomyces fumosoroseus*）、*Steinernema bicornutum*、寄蝇科、蕈蚊、寄主密度
2005	昆虫病原线虫、生物防治、斯氏线虫属	甘蓝、多样性、寄载现象、聚合物、形态测定
2006	昆虫病原线虫、生物防治、斯氏线虫属	*Steinernema thermophilum*、胡瓜钝绥螨（*Amblyseius cucumeris*）、昆虫病原线虫-细菌复合体、墨西哥果蝇、新杆状线虫、高尔夫球场、应用技术、生物制品
2007	昆虫病原线虫、生物防治、小卷蛾斯氏线虫	桃实蝇（*Bactrocera zonata*）、敏感性、地中海实蝇（*Ceratitis capitata*）、使用后技术、蛴螬
2008	昆虫病原线虫、生物防治、夜蛾斯氏线虫	龙舌兰汁、保存、树皮象属、培养基
2009	昆虫病原线虫、生物防治、小卷蛾斯氏线虫、嗜菌异小杆线虫	丝氨酸蛋白酶、过氧化氢酶、净化、营养相互关系、检疫害虫、噻虫胺、糜蛋白、生物熏蒸、内含子EPIC-PCR
2010	昆虫病原线虫、生物防治、小卷蛾斯氏线虫	水活性、*Polyphylla fullo*、冷冻、*Steinernema australe*
2011	昆虫病原线虫、生物防治、异小杆属	植物-食草动物相互作用、植物防卫理论、菌根、*Trybliographa rapae*、化学生态学
2012	昆虫病原线虫、生物防治、斯氏线虫属	根挥发物、鼻涕虫寄生线虫、时间-杀死曲线、"feltiae-krausseioregonense"组、分离选择、天冬氨酸蛋白酶、六索属、化学感受
2013	昆虫病原线虫、生物防治、斯氏线虫属	水产业、白僵菌属、植化相克、水蜡虫、绿僵菌属、马铃薯块茎蛾

3.2.5.3 重要国家分析

1）发文量

从图3-24可以看出，线虫类微生物农药研究发文量排在前10位的国家依次为美国、英国、德国、中国、比利时、爱尔兰、巴西、以色列、西班牙和土耳其。

2）重要国家相对影响力分析

从重要国家发文量和篇均被引次数相对位置分布图（图3-25）可以看出，在线虫类

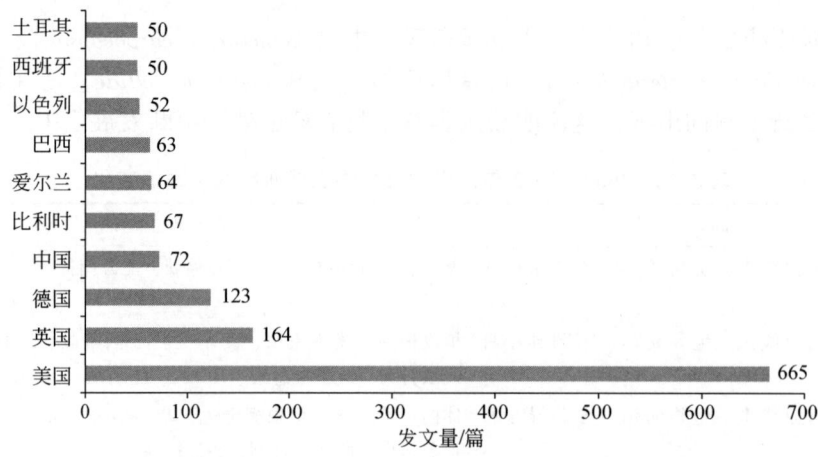

图 3-24 线虫类微生物农药 SCI 发文量居世界前 10 位的国家

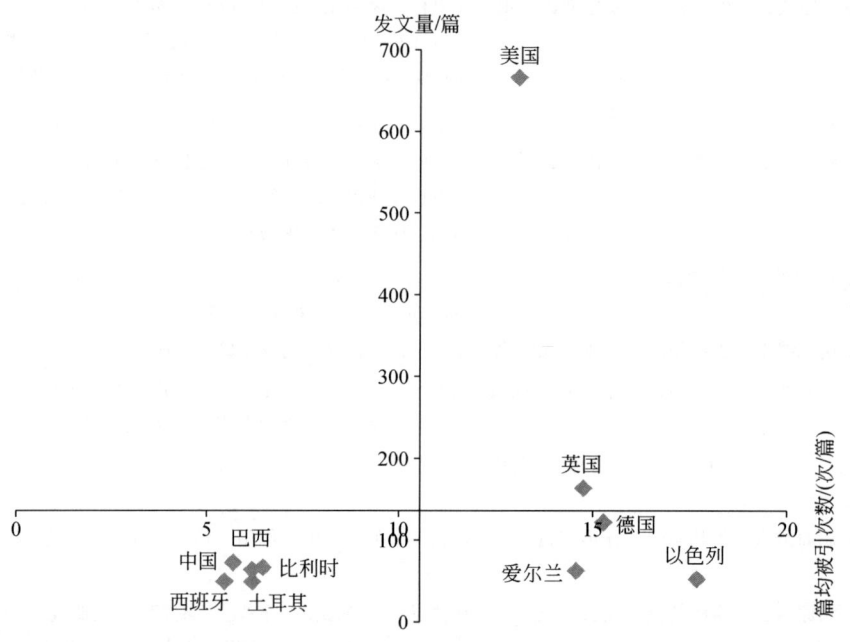

图 3-25 线虫类微生物农药研究重要国家的 SCI 发文量和篇均被引次数相对位置分布图

微生物农药研究中，美国和英国处于篇均被引次数和发文量均高于平均值的第一象限，属于双高（高篇均被引次数、高发文量）国家；爱尔兰、德国和以色列位于发文量低于平均值、篇均被引次数高于平均值的第四象限，这些国家虽然相对发文量有限，但其论文影响力较高。中国、西班牙、比利时、巴西和土耳其集中在篇均被引次数和发文量均低于平均值的第三象限，属于相对双低（低篇均被引次数、低发文量）国家，研究规模和影响力较弱。

3.2.5.4 重要机构分析

1）发文量和被引情况

从图 3-26 可以看出，发文量排名前 10 位的机构依次为美国农业部农业研究局、佛罗里达大学、加利福尼亚大学、罗特格斯州立大学、俄亥俄州立大学、德国基尔大学、比利时根特大学、美国亚利桑那大学、比利时国家农业与渔业研究所和以色列农业研究组织。在上述机构中，美国所属机构数量最多，为6个；其次为比利时，共2个。

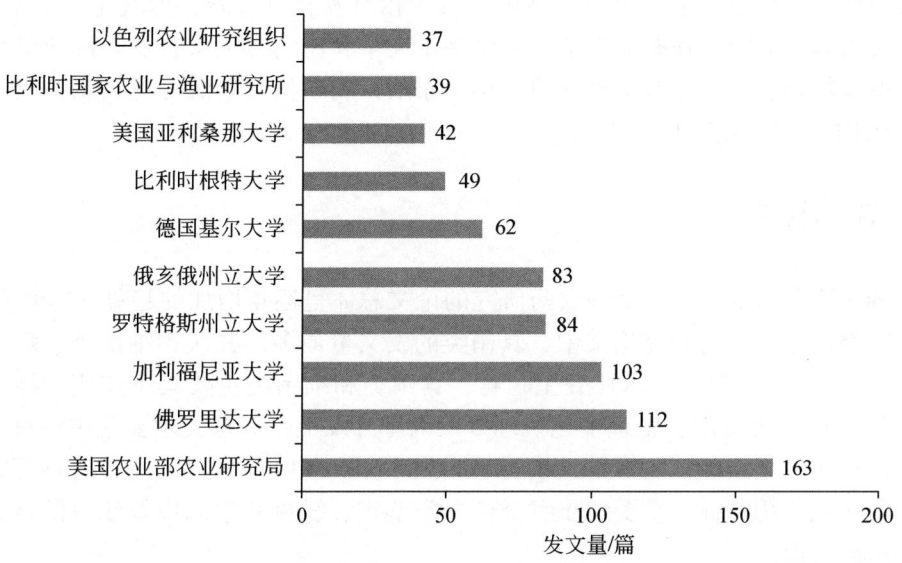

图3-26　线虫类微生物农药SCI发文量居世界前10位的重要机构

2）重要机构相对影响力分析

从重要机构发文量和篇均被引次数相对位置分布图（图3-27）可以看出，在线虫类

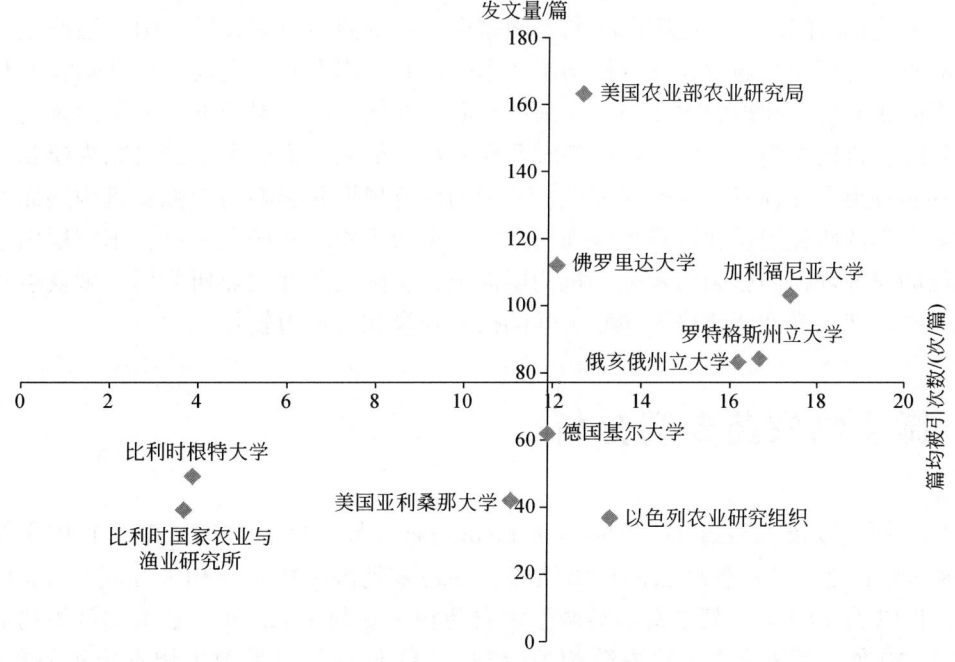

图3-27　线虫类微生物农药研究重要机构的SCI发文量和篇均被引次数相对位置分布图

微生物农药研究中,美国农业部农业研究局、俄亥俄州立大学、加利福尼亚大学、佛罗里达大学和罗特格斯州立大学处于篇均被引次数和发文量均高于平均值的第一象限,属于双高(高篇均被引次数、高发文量)机构;以色列农业研究组织位于发文量低于平均值、篇均被引次数高于平均值的第四象限,该机构虽然相对发文量有限,但其论文影响力较高。比利时根特大学、美国亚利桑那大学、德国基尔大学和比利时国家农业与渔业研究所集中在篇均被引次数和发文量均低于平均值的第三象限,属于相对双低(低篇均被引次数、低发文量)机构,研究规模和影响力较弱。

3.2.6 小结

基于 SCI 论文的统计,微生物农药研究的论文总体呈逐年增加的趋势,1991 年后增长较快。在 4 类微生物农药研究论文中,真菌类的发文量最多;其次为细菌类,病毒类排名第 3,线虫类的发文量最少。从研究主题看,真菌类和细菌类主要集中作用靶标研究、重要菌系(株)的分类鉴定、生理生化机理以及剂型开发上;病毒类主要集中在重要病毒的分类鉴定、作用靶标活性、病毒的致病性等生理生化机理以及病毒的遗传改良等方面;线虫类主要集中在作用靶标、重要线虫种类的分类鉴定、线虫共生菌以及线虫的传染、致病性等作用机理方面。

中国、印度、西班牙、巴西和德国近 3 年在微生物农药研究领域非常活跃。美国是开展合作最多的国家,与美国合作最多的国家是中国;中国的主要合作国家是美国,与其他国家合作很少。美国农业部农业研究局、加利福尼亚大学是微生物农药领域主要的研究机构。其中,巴西维索萨联邦大学、浙江大学和中国科学院近 3 年在微生物农药研究领域发展较快。上述机构间的合作更倾向在同一国家内。在真菌类研究领域,国家层面上,美国和英国的研究规模和影响力较强,机构层面上美国农业部农业研究局、康奈尔大学和佛罗里达大学的研究规模和影响力较强。在细菌类研究领域,国家层面上,美国的研究规模和影响力较强;机构层面上,美国农业部农业研究局和加利福尼亚大学的研究规模和影响力较强。在病毒类研究领域,国家层面上,英国的研究规模和影响力较强;机构层面上,加利福尼亚大学的研究规模和影响力较强。在线虫类微生物农药研究领域,国家层面上,美国和英国的研究规模和影响力较强;机构层面上,美国农业部农业研究局、俄亥俄州立大学、加利福尼亚大学和罗特格斯州立大学的研究规模和影响力较强。

3.3 微生物农药专利分析

本部分研究以汤森路透 TI(Thomson Innovation)数据库为数据来源,利用主题词与 IPC(国际专利分类号)相结合的检索策略,共检索到微生物农药相关专利 8 423 件(截至 2013 年 12 月 24 日),其中真菌类微生物农药相关专利 3 322 件、细菌类微生物农药相关专利 3 150 件、病毒类微生物农药相关专利 1 833 件和线虫类微生物农药相关专利 496 件。利用汤森路透的专利分析工具 TDA(Thomson Data Analyzer),从专利申请数量年度变化趋势、主要专利申请国家/地区、主要申请机构和技术布局等角度对微生物农药专利的总体态势进行分析,并利用 TI 平台中的 ThemeScape 专利地图分别对相关专利内容进行文本聚类,结合内容判断分析了相关领域的技术研发热点。此外,本研究还利用 Dialog 公司开发的 Innography 专利数据库平台对相关领域的重要专利进行了遴选和分析。

3.3.1 微生物农药专利总体态势分析

3.3.1.1 专利申请量年度分析

从 8423 件相关专利的年度分布图(图 3-28)可以看出,1960~2013 年微生物农药专利申请数量整体呈波动上升态势(在 3.3 节中,由于专利申请与公开之间存在 18 个月的时滞,因此 2012 年和 2013 年的数据仅供参考)。

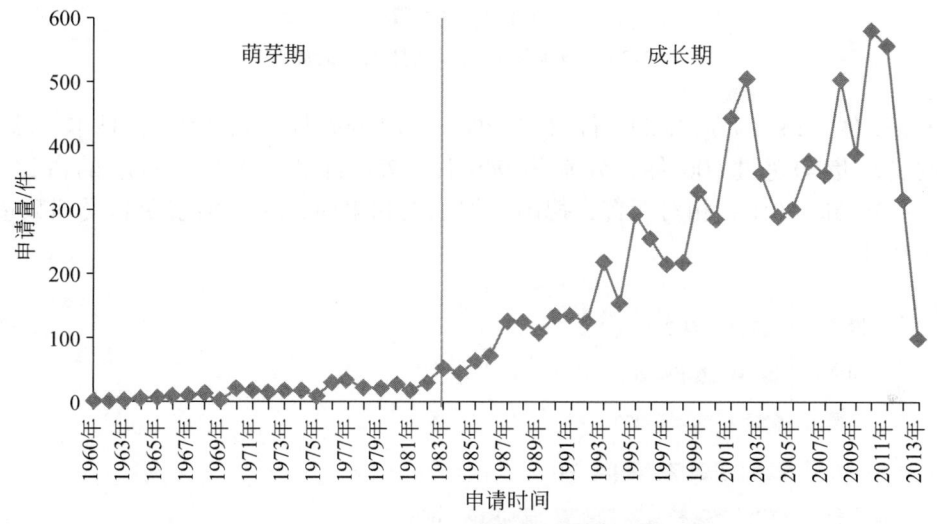

图 3-28　微生物农药专利申请数量的年度变化

通过分析一种技术的专利申请数量及专利申请人数量的年度变化趋势,可以分析该技术处于生命周期的何种阶段。其中,技术的生命周期通常由萌芽(产生)、成长(发展)、成熟、瓶颈(衰退)几个阶段构成。1960~2011 年,专利申请数量和专利申请人数量呈现波动上升的发展趋势,目前微生物农药技术正处于快速成长期(图 3-28 和图 3-29)。具体表现为:1960~1983 年专利申请量和专利申请人数量呈缓慢增长趋势,为微生物农药技术的萌芽期;1984~2011 年,专利申请人和专利申请量迅猛增长,期间经历了若干个螺旋式的发展周期,整体呈现快速发展的趋势。

3.3.1.2 主要受理国家/地区/组织分析

微生物农药专利受理国家/地区/组织排名前 10 位的分别为美国、中国、WIPO、日本、欧洲、澳大利亚、韩国、德国、加拿大和墨西哥,合计受理 6 817 件专利,占总申请量的 80.9%(图 3-30)。其中,排名前 3 位的美国、中国和 WIPO 受理量均超过 1 000 件,

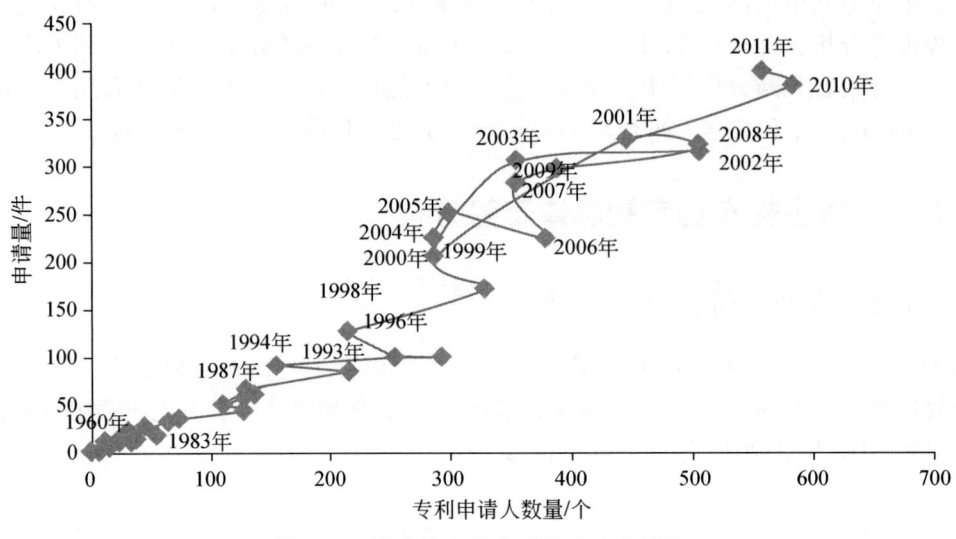

图 3-29 微生物农药专利技术生命周期

分别为 1 151 件（13.7%）、1 119 件（13.2%）和 1 005 件（11.9%）；日本、欧洲和澳大利亚的受理量均超过 600 件，分别为 949 件、786 件和 666 件，对应的占比分别为 11.2%、9.3% 和 7.9%；相对而言，德国、加拿大和墨西哥 3 个国家专利受理数量较少，均低于 300 件。

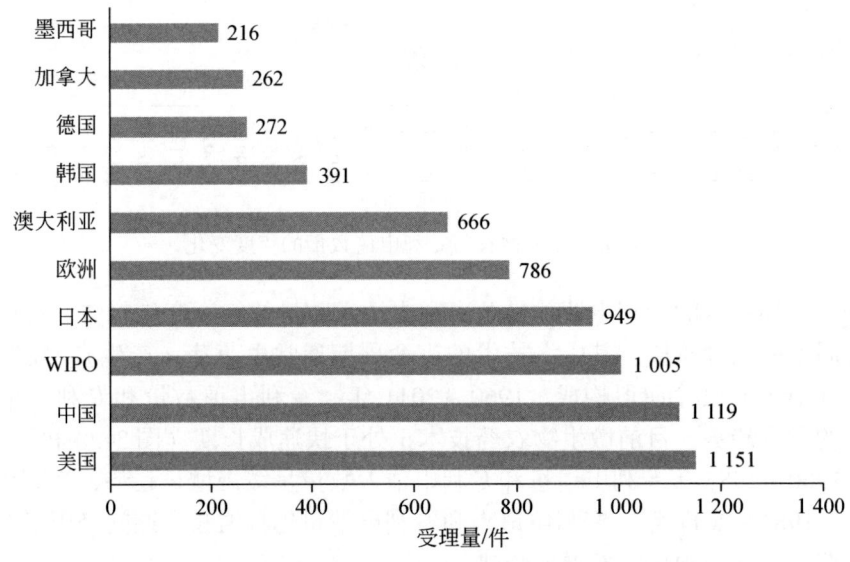

图 3-30 微生物农药专利主要受理国家/地区/组织

3.3.1.3 主要申请机构分析

在微生物农药技术开发领域，企业尤其是跨国企业的专利申请较为活跃（表 3-13）。杜邦、拜耳、先正达、巴斯夫、住友化学、陶氏化学和诺和诺德等均进入前 10 位，它们的申请量占总申请量的 27.3%。除了上述的企业外，有 3 家研究机构和大学也进入前 10，分别为美国农业部农业研究局、澳大利亚联邦科工组织和美国康奈尔大学，其申请量分别为 259 件、124 件和 61 件。

表 3-13 微生物农药主要申请机构的专利申请数量及排名

排名	专利申请机构	所属国家	专利申请数量/件
1	杜邦	美国	505
2	拜耳	德国	484
3	先正达	瑞士	353
4	巴斯夫	德国	268
5	美国农业部农业研究局	美国	259
6	住友化学	日本	198
7	联邦科工组织	澳大利亚	124
8	陶氏化学	美国	88
9	诺和诺德	丹麦	68
10	康奈尔大学	美国	61

3.3.2 真菌类微生物农药专利总体态势分析

3.3.2.1 专利申请量年度分析

从数据库中共检索到 3 322 件真菌类微生物农药相关专利，占总申请量的 39.4%。1963 年开始第一件专利的申请，至 1986 年，真菌类微生物农药专利申请量一直维持在较低水平，均未突破 20 件。1987 年后，相关专利申请呈波动式的增长，并于 2010 年达到最高，为 337 件。总体而言，1963～2013 年，真菌类微生物农药专利申请呈现出波动增长的态势（图 3-31）。

3.3.2.2 主要受理国家/地区/组织分析

真菌类微生物农药专利排名前 10 位的受理国家/地区/组织分别为中国、美国、WIPO、日本、欧洲、澳大利亚、韩国、加拿大、墨西哥和德国（见表 3-14）。其中，美国专利受理时间始于 1963 年，日本、德国和加拿大则始于 20 世纪 70 年代，WIPO、欧洲、澳大利亚、墨西哥和韩国始于 20 世纪 80 年代，中国受理时间相对最晚，为 1993 年。国家/地区/组织的主要申请机构主要是拜耳、先正达、巴斯夫等跨国企业。

从近 3 年受理活跃程度来看，中国、墨西哥近 3 年受理量占总量的比例分别为 39% 和 28%；韩国、美国、加拿大次之，相应比例分别为 19%、18%、17%，表明上述国家是真菌类微生物农药专利机构近年来重点布局的专利保护地区。另外，WIPO 近 3 年受理量占总量的比例为 17%，表明近 3 年通过 PCT 途径（WIPO）申请的专利较多。

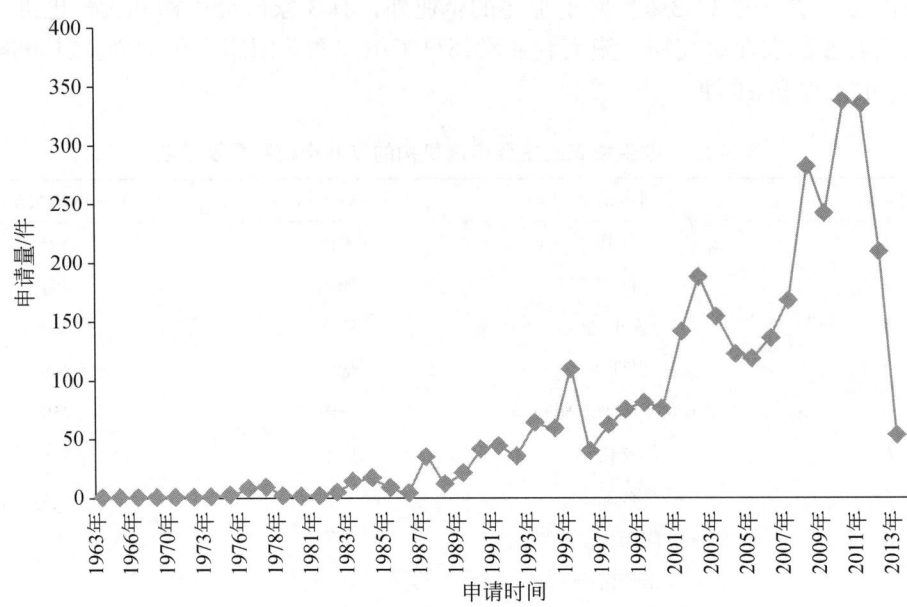

图 3-31 真菌类微生物农药专利申请数量的年度变化

表 3-14 真菌类微生物农药专利主要受理国家/地区/组织

主要受理国家/地区/组织	受理时间	主要申请机构	近3年受理量占总量的比例/%
中国	1993~2013年	华南农业大学、拜耳、先正达	39（637）
美国	1963~2013年	美国农业部农业研究局、杜邦、拜耳	18（464）
WIPO	1983~2013年	拜耳、美国农业部农业研究局、巴斯夫	17（435）
日本	1974~2013年	拜耳、住友化学、巴斯夫	7（329）
欧洲	1983~2012年	拜耳、先正达、巴斯夫	7（300）
澳大利亚	1983~2013年	拜耳、先正达、美国农业部农业研究局	10（242）
韩国	1989~2012年	拜耳、巴斯夫、杜邦	19（150）
加拿大	1977~2013年	先正达、拜耳、巴斯夫	17（105）
墨西哥	1984~2013年	拜耳、先正达、美国农业部农业研究局	28（90）
德国	1976~2011年	拜耳、住友化学工业株式会社、巴斯夫	5（78）

注：括号中数值表示专利申请总量

3.3.2.3 主要申请机构分析

在真菌类微生物农药领域，企业是专利申请的主体（表3-15）。其中，进入前10的企业共7家，分别为拜耳、先正达、巴斯夫、住友化学、杜邦、诺维信和芬兰凯米拉农业公司。从专利申请的时间跨度可以看出，各个企业的专利申请一直持续至今，说明真菌类微生物农药领域受到企业的重视。其中，住友化学工业株式会社的专利申请时间最早，为1978年；拜耳、先正达、巴斯夫开始申请时间始于20世纪80年代；其余的公司始于20

世纪90年代。并且,欧洲是这些企业的主要申请地区。

除了上述企业外,有3家研究机构和大学也进入前10,分别为美国农业部农业研究局、华南农业大学和以色列农业研究组织。其专利的申请时间分别始于1973年、2007年和2001年。除了华南农业大学只在本国申请外,其余两个机构的专利均进行多国布局。

从近3年专利申请活跃程度上看,杜邦的专利申请最为活跃,其占比为22%,而以色列农业研究组织和芬兰凯米拉农业公司已分别于2004年和1997年停止了相关专利的申请。

表3-15 真菌类微生物农药主要机构的专利申请数量及排名

主要申请机构	申请时间	主要申请国家/地区/组织	近3年申请量占总量的比例/%
拜耳	1982~2013年	欧洲、日本、澳大利亚	12(247)
先正达	1984~2013年	欧洲、WIPO、澳大利亚	5(135)
巴斯夫	1987~2012年	WIPO、欧洲、日本	16(133)
美国农业部农业研究局	1973~2012年	美国、WIPO、澳大利亚	9(105)
住友化学	1978~2013年	日本、美国、欧洲	18(91)
杜邦	1993~2013年	美国、欧洲、WIPO	22(64)
诺维信	1997~2012年	美国、欧洲、WIPO	19(58)
华南农业大学	2007~2012年	中国	5(58)
以色列农业研究组织	2001~2004年	欧洲、美国、WIPO	0(45)
芬兰凯米拉农业公司	1994~1997年	欧洲、韩国、澳大利亚	0(41)

注:括号中数值表示专利申请总量

3.3.2.4 专利技术的研发热点

分析真菌类微生物农药相关专利研发热点(图3-32),可以看出,当前真菌类微生物农药的研发主要集中在以下方向上:白僵菌、防治病害的木霉菌株、淡紫拟青霉菌株、白僵菌混用、含木霉菌的组合物、真菌培养基等。

3.3.2.5 重要专利

本部分利用Innography数据库中的"专利强度"指标遴选出排名前10的重要专利[①](表3-16)。总体而言,真菌类微生物农药重要专利主要涉及了菌丝体、组合物或组分配比、分子克隆和真菌类微生物农药制备方法等方面,具体内容如下:

---

① 利用Innography数据库专利强度的分析指标,该指标是根据专利权利要求数量、引用先前技术文献数量、专利被引用次数、专利及专利申请家族情况、专利申请时长、专利年龄、专利诉讼等十余个专利价值相关指标计算得到,可用于专利重要程度、专利维护决策、诉讼风险的确定、优先权结果以及与其他专利的比较等多方面的评价

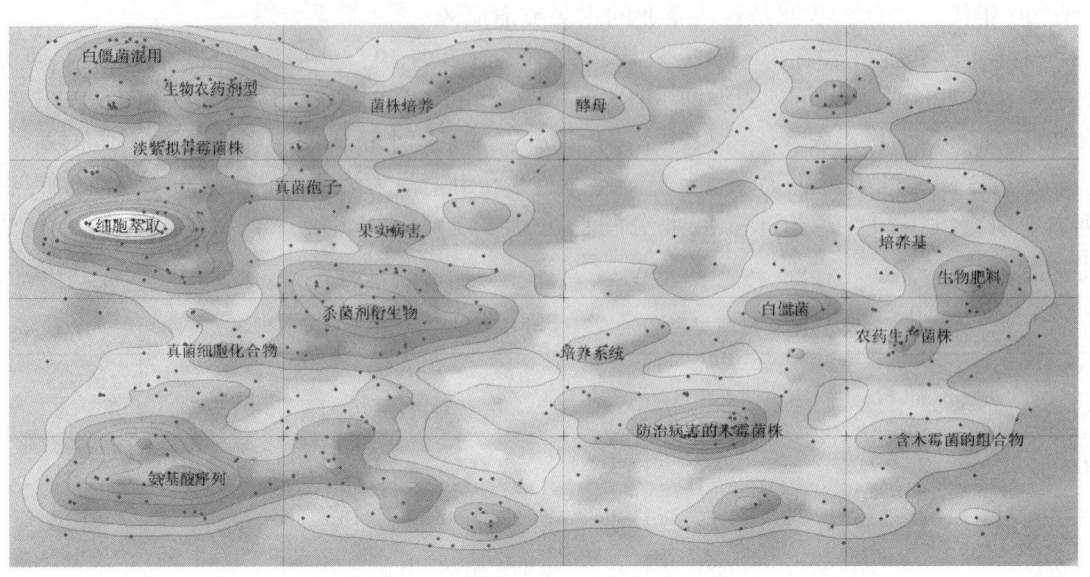

图 3-32　真菌类微生物农药相关专利的研发热点分析（见彩图）

专利强度为 90%～100% 的专利共 2 件。一件是佛罗里达大学于 2003 年申请的"用于控制害虫的转化细胞"，公开了一种控制害虫的材料和方法（公开号：US6566129）；另一件是 Mycosys 公司于 2003 年申请的"真菌类微生物农药"，该发明涉及利用昆虫特异性的寄生真菌的菌丝体作为一种有效的生物杀虫剂（公开号：US6660290）。

专利强度为 80%～90% 的专利共 3 件：拜耳于 1989 年申请的"用于生物防控的低水活性菌剂"，公开了一种低水活性接种的制备方法（公开号：US4886664）；诺维信于 2004 年申请的"利用真菌/细菌拮抗剂组合物控制植物病原菌"，介绍了一种种子包衣的真菌/细菌拮抗组合剂（公开号：US6808917）；Mycosys 公司于 2006 年申请的"真菌引诱剂和真菌类微生物农药"，公开了可用作昆虫引诱剂或杀菌剂的昆虫病原真菌的菌丝体（公开号：US7122176）。

专利强度为 70%～80% 的专利共 3 件。拜耳于 1998 年申请的"联合使用化学品与微生物来防治蟑螂"，公布了化学农药和微生物农药的相关成分（公开号：EP0627165）；美国农业部农业研究局于 1995 年申请的"用于控制害虫的生物农药组合物和方法"，公布了一种抗棉铃虫、甘薯粉虱、和棉盲蝽等多种害虫的新生物农药（公开号：US5413784）；美国农业部农业研究局于 1998 年申请的"利用拮抗微生物抑制植物病原菌"，通过使用至少一种微生物拮抗剂来控制植物病原菌（公开号：US5780023）。

专利强度为 60%～70% 的专利共 2 件。康奈尔大学于 1999 年申请的"一种来源于昆虫病原真菌的表皮降解蛋白酶的分子克隆"，介绍了胞外蛋白酶 PR1 的分离和功能（公开号：US5962765）；三井公司于 1994 年申请的"用于控制害虫的病原真菌的制备方法"，该发明涉及一种控制植物土传病害的方法（公开号：US5360607）。

3 微生物农药国际发展态势分析

表 3-16 真菌源微生物农药重要专利

专利权人	公开号	题目	公开时间	专利强度/%
佛罗里达大学	US6566129	用于控制害虫的转化细胞	2003年	90~100
Mycosys 公司	US6660290	真菌类微生物农药	2003年	90~100
拜耳	US4886664	用于生物防控的低水活性菌剂	1989年	80~90
诺维信	US6808917	利用真菌/细菌拮抗剂组合物控制植物病原菌	2004年	80~90
Mycosys 公司	US7122176	真菌引诱剂和真菌类微生物农药	2006年	80~90
拜耳	EP0627165	联合使用化学品与微生物来防治蟑螂	1998年	70~80
美国农业部农业研究局	US5413784	用于控制害虫的生物农药组合物和方法	1995年	70~80
美国农业部农业研究局	US5780023	利用拮抗微生物抑制植物病原菌	1998年	70~80
康奈尔大学	US5962765	一种来源于昆虫病原真菌的表皮降解蛋白酶的分子克隆	1999年	60~70
三井公司	US5360607	用于控制害虫的病原真菌的制备方法	1994年	60~70

3.3.3 细菌类微生物农药专利总体态势分析

3.3.3.1 专利申请量年度分析

从数据库中共检索到 3 150 件细菌类微生物农药相关专利，占总申请量的 37.4%。1960 年开始第一件专利的申请，至 1985 年，细菌类微生物农药专利申请量一直维持在较低水平，除了 1983 年达到 49 件外，其余年份申请量均未超过 30 件。1986 年后，相关专利申请迅速增长，并经历几次波动式的增长周期后，于 2001 年达到最高，为 217 件。总体而言，1960~2013 年，细菌类微生物农药专利申请呈现出波动增长的态势，并且相关专利申请高峰集中在 20 世纪初期（图 3-33）。

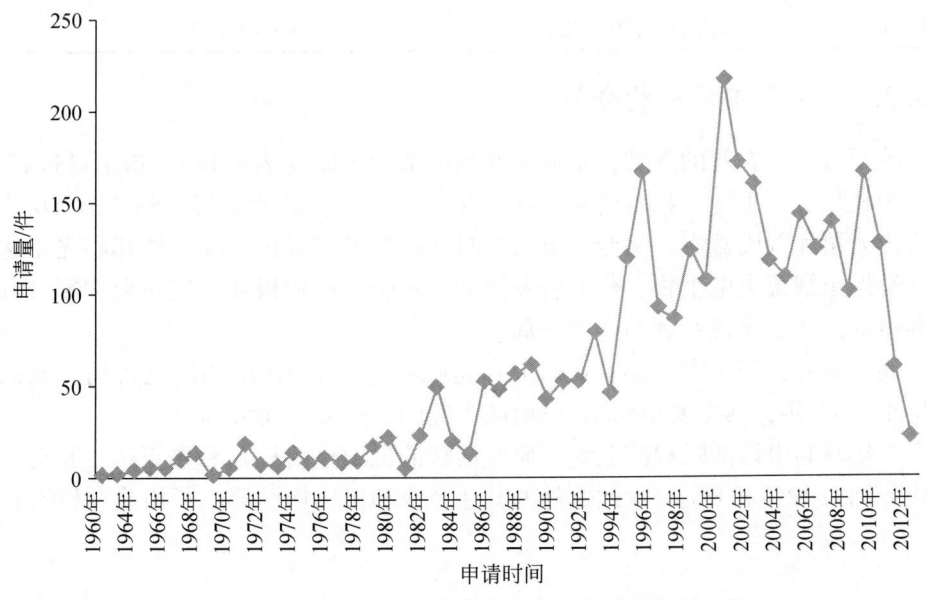

图 3-33 细菌类微生物农药专利申请数量的年度变化

3.3.3.2 主要受理国家/地区/组织分析

细菌类微生物农药专利受理国家/地区/组织排名前 10 位的分别为日本、美国、WIPO、欧洲、中国、澳大利亚、韩国、德国、加拿大和西班牙（见表 3-17）。其中，相关专利受理始于 20 世纪 60 年代，主要国家包括德国、日本、美国和澳大利亚；中国受理相关专利的时间较晚，始于 1986 年。在这些受理国家/地区/组织中，杜邦、雅培公司和住友化学等企业是申请主体，非常重视相关专利的全球布局。

从近 3 年受理活跃程度来看，韩国近 3 年受理量占总量的比例为 21%，最高；美国所占比例为 10%。这表明，上述两个国家是细菌类微生物农药专利机构近 3 年重点布局的专利保护地区。另外，WIPO 近 3 年受理量占总量的比例为 14%，表明近 3 年通过 PCT 途径（WIPO）申请的专利较多。

表 3-17 细菌类微生物农药专利主要受理国家/地区/组织

主要受理国家/地区/组织	主要申请机构	申请时间	近 3 年受理量占总量的比例/%
日本	杜邦、住友化学、雅培公司	1966~2012 年	1（433）
美国	杜邦、美国农业部农业研究局、拜耳	1967~2013 年	10（396）
WIPO	杜邦、先正达、雅培公司	1982~2013 年	14（358）
欧洲	杜邦、先正达、雅培公司	1979~2013 年	5（296）
中国	杜邦、BioAgri AB 公司、先正达	1986~2012 年	5（268）
澳大利亚	杜邦、雅培公司、住友化学	1968~2012 年	2（245）
韩国	杜邦、雅培公司、住友化学	1982~2012 年	21（189）
德国	先正达、杜邦、拜耳	1964~2012 年	1（118）
加拿大	杜邦、美国农业部农业研究局、雅培公司	1975~2012 年	7（95）
西班牙	杜邦、雅培公司、住友化学	1983~2011 年	3（75）

3.3.3.3 主要申请机构分析

在细菌类微生物农药的领域，企业是专利申请的主体（表 3-18）。申请量排名前 10 的企业依次为杜邦、先正达、雅培公司、住友化学、拜耳、诺和诺德、BioAgri AB 公司、英国农业遗传公司和陶氏益农。从专利申请的时间跨度可以看出，除了杜邦和先正达外，其余企业已经停止细菌类微生物农药的研发活动。各企业都积极在一些重要国家/地区/组织进行专利申请，非常重视专利的全球布局。

除上述企业外，美国农业部农业研究局是唯一进入前 10 位的研究机构。该机构的专利申请始于 1971 年，其主要申请国家/地区为美国、欧洲和澳大利亚。

从近 3 年专利申请活跃程度上看，研发活跃的机构包括杜邦和先正达，其近 3 年申请量的占比分别为 12% 和 8%，除此之外的其他企业和机构均已停止了相关专利的申请。

表 3-18 细菌类微生物农药专利的主要申请机构

专利申请机构	主要申请国家/地区/组织	申请时间	近3年申请量占总量的比例/%
杜邦	WIPO、美国、澳大利亚	1994~2013 年	12（320）
先正达	欧洲、WIPO、德国	1964~2012 年	8（120）
雅培公司	澳大利亚、日本、欧洲	1993~2001 年	0（101）
住友化学	日本、澳大利亚、欧洲	1971~2006 年	0（94）
美国农业部农业研究局	美国、欧洲、澳大利亚	1970~2009 年	0（71）
拜耳	美国、澳大利亚、WIPO	1966~2002 年	0（67）
诺和诺德	日本、欧洲、澳大利亚	1989~1997 年	0（42）
BioAgri AB 公司	中国、日本、欧洲	1994~1999 年	0（38）
英国农业遗传公司	美国、欧洲、日本	1991~1996 年	0（34）
陶氏化学	欧洲、日本、美国	1985~1998 年	0（34）

注：括号中数值表示专利申请总量

3.3.3.4 专利技术的研发热点

从细菌类微生物农药相关专利研发热点分布情况（图 3-34）可以看出，当前细菌类微生物农药的研发主要集中在以下方向上：苏云金芽孢杆菌杀虫蛋白、杀虫苏云金芽孢杆菌及杀虫活性、苏云金芽孢杆菌对害虫的毒性、防治害虫的活性基因或核苷酸序列、编码

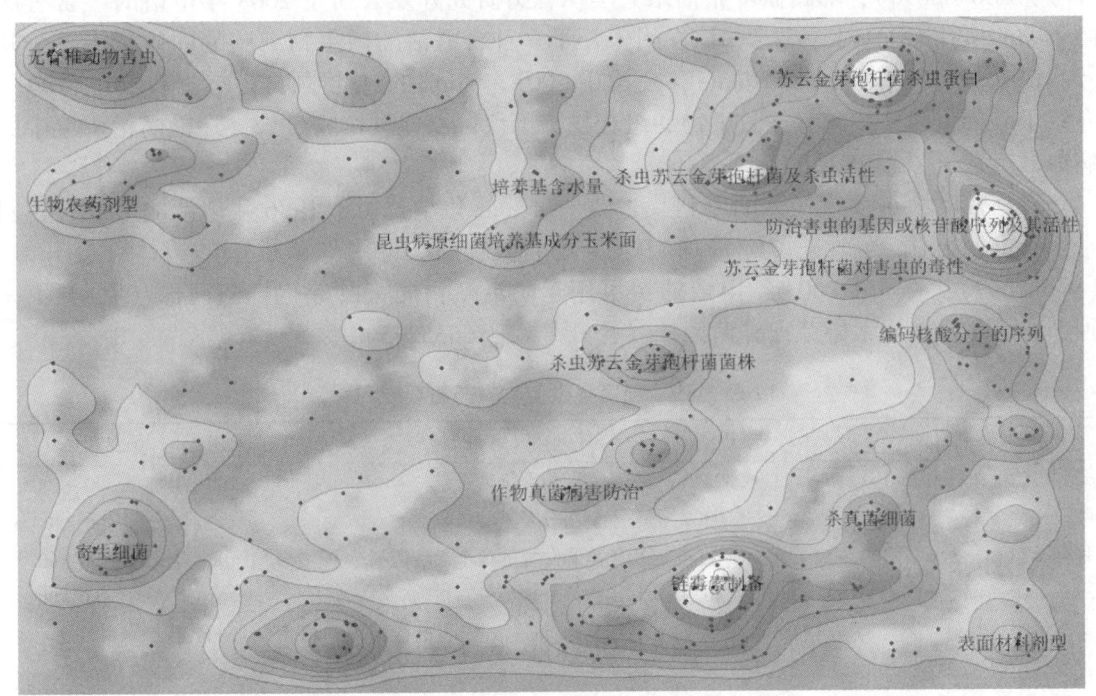

图 3-34 细菌类微生物农药相关专利的研发热点分析（见彩图）

核酸分子的序列、杀虫苏云金芽孢杆菌菌株、农药剂型、昆虫病原细菌培养基成分、作物真菌病害防治及无脊椎动物害虫等。

3.3.3.5 重要专利

本部分利用 Innography 数据库中的专利强度指标遴选出排名前 10 的重要专利（表3-19）。总体而言，细菌类微生物农药重要专利主要集中在杀虫剂组分、真菌/细菌拮抗组合剂、菌株种类、农药载体等方面，具体内容如下：

专利强度为 90%~100% 的专利共 2 件。爱利思达生命科学公司于 2001 年申请的"细菌农药组合物"，公开了一种可喷洒植物叶面的细菌孢子或细胞活性成分（公开号：US6232270）；陶氏化学于 1996 年申请的"杀虫剂组分及其制备方法"，公布了一种包括病毒和细菌的杀虫剂（公开号：US5560909）。

专利强度为 80%~90% 的专利共 3 件。拜耳于 1989 年申请的"用于生物防控的低水活性菌剂"，公开了一种低水活性接种的制备方法（公开号：US4886664）；德国 Sourcon-Padena 公司于 2010 年申请的"利用细菌处理种子和植物"，公开了一种从假单胞菌中分离的细菌用于处理植物或种子的方法（公开号：EP1234020）；诺维信于 2004 年申请的"利用真菌/细菌拮抗剂组合物控制植物病原体"，介绍了一种种子包衣的真菌/细菌拮抗组合剂（公开号：US6808917）。

专利强度为 70%~80% 的专利共 3 件。拜耳于 2002 年申请的"可用于防治线虫的坚强芽孢杆菌或蜡样芽孢杆菌"，公开了一种杀线虫组合物的芽孢杆菌菌株或其突变体（公开号：US6406690）；耶路撒冷希伯来大学伊森姆研究开发公司于 2008 年申请的"含有活微生物的多孔冻干水胶体珠"，该发明公开了一种含有活的微生物细胞的固体载体（公开号：US7422737）。Pathway Holdings 公司于 2001 年申请的"生物农药与肥料的组合物"，介绍了一种包含肥料和有益微生物的组合物，不仅可以促进植物生长，还能防治土壤中的病原菌（公开号：US6228806）。

专利强度为 60%~70% 的专利共 2 件。Summit 化学公司于 1986 年申请的"一种控制水生昆虫的方法"，改进了一种均匀涂满微生物农药、可用作杀虫剂的载体（公开号：US4631857）；拜耳于 2003 年申请的"可用于防治植物病害的芽孢杆菌菌株"，公开了一种新的可产生抗生素的芽孢杆菌菌株（公开号：US6635245）。

表3-19 细菌类微生物农药重要专利

专利权人	公开号	题目	公开时间	专利强度/%
爱利思达生命科学公司	US6232270	细菌农药组合物	2001 年	90~100
陶氏化学	US5560909	杀虫剂组分及其制备方法	1996 年	90~100
拜耳	US4886664	用于生物防控的低水活性菌剂	1989 年	80~90
Sourcon-Padena 公司	EP1234020	利用细菌处理种子和植物	2010 年	80~90
诺维信	US6808917	利用真菌/细菌拮抗剂组合物控制植物病原体	2004 年	80~90
拜耳	US6406690	可用于防治线虫的坚强芽孢杆菌或蜡样芽孢杆菌	2002 年	70~80

续表

专利权人	公开号	题目	公开时间	专利强度/%
耶路撒冷希伯来大学伊森姆研究开发公司	US7422737	含有活微生物的多孔冻干水胶体珠	2008年	70~80
Pathway Holdings 公司	US6228806	生物农药与肥料的组合物	2001年	70~80
Summit 化学公司	US4631857	一种控制水生昆虫的方法	1986年	60~70
拜耳	US6635245	可用于防治植物病害的芽孢杆菌菌株	2003年	60~70

3.3.4 病毒类微生物农药专利总体态势分析

3.3.4.1 专利申请量年度分析

从数据库中共检索到1833件病毒类微生物农药相关专利，占微生物农药专利总申请量的21.7%。总体而言，1964~2013年，专利申请多次交替出现高峰，病毒类微生物农药专利申请呈现出波动增长的态势：1964~1986年，病毒类微生物农药专利申请量一直维持在较低水平，申请量均未超过20件；1987~2003年，专利申请呈现出先上升后下降的趋势，1999年达到第一次申请高峰；2004~2013年，申请的高峰交替出现（图3-35）。

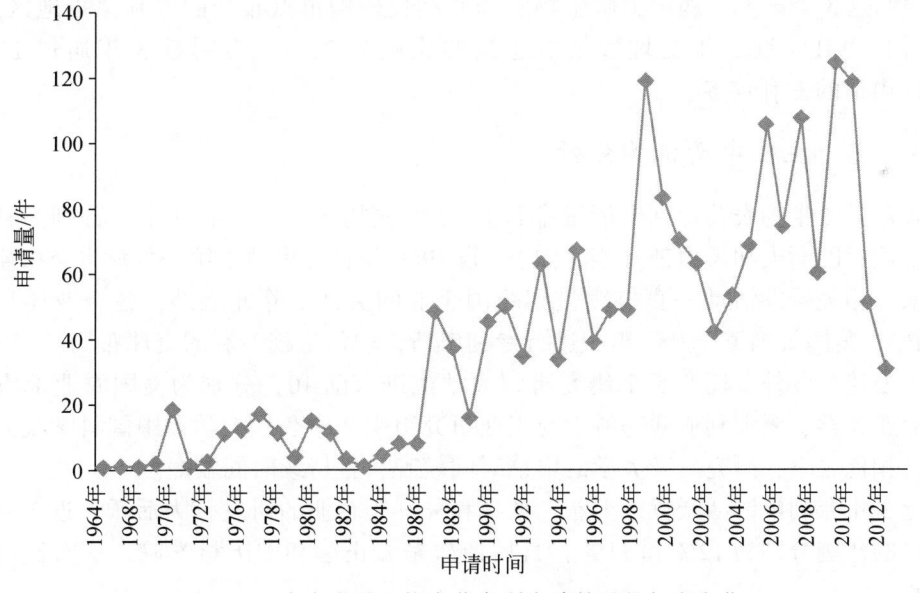

图3-35 病毒类微生物农药专利申请数量的年度变化

3.3.4.2 主要受理国家/地区/组织分析

病毒类微生物农药专利申请国家/地区/组织排名前10位的分别为美国、WIPO、中国、欧洲、澳大利亚、日本、墨西哥、德国、加拿大和韩国（表3-20）。其中，相关专利受理始于20世纪60年代的主要国家包括加拿大、日本和美国；专利受理较晚的国家为墨西哥，始于 1992 年。其中，杜邦、拜耳和巴斯夫等跨国企业是上述受理国家/地区/组织申请的主体。

表 3-20 病毒类微生物农药专利主要受理国家/地区/组织

主要受理国家/地区/组织	主要申请机构	受理时间	近3年受理量占总量的比例/%
美国	杜邦、美国农业部农业研究局、拜耳	1969~2013 年	17（242）
WIPO	杜邦、拜耳、巴斯夫	1988~2013 年	20（222）
中国	杜邦、拜耳、先正达	1985~2012 年	17（202）
欧洲	拜耳、杜邦、巴斯夫	1981~2011 年	10（182）
澳大利亚	杜邦、拜耳、巴斯夫	1985~2012 年	8（160）
日本	杜邦、拜耳、先正达	1968~2013 年	5（155）
墨西哥	杜邦、拜耳、巴斯夫	1992~2013 年	17（71）
德国	拜耳、先正达、巴斯夫	1970~2012 年	1（67）
加拿大	杜邦、拜耳、康奈尔大学	1964~2011 年	15（66）
韩国	杜邦、拜耳、先正达	1987~2011 年	7（57）

注：括号中数值表示专利申请总量

从近 3 年申请活跃程度来看，美国、中国和墨西哥近 3 年受理量占其总量的比例均为 17%，表明这 3 个国家是病毒类微生物农药专利权机构重点布局的专利保护地区。另外，还可以看出 WIPO 近 3 年受理数量占总量的比例为 20%，表明近 3 年通过 PCT 途径（WIPO）申请的专利较多。

3.3.4.3 主要申请机构分析

在病毒类微生物农药专利申请量排名前 10 的机构中，企业有 5 个，分别为杜邦、拜耳、先正达、巴斯夫和孟山都（表 3-21）。自 1966 年杜邦申请了第一件病毒类微生物农药专利以来，相关研发活动一直持续受到跨国企业的关注。除此之外，各企业还积极在欧洲、WIPO、美国等国家/地区/组织进行专利申请，非常重视专利的全球布局。

除了上述企业外，还有 5 个研究所和大学也进入前 10，分别为美国农业部农业研究局、佐治亚大学、澳大利亚联邦科学与工业研究组织、康奈尔大学和中国科学院武汉病毒研究所。相比之下，研究所和大学的申请时间较晚，且持续时间较短。

从近 3 年专利申请活跃程度上看，杜邦和拜耳等企业的研发较为活跃，近 3 年申请量占其总量的比例分别为 12% 和 11%，其后依次是先正达和中国科学院，所占比例分别为 6% 和 4%。

表 3-21 病毒类微生物农药专利申请的主要机构

专利申请机构	主要申请国家/地区/组织	申请时间	近3年申请量占总量的比例/%
杜邦	WIPO、美国、欧洲	1966~2013 年	12（360）
拜耳	欧洲、WIPO、德国	1980~2013 年	11（208）

续表

专利申请机构	主要申请国家/地区/组织	申请时间	近3年申请量占总量的比例/%
先正达	日本、WIPO、澳大利亚	1976~2012年	6（125）
巴斯夫	澳大利亚、欧洲、美国	1992~2012年	1（124）
美国农业部农业研究局	美国、澳大利亚、WIPO	1970~2011年	1（82）
佐治亚大学	美国、欧洲、WIPO	1985~1999年	0（39）
联邦科学与工业研究组织	澳大利亚、欧洲、WIPO	1992~1998年	0（37）
康奈尔大学	WIPO、美国、加拿大	1989~2010年	0（31）
中国科学院	中国	1996~2011年	4（25）
孟山都	日本、欧洲	1987~1992年	0（21）

注：括号中数值表示专利申请总量

3.3.4.4 专利技术的研发热点

分析病毒类微生物农药相关专利研发热点（图 3-36），可以看出当前病毒类微生物农药的研发主要集中在以下方向上：病毒类微生物农药混剂及其制备方法、杆状病毒表达、含病毒粒子的农药组合物、病毒类微生物农药粉剂、斜纹夜蛾幼虫包埋体、舞毒蛾核多角体病毒、昆虫人工饲料、病毒类微生物纳米药物、具除草剂活性的病毒、多角体蛋白表达、病毒类微生物农药的协同使用、提高杆状病毒效率的蛋白分子、用于生产杆状病毒的转基因细胞系、野生型病毒粒子的同源重组、病毒融合蛋白和谷氨酸序列、融合表达杆状病毒、提高昆虫病毒寄主范围的基因等。

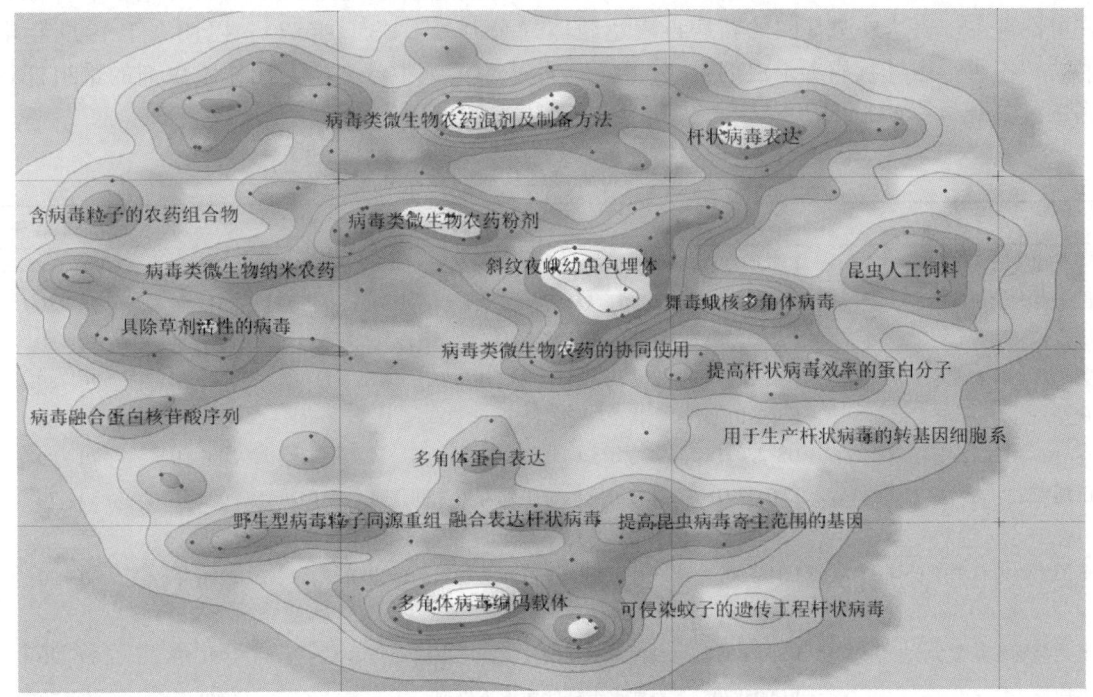

图 3-36 病毒类微生物农药相关专利的研发热点分析（见彩图）

3.3.4.5 重要专利

总体而言,病毒类微生物农药专利中排名前10的重要专利主要集中在杀虫剂组分、杆状病毒、分子修饰、非感染性病毒的改造等方面(表3-22),具体相关内容如下:

专利强度为90%~100%的专利只有1件,它是由陶氏化学于1996年申请的"杀虫剂组分及其制备方法",公布了一种包括病毒和细菌的杀虫剂(公开号:US5560909)。

专利强度为70%~80%的专利共5件。昆士兰大学申请的"生产杆状病毒的方法",公开了一种利用毛虫幼虫寄主和细胞培养等两部法生产杆状病毒的方法(公开号:JP5072362);康奈尔大学于1998年申请的"杆状病毒克隆系统",公开了一种含有标记挽救基因 $gp64$ 的新型杆状病毒克隆系统(公开号:US5750383);美国农业部农业研究局于2003年申请的"杆状病毒杀虫剂组分和方法"(公开号:US6521454);拜耳于1998年申请的"生物控制剂",公开了一种可用于杀虫的重组杆状病毒(公开号:US5770192);PsiOxus治疗公司于2007年申请的"生物分子的修饰",该发明公开了一种修饰生物分子(如病毒)和微生物的生物或物理化学性质的方法,这些修饰可以使生物分子定位于或重新定位到宿主生物系统的特定位点,从而提高生物分子的表达效率(公开号:US7279318)。

专利强度为60%~70%的专利共4件。巴斯夫于2003年申请的"具有可降低寄主到寄主之间传递效率的重组昆虫病毒及其病毒生产方法",介绍了一种可以改变遗传元件的非感染性的昆虫病毒(公开号:EP0572978);美国生物遗传科学公司于1989年申请的"一种可用于疫苗和生物农药的重组杆状病毒包涵体",公开了一种插入或替换多角体蛋白基因的重组杆状病毒,该重组包涵体可用于制备生物农药和作为表达载体(公开号:US4870023);爱达荷研究基金会于1991年申请的"一种寄主范围较宽的昆虫病毒载体",介绍了一种在非许可性寄主中表达外源基因的新病毒表达载体(公开号:US5004687);巴斯夫于1999年申请的"一种重组杆状病毒杀虫剂",公开了一种从小菜蛾中分离的可用作杀虫剂的重组杆状病毒(公开号:WO9958705)。

表3-22 病毒类微生物农药重要专利

专利权人	公开号	题目	公开时间	专利强度/%
陶氏化学	US5560909	杀虫剂组分及其制备方法	1996年	90~100
昆士兰大学	JP5072362	生产杆状病毒的方法	2012年	70~80
康奈尔大学	US5750383	杆状病毒克隆系统	1998年	70~80
美国农业部农业研究局	US6521454	杆状病毒杀虫剂组分和方法	2003年	70~80
拜耳	US5770192	生物控制剂	1998年	70~80
PsiOxus治疗公司	US7279318	生物分子的修饰	2007年	70~80
巴斯夫	EP0572978	具有可降低寄主到寄主之间传递效率的重组昆虫病毒及其病毒生产方法	2003年	60~70
美国生物遗传科学公司	US4870023	一种可用于疫苗和生物农药的重组杆状病毒包涵体	1989年	60~70
爱达荷研究基金会	US5004687	一种寄主范围较宽的昆虫病毒载体	1991年	60~70
巴斯夫	WO9958705	一种重组杆状病毒杀虫剂	1999年	60~70

3.3.5 线虫类微生物农药专利总体态势分析

3.3.5.1 专利申请量年度分析

从数据库中共检索到 496 件线虫类微生物农药相关专利,占微生物农药总申请量的 5.9%。1979~2013 年,线虫类微生物农药专利申请总体呈现出多次周期性高低交替的趋势(图 3-37)。在该时期,共出现了 4 次主要的申请高峰,分别为 1979~1990 年、1991~1995 年、1996~2005 年、2006~2013 年。其中,2002 年达到微生物农药最高的申请量,为 66 件。相比其他 3 类微生物农药,线虫类微生物的专利申请数量普遍较低。

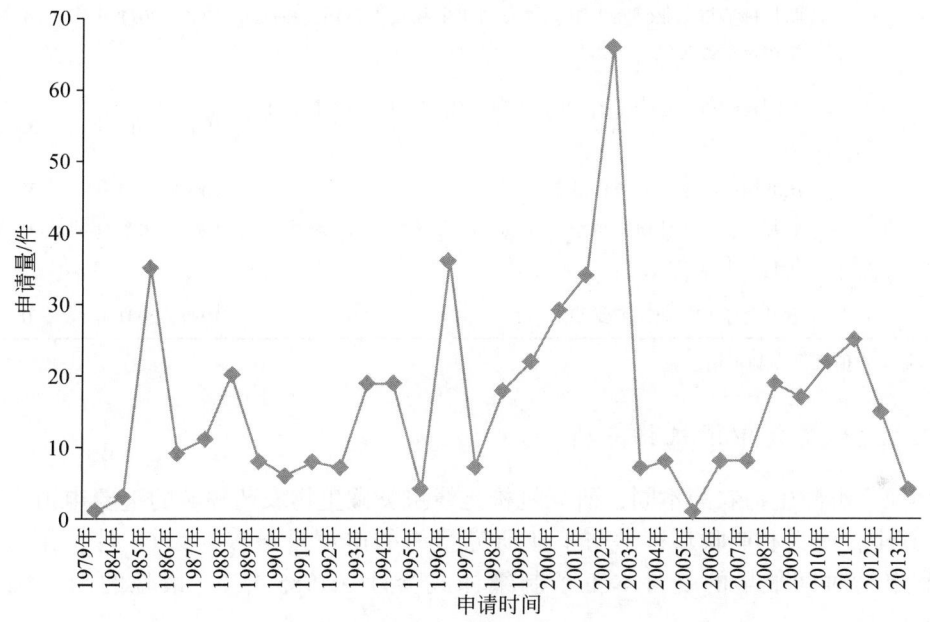

图 3-37 线虫类微生物农药专利申请数量的年度变化

3.3.5.2 主要受理国家/地区/组织分析

线虫类微生物农药专利受理国家/地区/组织排名前 10 位的分别为 WIPO、俄罗斯、澳大利亚、美国、日本、欧洲、中国、韩国、德国和西班牙(表 3-23)。其中,专利受理始于 20 世纪 80 年代的主要国家/地区/组织包括日本、WIPO、澳大利亚、美国、欧洲、中国、德国和西班牙;专利申请最晚的国家为韩国,始于 2000 年。

从近 3 年受理活跃程度来看,中国和韩国近 3 年申请量占总量的比例分别为 35% 和 33%,表明中国和韩国是上述机构重点布局的专利保护地区。另外,WIPO 近 3 年受理量占总量的比例为 17%,表明近 3 年通过 PCT 途径(WIPO)申请的专利较多。

表 3-23　线虫类微生物农药专利主要申请国家/地区/组织

主要受理国家/地区/组织	主要申请机构	最早受理时间	近3年受理量占总量的比例/%
WIPO	久保田株式会社、联邦科学与工业研究组织、庆北国立大学工业合作基金会	1985～2013年	17（64）
俄罗斯	果品储藏干燥研究所	1999～2009年	0（60）
澳大利亚	联邦科学与工业研究组织、久保田株式会社	1985～2013年	2（55）
美国	联邦科学与工业研究组织、罗格斯大学	1985～2012年	6（53）
日本	王子制纸株式会社、SDS生物技术公司、联邦科学与工业研究组织	1984～2007年	0（51）
欧洲	联邦科学与工业研究组织、澳大利亚生物技术公司、Ecogen生物技术公司	1985～2011年	4（46）
中国	中国科学院、联邦科学与工业研究组织、Ecogen生物技术公司	1985～2013年	35（37）
韩国	庆北国立大学工业合作基金会	2000～2012年	33（36）
德国	联邦科学与工业研究组织、Ecogen生物技术公司、澳大利亚生物技术公司	1985～2009年	0（19）
西班牙	联邦科学与工业研究组织	1985～2001年	0（10）

注：括号中数值表示专利申请总量

3.3.5.3 主要申请机构分析

与其他三类微生物农药不同，研究机构是线虫类微生物农药领域的重要申请主体（表3-24）。其中，澳大利亚联邦科学与工业研究组织的申请量最多，为68件。在这些机构中，专利申请时间最早的是日本王子制纸株式会社（1985年），最晚的为中国科学院（2006年）。

从近3年申请活跃程度来看：位居首位的机构是韩国庆北国立大学工业合作基金会，其一半以上的专利是近3年申请的；其次是中国科学院，近3年申请量所占比例为30%。

表 3-24　线虫类微生物农药主要机构的专利申请数量及排名

主要申请机构	主要申请国家/地区/组织	申请时间	近3年申请量占总量的比例/%
联邦科学与工业研究组织	澳大利亚、欧洲、美国	1988～2002年	0（68）
果品储藏干燥研究所	俄罗斯	2002～2002年	0（45）
澳大利亚生物技术公司	欧洲、日本	1985～1994年	0（30）
Ecogen生物技术公司	欧洲、日本	1985～1994年	0（30）
久保田株式会社	WIPO、澳大利亚	1993～1998年	0（26）

续表

主要申请机构	主要申请国家/地区/组织	申请时间	近3年申请量占总量的比例/%
Biosys 公司	欧洲、澳大利亚、WIPO	1987～1994年	0（23）
庆北国立大学工业合作基金会	韩国、WIPO	2004～2011年	79（19）
SDS 生物技术公司	日本、WIPO	1987～2002年	0（17）
罗格斯大学	美国、澳大利亚、WIPO	1990～2004年	0（15）
中国科学院	中国	2006～2012年	30（10）
Nemos 园艺公司	美国、WIPO、欧洲	2007～2012年	10（10）
王子制纸株式会社	日本	1984～1993年	0（10）

注：括号中数值表示专利申请总量

3.3.5.4 专利技术的研发热点

从线虫类微生物农药相关专利研发热点分布（图3-38），可以看出，当前线虫类微生物农药的研发主要集中在以下方向上：利用来源于真菌的防干剂制备活体线虫类农药、利用线虫防治茄科作物害虫方法、利用防干剂与线虫悬浮液防治茄科害虫、茄属作物危险性害虫、与昆虫病原线虫共生的发光杆菌、利用线虫防治草地贪夜蛾、延长线虫储藏和运输的物质或方法、线虫的收集、分离、诱集等装置、延长活体线虫保存时间、防治科罗拉多甲虫的线虫制剂、食真菌线虫、昆虫寄生线虫、防治圣甲虫的线虫、含昆虫病原线虫的组合物等。

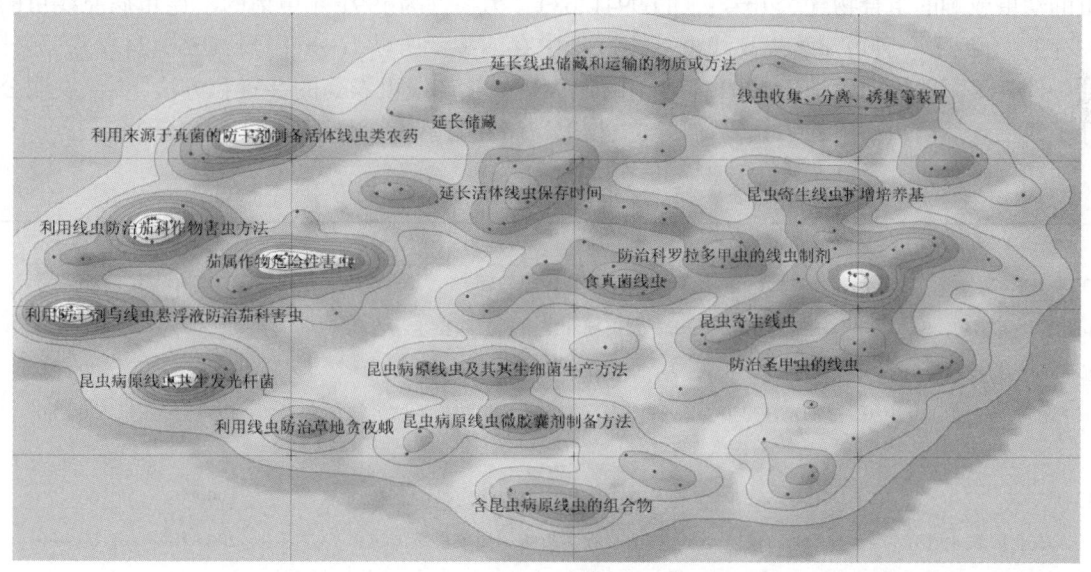

图3-38　线虫类微生物农药相关专利的研发热点分析（见彩图）

3.3.5.5 重要专利

总体来看，排名前 10 的线虫类微生物农药重要专利主要集中在线虫杀虫剂组合物、贮存和运输、新小种的分离等方面（表 3-25），具体内容如下：

专利强度为 80~90% 的专利为 2 件。天普大学于 1995 年申请的"稳定的昆虫线虫组合物"，该专利介绍了一种包含昆虫病原微生物和延长线虫生存的甘油单双硬脂酸酯的杀虫剂组合物（公开号：US5401506）；Idebio 公司申请的"基于壳聚糖和昆虫病原线虫生物农药"，公开了一种包含了生物刺激和杀菌剂相结合的新农药（公开号：EP1332676）。

专利强度为 70%~80% 的专利为 2 件。Ecogen 生物技术公司于 1998 年申请的"线虫储存和运输"，该专利对线虫的储存和运输方法进行改进（公开号：US4765275）；澳大利亚联邦科学与工业研究组织于 1994 年申请的"一种便于昆虫病原线虫储存和运输的包装方法"，该发明旨在延长线虫的三龄幼虫（J3）的储存期（公开号：WO9419940）。

专利强度为 60%~70% 的专利为 3 件。巴斯夫于 1999 年申请的"具有改进生物体贮存稳定性的颗粒剂"，该专利提供了一种颗粒的制备方法，它可以延长杀虫剂或除草剂生物体的贮存期（公开号：US5965149）；美国农业部农业研究局于 2001 年申请的"一种抑制谷实夜蛾和甜菜夜蛾的线虫"，该发明揭示了一种可作为生物农药的新昆虫病原线虫（公开号：US6184434）；澳大利亚联邦科学与工业研究组织于 2009 年申请的"线虫生物农药"，公开了一种利用昆虫病原线虫控制害虫的幼虫或蛹的组合物（公开号：EP1139733）。

专利强度为 50%~60% 的专利为 3 件。其中，澳大利亚联邦科学与工业研究组织拥有两件，一件是 2009 年申请的"含有线虫的微生物农药"，揭示了一种利用昆虫病原线虫控制害虫的幼虫或蛹的组合物（公开号：DE69941268）；另一件为 1991 年申请的"昆虫病原线虫的贮存"，介绍了一种可显著提高线虫运输过程中存活率的方法（公开号：US5042427）。另外的一件为美国罗格斯大学于 2002 年申请的"大规模生产线虫农药的装置和方法"，该发明公开了线虫天然昆虫宿主的培养装置和线虫收集、储存的系统（公开号：US6474259）。

表 3-25 线虫类微生物农药重要专利

专利权人	公开号	题目	公开时间	专利强度/%
天普大学	US5401506	稳定的昆虫线虫组合物	1995 年	80~90
Idebio 公司	EP1332676	基于壳聚糖和昆虫病原线虫生物农药	2004 年	80~90
Ecogen 生物技术公司	US4765275	线虫储存和运输	1988 年	70~80
联邦科学与工业研究组织	WO9419940	一种便于昆虫病原线虫储存和运输的包装方法	1994 年	70~80
巴斯夫	US5965149	具有改进生物体贮存稳定性的颗粒剂	1999 年	60~70
美国农业部农业研究局	US6184434	一种抑制谷实夜蛾和甜菜夜蛾的线虫	2001 年	60~70
联邦科学与工业研究组织	EP1139733	线虫生物农药	2009 年	60~70
联邦科学与工业研究组织	DE69941268	含有线虫的微生物农药	2009 年	50~60
罗格斯大学	US6474259	大规模生产线虫农药的装置和方法	2002 年	50~60
联邦科学与工业研究组织	US5042427	昆虫病原线虫的贮存	1991 年	50~60

3.3.6 小结

总体而言,1960~2013年,微生物农药专利申请数量整体呈波动上升态势,目前微生物农药技术正处于快速成长期。其中,受理量排名前3位的国家/地区/组织分别为美国、中国和WIPO,排名前10国家的受理量占总受理量的80.9%。在这些受理国家/地区/组织中,企业尤其是跨国企业的专利申请较为活跃,杜邦、拜耳、先正达、巴斯夫、住友化学、陶氏化学和诺和诺德等跨国企业均进入前10。

在真菌类微生物农药领域,专利申请呈现出波动增长的态势。受理量排名前10的国家/地区/组织中,中国、墨西哥等发展中国家近3年的受理最为活跃。企业是该领域专利申请的主体,共7家企业进入前10,其中杜邦近3年的专利申请最为活跃,申请量占比达到22%。华南农业大学在该领域具有一定实力,是唯一进入前10的中国机构。总体而言,真菌类微生物农药重要专利主要涉及了菌丝体、组合物或组分配比、分子克隆和真菌类微生物农药制备方法等方面。

在细菌类微生物农药领域,相关专利申请高峰集中在20世纪初期,整体呈现出波动增长的态势。受理量排名前10位的国家/地区/组织中,韩国近3年的受理最为活跃,受理量占比为21%,WIPO和美国次之,比例分别为14%和10%。企业是专利申请的主体,杜邦、先正达、住友化学、拜耳、陶氏化学等农业跨国企业均进入前10。但是从近3年专利申请活跃程度上看,除了杜邦和先正达外,其余企业已经停止细菌类微生物农药的研发活动。总体而言,细菌类微生物农药重要专利主要集中在杀虫剂组分、真菌/细菌拮抗组合剂、菌株种类、农药载体等方面。

在病毒类微生物农药领域,相关专利申请整体呈现出波动增长的态势。受理量排名前10的国家/地区/组织中,近3年通过PCT途径申请的专利数量最多,占总量的20%。排名前10的申请机构中,企业的数量占一半,杜邦和拜耳等企业近3年的研发较为活跃,申请量占比分别为12%和11%。中国科学院武汉病毒研究所在该领域具有较强实力,申请量排名进入前10,并且近年来相关的研发活动较为活跃。总体而言,病毒类微生物农药排名前10的重要专利主要集中在杀虫剂组分、杆状病毒、分子修饰、非感染性病毒的改造等方面。

在线虫类微生物农药领域,专利申请总体呈现出多次周期性高低交替的趋势。受理量排名前10位的国家/地区/组织中,中国和韩国近3年的专利申请最为活跃,受理量占比分别为35%和33%。与其他三类微生物农药不同,研究机构成为该领域的重要申请主体,澳大利亚联邦科学与工业研究组织是申请量最多的机构,韩国庆北国立大学工业合作基金会近3年的专利申请最为活跃。中国科学院东北地理所在该领域具有一定实力,申请量排名进入前10,并且近3年专利申请较为活跃。总体来看,线虫类微生物农药重要专利主要集中在线虫杀虫剂组合物、贮存和运输、新小种的分离等方面。

3.4 微生物农药产业发展态势

3.4.1 部分国家/地区微生物农药登记情况

美国、加拿大、澳大利亚、欧盟、日本等都是较早研发并生产使用微生物农药的国家和地区，其产业化的微生物农药品种相对丰富，微生物农药登记管理机构及规章系统相对完善。按登记的有效成分(表3-26)看，美国登记的数量最多，为89种；其次为中国，为49种。从有效成分种类上看，细菌类微生物农药是各国/地区主要登记的有效成分，其次为真菌类(陈源等，2012)。

表3-26 部分国家微生物农药登记情况 *

国别（截止年份）	细菌类/种	真菌类/种	病毒类/种	线虫类/种	合计/种
美国（2011）	40	38	11	—	89
欧盟（2008）	12	13	2	—	27
加拿大（2010）	12	11	2	6	31
澳大利亚（2010）	5	4	2	—	11
南非（2010）	10	8	2	—	20
中国（2011）	19	13	17	—	49

注：—，无数据
* 按登记的有效成分数量统计

3.4.2 全球微生物农药市场概况

3.4.2.1 微生物农药市场销售额

据TechNavio公司发布的行业报告《2012-2016年全球生物农药市场》（2012-2016 Global Biopesticides Market）数据显示，2012年，全球微生物农药市场销售额约为9.26亿美元，占全球生物农药市场销售额的61%~65%，占全球农药市场销售额的1.73%。微生物农药、生物农药和全球农药市场2012年的销售额和占比及2016年的市场预计见表3-27。2012年全球生物农药市场销售额达到14.7亿美元，预计到2016年将达到26.5亿美元，年均复合增长率将达到15.87%（TechNavio，2013）。

表3-27 2012年及预计2016年全球农药市场销售状况

年份	项目	微生物农药	生物农药	化学农药	农药
2012	销售额/亿美元	9.26	14.7	510.1	534.1
	占农药市场比重/%	1.73	2.75	97.25	100

3 微生物农药国际发展态势分析

续表

年份	项目	微生物农药	生物农药	化学农药	农药
2016	销售额/亿美元	—	26.5	—	—
	占农药市场比重/%	—	3.94	96.06	—
	年均复合增长率/%	—	15.87	—	—

注：—，无数据

另外，《全球生物农药市场总结-2013》报告数据也显示，全球微生物产品终端市场当前市值约为 8 亿美元，十年的复合增长率约为 12%（农资联盟网，2013）。

据拜耳作物科学生物农药业务情况和展望所给出的数据（表 3-28），2005 年和 2010 年，全球微生物农药市场销售额分别为 2.92 亿美元和 4.4 亿美元，并将面临快速增长，2025 年预计将达到 22.75 亿美元（拜耳作物科学，2013）。

表 3-28　2005、2010 年微生物农药市场销售额及未来预测

	2005 年	2010 年	2015 年	2020 年	2025 年
微生物农药市场销售额/亿美元	2.92	4.4	8.5	16.7	22.75

各类微生物农药中，活性成分为细菌的微生物农药市场销售额最高，2012 年达到 6.39 亿～7.13 亿美元，占微生物农药市场总销售额的 69%～77%。其中，苏云金芽孢杆菌微生物农药产品的销售额最高，占全球微生物农药市场的 59%～63%。表 3-29 给出了细菌、真菌、病毒和线虫类微生物农药占微生物农药市场的比重（Dunham Trimmer International Bio Intelligence，2012）。

表 3-29　2012 年各类微生物农药的销售额及比重

微生物农药类别	销售额/亿美元	销售额比重/%
细菌	6.39～7.13	69～77
其中：Bt	5.46～5.83	59～63
真菌	1.11～1.48	12～16
病毒	0.46～0.83	5～9
线虫	0.28～0.65	3～7

目前全球市场上最主要的微生物农药包括苏云金芽孢杆菌（*Bacillus thuringiensis*，Bt）、枯草芽孢杆菌（*Bacillus subtilis*，Bs）、布氏白僵菌（*Beauveria brongniartii*）、Polyhedoses、Granuloses、蜡蚧轮枝菌（*Verticillium lecanii*）、绿僵菌（*Metarhizium anisopliae*）、日本金龟子芽孢杆菌（*Bacillus popilliae*）、缓病芽孢杆菌（*Bacillus lentimorbu*）和球孢白僵菌（*Beacveria bassiana*）等。从全球范围来看，苏云金芽孢杆菌产品的市场份额不断被其他微生物农药和化学农药产品所侵蚀，苏云金芽孢杆菌产品的市场份额从 20 世纪 90 年代末报道的 90% 锐减到了现在的 45%～50%。但在东南亚不发达地区市场，苏云金芽孢杆菌产品仍然颇具潜力。真菌生物农药的使用量也在持续增长，特别是巴西、中国和印度等（Dunham Trimmer International Bio Intelligence，2012）。

3.4.2.2 微生物农药产品

2012年微生物农药市场共有微生物农药产品258个(不包括中国和印度)。从种类分布(图3-39)来看,细菌类最多,有126个,约占微生物农药总量的49%,接近一半;其次是真菌类,有102个,约占39.5%;病毒类有29个,约占11%;线虫类最少,有1个(Dunham Trimmer International Bio Intelligence,2013)。

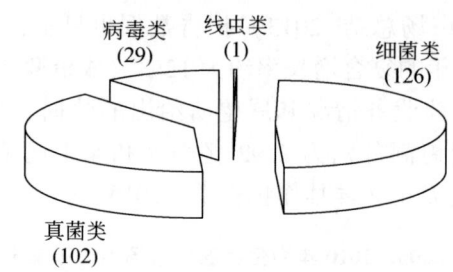

图3-39 微生物农药产品数量在各种类的分布

1) 真菌类微生物农药产品

真菌类是微生物农药第二大类产品,其中以金龟子绿僵菌(*Metarhizium anisopliae*)、球孢白僵菌(*Beauveria bassiana*)或哈茨木霉(*Trichoderma harzianum*)为活性成分的产品在所有真菌类产品中的占比约为50%。目前市场上真菌类产品的其他活性成分范围广泛(表3-30)。从用途上来看,真菌类产品用途广泛,其中主要用于杀虫和杀真菌,这两种用途的产品数量占真菌类产品总量的比例分别约为57%和50%,此外,还有些产品用于植物生长调节、杀线虫剂和除草,占比分别约为16%、8%和2%(图3-40)。

表3-30 基于真菌的用于农业虫害控制的微生物农药产品

活性成分(中文)	活性成分(拉丁名)	产品数量	用途分类
金龟子绿僵菌	*Metarhizium anisopliae*	18	杀虫剂
球孢白僵菌	*Beauveria bassiana*	17	杀虫剂
哈茨木霉	*Trichoderma harzianum*	17	杀真菌剂、杀虫剂、植物生长调节
木霉	*Trichoderma* spp.	7	杀真菌剂
淡紫拟青霉	*Paecilomyces lilacinus*	6	杀线虫剂
出芽短梗霉	*Aureobasidium pullulans*	4	杀真菌剂
盾壳霉	*Conothyrium minitans*	4	杀真菌剂
玫烟色拟青霉	*Paecilomyces fumosoroseus*	4	杀虫剂
绿色木霉	*Trichoderma viride*	4	杀真菌剂
棘孢木霉	*Trichoderma asperellum*	3	杀真菌剂
	Trichoderma longibratum	3	杀真菌剂
蜡蚧轮枝	*Verticillium lecanii*	3	杀虫剂
疣孢漆斑菌	*Myrothecium verrucaria*	2	杀线虫剂

续表

活性成分（中文）	活性成分（拉丁名）	产品数量	用途分类
木霉 gamsii	*Trichoderma gamsii*	2	杀真菌剂
白粉寄生孢	*Ampelomyces quisqualis*	1	杀真菌剂
黄曲霉	*Aspergillus flavus*	1	杀真菌剂
布氏白僵菌	*Beauveria brongniartii*	1	杀虫剂
链孢粘帚霉	*Gliocladium catenulatum*	1	杀真菌剂
粘帚菌	*Gliocladium* spp.	1	杀真菌剂
绿粘帚霉	*Gliocladium virens*	1	杀真菌剂
玫烟色棒束孢	*Isaria fumosoroseus*	1	杀虫剂
大伏革菌	*Phlebiolosis gigantea*	1	杀真菌剂
巨口茎点霉	*Phoma macrostoma*	1	除草剂
寡雄腐霉	*Pythium oligandrum*	1	杀真菌剂
小核盘菌	*Sclerotinia minor*	1	除草剂
棘孢木霉	*Trichoderma asperellum*	1	杀真菌剂
深绿木霉	*Trichoderma atroviride*	1	杀真菌剂
核果梅奇酵母	*Metschnikowia fructicola*	1	杀真菌剂

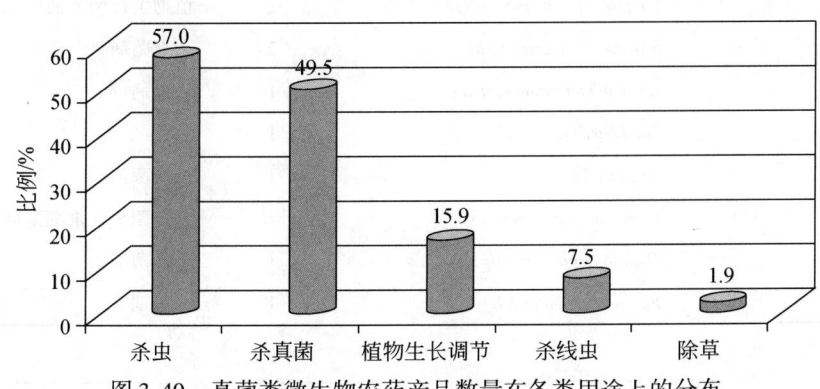

图 3-40 真菌类微生物农药产品数量在各类用途上的分布

2）细菌类微生物农药产品

在各种细菌类产品中，以苏云金芽孢杆菌（*Bacillus thuringiensis*，Bt）为活性成分的产品占主导地位，占比近 50%。Bt 产品被商业化用于杀虫剂的历史已有 50 多年。因此，许多公司有一种或多种基于 Bt 的产品。最近，细菌类产品中出现了大量的生物杀真菌剂，包括解淀粉芽孢杆菌（*Bacillus amyloliquefaciens*）、枯草芽孢杆菌（*Bacillus subtilus*）、短小芽孢杆菌（*Bacillus pumilus*）、几种假单胞菌（*Pseudomonas*）和几种链霉菌（*Streptomyces*）。另外，最新出品的一个细菌类产品是 *Chromobacterium subtsugae*，是一种新的生物杀虫剂（表 3-31）。从细菌类微生物农药产品的用途上来看，大部分产品用于杀虫，杀虫的产品数量占比约 48%；其次是杀真菌，占比约为 46%；排在第三位的是杀线虫，占比约为14%。此外，细菌类产品还被用于杀细菌、植物生长调节、灭螺和灭鼠等（图3-41）。

表 3-31　基于细菌活性成分或其副产品的用于农业病虫害控制的微生物农药产品

活性成分（中文）	活性成分（拉丁名）	产品数量	用途分类
苏云金芽孢杆菌	*Bacillus thuringiensis*	55	杀虫剂
解淀粉芽孢杆菌	*Bacillus amyloliquefaciens*	13	杀真菌剂、杀细菌剂、PGR
枯草芽孢杆菌	*Bacillus subtilus*	13	杀真菌剂、杀线虫剂
利迪链霉菌	*Streptomyces lydicus*	9	杀真菌剂
假单胞菌	*Pseudomonas sp.*	6	杀真菌剂
球形芽孢杆菌	*Bacillus sphaericus*	5	杀虫剂
致黄假单胞菌	*Pseudomonas auerofaciens*	4	杀真菌剂
坚强芽孢杆菌	*Bacillus firmus*	3	杀线虫剂、杀真菌剂
放射形土壤杆菌	*Agrobacterium radiobacter*	3	杀细菌剂
短小芽孢杆菌	*Bacillus pumilus*	3	杀真菌剂
巴氏杆菌	*Pasteuria usgae*	2	杀线虫剂
荧光假单胞菌	*Pseudomonas fluorescens*	2	灭螺剂、杀真菌剂
丁香假单胞菌	*Pseudomonas syringae*	2	杀真菌剂
紫黑链霉菌	*Streptomyces violaceusniger*	2	植物生长调节剂
拮抗链霉菌	*Streptomyces griseoviridis*	2	杀真菌剂
	Chromobacterium subtsugae	1	杀虫剂
乳酸杆菌	*Lactobacillus*	1	杀虫剂
纳他霉素	*Natamycin*	1	杀真菌剂
成团泛菌	*Pantoea agglomerans*	1	杀真菌剂、杀细菌剂
	Pseudomonas trivialis	1	杀真菌剂
肠炎沙门氏菌	*Salmonella enterindis*	1	灭鼠剂

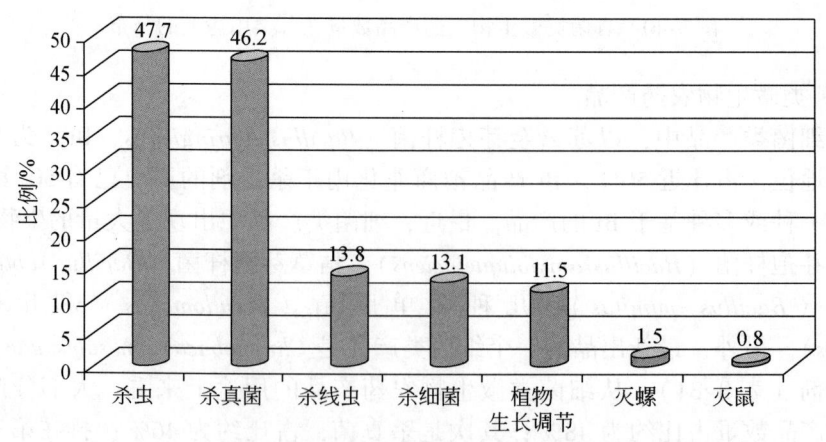

图 3-41　细菌类微生物农药产品数量在各类用途上的分布

3) 病毒类微生物农药产品

目前,苹果蠹蛾颗粒体病毒(granulovirus of *Cydia pomonella*)是最常用的病毒类微生物农药产品,占病毒类微生物农药产品总量的近一半。杆状病毒是自然产生的病毒,对昆虫具有特异性,大多数杆状病毒只影响一种或数种关系较近的物种,而不会影响非靶标物种或环境。所以正是由于这种高度特异性,杆状病毒产品需要与其他控制方法合并使用,以实现对大范围虫害的广谱控制。第二大病毒类微生物农药产品是噬菌体,是自然出现的侵袭细菌的病毒病原体,与杆状病毒相似,噬菌体具有高度特异性,不会影响非靶标生物。除了这些病毒产品,还有一种独特的产品,即基于植物病毒的除草剂(表3-32)。从病毒类产品的用途上来看,主要用于杀虫,杀虫病毒类微生物农药产品的数量约占到了病毒类微生物农药产品总数量的81%,其次用于杀细菌剂和除草,占比分别约为16%和3%。

表3-32 基于杆状病毒的用于农业虫害控制的微生物农药产品

活性成分(中文)	活性成分	产品数量	用途分类
苹果蠹蛾颗粒体	*Cydia pomonella* granulovirus	14	杀虫剂
甜菜夜蛾颗粒体	*Spodoptera exigua* granulovirus	3	杀虫剂
茶小卷叶蛾颗粒体	*Adoxophyes orana* granulovirus	2	杀虫剂
黄单胞菌噬菌体	Bacteriophage of *Xanthomonas campestris*	2	杀细菌剂
丁香假单胞菌噬菌体	Bacteriophage of *Pseudomonas syringae*	2	杀细菌剂
棉铃虫杆状病毒	*Helicoverpa armigera* baculovirus	2	杀虫剂
密执安棍状杆菌噬菌体	Bacteriophage of *Clavibacter michiganensis*	1	杀细菌剂
苹果异形小卷蛾核型多角体病毒	*Cropytophlebia leucotreta* NPV	1	杀虫剂
谷实夜蛾颗粒体	*Helicoverpa zea* granulovirus	1	杀虫剂
舞毒蛾有核型多角体病毒	*Lymantria dispar* MNPV	1	杀虫剂
冷杉锯角叶蜂核型多角体病毒	*Neodiprion abietis* NPV	1	杀虫剂
海灰翅夜蛾颗粒体	*Spodoptera littoralis* granulovirus	1	杀虫剂
烟草温和的绿色花叶病毒	Tobacco mild green mosaicvirus	1	除草剂

4) 原生动物类微生物农药产品

常见的原生动物类产品仅有1种被用于生物控制,其活性成分是蝗虫微孢子虫(*Paranosema locustae*),被用于饵料配方,来控制作物和非作物蝗虫。该产品由美国的M&R Durango公司在销售此外,根据世界农化网数据,2012年全球至少有6种微生物农药登记注册(表3-33)。

表3-33 2012年全球新获登记的微生物农药产品

机构	商标	有效成分	应用	状态
爱利思	Carpovirusine evo2	基于墨西哥分离株(CpGV-M)的颗粒体病毒	防控苹果蠹蛾和桃(杏)食心虫	法国

续表

机构	商标	有效成分	应用	状态
可可种植计划执行委员会（Ceplac）	Tricovarb	子座木霉（*Trichoderma stromaticum*）	防治可可丛枝病	巴西
美国 OmniLytics	AgriPhage-CMM	番茄疮痂病菌和丁香假单胞菌致病变种的自然噬菌体	防治番茄细菌性茎干溃疡病	加拿大
AgraQuest	Serenade Soil DPZ	枯草芽孢杆菌菌株 QST 713 土壤变体	用于胡萝卜、柑橘、葫芦科作物和豆类等	美国
Andermatt	Bolldex	棉铃虫核型多角体病毒	用于大豆、高粱、黍、豆类、鹰嘴豆、生菜、豌豆、甜玉米和番茄作物	南非
Bioworks	RootShield Plus	绿木霉 G-41 菌株和哈茨木霉菌株 KRL-AG2	抑制疫病菌引起的室外盆栽观赏植物的根腐病	加拿大

3.4.3 大型跨国企业进军微生物农药市场的策略

近年来，拜耳、巴斯夫、先正达等一直以化学农药著称的大型跨国企业，开始纷纷进军低毒、低污染的生物农药产业，微生物农药成为其重点发展领域。主要有以下几种方式。

3.4.3.1 并购

通过并购（微）生物农药企业是跨国企业进军微生物农药行业的主要途径。自 2009 年以来，拜耳、巴斯夫、先正达等收购了多家生物农药企业（表 3-34）。

表 3-34 跨国企业并购（微）生物农药企业情况

企业名称	年份	并购企业名称	并购简介
拜耳	2009	以色列生物农药公司 AgroGreen	拜耳获得了坚强芽孢杆菌的所有权利，并将其作为生物杀线虫种子处理剂推向市场，商品名为 Votivo。该产品 2011 年销售额约为 13.34 亿美元。
	2012	美国 AgraQuest 公司	AgraQuest 是微生物农药的全球供应商，在生物技术、细菌微生物源农药的研发和生产方面处于领先地位。该收购使拜耳推出了 Serenade 产品，扩大了拜耳的生物植保产品研究，可以使拜耳构建一个生产生物农药的领先技术平台（邱德文，2013）。
	2013	普菲达（Prophyta GmbH）生物农药公司	普菲达在真菌类微生物农药产品的开发、生产和分销中占有重要地位。该公司的主要品牌是防控菌核病的 Contans™ 及杀线虫剂 Bioact™，研发的产品已在全球 30 多个国家取得登记许可。拜耳不仅收购了该公司的新产品、新专利，还收购了该公司的研发实验室及生产企业（邱德文，2013）。
巴斯夫	2012	美国 Becker Underwood 公司	Becker Underwood 是一个全球领先的种子处理生物技术提供商及植保生物技术提供商。通过此次收购，巴斯夫顺利成为生物种子处理技术以及种子处理着色剂的全球领先供应商，并且其产品库得到进一步丰富（BASF，2012）。

续表

企业名称	年份	并购企业名称	并购简介
先正达	2009	美国环球公司	美国环球公司主要经营生物农药 Afla-Guard，用于防治导致花生和玉米黄曲霉素的土壤病菌（农博网，2009）。
	2011	Pasteuria 生物科学公司	将开发以土壤细菌巴斯德杆菌为基础的生物杀线虫剂（邱德文，2013）。

3.4.3.2 合作

合作研发或者合作销售等亦是跨国企业进军微生物农药领域的途径之一。其中，先正达和巴斯夫两家企业合作研发比较多，如先正达在2005年与我国湖北省生物农药工程研究中心签署协议的基础上（中国投资咨询网，2007），2012年1月，又联合组建了天然产物创新中心。在该中心，先正达将与湖北农科院一起就天然产物展开创新研发，将重点在微生物农药创制等领域开展合作，开发安全、环保、高效的绿色超高效生物农药（武汉晚报，2012）。巴斯夫，2011年与巴西农业研究院签订了长达五年的合作协议，重点开发生物农药（邱德文，2013）；2013年，与我国如东沿海经济开发区管理委员会签订了非约束性意向书，在如东沿海经济开发区兴建首个作物保护制剂研发生产基地（巴斯夫，2013-10-15）。

而拜耳与先正达则主要采用的合作销售的途径。2011年拜耳与荷兰Koppert Biological Systems公司达成协议，获得该公司新产品Shemer的全球销售、登记和生产授权。Shemer是活性成分为核果梅奇酵母（*Metschnikowia fructicola*）的杀真菌剂，可用于果树和蔬菜（农博网，2012-12-14）。先正达与诺维信签署一份微生物生物杀菌剂Taegro的全球性独家经营与销售协议（农博网，2012-10-30）。根据协议，双方将依托先正达的全球分销网络向全球推广诺维信生产的Taegro。先正达将负责销售、营销和分销工作，诺维信将负责生产和产品注册工作。双方将开展相关试验以获取关键数据，在其他地区完成产品注册后（目前已在美国注册），双方将在全球各地引入该产品。Taegro采用天然枯草杆菌作为原料，与现有的杀菌技术形成互补，是一种具备多种作用模式的纯天然解决方案，不仅能够有效防治蔬菜水果的丝核菌病和镰刀菌病，还可用于保护诸如小麦、黄豆、玉米等大面积种植的作物。

3.4.4 市场发展的驱动力与挑战

3.4.4.1 微生物农药市场增长的驱动力

全球微生物农药市场增长存在几种驱动力（TechNavio，2013），关键驱动力如下。

1）有机食品消费的增加

有机食品消费的增加是最主要的驱动力。科学发现已证实化学农药对环境和健康有害，化学农药可污染整个食物链，具有生物蓄积性，危害生态系统。人们对农药对食品安全影响的关注日益提高，导致有机食品消费增加。欧洲是全球有机食品需求最高的地区，其次是北美。

2）政府的鼓励

随着对化学农药负面效应的认知的提高，一些国家的政府积极鼓励发展生物农药。在一些国家，政府鼓励生物农药的生产使用，帮助销售商登记产品，向市场投放大批微生物农药。如英国政府减少了生物农药的登记注册费，组建生物农药专家团队提供免费咨询和帮助。在印度，政府对农民使用生物农药提供补贴。这些政府行动鼓励了微生物农药的上市，进而驱动了全球市场的增长。

3）微生物农药的技术进步

一些生物农药公司正在资助相关研究并积极开展合作研发。在微生物农药配方改进技术方面也取得了大量成果。技术上的进步使得大批量微生物农药制造成为可能。此外，通过研发，微生物农药的耐储存性有所提高，保存期限延长，使用方法也得到了改善。一些新的应用领域正在得到开发，如种子的生物处理剂等。这些技术进步驱动了微生物农药市场的增长。

4）较低的研发成本和具有竞争价格优势的新产品投入市场

微生物农药的研发成本在600万~1000万美元，化学农药的成本约为1亿美元。微生物农药的研发成本比化学农药低得多，因此许多新的微生物农药产品进入了市场。这些新产品效果较好，与化学农药相当或优于化学农药，其价格也具有竞争优势，因此其市场蓬勃发展。

3.4.4.2 微生物农药市场面临的挑战

全球微生物农药市场也面临若干挑战，阻碍了行业发展。关键挑战包括（TechNavio，2013）：

1）微生物农药使用效果较差或参差不齐

在某些情况下，微生物农药的效果不如化学农药好。此外，微生物农药难以与化学农药兼用，因此很少与化学农药联合使用来提高产量。生物农药发挥效果的周期比化学农药长。由于是活体微生物，其使用期限也短。一些环境因素如温度、湿度、土壤pH值会影响其效果。这些因素影响了其市场的发展。

2）农民的疑虑

农民在依赖化学农药多年的情况下转向使用生物农药，产生了很多疑虑。微生物农药的使用要求农民学习新的技术和操作实践，而农民往往不愿学习，除非其完全确信微生物农药的益处。他们疑虑的主要原因是温度、湿度、pH值及其他土壤因素会影响生物农药的使用效果。此外，化学农药可能一次消灭多种害虫，而微生物农药对目标病虫害具有专一性，农民还必须利用其他办法来消灭非目标病虫害，这也是影响大多数农民使用微生物农药的一个原因。

3）生物农药商业化壁垒

一些国家如美国和英国鼓励微生物农药的登记，但是大多数国家的登记流程阻碍了微生物农药的商业化。有些国家微生物农药的登记体系与化学农药相同，或者是在化学农药的登记流程上做了修改。在多数情况下，监管部门要求的实施风险评价的数据包括毒性、生态毒理评价、作用模式、作用对象范围等信息。对公司来说，获取这些信息代价不菲，影响了微生物农药的商业化。

4）技术和资金的限制

虽然当前微生物农药市场虽然在增长，但在全球农药市场上仍然只占据较小份额。一些领先的大型微生物农药生产商已经提高了相关的研发支出并资助研究机构开展研究，研发工作和后续的实际生产需要具有专业知识和技能的劳动力资源，但是该领域的专业人才匮乏。研发投资的需求也限制了该领域小型生产商的发展。

3.4.5 市场未来发展趋势

自微生物农药发展以来，其未来就一直是学者们关注的重点（Lacey et al., 2001; Lord, 2005; Szewczyk et al., 2006; Susan et al., 2009; Bravo et al., 2011; Glare et al., 2012; TechNavio, 2013）。未来全球微生物农药市场预计将呈增长趋势。主要的趋势包括：

1）病虫害管理实践改善，微生物农药利用增加

有害生物综合管理（IPM）已成为植物保护的基本原则，其主要依据病害的生命周期、与环境的互作及可用的病虫害控制方法等信息实现经济、安全地控制病虫害。当前，许多政府正在鼓励协同利用微生物农药和 IPM 措施。另外，一些针对农民的培训计划也已经在开展这方面的教育。

2）可持续农业实践的需求提高，微生物农药使用受到鼓励

农业部门对可持续性的重视日益提高。微生物农药具有环境友好的特点，在一些国家已将其使用作为减排和低碳经济行动计划的一部分。

3）对环境和健康的关注增加，微生物农药迎合消费需求

随着人们对环境和健康的关注增加，一些国家实施了强制性法规来确保减少农药使用的有害影响。对食品中农药残留的认知提高导致消费者对有机食品需求增加，尤其是欧洲和美国的消费者。生物农药可生产安全、环境友好的食品，可解决食品中农药残留有关的环境和健康问题。

4）种植者-技术支持者的合作增强，促进微生物农药利用

为有效利用微生物农药，用户需要学习了解正确、安全的使用方法。为解决种植者的知识不足，一些生产生物农药的农化公司向农民开展了田间培训计划，鼓励种植者和咨询师之间的合作。此外，许多国家的政府也更多地通过生物农药专家对农民进行培训，提供咨询。

3.5 结论与建议

3.5.1 结论

（1）微生物农药研究的 SCI 论文总体呈逐年增长的趋势，1991 年后增长较快。在 4 类

微生物农药研究论文中，真菌类的发文量最多；其次为细菌类，病毒类排名第3，线虫类的发文量最少，但均呈现出逐年增长趋势。从研究主题看，真菌类和细菌类主要集中作用靶标研究、重要菌系（株）的分类鉴定、生理生化机理以及剂型开发上；病毒类主要集中在重要病毒的分类鉴定、作用靶标活性、病毒的致病性等生理生化机理以及病毒的遗传改良等方面；线虫类主要集中在作用靶标、重要线虫种类的分类鉴定、线虫共生菌以及线虫的传染、致病性等作用机理方面。

（2）中国、印度、西班牙、巴西和德国近3年在微生物农药研究领域非常活跃。美国是开展合作最多的国家，与美国合作最多的国家是中国；中国的主要合作国家是美国，与其他国家合作很少。美国农业部农业研究局、加利福尼亚大学是微生物农药领域主要的研究机构。其中，巴西维索萨联邦大学、浙江大学和中国科学院近3年在微生物农药研究领域发展较快。上述机构间的合作更倾向在同一国家内。在真菌类研究领域，国家层面上，美国和英国的研究规模和影响力较强，机构层面上美国农业部农业研究局、康奈尔大学和佛罗里达大学的研究规模和影响力较强。在细菌类研究领域，国家层面上，美国的研究规模和影响力较强；机构层面上，美国农业部农业研究局和加利福尼亚大学的研究规模和影响力较强。在病毒类研究领域，国家层面上，英国的研究规模和影响力较强；机构层面上，加利福尼亚大学的研究规模和影响力较强。在线虫类微生物农药研究领域，国家层面上，美国和英国的研究规模和影响力较强；机构层面上，美国农业部农业研究局、俄亥俄州立大学、加利福尼亚大学和罗特格斯州立大学的研究规模和影响力较强。

（3）微生物农药的专利申请数量整体呈波动上升态势，微生物农药技术正处于快速成长期。其中，企业尤其是跨国企业是专利申请的主体，美国和中国是专利权机构重点布局的专利保护地区。在4类微生物农药中，真菌类和细菌类专利数量相当，病毒类次之，线虫类最少，并均呈现出增长态势。在真菌类微生物农药研发领域，重要专利主要涉及了菌丝体、组合物或组分配比、分子克隆和真菌类微生物农药制备方法等方面；在细菌类微生物农药研发领域，重要专利主要集中在杀虫剂组分、真菌/细菌拮抗组合剂、菌株种类、农药载体等方面；在病毒类微生物农药领域，近3年通过PCT途径（WIPO）申请的专利数量最多，重要专利主要集中在杀虫剂组分、杆状病毒、分子修饰、非感染性病毒的改造等方面；在线虫类微生物农药领域，研究机构成为该领域的重要申请主体，其中澳大利亚联邦科学与工业研究组织是申请量最多的机构，重要专利主要集中在线虫杀虫剂组合物、贮存和运输、新小种的分离等方面。

（4）从4类微生物农药的专利研发热点看，真菌类微生物农药的研发主要集中在："白僵菌、木霉等重要真菌的鉴定、培养及应用开发（包括协同增效）"、"基因表达重组"、"重要有害生物的防治（包括白蚁、烟曲霉菌、甲虫幼虫）"等技术上；细菌类主要集中在："苏云金芽孢杆菌菌株、杀虫活性、杀虫蛋白及其编码序列"、"剂型开发"、"细菌培养成分"、"链霉素抗生素制备"等技术上；病毒类主要集中在："重组杆状病毒表达"、"编码DNA序列"、"粉剂制备"等技术上；线虫类主要集中在："种群优选技术"、"线虫类微生物农药的储藏、运输技术"、"作物（茄科）有害生物防除方法"、"草坪接种"等技术上。

（5）无论从销售额还是产品数量看，细菌类微生物农药都排第1位。在这4类微生物农药中,细菌类微生物农药的市场销售额最高,2012年达到6.39亿~7.13亿美元,占微生物农药市场总销售额的69%~77%。其中,苏云金芽孢杆菌微生物农药产品的销售额最高,占全球微生物农药市场的59%~63%。2012年微生物农药市场共有微生物农药产品258个。其中细菌类最多,有126个,约占微生物农药总量的49%,接近一半;其次是真菌类,有102个,约占39.5%;病毒类有29个,约占11%;线虫类最少,有1个。

(6) 预计未来微生物农药市场将呈增长趋势。拜耳、巴斯夫、先正达和孟山都等一直以化学农药著称的大型跨国企业,开始纷纷通过并购、合作等方式进军低毒、低污染的生物农药产业,微生物农药成为其重点发展领域。

3.5.2 建议

(1) 从代表基础研究的SCI论文上看,尽管我国论文发文量仅次于美国,但从被引频次看,我国的论文质量较低,说明我国在微生物农药基础研究领域尚需继续加强。应着重围绕微生物农药新兴研究热点加强和部署相关研究,如重要微生物菌株生理生化研究、微生物菌株活性、微生物防治重要作物害虫研究等。

(2) 从代表技术研发的专利申请上看,美国微生物农药研发主要以企业为主体,而我国在微生物农药技术研发上仍然以科研机构和大学为主,且跨国企业在专利数量和质量上都具有明显的优势。因此,我国亟须加强微生物农药技术研发。政府应采取优惠政策措施支持改造现有生物农药生产企业,改善生产条件,提高技术水平,增强生产能力;支持现有大型农业企业开拓生物农药生产领域,在新增项目方面优先开发生物农药。

(3) 从微生物农药市场看,目前微生物农药市场基本被跨国企业所垄断,我国企业任重而道远。我国亟须鼓励企业兼并重组,形成大型农业企业集团,培育生物农药龙头企业,以促进生物农药规模化发展。

(4) 综合我国基础研究、技术开发以及市场三方面的态势,建议我国整合分散的生物农药研发力量,形成一个从基础研究到技术开发,再到市场有机结合的研发产业链条。在微生物资源筛选与分子改造研究到微生物发酵工艺和后处理工艺,再到产业化开发与应用整个微生物农药研发链上形成对接,加快上游研究成果的转移转化。

(5) 国家应该出台相关措施引导农民接受和使用微生物农药;农药管理部门应出台相关政策鼓励和简化微生物农药的登记。

致谢:中国科学院微生物研究所、真菌学国家重点实验室主任刘杏忠研究员,中国科学院上海生命科学研究院植物生理生态研究所副所长王成树研究员,中国科学院微生物研究所、中国科学院病原微生物与免疫学重点实验室副主任张立新研究员等专家对本报告初稿进行了审阅,并提出了宝贵修改意见,谨致谢忱!

参 考 文 献

巴斯夫. 2013-10-15. 声明. http://www.greater-china.basf.com/apex/GChina/zh_CN/content/BASF-China/

1.2 Products and Industries/Agricultural Solutions/Crop Protection/Project Notice-en

拜耳作物科学.2013-05-30.生物农药业务情况和展望.http://wenku.baidu.com/link?url=PNyWvHFG-pkbfbKREDnj8TtiOG-velDm1K4xHNEAV7Z6iM_sWB6mn7zZszh0UzzQTC1CvA_Ppoz1z0GgfkEvIib1CAUZFQwBu-RAqTQnnCfa.

陈万义.2003.浅议生物农药取代化学农药.农药科学管理,24（2）:3-6.

陈源,卜元卿,单正军.2012.微生物农药研发进展及各国管理现状.农药,51（2）:83-89.

胡庆堂,李佐虎.1995.微生物农药生产技术进展.生物工程技术进展,15（4）:29-31.

马俊义,李尽哲,叶兆伟.2011.生物农药的应用现状及前景展望.江苏农业科学,39（4）:15-17.

农博网.2009-10-15.先正达收购主营生物农药的美国环球公司.http://nongyao.aweb.com.cn/2009/1015/8195085426910.shtml.

农博网.2012-10-30.诺维信与先正达签署微生物杀菌剂全球性业务协议.http://nongyao.aweb.com.cn/20121030/566901.html.

农博网.2012-12-14.四大杀菌剂企业看生物农药发展前景.http://nongyao.aweb.com.cn/20121214/575495.html.

农业部.2007-12-08.中华人民共和国农业部令.http://www.gov.cn/flfg/2007-12/21/conteut.839985.htm.

农资联盟网.2013-11-15.全球生物农药市场总结-2013.http://www.nzlm.cn/bencandy.php?fid=486&id=368486.

邱德文.2013.生物农药研究进展与未来展望.植物保护,39（5）:81-89.

武汉晚报.2012-01-23.先正达在武汉光谷成立联合研发中心.http://www.bioon.com/bioindustry/agriculture/531730.shtml.

张兴,马志卿,李广泽,等.2002.生物农药评述.西北农林科技大学学报（自然科学版）,30（2）:142-147.

中国21世纪议程管理中心.2013-10-12.中国21世纪议程——中国21世纪人口、环境与发展白皮书.http://www.acca21.org.cn/cchnwp11.html.

中国投资咨询网.2007-04-02.先正达与湖北省生物农药工程研究中心深入合作.http://www.ocn.com.cn/qyqb/2006nyao03.htm.

朱玉坤,尹衍才.2012.微生物农药研究进展.生物灾害科学,35（4）:431-434.

BASF. 2012. Basf Report 2012. http://report.basf.com/2012/en/managementsanalysis/segments/agriculturalsolutions/segmentprofilecropprotection.html.

Becker Underwood. 2013-10-15. Biological Fungicide for Root Disease Prevention. http://www.beckerunderwood.com/productsservices/subtilexng.

Borgatti S P, Everett M G, Freeman L C. 2002. Ucinet for Windows: Software for Social Network Analysis. Harvard, MA: Analytic Technologies.

Bravo A, Likitvivatanavong S, Gill S S, et al. 2011. Bacillus thuringiensis: A story of a successful bioinsecticide. Insect Biochemistry and Molecular Biology, 41: 423-431.

Dunham T. 2012. Biological Control Industry Overview Company & Products. 10: 68-69.

EPA. 2013-09-17. What are Biopesticides? http://www.epa.gov/oppbppd1/biopesticides/whatarebiopesticides.htm.

Glare T, Caradus J, Gelernter W, et al. 2012. Have biopesticides come of age? Trends in Biotechnology, 30 (5): 250-258.

Kabaluk J T, Antonet M S, Mark S G, et al. 2013-11-13. The Use and Regulation of Microbial Pesticides in Representative Jurisdictions Worldwide. IOBC Global. http://www.IOBC-Global.org.

Lacey L A, Frutos R, Kaya H K, et al. 2001. Insect Pathogens as Biological Control Agents: Do They Have a Future? Biological Control, 21: 230-248.

Lord J C. 2005. From Metchnikoff to Monsanto and beyond: the path of microbial control. Journal of Invertebrate Pathology, 89: 19-29.

Oerke E C, Dehne H W. 2004. Safeguarding production-losses in major crops and the role of crop protection. Crop Protection, 23: 275-285.

Schneider W. 2006. US EPA Regulation of biopesticides. Microbial and biochemical pesticide regulation. Paper presented at the REBECA workshop on current risk assessment and regulation practice, Salzau, Germany. www.rebeca-net.de.

Stock S P. 2005. Insect-parasitic nematodes: from lab curiosities to model organisms. Journal of Invertebrate Pathology, 89: 57-66.

Susan M B, Karen L B, De Clerck-Floate R A. 2009. Current biological weed control agents—their adoption and future prospects. Weeds, Herbicides and Management, 2: 38-45.

Szewczyk B, Hoyos-Carvajal L, Paluszek M, et al. 2006. Baculoviruses-re-emerging biopesticides. Biotechnology Advances, 24: 143-160.

TechNavio. 2013-10-15. 2012-2016 Global Biopesticides Market. http://www.technavio.com.

4　工业酶领域国际发展态势分析

丁陈君　陈云伟　郑　颖　陈　方　邓　勇

（中国科学院成都文献情报中心）

摘　要　酶是由活细胞产生的具有催化功能的蛋白质，工业酶顾名思义主要应用于工业领域。早在几千年前人类就认识到酶可以催化生化反应的功能，工业酶最早被用于过滤葡萄酒和啤酒。如今，酶被用于更多行业：从烘焙过程到纺织生产，从可再生的生物燃料到"更加环保的"轮胎和黏合剂的生产等。工业酶的使用将逐渐减少或者取代石化产品的使用，降低人们对石油等矿物燃料的依赖，从而促进经济社会的可持续发展。

酶制剂是人类大规模表达和制备的具有酶特性并进行销售的产品。酶制剂相对其他众多产业来讲是一个较为弱小的产业，各国明确针对该领域的资助项目和计划较少，但工业酶作为工业生物技术领域的重要工具和手段，起到的级联放大作用不可小觑。工业酶制剂产业对于整个生物经济而言也是一个重要的催化剂，能够加速人类经济发展模式的变革。因此，在欧洲、美国等制定的多项生物经济领域的重大规划和相关国际会议中也把工业酶的研究和应用作为一项重要的内容。

随着计算机技术的发展，计算机辅助设计和从头设计的方法和策略得到了更为迅猛的发展，已成为理性设计新酶的有力工具和新的研究前沿。随着定向进化方面不断取得进展，即使在不知道酶分子结构的准确信息的前提下，也能对酶进行改造，克服许多酶的作用底物范围窄、立体和/或区域选择性以及稳定性欠佳、产物抑制等问题。但工业酶的分子改造仍面临诸多挑战。例如，对蛋白质结构和动力学方面的认识还很不足；在蛋白质工程实施过程早期预测加和性的技术还有待提高；计算机辅助设计新酶，对于酶活性的筛选不够精确等；现有的 DNA 合成方法限制了以酶为主体的生物催化的发展。

在酶制剂应用方面，我国大部分集中在食品和饲料等有限的行业，本报告主要介绍了酶制剂在生物造纸、生物脱胶、生物能源、生物制药和生物修复等新领域中的应用情况。酶制剂在上述领域的应用前景极为广阔，而我国在对这些领域应用的新型酶制剂品种的开发力度不及国外。这一点从专利分析中也可以看出，德温特专利数据库中近十年间工业酶领域（不涉及应用在环境生物修复领域的酶）专利申请数排名前 10 位的专利权人中没有中国企业，只有江南大学和浙江大学两所高校。

自从中国老牌酶制剂生产商——无锡酶制剂厂被美国杰能科收购后，诺维信等各大国际酶制剂巨头也纷纷进驻，疯狂抢滩中国市场，本土酶制剂行业所处的尴尬境地可想而知。本报告从企业概况、主要商业活动，以及专利布局等几个方面对杰能科和诺维信进行了剖析。根据诺维信2012年财报显示，家居护理和生物农业领域的业务保持强劲；与此同时，生物能源领域发展势头迅猛，已成为诺维信第三大业务模块，诺维信CEO称其有望成为最主要的盈利模块。与此同时，对诺维信在酶制剂领域申请的所有专利进行分析的结果也显示出其十分重视新酶的挖掘和生物基产品生产工艺的改良，尤其是纤维素原料的酶解方法。杰能科则由于被杜邦收购，目前的业务均由杜邦接管，本报告列举了应用杰能科酶制剂开发绿色工艺的典型案例——纤维素乙醇、异戊二烯和1,3-丙二醇。目前，纤维素乙醇和生物基1,3-丙二醇在性能和成本方面均能与石油基产品相竞争，生产规模已实现或正在实现商业化。工业酶制剂的广泛应用作为重要"催化剂"加速证明了生物法制备可再生燃料和化学品的可行性。

本报告最后对我国发展工业酶制剂产业提出了若干建议：①构建酶资源筛选数据库，不断挖掘新酶，大力推动酶制剂在各个领域的应用；②面对外资垄断的酶制剂产业现状，应以继承性创新为主的跟随策略，争取实现"弯道超车"，在引进国外先进技术的同时，结合本国需求，同时仍需坚持自身能力的打造；③工业酶支撑着下游数十倍甚至数百倍的工业，因此，需积极打造酶制剂产业链，以此为中心形成"涟漪效应"，带动各圈层产业梯次发展。

关键词　工业酶　专利分析　理性设计　定向进化　产业链　级联放大

4.1　引言

由于资源短缺、环境污染等全球面临的重大问题，人们逐渐把目光聚焦于生物化工，希望通过清洁、高效的生物催化途径来合成工业化学品与药品，不断提高其经济可行性，使之能与石油基产品相竞争。酶制剂在众多产业中是一个相对弱小的行业，全世界产值约为20多亿美元，但酶制剂是生物催化和生物转化的重要工具和手段。酶法工艺是生物化工的重要组成部分，是发展第二代生物能源、开展生物修复、保障食品安全的关键技术。因此，美国、欧盟、俄罗斯、中国等在发展战略新兴产业时都把相关酶制剂作为重要的突破口。

中国是传统发酵产业大国，在传统生物制造领域积累了一定的基础，拥有量产优势。但传统的生物制造技术主要依赖于天然的酶和细胞，只能得到天然存在的化合物，而且生产效率非常低下，难以满足现代工业的需求。生物技术和生物催化与传统催化工艺的区别，不仅体现在催化剂种类的不同，更体现在他们构成了一个新的技术基础。近些年来，新酶不断地被发现；重组DNA技术既提高了酶的产量，又能对酶进行修饰；技术的进步也提高了酶的稳定性和产率。在上述因素促进下，大大加快涉及一步或多步生物催化的合成工艺发展。用于生物催化剂改良的设计准则也更为精确和易于应用。这极大地促进了工业酶制剂产业的快速发展，工业酶的应用范围也不断扩大。

据美国农业部估计,目前在市场上有2万多种生物基产品。2011年5月,杰能科(Genencor)家用可持续指数(Genencor Household Sustainability Index)测度了消费者对绿色和生物基产品的意识与兴趣。他们调查发现,2/5的美国消费者以及1/3的加拿大消费者都听说过用生物基术语来标识衣服、清洁与个人护理用品、燃料(乙醇和生物柴油)等的成分。同时,调查发现美国和加拿大的大多数消费者对绿色产品的环境友好性都持肯定态度。由酶驱动的生物基产品可持续性的益处将用于解决21世纪制造业所面临的许多关键问题。燃料成本的上升提高了营运和制造业成本,消费性产品的全球需求依旧上升,进一步推动了用于制造这些产品的原料资源价格的攀升。酶对第二代生物燃料——纤维素乙醇的生产过程也起到关键调控作用,通过利用工业酶则可以降低对原料资源的需求并减少碳排放,根据美国能源部的报道,乙醇燃烧可以比汽油减少19%~52%的碳排放。世界自然基金会(World Wildlife Fund)在2009年发布的报告中也指出,工业生物技术(包括酶的应用)每年可以减少全球25亿吨温室气体的排放。此外,酶还可以通过降低能源成本及原料资源消耗进而增加生物基产品的市场竞争力。

酶的工业应用也促进了包括家用产品、食品、饮料、纺织品等大量关键应用的可持续性。例如,根据BIO报道,在洗衣去污剂领域,酶可以降低洗衣的温度,从而减少因加热水而带来的3200万吨碳排放;在啤酒酿造工业,利用酶可以完全取缔大麦糖化步骤,可以减少35万吨碳排放。此外,酶还可以替代多种家用产品的石油基成分,进而减少对石油的依赖。

随着全球资源的逐渐匮乏以及价格不断攀升,酶将在制造业发挥越来越大的调控作用。预计到2050年,全球人口将达到90亿,人类需要寻求新路径以利用有限的资源来应对人口的增长。生物技术公司正在积极研发新的解决方案来解决人们日常必需品生产的环境影响以及高成本问题,随着工业酶的持续发展及在生物基产品中的应用,人类将减少生产活动的碳足迹,以更加可持续的制造过程向前迈进。

4.2 国际规划与举措

近年来,全球面临气候变暖、资源枯竭等严峻挑战,生物经济成为各国竞逐的新热点。利用工业酶制剂发展绿色生物工艺关乎工业节能减排的实现,关乎新兴产业与绿色经济的发展。欧洲继第七框架之后发布了又一轮大的框架计划——地平线2020,欧盟议会正式通过了该计划的提议。该计划在产业技术应用领域提到要重点发展基于生物技术的工业过程,支持通过酶工程的研发提产增效,节能减排。俄罗斯发布《至2020年生物技术发展综合计划》,将酶作为工业生物技术优先发展方向。我国对于发展绿色生物工艺非常重视,国务院《关于加快培育战略性新兴产业的决定》提出加快微生物和酶制剂对传统化学制造过程的改造,以显著降低能耗和污染水平。2011~2012年出台的各个规划,包括《生物产业发展规划》和《"十二五"国家战略新兴产业发展规划》中,也都将酶工程和工业酶制剂作为发展重点。同时,科技部和中国科学院也都部署了相关的重大科技项目,包括863计划"重大化工产品的先进生物制造"重大项目、"绿色生物工艺研发与应用"

重点部署项目。

4.2.1 美国

4.2.1.1 BIO举办世界工业生物技术与生物过程大会关注生物催化

2012年4月29日至5月2日，世界工业生物技术与生物过程大会（The World Congress on Industrial Biotechnology & Bioprocessing）在美国奥兰多召开。此次大会是美国生物技术工业协会组织的全球最大工业生物技术会议平台，大会云集了世界各国工业生物技术领域政策层、科研机构与产业界的顶尖专家与学者。

全体大会邀请了政策与产业界的高层决策者，集中讨论了工业生物技术发展中的几个重要问题：推动生物基经济的成长；生物技术用于生物质利用的全球前景；生物催化在全球制造业中的未来；加强生物技术创新；以及生物技术产品的驱动性需求。会议分论坛涉及以下六个主题：先进生物燃料技术，生物质原料作物与藻类，可再生平台化合物与生物基材料，特种化学品、药物中间体与食品添加剂，合成生物学与代谢工程，以及生物过程技术等。

4.2.1.2 美国开发项目资助利用酶技术解决生物能源和生物基产品生产瓶颈

作为奥巴马政府能源战略计划的一部分，美国能源部宣布拨款超1000万美元资助加利福尼亚州、华盛顿州、马里兰州、得克萨斯州的5个项目，以开发生物质转化成先进生物燃料和生物制品（如塑料和化工中间体）的创新技术。

这5个项目（表4-1）专注于从研发阶段向示范阶段发展，最终商业化生产低成本、可扩展和可持续发展的先进生物燃料，支持能源部提出的开发更广泛的生物质产品组合的策略。项目主要通过开发具有成本效益的方法，如开发酶的新技术解决解构木质纤维素和提高生物质转化效率等制约产业化进程的瓶颈问题，促进生物质中间体转化为先进的生物燃料和生物制品。

表4-1 美国能源部资助的5个生物制造创新项目

项目负责机构/公司	金额/万美元	项目内容
雷格·文特尔研究所	120	该项目将开发生产有效降解生物质的酶的新技术
诺维信（Novozymes）公司	250	诺维信将提升其现有能力，寻找新的酶，以对解构生物质并转化为可加工成分的过程有针对性地提供更具成本效益的解决方案
美国太平洋西北国家实验室	240	该项目旨在增加以纤维素水解产物为生的真菌合成燃料分子的产量
得克萨斯A&M大学所辖得克萨斯农作物生命研究所	240	该项目将采用国家最先进的技术，开发一个新的将木质素转化成生物燃料前体的集成平台
Lygos公司	180	该项目将开发高效低成本的方法和工具把生物质转化成常用化学品和专用化学品

（DOE EERE，2013）

4.2.1.3 生物催化领域多次获美国总统绿色化学挑战奖

生物催化剂由可再生资源合成,且生物可降解和无毒无害。它们高度的选择性简化了反应操作并提供了更高产量的产品。此外,生物催化过程通常在环境温度、环境压力和中性pH下进行,相对于化工工艺来说比较安全。美国环境保护局每年颁发美国总统绿色化学挑战奖,提名强调了12项绿色化学原则,原则对环境因素以及可再生原料的使用、能量效能以及工人的安全性给予了考虑。运用酶技术或者全细胞的生物催化凭借其在绿色工艺方面的优势在2001~2011年共获得16个奖项(Bornscheuer,2012),详细情况见表4-2。

表4-2 2001~2011年生物催化领域获得的美国总统绿色化学挑战奖

产品	年份	技术	获奖机构
琥珀酸作为化学原料(可再生地生产琥珀酸)	2011	发酵	BioAmber
1,4-丁二醇作为聚合物和化学原料	2011	发酵	Genomatica
高碳醇作为燃料和化学原料	2010	发酵	加利福尼亚大学洛杉矶分校(James C. Liao教授)
从脂肪酸代谢中间体而来的可再生石油	2010	发酵	LS9
II型糖尿病药物中间体——西他列汀	2010	催化	默克和Codexis
化妆品和个人护理用品中的酯	2009	催化	伊士曼化工
用于治疗高胆固醇的阿伐他汀的中间体	2006	催化	Codexis
聚羟基脂肪酸酯作为生物可降解塑料和化学原料	2005	发酵	Metabolix
作为人类营养物的低反式脂肪酸	2005	催化	ADM和诺维信
生物可降解的生物基鼠李糖脂,用作工业表面活性剂	2004	发酵	Jeneil Biosurfactant公司
用于治疗乳腺癌的紫杉醇	2004	发酵	百时美施贵宝
使用酶去除黏性污染物,改进纸张循环利用	2004	催化	巴克曼实验室化工
利用脂酶合成聚酯纤维	2003	催化	纽约理工大学(Richard A. Gross教授)
1,3-丙二醇	2003	发酵	杜邦
乳酸	2002	发酵	NatureWorks LLC
去除棉花中的天然蜡和油脂的前处理过程	2001	催化	诺维信

4.2.1.4 NSF发布催化和生物催化项目招标文件

2013年底,美国国家科学基金会(NSF)开始征集新的催化和生物催化研究项目。该项目涉及基础研究和创新应用的多个方向和领域:①催化剂的合成、鉴定和性能改良;②催化反应的动力学机制;③催化剂组成材料和复合材料的合成与制备;④催化剂或催化过程的建模和基础研究;⑤可再生能源系统的催化剂研究。

这些方法同样适用于经典无机碳催化剂、酶或生物催化剂;在任何研究中提供活性催化剂所需的特别材料合成过程。本项目还涉及生物质转化催化、电催化作用、光催化以及应用催化剂的能源转换设备或系统等应用为导向的研究。

多数项目将重点研制用于产生燃料、能源资源、原料、精细化学品、大宗化学品和特殊材料等产品的一种或多种化学反应的催化剂。本项目将与CBET或NSF其他子项目合作或获得联合支持，资助年限为1~3年（NSF，2013）。

4.2.2 欧盟

4.2.2.1 欧盟"地平线2020"计划将酶与代谢途径研究列为研究重点

2011年11月30日，欧盟委员会发布了金额逾700亿欧元的地平线2020（Horizon 2020）科研和创新计划提案（2014~2020年），该计划不仅是欧盟第七框架计划（FP7）的延续，更是首次将欧盟的所有科研和创新资金汇集于一个灵活的框架，统一了欧盟科研框架计划、欧盟竞争与创新计划（CIP）、欧洲创新与技术研究院（EIT）等，主要包括基础研究（预算246亿欧元）、产业应用技术研发（179亿欧元）和社会挑战应对（318亿欧元）三大部分。欧洲议会已于2013年底正式批准了该计划。

其中，产业应用技术研发部分旨在帮助欧洲成为产业领域的领先。重点发展基于生物技术的工业过程，一方面，使欧洲的传统工业（如化工、健康、采矿、能源、造纸、纺织、淀粉与食品加工）发展出新的产品与过程，通过生物技术的替代应用来提高效率和竞争力，并满足工业和社会需求；另一方面，发挥生物技术在污染检测、监测、预防和控制方面的应用潜能。相关的研究与创新包括酶与代谢途径研究、生物过程设计、先进发酵技术、上下游过程工程、微生物群落动力学研究等方面。通过构建新型/工程酶、微生物菌株、新型催化体系，推进由非粮生物质生产生物基产品的产业化进程。借助高通量筛选技术、酶活性测定技术和基于细胞的生物芯片技术等，提高生物质降解和转化效率。

4.2.2.2 欧洲启动可持续制药产业计划

2012年12月，欧洲推出最大规模的公私合作伙伴关系，创建的新项目名为"面向21世纪制药产业的化学品制造新方法"（CHEM21）旨在可持续地开发和生产药品。该项目主要由英国曼彻斯特大学和葛兰素史克公司牵头，13所大学和4个中小型企业（SEM）参与其中，已收到超过2600万欧元的资助，其中部分来源于欧盟。

该项目将创建一个欧洲研究中心，以提供绿色化学的最新信息。他们还将开发一系列培训，确保科学家充分认识可持续生产的原则。

CHEM21计划将开发一个针对医药行业化学中间体产品绿色制造的基础广泛的技术组合。最初的工作是分析用以决定技术发展优先事项的一些项目。此外，在前期文献基础上，对更新绿色技术相关文献需要开展此类分析。

正在开发的技术被分为化学催化和合成方法、生物催化以及合成生物学三大块。在生物催化方面，以化学界需求为基础有选择地开发多个项目，内容包括酰胺的合成、复杂分子的位点定向羟基化反应和其他氧化还原反应。此外，还将开发过程工程和超临界溶剂作为强化方法。随着合成生物学的发展，在发酵菌株中开发酶化学级联途径，从而生成理想的目标产物（European Commission，2012）。

4.2.2.3 欧洲生物技术大会2013暨展览会聚焦生物经济

2013欧洲生物技术大会暨展览会（BIOTECHNICA）于2013年10月8~10日在德国汉诺威举办。BIOTECHNICA是欧洲唯一涵盖了完整生物技术产业链——从基础研究到成品的贸易博览会，是真正的行业交流平台。2013展览会的主题除了关注生物经济以为，其四个专用交易市场为迎合行业发展趋势，做出适当调整。围绕专用"交易市场"提出一个新的理念，每个交易市场都针对生物技术领域的特定主题或关注点。这种新方法更容易引导与会者找到希望了解的内容。每个部分都有自己的论坛、科学讲座和公司讲座，以及网络服务和海报介绍等。四个交易市场分别为个性化医学、食品创新、工业生物技术和生物服务。

其中，工业生物技术市场的重心为生物催化、生物过程技术和生物可再生能源，包括从开发新的产品性能和新的生物催化过程，并在工业规模下实现这些创新，到复杂的生物精炼厂内的综合物流管理。并且，在工业生物技术和食品创新两个交易市场中，特别强调了生物经济的主旨，转变社会经济发展模式，逐渐脱离石油化学工业路线，以先进、高效和环境友好的方式生产人类所需的能源、化学品和材料（Bionity，2013）。

4.2.2.4 欧盟FP7支持用于工业化学合成的下一代生物催化研究

欧盟Bionexgen是欧盟第七框架计划支持的一项旗舰计划，其目标是开发化学工业生产用的新一代低成本生物催化剂。通过学术界和产业界相结合的方法，确定在胺合成、可再生原料聚合物、糖质科学和氧化酶的四个主要应用领域中，下一代生物催化剂对经济和环境产生的影响。该计划总预算超1000万欧元，研究对象包括：①用于合成化学的酶的设计和优化；②开发耐高温、高压或低PH的工业微生物；③将这些生物技术步骤整合入化学工艺中。2013年12月3日，该计划先后组织两项会议——"用于工业化学合成用的下一代生物催化剂"和"欧洲工业生物技术"，以显示欧洲在工业生物技术领域的领先发展情况。同时，会议也代表Bionexgen计划的结题（European Commission，2013）。

4.2.2.5 英国生物技术与生物科学研究理事会（BBSRC）支持工业生物催化剂研究

（1）BBSRC发布报告强调生物催化对于工业生物技术发展的重要性

2011年2月3日，英国生物技术与生物科学研究理事会（BBSRC）发布了《工业生物技术和生物能源综述》报告，报告描述了BBSRC将如何支持未来工业生物技术和生物能源发展的概况。

报告对近年来BBSRC重点资助的研究领域进行了分析，对现有的研究活动进行了总结，鉴别了研究的优势与弱势，并对其未来发展进行预测。BBSRC近年来所资助的重点研究领域包括生物催化和代谢工程、生物能源、非粮食和非食用作物的应用、生物修复和废物处理、工艺设计、生物制剂和组织工程。

生物催化和代谢工程是注资最多的领域。该领域资助的所有项目都针对特定的工业应用。其中，曼彻斯特（Manchester）大学、JIC 研究所、牛津（Oxford）大学、沃里克（Warwick）大学、约克（York）大学和洛桑（Rothamsted）研究所在该领域作出的贡献最大。报告发布时还未结题的研究项目包括新的催化实体的发现、机制的探讨和用于解释催化机理的分子结构的分析；对诸如非常规微生物等新来源的有用酶的制备；以及次生代谢生物合成途径等（BBSRC，2011）。

（2）BBSRC 公布"长期和大型奖励战略计划"基金项目

2012 年 12 月，英国 BBSRC 新公布了 2000 万欧元的《长期和大型奖励战略计划》(the Strategic Longer and Larger Awards Scheme) 基金项目。该笔基金中的 300 万来自企业赞助，由 BBSRC 和工程物理科学研究委员会（EPSRC）共同支持其中的三个项目，EPSRC 资助经费 200 万欧元。该基金共支持 6 个项目，其中，440 万欧元支持曼彻斯特大学的特纳（Turner）教授申请的"利用合成微生物开发工业用生物催化剂"项目（BBSRC，2012）。

4.2.3 俄罗斯

俄罗斯计划大力发展生物能源与工业生物技术。2012 年 4 月 24 日，俄罗斯总理普京签署通过了《俄罗斯联邦至 2020 年生物技术发展综合计划》方案。该计划提出，俄罗斯将在 2020 年以前投入 1.18 万亿卢布（约合 350 亿美元），优先发展生物制药、生物医学、工业生物技术、生物能源、农业经济生物技术、食品生物技术、林业生物技术、环境生物技术和海洋生物技术；到 2020 年将俄罗斯的生物技术产品产值提高至占国家 GDP 的 1%。该计划旨在将俄罗斯的生物技术提升到领先地位，在生物医学、工业生物技术和生物能等领域打造全球生物经济竞争力。其中，酶的生产是工业生物技术领域的优先发展方向，重点发展食品、酒类、皮革、洗涤等工业生产常用的酶制剂（Biorosinfo，2012）。

4.2.4 中国

4.2.4.1 国务院发布《生物产业发展规划》

2012 年 12 月 29 日，国务院印发《生物产业发展规划》（以下简称《规划》）。生物产业是国家确定的一项战略性新兴产业，该《规划》的编制旨在推进我国生物产业持续快速健康发展。

在重点领域和主要内容之一——推动生物制造产业规模化发展方面，明确提出推进绿色生物工艺示范的要求。围绕传统工业过程的转型升级，加强生物催化剂、工业酶制剂新产品的开发和产业化，培育发展高效的工业用微生物菌种，推动微生物制造产业升级。重点突破生化合成、生物印染、生物漂白、生物采矿等绿色生物工艺关键技术和装备，大力推动生物工艺在化工、医药、食品、纺织、冶金及能源等领域的应用示范，大力推进先进发酵工艺与装备的应用示范，大幅减少水资源、能源消耗和废水、废气排放，初步形成生物法绿色工艺体系，提高经济的绿色发展水平。此外设立了生物工艺应用示范行动计划，旨在推动一批新型工业酶制剂上市，建设6~8个规模化生物工艺示范工程，显著降低能耗、物耗、水耗和环境污染物排放。

同时，《规划》提出在生物农业和生物环保领域也要充分发挥酶制剂功效，主要表现在饲用酶制剂和用于生物修复的酶制剂等（国务院，2012）。

4.2.4.2 科技部发布《"十二五"生物技术发展规划》

生物技术是当今国际科技发展的主要推动力，生物产业已成为国际竞争的焦点，对解决人类面临的人口、健康、粮食、能源、环境等主要问题具有重大战略意义。《国家中长期科学和技术发展规划纲要（2006—2020年）》（以下简称《纲要》）已将生物技术作为科技发展的五个战略重点之一。2010年9月通过的《国务院关于加快培育和发展战略性新兴产业的决定》（以下简称《决定》）也将生物产业列入战略性新兴产业。2011年底，为贯彻落实《决定》和《纲要》的部署，配合《国民经济和社会发展第十二个五年规划（2011~2015年）》实施，全面推进我国生物技术与产业的快速发展，科技部特编制《"十二五"生物技术发展规划》。

其中，在重点任务中，除了要加强前瞻性基础研究外，还要突破一批核心关键技术，发展的重点包括生物催化和工程技术。主要内容包括：开展酶的定向改造、高效表达、固定化、辅酶再生、多酶耦合、酶与化学耦合、酶与发酵耦合以及不对称及对映选择性生物转化技术、非水相生物催化反应过程优化及放大技术等关键技术研究，建立具有自主知识产权、成本低、可工业化生产的生物催化工程技术，提高我国工业酶开发和应用水平。

重点研究利用工业生物催化与转化、生物-化学组合合成等关键技术，突破生物基平台化合物、手性化工中间体、生物基材料等重大化工产品生物制造的产业化瓶颈。形成有机酸、化工醇、生物基材料等产品制造的平台技术体系，形成手性醇、手性酸、甾体等高附加值手性中间体生产的创新生物制造路线。

研究开展生物技术在纺织、造纸、制革等工业中的应用，开发生物纺织、生物脱胶、生物制革、生物造纸等新技术工艺和装备，促进纺织、造纸、皮革等企业应用生物技术工艺，推动行业的清洁生产（科技部，2011）。

4.2.4.3 科技部部署与工业酶相关的863计划

1)"重大化工产品的先进生物制造"重大项目

2011年，科技部正式启动863计划"重大化工产品的先进生物制造"重大项目，旨在培育生物制造战略性新兴产业为目标，重点研究化工产品生物合成途径构建与优化、原料综合利用与生物炼制、工业生物催化与转化、生物-化学组合合成等关键技术，突破生物基平台化合物、手性化工中间体、生物基材料等重大化工产品生物制造的产业化瓶颈。形成有机酸、化工醇、生物基材料等产品制造的平台技术体系，形成手性醇、手性酸、甾体等高附加值手性中间体生产的创新生物制造路线。该项目的11个子课题中，大部分都是研究酶法制备技术，依靠工业酶实现低能耗、低排放的清洁生产。

2)"工业酶分子改造与绿色生物工艺"项目

该项目已于2013年3月28日正式启动,下设10个课题,项目牵头单位为中国科学院天津工业生物技术研究所。该项目以工业过程的生物工艺转型升级对工业酶的需求为导向,建立工业酶的结构设计、分子改造、规模化表达与应用性能评价的现代酶工程技术平台;开发出一系列适于工业造纸、纺织、脱胶、制革、生物医药、有机化工、食品加工、果蔬洗涤和饲料复配等工艺应用性能的新型工业酶,并实现其工程化应用。

4.2.4.4 中国科学院部署与酶相关的绿色工艺研发项目

早在2010年,中国科学院印发的《创新"2020"组织实施方案》已围绕八大体系做出了战略规划。其中,在"生态高值农业和生物产业体系"的构建中,将开发新型高效工业酶列为工业生物技术领域的创新跨越重要方向来提出。与此同时,中国科学院设计知识创新工程重要方向项目包括"工业酶分子改造和新型蛋白质表达系统构建""新型酶催化剂的开发及其在有机合成中的应用研究""建立一个高效的蛋白质平台进行酶制剂、酶结构与功能的开发研究"等,以及中国科学院重点部署项目"绿色生物工艺研发与应用"。

此外,天津市还对工业生物技术研究所"工业酶关键技术研究"和"微生物发酵与工业酶催化合成天然复合调味料的关键技术"项目给予了支持。

4.3 国际工业酶研究与应用现状

新技术的发展,包括基因工程技术、高效DNA测序技术、重组表达技术、高通量筛选、蛋白质工程及应用开发和生产技术等,使得快速研发适合各种工业领域的高效工业酶变得可能,同时也使酶能以合理的价格得到供应。本报告主要介绍工业酶研发与应用的主要方向和重要趋势,并通过专利分析揭示各国工业酶领域的研发情况。

4.3.1 工业酶研发专利分析

基于国际专利分类体系中的"发酵或使用酶的方法合成目标化合物或组合物或从外消旋混合物中分离旋光异构体"(C12P)大组、"使用酶或微生物以释放、分离或纯化已有化合物或组合物的方法"(C12S)大组和"产酶的方法"(C12N-9/00)组,在该范畴(不涉及酶在环境生物修复方面的应用)内分析工业酶相关专利的总体情况。2004~2013年,德温特创新索引(Derwent Innovations Index^{SM},DII)共收录相关专利28213条(检索日期为2013年12月31日,数据库更新日期为2013年12月28日),以此为基础利用TDA等工具进行专利计量和分析。

4.3.1.1 专利年度趋势分析

以基本专利年(DII数据库首次收录的专利家族成员专利的公开年)为年度划分依据,分析酶的制备、酶在化工和造纸、制革等制造领域的研发专利的国际发展情况。图4-

1显示，2012年和2013年的专利尚不完整，因此2013年显示出专利公开数急剧减少并非实际情况。从历年专利数量的变化趋势分析，工业酶的研发趋势较为平稳，2006～2011年处于缓慢增长期，但年与年之间的差异并不显著。

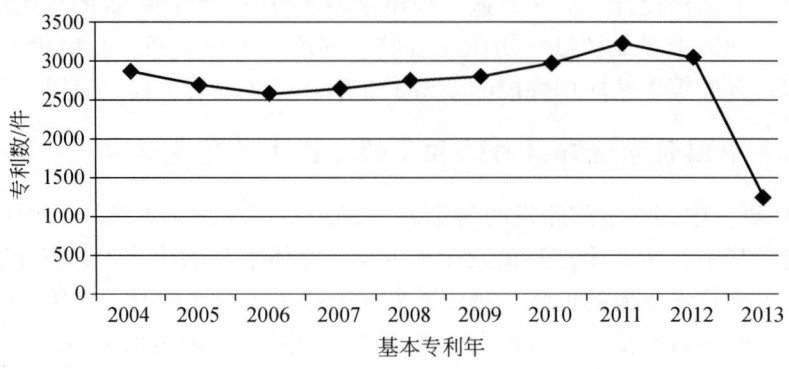

图4-1 工业酶相关研究专利数年度发展态势图

4.3.1.2 专利权人分析

工业酶研发领域申请专利数排名前10位的专利权人中，有6家公司和4家高校科研机构，其中，诺维信公司排名第一（表4-3）。我国江南大学和浙江大学都进入前10，分别排名第三和第九，与国际形势不同的是我国研究机构在工业酶方面的研发实力较企业强。由图4-2看出，江南大学变化最明显，从2007年开始工业酶相关专利申请数迅速上升，在2012年达到最高值，共计109件，超过诺维信，成为2012年专利申请数量最多的机构。诺维信、杜邦和巴斯夫等专利申请数量较为平稳，丹尼斯克在2010年之后专利申请数明显下降主要源于其2011年被杜邦收购。

表4-3 工业酶相关研究专利申请数排名前10位专利权人

排名	专利权人	专利数/件
1	诺维信公司	683
2	杜邦公司	409
3	江南大学	346
4	丹尼斯克公司	328
5	巴斯夫公司	313
6	帝斯曼公司	279
7	日本独立行政法人产业技术所	232
8	加利福尼亚大学	224
9	浙江大学	219
10	日本味之素公司	198

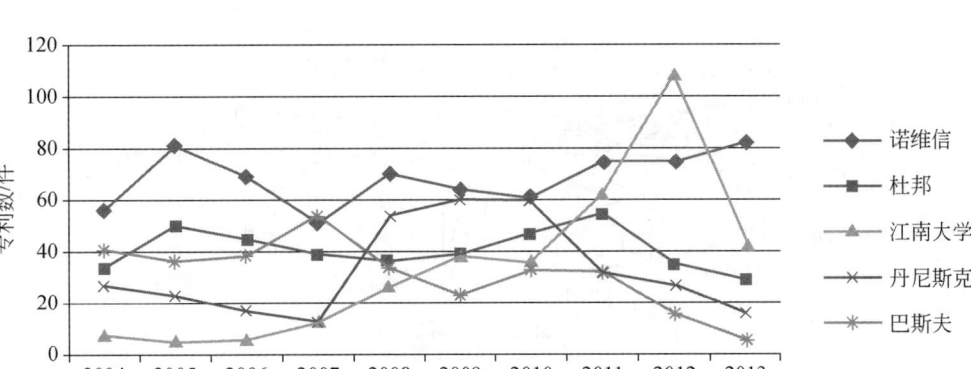

图 4-2　2004~2013 年工业酶领域前 5 位专利权人申请专利的时序分布

4.3.1.3　国家（地区）分布

从表 4-4 统计的 2004~2012 年工业酶研发专利家族成员情况来看，工业酶领域研发布局活动总体较为平稳。其中，2004~2006 年和 2007~2009 年，相关研发专利的专利家族平均成员数均在 3 以上。2010~2012 年，专利家族平均成员数跌至 2.5，略有衰退的迹象。

从这三个阶段工业酶研发专利国际分布（图 4-3）来看，2004~2006 年，受理工业酶研发专利最多的国家（地区）依次是美国、日本和欧洲专利局。2007~2009 年和 2010~2012 年，中国受理的相关专利数量迅速增加，超过日本和欧洲的专利局，位居第二，在工业酶领域占据了专利受理数量的世界领先地位。这与江南大学为首的中国机构申请专利数增加以及国际酶制剂企业抢占中国市场有着密切关系。

表 4-4　2004~2012 年工业酶研发专利家族成员统计

	2004~2006 年	2007~2009 年	2010~2012 年
专利家族成员国数	40	43	40
专利家族数（专利数）（N）	8 143	8 179	9 254
专利家族成员总数（F）	29 432	30 633	23 579
专利家族平均成员数（F/N）	3.6	3.7	2.5

4.3.2　酶的分子改造及其挑战

固定化基因工程菌、基因工程细胞技术将使酶的作用发挥得更加出色。科学家预言，如果把相关的技术与连续生物反应器巧妙结合起来，将导致整个发酵工业和化学合成工业的根本性变革。虽然酶催化反应具有高效、专一性强、反应条件温和等特点。但天然酶在工业应用过程中，往往会因为高温、高压、重金属离子、极端 pH 等粗放的生产条件而极易失活。因此，科学家希望利用基因工程、蛋白质工程和计算机技术等对酶分子进行改

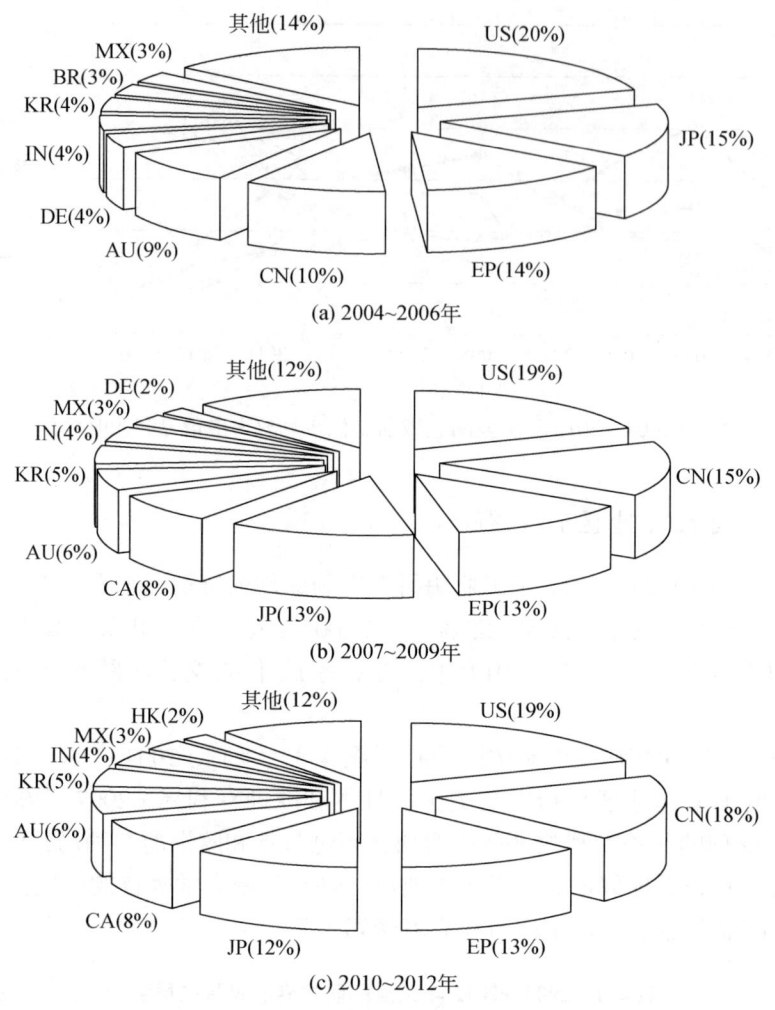

图 4-3 工业酶研发专利家族成员国专利分布图

造,以使其更好地发挥作用。这标志着科学家可以按照自己的意愿和需求来改造酶分子,甚至创造出自然界原本不存在的全新的酶分子。

近年来,酶分子的改造工作主要从以下两个方面入手:①基于序列的理性设计策略(Rational Design),主要依靠蛋白质工程技术结合计算机辅助设计,在已知酶分子特征、空间结构、结构与功能之间的关系及氨基酸残基功能等信息的基础上,对天然酶或其修饰物进行改造。②利用基因工程,通过模拟自然界进化过程进行非理性设计(Irrational Design),如定向进化。

4.3.2.1 酶的理性设计

酶的理性设计主要是利用定点诱变技术,在已知酶蛋白的一级结构及编码序列基础上,根据蛋白质空间结构知识来设计突变位点,通过取代、插入或缺失等手段改变蛋白质分子中特定的氨基酸,从而鉴定出与酶特性相关的关键残基和结构元件。定点突变具有突变率高、操作简便、重复性好等特点，在优化酶特性方面占有重要地位。使用的方法包括融合 PCR、组合链式反应（CCR）和 Stratagene 公司的 QuikChange 试剂盒等方法。

通过理性设计改善酶的性能大致包括：增加酶的热稳定性；提高天然酶的催化活性；改变底物的专一性；利用蛋白质工程创造新酶；改变酶的对映选择性等。

蛋白质分子改造技术的不断完善，蛋白质数据库的不断丰富以及计算机科学的快速发展，都为酶的理性设计的发展提供了广阔空间。深入分析进化结果的有益突变有利于加深对酶分子催化机理的理解，为理性设计提供了便利。尽管如此，目前酶的理性设计的成功案例仍然较少。

4.3.2.2 酶的定向进化

一个由 200 个氨基酸组成的蛋白质可以形成 20^{200} 种线性重组，因此即使只有极少量的序列可以构成三维结构，蛋白质的结构形式也比宇宙中的原子还多。但实际上仅有约 10 000 个蛋白结构存在，而自然界中仅能找到很小一部分可能的结构。这为科学家在实验室成功提高酶活性提供了可能。

自然选择产生了多种多样的能很好地催化一系列化学反应的酶。然而，可用来催化重要反应的酶却很少，并且许多酶在反应条件下只能表现出亚适合特性。即使在符合酶和辅助因子的反应条件下，围绕着自然酶设计的反应过程也可能处于亚适合状态。随着随机突变和定向进化方面不断取得进展，即使在不知道酶分子结构的准确信息的前提下，也能对酶进行改造，克服许多酶的作用底物范围窄，立体和/或区域选择性以及稳定性欠佳，产物抑制等问题。迄今为止，最为有效的改造和获得新酶的方法是"定向进化"，即通过从随机突变产生的大量突变体中筛选出理想的突变体。利用自然选择过程进化人工环境中的酶，是重组 DNA 技术和蛋白质工程取得的重大成就。在定向进化体系中，在应用饱和突变时，必须选择最佳随机位点。从逻辑上来讲，当针对立体或区域选择性、底物范围和/或结合效率时，酶结合区周围的位点是较好的选择。饱和突变也可应用于提高蛋白的热稳定性或对变性有机溶剂的耐受性。

构建基因突变库最常见的基因诱变方法包括：易错 PCR（epPCR）、饱和突变和 DNA 改组（DNA shuffling）。由于 epPCR 靶向整个基因，即整个蛋白，因此这是一种鸟枪法，尽管存在氨基酸偏置现象。这是最常用的技术，无需酶的结构信息。该技术始于 1993 年，弗朗西斯·阿诺德（Frances Arnold）发表的论文称其应用几轮 epPCR 以增加枯草杆菌蛋白酶 E 对溶剂二甲基甲酰胺中的耐受性。随后这种技术扩展到应用 epPCR 和其他遗传方法提高酶的热稳定性。

1）酶的定向进化的研究概括

有机合成化学家们希望通过定向进化来控制催化参数——立体选择性。定向进化是具有逻辑性的酶突变体生成策略，产物可以作为不对称转化的催化剂。1997 年，首次证明了定向进化的不对称催化原理，来源于绿脓杆菌的脂肪酶作为催化剂催化手性酯的水解动力学拆分过程，优先形成其中的一种 S-产物。野生型脂肪酶仅具有较弱的 S-选择性，相当于 $E=1.2$。四轮低突变率的 epPCR 在每一代中引入单点突变提高了对映体选择性，达到 $E=11$。之后又有其他的遗传方法逐渐应用，显著改善了突变体性能。

与 epPCR 不同的是，基于寡核苷酸饱和突变涉及预定位点的随机组合发生突变，该位点包含酶中的一个或多个氨基酸残基。目前广泛应用的 Stratagene 的定点突变试剂盒 QuikChange 就是基于之前的研究而开发的。

在应用饱和突变时，必须选择最佳随机位点。从逻辑上来讲，当针对立体或区域选择性、底物范围和/或结合效率时，酶结合区周围的位点是较好的选择。饱和突变也可应用于提高蛋白的热稳定性或对变性有机溶剂的耐受性。

最后一个基因突变的方法称为 DNA 改组，1994 年由皮姆·施特默（Pim Stemmer）提出，他以 β-内酰胺酶作为模式酶，成功地增加了其活性。

定向进化有两个重要的工业应用实例。第一个实例是美国 Diversa 公司的研究人员以腈水解酶作为前手性二腈去对称水解反应的催化剂。该反应的产物是合成降胆固醇药物立普妥的中间体。目前，该反应的专利保护已到期，意味着各个公司可以低成本的生产立普妥。第二个实例是基于单胺氧化酶的定向进化工业化生产手性胺，该方法是由 Turner 等开发的一个去消旋过程的明智方法，由英国 Ingenza 公司实现商业化（Reetz，2013）。

2）提高定向进化效率面临的挑战

科学家希望通过定向进化对催化剂进行一定程度的改良。目前筛查工作是定向进化的瓶颈。很少有研究关注系统性地比较哪种突变策略是最佳实践。例如，将 β-岩藻糖苷酶转化为 β-半乳糖苷酶，科学家认为饱和突变比 DNA 改组更有效，但实际情况并不能一概而论。2001 年，科学家认为脂肪酶催化外消旋体动力学拆分应用的最佳策略主要是 epPCR 和 DNA 改组方法。但随后的量子力学与分子力学联用方法（QM/MM）的研究预测之前认为最佳的 6 个点突变位置（达到 $E=51$）有 4 个是多余的。而事实也证明双突变更加具有选择性，达到 $E=63$。说明酶突变过程应用的方法效率低下。当然，如果能以普通的方法用选择过程代替筛查系统，使得宿主生物因包含了研究人员感兴趣的改良的突变酶而处于增长的有利条件，效率也就并没有那么重要了。然而开发操作立体和/或区域选择性的实验平台非常困难，到目前为止报道的较为成功的例子只有两个（Reetz，2013）。

一些研究团队通过专门的研发方法解决了效率方面的关键问题，这些方法可以确保更高质量的突变体库，且该库不是太大，不需要太多的筛选过程。理想情况下，单个突变体库的大小应不超过 2000～3000 个转化子，因为这样的规模利用自动化的气相色谱或高效液相色谱就能完成筛选，无需配置更昂贵的仪器。在定向进化中，数量问题是实现这一目标的挑战，这也涉及海量的蛋白序列。

学术界报道的有活性和选择性的突变体已经开始向工业化规模发展，但其序列数据和诱变过程往往未公开。一些生物公司提供包含由定向进化产生的突变体的酶试剂盒，但一般也不提供有关生物催化剂的序列和结构信息。出于实践操作目的来说这些信息有可能不重要，但对于解释由应用这些酶突变体后产生的实验结果来说却必不可少。

自 2006 年迭代饱和突变法（ISM）实现系统化后，它可以改良不同类型的催化参数的特点使其成为定向进化中应用的特别高效的方法。当考虑到速率、底物范围和立体和/或区域选择性等方面时，之前的半理性设计方法组合活性位点饱和突变（CASTing）以对映选择性为目的，需要有合理的扩展，这依赖于结构生物学。通过在活性位点附近按区域选择残基组合，分多轮重复进行组合饱和突变，与传统定向进化相比缩小了突变库，同时比理性设计具有更高的进化效率。结合区附近随机选择的位点经饱和突变后产生第一代突变库。因此，在重塑酶结合区域方面以 ISM 形式完成的 CASTing 是比 ISM 更为系统的方法。

迄今为止，在一个位点的氨基酸残基数量做出任意选择，基本都获得了成功，表明这种选择并不是至关重要的。但这些问题重新成为当前的研究重点，比较明显的趋向就是选择包括一个以上氨基酸的位点催化更高效，这引发了在筛选过程中过采样的问题。这一统计学问题通过利用 Patrick-Firth 统计学算法以及结合应用于饱和突变库设计的计算机辅助软件 CASTER 得以解决。

提高饱和突变效率的其他方面的改进之处包括：利用生物信息学指导最佳的压缩氨基酸字母表选择；筛选过程中的池技术（pooling technique）；用于难以扩增的模板的饱和诱变改进方法；减少氨基酸偏置的方法；饱和突变库的快速质量控制（QQC）；计算机指导每个进化阶段。

3）从定向进化研究过程中总结的经验

在定向进化执行过程获取的两类经验，使研究人员在研究增强酶活性、立体选择性和热稳定性源头时有了深刻的领悟。利用生物物理学方法结合量子力学与分子力学联用方法（QM/MM）进行分析不仅揭示了与提高酶催化活性相关的因子，也帮助研究人员加深了对错综复杂的酶机制的认识。第二个获得的经验来源于反卷积实验。其中获得的数据使得以下问题得以解决。

（1）在给定的研究中，有多少进化途径可以用于筛选酶？

回答：这依赖于突变技术和策略的类型。

（2）实验人员如何避免局部极小特性（local minima）？

回答：选择各自突变库中的劣势突变体作为下一轮诱变周期的模板。

（3）加性或非加性突变效应是否在定向进化中占主导地位？

回答：目前没有足够的实验数据证明这一点，但已表明反卷积作用于饱和突变产生的突变体时的协同效应。

（4）达尔文进化论中是否出现协作的加性效应？

回答：目前还没有足够数据来回答这个问题，但发生的可能性比较大。

（5）来源于定向进化的数据是否可用于得出有关自然达尔文进化的结论？

回答：一般不能，但通过周密设计和仔细分析的实验会有一定帮助。

定向进化改造酶分子，使其朝着人们期望的性质进化，主要体现在提高酶分子的催化活性、稳定性、底物专一性、对新底物的催化活力、立体选择性等方面（Reetz，2013）。

4.3.2.3 面临的挑战

生物催化领域的迅速发展有目共睹，但目前在充分利用生物催化的优势仍存在巨大挑战。利用酶工程技术改变 30~40 个氨基酸并从成千上万个候选物中进行筛选仍需是一项庞大的工作。至今还不清楚哪种策略是提高酶某方面特性的最佳策略。通过比较不同策略间解决相同问题时的结果，并测试不同策略背后的假设将有助于发现最有效的策略。

首先，大量实验发现蛋白质只有在很苛刻的条件下才能结晶，在溶液中，它们很可能采取很多种构象，包括在晶体结构中看到的那些。研究者假设在反应条件下（低酶浓度，高底物浓度，有机溶剂等）酶的结构与结晶酶（高酶浓度，无底物和/或有机溶剂）的结构非常相似。此外，人们对蛋白质动力学的了解仍十分有限，这更增加了对突变结果预测的困难程度。

其次，尽管突变通常不会有相互作用，但是很多有相互作用的突变非常有用却难以研究。识别协作效应的一种方法是使用 ProSAR 算法进行统计分析，但是要在蛋白质工程早期预测哪些突变具有加和性，哪些一无是处还需要更先进的技术。

最后，计算机辅助设计新酶，对于酶活性的筛选不够精确。设计结果往往仍需要测试 10～20 种预测物且通常都是活性较低的酶，这些酶仍需要通过多个步骤来进一步改进。例如，用于生产西他列汀的酶从晶体结构衍生的计算机模型底物与酶的活性位点正好吻合，但由此设计的酶每天只能转化 0.1 个底物分子。虽然可以设计出新酶用以催化自然界中不存在的反应，但这些酶的活性对于实际应用来说都很不理想。这需要对酶催化机制、动力和结构方面有更深入的了解。

技术上的困难同样限制了生物催化。现有的 DNA 合成方法已接近它们的效能极限，但每个碱基仍需耗费约 0.35 美元（每 1000 个核苷酸的基因大约耗费 300 美元），这对于动则上千个基因的大规模应用而言实在太高。下一代的 DNA 合成方法可能涉及用密码子（三核苷酸）合成寡聚脱氧核苷酸而不是单个核苷酸。这种方法早在 20 年前就已被提出，但从未获得关注，其中最主要的原因很可能是由于设备的限制。目前，这一观念已用于快速完成单个系统的所有基因的装配以及制备高质量的突变库，由此说明该技术目前已具有一定的可行性。

在复杂的多酶装配体中将生物催化剂与纳米设备整合的新思路具有广阔的前景。尽管如此，用非生物基质和纳米材料整合酶并在代谢工程中发挥作用效率仍然很低。因此为了蛋白质工程需要解决在单个生物催化剂与代谢途径或支撑基质中的其他蛋白相互作用过程中出现的各种挑战（Bornscheuer, 2012）。

4.3.3 酶的固定化

酶是一种由氨基酸组成的蛋白质，其高级结构对于环境十分敏感，物理因素、化学因素和生物因素等都能使酶丧失生物活性。即使酶在最适条件下，也会随着反应时间的延长，其活性逐渐降低，并且其反应后不能回收利用。从生产力和成本来考虑，这制约了酶在现代工业中的应用。20 世纪 50 年代发展起来的固定化技术，有目的地将酶包裹于聚合物基质或连接于载体分子而限制酶的移动；也可采用酶的交联，通过蛋白质交联或无活性材料的加入，从而产生无数用不同材料的固定方法。

最近几年，研究人员证实了利用纳米材料可以实现酶的高效固定，包括纳米颗粒、纳米纤维、纳米管、纳米多孔介质、纳米复合材料和石墨烯等，这些纳米材料都具有更大的表面积，可以通过增加酶的附着与促进反应动力学而提升工业应用的生物催化效率。以下将对纳米材料用于酶生物技术的研究，以及生物燃料生产中利用更高级材料支持酶固定和稳定的最新进展进行介绍（Puri et al., 2013）。

纳米材料代表着决定生物催化剂效率的一些关键因素的上限，包括更大的酶触面积、更小的质量转移阻力、减少污垢影响、用于磁性领域从反应混合物中选择性进行非化学方法的分离。

当前,人们对利用纳米材料的兴趣非常高,致力于利用纳米材料的特性并改进其功能。制造业的进步为研究人员获取各种特性(如光学、电学、磁学、力学和化学特性)的纳米材料提供了可能,大量纳米颗粒、纳米纤维、纳米管和纳米多孔介质材料均已被证实具有变革生物催化剂生产和利用的潜力。纳米材料的表面修饰方法(如硅烷化、碳二亚胺激活、利用聚乙二醇或聚乙烯醇分隔)有助于增加单酶或多酶系统与纳米材料的结合。除了表面积大外,纳米材料的另一个特性是拥有较高的体积比。

然而,纳米材料也存在明显的不足,首要问题来自人们自对健康和环境的关切。有关纳米材料生产过程中的如单分散性、集成、沉淀以及热稳定性等困难需要尽快加以解决。

纳米材料的物理和化学合成方法已得到了广泛的研究,理解蛋白与纳米材料在结构和功能水平的相互作用对改进这些杂化材料的应用来说非常重要。酶动力学研究的同时联合原子力显微镜(AFM)以及傅里叶变换红外光谱(FTIR)可以很好地帮助人们理解纳米材料结合酶的结构和功能。利用透射电子显微镜(TEM)、扫描电子显微镜(SEM)、FTIR、圆二色性(CD)、紫外可见光吸收光谱和AFM开展的分析在溶液中发现独立存在的酶结合纳米材料。

纤维素酶和脂肪酶是用于酶促生物燃料生产的首选,通过将酶固定在支撑介质上可以增加酶的热稳定性、效率和实用性,进而提高生物质酶水解的效率和经济性。已有研究利用二氧化硅和聚合纳米材料固定纤维素酶用于生物燃料生产,采用同步共固定化技术将三种亲和标记的纤维素酶固定在掺金的磁性硅纳米颗粒中,成功实现了纤维素的一步水解。在这些纳米材料结合酶的大量应用中,生物燃料生产过程中生物催化的效率提高,然而目前实验室水平的研究还缺乏工业规模的验证,目前亟须开展利用纳米材料结合纤维素酶或多酶混合物水解生物质的研究。

总体而言,纳米材料结合酶催化生物燃料生产的方法尚处于孕育阶段。近来的研究已经确定,利用纳米材料,固定化酶的水解和酯化作用的活性和稳定性均得以提升,多酶的共固定化作用将在纳米材料上得以实现,这将促进大量酶在水解复合底物用于生物燃料生产方面的应用。然而,还需克服生物适应性、限制性质量转移、酶再利用以及纳米材料的复杂性和高成本等技术壁垒。此外,还需研究利用碳纳米管或石墨烯纳米薄片来固定脂肪酶/纤维素酶用于生物燃料生产的潜力。

4.3.4 工业酶应用现状

新一代基因工程酶制剂的开发研制,使得酶能以合理的价格得到供应,由此酶在工业上的应用也越来越广泛。在自然界中已发现的酶约有万余种,其中只有150多种得到应用开发,而在工业上应用的则只有50~60种,应用开发最多的是淀粉酶、蛋白酶、果胶酶、脂肪酶、葡萄糖异构酶、葡萄糖氧化酶等10多种,而且大多为水解酶类。

传统的酶应用主要在食品工业。国内外大规模生产的α-淀粉酶、β-淀粉酶、异淀粉酶、糖化酶、蛋白酶、果胶酶、脂肪酶、天冬氨酸酶、磷酸二酯酶、核苷酸异构酶、葡萄糖氧化酶等大部分都在食品工业中得到应用（袁勤生，2012）。本报告主要关注酶在绿色生物工艺、生物催化和转化以及环境保护领域的应用。其中，用于绿色生物工艺的酶（如用于生物造纸的纤维素酶、木聚糖酶，用于生物纺织的角质酶、碱性果胶酶、过氧化氢酶，用于生物脱墨的脂肪酶，用于生物苎麻的甘露聚糖酶等）旨在改良高污染、高能耗的传统工艺；用于生物催化与生物转化的酶，其产品主要是化学品。

4.3.4.1 酶在生物造纸方面的应用

1）概况

造纸工业的需求在近年来一直呈快速增长状态，然而，传统造纸是高度消耗能源与水资源、大量使用化学品和排放工业废水的产业，有着巨大的环保和节能减排压力。中国造纸协会的调查资料显示，2010 年我国制浆造纸工业废水排放量占全国废水总排放量的 18.58%，居第三位；排放废水中化学耗氧量（COD）约占全国工业 COD 排放量的 26.04%，居第一位。来自成本与环境的双重压力迫使造纸工业亟待转型。

生物酶专一性较强、效率较高，对高能耗、高污染的造纸工业而言环保效果明显，与化学品相比具有独特优势。酶制剂可以应用于制浆、漂白、脱墨、废液处理和性能改善等多个环节，已经有多项研究成果逐步用于工业生产。

生物制浆是利用微生物（主要是白腐菌）或其酶制品对植物纤维原料预处理，以生物途径代替全部或部分化学途径，进行机械、化学机械或化学法处理，使植物纤维原料分离成纸浆，可以显著地降低磨浆能耗，改善纸浆性能。

生物漂白是利用半纤维素酶部分酶解纤维细胞中的半纤维素，使木质素更容易与漂剂反应而溶出，从而提高漂后浆的白度、减少漂剂的用量。半纤维素酶有助于硫酸盐纸浆的漂白，促进漂白化学药品从纸浆中除去残留的木质素，实现经济的生物技术用于纸浆漂白。

生物酶法脱墨是利用多种针对性强的高效生物酶与酶激活专用助剂，作用于办公废纸、报纸杂志等回收原料，使油墨从纤维表面脱离下来，从而实现废纸资源作为造纸原料的利用。酶法脱墨在弱酸性或中性条件下进行，与传统的碱性化学法相比，使用的化学药品少，脱墨浆白度高、尘埃度低、可漂性强、滤水速度快，而强度基本不变；同时，脱墨废水负荷远低于化学脱墨，有利于环境保护。

生物酶用于造纸废液处理，对于实现废水脱色、脱臭、解毒以及除去废水中有机物，以及造纸废水生化污泥的无害化处置，效果非常明显。与其他微生物法（好氧法、厌氧法）处理相比，酶处理法具有催化效能高、反应条件温和、对废水质量及设备情况要求较低，反应速度快，对温度、浓度和有毒物质适应范围广，可以重复使用等优点。

此外，利用纤维素酶、半纤维素酶等对纸浆纤维进行改性，还可以提高纸浆的滤水性能、打浆性能和纸浆强度，有效控制植物纤维原料中的树脂成分，提高成品纸质的性能。

近年来，我国应用工业酶制剂建立的生物造纸新工艺技术方面不断取得突破，形成了一些中试规模的生产工艺，如山东大学的草浆木聚糖酶促漂白和酶法改性技术获 2005 年国家科学技术进步奖二等奖，泰山学院废纸酶法脱墨技术获 2003 年度山东省科技进步奖二等奖。

2)专利分析

基于国际专利分类体系中有关用于造纸领域的酶研究以及脱胶酶相关专利,以Derwent Innovations Index^{SM}数据库(以下简称DII)收录的发明专利申请(以下简称"专利")为基础,以公开年(以DII数据库入藏年表示)为年度划分依据,本报告主要分析用于造纸工业的漂白酶及用于麻类生物脱胶的脱胶酶相关专利(见4.3.4.2节)的发展情况,主要分析工具是TDA。DII数据下载日期:2013年12月9日。

(1)造纸业漂白酶专利年度发展态势。

自从1978年第一件造纸业漂白酶专利公开后,以后各年均有相关专利产出,但在1989年之前的各年数量均较少,各年未超过5件。本报告对1978年以来有关用于造纸业的漂白酶的专利产出情况进行分析。

从图4-4可见,从1990年开始有关造纸业漂白酶的专利数开始出现明显的增长,1996年达到最高后于1999年又跌落至10件以下,而在2000~2009年则总体维持在15件左右的稳定水平,2010年以后呈现出明显快速增长的态势,并在2012年和2013年达到了新的峰值。这种专利发展态势与国际上对传统造纸工业向生物环保方法转变的关注度的不断提升密切相关。20世纪90年代的专利产出增长或许受到技术本身发展的影响,而在2010年以后的再度发展在很大程度上受到了政策影响,特别是自2007年以来,全球范围内对工业生物技术、生物过程工程的兴趣日益提升,推动了包括生物造纸在内的生物过程研发工作。

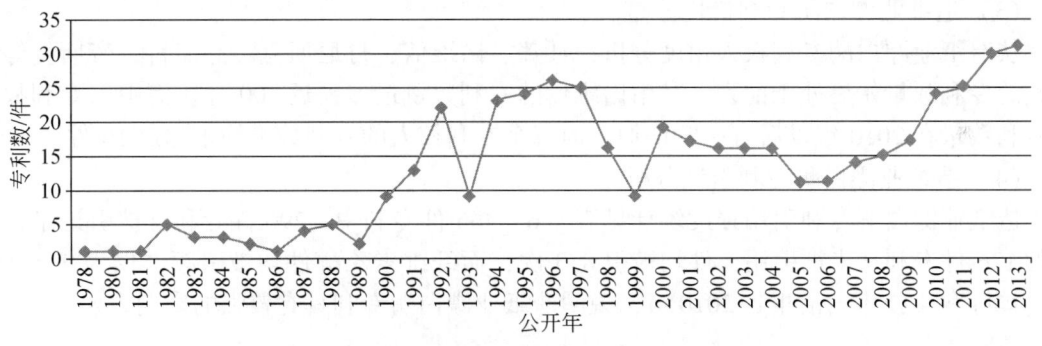

图4-4 造纸业漂白酶的专利数年度发展态势图
数据截止到2013年12月9日

(2)造纸业漂白酶专利国际布局。

基于上述专利数量年度发展态势的特征,本节将从1978~1989、1990~1999、2000~2009和2010~2013年四个时间段对造纸业漂白酶专利的国家(地区)布局进行分析。表4-5显示,1978~2013年,平均每件造纸业漂白酶专利在5个国家(地区)提出申请,其中,1990~1999年,平均每件专利在6.3个国家(地区)提出申请,明显高于1978~1989年,也高于2000~2009年,说明在1990~1999年,全球范围内迎来对生物造纸工艺关注的热潮,专利产出数量多,且对每件专利都寻求在更多的国家进行专利申请和保护。需要指出的是,受专利制度的影响,2010~2013年的大多数专利还没有完成向其他国家申请并公开这一过程,因而该时间区间2.5的专利家族指数还并非最终值,还有很大增长空间,从专利数量演化趋势角度判断,从 2010 年开始的造纸业漂白酶专利数量已经开始实现历史性的新高,并很可能在在未来几年内实现更高的水平,置于专利家族指数能否追上或超过 1990~1999 年的件均在 6.3 个国家进行申请的峰值,还有赖于占据主导地位的专利产出国的专利布局行为。

表 4-5 造纸业漂白酶专利家族指数统计表

	1978~1989 年	1990~1999 年	2000~2009 年	2010~2013 年	1978~2013
专利家族数（N）	28	174	154	110	466
专利家族成员总数（F）	98	1098	845	278	2319
专利家族平均成员数（F/N）	3.5	6.3	5.5	2.5	5.0

从图 4-5 的统计分析可见,在 2000 年以前,受理造纸业漂白酶专利最多的三个国家/组织始终是日本、欧洲专利局和美国,在此期间,中国专利始终未能进入前 10。进入 21 世纪的头 10 年,造纸业漂白酶专利数各年维持在相对稳定水平,唯一显著的变化是中国专利数上升至第五位,显示出了较快的增长速率,且增速在 2010 年以后得以维系,专利总数跃居全球第一,而日本专利在 2010 年以后所占比例则显著降低,由以前的 10% 以上下降到 3%,美国和欧洲专利局的专利所占份额则始终位居前 3 名以内。

上述数据清晰显示,中国和美国是当前造纸业漂白酶的主要专利受理国家,其中中国的增速尤为显著。

(3) 造纸业漂白酶专利机构分布。

从造纸业漂白酶专利权人角度分析,杜邦、诺维信、丹尼斯克、杰能科、帝斯曼等利权人的专利数量始终处于前列,其中诺维信的专利数量最多,近 100 件。而中国专利权人的专利数量在 2010 年以后有一定增加,但每个专利权人的专利数量均未超过 10 件。

(4) 造纸业漂白酶专利引证分析。

造纸业漂白酶专利引用强度统计见表 4-6。466 件专利中,290 件专利有被引记录,其余的 176 件专利从未被引用,件均被引 8.3 次,而纤维素乙醇件均被引频次仅为 0.7（参阅《国际科学技术前沿报告 2010》）,说明造纸业漂白酶专利具有较强的影响力。

4.3.4.2 酶在生物脱胶方面的应用

1) 概况

麻作为天然纤维的一种,具有众多棉所不具备的独特性能。要使麻作为纺织原料,必须对其原麻作适度脱胶得到精麻。脱胶是获得麻纤维的关键工艺,麻纤维的优良性能能否得到充分发挥,与其脱胶的好坏有直接关系。脱胶已成为麻类纤维纺织加工质量的瓶颈问题,目前普遍采用的化学脱胶和自然沤制脱胶工艺流程长、劳动强度大,脱胶废水对环境的污染严重,因此,开发替代绿色脱胶工艺至关重要。

生物脱胶是一种绿色环保的脱胶方法,于化学脱胶法相比,生物脱胶具有提高精干麻质量、不损伤纤维等优点,经生物酶脱胶后纤维断裂强力、撕破强力降低,悬垂系数增加,同时弯曲疲劳和勾结伸长率下降,同时,生物脱胶的废水排放指标也得到大幅度降低。

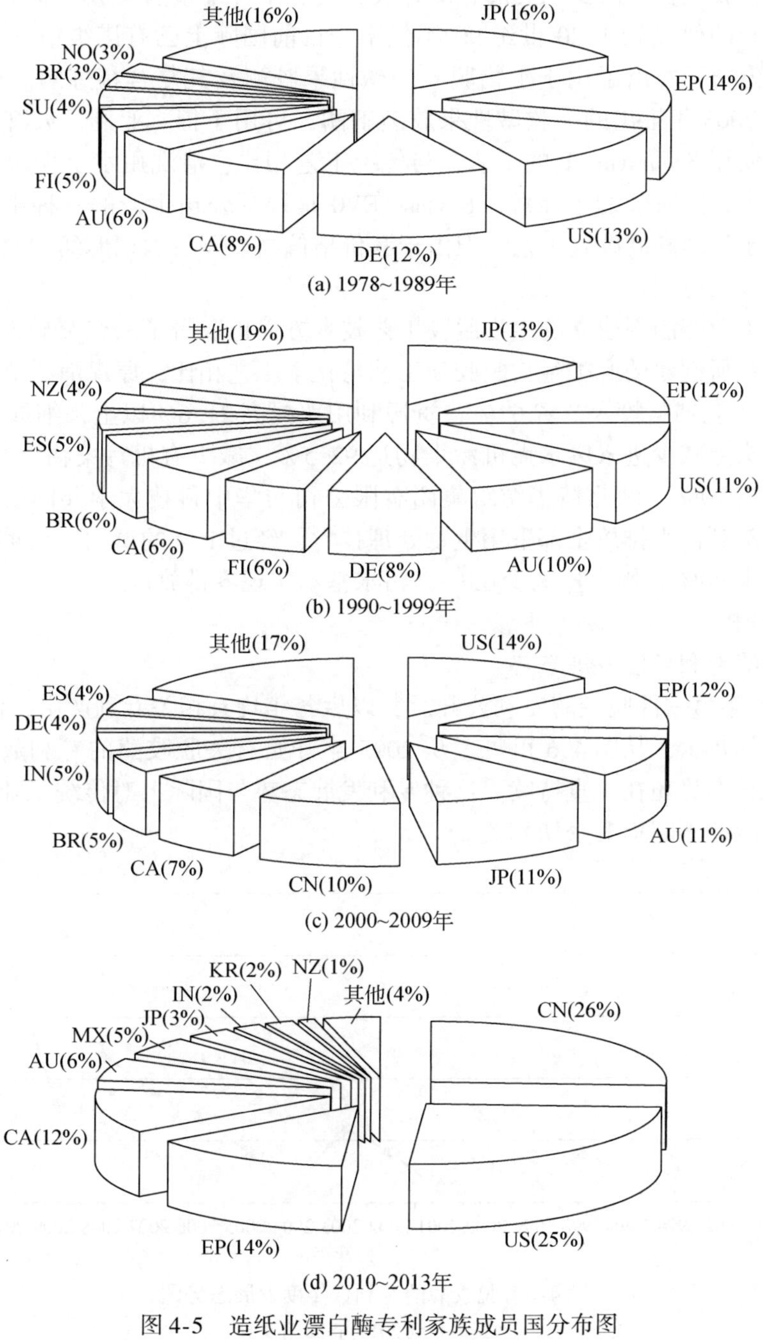

4 工业酶领域国际发展态势分析

(a) 1978~1989年

(b) 1990~1999年

(c) 2000~2009年

(d) 2010~2013年

图 4-5 造纸业漂白酶专利家族成员国分布图

表 4-6 白酶专利引用强度（2001~2009 年）

专利数			被引专利比例	累计总被引次数	件均被引频次
被引>0（A）	被引=0（B）	总计（N）	（A/N）	（D）	（D/N）
290	176	466	62.23%	3865	8.3

麻类生物脱胶过程中需要三类酶，即果胶酶类、半纤维素酶类和木质素降解酶类。国外对于酶法脱胶的研究始于20世纪90年代末。目前国际上已有诺维信（NOVO）、拜耳（Bayer）等大公司开发出了用于生物脱胶的碱性果胶酶及其复合精炼酶。如 Scourzyme L 是诺维信公司2003年推出的一款碱性果胶裂解酶，可用于棉、亚麻、大麻及其混纺织物的生物精炼。使用 Scourzyme L 的工艺，与传统工艺相比，清洗用水至少减少50%，不仅节约了大量用水，同时节约了能源。Baylase EV0 是拜耳公司生产的一种生物精炼用碱性果胶酶，适用于连续和间歇式工艺。但由于其价格偏高以及我国棉麻纺织物的特殊性，并未在我国得到广泛应用。

我国应用工业酶制剂建立的生物脱胶工艺技术方面也取得了一些突破性进展，如中国农科院麻类研究所创建的麻类生物脱胶新工艺与化学工艺相比，原煤消耗节省70%，水耗降低62.5%，工艺辅料投入节省63%，资源利用率提高21.6%以上，细纱规格提高2~4个档次；从源头上减少进入废水无机污染物达92.5%，减少有机污染物达62.8%，废气、废渣排放量减少70%。湖北精华纺织集团有限公司与华中科技大学共同研发生物脱胶技术，从生产源头到污水排放全部采用生物处理技术，经过1年的试用，已彻底告别酸的使用，用碱量减少90%，用水量减少65%，污水基本实现零排放。

2）专利分析

（1）脱胶酶专利年度发展态势

自从1985年第一件脱胶酶专利公开后，以后各年均有相关专利产出，但在2004年之前的各年数量均较少，从图4-6可见，从2005年开始有关脱胶酶的专利数开始出现明显的增长，且增长态势还在一直持续。这种专利发展态势与国际上对传统工业向生物环保方法转变的关注度的不断提升密切相关。

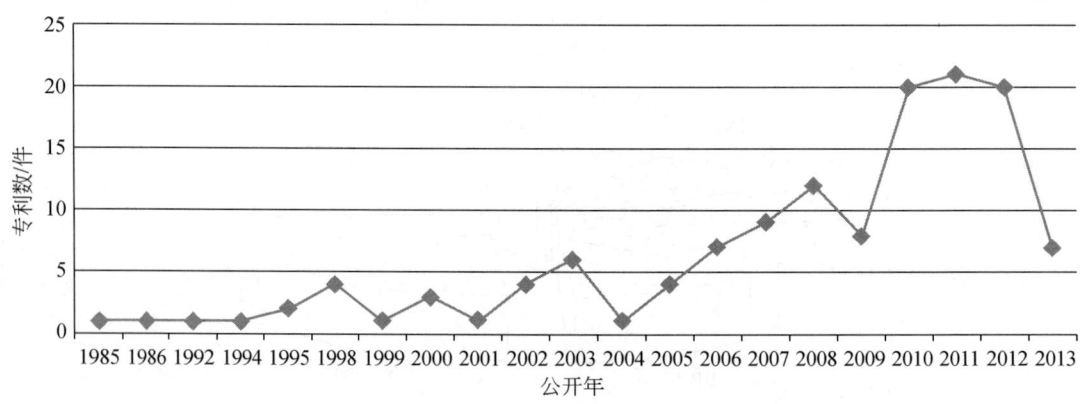

图4-6 脱胶酶的专利数年度发展态势图

数据截止到2013年12月9日

（2）脱胶酶专利国际布局。

表4-7统计的专利家族指数反映出，1985~2013年，平均每件脱胶酶专利在3.4个国家（地区）提出申请，此数值低于造纸业漂白酶专利家族指数。

从图4-7的统计分析可见，受理脱胶酶专利最多的三个国家（组织）是中国、美国和欧洲专利局,三者总和占全球总数的50%。数据显示,中国已成为当前脱胶酶的主要专利受理国家。占全球总量的近1/4。

表4-7 脱胶酶专利家族指数统计表

	1985~2013年
专利家族数（N）	134
专利家族成员总数（F）	461
专利家族平均成员数（F/N）	3.4

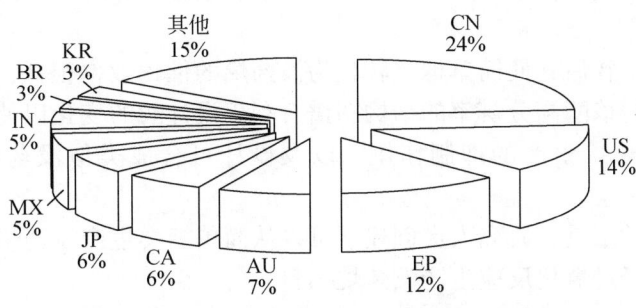

图4-7 1985~2013年脱胶酶专利家族成员国分布图

(3) 脱胶酶专利引证分析。

脱胶酶专利引用强度统计见表4-8。134件专利中,56件专利有被引记录,其余的78件专利从未被引用,件均被引2.3次,明显低于造纸业漂白酶专利8.3次的件均被引频次,说明与造纸业漂白酶相比,脱胶酶专利的影响力较低。

表4-8 水解生产纤维素乙醇专利引用强度（2001~2009年）

专利数			被引专利比例	累计总被引次数	件均被引频次
被引>0（A）	被引=0（B）	总计（N）	（A/N）	（D）	（D/N）
56	78	134	41.79%	303	2.3

4.3.4.3 酶在生物能源方面的应用

能源是国民经济的基本支撑,也是人类赖以生存的基础。由于化石资源储量有限,且其开发利用污染严重,因此能源的可持续发展是亟待解决的问题。利用酶生产可再生生物燃料是主要出路,不仅生产过程清洁无污染,且使用的可再生原料源源不断,充分保障了生产需求,因此各国都十分重视酶在这方面的开发应用。

美国艾奥瓦州立大学生物经济研究所的研究人员对2014年有望投入运营的商业规模纤维素生物燃料项目进行了归纳与整理。结果显示,尽管美国目前仅有一家商业化规模的纤维素生物燃料工厂（KiOR位于美国密西西比州哥伦布市的小型商业规模工厂）在运行,但 2014 年将至少有 10 家容量超过 2000 万加仑①的纤维素生物燃料工厂投入运营。其中，4 家公司采取了酶水解生产乙醇的技术路线，容量达 9000 万加仑，投资达 10.5 亿美元（Biofuel Digest, 2013）。除了产业界的努力，学术界也一直致力于酶的优化和新酶的开发，以期为生物燃料的产业化推广奠定坚实的基础。

1）美科学家获得没药烷生产关键酶的晶体结构

萜类化合物之一的没药烷常用于生产香水和香料。美国能源部联合生物能源研究中心（JBEI）已将没药烷确定为新兴的潜在先进生物燃料，可替代 D2 柴油燃料。目前，JEBI 的研究人员已完成了与基于微生物的没药烷生产提升产量相关的关键蛋白的三维晶体结构。该蛋白是大冷杉（Abies grandis）中合成没药烯的酶（AgBIS）。没药烯是合成没药烷的萜类前体。

将该酶导入微生物后，使简单糖类转化为没药烯的催化效率很低，这是创建工程菌的瓶颈。研究小组获得该酶高分辨率的结构图谱有利于设计酶的变化以使微生物更快合成没药烯，避免减缓没药烷生产的抑制作用，以及设计可合成类似没药烷的其他燃料的工程酶。

利用合成生物学工具，研究人员创建了可以从简单糖类生产没药烯的大肠杆菌和酵母工程菌株。没药烯经过氢化反应生产没药烷燃料。

研究人员发现 AgBIS 的结构与二萜（20 个碳原子的萜类化合物）合成酶很相似，这不仅有助于理解这类不熟悉酶的功能，也为科学家研究植物三域的萜类合成酶转变成两域倍半萜类合成酶提供了线索。对萜类化合物合成酶结构和功能的知识补充具有许多实际用途，因为这些酶可以产生多种专用化学品（McAndrew, 2011）。

2）利用超级计算机解决生物燃料生产中酶活性的问题

针对真菌和细菌已进化出的多种酶降解纤维素的速度过慢，不能与石化燃料的生产相竞争，美国能源部可再生能源实验室（NREL）的计算科学家试图找到和实现酶的突变，以使其催化能力增强，加快生物燃料生产，并降低成本。

在一系列相关的项目中，研究人员利用得克萨斯高级计算中心的 Ranger 超级计算机和 NREL 的 Red Mesa 超级计算机来模拟酶世界，重点探索了里氏木霉（Trichoderma reesei）和热纤梭菌（Clostridium thermocellum）的酶。这些生物虽使用不同的策略，结果都是将生物质有效地转化为能源。

细菌能形成酶结合的支架，使不同大小的游离酶聚集起来共同降解植物。而真菌的酶不会结合到支架上形成复合物，而是独立地各自行驶功能。

目前尚不清楚细菌酶的支架如何形成，因此，研究人员创建了一个活性分子的计算模型，并设定其在虚拟环境中的运动。与预期相反，大分子的移动较慢的酶在支架附近停留更长时间，使他们更频繁地与支架结合；而小分子的酶移动速度更快且在溶液中更自由，因此结合到支架的次数较少。

科学家还研究了酶的组成部分，如糖类结合分子和连接区域，前者有助于酶发现纤维素，并引导纤维素进入酶的活性区域，后者将糖结合分子与酶主体连接起来。两者长期以

---

① 1 加仑 = 3.785 43 升

来都被认为对酶行使功能仅发挥微小的作用，但如果没有它们，酶将不能有效转化纤维素成葡萄糖。

利用 Ranger 超级计算机，研究人员获得了几项重要发现。首先，他们发现纤维素表面存在相隔 1 纳米的能量井，可以与结合模块完美契合。其次，之前被认为同时含有不灵活区和灵活区的连接区表现得更像一个高度灵活的系绳。这些发现很难用实验来确定，但通过先进的计算机模拟可以在实验室中进行测试（Bomble et al., 2011）。

此项研究可以很好地解决阻碍由富含纤维素的生物质生产可再生能源在酶活性方面的瓶颈。

3）美科学家改良出可降低细胞壁木质素含量的酶

美国布鲁克海文国家实验室的科研人员由植物原有酶改良得到一种新的酶，可有效掩饰木质素的合成前体，进而大幅度减少细胞壁中木质素的含量，降低细胞壁生物质的降解难度，进而降低植物生物质转化为生物燃料的难度。该研究不仅增强了对木质素前体被纳入细胞壁的分子机制的基本认识，还提供了一个可能提高植物生物质消化性的生物技术解决方案。

新的酶能降低拟南芥中多达 24% 的木质素含量，提高 21% 的细胞壁糖分释放量，同时既不影响植物生长，也未显著降低生物质产量。在杨树或其他能源部专用能量作物中的适用性还有待测试。

目前该酶对所有类型木质素的前体都起作用，降低木质素的总体含量，却不改变其组成。下一步的酶改良计划将针对性降低紫丁香基或愈创木基木质素在细胞壁中的含量；评估得到的转基因作物的农业性状，并开发其作为生物燃料原料的潜能（Zhang et al., 2012）。

4）里氏木霉的纤维素水解酶研究进展

在纤维素乙醇生产中，酶的性能至关重要。早在 1976 年的一份报告对 14 000 多种真菌的纤维素酶活性进行的比较研究发现，它们与里氏木霉相比均不具备竞争力。目前已经研发出多种高产纤维素酶里氏木霉菌株，其中 RUT C30 是产酶能力最强、最具代表性的菌株，其已成为高产纤维素酶的里氏木霉标准菌株。

出乎意料的是，对里氏木霉基因组测序发现，里氏木霉所含的全部纤维素酶和半纤维素酶基因并不多，尽管在里氏木霉基因组中鉴别出 10 种属于不同糖苷水解酶家族的纤维素酶，然而只有 4 种纤维素酶的表达量较高（占纤维素酶表达量的 90% ~ 95%）（Gusakov, 2011）。

杰能科公司通过优化纤维素酶，使其酶制剂产品在高温下能更好地发挥作用。利用里氏木霉产生的酶，杰能科获得了热稳定性更好的 CBH1 和 CBH2 酶，这两种纤维素酶在分解纤维素过程中发挥着重要作用。科研人员通过随机诱变和定点突变等方法构建了纤维素酶的突变体库。分析了 1 亿多个 CBH1 酶的突变体，并在 24 个显现出较好热稳定性突变体上确定了 37 个具有潜在重要性的位点。最终结果显示，改进后的 CBH1 酶在 75℃ 条件下仍具有良好活性。针对 CBH2 酶，科研人员构建了 39 个定点突变体，对 5600 个克隆进行筛选，使酶的耐受温度提高了 4.3℃。

在里氏木霉的 β-葡萄糖苷酶研究方面，在其基因组中已鉴别出 12 种 β-葡萄糖苷酶

（多数为胞内酶），通常科学家认为里氏木霉突变菌株的β-葡萄糖苷酶表达水平较低，意味着其转化纤维二糖为葡萄糖的效率尚不够高。诺维信和杰能科等公司采用遗传修饰里氏木霉菌株获得了相当高的β-葡萄糖苷酶表达水平。

4.3.4.4 酶在生物制药方面的应用

酶在医药上的应用主要包括直接作为药物治疗疾病的药用酶、用于疾病诊断的诊断酶和作为催化剂将前提物质转变为药物的酶法制药。本报告主要讨论第3种应用，目前这方面的应用日益增多。例如，用青霉素酰化酶合成各种新型的β-内酰胺抗生素，包括青霉素和头孢菌素；用β-酪氨酸酶生产多巴（DOPA）；用蛋白酶生产各种氨基酸和蛋白质水解液；用核糖核酸酶生产核苷酸类物质；用β-葡萄糖苷酶制造具有抗肿瘤功效的人参皂苷等。以下主要举例说明酶法生产药物的新进展。

水解酶是最常用的生物催化剂，占65%左右。水解酶来源广泛、无需辅酶或辅因子、成本低廉。水解酶可催化水解酯、酰胺、蛋白质、核酸、多糖、腈和环氧化物等化合物，应用面最广，其在制备药物中间体方面发挥了重要作用。如辉瑞开发了氰基水解酶法及脂肪酶法合成普瑞巴林；BioVerdant 公司开发了腈水合酶法制备左乙拉西坦的工艺；固定化脂肪酶也可以合成抗高血压病药物地尔硫卓（dihiazem）关键中间体、抗癌药物泰素的β-氨基酯侧链；青霉素酰化酶及海因水解酶也已成功用于合成各种非天然手性氨基酸。中国科学院成都生物研究所对黑曲霉单宁酶已有20年的研究积累。单宁是存在于植物界在纤维素、半纤维素和木质素之后的第四大宗天然产物。早在100多年前单宁酶已被发现，现在已经应用在多个领域，包括食品、饲料、饮料、药物以及化工领域等。其代表性工作为倍单宁酶法生产公斤级中试（2004年11月已通过省部级技术鉴定）。2013年，该所与湖南张家界奥威生物科技有限公司（国内最大加工五倍子化工企业）共同探讨了酶法加工倍单宁、生产没食子酸的成果转化问题，以取代现有化学水解（酸或碱）法对环境的污染，实现绿色生物化工工艺。

其次是氧化还原酶，占25%左右，是一类催化物质进行氧化还原反应的酶类，都需要辅助因子参与。根据受氢体的种类可将其分为4类：脱氢酶、氧化酶、过氧化物酶和加氧酶。氧化还原酶已经成功应用到手性药物的合成中，如抗血压药物 Omapatrilat 的中间体 L-6-羟基己氨酸是以氨基酸氧化酶和谷氨酸脱氢酶为催化剂而得；默克公司建立了还原酶制备 NK-1 受体拮抗剂中间体手性 1-[3,5-二（三氟甲基）苯基]乙醇的工艺。在生物氧化反应的工业应用中最经典的例子当数甾体的微生物羟化反应。转移酶能催化一种底物分子上的特定基团（如酰基、糖基、氨基、磷酰基、甲基、醛基和羧基等）转移到另一种底物分子上，在转移酶中，转氨酶是应用较多的一类酶，已被用于大规模合成非天然手性氨基酸，以满足生产手性药物的需要，如抗高血压药依那普利（enalapril）的中间体 L-苯丙氨酸。裂解酶催化小分子在不饱和键（C—C，C—N 和 C—O）上的加成或消除，裂解酶中的醛缩酶、脱羧酶、水合酶在形成 C—C 时具有高度的立体选择性，因而日渐引起关注。例如用固定化醛缩酶合成神经氨酸苷酶抑制剂的前体 N-乙酰神经氨酸已达到吨以上的规模；L-DOPA 脱羧酶为催化剂可合成治疗急性循环系统不全和低血压的多巴胺。链接酶、异构酶在工业上的应用还比较少。从技术上分，又可分为酶催化拆分及酶催化转化。

头孢菌素类抗生素是 β-内酰胺抗生素的重要组成部分，具有广阔的市场和发展潜力。头孢菌素类抗生素采用半合成法进行生产，即对头孢母核 7-氨基头孢烷酸（7-ACA）的侧链进行修饰，继而获得最终产品。目前，化学法生产 7-ACA 因为造成严重的环境污染，已逐渐被酶法取代。酶法裂解包含两步酶法和一步酶法。一步酶法仅需头孢菌素酰化酶直接裂解 CPC 得到 7-ACA，优于两步法。但野生型酰化酶对 CPC 活性很低，并存在底物抑制，不能满足工业化要求。国内外学者通过对头孢菌素 C 酰化酶进行分子改造，获得的突变体都不同程度地提高了酶的转化效率。

酮还原酶（KRED）和其他的酶被广泛地研究用于诸如阿托伐他汀（立普妥）的活性成分等药物手性中间体的生产。立普妥是一种降脂药物，2010 年的全球销量为 119 亿美元。现已开发了 7 种酶促法用于生产阿伐他汀，它们不仅在酶的选择和起始材料上有区别，而且在产物是原材料（含一个手性中心）还是改进的中间体（含两个手性中心）上也有区别。在所有的这些案例中，需要利用蛋白质工程来提高反应速率、立体选择性，以及改进在高底物浓度（高达 3M，如腈水解酶的过程）或高溶剂浓度（在 KRED 流程中乙酸丁酯含 20%）下的酶的稳定性。除了高活性的生物催化剂，低成本过程还需要廉价的原材料和简单的分离来获得高产量的纯化产物。目前常用的 3 步生物催化法来生产改进的中间体的流程为：首先，将 KRED 和葡萄糖脱氢酶结合；其次，将上述结合物与卤醇脱卤酶结合，以大于 100 吨/年的速率生成（R）-4-氰基-3-羟基丁酸乙酯中间体；最后，酶促还原生成改进的二醇中间体。

清华大学的研究小组使用迭代饱和突变（ISM）改造了一个生产降血脂药物普伐他汀的杂合体系 P450sca-2/Pdx/Pdr。他们分别选择了位于 P450sca-2 底物结合口袋、底物通道以及计算预测的电子传递界面的五个位点进行改造。最佳突变株的全细胞转化活性和表观动力学常数 kcat 分别是初始模板的 7.1 倍和 10.0 倍。动力学分析发现其活性提高的关键来自于电子传递的改善。该工作强调了杂合 P450 体系中电子传递的重要性，揭示了一个之前尚未被充分认识的提高杂合 P450 体系活性的重要途径（Ba et al., 2013）。

2012 年 12 月，英国约翰·英纳斯中心的研究人员发表于《自然》杂志的论文称，他们发现了一种新型萜烯合成酶，有助于人类弄清植物如何天然合成抗癌药物成分——长春碱。该发现为低成本高效合成抗癌药物开辟了崭新途径。自然界这种酶由一些药用植物如马达加斯加长春花产生，利用合成生物学方法可以提高该酶的产量。

环烯醚萜是一类具有广泛药理活性的化合物，包括抗癌、消炎、抗真菌和细菌等。此外，常见农业害虫蚜虫产生的性信息素的结构与环烯醚萜合成酶产物的结构相同或类似。因此，环烯醚萜类化合物也可用来破坏蚜虫类繁殖周期或驱赶蚜虫，避免其损害农作物。

目前抗癌药物原料长春碱硫酸盐是从长春花植物中提取获得。但是长春碱的产率很低且副作用极多。研究人员希望能找到一个成本低廉，减少副反应的简单方法来合成长春碱。人们知道，反应涉及某种还原反应和明显的环化反应，但是这两个过程是怎样耦合在一起的，是一个谜团。环烯醚萜类化合物的骨架包含两个融合环结构，实验证明了新的环烯醚萜合成酶可以把单萜化合物转化成环状化合物。它在两个主要步骤中环化，前体 10-氧香叶醛（10-oxogeranial）经过一个传统的还原反应形成一种烯醇中间体，然后通过一个 Diels-Alder 环加成反应或迈克尔加成反应进行环化（Geu-Flores，2012）。

2013 年 11 月，英国莱斯特大学研究人员领导的一个国际小组希望利用进化的力量来创建人工设计的蛋白质，通过定向进化过程赋予蛋白特定的功能，例如中和毒素或激发愈合过程的能力。此外，设计新的蛋白也可能对开发针对心脏疾病、炎症和其他疾病的新疗法有促进作用。此项研究由英国生物技术与生物科学研究理事会（BBSRC）、医学研究理事会（MRC）和威康信托基金资助，成果发表于《生物化学》杂志（Brindle et al., 2013）。

该校心血管科学系和生物化学系研究人员联合美国和意大利的研究人员采用新的技术来创建基于蛋白的新药。该新技术主要是利用某类特定细胞来产生数百万不同类型的蛋白，然后对突变体进行筛选以获得性能改进的突变体，重复这一步骤直至该蛋白质被改造成完全具备理想特性的结构。

为了展示该方法的工作原理，该团队选用了来源于人体的蛋白并将其人为地进化成具有抑制参与血管生长和炎症形成的分子。这种新的蛋白质被称为 ligand-trap，目前已被开发针对心脏疾病、炎症和其他疾病的潜在疗法。

研究人员表示，蛋白进化的理论并不新鲜，但这种策略往往很难实现，特别是对于一些希望作为药物或其他应用的复杂蛋白来说。新技术使蛋白质工程化构建成为可能，未来除了医学领域，它还将被广泛应用于化工、制药、农业等行业的应用。

4.3.4.5 酶在生物修复方面的应用

酶在环境污染治理中的应用主要就是利用微生物降解污染物质。例如，普遍采用的活性污泥法和生物膜法就是典型的应用微生物细胞内多样性的酶系治理环境污染。微生物絮凝固定并在局部形成较高浓度，酶系发挥作用降解污染物。有机污染物首先吸附在有大量微生物栖息的活性污泥表面，并与其中的微生物细胞表面接触，在透性酶作用下进入细胞，也有一些小分子有机物直接透过细胞壁进入细胞。淀粉、蛋白质等大分子有机物，则由胞外酶降解为小分子有机物进入细胞。随后再通过细胞内的酶系作用，参与细胞内的代谢反应，从而最终被降解。

1）酶在石油污染生物修复中的应用

石油污染多见于油田附近的土壤污染和海上油轮泄漏造成的海域污染。据统计，仅 1970~1990 年，发生的油轮事故就多达 1000 起。每年排入海洋的石油有 1000 万~1500 万吨。微生物降解是海洋石油污染治理的主要途径。由于石油污染成分复杂，不同微生物可利用的石油底物不同，降解途径也不同，因此传统的石油污染生物修复过程存在效率不高、难以维持等问题。随着 20 世纪 90 年代分子生物学技术的迅速发展，其在石油污染生物修复中得到越来越多的应用，并有效地提高了修复效率。其应用主要包括以下两方面。

（1）在掌握已有石油污染物生物降解途径和降解基因的基础上，研究针对石油污染不同底物的高效降解菌株，构建高效基因工程菌或功能互补的混合菌剂。譬如石油污染物的生物降解过程中，一系列的加氧酶/羟化酶起着最重要的作用，其中包括了单加氧酶和双加氧酶等。它们一般作用于降解的加羟基或后续的开环过程。而不同的脱氢酶、脱羧基酶、辅酶 A 连接酶等，则对底物加氧后的降解起着重要作用。因此本报告重点分析整理了一系列典型石油污染物降解途径中的加氧酶及其参考菌株。

（2）由于下游多态性分析方法的进步，越来越多的研究利用 PCR 对修复过程中群落的重要降解基因进行扩增，譬如对芳烃开环有重要作用的儿茶酚 1，2-双加氧酶（C12O）、儿茶酚 2，3-双加氧酶（C23O）以及对长链烷烃降解起作用的 *alkB*、*alkM* 等基因，并进而应用 rDNA 扩增及限制性位点分析、梯度凝胶电泳、末端限制性片段长度多态性分析等方法监测研究石油污染的生物降解过程（黄艺等，2009）。

2) 酶在污水处理工程中的应用

据 2010 年《第一次全国污染源普查公报》，纺织工业产生的污水量和化学需氧量值（COD）分别居各行业的第 5 位和第 2 位，染整加工能耗和污水排放分别占纺织工业的 65% 和 90% 以上（国家统计局，2010）。开发用于纺织污水处理的酶制剂，解决传统工艺存在的废水处理难题是国际公认的高污染产业可持续发展的必然趋势。应用于造纸废水处理的常用酶包括：①过氧化物酶可对造纸废水进行脱色处理；②漆酶可以去除漂白废水中的氯酚和氯化木质素；③淀粉酶可水解废水中悬浮的淀粉，沉淀悬浮的纤维；④纤维素酶可转化废水中含量较高的纤维素，进而变废为宝生产乙醇；⑤聚酚氧化酶可催化酚类物质氧化降解；⑥氰化物酶和氰化物水合酶都能分解氰化物。此外，过氧化物酶和漆酶等也可用于降解废水中的酚类。在食品加工业中则多用蛋白酶和淀粉酶处理废水。

4.4 工业酶产业发展现状

4.4.1 工业酶产业概况

酶制剂产业是知识密集的高科技产业，是生物工程的实体。近年来，随着生物技术不断取得突破性进展，酶制剂产业的发展也非常迅猛，成为 21 世纪大有前途的新兴产业之一。2001～2011 年全球工业酶市场规模年均复合增速为 6.8%。全球工业酶市场经过不断的兼并、重组，集中度正在逐渐提高，2011 年，诺维信和杜邦（收购了丹尼斯克公司，整合了杰能科业务）市场占有率分别达 47% 和 21%。2012 年 4 月，全球行业分析公司（Global Industry Analysts Inc，GIA）发布的工业酶市场报告指出，全球工业酶市场在 2017 年将达到 39 亿美元。促进工业酶市场增长的因素包括应用范围的扩大、发展中国家需求的增加、传统化学品和化工过程的环境限制等（All About Feed. net，2012）。

作为工业生物技术领域的一部分，工业酶由微生物生产和分离而得，具有环境友好性，是满足当前政府干预传统石化产品的毒性和环境损害的有效选择。环境相关立法将持续推动和扩大工业酶的应用。

从工业酶制剂地区发展来看，尽管受到欧洲债务危机的影响，但欧洲的生物技术工业依旧保持良好增长，其中酶在生物技术市场发展中发挥了重要调控作用。对酶工程技术的研究和开发得到政府、产业界和研究机构的普遍重视。欧洲是全球最大的工业酶市场，欧盟已成为最大的酶类研发与生产基地，拥有全球约 64% 的酶类相关公司，其中，丹麦出产的酶产品占全球总量的一半左右。这使得欧盟在生物基产品与工艺领域的领军优势日益扩大（Sherpa，2011）。

亚太地区预期将成为工业酶制剂快速增长的地区，将占全球市场份额的 7.2%。其中，中国在原有基础上经过几十年的发展，已成为工业酶重要生产基地，市场规模约占全球 10%。并且，从中国总体经济走势以及国内工业酶下游需求看，预计未来 3 年中国工业酶市场规模增速将高于全球，达到 10% 左右，2014 年有望达到 30 亿元以上。但由于西方国家通过专利申请对相关技术和菌种进行了严密的保护，形成了高度的垄断；研发能力较强的国际巨头纷纷进驻中国以及国内企业研发能力滞后等因素，中国本土酶制剂企业竞争能力较弱，目前国内市场主要仍是诺维信和杜邦杰能科等外企企业占主导（刘斌，2013）。

从企业来看，由于产业用酶品种和产量的增加，一些新的酶制剂生产厂在世界各地兴建。但从市场占有率来看，诺维信和杜邦杰能科无疑是国际领先的酶制剂企业，对全球酶制剂生产具有很大影响，其研发布局和规划在一定程度上代表了工业酶制剂领域的发展动向。

4.4.2 国际领先酶制剂生产企业概况及其主要商业活动

4.4.2.1 诺维信

1）企业发展现状与主要业务

从本报告专利分析结果可见，丹麦诺维信公司在酶制剂专利方面处于国际领先地位，在 2004~2013 的 10 年时间里，累计申请相关专利 683 件，位居全球第 1 位。

根据 2012 年财报，诺维信公司的销售总额约为 20 亿美元，工业酶制剂市场份额为 47%。在研究与开发方面的投入占全球年销售总额的 14%，即 2.8 亿美元。目前，诺维信已拥有近 7000 项已授予和申请中的专利。截至 2013 年 3 月，员工数达 6100 名。2012 年业务销售比重如图 4-8 所示（诺维信，2013-12-10）。

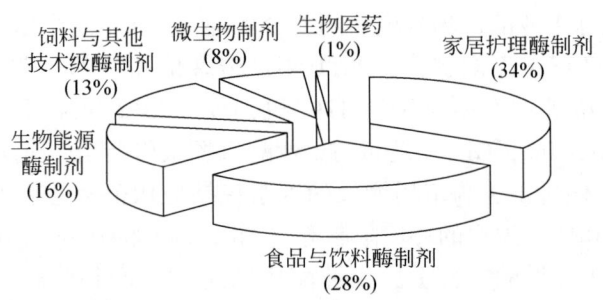

图 4-8 诺维信 2012 年业务销售比重

在化工生产领域，生物能源酶制剂一枝独秀，是诺维信第三大业务模块，并有望成为最主要的盈利业务。诺维信公司 CEO Peder Holk Nielsen 指出，如果能获得更多的政府支持，以推动可再生能源的发展，到 2030 年诺维信在生物燃料市场的收益将占该公司总收入的 90%。目前在生物能源酶制剂中，纤维素酶所占总销售收入尚不到 1%。随着越来越多的纤维素乙醇工厂投入运营，诺维信在生物液体燃料领域的销售额在未来几年将持续增加，如果各国出台汽油中掺入生物燃料的政策，还将加快其销售额的增速。

许多国家要求燃料销售商掺入来自小麦和玉米等粮食作物和甘蔗的生物燃料，然而却很少有关于提高产自农作物残余物的纤维素类生物燃料掺入率的政策，原因在于纤维素乙醇较高的生产成本。目前利用诺维信的纤维素酶生产每加仑乙醇的酶成本是 30 美分，是催化玉米淀粉生产乙醇所需酶成本的 10 倍。然而，随着酶成本将不断下降，未来纤维素乙醇的成本将取决于农场主收集生物质的效率，目前在某些国家生物质丰富地区生产纤维素乙醇的成本是 2 美元/加仑。对于酶制造企业而言，2 美元的价格并不是终点，而是仍有下降空间（Renewableenergyworld，2013）。

2）企业近期商业活动

（1）与 M&G 化学公司合作推进生物塑料的规模化生产。

2013 年 11 月 18 日，诺维信今天宣布将向 M&G 化学即将在中国建设的世界最大的生物质制乙二醇工厂供给酶制剂。该工厂位于中国安徽省阜阳市，预计每年消耗 100 万吨生物质，2015 年开始投产。

该工厂由 M&G 化学与安徽国祯集团合资建设，产能是 Beta Renewables 在意大利克里森蒂诺今年 10 月竣工的生物质制纤维素乙醇项目的四倍。国祯集团负责收集小麦秸秆、玉米秸秆等农业废弃物。工厂的最终产品是乙二醇（MEG），它是人工合成聚对苯二甲酸乙二醇酯（PET）工艺中两种主要成分的一种。PET 在塑料包装材料中用途广泛，最常见的应用是饮料瓶。该工厂还将配套建设一个 45 兆瓦的生物质发电站，使用乙二醇生产过程中剩余的木质素发电。

阜阳工厂使用 Beta Renewables 公司的 PROESA 预处理技术，诺维信获得 15 年的排他合同为工厂提供生物转化过程关键的酶技术。同时，诺维信将向 M&G 化学提供 3500 万美元的融资支持，但具体方式等细节尚在讨论中。该工厂需要的酶制剂将由诺维信现有的生产能力满足，不需要新建酶制剂厂（Novozymes，2013）。

（2）全球首个先进生物燃料装置开始工业化生产。

2013 年 10 月 9 日，世界纤维素生物燃料的领先者、隶属于 Gruppo Mossi & Ghisolfi 集团的 Beta Renewables 公司与诺维信公司正式启动位于意大利北部的年产 6 万吨纤维素乙醇的工厂。这是全球首个以秸秆和能源作物为原料生产纤维素乙醇的工业化装置，也是目前世界上规模最大的一座工厂。这个工厂以小麦秸秆、水稻秸秆以及种植于非耕地上的高产能源作物芦竹为原料。乙醇生产过程的副产品木质素可用于发电，可以满足这个工厂的生产所需能源消耗，剩余的绿色电力还可出售给当地电网企业。

纤维素乙醇技术进入商业化阶段后，稳定而有利的政策环境变得尤为重要。彭博新能源财经的一项近期研究认为，到 2030 年，以农业废弃物为原料的先进生物燃料在全球可创造数百万个就业机会，拉动经济增长，减少温室气体排放，提升能源安全。显然，政府的支持对加快推广下一代生物精炼至关重要。

诺维信与 Beta Renewables 两家公司于 2012 年 10 月签署战略协议，确定诺维信为 Beta Renewables 公司目前和未来纤维素乙醇项目的首选酶制剂提供商。Beta Renewables 公司的 PROESA™ 预处理技术与用诺维信 Cellic® 酶制剂一起为纤维素生物燃料生产提供了当前最具生产成本竞争力的保证。仅从 2011 年开始 Beta Renewables 公司就在 Crescentino 工厂的中试和示范运行上投入超过 2 亿美元，最终形成了 PROESA 技术包（诺维信，2013-10-09）。

（3）诺维信与 Raízen 合作纤维素乙醇。

2013 年 9 月 18 日，诺维信宣布，与巴西最大蔗糖生产商 Raízen Energia S/A 缔结合作协议。根据协议，诺维信将为 Raízen 预计在 2014 年投入运行的第一个纤维素乙醇商业装置提供酶制剂。该商业装置位于巴西圣保罗 Raízen 甘蔗糖厂，以甘蔗渣和稻草为原料制取纤维素乙醇，计划年产能为 4000 万升。协议规定，诺维信还将为 Raízen 建成后的第二座纤维素乙醇装置提供酶解决方案。

诺维信将为 Raízen 的纤维素乙醇开发、优化酶工艺。同时，诺维信计划在巴西兴建新的酶制剂生产设施。规模、地点和投资额尚未决定，将取决于巴西市场的酶制剂需求预期。

诺维信业务开发执行副总裁 Thomas Videbaek 表示："诺维信与世界最大甘蔗渣制乙醇生产商之一缔结合作，标志纤维素乙醇技术在巴西已进入商业化快车道。我们期待与 Raízen 深入合作，供应业界领先的酶制剂和优化工艺，共同开启纤维素乙醇在巴西的商业化新篇章。协议对诺维信 2013 年财测不造成影响（诺维信，2013-09-18）。

（4）诺维信向纺织业引入生物技术。

诺维信等酶制剂行业巨头在利用微生物酶进行清洁生产、生物修复方面发挥着重要作用。继 1952 年首个退浆酶 Termozyme 问世至今，诺维信已开发出从织物到服装的全套酶制剂产品系列。2013 年 12 月 3 日，中国针织工业协会与诺维信在北京正式签署战略合作伙伴协议，双方将致力于贡献彼此的技术力量和行业号召力，应用生物解决方案，共同促进中国纺织行业的可持续发展，特别是针织行业的应用和研发。

当前，纺织行业面临不断上升的成本压力和日益严峻的环境问题。中国针织工业协会通过分析国内日益严格的环保监测体系和污染防治指标，指出未来很长的一段时间内，环保压力将会成为中国针织企业面临的重大问题。因此，积极寻求有可持续的、环境友好的新技术，替代当前的高污染、高能耗落后技术，对中国针织行业持续健康发展至关重要。

根据协议，双方将开展一系列合作，具体事项涉及针织行业企业污水处理、节能减排等多个方面。诺维信将为针织企业和纺织集群提供基于微生物制剂的天然高效"生物增效技术"处理污水，提高污水处理设施的处理效率、降低企业处理成本，简化操作。酶制剂的运用可使中国纺织企业每生产 1 吨织物减少 1100 千克二氧化碳排放（美通社，2013）。

（5）诺维信与巴斯夫、嘉吉合作开发生物基丙烯酸。

据《中国生物柴油》杂志 2012 年 8 月 17 日报道，巴斯夫、嘉吉和诺维信共同签署协议，开发以可再生原料生产丙烯酸的工艺。

丙烯酸是一个高容量化学品，是多种产品的生产原料。主要应用之一是超强吸水剂聚合物的生产。超强吸水剂可以吸收大量液体，主要用于婴儿纸尿裤及气体卫生用品。丙烯酸还能够应用于黏合剂原材料和涂料。目前全球市场丙烯酸年产量在 450 万吨左右，2011 年底产值达到 110 亿美元。该市场还在以每年 4% 的速度增长。

自 2008 年以来，诺维信公司和嘉吉公司开始合作开发可再生原料的丙烯酸技术。巴斯夫作为世界上最大传统的丙烯氧化工艺途径生产丙烯酸的生产商，现在通过合作加入生物基丙烯酸技术开发团队。

4 工业酶领域国际发展态势分析

3) 专利分析

为了进一步研究诺维信在工业酶制剂领域的技术开发方面的总体情况，以下对诺维信申请的与酶相关的专利进行了细致分析。截至2013年12月9日，诺维信共申请与酶相关的专利979条，图4-9是这部分专利的技术主题可视化分析图。由图所示的技术主题分布（表现为标注有技术主题术语的山峰）、数量（表现为以等高线标示的山峰高度）和相似程度（表现为山峰或岛屿间的相对位置和距离）可以看出：①主题［1］、主题［2］和主题［3］之间联系紧密，主要涉及具有各种酶活性的多肽的分离以及含有该多肽的载体、宿主细胞的构建方法，其中主题［2］专指具有增强的纤维素分解能力的多肽分离，包含该多肽的核酸结构、载体和宿主细胞以及产生和应用该多肽的方法；②主题［4］涉及纤维素原料的降解和转化的改进方法；③主题［5］涉及利用各种酶改良生物质原料的发酵过程；④主题［6］涉及通过在蛋白酶亚基活性环位点区域添加氨基酸残基改良该酶的洗涤性能（这些酶突变体主要应用于洗涤剂的生产）。由此可以看出，诺维信十分重视新酶的挖掘和生物基产品生产工艺的改良，尤其是纤维素原料的酶解方法。此外，对蛋白酶进行分子改造以提高其洗涤活性也是其研发重点之一。

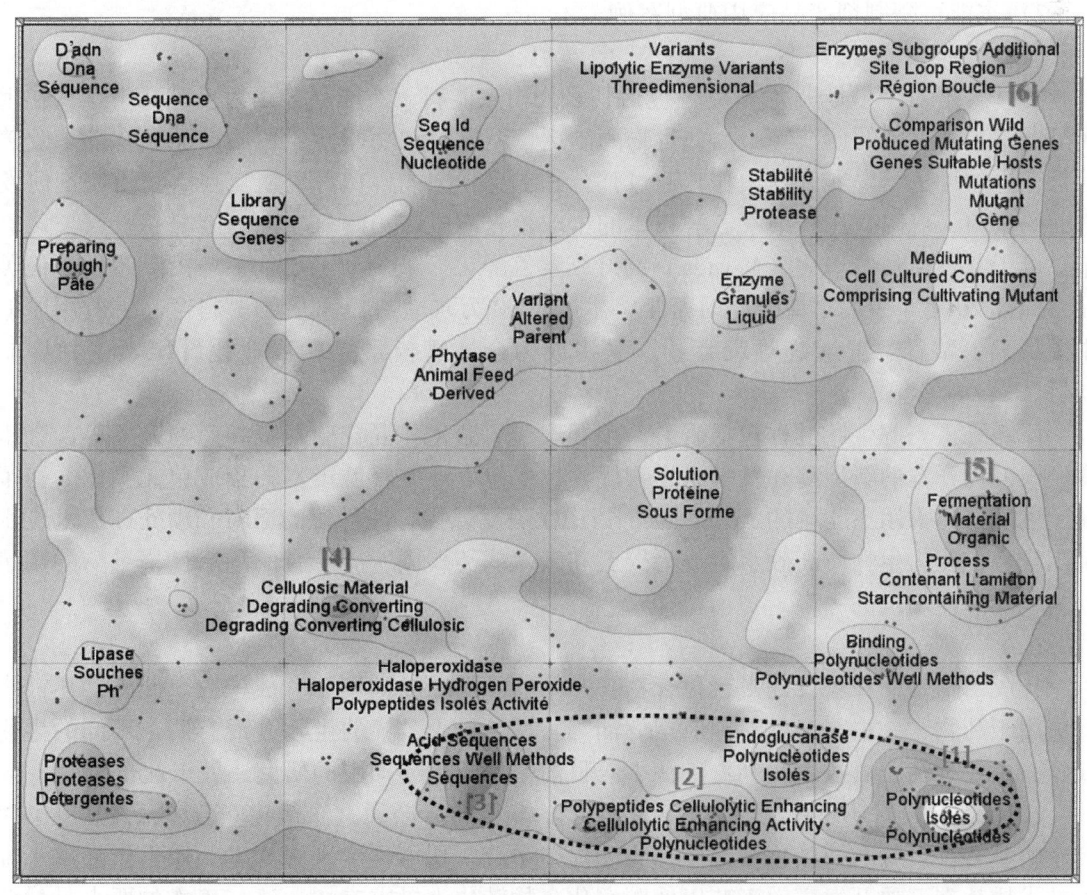

图4-9 诺维信申请的与酶相关的专利技术主题可视化分布图（见彩图）

4.4.2.2 杰能科

1) 公司发展及现状

杰能科是美国丹尼斯克旗下子公司，也是工业生物技术领域的开创者之一。公司从1982年起一直致力于酶制剂开发、生产和应用，处于国际领先地位。杰能科希望通过开发和推广创新的酶制剂和生物技术解决方案，以改善酶在各个工业领域的作用，减少工业生产过程对环境的影响。

2009年，公司对位于美国艾奥瓦州的Cedar Rapids工厂进行了大规模扩张。2012年，丹尼斯克投入6740万美元用于工厂二期扩大生产规模（The Gazette，2013）。在欧洲，公司也对位于比利时布鲁日的工厂进行了升级。此外，公司于2011年3月宣布投入3000万美元扩大位于美国威斯康星州的Beloit工厂规模，包括扩建12.85万平方英尺（约1.2万平方米）的厂房（Hilary Dickinson，2011）。而就在几年前，杰能科曾商讨过是否关闭该工厂，此次扩建不能不说是一次重大转机，由此也可以看出在工业酶制剂市场快速发展的带动下，公司正在逐渐发展壮大。

2) 杰能科酶制剂产品应用典型案例

（1）纤维素乙醇。

2011年，杜邦收购丹尼斯克，包括其子公司杰能科。杰能科公司凭借其几十年来在生物活性制品开发中的创新经验，如生物酶制剂、缩氨酸和功能性蛋白质产品，有助于改善杜邦客户的可持续发展进程。杜邦通过整合其本身、杰能科和丹尼斯克在生物酶制剂研发方面的实力，巩固其在纤维素乙醇技术的全球领先地位。2012年11月30日，杜邦公司宣布，位于艾奥瓦州内华达（Nevada）的纤维素乙醇工厂破土动工。该工厂投资超过2亿美元，预计2014年中期建成，届时每年将生产3000万加仑纤维素生物燃料产品，所用原料主要是玉米秸秆、玉米芯等废弃物。这将成为全球规模最大的商业化纤维素生物炼制项目。

该纤维素乙醇生产过程包括研磨、预处理、酶糖化、混合糖发酵和产物分离等5个步骤。该公司开发的新型酶和发酵微生物优化技术包可形成较低投资的集成单元操作。据了解，该项目将采用杰能科的Accellerase® TRIO酶复合物，这种酶的原料和预处理技术应用范围较宽，能为生物质高效水解成为碳五和碳六糖类提供所需所有的酶活性，且酶的用量仅为以前酶使用量的一半。

（2）异戊二烯。

异戊二烯是一种重要的平台化合物，95%的异戊二烯被用于合成橡胶。此外，还被广泛应用于药物、杀虫剂、香料和航空燃油等领域。异戊二烯的生物合成有两个不同的生化途径，主要存在于真核生物和古细菌中。目前，对于生物橡胶的研究还处于起步阶段。

2010年，当时还是丹尼斯克旗下的杰能科与固特异公司宣布组建联合体开发从糖类生产生物基异戊二烯的一体化发酵、回收和提纯系统。从可再生来源如生物质生产异戊二烯的技术挑战在于要开发高效工艺以使碳水化合物转化为异戊二烯。这一工作的要点是代谢路径的优化，这一路径使碳水化合物基质脱氧化，形成5碳的类异戊二烯前体3,3-二甲基烯丙基焦磷酸酯（DMAPP），DMAPP然后再通过异戊二烯合成酶的催化反应，转化为生物异戊二烯产品。

据全球投资银行集团Jefferies的分析师称，目前由杜邦接管的与固特异合作的生物基异戊二烯项目正在顺利推进，最先研究的以玉米糖为原料的工艺除了产量达到预期的80%以外，其他关键性生产指标均已实现预期目标，以其他糖类为原料的生产工艺正在开发中。杜邦公司已申请200多个专利（35个专利家族）来保护该项目取得的成果，并预计将成果转移至中试装置验证（de Guzman，2012）。

（3）1,3-丙二醇。

1,3-丙二醇（1,3-PDO）是生产聚对苯二甲酸丙二酯（PTT）的主要原料，也可用作合成增塑剂、洗涤剂、防腐剂、乳化剂的原料。由于PTT的优良特性使得它在地毯工业、服装材料、工程热塑料以及其他众多领域应用广泛，鉴于其已成为国际合成纤维的开发热点，作为PTT行业发展支点的原料1,3-PDO的生产也显得尤为重要。

1995年，德国Degussa公司的以丙烯醛为原料合成1,3-PDO的新工艺以及美国壳牌公司用环氧乙烷为原料生产1,3-PDO的低成本工艺开发成功，令1,3-PDO有了很大的发展。相比化学法，应用生物发酵法生产1,3-PDO具有选择性高、操作条件温和、副产物少、符合环保要求、设备投资成本低等优点，受到国内外的广泛关注。杜邦在初期购买了德国Degussa公司的丙烯醛水合加氢的技术来生产PDO，并达到了工业化水平，成为继德国Degussa、美国壳牌公司后，第三家在国际市场上垄断工业化生产PDO的公司。但出于应对全球重大挑战的考虑，杜邦公司将研发资金的三分之一投入到研究利用生物法生产PDO的生产工艺中。

研制成功的生物转化法主要以谷物类为原料，通过发酵得到葡萄糖或甘油，再经过生物工程处理来生产1,3-PDO。在此过程中，杰能科先进的酶技术发挥了重要作用。因此，杜邦也成为生物转化法生产1,3-PDO的先锋，其以玉米淀粉等廉价可发酵物质经生物转化生产1,3-PDO，已经在生产成本上达到或接近了化学法生产的水平，可以和化学法生产的产品相竞争。而与传统的石化工艺相比，这种新型工艺所消耗的能源减少约40%，温室气体排放也减少约20%。

3）专利分析

为了进一步研究杰能科在工业酶制剂领域的技术开发方面的总体情况，以下对诺维信申请的与酶相关的专利进行了细致分析。截止2013年12月9日，杰能科共申请与酶相关的专利431条（由于并购活动，自2009年起，以杰能科作为专利权人的专利申请数剧减，因此仅代表并购前该公司的专利申请情况）。图4-10是这部分专利的技术主题可视化分析图，可以看出，在新酶鉴定以及酶分子改造方面的研究热点包括蛋白酶多位点基因替换突变体构建（主题[3]）；新酶的核酸序列测定以及包含此类新酶的表达载体、宿主细胞和重组蛋白的构建方法，主要涉及纤维素酶和β-葡糖苷酶（主题[6]）。在改良酶的表达和应用方面的研究热点包括通过改进宿主细胞代谢途径中有关酶的表达，达到生产各类化学品的目的，包括抗坏血酸、1,3-丙二醇、芳香族化合物等（主题[1]）、假单胞菌脂肪酶的分离和提纯（主题[5]）、增强真菌乳糖酶的表达和分泌的方法（主题[7]）、用于淀粉行业的脱支酶改造（主题[8]）。在酶制剂生产工艺改进方面的研究热点包括酶制剂颗粒生产工艺的改进（主题[2]）。此外，主题[4]主要是对超低或低过敏性蛋白制备方法的改进，与工业酶制剂的研发联系不大，这与杰能科的主营业务之一——制备功能性蛋白密切相关。

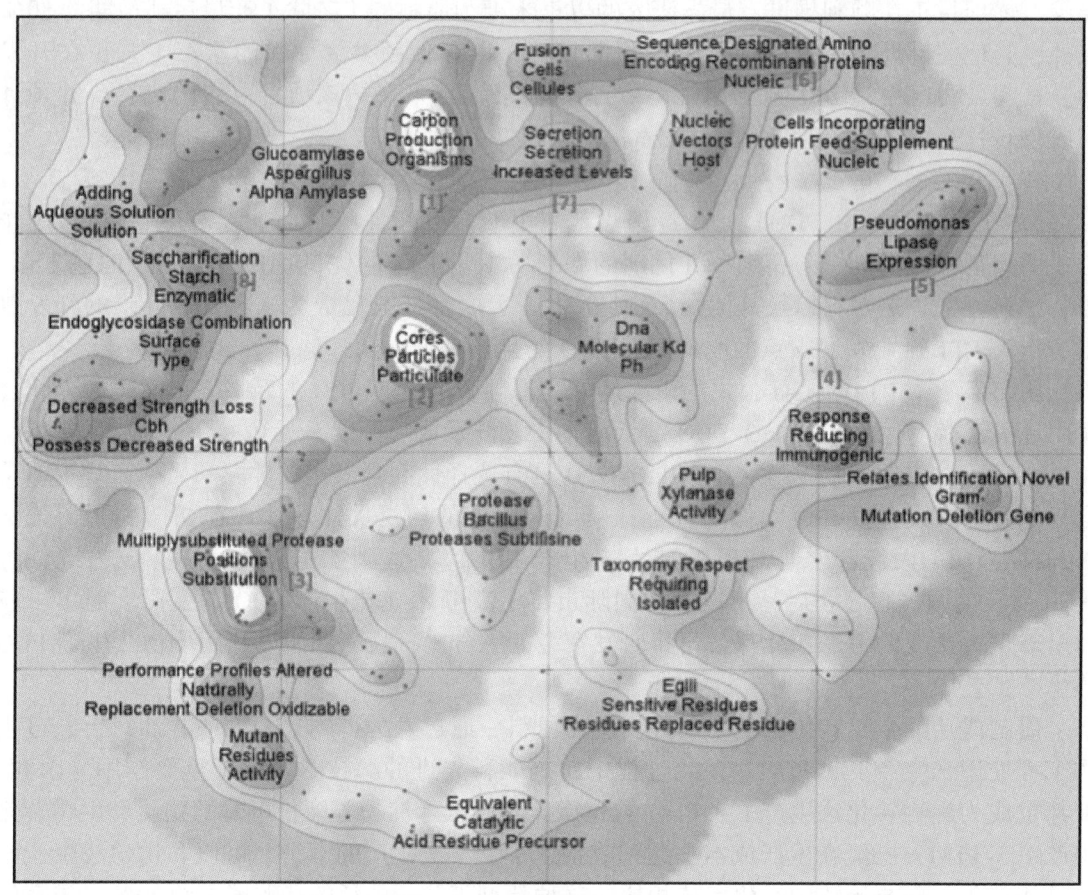

图 4-10　杰能科申请的与酶相关的专利技术主题可视化分布图（见彩图）

4.4.3　我国主要酶制剂生产企业介绍

随着空气过滤技术、发酵自动化控制技术、超滤膜后处理技术、无菌技术、保存技术等先进生产技术在酶制剂工业中的应用普及，我国酶制剂生产逐渐摒弃传统工艺，产品品种和规格多样化，液体酶、复合酶替代固体酶和单一酶，占据了市场主流。酶制剂产品执行国家行业标准，优质产品在理化指标、卫生指标等方面均采用了联合国粮农组织，世界卫生组织食品添加剂联合专家委员会和美国食品化学药典对食品级酶制剂推荐的规定和标准。目前，我国的商品酶制剂多达十几大类，其中糖化酶、淀粉酶、β-葡聚糖酶等主要产品已批量出口。

2012 年 9 月 27 日，中国生物发酵产业协会公布第四届全国酶制剂行业重点生产企业评选结果。山东隆大生物工程有限公司、尤特尔生化有限公司、青岛蔚蓝生物集团有限公司、湖南鸿鹰祥生物工程股份有限公司、武汉新华扬生物股份有限公司、北京昕大洋科技发展有限公司、北京挑战生物技术有限公司、白银赛诺生物科技有限公司、河南仰韶生化工程有限公司、江阴市百圣龙生物工程有限公司等10家企业入选。这些企业大多以饲用酶、食品饮料用酶以及洗涤酶等作为主营业务，用于造纸、纺织等绿色工艺的酶制剂只占小部分，几乎不大规模生产用于生物催化和转化的酶制剂。本报告以下三家生产企业为例介绍其发展情况。

4.4.3.1 湖南鸿鹰祥生物工程股份有限公司

该公司年产"梅花"牌、"鸿鹰"牌糖化酶、中温淀粉酶、耐高温α-淀粉酶、β-淀粉酶、β-葡聚糖酶、纤维素酶、木聚糖酶及饲料用单酶和复合酶等10余种酶制剂产品达15万吨。其中，高转化率、高纯度糖化酶浓缩液更是远销欧美、日本及东南亚等国家和地区。

其生产的酸性蛋白酶能够在酸性条件下催化水解蛋白质，生成氨基酸和多肽，被广泛用于酒精发酵、啤酒、果酒澄清、动植物蛋白食品加工、纺织工业毛皮软化、染色等产业。生产的纤维素酶可以用于棉、麻、混纺、牛仔服等织物的生物抛光、蚀毛、整理，此外也可用于酒精、中药、植物性提取等工艺流程。

4.4.3.2 尤特尔生化有限公司

尤特尔生化是一家专注于酶制剂研发、生产和销售的中美合资现代高科技生化企业。公司在美国建有先进的菌种研发中心，在上海张江高科建有产品应用研发中心，拥有国际领先的试验设备和生化检测实验室，并组成了一支从酶系筛选，生物工程改造，工艺优化，应用研发到技术服务等齐全的研发团队。公司在湖南、山东建有两个大型的发酵生产基地，生产规模近8万吨。产品系涉及纺织用酶、饲用酶、食品用酶和造纸酶。在棉麻纺织领域，织品经纤维素酶水洗处理后，可提高布料平整度，增加柔软性和光泽，减少纤维破坏程度，提高产品档次；在牛仔服染整处理中，酶制剂可增加颜色对比，对纤维强度破坏小。在造纸领域，提高纸浆漂白度，降低氯化物用量，替代传统的化学漂白工艺，减少环境污染。有效降低纸浆黏度，在回收纸浆特别是回收激光打印纸浆脱油墨上效果尤佳。

在创新研发领域，该公司获得多项成果，例如其自主研发的科技成果——"新型生物能源β-葡萄糖苷酶"与"造纸打浆用中性纤维素酶制剂的研发"通过省级科技成果鉴定，已达国际先进水平。

4.4.3.3 武汉新华扬生物股份有限公司

武汉新华扬生物股份有限公司是新华扬集团的子公司，是我国专业生产酶制剂的高新技术企业，拥有目前亚洲一流的生物酶制剂发酵基地、新型酶制剂基地以及动物试验基地。所生产的酶制剂产品广泛应用于畜牧养殖、纺织、食品、生物医药等多个领域。部分产品远销东南亚、中东、东欧、南美等30多个国家和地区。产品系包括饲用酶制剂、食品酶制剂和纺织酶制剂。其中，纺织酶制剂主要包含用于护色、做旧和提高织物表面品质的纤维素酶和用于退浆的淀粉酶。

4.5 总结与建议

近年来，随着生物技术不断取得突破性进展，酶制剂产业的发展也非常迅猛，2001～2011 年全球工业酶市场规模年均复合增速为 6.8%。人类在新酶挖掘和酶分子的改造研究方面取得了极大的进步，快速研发适合各种工业领域的高效工业酶已成为可能，但仍面临一些挑战。

技术的不断发展使得酶在工业上的应用也越来越广泛。除了传统的用于食品和家用洗涤产品等，酶制剂在造纸、麻类脱胶等普遍存在高能耗、高物耗、高水耗问题的轻化工产业方面的应用也日益受到关注。由专利分析可以看出，工业酶领域专利申请总量比较平稳，而在造纸、脱胶领域的专利申请数的稳步增长，这与国际上对传统造纸工业向生物环保方法转变的关注度不断提升密切相关。未来酶制剂在这些领域的应用前景极为广阔。

我国对新型酶制剂品种的开发力度不及国外，企业研发力量较为薄弱，工业酶领域（不涉及应用于环境生物修复领域的酶）的专利申请数排名前 10 位专利权人没有中国企业，只有江南大学和浙江大学两家高校。而国际工业酶制剂巨头纷纷进军中国市场，并通过专利申请对相关技术和工艺进行了严密的保护，形成了高度的技术垄断，也对我国酶制剂企业施加了前所未有的重压。

随着全球工业酶市场的不断兼并、重组，市场集中度正在逐步提升。由对诺维信和杜邦杰能科的商业活动和发明专利的分析可以看出，两家企业都十分重视开发以酶制剂为核心的清洁高效的绿色工艺，尤其是应用于以纤维素等生物质为原料的多种化工产品生产方面。其中，诺维信在生物能源领域发展比较迅速。与之相比，由中国生物发酵产业协会评选的十家全国酶制剂行业重点生产企业可以看出，我国酶制剂生产企业大部分以饲用酶、食品饮料用酶等作为主营业务，用于造纸、纺织等绿色工艺的酶制剂只占小部分，几乎不大规模生产用于生物催化和转化的酶制剂。

基于上述分析，为进一步推动我国工业酶制剂产业的顺利发展，本报告提出以下三点建议。

(1) 建立酶制剂筛选资源库，不断开发针对不同需求的新型酶制剂。

酶反应体系种类繁多，涉及的化合物结构千变万化，涉及多种反应类型、反应条件和反应环境。目前市场上现有的酶种类有限，远远不能满足生物转化过程对于酶种类和数量日益增长的需求。因此，筛选新酶已成为制约生物转化的关键因素之一。生存于极端环境的微生物群落尽管种类稀少，但其与普通微生物相比具有不同的遗传背景和代谢途径，因此它们是筛选新酶宝贵的资源库。来自极端环境（如深部热海水区）的微生物含有能够在极端条件下保持活性和稳定性的极端酶，因此在特定环境下（如特定温度和压力下）的工业应用中往往可以发挥特殊的重要作用。发展先进的分离培养技术和宏基因组技术，构建并充分利用特定环境微生物基因组资源库，通过高通量筛选、基因数据挖掘手段，获得具有潜在工业价值的生物催化剂，促进绿色生物催化生产工艺的研发，实现生产过程的高效化和节能减排。

（2）集结企业力量加大扶持力度，提高技术装备等软硬件设施水平。

现阶段我国酶制剂行业在生产规模、装备技术、蛋白高效表达体系，编码酶的新基因系统筛选，发酵工艺优化与制剂技术及酶制剂的应用技术开发等各方面都与国外存在较大差距。未来建议采取以继承性创新为主的跟随策略，争取实现"弯道超车"，通过对国外先进技术的引进、吸收和消化实现技术跟进，对引进的技术结合我国本地市场的多样性需求进行本土化创新继而实现超越。从自身来讲，还应坚持不懈地进行自我能力打造，坚持系统打造与短板建设并举，扩展科研应用范围，将目前单纯为行业服务的狭窄应用扩展，实现向公共创新服务平台转型。从企业来讲，其研发实力相对薄弱，自主创新能力不够，希望高校等研究机构可以与之共享基础技术（如酶改造、生产和工程化应用技术等），加强与行业龙头企业之间的战略联合，集成研究机构技术、人才资源与行业龙头企业的产业资源，形成产学研用一体化。同时通过与企业的协作，发展多渠道融资手段，开发和孕育重大科技产业化项目。

（3）积极打造酶制剂产业链，以此为中心形成"涟漪效应"，带动各圈层产业梯次发展。

酶制剂在众多产业中是一个相对弱小的行业，全世界单纯的酶制剂市场规模仅20多亿美元，但支撑着下游数十倍甚至数百倍的工业。比如在造纸行业，纸浆助漂用酶（木聚糖酶、漆酶）年需求在万吨以上，市场价值40亿元以上，但是影响的造纸产值为700多亿。因此，当务之急是开发一系列适用于轻工业、生物制药、食品工业、生物能源、生物环保等主要应用领域的酶制剂，建立绿色生物工艺研发与应用的新技术体系，组织实施工艺放大优化和产业示范，发展和完善基于工业酶的绿色生物工艺产业链，特别是纺织、造纸、皮革等高污染行业，通过以酶为催化剂的生物工艺来改造传统的化学加工业，最终实现绿色生产，真正实现产业提升。并借助酶制剂产业级联放大效应，带动相关产业的联动发展，为在生物经济时代实现跨越式发展提前做好相关部署。

致谢：感谢中国科学院微生物研究所李寅研究员，中国科学院成都生物研究所谭红研究员、吴中柳研究员、王刚刚研究员，清华大学化学工程系林章凛教授等专家在本报告撰写过程中给予的指导和建议！

参 考 文 献

国家统计局. 2010-02-11. 第一次全国污染源普查公报. http：//www. stats. gov. cn/tjgb/qttjgb/qgqttjgb/t20100211_ 402621161. htm.

国务院. 2012-12-30. 生物产业发展规划. http：//www. gov. cn/zwgk/2013-01/06/content_ 2305639. htm.

黄艺，礼晓，蔡佳亮. 2009. 石油污染生物修复研究进展. 生态环境学报，18（1）：361-367.

科技部. 2011-11-28. "十二五"生物技术发展规划. http：//www. most. gov. cn/fggw/zfwj/zfwj2011/201111/W020111128572620628742. doc.

刘斌. 2012. 2012年度中国生物制造发展态势//张晓强主编. 2013. 中国生物产业发展报告. 北京. 化学工业出版社，279.

美通社. 2013-12-03. 中国针织工业协会与诺维信签订战略合作伙伴协议. http：//www. prnasia. com/story/

90159-1. shtml.

诺维信. 2013-09-18. 诺维信与 Raízen 合作纤维素乙醇. http：//www. novozymes. com/asiapacific-cn/novozymes-in-china/about-novozymes-china/news-section/news-2013/Pages/2013/Novozymes-and-Raízen-to-collaborate-on-cellulosic-ethanol-. aspx.

诺维信. 2013-10-09. 全球首个先进生物燃料装置开始工业化生产. http：//www. novozymes. com/asiapacific-cn/novozymes-in-china/about-novozymes-china/news-section/news-2013/Pages/2013/World's-first-advanced-biofuels-facility-opens. aspx.

诺维信. 2013-12-10. 诺维信概况. http：//www. novozymes. com/en/news/news-archive/Documents/NZfactsheetch. pdf.

许建和，郁惠蕾，郑高伟，等. 工业酶资源及应用新进展//第六届中国工业生物技术发展高峰论坛会议论文摘要集. 中国科学院成都生物研究所.

袁勤生. 2012. 酶与酶工程. 上海：华东理工大学出版社：355-376.

中国生物技术信息网. 2012-12-07. 全球最大纤维素乙醇商业项目开建. http：//www. biotech. org. cn/information/102933.

AllAboutFeed. net. 2012-04-13. Report：Industrial enzymes market to hit US ＄ 3.9 billion. http：//www. allaboutfeed. net/news/report-industrial-enzymes-market-to-hit-us3-9-billion-13089. html.

Ba L N, Li P, Zhang H, et al. 2013. Semi-rational engineering of cytochrome p450sca-2 in a hybrid system for enhanced catalytic activity：insights into the important role of electron transfer. BiotechnolBioeng, 110（11）：2815-2825.

BBSRC. 2011-02-03. Industrial biotechnology and bioenergy report. http：//www. bbsrc. ac. uk/organisation/policies/reviews/scientific-areas/1102-industrial-biotechnology-bioenergy-report. aspx. http：//www. bbsrc. ac. uk/web/FILES/ Reviews/1102_ ib_ strategy. pdf.

BBSRC. 2012-12-11. Industry highlights benefits of synthetic biology investment. http：//www. bbsrc. ac. uk/news/research-technologies/2012/121109-n-highlights-synthetic-biology-investment. aspx.

BBSRC. 2013-11-15. New technique for developing drugs. http：//www. bbsrc. ac. uk/news/health/2013/131115-pr-new-technique-developing-drugs. aspx.

Biofuels Digest. 2013-03-22. Cellulosic biofuels in the US：How much and how soon? 2014's Terrific Ten. http：//www. biofuelsdigest. com/bdigest/2013/03/22/cellulosic-biofuels-in-the-us-how-much-and-how-soon-2014s-terrific-ten.

Bionity. 2013-06-28. Europe's biotech hub：BIOTECHNICA 2013. http：//www. bionity. com/en/news/143785/europe-s-biotech-hub-biotechnica-2013. html? WT. mc_ id＝ca0067.

Biorosinfo. 2012-05-25. КОМПЛЕКСНАЯ ПРОГРАММА：развитиябиотехнологий в Российской Федерациинапериоддо 2020 года. http：//www. biorosinfo. ru/Biotech% 20in% 20and% 20out% 20% 20Russia% 20/Documents/Program_ BIO_ 2020. pdf.

Bomble Y J, Beckham G T, Matthews J F, et al. 2011. Modeling the self-assembly of the cellulosome enzyme complex. The Journal of Biological Chemistry, 286：5614-5623.

Bornscheuer U T, Huisman G W, Kazlauskas R J, et al. 2012. Moore ＆ K. Robins. Engineering the third wave of biocatalysis. Nature, 485：185-194.

Brindle N P, Sale J E, Arakawa H, et al. 2013. Directed evolution of an angiopoietin-2 ligand trap by somatic hypermutation and cell surface display. Journal of Biological Chemistry, 288（46）：33205-33212.

de Guzman D. 2012-09-01. Bio-acrylic acid on the way. http：//greenchemicalsblog. com/2012/09/01/5060.

de Guzman D. 2012-10-24. 2013：A validation year for industrial biotech. http：//theenergycollective. com/dgreenblogger/134571/2013-validation-year-industrial-biotech.

DOE EERE. 2013-01-03. Energy Department Awards ＄10 Million to Develop Advanced Biofuels and Bio-based Products. http：//apps1. eere. energy. gov/news/progress_ alerts. cfm/news_ id=20459.

Environmental Leader. 2011-06-09. Enzymes：Essential, Biobased Building Blocks for a More Sustainable World. http：//www. environmentalleader. com/2011/06/09/enzymes-essential-biobased-building-block-for-a-more-sustainable-world/.

European Commission. 2012-12-05. Europeans kick-start sustainable pharmaceuticals project. http：//cordis. europa. eu/news/rcn/35315_ en. html.

European Commission. 2013-12-03. The next generation of biocatalysis for industrial chemical synthesis & Industrial Biotechnology for Europe. http：//ec. europa. eu/research/index. cfm? pg=events&eventcode=0F142918-0269-82D5-D95CFDB789952CFC.

Geu-Flores F, Sherden N H, Courdavault V, et al. 2012. An alternative route to cyclic terpenes by reductive cyclization in iridoid biosynthesis. Nature, 492：138-142.

Gusakov A V. 2011. Alternatives to Trichodermareesei in biofuel production. Trends in Biotechnology, 29（9）: 419-425.

Hilary Dickinson. 2011-03-04. Genencor in major expansion. http：//www. beloitdailynews. com/news/local_ news/genencor-in-major-expansion/article_ 1bbddd9b-7424-5553-bdbd-ff41a360340e. html.

McAndrew R P, Peralta-Yahya P P, DeGiovanni A, et al. 2011. Structure of a three-domain sesquiterpene synthase：A prospective target for advanced biofuels production. Structure, 19（12）: 1876-1884.

Novozymes. 2013-11-27. Details on financial support to M&G Chemicals. http：//www. novozymes. com/en/investor/news-and-announcements/Pages/Details-on-financial-support-to-M-and-G-Chemicals. aspx.

NSF. 2013-12-14. National Science Foundation—Catalysis and Biocatalysis Program（CB）. http：//www. nsf. gov/funding/pgm_ summ. jsp? pims_ id=13360.

Puri M, Barrow C J, Verma M L. 2013. Enzyme immobilization on nanomaterials for biofuel production. Trends in Biotechnology, 31（4）: 215-216.

Reetz M T. 2013. Biocatalysis in organic chemistry and biotechnology：Past, present, and future. J Am Chem Soc, 135（34）: 12480 – 12496.

RenewableEnergyWorld. com. 2013-01-25. Novozymes Says Biofuel May Supply 90% of Its Revenue by 2030. http：//www. renewableenergyworld. com/rea/news/article/2013/01/novozymes-says-biofuel-may-supply-90-of-its-revenue-by-2020? cmpid=rss.

Sherpa. 2011-07-15. KET industrial biotechnology working group report. http：//ec. europa. eu/enterprise/sectors/ict/files/kets/4_ industrial_ biotechnology-final_ report_ en. pdf.

The Gazette. 2013-01-11. Cedar Rapids' Genencor plant becomes part of DuPont Industrial Biosciences. http：//thegazette. com/2013/01/11/cedar-rapids-genencor-plant-becomes-part-of-dupont-industrial-biosciences.

Zhang K, Bhuiya M W, Pazo J R, et al. 2012. An Engineered monolignol 4-o-methyltransferase depresses lignin biosynthesis and confers novel metabolic capability in Arabidopsis. The Plant Cell, 24（7）: 3135-3152.

5 个性化医疗领域国际发展态势分析

许丽 王玥 李祯祺 徐萍 于建荣

（中国科学院上海生命科学信息中心）

摘要 药物的有效性和安全性是新药开发和临床用药的核心问题。由于受患者个体遗传、生理特点及生活环境等多种因素的影响，泛化的医疗方案的治疗质量和效果不容乐观。随着人类基因组计划的完成，现代医学发生了重大变革，人们开始从基因水平进行疾病的预测和治疗。个性化医疗即在这样的医疗背景下产生，旨在以个人基因组信息为基础，结合蛋白质组、药物代谢组等相关内环境信息，为患者量身设计出最佳治疗方案，以期达到治疗效果最大化和副作用最小化的定制医疗模式。针对个性化医疗开展研究、药物和诊断技术研发，就形成了个性化医学这一新兴的研究领域。

美国是个性化医学研究的领跑者，2004年即成立了个性化医学联盟，美国国会于2006年和2008年两次提出"基因组学和个性化医学法案"，将个性化医学计划提上国家层面；美国食品和药物管理局通过改善药物监管法规鼓励个性化医药的创新；美国健康和人类服务部等各政府机构也纷纷颁布计划资助个性化医学。欧盟在个性化医疗领域具有竞争优势，2009年，欧盟投入500亿欧元建设"泛欧洲生物样本库与生物分子资源研究基础网"；"2015年欧洲药品管理局路线图"则进一步明确了欧盟对生物标志物与个性化医疗的支持；欧洲创新药物计划、欧盟第七框架计划先后将个性化药物开发列入其研究优先领域。英国启动的"生命科学战略"长期项目投入1.3亿英镑用于分层医学。此外，加拿大"eHealth"计划、俄罗斯"至2025年医学科技发展战略"等各国生命科学的大型规划中均将个性化医学作为重点领域之一进行发展。

我国《"十二五"生物技术发展规划》《医学科技发展"十二五"规划》等均将分子分型与个体化诊疗技术列入重点突破领域，科技部也先后启动了"863"计划"重大疾病的分子分型和个体化诊疗"重大项目、973计划"基于影像实时动态多元分子分型的乳腺癌精准诊疗关键技术研究"项目等多项个性化医疗相关资助，中国科学院通过战略性先导科技专项"个性化药物——基于疾病分子分型的普惠新药研发"项目，资助个性化医疗研究。

基因组学和基因组测序技术的发展推动了个性化医学的发展，药物基因组学、蛋白质组学、代谢组学以及生物信息学、生物芯片技术、纳米生物技术等组成了个性化医学研究的基础；分子水平生物标志物使疾病分类从宏观形态学转向分子特征为基础的分类体系，对疾病的分子分型和预后发展提供了重要的参考。具有统一标准的数据和高品质生物样本的获取和存储是个性化医疗实现的必要条件。分子诊断技术可针对人类基因及表达水平的变化而做出诊断，提高医疗机构对不同个体的治疗效果。个性化医疗是新兴研究领域，其科技产出大幅增加，呈持续快速增长态势。癌症的个性化医疗研究是当前研究的焦点；另外，传染性疾病、精神类疾病和呼吸系统疾病的个性化治疗研究也受到了越来越多的关注。

DNA 测序技术的发展、政府的支持重视、学术研究的快速发展、投资力度的不断加大以及临床数据的积累驱动了个性化医疗的商业化步伐，目前已有多种个性化诊疗产品上市。从第一个个性化药物——曲妥珠单抗（赫赛汀®）于 1998 年上市以来，美国食品和药物管理局批准的个性化药物大幅增加。截至 2013 年，美国食品和药物管理局已批准了 100 多种个性化药物，其中，癌症是关注的焦点，特别以乳腺癌药物为主；此外，心血管疾病、传染性疾病和呼吸系统疾病的个性化药物开发获得越来越多的关注；针对罕见疾病的个性化药物研发也逐渐增多。个性化医疗产业已成为制药公司和诊断技术公司关注的热点领域。

基于以上分析，本报告对我国个性化医疗的发展提出了建议。加强基础与临床的结合，着重开展我国高发、特有疾病的个性化研究，且加大投入突破技术瓶颈；从管理上开展数据共享及标准的制定工作；改革监管政策，简化和加速我国个性化医疗临床试验程序；加大监管力度，为个性化医疗的发展提供良好的政策环境。

关键词 个性化医疗 政策规划 基因组测序技术 生物标志物 分子分型 生物样本库

5.1 引言

个性化医疗是运用分子分析方法，根据患者的遗传特征以及所处环境的特点来帮助医生选择最有效的疾病治疗方法，更好地控制疾病的发展甚至预防疾病的发生，从而实现最佳的医学治疗效果。这一概念最早于 20 世纪 70 年代提出，到 20 世纪 90 年代末期，针对肿瘤靶向治疗的个性化医疗正式出现。

随着人类基因组计划的完成，以及各国推行的一系列千人基因组计划、个人基因组计划，包括针对肿瘤、罕见疾病、传染病等疾病基因组测序计划的实施，许多关键技术获得突破，基因变异与疾病、基因多态与药物作用的关系不断被揭示，人们对疾病诊断和药物治疗的了解更加深刻，个性化医疗进程不断推进。

药物基因组学（Pharmacogenomics）（Marshall，1997）从基因组水平出发，研究基因序列的多态性与药物效应多样性之间的关系，并基于此研制出新药或新的用药方法，其宗旨是因人而异用药，以求获得最佳疗效和最少不良反应，因而，其发展极大地推动了个性化医疗的进步。2005 年，美国食品和药物管理局（Food and Drug Administration，FDA）颁布了面向药企的《药物基因组学数据呈递》(Pharmacogenomic Data Submissions) 指南(FDA, 2005),旨在敦促药厂在提交新药申请时需提供该药物的药物基因组学资料,其目的是推进更有效的新型"个体化用药"进程,最终达到视"每个人的遗传学状况"而用药,使患者在获得最大药物疗效的同时,只面临最小的药物不良反应风险。

新技术、新理念、新进展不断出现与成熟,分子分型技术、基因诊断技术、生物芯片技术、POCT 技术等不断被应用到疾病的预警、诊断、治疗和预后评估中。分子诊断是针对人类基因及表达水平的变化而做出的诊断,旨在提高医疗机构对不同个体的治疗效果,因此分子诊断是个性化医疗的起点。相较目前技术较为成熟的生化诊断和免疫诊断,分子诊断拥有更高的技术水准。分子诊断在临床上起初应用于传染病诊断和器官移植分子配型,随着技术的逐渐成熟,分子诊断的应用范围不断拓宽,逐渐应用于遗传病、肿瘤的早期筛查与诊断,并逐步应用于大规模人群疾病筛查和人类基因库的建立。

5.2 个性化医疗政策规划[①]

伴随基因组学和分子生物学的快速发展,尤其是 DNA 测序技术的进步,个性化医疗已经成为各国生物医药研究的重点关注领域,近几年相关科技规划集中推出。美国国立卫生研究院(National Institutes of Health, NIH)资助计划、英国生命科学战略、俄罗斯至 2025 年医学科技发展战略等各国生命科学领域的大型规划均将个性化医疗列入其重点领域。此外,美国 FDA 先后发布"推进监管科学"战略计划和"驱动生物医药创新:促进医药产品开发行动计划",鼓励个性化医药的创新。英国、法国和加拿大也分别资助个性化医疗项目;同时,我国各项发展规划均将分子分型与个性化诊疗技术列入其重点突破领域,并启动了多项个性化医疗相关资助项目。

5.2.1 国际组织

5.2.1.1 国际协作组启动《千人基因组计划》

2008 年 1 月 22 日,由中国、英国和美国的科学家组成的"国际协作组"在深圳、伦敦和华盛顿同时宣布国际《千人基因组计划》(1 000 Genomes Project)正式启动,将测定选自全球至少 1 000 个人类个体的全基因组 DNA 序列,绘制迄今为止最详尽的、最有医学应用价值的人类基因组遗传多态性图谱(NIH, 2008),将用于研究人类各种特定的疾病。与国际《人类基因组计划》(Human Genome Project, HGP)和其他重要计划一样,《千人基因组计划》产生的数据和研究成果将通过公共数据库迅速发布,供全球科学家免费共享。这一国际合作计划的主要发起者和承担者包括英国的桑格(Sanger)研究所、中国深圳华大基因研究院(BGI Shenzhen)及美国 NIH 下属的国家人类基因组研究所(National

---

① 政策规划内容来源于各机构网站和《科学研究动态监测快报》,本章作者进行了总结和分析

Human Genome Research Institute，NHGRI）。

5.2.2 美国

2007年9月，美国卫生及公共服务部（United States Department of Health and Human Services，HHS）首次发布了关于个性化卫生保健部级报告——《个性化卫生保健：机遇、途径、资源》（Personalized Health Care：Opportunities，Pathways，Resources），提出生物医学科学、健康信息技术和卫生保健共同肩负个性化医疗的使命，要实现针对每一个患者"及时的、有效的治疗"（HHS，2007）。美国FDA先后发布了《推进监管科学》战略计划和《驱动生物医药创新：促进医药产品开发行动计划》鼓励个性化医药的创新（FDA，2011）。同时，美国医疗保健研究与质量局（Agency for Healthcare Research and Quality，AHRQ）将个性化医疗列入其预算中（AHRQ，2007）。

美国NIH整合其下属15个研究所（中心）的力量，启动多个项目，支持个性化医疗的发展。2011年，NHGRI进一步扩大了其基因组测序项目研究范围，加速将基因组测序信息应用于患者治疗（NHGRI，2011）；并资助了电子医疗记录与基因组学网络研究项目，推动患者电子医疗记录中与疾病特征和症状相关的基因组学信息在临床中的应用（NHGRI，2011）；2013年，美国国家神经疾病与中风研究所（National Institute of Neurological Disorders and Stroke，NINDS）启动《帕金森病生物标记物计划》，旨在开发新的技术和分析工具，用于帕金森病生物标志物的发现、识别和验证（NINDS，2013）。同时，美国国家癌症研究所（National Cancer Institute，NCI）关注癌症个性化治疗，其2007年工作计划中，提出重点资助先进影像技术、临床蛋白质组学、纳米技术及计算机技术，使癌症的个性化治疗成为可能；围绕个性化医疗的实现资助了癌症全基因组测序、癌症糖类生物标志物发现等多个项目；2012年10月，发布规范生物标志物在临床试验中的使用指南（NCI，2012）。

此外，2011年，美国NIH实施《发育营养生物标志物》计划，旨在确定与营养相关的生物标志物，以评估个体或群体对（药物）治疗或干预的反应（效果）（NIH，2011）；2012年，美国纽约科学院（New York Academy of Sciences，NYAS）召开"营养生物标志物：研究与应用新前沿"会议，探讨了生物标志物测定营养、膳食与疾病之间的关系（NYAS，2012）。

5.2.2.1 美国FDA鼓励个性化医药创新

1）发布《推进监管科学》战略计划

2011年8月，美国FDA发布《推进FDA监管科学》（Advancing Regulatory Science at FDA）战略计划，确定了包括鼓励临床评价和个性化医药创新在内的促进监管科学发展的8个优先领域。FDA将与其他机构合作，开发新的工具和方法，促进个性化医药发展，推动临床试验现代化和科学化进程（表5-1）。

表 5-1 促进个性化医药发展的措施

措施	具体内容
开发和优化临床试验设计、临床终点与分析方法	（1）继续优化临床试验设计和统计分析方法，解决数据丢失、多终点以及自适应性设计等诸多问题 （2）在目前尚缺乏合适临床终点的领域，识别和评估改进后的临床终点以及相关的生物标志物 （3）为特殊需要（如罕见病的小规模试验、儿科试验）开发新的临床设计和临床终点 （4）临床试验设计中继续优化模型和模拟，提高临床研究效果 （5）开展广泛的合作，改进临床试验实施和效率 （6）继续开发和优化风险/效益评估工具和方法
利用现有和未来的临床试验数据	（1）开发疾病发展进程的定量模型和测量方法 （2）利用大量的临床数据识别潜在的临床试验终点，发现终点在特定的人群以及不同疾病中的差异，加深人们对临床参数与结果关系的认识，评估潜在生物标志物的临床价值
识别生物标志物和临床终点并使其资格化	（1）识别新的可用于衡量新药安全性和有效性、辅助药效反应-剂量选择、判断疾病发展进程和预后的生物标志物并使其资格化 （2）开发和评估生物标志物识别新方法，包括"组学"、系统生物学和高通量方法 （3）监测个性化医药的最新进展
提高生物标志物评估的准确性和一致性，减少跨平台分析的差异	（1）对生物标志物识别和鉴定过程标准化，减少跨平台分析的差异，更有效地衡量生物标志物 （2）在使用新技术衡量生物标志物时，需要提供证据证实该技术准确、可靠 （3）开发新的科学工具以便更好地对目前以主观判断为主的衡量方法进行鉴定和标准化 （4）继续与其他机构合作，评估新技术验证方法的质量
开发虚拟的病理学患者	（1）鼓励开发能整合健康人和患者解剖学放射成像数据的计算机模型 （2）将这类模型与基因组学及其他生理学数据整合，开发完整的生理模型与模拟，将这些模型与模拟应用于开发和测试医疗器械和其他医疗产品 （3）建立一个模型数据库，以便研究人员能获得那些已经被 FDA 验证有效的、可靠的模型

2）发布《驱动生物医药创新：促进医药产品开发行动计划》

2011 年 10 月，美国 FDA 发布了《驱动生物医药创新：促进医药产品开发行动计划》（Driving Biomedical Innovation: Initiatives for Improving Products for Patients）。该计划通过重构 FDA 小企业拓展服务、建设基础设施支持个性化医学发展、加速药物开发路径、数据挖掘和信息共享、促进医疗器械发展、人才培养、完善 FDA 法规 7 个方面的行动，促进医药创新。

（1）科学领导：通过监管科学支持个性化医疗发展。

监管科学将在应对个性化医疗的诸多挑战中发挥重要作用。美国 FDA 倡导对促进个性化医疗创新所必需的重要科学领域进行投资，包括：使用新型临床试验设计和统计学方法；改进识别和确定生物标志物性能与质量指标的方法，以确保诊断工具开发并用于指导治疗药物的选择。

(2) 监管基础设施：通过FDA的政策和管理程序促进个性化医疗发展。

美国FDA制定了一系列监管政策和管理程序，支持个性化医学发展。FDA已于2011年发布《体外伴生诊断设备指南》草案，并积极鼓励各界对验证方法、材料和生物信息学方法加大投资，以有效地将超高通量基因组测序技术等先进技术应用于临床。

(3) 设立医药产品副局长岗位。

要确保美国FDA下属各个医疗产品中心作为一个团队共同努力，使安全、有效的新疗法快速上市，需要监管药品、生物制品、医疗器械（诊断产品）各中心相互合作。FDA任命了一位新的负责医药产品的副局长，负责监督和管理下属三个与医药产品研发相关的中心。

5.2.2.2 美国AHRQ关注个性化用药

美国AHRQ 2008财年的预算是33 000万美元，比2007财年持续决算净增长1100万美元，比2007年总统预算增长1 100万美元。这些资金用于资助个性化用药计划在内的健康护理计划。

该计划将会促进在个性化用药上不同领域创新成果的集合统一，包括使用电子化的"网络"将基因组学应用到临床实践。这将进一步促进三个主要领域的发展：建设数据存储能力及其基础设施，集合管理数据和临床数据以确保投入与产出紧密联系，促进质量评估的发展。其远期成果将会提高成本效果比，提高医疗的质量与安全性。

5.2.2.3 美国NIH多项计划为个性化医疗提供支持

1) NHGRI扩大基因组测序项目研究范围

2011年12月，美国NIH下属的NHGRI制定了一项新的资助计划，将其基因组测序项目（Genome Sequencing Program）的研究领域扩展到医学应用。除现有研究项目外，从2012财年起的4年内还将启动一项价值4.16亿美元的新计划，旨在发现罕见遗传性疾病的病因，加速将基因组测序信息应用于患者治疗（表5-2）。

表5-2 NHGRI基因组测序项目启动的新计划

项目名称	内容	资助经费/万美元
大规模基因组测序中心项目	人类基因组领域的基础研究、常见复杂疾病（如糖尿病、心脏病）的遗传分布研究以及正在开展的特殊项目（如癌症基因组图谱）；推动DNA测序与信息管理系统的技术进步；开发新的技术与软件，用于分析和理解产生的巨大的DNA测序数据；继续培训基因组学研究人员和技术人员	8600
遗传疾病基因组中心项目	通过数千个患者及其家庭成员的基因组测序，发现罕见疾病的遗传学基础	4800
临床测序探索研究项目	如何将基因组信息/数据速合到医疗记录中、从患者基因组测序中提取相关信息需要什么工具、基因组测序数据如何影响医师对患者治疗的建议	4000
高通量测序数据分析的信息学工具	基因组测序数据分析软件的开发，提高研究人员分析基因组测序数据的能力	2000

2) NHGRI 资助电子医疗记录与基因组学网络项目

2011 年,美国 NIH 下属的 NHGRI 出资 2500 万美元,资助为期 4 年的电子医疗记录与基因组学(eMERGE)网络研究项目,患者电子医疗记录中与疾病特征、症状相关的基因组学信息可用于改善患者治疗。eMERGE 第一阶段的研究已经证明,电子医疗记录中的疾病特征数据和患者遗传信息,可用于大型遗传学研究,且已发现了与痴呆、2 型糖尿病和心脏传导缺陷等疾病相关的基因变异。下一阶段,研究人员将通过全基因组关联研究,识别与 40 多种疾病特征和症状相关的基因变异。每一项研究将分析约 32 000 个参与者的 DNA。研究人员还会将这些基因组学信息应用到临床治疗,根据基因变异信息进行疾病预防、诊断和治疗。

3) NINDS 启动帕金森病生物标志物开发项目

2013 年 1 月 15 日,美国 NIH 下属 NINDS 启动了《帕金森病生物标志物计划》(PDBP),旨在开发新的技术和分析工具,用于帕金森病生物标志物的发现、识别和验证,并进一步共享生物标志物数据和资源。

目前,还没有效的帕金森病生物标志物,这是开发更好的治疗帕金森病新药的重要挑战之一。有效的生物标志物可用于早期疾病检测和监测,从而提高现有疗法的治疗成功率并帮助研究人员在临床试验中测试新药。目前,已有一些研究取得了有前景的结果,包括:一些研究人员利用非侵入性成像技术检测脑功能或生物化学变化;一些研究已经发现该疾病与血液、尿液或脑脊液(CSF)中的蛋白质或其他分子相关。PDBP 将资助并协调多项生物标志物研究,目前已资助了如下 9 个项目(表 5-3)。

表 5-3 美国 NIH 新支持的帕金森病生物标志物开发项目

资助机构	研究内容
埃默里大学	开发统计工具,用于分析脑成像、遗传学、分子与临床测试等方面的数据,以便发现多个生物标志物
宾夕法尼亚大学	进一步确认几个候选生物标志物,并通过一种新方法测量血液中 400 多种蛋白质含量以便寻找新的标志物
约翰霍普金斯大学	清楚描述帕金森病的早期临床症状,并将这些信息与血液和脑脊液中潜在标志物变化相关联
得克萨斯大学西南医学中心	研究疾病进一步发展是否会改变血液和脑脊液中抗体和其他蛋白质的水平
宾夕法尼亚州立大学	采用最先进的磁共振成像扫描揭示帕金森病患者大脑的功能和化学变化
西北太平洋国家实验室	鉴定帕金森病患者大脑中路易小体的新成分,然后用超敏方法判断这些蛋白质是否流入脑脊液或血液
哈佛大学布里格姆与妇女医院	研究帕金森病是否与大脑、血液和脑脊液中非编码基因的活动变化相关,开展帕金森病生物标志物研究
亚拉巴马大学伯明翰分校	研究与帕金森病相关的胞外体(exosome)相关蛋白是否可作为生物标志物
华盛顿大学	全面寻找脑脊液中的候选标志物,寻找血液中最有可能的候选标志物

为支持这些项目之间的合作，PDBP 推出了一个新的由美国 NIH 信息技术中心开发的在线数据共享平台——数据管理资源（DMR）。参与 PDBP 的研究人员需要通过 DMR 共享数据。该计划未资助的研究人员也可以访问该数据库并索取生物样品，也鼓励他们提交自己的研究数据。提交的生物样本将通过 PDBP 被存入 NINDS 人类遗传信息库（NINDS Human Genetics Repository），用于医学研究。

4）美国国家癌症研究所关注癌症个性化治疗

作为美国癌症研究的重要部门，2008 年，NCI 发布了《国家癌症研究投资——2009 财年计划和财政预算》（2009 Annual Plan and Budget for the National Cancer Program），就如何实现癌症个性化医疗的未来提出了设想和目标。

人类基因全序列的破译，为理解基因对人类健康和疾病（包括癌症）提供了蓝图。但是，最为关键的是理解不同的个体患上癌症的风险差异，理解药物治疗对不同个体的有效性和可能发生的副作用。基因变异可作为跟踪癌症发展的靶标。尽管对每个人进行测序极其昂贵，许多科学家已经将基因变异进行了分类，这可以视为快速识别与癌症治疗相关的基因元素的"地标"。全基因组关联分析（genome-wide association studies，GWAS）产生大量癌症和其他疾病的分子数据，这为发现和开发深入根源的治疗方案提供了契机。表 5-4 列出了 NCI 主要实施的 GWAS 项目。

表 5-4　NCI 实施的 GWAS 项目

项目	内容
癌症易感性基因标记计划（The Cancer Genetic Markers of Susceptibility Initiative）	应用 GWAS 研究患前列腺癌和乳腺癌的患者与未患癌症的 DNA。全球研究人员可以免费获取研究结果
癌症基因图谱绘制（The Cancer Genome Atlas）	从染色体重组、DNA 突变，到表观遗传，建立有关癌症发生的基因变异地图，以在早期发现疾病；分辨哪些患者将会对治疗产生反应；提供药物研发的新目标；最终为有可能患上癌症的人提供预防方案
儿童癌症治疗性应用研究（Childhood Cancer Therapeutically Applicable Research to Generate Effective Treatments Initiative）	完整表征分析儿童癌症的基因档案，并使用 DNA 测序技术来识别那些持续表达的突变基因；最后，将应用高通量筛选模型来识别和验证目标治疗方案

为更加深入理解癌症的原理，更好地实现癌症的个性化治疗，NCI 开展了多个大型的跨学科项目，以便快速开发生物样品检测技术、检测生物标志物的标准化蛋白质组技术，能够检测癌症微环境，理解整个癌症过程（表 5-5）。

表 5-5　NCI 深入理解癌症分子机理的跨学科项目

项目	内容
生物库	建立样本存储标准、提高国际国内的生物样本和生物库的质量，通过组织和构建各种"生物库"来支持 NCI 资助的各种癌症研究
癌症临床蛋白质组技术计划	建立一个涉及蛋白质测量技术，生物资源、数据传播、整理、标准化、可视化技术、试剂、方法、分析平台的大规模实时交换和应用网络

续表

项目	内容
肿瘤微环境网络	弄清癌症微环境在癌症发生和发展的过程中扮演的作用
癌症生物学整合研究	将癌症作为一个复杂的生物系统来进行研究

另外，NCI一直致力于探索、发展并分享能够促进癌症研究的前沿技术。有关努力有：建造连接不同癌症研究者的网络，发展纳米诊断和治疗方法，开发癌症亚细胞水平图像技术。

5.2.3 欧盟

2010年，欧洲药品管理局（European Medicines Agency，EMA）发布的"2015年欧洲药品管理局路线图"明确了欧盟对生物标志物与个性化医疗的支持；2011年，欧洲召开"欧洲个性化医学视角"会议，总结欧盟（European Commission，EC）个性化医学现有的研究成果以及未来挑战（EC，2011）；同时，前瞻性研究报告《与个性化医疗相关的欧洲生物库与样本库》发布，进一步强调生物标志、数据标准、生物信息工具的投资，保证了欧洲在个性化医疗方面的世界领先地位（ESF，2011）；另外，IMI计划也对其科学研究议程进行了修改，将"药物基因组学与人类疾病分类"、"罕见疾病与分层治疗"列入研究优先领域（IMI，2013）；2012年7月，欧盟第七框架计划（FP7）又将个性化药物开发列入其2013年研究优先领域（EC，2012）。欧洲癌症组织（European Cancer Organisation，ECCO）《ECCO肿瘤政策论坛2012年报告》聚焦癌症个性化医疗，同时也是全球的关注焦点（ECCO，2013）。

5.2.3.1 欧洲科学基金发布《与个性化医疗相关的欧洲生物库与样本库》报告

2011年5月20日，欧洲科学基金（European Science Foundation，ESF）发布前瞻性研究报告《与个性化医疗相关的欧洲生物库与样本库》（European Biobanks and Sample Repositories—Relevance to Personalised Medicine）。该报告指出，欧洲目前在个性化医疗方面处于世界领先地位，许多最有价值的、应用于个性化医疗的工具都在欧洲，但要保持这种竞争优势，必须向这个领域持续投资。该报告强调，欧盟新的战略框架计划，即第八框架计划（FP8）能够在支持个性化医疗发展中发挥重要作用，并建议FP8对如下领域进行投资。

(1) 生物标志物、影像研究和其他数据；
(2) 使用协调、统一的数据标准；
(3) 考虑环境因素的延迟效应，采取长期持续跟踪；
(4) 定向资助，以消除目前存在的不能回溯的缺陷，包括新移民人群的鉴别；
(5) 进行社会、监管及伦理道德方面的研究，实现个性化医疗社会效益最大化；
(6) 建立生物统计学与生物信息学相关设施。

5.2.3.2 个性化药物开发列入欧盟 FP7 2013 年健康研究优先领域

2012 年 7 月，欧盟 FP7 发布了其 2013 年健康主题的研究优先领域，开发个性化药物方法列入其中，重点开发应用于人类健康的生物技术、通用工具和医学技术，以及相关转化研究。

1) 检测、诊断和监控技术

目标是开发可用于生物医学研究的可视化、成像、检测和分析工具与技术，用于疾病的预测、诊断、监测和预后。重点关注整合分子和细胞生物学、生理学、遗传学、物理学、化学、生物医学工程、微系统、医疗器械和信息技术等的多学科方法开发。重视非侵入性或最小侵入性方法以及定量方法研究。2013 年的重点是开发可用于指导个性化新疗法开发的成像技术，尤其是可用于罕见病干预疗法的成像技术。

2) 用于个性化医学的代谢组学研究行动计划

利用人类微生物组组成的研究成果，研究健康、疾病和衰老过程中人类微生物作用。通过大型患者群的宏基因组分析，研究菌群组成与疾病之间的关系，同时还关注：① 健康、疾病和衰老的宏基因组分析；② 研究宏基因组对药物反应（药物吸收和代谢）的潜在作用；③ 开发新的、以宏基因组为基础、用于个性化医疗的诊断和预后工具；④ 开发生物信息学工具。

发展宏基因组学技术。利用宏基因组数据和相关信息，提高欧洲的竞争力，鼓励中小企业参与研究和创新。

5.2.3.3 欧洲癌症组织政策论坛关注个性化癌症医疗未来

2013 年 7 月 23 日，欧洲癌症组织（The European Cancer Organisation，ECCO）发布了《ECCO 肿瘤政策论坛 2012 年报告》（Oncopolicy Forum 2012 Report）。报告聚焦于分析个性化癌症医疗的未来，详细概述了个性化癌症医药的科学、伦理、财政和实践等方面的挑战。

报告指出，欧洲的癌症治疗和护理前景看好，但也存在系列挑战性问题，包括：① 数据库和信息共享；② 分子筛选和诊断；③ 基于证据的靶向治疗发展；④ 创新和可持续性研究方法；⑤ 跨学科及患者的深入参与；⑥ 多利益相关者的合作关系和网络。

5.2.4 英国

分层医学（stratified medicine）是传统标准化医疗向个性化医疗转变的过渡阶段。英国多个机构先后联合推出项目资助分层医学创新平台建设和个性化药物开发（TSB，2010）；2011 年，英国启动跨越 10～15 年的"生命科学战略"长期项目，投入 1.3 亿英镑用于分层医学（BIS，2011）。英国医学研究理事会（Medical Research Council，MRC）将个性化医疗作为其战略研究重点，资助了多个分层医学项目，且资助了价值 1700 万英镑的生物标志物研究项目，用于评价健康状况，监控疾病及确定对医疗措施的应答性。

2011年，为应对个性化医疗带来的诸多挑战，英国政府改革国家医疗服务体系（National Health Service，NHS），考虑采用基因技术等发展个性化医疗；2012年，英国卫生部（Department of Health，DH）人类基因组学战略工作组发布了《基于人类遗传学—基因组学技术应用于医疗》报告，分析了基因组学技术在临床医疗和公共卫生中的潜在影响，制定了基因组学应用于医疗的愿景（DH，2012）；2013年7月，英国卫生部正式投资成立英格兰基因组公司（Genomics England），对癌症、罕见病和传染病患者进行DNA测序，并将其与患者医疗记录链接（DH，2013）；2013年11月，英国启动"英国个人基因组项目"，旨在完成10万英国人的DNA测序并免费共享，以深入了解疾病和人类遗传学，推动个性化医疗发展（Liz，2013）。

5.2.4.1 英国多机构联合推出分层医学创新平台重大项目

2010年10月，英国技术战略委员会（Technology Strategy Board，TSB）联合英国DH、苏格兰政府、英国MRC、英国癌症研究基金（Cancer Research UK，CRUK）及英国健康与临床优化研究所（National Institute of Clinical Excellence，NICE）共同出资5000万英镑，资助"分层医学创新平台"（Stratified Medicines Innovation Platform，SMIP）重大项目，通过政府、研究机构和商业合作，提升英国在疾病诊断和治疗方面的领先地位。

SMIP主要用于肿瘤筛选分析等方面的创新研究和开发，旨在改善癌症治疗，开发生物标志物以获得更有效的药物。在起步阶段，创新平台将集中在以下两个领域进行创新研发。

（1）肿瘤筛选分析，早期重点放在乳腺癌、肺癌、结肠癌、前列腺癌、卵巢癌和皮肤癌及相关技术的研究上；

（2）配套的生物标志物开发，用于预测具有重大临床和商业价值的已上市药物或临床试验阶段药物的患者应答。

SMIP的目的在于，通过加速疾病诊断和治疗新技术的商业化，使英国成为以分子分析为基础的新时代医疗保健中心，为英国在全球市场竞争中带来极大的商业、健康和市场利益。同时，也有助于英国制药产业开发出更多针对小患者群体的高效药物，促进诊断产业进一步开发配套的诊断测试，提高医疗服务的单位成本效益。

5.2.4.2 英国TSB与MRC资助个性化药物研发

2011年5月19日，英国TSB与MRC共同向7个重要的新研究项目投资370多万英镑，这些项目将使英国位于个性化药物开发的最前沿。

该投资将首次通过英国TSB管理的分层医学创新平台（stratified medicine innovation platform，SMIP）开展。英国政府将在未来5年内向该平台投入5 000多万英镑，用于肿瘤的创新型研究与开发，改善癌症治疗并开发更有效的药物生物标志物。此次资助的7个项目中，4个项目是关于炎症生物标志物的开发，这些新型的炎症生物标志物用于开发更有效的治疗药物；另外3个项目涉及商业模式和价值体系的开发（表5-6）。

5 个性化医疗领域国际发展态势分析

表 5-6 TSB 与 MRC 新资助的 7 个个性化药物开发项目

项目题名	承担机构
用于药物开发的炎症生物标志物	
用于预测骨关节炎新药的药理学、患者应答的新型生物标志物的评估	葛兰素史克、牛津大学
评估慢性呼吸道疾病患者的各种非肺病中炎症的作用	葛兰素史克、皇家 Brompton & Harefield 医院、剑桥大学、爱丁堡大学、卡迪夫大学、诺丁汉大学
CD44vRA 作为风湿性关节炎的特定生物标志物用于靶向新药开发、预测新药和伴生诊断的效果的研究与验证	Ig 创新公司、MaimoniDex（英国）分公司、MaimoniDex 公司、MaimoniDex 大学
多重 SNP 阵列用于风湿性关节炎患者治疗应答的分类	Randox 实验室公司、Ulster 大学
开发商业模式与价值系统	
用联合方法建立战略组织储备联盟	阿斯利康英国分公司、葛兰素史克、Lab21 公司、曼彻斯特大学、诺丁汉大学、莱斯特大学
GSK 与牛津基因技术中心（OGT）：CDx 开发的创新商业模型	葛兰素史克、牛津基因技术中心
分层医药商业平台	Janssen 英国分公司、伦敦大学学院、NHS/UCL 合作伙伴健康科学中心

注：第一位的机构都为项目负责单位

5.2.4.3 英国"生命科学战略"

2011 年 12 月 5 日，英国首相启动了英国政府跨越 10~15 年的"生命科学战略"（Strategy for UK life sciences），旨在促进生命科学行业增长与发展。该战略聚焦于生命科学的健康相关行业。计划投入 1.3 亿英镑用于分层医学。

分层医学部分由英国 MRC 和 TSB 共同负责具体实施，包括：① 未来 4 年内投资 6 000 万英镑用于学术界、企业与临床医师之间的分层医学研究合作，促进某些大类疾病（如心脏病、哮喘、精神健康疾病）的靶向新疗法开发；② 未来 3 年内投资 6 000 万英镑实施一项实验医学研究项目，解决疾病（包括慢性病，如糖尿病等）机制及其治疗面临的难题；③ MRC 投资 1 000 万英镑用于与阿斯利康公司合作，该公司向 MRC 研究人员提供了 22 个化合物，合作开发新药，这种合作将鼓励其他企业与学术机构合作，促进科研成果转化。

5.2.4.4 英国 MRC 将个性化医疗作为研究重点

1）英国 MRC 将个性化医疗作为战略研究重点

2010 年 12 月，MRC 公布了改善国内健康和福利的创新性研究计划，同时公布了下一阶段（2011/12 年至 2014/15 年）经费预算的改革计划。MRC 的总体科研经费预算将达到 22 亿英镑，其中分层医学获得 0.6 亿英镑的资助，用于提高对个性化医疗的认识，能够在多种疾病中针对具有不同体征患者群体采用不同的治疗手段，满足不同患者的需求。

2）英国 MRC 资助分层医学项目

2012 年 12 月，英国 MRC 宣布将向针对类风湿关节炎、丙型肝炎和罕见的遗传疾病高雪氏症（Gaucher's disease）三种疾病新合作项目投资 1 060 万英镑，推进分层治疗研究，探索患有相同疾病的不同患者对同种治疗的反应差异的机制，使医生能针对患者个人遗传图谱开具疗效更好、副作用更低的药物和治疗处方。新资助将以联合研究形式进行资助（表 5-7）。

表 5-7 MRC 资助分层医学项目

项目	领导机构	内容
STOP-HCV 丙型肝炎研究联盟	牛津大学	利用 HCV Research UK 建立的临床数据库和丙型肝炎感染者的血液样本库，开发最先进的基因测序技术，找出 30% 的患者对新型治疗方案（直接抗病毒治疗）无反应的原因，以改进患者治疗。
MATURA 研究联盟	伦敦大学玛丽皇后学院和曼彻斯特大学	寻找血液和关节中的生物与遗传标志物，用于预测患者对抗炎药的反应。
GAUCHERITE 研究联盟	剑桥大学	对 85% 的英国高雪氏症患者进行检查，根据患病性质将其"分层"，使其得到更好的靶向治疗干预。

5.2.4.5 英国发布《基于人类遗传学—基因组学技术应用于医疗》报告

2012 年 1 月，英国卫生部人类基因组学战略工作组发布了《基于人类遗传学—基因组学技术应用于医疗》（Building on our Inheritance：Genomic Technology in Healthcare）报告。该报告分析了基因组学技术对临床医疗和公共卫生的潜在影响（表 5-8），制定了基因组学应用于医疗的愿景，并就如何实现愿景，从构建临床有效性和实用性、服务提供、生物医学信息学基础设施建设、人才培养、相关法律框架的制定、公众参与 6 个方面就如何实现愿景提出建议。

表 5-8 基因组学技术对临床医疗和公共卫生的潜在影响

	作用	基因组学技术提供的帮助
临床医疗	防止过早死亡	通过更早、更准确的诊断与预测，帮助临床医师选择更有效的治疗产品
	提高长期、慢性病患者的生活质量	识别那些对现有疗法无效的患者，使用其他更有效的疗法
	帮助人们从疾病及其后续的损害中恢复	通过准确地理解疾病病理学，尽早选择合适的治疗方法
	确保患者获得良好的治疗经历	通过降低侵入性检测的需求，加速诊断治疗和恢复过程
	让患者在安全的环境中接受治疗和护理；保护患者免受伤害	使临床医师从患者的遗传信息角度判断患者是否会对药物产生不良反应，避免使用不合适的药物

	作用	基因组学技术提供的帮助
公共卫生	健康保护与恢复：保护人们免受重要健康突发事件的影响，免受重要健康危害	对致病菌进行精确的分子分析，识别新的、高危传染病的变异情况，跟踪疾病爆发
	应对更广泛的不良健康的决定因素：解决那些会影响健康的决定因素	使人们能更好地理解基因–环境的相互作用，更好地理解疾病易感性
	促进健康：促进健康生活方式被采用	根据疾病高危人群的遗传特性，向他们提供有针对性的信息
	预防不健康：通过预防疾病，降低不健康人口数量	提高疾病筛查项目的准确性，扩大筛查范围，尽早检测常见疾病
	使更多的人在一生中保持健康，降低死亡率：预防过早死亡	更早、更精确的诊断与预测，帮助临床医师选择更适合患者的治疗方式与治疗产品

5.2.4.6 英国卫生部出资1亿英镑开发基因组医学

2013年7月5日，英国卫生部正式宣布投资1亿英镑，成立英格兰基因组公司（Genomics England）。该组织隶属英国卫生部，旨在对癌症及罕见病和传染病患者进行DNA图谱测序，并将此新数据链接到患者医疗记录。

这笔投资主要用于：①培训新一代遗传科学家，开发新的药物和治疗方法；②对医疗保健团体广泛使用新技术进行培训；③存储癌症和罕见病、遗传性疾病的原始DNA序列；④构建安全的NHS数据链接，确保这一新技术更好地使患者受益。

5.2.4.7 英国推出开放存取个人基因组计划

2013年11月，英国宣布启动了一项"英国个人基因组项目"（Personal Genome Project UK，PGP-UK），本项目将招募10万名志愿者提供DNA，分析健康数据，并将个人基因组序列和附带的个人健康信息放在一个免费获取的在线数据库中，进而为科学家提供便利的工具，深入了解疾病和人类遗传学。项目计划在第一年，完成50位年满18岁的英国居民的基因组测序。

PGP-UK项目是2005年由哈佛大学的基因组科学家乔治·丘奇（George Church）开展的个人基因组序列项目的延续。类似的PGP项目也在加拿大、德国和韩国相继启动，揭开基因组的秘密可帮助科学家深入了解疾病的成因和治疗。

5.2.5 法国

5.2.5.1 法国"健康与生物技术"第二轮资助个性化医疗项目

2012年2月7日，法国高等教育与研究部（Ministère de l'Enseignement Supérieur et de la Recherche，MESR）、卫生部、农业部联合发布法国《投资未来计划》（Programme d'Investissements d'Avenir）"健康与生物技术"项目第二轮资助20个项目，其中包括5个个性化医疗项目，资助总额达1.035 9亿欧元（表5-9）（MESR，2012）。

表5-9 法国"投资未来"项目第二轮资助的20个项目

项目简称	主要内容	资助金额/万欧元
FLI	整合六大成像平台成立法国生命成像基础设施平台，开展临床前成像研究、临床成像治疗研究	3 759
INGESTEM	建立独特的干细胞生物库，用于临床治疗，满足产业基地使用需求	1 400
IDMIT	建立研究基础设施，以构建传染病模型，开发新疗法	2 700
E-CellFrance	建立国家临床研究基础设施，致力于开发退行性疾病的成体干细胞疗法	1 250
TEFOR	建立一个拥有斑马鱼和果蝇两类动物模型的平台，以研究对健康有重要影响的基因转移与变异机制	1 250
合计		10 359

健康与生物技术领域是法国研究与创新的战略优先领域之一。"健康与生物技术"项目将向该领域投入15.5亿欧元，其中第一轮资助3.83亿欧元，第二轮资助3.8亿欧元。

5.2.6 加拿大

5.2.6.1 加拿大资助新个性化健康研究项目

2013年3月26日，加拿大宣布投资1 370万美元支持安大略省的四个研究项目。这些项目将利用新技术确定多个与罕见疾病相关的基因，并测试靶向已发现基因的潜在新疗法（CIHR，2013）。

这些项目是耗资1.5亿美元的基因组学和个性化健康竞赛的一部分，该竞赛由加拿大基因组和加拿大健康研究院（Canadian Institutes of Health Research，CIHR）联合举办。政府通过加拿大基因组投资大约4 500万美元，通过CIHR投资2 400万美元，以及通过癌症干细胞协会资助200万美元。通过该竞赛获得资助的项目总共有17个，资助金额300万~1 300万美元。

此次资助的4个项目将由加拿大部分顶尖研究人员和安大略省学术机构的团队领导，具体包括：

（1）改善加拿大罕见遗传疾病治疗（Kym Boycott，东安大略省儿童医院和渥太华大学）；

（2）自闭症谱系障碍：从基因组学到成果应用（Stephen Scherer，儿童医院）；

（3）食管腺癌高风险患者的早期发现（Lincoln Stein，安大略省癌症研究所）；

（4）肠道黏膜免疫层面的微生物：一个个性化健康门户（Alain Stintzi，东安大略省儿童医院和渥太华大学）。

5.2.7 俄罗斯

5.2.7.1 俄罗斯至2025年医学科技发展战略关注个性化医疗

2013年1月,俄罗斯联邦政府批准了由俄罗斯卫生部(Ministry of Healthcare of the Russian Federation,MHRF)与科学家团体联合制定的科学战略,即《俄罗斯至2025年医学科技的发展战略》(Development of Medical Science in the Russian Federation for the Period up to 2025)(MHRF,2013)。这是俄罗斯历史上首次制定如此长时间(未来12年)的医学科技发展战略,其目标是发展医学科技,创造高技术创新产品,为实用的健康创新技术转化提供条件,促进人类健康。

该战略确定的优先领域是基因组学、蛋白质组学和表观基因组学、生物信息学、系统生物学、纳米生物技术、细胞技术、药理学、个性化医疗,并支持跨学科研究。医学研究的管理以"科研平台"为基础实施,例如,优先领域的全面研究计划和产生创新产品及技术的关键技术。

该战略的联邦预算开支将通过2013~2020年俄罗斯"卫生事业发展"、2013~2020年"教育事业发展"、2013~2020年"科学技术发展"和2013~2020年"制药与医疗产业发展"等公共项目进行支持。

5.2.8 日本

5.2.8.1 日本经济刺激计划资助建立日本生物库

三年前,日本科研资金投入前景黯淡,为削减国家预算,由日本民主党所领导的政府曾提议削减科学预算。2013年,日本新任首相安倍晋三改变了这一政策方向,大力支持科研工作。2013年1月15日,日本内阁发布了日本政府最大规模——10.3万亿日元的经济刺激计划,科学研究成为其中的大赢家,获其中很大一部分经费,资助内容包含许多重要的科研领域和一些大型科学设施建设。其中,包括日本生物库(BioBank Japan)的建设(Cyranoski,2013)。

5.2.9 中国

我国各项规划及科技部,中国科学院等均对分子分型与个体化诊疗技术进行了部署,对个性化医疗的关注度不断加大。

5.2.9.1 分子分型与个体化诊疗技术列入《"十二五"生物技术发展规划》

2011年11月,科技部印发了《"十二五"生物技术发展规划》,将分子分型与个体化诊疗技术列入"十二五"期间要重点突破的核心关键技术(科技部,2011)。指出要开展重大疾病及常见疾病的分子分型分期与疾病早期诊断关键技术研究;建立标准化、规范化、数字化的可共享的临床资料、标本数据库及信息系统；研究重大疾病的全基因组关联分析技术，重大疾病分子分型的生物标志物的发现、确证及临床评价，重大疾病个体化的临床诊疗方案。

5.2.9.2 个体化诊疗技术研究列入《医学科技发展"十二五"规划》发展重点

2011 年 11 月，科技部印发了《医学科技发展"十二五"规划》，将个体化诊疗技术研究列入发展重点（科技部，2011）。指出要重点发展个体化诊疗技术，建立重点疾病的分子分型标准，根据个体差异研究制定个体化诊疗方案；发挥中医个体化诊疗的传统优势，加强方法学研究和临床评价，提高中医辨证论治的能力和水平。

医学工程技术方面，要发展新型电磁功能检测分析技术、高分辨率医学成像技术、分子生物医学诊断技术、医用植入/介入体技术，基于多模态融合影像介导的个体化手术规划、导航、定位技术等，以及将现代科学与传统医学理论结合的中医生物医学工程技术等。

5.2.9.3 科技部资助个性化医疗

1）863 计划资助"重大疾病的分子分型和个体化诊疗"重大项目

2006 年，863 计划资助"重大疾病的分子分型和个体化诊疗"重大项目，主要集中于肿瘤（肺癌、胃癌、食道癌、鼻咽癌、白血病）、心血管疾病（动脉粥样硬化）、老年神经变性病（老年性痴呆、帕金森病）、精神系统疾病（抑郁症和精神分裂症）、糖尿病和慢性肝病等重大疾病的分子分型和个体化诊疗等研究方向。中国医学科学院、北京大学、中山大学、上海交通大学、首都医科大学、北京博奥生物有限公司等单位及病例资源丰富的临床医院参与。

2）973 计划 2014 年资助"基于影像实时动态多元分子分型的乳腺癌精准诊疗关键技术研究"项目

2013 年 10 月，科技部发布国家重点基础研究发展计划 2014 年项目立项通知，批准了"基于影像实时动态多元分子分型的乳腺癌精准诊疗关键技术研究"项目，由中国人民解放军南京军区南京总医院承担，前两年资助经费为 1 120 万元（科技部，2013）。

5.2.9.4 中国科学院组织实施战略性先导科技专项"个性化药物"

中国科学院组织通过战略性先导科技专项"个性化药物——基于疾病分子分型的普惠新药研发"项目立项调研，2013 年 4 月进入组织实施阶段。专项拟针对复杂性疾病分子机制与分子分型、患者个性化差异与药物敏感机制、药物分层特征与个性化用药模式等科学问题，以肝癌、胃癌和 2 型糖尿病为切入点，阐明肝癌、胃癌、糖尿病的疾病分子分型，实现患者的精确分群；发现并确定现有药物有效、无效、毒性、耐药的生物标志物，实现现有药物的个性化；依据肝癌、胃癌、糖尿病的疾病分子分型和发现的生物标志物与靶点，研发个性化新药。核心是明确现有药物的敏感人群，提高疗效、降低毒性；依据疾病的分子分型，针对敏感人群研发适合规模人群的个性化新药；整合、完善、新建个性化药物研究关键资源平台、技术平台和信息平台，建设中国科学院个性化药物研发体系。

专项拟设置如下：

（1）肿瘤疾病分子分型和生物标志物。建立具有临床意义的中国人群肝癌、胃癌等高发癌症的分子分型方案；通过细胞、动物和临床样本三位一体的研究模式，进行生物标志物、靶标发现与验证研究

（2）肿瘤个性化药物研究。重点对具有我国自主知识产权的、处于临床及临床前不同阶段的候选新药，进行敏感标志物的发现研究，研发个性化人群诊断试剂盒；针对新发现的靶标和生物标志物，开展个性化候选新药研究。

（3）糖尿病疾病分子分型和生物标志物。结合细胞、动物和临床的联合研究，进行对临床药物治疗具有指导意义的中国人群2型糖尿病分子分型研究，发现及确证2型糖尿病的药物敏感生物标志物和药物靶标，开发临床检测试剂盒。

（4）糖尿病个性化药物研究。针对现有临床治疗糖尿病药物和处于临床研究阶段的候选新药，研发相应的有效性/毒性生物标志物，研发提高现有药物疗效和安全性的个性化人群诊断试剂盒；针对新发现的靶标和生物标志物，进行抗2型糖尿病个性化药物的研发。

5.3 个性化医疗发展趋势

5.3.1 从文献计量看个性化研究发展趋势

5.3.1.1 国际整体发展态势

以科学引文索引扩展版（Science Citation Index Expanded，SCI-E）作为数据源，通过对2003~2012年提到"个性化医疗"的论文进行统计（检索日期：2013年12月16日），在一定程度上反映个性化医疗研究概况。

10年间，含有个性化医疗的论文发表量呈现快速增长趋势，共发表了11 057篇相关论文。论文数量从2003年的441篇猛增至2012年的2 015篇（图5-1），增长了3.6倍。

1）国家/地区分布

从国家/地区分布情况来看，美国位列第一，发表了4 911篇相关论文，其发文量是并列排名第二位的德国、英国①（发文量均为968篇）的近5倍。这表明美国在该领域开展的研究较多。10年间，中国②发表了501篇论文，居世界第9位（图5-2）。

对论文发表量前10位国家的年度变化进行分析，2003年以来，各国论文发表量均有不同程度的增加，除美国论文数量增幅较大以外，多数国家呈缓慢增长趋势。中国从2008年开始论文量增长较快，2012年的论文数量排名上升到世界第三位（图5-3）。

---

① 英国包括英格兰、苏格兰、威尔士及北爱尔兰4个地区
② 因数据库的分类规则，中国的数据仅包括内地和港澳，台湾单列

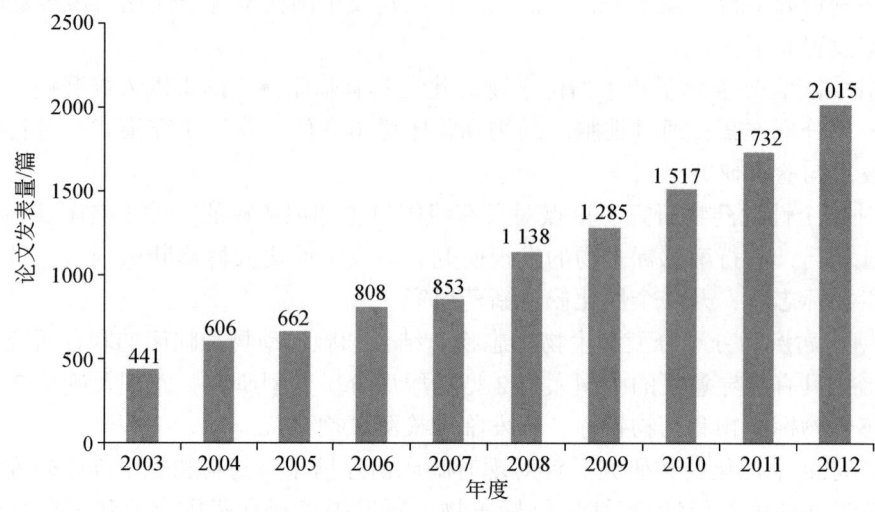

图 5-1　2003~2012 年个性化医疗领域论文年度分布

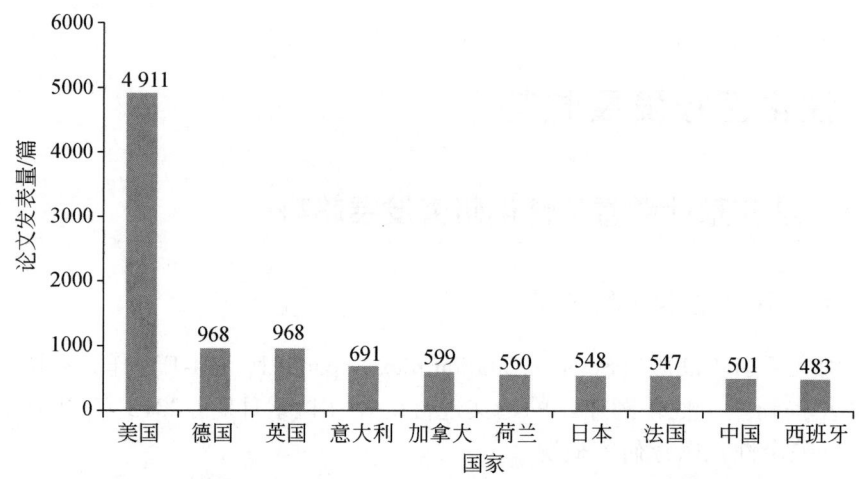

图 5-2　2003~2012 年发表个性化医疗论文量排名前 10 国家

2）机构分布

在开展个性化医疗研究的机构中，美国哈佛大学发表的相关论文最多，为 387 篇。法国国家医学与健康研究院与美国 NIH 分别发表了 270 篇、263 篇，位列世界第二、第三。在论文发表量排名前 10 位的研究机构里，有 7 个美国机构，分别是哈佛大学、NIH、马约诊所、加利福尼亚大学旧金山分校、华盛顿大学、范德比尔特大学、杜克大学（图 5-4）。

5.3.1.2　从文献计量看中国发展概况

2003~2012 年，中国关于个性化医疗的论文量增长较快，2003 年仅发表了 6 篇相关论文，到 2012 年有 159 篇（图 5-5）。

5 个性化医疗领域国际发展态势分析

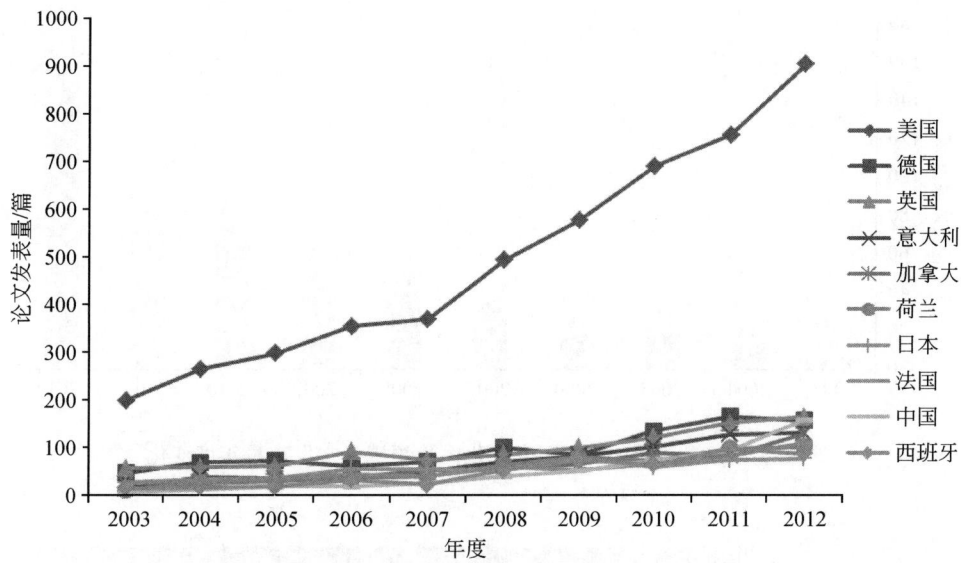

图 5-3 2003~2012 年个性化医疗领域论文发表量前 10 位国家的年度变化（见彩图）

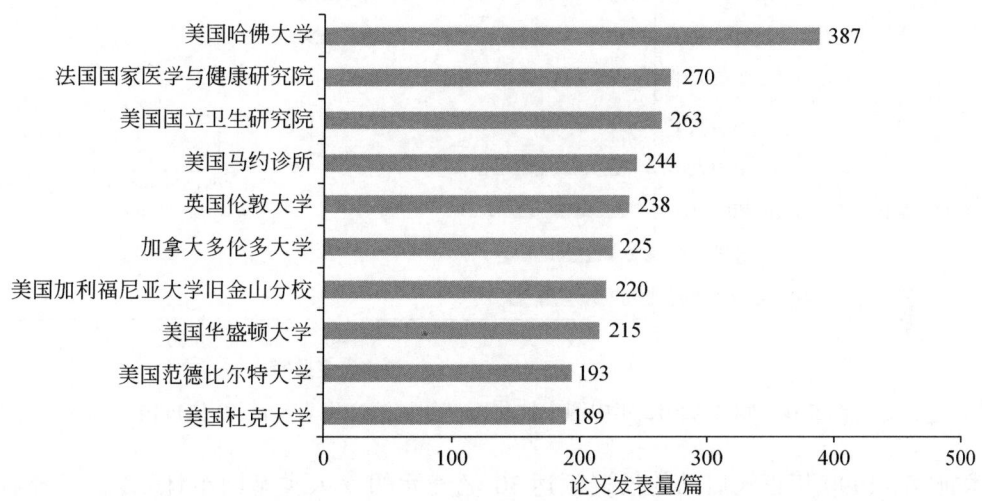

图 5-4 2003~2012 年个性化医疗领域论文发表量前 10 位机构

2003~2012 年，中国科学院发表了 73 篇论文。上海交通大学、香港中文大学分别发表了 71 篇、48 篇相关论文。另外，复旦大学、北京大学、中南大学、中山大学等均开展了相关研究（图 5-6）。

5.3.2 从专利看基因组测序技术发展态势

DNA 序列分析是现代生命科学研究的核心技术之一，在促进生物学各领域的发展中扮演着举足轻重的角色。20 世纪 90 年代以来，各国及相关研究组织一直大力支持 DNA 测

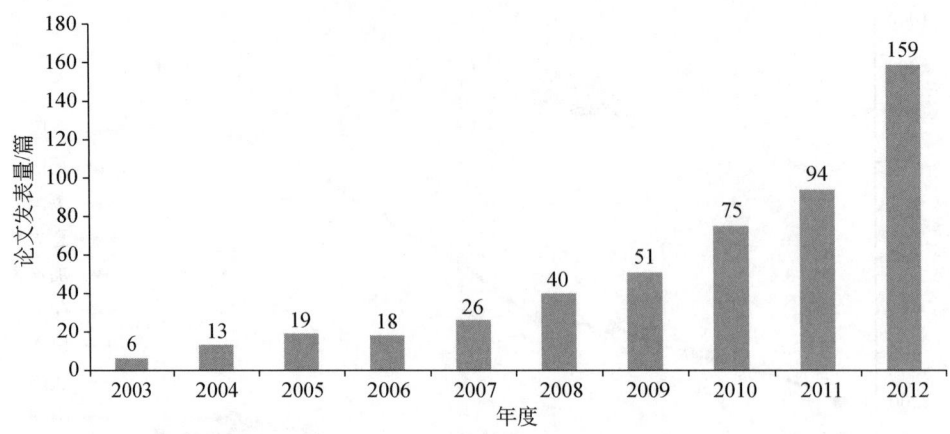

图 5-5　2003~2012 年中国个性化医疗领域论文发表量年度变化

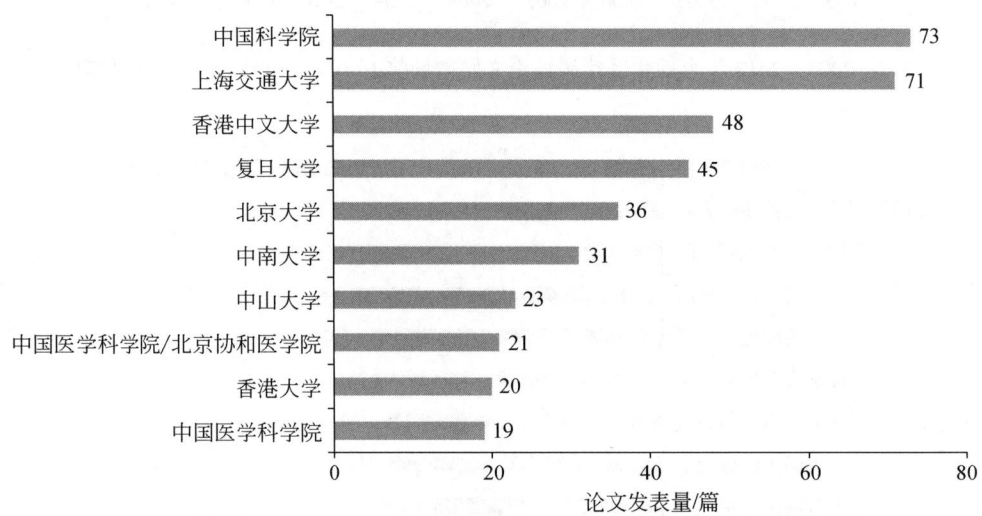

图 5-6　2003~2012 年中国个性化医疗领域论文发表量前 10 位机构

序技术研究。1990 年正式启动的投资额达 30 亿美元的《人类基因组计划》，以及后来启动的《国际人类基因组单体型图计划》（HapMap）、《人类癌症基因组计划》《千人基因组计划》等重大项目的实施，都极大地促进了 DNA 测序技术向高效率、低成本、高通量和高精确度的方向发展。从最初的手动测序仪到第一代 ABI 自动测序仪、第二代数百万个碱基大通量平行测序，再到第三代单分子实时 DNA 测序，绘制生命基因蓝图的成本和时间不断缩减。更快、更好的基因组测序技术推动了由此衍生的个性化医疗产业的快速发展。

《科学》展望 2014 年值得关注的科研领域，认为临床基因组在未来一年里将会得到长足发展，越来越多的科研人员与临床医生在内都会需要患者的全基因组序列，或者其中的一个亚集。基因组测序应用于临床的主要作用包括：① 提高疾病确诊率，防止携带罕见或新的基因变异的患者被漏检；② 检测出各种罕见变异导致个体患者对药物和麻醉的不良反应；③ 结合载体、植入前遗传学诊断或产前诊断的方法保障下一代健康；④ 全基因

5 个性化医疗领域国际发展态势分析

组测序所获得的全面的信息及对基因变异更加精准的系统诠释,都将有利于预防疾病的发生并做好预防治疗。

5.3.2.1 从专利角度分析DNA测序技术发展态势

1) DNA测序技术专利年度变化情况

基于Basic Patent Year[①]这一指标,对1994~2013年DNA测序技术的专利进行分析,以期在一定程度上反映相关技术的发展态势。从全球DNA测序技术专利的年度变化来看,20世纪90年代以来,DNA测序技术经历了一个快速发展期,至2001年达到峰值664个;2001~2004年,DNA测序技术专利申请数量明显减少;2004年以来,DNA测序技术的发展进入了一个相对平稳的阶段(由于专利公开及数据库收录专利的滞后性,2012~2013年的专利数量统计不全,仅供参考)(图5-7)。

尤其值得注意的是,这个时间变化曲线与1990年正式启动,并于2001年成功绘制人类基因组工作草图的《人类基因组计划》的时间过程一致,表明人类基因组计划于DNA测序技术的发展有着重要的推动作用。2004年以来,DNA测序技术已相对成熟。

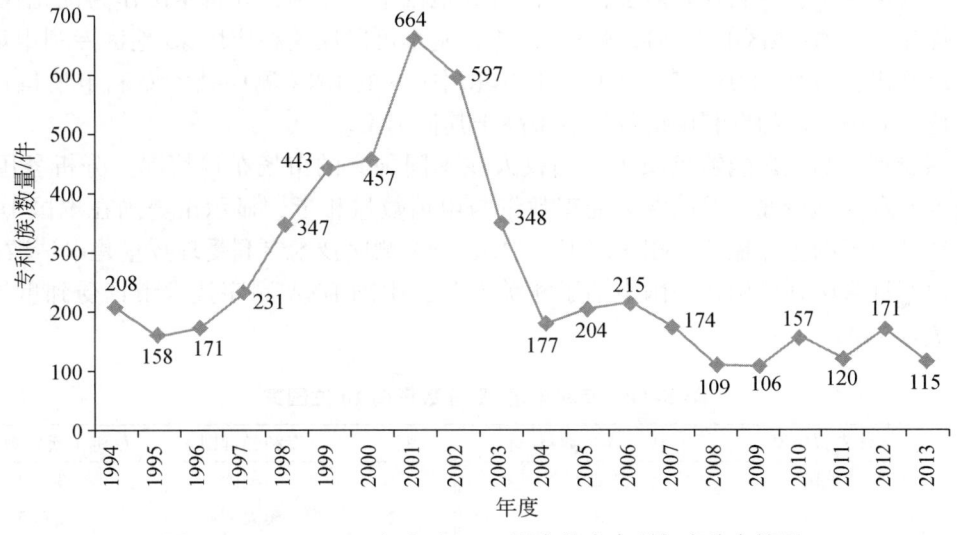

图5-7 1994~2013年全球DNA测序技术专利年度分布情况

2) DNA测序重点技术领域分布

通过对DNA测序技术专利的IPC分布情况进行统计,分析DNA测序的重点技术领域及其发展趋势。从IPC分布情况可以看出,DNA测序中涉及的DNA测试、DNA重组技术、DNA合成方法及分析方法是该技术的重点关注领域(表5-10)。

---

① Basic Patent Year(基本专利年)即每个专利族中第一项专利的申请时间

表 5-10 DNA 测序技术重点技术领域分布

IPC	含义	专利（族）数量/件
C12Q-001/68	核酸的测定或检验方法	3 792
C12N-015/09	DNA 重组技术	1 486
C07H-021/04	有脱氧核糖基作为糖化物基团的化合物	1 466
C12P-019/34	发酵或使用酶的方法合成多核苷酸，如核酸、寡核糖核苷酸	1 127
C07H-021/00	含有两个或多个单核苷酸单元的化合物，具有以核苷基的糖化物基团连接的单独的磷酸酯基或多磷酸酯基，例如核酸	805
G01N-033/53	免疫测定法；生物特有的结合方法的测定；相应的生物物质	800
G01N-033/50	利用生物物质来研究或分析材料	623
C07H-021/02	有核糖基作为糖化物基团的化合物	622
C12M-001/00	酶学或微生物学装置	422

3) 国家分析

在专利申请中，专利权人多会首先在本国/地区申请专利，并将本国作为优先权国家，所以对优先权国家/地区的专利数量进行分析，基本可以反映相应国家/地区专利申请的情况。可以看出，1994~2013 年，美国、日本和中国①的 DNA 测序技术专利申请量位居世界前 3 位，其中美国的专利申请数量显著高于其他国家。

各国受理专利数量能够反映出专利权人在不同国家的市场布局情况。分析各国 DNA 测序技术专利受理情况，美国专利受理数量与申请数量相近，显示出美国在本国 DNA 测序技术领域市场的主导地位。相比之下，中国 DNA 测序技术专利受理数量是申请数量的 2 倍多，说明许多国外机构在中国申请了相关专利，中国 DNA 测序技术市场受到世界各国关注（表 5-11）。

表 5-11 专利申请/受理数量前 10 位国家

排名	优先权国家	专利（族）数量/件	排名	专利受理国家	专利（族）数量/件
1	美国	3 182	1	美国	3 292
2	日本	683	2	澳大利亚	1 983
3	中国	327	3	日本	1 906
4	德国	276	4	德国	831
5	英国	243	5	中国	666
6	加拿大	146	6	加拿大	499
7	澳大利亚	129	7	韩国	277
8	韩国	110	8	西班牙	267
9	法国	72	9	墨西哥	152
10	瑞典	24	10	巴西	125

---

① 因数据库的分类规则，中国的数据仅包括中国内地，香港、澳门和台湾单列

5 个性化医疗领域国际发展态势分析

PCT 专利①的申请逐渐成为国家和企业加强专利国际保护的重要途径，而 PCT 专利的申请量和拥有量在一定程度上也能反映一个国家或一个企业在某一技术领域中的国际竞争力。从表 5-12 可以看到，美国围绕 DNA 测序技术申请的 PCT 专利数量远远高于其他各国。相比之下，中国申请的 PCT 专利数量较少，且占本国申请专利总量的比例较低。

表 5-12　DNA 测序技术 PCT 专利申请数量前 10 位国家

排名	优先权国家	PCT 专利（族）数量/件
1	美国	236
2	澳大利亚	54
3	德国	24
4	日本	22
5	加拿大	21
6	中国	12
7	英国	12
8	韩国	5
9	墨西哥	4
10	丹麦	3
10	以色列	3

4）机构分析

1994~2013 年，日本日立集团、美国生命技术公司、美国加利福尼亚大学的专利申请量稳居世界前三。DNA 测序技术专利申请量排名前 10 位机构中，美国的机构占大多数，进一步体现了美国在对此领域的重视程度。中国 DNA 测序技术专利申请数量最多的机构为浙江大学，位列世界第 19 位（图 5-8）。

日本日立集团在 DNA 测序方面主要致力于测序装置的开发，早在 1994 年就研制出毛细管阵列式基因测序仪。美国生命科技领域企业巨头生命技术公司（Life Technologies）是基因测序等领域的知名企业，近几年推出 2 000 余种新产品，其 Ion Torrent 基因分析仪是世界上最小且最"物超所值"基因分析仪器。美国 Helicos 生物科技公司旗舰技术是第三代测序技术的领跑者，该公司 2008 年推出的 HeliScope 是全球市场上第一台单分子测序仪，该公司的旗舰技术 Helicos 遗传分析平台，能通过 DNA 或 RNA 单分子的直接测序来实现大量遗传材料的分析。另外，美国 Applera 公司主要开发基因分析创新技术和分析诊断工具，推出系列的测序试剂和基因分析仪；美国珀金埃尔默公司是世界上最大的分析仪器生产制造商；美国人类基因组科学公司致力于人类基因的研究，目前已获得了大量涉及人类基因和相关医疗应用的商业专利；而美国 Affymetrix 公司的基因芯片技术已成为基因

---

① 《专利合作条约》（Patent Cooperation Treaty，PCT）签订于 1970 年，并于 1978 年生效，是专利领域的一项国际合作条约，目前已有 128 个成员。一项专利向 PCT 申请一次，可以在指定的多个国家有效，就等同于向多个国家同时申请了专利保护

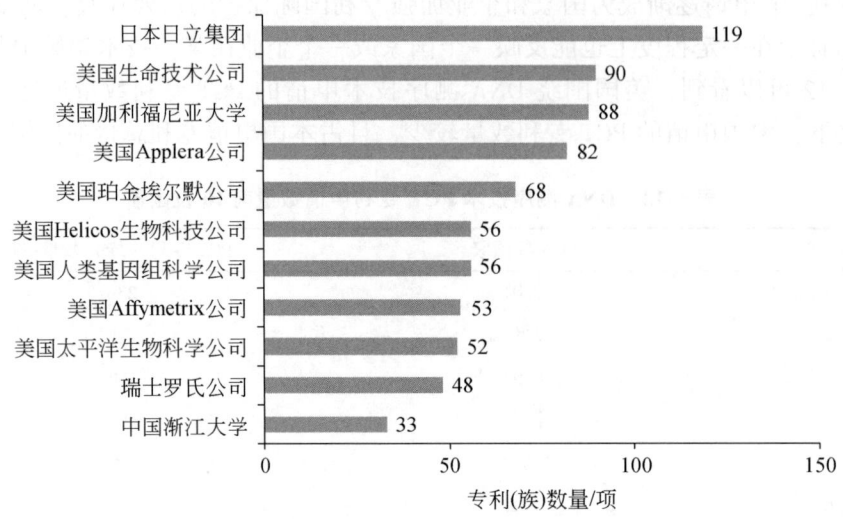

图 5-8　1994～2013 年全球 DNA 测序技术专利机构分布情况

芯片领域的国际行业标准；除此以外，瑞士罗氏公司在 DNA 测序方面也成绩斐然，其开创性技术 NimbleGen 序列捕获测序（SeqCap）能够在节省人力、时间、和费用的情况下，获得目标序列。

5.3.2.2　基因组测序在肿瘤中的应用

癌症是有基因组的突变积累引起的，对癌症基因组序列和结果的分析可以为了解癌症机制、诊断与治疗提供新的视野。随着肿瘤细胞下一代测序（NGS）变得越来越精细，这项技术似乎进入了癌症治疗的所有方面，从诊断检测到治疗甚至是药物开发。在此背景下，癌症基因组学的研究重点从侧重单一基因、通路的技术手段（如单基因测序、芯片分析）转移到了复杂的全基因组层面，近年来已开展了多种类型的癌症全基因组测序（WGS）项目（Meyerson，2010）（表 5-13）。

表 5-13　癌基因组学全基因组测序研究（至 2012 年，不完全统计）

研究方法	癌症种类	测序样本数	基因组异常类型
单向深度全基因组测序	急性髓细胞白血病	1	点突变、插入、缺失
双向浅全基因组测序	肺癌	2	缺失、扩增、串联重复、染色体间重排
双向浅全基因组测序	乳腺癌	24	缺失、扩增、串联重复、染色体间重排、转置
双向深度全基因组测序	黑色素瘤	1	点突变、插入、缺失、扩增、染色体间重排
双向深度全基因组测序	小细胞肺癌	1	点突变、插入、缺失、扩增、染色体间重排
双向深度全基因组测序	急性髓细胞白血病	1	点突变、插入、缺失、扩增、染色体间重排
双向深度全基因组测序	乳腺癌	1	点突变、插入、缺失、扩增、染色体间重排
双向深度全基因组测序	肺癌	1	点突变、插入、缺失、扩增、染色体间重排

续表

研究方法	癌症种类	测序样本数	基因组异常类型
双向深度全基因组测序	肺癌	1	点突变、缺失、结构变异、串联重复
双向深度全基因组测序	胰腺癌	3	点突变、插入、缺失、拷贝数变异
双向深度全基因组测序	前列腺癌	2	点突变、染色体重排、基因融合
双向深度全基因组测序	乳腺癌	14	点突变、缺失、串联重复、染色体间重排
双向深度全基因组测序	神经母细胞瘤	1	结构变异、缺失
双向深度全基因组测序	肺癌	2	点突变、结构变异、染色体间重排、基因融合
双向深度全基因组测序	肝癌	27	点突变、插入、缺失、拷贝数变异、结构变异

5.3.2.3 全基因组测序应用于临床面临的挑战

全基因组测序（WGS）技术已经成为探究上千种疾病分子机理的强大的研究工具，但是在临床医疗中，很少医生能够利用 WGS 来更好地理解病情并为疾病预防或健康改善提供数据支持。2012 年 6 月，Complete Genomics 公司创始人和首席科学家分析了 WGS 的作用，及其应用于临床面临的技术挑战和需要关注的政策伦理问题（Drmanac，2012）。

1）应用于临床面临的技术挑战

要使 WGS 技术被广泛应用于临床，需要从如下方面改进：① 进一步提高测序的准确性；② 由于人类基因组是二倍体，需要开发经济可行的和可扩展的方法判断变异来源；③ 改进测序设施，以达到每年上百万人的全基因组测序量，更多经过美国临床实验室改进修正案（CLIA）认证的 WGS 实验室加入到这个队伍，扩大 WGS 的影响；④ 不断降低测序成本，同时，临床应用中还需要一些额外的费用包括认证实验室的操作费、用于保证较高准确性的费用，以及测试后数据的长期保存和解释费。

2）需关注的问题与政策

鉴于 WGS 的重要性，需要开始制定相关政策，并提出相关建议，以促进 WGS 在临床中被广泛采用。需要监管机构与重要的专业学会密切合作，制定 WGS 的技术与信息解释标准及相关指南，以确保数据应用于各种用途时的质量和实用性。对于产业来说，还需要制定基因组变异体列表的格式和内容的标准，需要制定解释报告的标准。需要确定各种变异体的可靠专一性和灵敏性。需要通过转化研究，确定各种基因组学元素的医学有用性。另外，还需要考虑数据隐私、价格和医疗费用承担等问题。

5.3.2.4 进展

1）基于大规模平行测序的下一代临床测序技术得到验证

美国 Foundation Medicine 公司的科研人员介绍了一种应用于临床样本的综合下一代临床测序（Next-generation Sequencing，NGS）分析方法，仅通过一次测序发现了 287 个癌症相关基因的单碱基替换、拷贝数变异、基因扩增，在整个基因组其他位置上的 19 个常见重排基因及 3 549 个单核苷酸多态性等基因融合现象。研究人员进一步使用 53 个细胞系建立参考物，以评估变异检测的敏感性和特异性，且最终将这项检测应用到超过 2 000 个临床案例中。从分析实验设计、参考物建立、到验证，这项研究整个的方法成为未来发展临床 NGS 检测的模板。

2）自闭症全基因组测序研究结果将助早期诊断

美国杜克大学医学院、多伦多儿童医院及深圳华大基因研究院等多家单位对 32 个自闭症家系进行了全基因组测序研究，并在全基因组范围内对单碱基突变（SNV）、拷贝数变异（CNV）及插入/缺失（indel）等进行检测，在自闭症先证者中鉴定出 19% 的新生突变及 31% 的伴 X 染色体或常染色体遗传性变异。所鉴定出的纯系突变比例高于以往的研究报道，这表明全基因组测序更全面地覆盖到所有位点。这为自闭症研究提供了宝贵的遗传资源，同时为探索自闭症病理机制及开发新的治疗手段迈出极为关键的一步。本项研究中，自闭症全基因组测序的结果可能有助于自闭症的早期诊断。

该研究为华大基因和美国自闭症之声（Autism Speaks）联合发起的《10 000 个自闭症基因组研究计划》的前期项目，第一阶段的目标是完成 200 名自闭症儿童及其父母的基因组学研究，目前已经完成了 99 个加拿大家系的测序。

3）《细胞》：世界首个女性个人遗传图谱绘制完成

2013 年 12 月 20 日，《细胞》发布世界上首个人类女性个人遗传谱图（Hou，2013）。北京大学的科研人员应用单细胞基因组高通量测序技术首次详细描绘了人类单个卵子的基因组，并将这种新方法应用到人类体外辅助生殖中。传统遗传分析方法得到的遗传信息量很有限，而且从正在发育的胚胎中取出细胞也有可能会影响胚胎的后续发育。在这项研究中，研究人员成功地对二倍体的人类基因组进行分型，确定了卵母细胞减数分裂中的同源重组位点，首次建立了人类女性的个人遗传图谱，并且对交叉互换干扰和染色单体干扰等遗传重组特点进行了全面的分析。这项研究的先进性在于在卵子被用于胚胎移植之前，研究人员就能够通过分析卵子的两个极体细胞推断获得卵子本身的全部基因组信息，从而减少严重先天性遗传缺陷婴儿的出生，降低辅助生殖的遗传风险。

5.3.3 生物标志物的发展态势

生物标志物（Biomarker）这一概念首次出现于国家研究委员会（NRC）在 1983 年出版的红皮书《联邦政府风险评估》中。人体内存在多种不同的生物标志物，包括基本身体状况、影像资料、特定的分子、基因突变、基因或蛋白表达谱、细胞标记及其他的生物标志物。分子生物学技术的发展推动了生物标志物的发现，在医学领域，生物标志物可用于疾病诊断、判断疾病分期或者评价新药或新疗法在目标人群中的安全性及有效性（表 5-14）。

表 5-14 生物标志物的类型及作用

类型	作用
0 型生物标志物	疾病发生过程中自然出现的生物标志物，与临床既往病史相关
1 型生物标志物	根据治疗手段作用机理，当治疗手段接入并产生疗效时出现的生物标志物
2 型生物标志物（替代性终点生物标志物）	可以代表临床终点事件（如癌症）的生物标志物；根据流行病学、药理学及其他科学证据，可用于预测临床预后

5.3.3.1 生物标志物市场不断扩大

随着检测技术的进步及对生物标志物研究的重视，新型生物标志物的研发项目越来越多，同时美国FDA对新型生物标志物开发的支持力度也越来越大。生物标志物现在已经成为诊断领域和疾病研究领域不可或缺的工具，这也促进了这一市场的蓬勃发展。根据Markets and Markets 2013年的产业报告，到2018年生物标志物市场总额将增长到408亿美元的规模，比2013年增长18.5%。一种好的生物标志物不仅能够及早发现疾病的发生，还能够大大减少药物研发的时间和费用。但是，这项报告的调查人员同时也指出未来生物标志物的研究仍会遇到不小的挑战，比如目前研究的低投入产出比限制了投资人的投资热情等（Markets and Markets，2013）。

5.3.3.2 生物标志物在癌症中的应用

癌症诊疗中分子生物标志物的引入彻底改变了只考虑肿瘤发病机理中某单一因素的诊断方式，从全局的视角去看待整个生物学系统对疾病发生过程产生的影响（表5-15）。

表5-15 癌症诊疗中引入分子生物标志物的优点

优点	详述
预测癌症患病风险、早期诊断	对患者风险较高者采取预防措施，阻止癌症发生
	在早期癌症患者体内癌细胞数量较少时及时采取治疗措施，彻底根治癌症
指导治疗	对经过生物标志物检查，估计预后不好的患者采取更为"猛烈"治疗方法，增加生存可能性
	对经过生物标志物检查，估计预后良好的患者尽量避免使用不必要的"猛烈"疗法，防止疗法本身给患者身体带来极大的打击和伤害
	发现"亚群"患者，某些疗法可能对这些患者非常有效
发现新药适用人群	仔细观察患者体内某个肿瘤相关特殊分子对治疗的反应情况，据此对治疗方案做出进一步调整，构成一整套癌症患者诊疗循环
	在这个诊疗循环中，临床医生也会收集很多患者对诊疗方案的具体反应，这些反应对于开发新药具有十分重要的作用，因为它们揭示了目前治疗方案的不足

癌症患者诊疗循环的启动环节是鉴定出发生改变的肿瘤特异性生物小分子，然后将这些发生改变了的分子与参与临床药物实验的患者某些预后情况联系起来，以寻找患者的个性化癌症治疗方案（图5-9）。以此为基础所建立的关联数据库和健康信息系统，便可以为其他患者提供诊疗参考，也可为新药开发指引方向。

5.3.4 分子分型

疾病的分子分型（molecular classification）是通过综合的分子分析技术为疾病分类提供更多的信息，从而使疾病分类的基础从宏观形态学转向以分子特征为基础的新的分类体

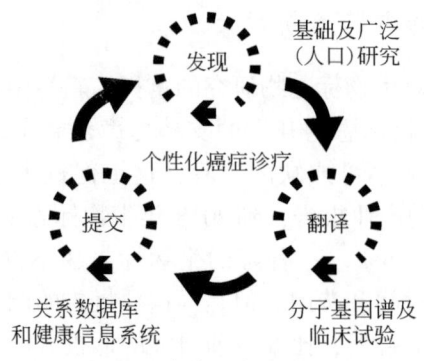

图 5-9 癌症患者诊疗循环

系。目前可以在 DNA、RNA 和蛋白质水平上进行疾病分子分型研究，在 DNA 水平可以依据基因突变或多态性、基因组的细胞遗传学改变或甲基化差异进行分型。

随《人类基因组计划》的完成，生物芯片与高通量检测技术的进步，大量分子标志物的发现及分子靶向药物的诞生，对疾病的分子分型和预后发展提供了重要的参考，广泛应用于功能基因组、疾病基因组、药物基因组等研究中，使治疗模式开始向着规范化、个体化的循证医学方向发展。

5.3.4.1 肿瘤分子分型

根据世界卫生组织（WHO）发布的最新数据，2012 年全球新增癌症患者 1 410 万，癌症相关死亡病例达到 820 万，均较前呈增加趋势。随着全球人口的增长和老龄化程度的逐渐加重，估计到 2025 年，每年全球将新增癌症病例 1 930 万。目前，乳腺癌高居我国女性恶性肿瘤发病率首位，而肺癌则是男性和女性恶性肿瘤死亡率之首，其发病率均逐年上升，并且呈现年轻化的趋势。

《肿瘤基因组计划》的快速推进，逐渐揭示肿瘤具有高度异质性，即罹患相同类型肿瘤的不同个体肿瘤组织的基因突变谱差异很大。抗肿瘤药临床有效率低，只有 10% 左右，易产生耐药性（半年至 8 个月），且毒副作用难以预测（重要死因之一），这主要因为肿瘤具有高度异质性。因此，与癌变有关的基因参与的复杂性，造成了个体反应的不同，这是肿瘤分子分型和个体化治疗的基础。实现个体化治疗，避免过度治疗，是改善目前肿瘤治愈率低和死亡率高的有效途径。通过综合分析肿瘤在分子分型、病理类型和临床分期上的差异将不同患者进行详细分组并采取针对性的防治策略，可最大限度改善肿瘤患者的临床预后和生存质量。规范化治疗是提高肿瘤治疗效果的最佳途径，而达到规范化治疗的目标，则要通过以患者为中心的个体化治疗与管理来实现。以肿瘤分子表达差异为基础的肿瘤分子分型将为个体化治疗提供重要依据。

5.3.4.2 我国分子分型发展状况

我国长期致力于分子分型的发展，在各项政策规划中均针对该领域进行了布局，并建立了多个分子诊断平台，取得多项研究成果。2012 年 11 月，天津医科大学附属肿瘤医院和美国 Genotep 公司联合创建了中美肿瘤分子诊断中心，共同致力于建立具备现代化管理运行操作的基因诊断体系，开展基于新一代基因组测序技术和基因芯片技术的个性化分子诊断，以及转化医学研究方面的合作，用于个体化治疗、高危人群筛查、分子分型和个体化诊断、预后判断。中国科学院上海生命科学研究院营养科学研究所的最新研究中（Zhang et al.，2012），首次在小鼠水平明确验证了β淀粉样蛋白（Amyloid-β，Aβ）能诱导产生胰岛素抵抗和2型糖尿病，为进一步研究2型糖尿病的分子分型和个性化用药打下了基础。

5.3.5 生物样本库

生物样本库是指存储人类生物材料及相关数据用于研究目的的知识库（repository）。各种生物样本库在存储的数据类型、信息组织方式等方面存在巨大差异。从存储的内容来看，生物样本库主要分为两类：① 样本库，收集的样本包括DNA、RNA、组织、肿瘤、细胞、血液或体液，罕见疾病和癌症等疾病的专业库收集活检样本和特殊的解剖组织（如眼睛、硬骨和软骨等）；② 收集生物学研究、生物材料相关的数据库，如分子分析、微阵列和免疫组化技术分析的结果等。

美国加利福尼亚州圣摩尼卡RAND公司的一份研究报告指出，21世纪初美国生物银行存储的人体组织样本数量超过3亿份，并以每年2 000万份的速度增加。尽管如此，很多科学家依然抱怨他们无法获得足够的样本。2011年，700名专门从事癌症研究的科学家参与了一项专项调查，其中47%的人认为他们难以获得足够的样本。正因如此，81%的人认为其研究工作受到影响，60%的人则因样本不够对其研究结论表示质疑。因此，如何获取和存储高品质、数据丰富的生物样本，并更有效地为医学研究服务，便成为生物样本库发展的关键。

2009年的一项调查表明，世界各个洲都有生物样本库（Melsin Goodman，2009）。除提供原始资料外，生物样本库在微观与宏观两个层面促进器官结构与功能研究，促进多种形态研究，在研究领域发挥了重要作用。2015年之前，生物样本库市场每年以30%的速度增长。2015年，将达到1 830亿美元市场规模。

5.3.5.1 全球生物样本库市场现状

生物样本库有相当大的市场潜力，年增长率达20%～30%。2015年，生物样本库市值将超过22.5亿美元（图5-10）（Vaught et al.，2011）。目前，世界重要的生物样本库由非营利组织、学术机构和国家建设（表5-16）。

5.3.5.2 我国生物样本库的发展现状

我国疾病生物样本资源极其丰富，是任何一个国家无可比拟的。因此，必须抢占重大疾病生物库建设先机，以抢占我国生物医药产业发展的国际制高点。这也是我国生物医药产业自主创新体系中至关重要的环节与保证。

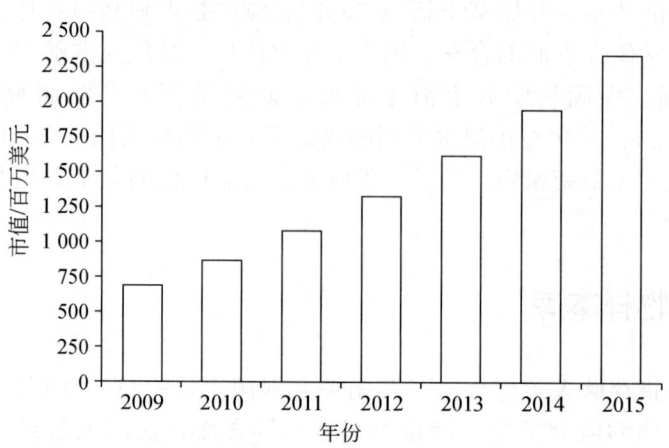

图 5-10 对人类生物样本库和相关服务需求的全球市值

表 5-16 生物样本库举例（Scott et al., 2012）

名称	建设机构	服务和范围
千人基因组计划	国际	对世界各地的大量人群进行基因组测序，以促进疾病的基因组关联研究
国际 HapMap 计划项目	加拿大、中国、日本、尼日利亚、英国、美国	欧洲最大的人体与遗传疾病 DNA 和细胞库；旨在存储和提供遗传疾病患者及其家属的血液和 DNA 样本，用于转化研究
Coriell 细胞库	美国 Coriell 医学研究所	存储了细胞系、DNA、组织、血浆、血清、尿液、脑脊液和表型数据，供 Coriell 科学家和全球的研究人员使用
Kaiser 研究项目，研究遗传、环境与健康三者关系的项目	美国 Kaiser Permanente 医疗研究部	与电子医疗记录相连的遗传（唾液与血液）数据库和行为与环境数据库，使研究人员能研究疾病的遗传与环境影响因素
百万退伍军人项目	美国退伍军人事务部	大规模遗传与医疗信息数据库，用于美国退伍军人和非退伍军人面临的疾病的研究、预防与治疗
范德比尔特大学 BioVu 项目	美国范德比尔特大学	现有和新的生物库与生物分子资源的国际联盟，将生物样本与来自患者与健康人群的数据相联系，支持生物与医学研究
CARTeGENE	加拿大蒙特利尔大学	存储了来自范德比尔特大学医学中心电子系统的 DNA 样本和去身份化的医疗信息
欧洲细胞培养样本库 – 英国	英国健康保护局 Porton 分部	向研究人员公布的细胞培养样本库；包括 45 个物种的细胞系、50 种组织类型、300 种人体白细胞抗原类型、450 种单克隆抗体和至少 800 种遗传疾病
英国生物样本库	威康信托基金会、医学研究理事会、国家卫生部、苏格兰政府和西北地区发展机构	全英国性的医疗资源，收集 50 万名年龄在 40~69 岁的英国人的血液、尿液和唾液样本及详细信息，最终目标是改善疾病的预防、诊断和治疗

续表

名称	建设机构	服务和范围
法国 Généthon 的 DNA 和细胞库	法国肌病协会	欧洲最大的人体与遗传疾病 DNA 和细胞库；旨在存储和提供遗传疾病患者及其家属的血液和 DNA 样本，用于转化研究
日本生物库	日本文部科学省	创建数据库，促进个性化医学发展
生物样本库与生物分子资源研究基础设施	泛欧洲，欧盟委员会	国际现有生物样本库与生物分子资源联盟，连接生物样本与来自患者、健康人群数据，支持生物与医学研究
瑞典国家生物样本库项目	瑞典 Swegen 和 Wallenberg 北部联盟	国家项目，促进瑞典生物样本库建设与教育，确保生物库质量
丹麦国家生物样本库	丹麦研究委员会	旨在收集 1500 万份生物样本，将成为世界上最大的生物样本库和数据资源
丹麦癌症学会生物样本库	丹麦癌症学会	收集数十万名癌症患者的癌细胞样本，是全球最主要的癌细胞研究材料库之一

中国的生物样本库起步较晚，发展却十分迅速，目前已有多家生物库。1996年建立的北京大学临床肿瘤学院肿瘤组织库、2004年天津大学附属肿瘤医院与美国癌症研究基金会（NFCR）联合建立的肿瘤组织库、湘雅医院等医院的精子库、天津脐血库等各地的干细胞库等均是一些比较有影响的样本库。2009年，经卫生部、民政部批准，由生物芯片上海国家工程研究中心牵头，成立了中国医药生物技术协会组织生物样本库分会；由生物芯片上海国家工程中心承担的生物样本库是在国内规模较大、较规范的生物样本库，目前发展态势良好，未来样本数量将达到10万份。国家基因库建设也加快推进，新一代测序能力与超大规模生物信息计算分析能力世界第一，可溯源生物实验样本存储总量全国第一、全球前三。

尽管近年来生物样本库的建设在我国受到广泛重视，但仍然面临很多问题。首先，我国生物样本库管理缺乏与国际接轨的统一运行标准及标准化流程，质控体系和信息化管理水平比较落后，限制了大量临床和研究数据的应用；其次，缺乏相应的协调机制，数据资源共享困难，数据库实行封闭式管理，服务对象局限，难以实现有效资源共享和交流；再次，由于数据库的维护和建设缺少长效机制，组织库、数据库难以得到持续建设和发展；另外，样本库临床资料收集不全、治疗和随访数据流失等问题普遍存在，直接导致了生物样本的应用价值大大降低。因此，生物样本库的质量和水准正在成为转化医学研究的重要限速因素。

为使我国生物样本库有序、规范、健康发展，中国医药生物技术协会组织生物样本库分会牵头于2011年率先完成了我国医药生物技术协会生物样本库行业标准的制订工作。该标准涉及组织生物样本设计与建立、肿瘤生物样本收集、运输、保存的标准化流程（SOP）、质控体系、安全保障体系与信息化管理体系，研究并规范组织生物样本的法律与伦理学问题，国内多中心研究共享机制，国际合作等问题。该标准是我国第一个公开发布的生物样本库建设标准，在我国生物银行建设领域具有里程碑式的意义。

5.3.5.3 全球生物样本库面临的挑战

全球生物样本库面临的共同挑战，包括：① 获取样本成为生物样本库建设最大的可变成本；② 入库样本需要被妥善保管、集中编目、生物信息化、实验室管理、库存控制和审计；③ 样本及相关数据必须与检索和分配系统紧密联系，以便研究人员在请求后能有效、正确地获得所需要资料。目前，在这些方面缺乏标准化的操作程序，导致数据质量差。④ 如何最好地利用这些数据来预测和治疗疾病。美国 NIH 数据共享政策支持的开源模式，例如，《千人基因组计划》及《国际人类基因组单体型图计划》，鼓励数据收集和共享。但开发诊断与治疗产品的知识产权压力可能会抵消开源的利益。⑤ 面临监管和伦理问题：生物样本库处于国家监管机构的监管范围之外，现有法规未对生物样本库管理提出明确规定；参与者的知情同意，要保护受试者的权利和健康，尤其是儿童等不能亲自签署知情同意书的特殊人群的权利和健康。还需要关注其他伦理、法律挑战，如保密性问题，尤其是互联网访问增加了对保密性的担忧。⑥ 缺乏稳定的资助和明确的资助机构也是生物样本库建设所面临的问题。

生物样本库面临着不确定的环境。需要制定清晰的监管法规，制定统一的标准，才能更好地解决生物样本库的实际、伦理和法律挑战，确保样本和数据质量，并更好地保护捐赠者的权利和个人信息。

5.4 个性化医疗产业现状

DNA 测序技术的发展、政府的支持重视、学术研究的快速发展、投资力度的不断加大及临床数据的积累驱动着个性化诊疗的商业化步伐，现已有多个个性化药物和诊疗产品处于研发阶段或已上市。市场调研机构 BCC Research 的一份研究报告指出，全球个性化医疗的技术市场预计会从 2009 年的 144 亿美元增加到 2014 年的 292 亿美元，年增长率达 15.2%（BCC Research，2009）；PwC 咨询公司预测，个性化医疗整体规模 2015 年仅在美国就可达到 4 520 亿美元，已成为制药公司和诊断技术公司关注的热门领域。

5.4.1 美国 FDA 批准的个性化药物情况

从第一个个性化药物——曲妥珠单抗（赫赛汀，Trastuzumab）于 1998 年上市以来，美国 FDA 批准的基于药物基因组学的药物大幅增加，2010 年约占其批准药物的 10%。2001 年 10 月，甲磺酸伊马替尼（酪氨酸激酶抑制剂）获准用于治疗慢性粒细胞性白血病（CML）；2003 年 5 月，吉非替尼（抗表皮生长因子单克隆抗体）获准用于治疗晚期非小细胞肺癌（NSCLC）；2004 年 2 月，西妥昔单抗（抗表皮生长因子单克隆抗体）获准用于治疗转移性结直肠癌；2006 年，FDA 批准了第一种单抗类抗肿瘤药物美罗华（Rituximab），广泛应用于治疗非霍奇金氏淋巴瘤和一些其他淋巴瘤及自身免疫性疾病的单克隆抗体类药物，每年仅在美国的销售额就超过 20 亿美元。同时，FDA 也批准了多个基因检测试剂，2004 年 12 月，FDA 批准了第一个实验室遗传学检验方法"Amplichip 细胞色素 $P450$ 基因分型试验"，主要用于对 $CYP2D6$ 的基因变异进行检测；2013 年 6 月，FDA 批准了雅培公司研发的首个丙型肝炎病毒的基因检测试剂，用于分辨丙型肝炎 7 种不同的基因型，从而帮助医疗人员确定最合适的治疗方法。

目前，美国FDA已批准了100多种个性化药物，在这些药物中癌症是关注的焦点，其中以乳腺癌药物为主；此外，心血管疾病、传染性疾病和呼吸系统疾病近年来也受到了越来越多的关注；针对罕见疾病的个性化药物研发也逐渐增多。

1）肿瘤是个性化药物研发的关注焦点

2013年9月，美国FDA发布《为个性化药物铺平道路》（Paving the Way for Personalized Medcine）报告，阐述了FDA在此医疗产品开发新时代中发挥的作用。目前，FDA批准的药物中已有100多种是包含了基因组生物标志物信息，用于指示不同药物对不同患者的疗效和毒性作用，进而实现个性化医疗。其中，肿瘤疾病是主要关注焦点（38%），精神疾病药物所占比重也较大，为17%。此外，传染性疾病、心血管疾病、神经系统疾病及内分泌系统疾病等也逐渐受到持续关注（图5-11）。

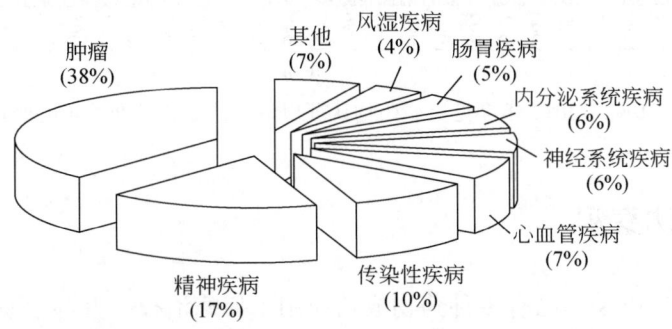

图5-11 基于基因组生物标志物研发的药物情况

根据美国FDA发布的数据，2012年个性化药物的研发主要针对肿瘤（33%）和心肾部疾病（21%），研发人员也逐渐开始关注神经系统疾病、病毒类疾病、肺部疾病和精神疾病的个性化治疗（图5-12）。

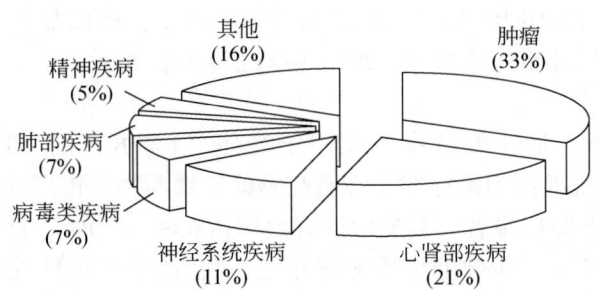

图5-12 2012年个性化药物针对的不同疾病类型

2）罕见疾病个性化药物快速发展

2/3的罕见疾病是遗传性的，近年来基因组测序获得的多项进展为阐明疾病的分子基础，寻找新的治疗途径提供了新思路。近年来，获FDA批准的罕见疾病药物数量持续增加，随着个性化医疗相关科学、工具的发展，此趋势仍将继续（图5-13）。

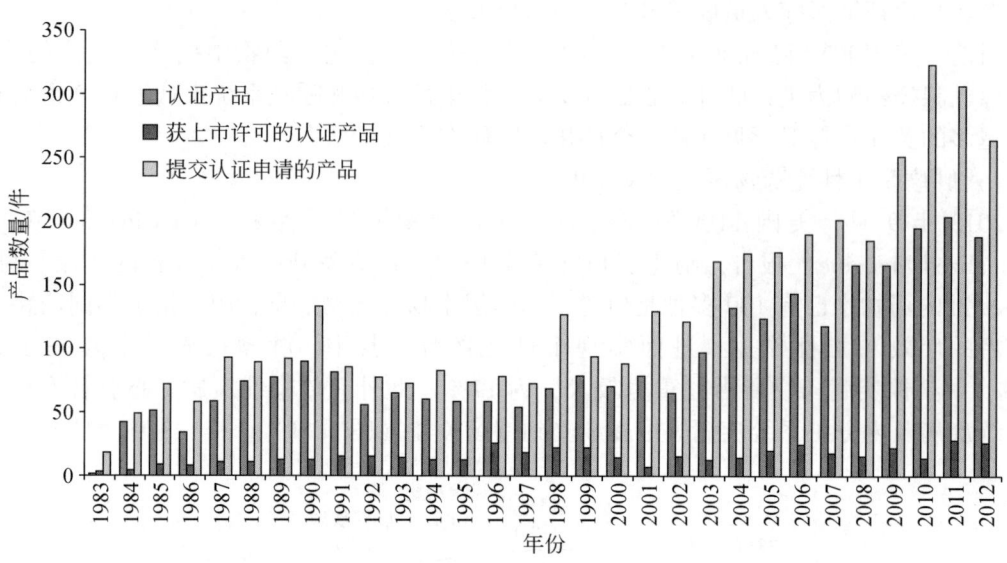

图 5-13　1993~2012 年罕见疾病药物认证申请、认证和批准的年度变化情况

5.4.2　成功案例

个性化医疗提出以来，已有多种药物成功应用于疾病治疗，并显著提高了疾病治疗效果，个性化用药已逐渐成为未来医学发展的重要方向和必然趋势。基于 Thomson Reuters Cortellis 数据库①收录的相关产业信息，阐述几种重要个性化药物的销售情况（图 5-14）。

1）赫赛汀

1998 年，全球首个 HER2 阳性乳腺癌生物靶向药物——赫赛汀问世，赫赛汀是全球乳腺癌治疗史上的一个重要里程碑，并且已经成为 HER2 阳性乳腺癌治疗的标准。10 年来，赫赛汀®的应用使得早期 HER2 阳性乳腺癌患者的无病生存率已显著提高。其销售额经历了一个缓慢增长期之后开始快速增加，2013 年超过 0.6 亿美元。

2）易瑞沙

易瑞沙（Gefitinib）是一种表皮生长因子受体（EGFR）的 ATP 结合位点抑制剂，2003 年被美国、日本批准作为治疗非小细胞肺癌的三线药物上市。我国研究人员明确提出对有 EGFR 突变的晚期肺癌患者，易瑞沙的有效率达 60%~70%，远胜于传统化疗，此成果被誉为"肺癌研究历史上少数的里程碑研究之一"，改变了全球的肺癌临床实践，全球对晚期肺癌的治疗把这项成果列为一个指南标准，这也是中国第一次让全世界认可的标准。EGFR 突变肺癌患者一线优先使用 EGFR TKI（酪氨酸激酶抑制剂）的策略被写进了美国临床肿瘤学会 ASCO 指南和美国国立综合癌症网络 NCCN 指南，美国 FDA 和欧盟欧洲

---

①　基于 Thomson Reuters Cortellis 数据库收录的相关产业信息 Thomson Reuters Cortellis 数据库是一个综合的医药信息平台，综合了科技文献、专利文件、新闻、科技会议论文等各种信息，提供 2 万多种上市和在研药物、1.9 万多家制药公司的相关信息

药品管理局（EMEA）还据此批准了易瑞沙治疗肺癌的一线适应证。

3）美罗华

美罗华的活性成分为利妥昔单抗，是一种嵌合鼠/人的单克隆抗体，可与纵贯细胞膜的 CD20 抗原特异性结合。大量的临床资料证实，美罗华对于惰性淋巴瘤，尤其是非霍奇金淋巴瘤具有极好的疗效。2008 年，ASCO 会议对美罗华联合 CHOP 方案（ER-CHOP 方案）获得的良好效果进行了阐述，进一步肯定美罗华对于疾病患者总生存期（overall survival，OS）的长期良好影响，其销售额稳步增长，至 2013 年超过 0.7 亿美元。

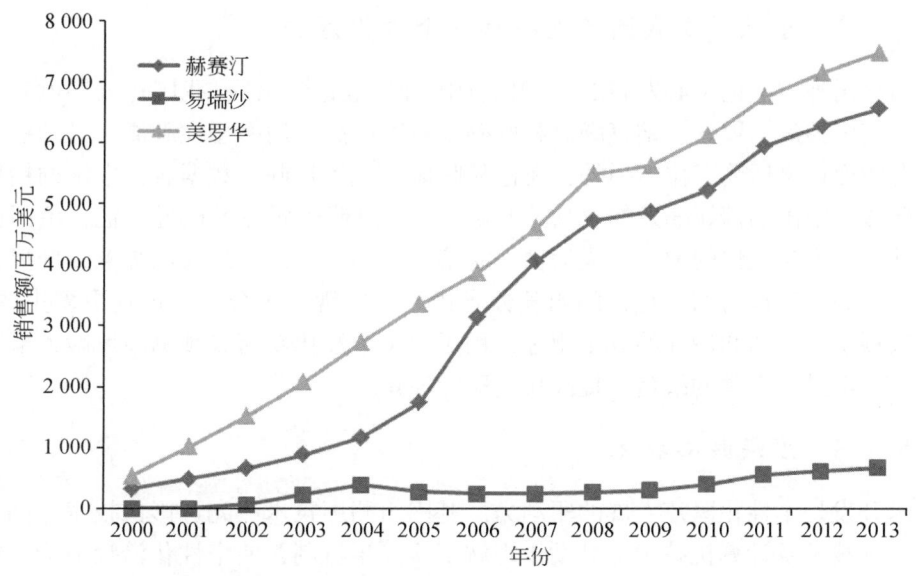

图 5-14　2000~2013 年赫赛汀、易瑞沙、美罗华销售额

5.5　政策建议

个性化医疗综合了基因组学、遗传药理学、功能基因组、蛋白质组学、代谢组学，以及生物信息学等多个学科，基因组测序技术、生物标志物、生物芯片技术、纳米生物技术、分子诊断技术的发展推进了其应用进程。因而，基础研究和转化科学的统一、核心技术的突破及数据的共享与监管是推动个性化医疗发展的重要问题。

5.5.1　个性化医疗相关研究

我国个性化医学研究多是以项目方式分散、孤立地进行，缺乏顶层设计，应宏观协调规划，形成国家级的发展战略综合调控个性化医疗的发展。另外，科研和医疗机构、产业界应加强合作，注重基础研究与临床试验的结合，突破相关核心关键技术，制定数据标准以促进数据共享，同时以我国高发疾病为切入点，开发个性化医疗研究。

5.5.1.1 加强基础与临床试验结合

传统的从试验到临床线性关系，不再是带来医学进步的有效方式，分子机理的基础性科学研究、科研转化为临床应用的研究、临床实践这三个因素的统一成为疾病疗法开发的重要手段。基础科学研究中的观点需要通过临床试验进行检验，临床试验的发展也会引导实验室研究的新方向。因而，应注重基础研究和转化科学的统一，加强科学界和产业界合作，建立符合医、研、产、学一体化的独立研究基地，最终使个性化医学的巨大潜力得以开发。

5.5.1.2 重点开发我国特色疾病的个性化疗法

根据全国肿瘤登记中心发布的《2012中国肿瘤登记年报》，我国每分钟就有6人确诊为癌症，其中肺癌、胃癌、结直肠癌和肝癌是我国的高发病率恶性肿瘤，且肺癌、胃癌和肝癌患者的死亡率居前三位。另外，无论从临床经验还是调查数据看，中国的糖尿病现状已非常严峻，中国的糖尿病发病率高达9.7%，全国糖尿病患者接近1亿，中国已成为全球范围糖尿病增长最快的地区，成为糖尿病第一大国。因此，建议以肺癌、肝癌及糖尿病等我国高发病率疾病为切入点，阐明其分子机理以实现分子分型，识别更多生物标志物，寻找疾病预防、诊断和治疗的分子靶标，用于研发个性化新药或预测高风险人群，制定在疾病发育早期进行干预的战略，提高疾病医疗质量。

5.5.1.3 发展核心技术

技术开发是个性化医疗发展的驱动力。基因组测序技术、先进影像技术、临床蛋白质组学、纳米技术及计算机技术等有助于理解疾病发生机制，使个性化治疗成为可能。基因组测序技术是个性化医疗实现的核心，其临床应用对低成本和高精度的需求最为强烈。目前，虽然大规模并行DNA测序已经将基因组测序技术的成本降低3~4个数量级，但对于人类疾病研究，全基因组测序的成本依然很高；对于结构高度复杂的基因组区域，即便使用最新的DNA测序技术，依然面临严峻的测序挑战。另外，新一代基因组海量数据的解析，对当前计算机技术提出新需求。因而，相关核心关键技术瓶颈的突破，是抢占个性化医疗战略高度的关键。

5.5.1.4 数据标准与共享

数据共享被视为推动科学进步的重要问题。基因组与临床试验数据共享不仅会加强对临床开发的监管，同时也将会简化和加速临床试验程序。由于不同数据来源的数据内容、数据格式和数据质量千差万别，因而给数据共享带来了很大困难，严重地阻碍了数据的流动与共享。因而，目前迫切需要改善现有数据标准、创建新的数据共享方式。各国普遍意识到这一问题，欧盟、加拿大等相继颁布政策，完善各自的数据共享机制。

另外，基因组学信息应用到临床中，需要可靠、电子化健康医疗记录系统，来对家族史和基因组学数据进行处理。因而，应围绕电子健康记录系统的常规应用涉及的技术和系统，开发医疗信息和健康信息系统的公共平台和工具，使临床数据共享机制能够实现对储存的基因组数据进行信息的检索、注释和在不同系统之间的共享。相关措施包括建设数据存储能力及其基础设施、集合管理数据和临床数据以确保投入与产出紧密联系、建立数据共享标准以促进数据质量评估。

5.5.2 完善监管体系

作为一种新型医疗模式，个性化医疗给各国/地区的监管体系带来挑战，如何在确保患者健康和安全的同时促进新方法和创新成果的快速应用成为政府当前监管的一大问题。美国FDA高度重视个性化医疗的发展，不断推出新政策新指南，规范个性化药物临床试验，加强个性化医疗的监管。因而，我国需逐渐完善现有政策法规，监管个性化医疗发展的基础研究和临床试验，并加强药物上市前的评价和上市后的监督，以保障个性化医疗的安全有效地推进。

个性化医疗还须兼顾医学伦理学问题，实施医学干预要履行参与者知情同意的伦理义务，并维护患者的人格尊严；出台相关监管政策和法规，避免新生儿测序涉及的"选择性生育"伦理问题，及其对隐私的侵害和种族歧视可能出现的风险。尤其是当前医疗信息化高度发展，患者基因组信息保密的难度不断加大，应完善相关监管体系，制定对基因组学在研究和临床医学上的成功应用所必需的可靠指导框架，以充分保护患者医疗数据安全。

致谢：中国科学院上海生命科学研究院李林研究员、中国科学院上海生命科学研究院健康科学研究所时玉舫研究员、中国科学院上海药物研究所李佳研究员对本报告进行了审阅和指导，并提出了宝贵的意见和建议，谨此以表诚挚的谢意！

参 考 文 献

科技部. 2011-10-28. 关于印发医学科技发展"十二五"规划的通知. http：//www.most.gov.cn/fggw/zfwj/zfwj2011/201111/t20111117_90902.htm.

科技部. 2011-11-14. 关于印发十二五生物技术发展规划的通知. http：//www.most.gov.cn/fggw/zfwj/zfwj2011/201111/t20111128_91115.htm.

科技部. 2013-10-21. 科技部关于国家重点基础研究发展计划2014年项目立项的通知. http：//www.most.gov.cn/mostinfo/xinxifenlei/fgzc/gfxwj/gfxwj2013/201312/t20131231_111119.htm.

生物谷. 2014-01-13. 中国"生物银行"之路还有多远. http：//www.bioon.com/industry/reviews/590074.shtml.

中国科技网. 2012-07-22. 全球生物银行日益崛起 为人类储存健康. http：//www.wokeji.com/qyts/2_smam/201308/t20130821_275753.shtml.

AHRQ. 2007-05. FY 2008 Budget. http：//www.hhs.gov/budget/08budget.

BCC Research. 2009-07. Personalized Medicine: Technologies and the Global Market. http：//www.bccresearch.com/market-research/pharmaceuticals/personalized-medicine-phm044b.html.

BGI. 2011-10-13. Autism Genome 10K. http：//autismgenome10k.org/.

BIS. 2011-12-05. Strategy for UK life sciences. http：//www.bis.gov.uk/assets/biscore/innovation/docs/s/11-1429-strategy-for-uk-life-sciences.pdf.

CIHR. 2013-03-26. Harper Government Announces New Personalized Health Research Projects Across

Canada. http：//www. cihr-irsc. gc. ca/e/46559. html.

Cyranoski D. 2013. Japan's stimulus package showers science with cash. Nature, 493 (1433)：doi：10. 1038/493465a.

DH. 2012-01-25. Genomic Technology in Healthcare：Building On Our Inheritance. http：//www. dh. gov. uk/en/Publicationsandstatistics/Publications/PublicationsPolicyAndGuidance/DH_ 132369.

DH. 2013-07-05. Genomics England launched, mapping DNA to better understand cancer, rare and infectious diseases. http：//www. genomicsengland. co. uk/genomics-england-launch.

Drmanac R. 2012. The Ultimate Genetic Test. Science, 336 (6085)：1110-1112.

ECCO. 2013-07-23. Oncopolicy Forum 2012 Report on The Future of Personalised Cancer Medicine. http://www. ecco-org. eu/Global/News/Latest-News/2013/07/NEWS-Oncopolicy-Forum-2012-on-The-Future-of-Personalised-Cancer-Medicine. aspx.

EC. 2011-05. Conference Summary Report：European Perspectives in Personalised Medicine. http：//ec. europa. eu/research/health/pdf/eu-perspectives-in-personalised-medicine-summmary-report_ en. pdf.

EC. 2012-07. Reference Documents. http：//ec. europa. eu/research/participants/portal/desktop/en/funding/reference_ docs. html.

ESF. 2011-05-20. European Biobanks and sample repositories-relevance to Personalised Medicine. http：//www. esf. org/publications. html.

FDA. 2005-03. Pharmacogenomic Data Submissions. http：//www. google. com. hk/url? sa = t&rct = j&q = PharmacogenomicData+Submissions&source = web&cd = 1&ved = 0CCgQFjAA&url = %68%74%74%70%3a%2f%2f%77%77%77%2e%66%64%61%2e%67%6f%76%2f%64%6f%77%6e%6c%6f%61%64%73%2f%72%65%67%75%6c%61%74%6f%72%79%69%6e%66%6f%72%6d%61%74%69%6f%6e%2f%67%75%69%64%61%6e%63%65%73%2f%75%63%6d%31%32%36%39%35%37%2e%70%64%66&ei = zGsmU6vjIOWCiQe90IDgBg&usg = AFQjCNFZ2FRmH4m68yZYSRhGE_ 1unk_ 1Tw.

FDA. 2011-08. Advancing Regulatory Science at FDA：A Strategic Plan. http：//www. fda. gov/ScienceResearch/SpecialTopics/RegulatoryScience/ucm267719. htm#browse.

FDA. 2011-10-05. Driving Biomedical Innovation：Initiatives for Improving Products for Patients. http：//www. fda. gov/downloads/AboutFDA/ReportsManualsForms/Reports/UCM274464. pdf.

FDA. 2013-09. Paving the Way for Personalized Medicine. http：//www. fda. gov/downloads/scienceresearch/specialtopics/personalizedmedicine/ucm372421. pdf .

HHS. 2007-09-19. Personalized Health Care：Opportunities, Pathways, Resources. http：//www. genome. gov/Pages/Policy/PersonalizedMedicine/DHHSReportPersonalizedHealth. pdf.

HHS. 2007-09-21. Personalized Health Care. http：//www. hhs. gov/myhealthcare.

Hou Y, Fan W, Yan L Y, et al. 2013. Genome Analyses of single human oocytes. Cell, 155 (7)：1492-1506.

IMI. 2013-12-11. 11th Call 2013. http：//www. imi. europa. eu/content/11th-call-2013-8.

Liz. 2013-11-06. U. K. Researchers Launch Open-Access Genomes Project. http：//news. sciencemag. org/biology/2013/11/u. k. -researchers-launch-open-access-genomes-project.

Margaret A, Hamburg M D, Francis S. 2010. The Path to Personalized Medicine. N Engl J Med, 363：301-304.

Markets and Markets. 2013-09. Biomarkers Market-([Discovery Technologies - Proteomics, Genomics, Imaging, Bioinformatics], Validation Services, Applications [drug development, personalized medicine], Diseases [Oncology, Cardiology, Neurology])-Global Trends & Forecasts (2013-2018). http://www. marketsandmarkets. com/Market-Reports/biomarkers-advanced-technologies-and-global-market-43. html.

Marshall A. 1997. Genset-Abbott deal heralds pharmacogenomics era. Nature Biotechnology, 15 (9)：829-830.

Melsin E M, Goodman K. 2009-10. Biobanks and electronic health records：ethical and policy challenges in the genomic age. https://scholarworks. iupui. edu/handle/1805/2129.

MESR. 2012-02-07. 20 lauréats pour la seconde vague des appels à projets de l'action Santé et biotechnologies. http://www. enseignementsup- recherche. gouv. fr/cid59286/20- laureats- pour- la- seconde- vague- des- appels- a-projets- de- l- action- sante- et- biotechnologies. html.

Meyerson M, Gabriell S, Getz G. 2010. Advances in understanding cancer genomes through second-generation sequencing. Nature Reviews Genetics, 11: 685-696.

MHRF. 2013-01. Development of Meolical Science in the Russian Federation for the period up to 2025. http://www. rosminzdrav. ru/health/79/0.

Ministry of Healthcare of the Russian Federation. 2013-01. Development of Medical Science in the Russian Federation for the period up to 2025. http://www. rosminzdrav. ru/health/79/0.

NCI. 2012-10-11. Cancer institute tackles sloppy data. http://www. nature. com/news/cancer- institute- tackles-sloppy- data- 1. 11580.

NHGRI. 2011-08-17. eMERGE network moves closer to tailored treatments based on patients' genomic information. http://www. nih. gov/news/health/aug2011/nhgri-17. htm.

NHGRI. 2011-12-06. NHGRI broadens sequencing program focus on inherited diseases, medical applications. http://www. nih. gov/news/health/dec2011/nhgri-06. htm.

NIH. 2008-01-22. NIH Announces New Initiative in Epigenomics. http://www. hih. gov/news/health/jan2008/odl-22. htm.

NIH. 2010-10-07. NIH launches Genotype- Tissue Expression project. http://www. nih. gov/news/health/oct2010/nhgri-07. htm.

NIH. 2011-07-06. NIH effort seeks to identify measures of nutritional status. http://www. nih. gov/news/health/jul2011/nichd-06. htm.

NINDS. 2013-01-15. NIH launches collaborative effort to find biomarkers for Parkinson's. http://www. nih. gov/news/health/jan2013/ninds-15. htm.

NYAS. 2012-04-18. Biomarkers in Nutrition: New Frontiers in Research and Application. http://www. nyas. org/Events/Detail. aspx? cid=b95a510b- c1ae-45b0- b735dc59ada1dff4.

PwC. 2013-10-27. Personalized medicine. http://www. pwc. com/us/en/alumni/keyword/vol4/personalized- medicine-pg2. jhtml.

Scott C T, Caulfield T, Borgelt E, et al. 2012. Personal medicine—the new banking crisis. Nature Biotechnology, 30: 141-147.

TSB. 2010-10-12. Healthcare initiative could enhance UK position as a leader in the diagnosis & treatment of disease. http://www. innovateuk. org/content/competition- announcements/healthcare- initiative- could- enhance-uk- position- as. ashx.

United States Government. 2006-08-03. Genomics and Personalized Medicine Act of 2006. http://www. govtrack. us/congress/billtext. xpd? bill=s109-3822.

United States Government. 2008-07-15. The Genomics and Personalized Medicine Act of 2008 (H. R. 6498). http://www. govtrack. us/congress/bill. xpd? bill=h110-6498.

Vaught J, Rodgers J, Carolin T, et al. 2011. Biobankonomics: developing a sustainable business model approach for the formation of a human tissue biobank. Journal of the National Cancer Institute, 42: 24-31.

Zhang Y, Zhou B, Deng B, et al. 2013. Amyloid-β induces hepatic insulin resistance in vivo via JAK2. Diabetes, 62 (4): 1159-1166.

6 环境污染与健康研究国际发展态势分析

廖 琴 曾静静 曲建升 王金平 李雪梅

(中国科学院兰州文献情报中心)

摘 要 环境是决定人类健康和发展的重要因素。然而全球范围内的环境污染已成为困扰世界各国的突出问题,其对人类健康的影响也受到各国政府、科学家、政治家和社会公众的普遍关注。环境污染由来已久,14世纪初,英国注意到了燃煤污染;17世纪,伦敦煤烟污染加重。环境污染发生质的变化并演变成一种威胁人类生存与发展的全球性危机则始于18世纪末的工业革命。18世纪末至20世纪初,环境污染处于初发阶段,污染源较少,污染事件只是局部性的或某些国家的事情;20世纪20~40年代,污染源增加,公害事故增多,公害病患者和死亡人数扩大,这一时期称为"公害发展期";20世纪50~70年代,公害事故频繁发生,这一时期称为"公害泛滥期",环境污染已成为西方国家必须面对的严重问题。随着全球快速膨胀的人口规模及更加快速增长的物质消耗水平,全球各类环境污染物排放量持续增加,给全球环境及人类健康带来了极大的威胁和影响。人类健康所面临的环境方面的威胁正日益严峻,特别是在发展中国家。我国的环境问题尤为突出,发达国家上百年工业化过程中分阶段出现的环境问题,在我国近30多年来集中出现,频繁的环境污染事故,严重地威胁着公众的身体健康和生命安全。更为严重的是,环境污染的远期效应,可对数代人的健康构成危害,关系到人类的长远发展。因此,关注环境污染的健康危害已刻不容缓,做好环境污染与健康工作已迫在眉睫。

本报告对主要国家/组织环境与健康相关的战略、行动计划和研究布局等进行了系统调研和分析,同时利用文献计量学方法对环境污染与健康领域的研究主题、重要国家和机构等进行了定量分析,总结了国际环境污染与健康领域的最新研究进展和研究方向,系统梳理了我国环境污染与健康的研究现状,提出了加强我国环境污染与健康研究工作的建议,以期为我国环境污染与健康领域的科研和管理工作提供决策支持。

从文献计量的角度看,20世纪50年代以来,环境污染与健康相关研究论文总体呈增长趋势,但20世纪80年代以前,其增长速度较慢;80年代以后,呈快速增长的趋势,在21世纪初增速进一步加快。表明该领域的受关注度和研究规模都有所增加。研究所涉及的相关学科有公共环境与职业健康、环境科学与生态学、毒理学、普通内科医学、肿瘤学、工程学、药理学及制药、化学、呼吸系统、生物化学与分子生物学等。美国是环境污染与健康领域研究论文最多的国家,其发文量远高于其他国家,在该研究领域占据主导地位,其次分别为中国、英国、加拿大、德国、意大利和法国等。美国在国际合作中的中心性最强,是全球环境污染与健康研究合作网的中心。从论文综合影响力来看,美国、英国、加拿大的环境污染与健康领域研究论文的综合影响力较高。从研究机构来看,哈佛大学、美国环境保护局、美国国家癌症中心、北卡罗来纳大学、加利福尼亚大学伯克利分校和美国环境健康研究中心等机构的发文量较多。从研究热点来看,空气污染是环境污染与健康领域最关注的问题,其次是死亡率、农药、砷和可吸入颗粒物。总体来看,近年来对空气污染、死亡率、农药、砷、可吸入颗粒物问题的关注度居高不下,对砷、汞和镉等重金属的关注度逐年升高。我国在环境污染与健康研究的发文量上有较强的优势,并且近年来发文量增速较高,但综合影响力较低,国际合作地位并不突出。

基于文献计量分析的结果,结合国际环境污染与健康领域研究的科研进展,本报告对国际空气质量标准的发展进行了梳理。结果表明,主要国际组织和国家高度重视环境空气质量的改善,普遍修订了环境空气质量标准,增加了 $PM_{2.5}$ 浓度限值及 O_3 的 8 小时浓度限值。我国的环境空气质量标准与国际相比还存在较大差距。环境污染成为影响我国居民健康的主要风险因素。大气污染、水污染和土壤重金属污染对健康的影响是目前主要关注的问题。环境内分泌干扰物(EED)、持久性有机污染物(POP)、全氟辛烷磺酰基化合物(PFOS)等新型有毒有害有机污染物及纳米材料等一些新材料正在成为全球环境问题的热点。

针对我国环境污染与健康研究现状,建议:尽早出台我国环境与健康方面的专门法律,健全和完善应对环境污染及健康损害问题的制度措施;尽快开展环境因素及环境所致健康损害调查,构建环境与健康综合监测体系;加强环境污染与健康领域的前沿研究;加强部门和区域间的合作;加强宣传教育,落实信息公开与公众参与。

关键词 环境污染 健康 疾病 空气污染 文献计量

6.1 引言

环境是人类周围一切生物和非生物的总体,是人类生存和发展的基础。当人类直接或间接地向环境排放超过其自净能力的物质或能量时,就会造成环境污染,进而导致环境质量降低,生态系统破坏,最终威胁到人类自身的生存与发展。工业革命以来,人类社会活动的规模及程度不断扩大,向自然索取的能力和对自然环境干预的能力越来越强,资源消耗和排放废弃物大量增加,加上人们认识上的局限性和主观上不注意保护,造成了全球性环境污染。许多人的健康受到环境污染的损害,甚至死亡。从 20 世纪 30 年代开始,相继发生了比利时马斯河谷烟雾事件、英国伦敦烟雾事件、美国洛杉矶烟雾事件、日本水俣病事件等震惊世界的公害事件,唤起了人们对环境问题的觉醒。1962 年,美国海洋生物学家蕾切尔·卡逊(Rachel Carson)所写的《寂静的春天》(Silent Spring)一书描述了一种普通杀虫剂DDT对人和动物的严重损害,进一步激发了美国民众对环境的危机感。作为具有开创现代生态与环境保护科学研究里程碑意义的著作,该书极大地推动了全世界人民对环境问题的关注。1972年,联合国人类环境会议在瑞典斯德哥尔摩召开,世界各国开始共同研究解决环境问题,会议通过了《人类环境宣言》,它开创了人类社会环境保护事业的新纪元,是人类环境保护史上的第一座里程碑。1992年,联合国环境与发展大会在巴西里约热内卢召开,会议第一次把经济发展与环境保护结合起来进行认识,标志着环境保护事业在全世界范围启动了历史性转变。2012年,联合国可持续发展大会在巴西里约热内卢召开,会议发起可持续发展目标讨论进程,提出绿色经济是实现可持续发展的重要手段,将环境和人类安全等问题放在更加优先的位置。尽管国际社会为解决环境问题付出了很大努力,但随着全球经济的迅猛发展,环境污染仍日趋严重,尤其是在发展中国家,环境问题已构成对人类健康的最大威胁。

由世界卫生组织(WHO)欧洲委员会提出,并在1990年哥本哈根通过的《欧洲宪章和注释》中将"环境与健康"定义为:化学制品、放射性物质和一些生物制品的直接病理学影响及其对人体心理、生理、住宅、城市发展、土地利用、交通、社会和审美所造成的影响(刘鸿志,王谦,2005)。澳大利亚《环境与健康风险评估指南》指出,环境与健康是指物理、化学、生物和社会因素对人类健康造成的危害(Department of Health and Ageing,2004)。美国新泽西州《环境与健康法案》(County Environmental Health Act)规定的环境与健康是指与空气污染防治、固体废弃物、有害废弃物、噪声、农药、辐射及水污染相关的,以保护劳动者、公众免受有害物质与有毒事故侵害,或者其他被委员会裁定的健康与环境项目(New Jersey Department of Environmental Protection,2013)。欧洲环境署(EEA)将与健康相关的主要环境问题分为:室外空气污染、室内空气污染、水质差、卫生条件差和危险化学品,相关的健康影响包括:呼吸系统和心血管疾病、癌症、哮喘和过敏症、生殖和神经发育障碍。细颗粒物和地面臭氧是欧洲空气污染对人类健康的主要威胁。欧盟的欧洲清洁空气(CAFE)计划估计每年细颗粒物($PM_{2.5}$)污染导致34.8万人的过早死亡,平均预期寿命减少约1年。欧盟绿皮书指出,大约20%的欧盟人口遭受噪声污染。交通运输(尤其是城市地区)是人体暴露于空气污染和噪声的主要贡献者之一。化学物质对人体的影响越来越受到关注,尤其是对幼儿和孕妇的影响。许多已知影响人类健康的污染物正逐渐受到监管控制,但是对新出现的环境问题的环境暴露途径和健康影响还知之甚少,例如电磁场(EMF)、环境中的医药品和一些传染性疾病(EEA,2012)。美国环境保护局基于科学研究的成果,确定了环境污染物对一些疾病或其他健康的影响,包括:空气和辐射、水、农药、化学品和毒素。

WHO发布的《通过健康的环境预防疾病》报告指出,全球接近1/4的疾病由可以避免的环境暴露引起,全球每年有超过1300万的超额死亡由可预防的环境因素引起;在最不发达的地区,接近1/3的疾病和死亡由环境因素引起(WHO,2006)。经济合作与发展组织(OECD)《人类健康与环境》报告指出,对高收入的OECD国家,环境相关的人类健康损失达到5%;对中等收入的OECD国家,环境相关的人类健康损失达到8%;对非OECD国家,环境相关的人类健康损失达到13%(OECD,2001)。加拿大国家环境健康合作中心(National Collaborating Centre for Environmental Health,NCCEH)发布的《加拿大环境疾病负担系统综述》报告估计，加拿大环境污染物导致的潜在可预防疾病和死亡在每年的医疗保健费用中为 36 亿 ~91 亿美元（NCCEH，2010）。WHO 和欧盟合作研究中心（JRC）公布的《噪声污染导致的疾病负担》报告，首次指出噪声污染不仅让人烦躁、睡眠差，而且可能引发心脏病、学习障碍和耳鸣等问题，进而缩短人的寿命（JRC，2011）。澳大利亚西澳环境与保育厅（Department of Environment and Conservation，DEC）发布《空气污染经济学》报告指出，2000~2002 年，澳大利亚悉尼大都市区主要空气污染物排放导致的健康成本估计在 10 亿 ~84 亿美元/年，相当于国家生产总值的 0.4% ~3.4%（DEC，2005）。

WHO 认为环境对健康的影响可以分为传统型和现代型。传统型环境健康问题是由于缺乏安全饮水、基础设施不良和发展不足等而引发的，环境因素以生物性污染为主，疾病类型主要是传染病和寄生虫病等；现代型环境健康问题是在工业化、城市化发展中不注意环境和生态保护，走不可持续发展的道路而产生的，环境因素以化学性污染为主，相应的疾病类型主要是慢性病（如肿瘤、心血管疾病、糖尿病、慢性阻塞性肺疾患等）。在 20 世纪五六十年代之前我国面临的主要是传统型的环境健康问题。随着工业化、城市化进程的不断加速，我国的环境健康问题也逐渐由传统型向现代型转变。环境污染成为影响我国居民健康的主要风险因素，因此环境健康问题必须引起足够的关注和重视，积极应对环境污染对人群健康的威胁也已成为迫切需求。

面对越来越严重的环境污染与健康问题，环境与健康工作在全球受到前所未有的关注。WHO、联合国环境规划署（UNEP）和亚洲开发银行已共同组织召开了六届东亚及东南亚区域环境与健康论坛高层会议，就环境与健康政策和干预措施的制定、卫生与环境保护部门合作机制的建立等问题进行议定，发布了《区域环境与健康论坛宪章》（姚孝元，2013）。2012 年 7 月，来自 19 个国家政府、组织和机构的代表举行会议，成立了全球健康和污染联盟（Global Alliance on Health and Pollution，GAHP），以帮助低中收入国家清理历史遗留的化学毒物和废物热点（Blacksmith Institute，2012）。2013 年 10 月，UNEP 在日本熊本市召开了《关于汞的水俣公约》外交会议，共有 139 个国家通过了《关于汞的水俣公约》，包括中国在内的 92 个国家签署了该公约。它是一项具有法律约束力的全球性公约，是近 10 年来环境与健康领域内订立的第一项新的全球性公约（UNEP，2013）。此外，各国设立了专门的研究机构，相继制定了国家环境与健康战略行动计划，并投入大量的资金支持相应的基础和应用研究，以保障人群健康。这为我国实施相关计划提供了宝贵的经验和参考，对切实加强环境与健康工作有着重要的现实意义。

6.2 各国环境污染与健康发展战略与计划

6.2.1 欧盟成员国

长期以来，欧盟委员会及其成员国都一直将环境政策作为其共同政策优先考虑的议题，并相继出台了一系列卓有成效的环境政策和行动计划，欧盟及其成员国的环境状况得到了显著改善。从 1973 年欧共体发表《第一个欧共体环境行动计划》以来，欧盟至今已完成了 6 个环境行动计划，如表 6-1 所示（熊继海，2009；李旭红，2008）。在欧盟成立之前，1984 年 WHO 欧共体成员国提出要将环境和健康相结合，随后在 1989 年法兰克福会议上通过了《欧洲环境和健康宪章》。此次会议是欧盟环境和健康保护发展中的重要里程碑，成为以后制订计划、实施行动的指导原则（张中骞，2012）。1994 年，欧盟成员国在赫尔辛基召开第二届欧洲环境与健康会议，与会国代表号召制定符合本国需要和条件的环境与健康行动计划，以共同应对发展中面临的环境与健康问题。

表 6-1 欧盟环境行动计划的发展

年份	里程碑事件	简要的内容
1973	第一个欧共体环境行动计划（1973~1976）	这是欧共体第一次将环境保护纳入经济发展的考虑中，是一次根本性的思维变革。行动计划的主要内容是：减少和防止污染及其有害物；改善环境和生活质量；在涉及环境保护的国际组织中采取共同行动
1977	第二个欧共体环境行动计划（1977~1981）	重新确认了第一个规划中的目标和原则，对水、气和噪声污染领域的控制行为给予某种优先
1982	第三个欧共体环境行动计划（1982~1986）	欧盟对原有的环境政策进行了变革，将环境政策与共同体的其他政策综合起来，考虑环境政策在经济和社会领域的同等重要意义，并且明确强调了加强环境政策预防性特征的重要性
1987	第四个欧共体环境行动计划（1987~1992）	发展和细化了第三个行动计划中的环境政策，强调了环境保护与其他政策（如就业、农业、运输、发展等）的综合必要性，并强调了加强全球合作的必要性
1993	第五个欧共体环境行动计划（1993~2000）	计划以可持续发展为中心，对欧盟以往的环境政策做了重大的发展。其目标不再是简单的环保，而是在不损害环境和过度消耗自然资源的条件下追求适度的增长，这种增长不应破坏经济社会的发展对环境资源需求之间的平衡
2001	第六个欧共体环境行动计划（2002~2012）	计划重点关注的领域包括：应对气候变化、保护自然和生物的多样性、环境和健康、可持续的自然资源利用与废物管理。为今后 10 年或更长的时期确立了环境保护的目标
2003	欧洲环境与健康战略	该战略旨在减少欧盟由环境因素造成的疾病负担，识别并防止环境因素引起新的健康威胁，加强欧盟在环境健康领域的决策能力
2004	欧洲环境与健康行动计划（2004~2010）	主要内容有：收集环境与健康信息，改善信息系统，明确环境污染物与健康效应的关系；加强环境与健康研究，提高应对突发事件的能力；修订政策，促进多国多部门交流合作

2003 年，欧洲委员会通过《欧洲环境与健康战略》，以促进有关环境与健康问题的有效政策的制定。该战略旨在减少欧盟由环境因素造成的疾病负担，识别并防止环境因素引起新的健康威胁，加强欧盟在环境健康领域的决策能力。2004 年，欧洲委员会通过《欧洲环境与健康行动计划（2004~2010）》（The European Environment & Health Action Plan 2004~2010）。该行动计划的目的是：一方面，提供科学信息，以帮助成员国减少某些环

境因素的不利影响；另一方面，加强利益相关者在环境、健康和研究领域的合作，不管是成员国的公共部门、欧洲团体或机构、或公民社会。行动计划侧重于环境风险因素和重点疾病（呼吸系统疾病、神经发育疾病、癌症和内分泌干扰作用）的因果关系。行动计划包括基于三个主要主题下的一系列行动（表6-2），即：通过综合环境与健康信息，改善信息链，以理解污染物的来源和健康效应之间的联系（行动1~4）；通过加强环境与健康的研究，以及新兴问题的确定，填补知识空白（行动5~8）；通过提高认识、风险交流、培训和教育，修订政策并加强交流（行动9~13）（Europa，2007）。

表6-2 欧洲环境与健康行动计划提出的13项具体行动建议

行动建议	内容
行动1	发展环境健康指标
行动2	发展环境综合监测，包括食品，考虑对相关的人类接触进行测定
行动3	在欧洲开发一种一致性的生物监测方法
行动4	加强环境与健康方面的协调和联合行动
行动5	综合并加强欧洲环境与健康研究
行动6	对疾病、干扰和暴露的目标研究
行动7	开发能够分析环境与健康交互作用的方法体系
行动8	确保环境与健康潜在危害的识别和处理
行动9	通过公共健康计划，开展环境健康方面的公共健康活动和网络
行动10	通过修订和调整风险减少政策，促进专业人才的培养和提高环境与健康的组织能力
行动11	协调持续的风险减少措施，并侧重于重点疾病
行动12	改善室内空气质量
行动13	跟踪电磁领域的发展

由于环境有害因素对少年儿童健康的危害更大，欧盟制定的2004~2010年环境与健康行动计划对少年儿童健康给予高度关注，并专门制定了《欧洲儿童环境与健康行动计划》(Children's Environment and Health Action Plan for Europe，CEHAP)，致力于为少年儿童提供卫生安全的饮用水，降低胃肠道疾病的患病率和死亡率；为少年儿童提供安全可靠的居住环境，预防并降低事故、伤害导致的健康损害；修建体育设施，降低少年儿童由于缺乏运动导致的肥胖等健康问题；保证少年儿童生活环境的空气质量，预防并降低室内外空气污染导致的呼吸系统疾病；消除环境中生物、物理、化学有害因素对少年儿童的健康危害（WHO Regional Office for Europe，2004）。

在环境与健康研究方面，欧盟在第五、六框架计划中就已经把环境健康相关项目研究作为支持重点。第五框架计划开展的研究包含空气污染相关的健康影响、化学品及其对健康的影响、电磁场及其对健康的影响、噪声相关的健康影响、紫外线和电力辐射有关的健康影响、多种压力和因素及其对健康的影响、水性压力及其对健康的影响、气候变化相关的健康影响、纳米粒子对健康的影响等9个重点领域。其中，空气污染和化学品相关的健康影响是第五框架计划环境与健康研究的重点，约占预算的73%（European Commission，2007）。2011年公布的"地平线2020"科研规划提案，近一半的资金预算都用于促进可持续发展，而其中绝大部分预算将用于民生和环境相关的主题研究。

6.2.1.1 法国

法国在欧盟2004年召开第四届环境与健康部长级会议后制定了本国的《2004~2008年国家环境与健康行动计划》(NEHAP)，并且计划每5年修订一次行动计划，在每一次行动计划中期将对取得的进展进行评估，为改进措施提供依据。2004~2008年的NEHAP的主要目标是：确保空气和饮用水的质量；预防环境有害因素暴露的相关疾病，特别是癌症；为人群提供充分的健康信息，保护脆弱人群（儿童和孕妇）。该行动计划包括8个方面的45项行动措施。其中，12项为优先行动（表6-3）。这8个方面是：①预防急性感染、急性中毒导致的死亡；②改善空气质量和饮用水质量；③保护室内人群健康；④有效控制化学物质导致的危害；⑤有效保护儿童和孕妇健康；⑥深入开发科研能力；⑦改善监测、监督和预警系统；⑧加强人员队伍建设，改善信息传播系统（Ministère de la Santé et de la Protection sociale, 2004）。

2009年，法国发布了第二次行动计划——《2009~2013年国家环境与健康行动计划》(NEHAP 2)。该计划包括两个关键目标、58项举措。这两个关键目标是：降低导致高风险疾病的暴露；减少与年龄、个人的健康状况、社会经济背景或地理位置有关的环境不平等。NEHAP 2提议的主要应对措施包括：①通过国家行动计划（颗粒物计划）及其区域规划，到2015年，环境空气中的颗粒物浓度减少30%。到2013年，排放到空气和水体中的6种有毒物质（汞、砷、多环芳香烃、苯、全氯乙烯和多氯联苯）减少30%；②对建筑和装饰材料和产品引入健康警告标签；③通过设置人行道和自行车道促进交通出行的非机动方式；④建立系统保护500个最具风险的治水点区域；⑤提高知识，并减少药物残留释放到环境中的相关风险；⑥设置人口健康状况生物监测的方案；⑦跟踪职业暴露的试验系统；⑧改进测试物质的程序；⑨减少儿童在家庭和建筑物中接触可疑物质；⑩建立健康的家庭或室内环境顾问的网络；⑪执行清理不合标准住房的方案；⑫识别和处理环境事故多发点（Ministry of Ecology, Energy, Sustainable Development and the Sea, 2009）。

表6-3 法国环境与健康行动计划（2004~2008）提出的12项优先行动

优先行动	内容
行动1	削减移动源的柴油机颗粒物的排放
行动2	减少工业有毒物质的大气排放
行动3	通过所有集水区的保护改善饮用水的质量
行动4	更好地了解室内空气质量的决定因素，并加强法规
行动5	为建筑材料的健康和环境特性设立标签制度
行动6	减少与致癌、致突变和致毒物质的职业暴露
行动7	加强评估危险化学品健康风险的能力
行动8	更好地理解人类健康的环境和社会决定因素和实验科学中的新方法
行动9	促进环境健康信息的获取
行动10	提高婴幼儿铅中毒的预防和识别，并照顾受影响的儿童
行动11	对儿童进行流行病学研究
行动12	降低军团杆菌疾病的频率

6.2.1.2 英国

在1952年的"伦敦烟雾事件"之后,英国于1956年出台了世界上第一部空气污染防治法案《清洁空气法》,该法案通过清晰具体的条款和切实可行的措施来改善空气质量。例如,法案提出禁止黑烟排放、升高烟囱高度、建立无烟区等措施。这部《清洁空气法》随后在1968年和1993年做了修订和扩充。此外,英国还出台了《污染控制法》(1974年)、《环境法》(1995年)等一系列法律法规来控制空气污染(中国清洁空气联盟,2013)。英国还是较早参与制定欧洲NEHAP的国家之一,在1994年赫尔辛基召开的第二届欧洲环境与健康会议后便开始制定本国的NEHAP,并于1995年发布了行动计划草案,1996年正式实施。该行动计划包括160多项促进环境健康的措施,共分为6个部分:①行动计划制度框架;②环境健康管理方案;③特定环境危害(空气污染、水污染、食品污染等)控制措施;④生活环境与工作环境危害控制措施;⑤经济控制手段;⑥参与国际合作。每一部分都从行动目标、行动基础及行动措施3个方面加以阐述,并根据环境有害因素对人体健康危害的严重程度分为3个优先级别:需要立即采取的措施,预防控制慢性、亚慢性危害,促进心理健康(宋瑞金等,2007)。

2005年12月,自然环境研究理事会(NERC)、英国环境署(EA)和环境、食品与农村事务部(Defra)等机构共同资助"英国环境与人类健康项目"(Environment and Human Health(E&HH)Programme),旨在汇集环境学家、人口生物学家、毒理学家、流行病学家、医药和社会学家解决人类健康和环境高度优先的问题。该项目为期3年,确定了病原体、污染物(化学和微粒)、路径和人四个主要的优先领域,包括环境中对人类健康有影响的微生物、化学品、不同尺寸的颗粒物和其他重要成分的运输和动力学特征;新兴的传染病;建立环境对人类健康影响的预警技术;环境危害物的成因及健康影响中社会、经济和行为因素。其预期结果包括:培养一批多学科及跨学科的工作者,以便更加了解环境与人类健康间的关系;提供更好的知识,提高确定和预测潜在问题的能力;提高英国乃至全球人民的健康(阮梅花,2006;European Commission,2006)。

6.2.1.3 德国

德国也是较早参与制定欧洲NEHAP的国家之一。德国全球战略咨询委员会在1998年年度报告中提出了本国当前存在的环境危害问题,参照《欧盟技术指导文件》的标准对环境化学物质进行危害评价,在"可持续发展"基础上明确了解决环境危害问题的目标。在联邦卫生部、联邦环保局、自然资源管理局等多部门合作下,制定了相应的环境保护政策、法规,以改善环境质量,降低环境中有害因素造成的疾病负担。德国制定的NEHAP总体框架包括以下7个方面:①改善与环境因素有关的健康监测与报告系统;②改善信息情报管理系统;③改善环境有害因素危害评价体系及评价标准的制定程序和组织结构;④发展环境医学;⑤加强环境与健康效应研究;⑥优化现有管理结构;⑦积极参与国际合作。德国NEHAP针对下列环境有害因素提出了具体的行动目标和控制措施:①交通运输、工矿企业排放污染室外空气的有害气体及影响气候、破坏臭氧层的物质;②建筑装饰材料、家用化学品、杀虫剂、烟草制品等影响室内空气质量的物质;③污染水源、土壤和食品的化学物质；④氡及其子体等电离辐射；⑤环境噪声；⑥环境激素（宋瑞金等，2007）。

6.2.1.4 爱尔兰

1999年，爱尔兰政府发布《国家环境健康行动计划》，提出了4个战略目标：①进一步发展预防原则的应用；②政府机构的政策应该反映互补机构的任务和环境健康目标；③当地社区应有权协调地方行动，并提供真实的信息，他们应该聘请技术熟练和受过教育的官员；④环境健康相关的责任应该内化到引起危害的部门，这些经济部门应该准备促进商品和服务的市场营销，以促进环境健康。为了推动实现这些目标和优先事项，该计划提出了若干步骤，包括：①建立清晰的领导能力；②持续对主要系统（空气、水和土地保护）进行投资，并作为最优先事项；③进一步发展全国疾病监测单位和全国疫苗合约委员会；④建立无烟草委员会，以促进无烟草社会的发展；⑤建立新的爱尔兰食品安全局，以监督食品供应的安全（Government of Ireland，1999）。

爱尔兰政府根据国家发展计划（2007~2013）资助了《科学、技术、研究和创新环境计划（2007~2013年）》[Science, Technology, Research and Innovation for the Environment (STRIVE) Programme 2007~2013]，由爱尔兰环保署代表环境部门、社区和当地政府执行（Environmental Protection Agency，2012-05-30）。环保署相继发布的《理解环境、人类健康和福祉之间的联系》（Environmental Protection Agency，2010）、《通过改善水质提高人类健康》（Environmental Protection Agency，2012）、《室内空气污染与健康》（Environmental Protection Agency，2013）等报告均是STRIVE计划的一部分。《理解环境、人类健康和福祉之间的联系》包括了健康影响评估（HIA）、数据库和地理信息系统工具的使用、环境研究中心（ERC）的可能作用、欧洲环境署（EEA）环境与健康报告中提出的问题、爱尔兰的优先环境与健康问题、在选择主题上制定联合立场文件、人类生物监测（HBM）的可能性、在环境和健康领域的研究需求等重点主题。《室内空气污染与健康研究》项目的目的是量化爱尔兰和苏格兰家庭室内空气污染的水平，并提供一个由于家庭燃烧产生的室内空气污染导致的潜在健康负担的估计。

6.2.2 美国

美国已将环境与健康问题列入其21世纪可持续发展行动计划。在美国，从事环境健康方面的机构主要有美国环境保护局、卫生和人类服务部。美国卫生和人类服务部下属的环境健康相关机构主要有国家疾病预防与控制中心（CDC）、国家环境健康科学研究所（NIEHS）、环境健康政策委员会（EHPC）（段小丽，2008）。美国国家环境健康科学研究所发布的2012~2017年战略计划——《发展科学，改善健康：环境健康研究计划》（Advancing Science, Improving Health: A Plan for Environmental Health Research），涉及了六大主题和两大交叉主题，六大主题包括：①基础研究（理解生物学，以确定对环境压力的基本响应机制及在人类健康中的应用）；②暴露研究（理解在个体和群体水平上暴露的复杂性及其对健康后果的影响）；③转化科学（跨学科的环境健康科学，以告知个体、临床机构和公共健康决策者改善健康）；④健康差距与全球环境健康（研究以了解环境因素导致的全球健康和健康差距）；⑤培训与教育（通过教育、训练和职业培训，发展和维持一批多领域、可持续的环境健康专业队伍）；⑥交流与参与（推动环境与人类健康科学知识的转化和传播）。两大交叉主题包括知识管理和合作与集成方法。战略目标包括：①识别和理解引起广泛复杂疾病的基本公用机制或共同的生物学途径，如炎症、表观遗传变异、氧化应激、诱变等，以发展适用的预防和干预策略；②在基础和基于群体的研究中，了解个体整个生命周期对环境因素导致的慢性、复杂疾病的易感性，以促进预防和减少公共健康负担；③通过考虑人体全暴露及其与生物学途径的结合，改变暴露学，并创建一个将暴露学融入人类健康研究的蓝图；④理解联合环境暴露对疾病病因的影响；⑤在本地和全球范围内，识别和应对人类健康的新兴环境威胁；⑥建立环境健康差距研究议程，了解疾病风险的不均匀性，并以建立和支持受影响人群的公共健康及预防方案；⑦利用知识管理技术为环境健康安全社区创建一个合作环境，鼓励多目标的调查和分析，并宣传成果；⑧从幼儿园到专业机构开展不同层次的环境健康安全教育和培训，以提高科学素养并产生环境暴露健康后果的意识；⑨培养多样化和训练有素的领衔科学家，推动变化的环境健康科学向前发展，并从更广泛的科学领域和多样化背景中培养下一代环境健康科学领导者；⑩通过疾病和残疾预防效果，评估减少环境毒物暴露的政策、实践和行为的经济影响，并通过投资研究项目，检验预防措施是怎样促进公共健康和减少经济负担的；⑪促进研究人员和利益相关者之间的沟通和协作，以促进环境健康科学研究的（应用）转化（NIEHS，2012）。

美国地质调查局（U. S. Geological Survey，USGS）的环境健康计划包括污染物生物学计划和有毒物质水文计划。USGS 的污染物生物学计划主要研究环境污染物对国家的生物资源的影响和暴露。USGS 的有毒物质水文计划于 1982 年启动，提供环境污染的客观、可靠的科学信息，以提高污染场地的鉴定和管理，保护人类和环境健康，并减少未来潜在的污染问题。

2002 年，美国健康效应研究所（HEI）启动了"亚洲公共卫生与空气污染"（PAPA）项目，主要研究了亚洲发展中国家的室外空气污染与健康。研究报告指出，亚洲国家正处于经济快速发展阶段，在很多城市，发生了相当于 20 世纪前期欧洲和北美国家污染水平的大气污染。这种快速发展改变了居民的人口学和流行病学特征，从而可能影响人群对大气污染的易感性。据估计，2000 年全球城市大气污染导致 80 万人死亡和 460 万健康寿命年的损失，其中亚洲发展中国家占到了这些损失的 2/3（HEI，2002）。

《美国国家疾病预防与控制中心国家环境公共健康追踪项目战略（2005～2010 财年）》（CDC's Strategy for the National Environmental Public Health Tracking Program, Fiscal Years 2005～2010），旨在解决现有的环境危险因素、暴露和疾病追踪系统不能链接在一起，很难研究和监测危险因素、暴露和健康效应之间的关系的问题。该战略的目标是：建立一个可持续的国家环境公共健康追踪网络；提高环境公共健康追踪的队伍和基础设施；传播信息来指导政策、实践和其他改善国家健康的行动；促进环境公共健康科学和研究；促进健康与环境项目之间的协作。CDC 提出 2020 环境健康计划的主要研究目标着眼于 6 个方面：①室外空气质量；②地表水和地下水质量；③有毒物质和危险废物；④家庭和社区；⑤基础设施和监督；⑥全球环境健康（CDC，2005）。

美国 CDC 环境危险因素和健康效应部开展的项目之一是"环境危险因素和健康效应

项目"(Environmental Hazards and Health Effects Program,EHHE),专门调查人类健康和环境之间的关系,主要侧重于以下内容:空气污染与呼吸系统健康(主要研究和探讨环境因素对呼吸道疾病的影响,重点领域包括哮喘和霉菌);化学和放射性事件;环境公共健康追踪;健康研究(癌症群,灾害,农药,有害藻华,水、空气和食物,辐射研究)(CDC,2009)。另一个项目是"环境公共卫生指标体系项目"(Environmental Public Health-Indicators,EPHI),可以用于评估与环境相关的健康状态或风险,可以评估基线状态和趋势(CDC,2006)。

6.2.3 澳大利亚

1999年10月,澳大利亚环境健康研究所推出《国家环境健康战略》(The National Environmental Health Strategy),旨在通过提供一个框架来加强全国环境健康管理。为了开始实施该战略,环境健康委员会(enHealth Council)制定了《国家环境健康战略实施计划》(The National Environmental Health Strategy Implementation Plan),以解决该战略中确定的优先问题。这些问题分为环境健康正义(包括本土的环境健康、可持续发展)、环境健康系统(经济分析、健康影响评价、健康风险评价、信息、研究、标准和指导方针、劳动力)和人与环境的界面(空气、建筑环境、媒介传播疾病、水)3个领域。该计划主要旨在发展有效和高效的环境健康系统,并提高现有资源的使用(Australian Government Department of Health,1999)。

2007年10月,澳大利亚健康防护委员会(AHPC)批准《2007~2012年国家环境健康战略》(The National Environmental Health Strategy 2007-2012)。该战略提供了澳大利亚环境健康管理的方向,并确定了澳大利亚环境健康部门在开发和配套健康保护基础设施中的作用。其目标包括:①新兴和关键问题的确定和制定应对措施;②发展国家劳动力,以能够在危机时期提供始终如一的高品质服务;③发展各级政府环境健康服务和政策发展的可持续发展水平;④通过促进标准与准则的发展,及时地将理论转化为行动;⑤在其他关键部门最大限度地采用以实证为基础的公共健康做法,以减轻环境灾害和突发事件对人类健康的风险;⑥提高土著居民和托雷斯海峡岛民的环境健康;⑦环境健康问题中对气候变化适应方法提供指导;⑧发展监督能力,以确保环境健康风险被适当地管理(Australian Government Department of Health,2007)。

6.2.4 韩国

韩国环境部非常重视环境与健康的调查和科研基础工作。2006年,韩国环境部发布《韩国环境与健康10年行动计划(2006~2015年)》[The Korea National Environmental Health Action Plan toward 10 years (2006-2015)]。该行动计划的目标是:①将潜在的高危人群减少至发达国家水平;②提高保护公众健康的环境标准;③建立环境健康监测系统和研究所;④开发综合的环境与健康信息系统;⑤制定《环境与健康法》;⑥开展风险交流、培训和教育,以获得知情权。其关键行动包括:最小化高危人群;环境疾病的监测、管理和防治；建立环境健康基金会。2006年投入了7亿美元用于2006～2015年环境与健康基础设施（包括科研和发展）方面的建设资金。2007年启动了工业污染区域的社区健康调查、有毒有害化合物暴露的生物监测和环境流行病学调查三个全国范围的大的调查项目（Ministry of Environment, Republic of Korea, 2009）。

韩国制定了一部国家级的专门的环境与健康法律。2008年韩国环境部颁布了《环境与健康法》（Environmental Health Act）（试行），并于2009年5月正式开始施行。该法主要包括6部分：第一部分为概论，阐述了法的目的、范围、理论、政府职责及环境与健康规划委员会；第二部分为风险评价，包括风险评价和管理、新技术和物质的限制、健康影响评价等内容；第三部分是与环境相关的人体健康影响的预防和管理，包括国民环境健康基础调查、环境相关健康影响的流行病学调查、健康影响评价请愿、政府对环境相关疾病的职责分工、环境健康指标、环境健康信息和统计管理等；第四部分是儿童健康，包括风险评价、有毒物质使用、儿童风险信息等；第五部分是附则，包括环境健康中心、环境健康人员教育与支持等；第六部分是处罚条例。韩国环境部制定环境与健康政策的基本出发点有两个：一是"减少处于环境风险中的人群数量"，计划从2005年到2015年要将处于环境风险中的人群降低50%；二是为人民提供健康美好的社区环境，通过对环境相关疾病的预防和监督来实现（李晓明，2011）。

6.2.5 日本

20世纪50～70年代，日本发生了"水俣病"、"骨痛病"、"哮喘病"等多起严重危害人体健康的公害事件。此后，日本政府加大了环境保护力度，尤其重视环境立法工作。20世纪60年代日本的环境政策主要是对付公害问题，政府先后制定了多部公害防治法令（表6-4）。1967年，日本政府制定了《公害对策基本法》，在保护公民健康和维护生活环境的同时，在立法的目的中加入了所谓的"平衡条款"，即前款规定的保护公民健康和维护生活环境的目的应与经济健全发展相协调。但《公害对策基本法》制定以后，公害问题仍没有从根本上得到解决。1970年，日本修订了《公害对策基本法》，删除了"平衡条款"，将保护公民健康和维护生活环境作为环境法的目的。

表6-4　1958～1973年日本制定的环境保护法规（孙宇飞等，2009）

时间	法律法规
1967年、1970年（修订）	《公害对策基本法》
1958年、1970年（修订）	《水质污染防治法》
1970年	《废弃物处理法》
1962年、1968年（修订）	《大气污染防治法》
1973年	《公害健康损害补偿法》
1973年	《化学物质限制法》

在水污染防治方面，日本于1958年制定了《水质保护法》和《工厂排水水质管理法》，以应对工厂排出的废水给渔业和公民健康带来的不良影响，后于1970年废除，新制

定了《水质污染防治法》，要求在全国范围内制定统一的环境水质标准和废水排放标准。1989年，日本对《水质污染防治法》进行了修改，增加了有关有害物质污染地下水及有关生活污水对策制度方面的内容。为保护人体健康，日本于1993年3月公布了饮用水的卫生标准，并于1994年12月开始执行。

在环境健康损害的赔偿方面，日本于1969年制定了《关于因公害引起的健康损害的救济的特别措施法》，规定在指定区域居住满一定期限的居民，由于大气污染或水污染罹患制定疾病，且该疾病经认定是由大气污染或水污染造成，都由都道府县对此支付医疗费用。1973年，日本制定《公害健康损害补偿法》，取代了原先的《关于因公害引起的健康损害的救济的特别措施法》，规定了环境健康损害的认定程序、支付程序、补偿给付的内容、补偿费用的来源等。

1993年，日本颁布《环境基本法》，直接规定确保现在及将来国民健康、文化的生活，为人类的福利做贡献，要求政府制定环境基本计划。该法是将人的健康与生活环境的保护、废弃物处理和物质循环，地球环境保全等几个方面的问题统一起来进行考虑的综合性法律，从而树立了保障健康和可持续发展的目的。2012年，日本政府决定新设环境税，从10月1日起开征（李晓明，2011；时临云，张宏武，2006）。

6.3 环境污染与健康研究文献计量分析

本节以美国科学信息研究所（Institute for Scientific Information，ISI）的科学引文索引数据库SCIE（Science Citation Index Expanded）和社会科学引文索引数据库SSCI（Social Sciences Citation Index）为基础，采用文献计量的方法对环境污染与健康领域展开研究年代、研究国家、研究机构和研究热点分布等的分析，以揭示环境污染与健康领域的总体发展趋势。

6.3.1 数据来源与分析工具

6.3.1.1 数据来源

为了能够准确地把握国际环境污染与健康研究的进展，本报告研究的焦点是污染对人类健康的影响，由于环境中的污染来源和污染物众多，因此本节分析中的环境污染主要包括了空气污染、水污染、土壤污染、重金属污染、有机物污染、噪声污染、光污染、放射性污染等主要污染问题。同时利用主题检索的方法，文献量太大，难以深入，因此为了提高分析的针对性，经过甄别和筛选后，本节共选取了13 006篇环境污染与健康研究的相关文献，作为文献计量分析的基础采样数据（检索式见附录）。文献类型为Article、Proceedings Paper和Review。数据库更新时间为2013年12月14日。根据这些有代表性的样本数据，利用美国Thomson公司开发的Thomson Data Analyzer和Ucinet分析平台重点对该领域的研究力量分布和研究热点进行了分析。

6.3.1.2 分析工具

本节所采用的分析工具包括 Thomson Data Analyzer 和 Ucinet 分析平台。Thomson Data Analyzer 是美国 Thomson 公司开发的一款文献计量分析软件,通过该软件可以对专利数据进行深度挖掘并展开可视化分析。TDA 能够帮助相关研究人员从 Derwent 世界专利索引和专利引文数据库中的原始数据中挖掘出有用信息,为洞察技术发展趋势提供有价值的依据。Ucinet 是一种功能强大的社会网络分析软件,是由加利福尼亚大学欧文分校的一群网络分析者编写,它能够将一些原始数据转化为矩阵格式,并构建各种关系矩阵,集成了一维与二维数据分析的 NetDraw、Pajek、Mage 等软件。

6.3.2 环境污染与健康研究文献总体情况

对 60 多年来的环境污染与健康相关研究文献进行统计后发现(图 6-1),在 1950~2013 年的 60 多年中,SCIE 和 SSCI 中发表的相关研究文献数量除个别年份略有波动之外,整体呈稳步增长趋势。20 世纪 80 年代以前,环境污染与健康的相关文献量逐年增长,但增长速度较慢;20 世纪 80 年代以后,环境污染与健康的相关文献量出现快速增长的趋势,在 21 世纪初增速进一步加快。

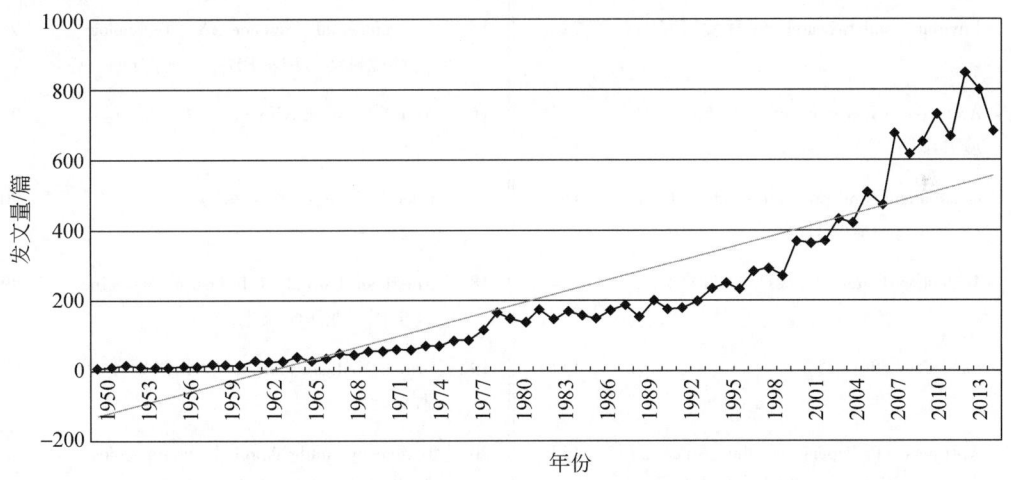

图 6-1 SCIE 和 SSCI 数据库中环境污染与健康领域研究论文的数量变化

在 SCIE 和 SSCI 数据库中收录环境污染与健康相关论文较多的期刊为:《流行病学》(Epidemiology)、《环境与健康展望》(Environmental Health Perspectives)、《美国流行病学杂志》(American Journal of Epidemiology)、《总体环境科学》(Science of the Total Environment)、《环境研究》(Environmental Research)、《环境健康档案》(Archives of Environmental Health)、《职业与环境医学》(Occupational and Environmental Medicine)、《毒理学快报》(Toxicology Letters)、《柳叶刀》(Lancet)、《美国化学学会的会议论文摘要》(Abstracts of Papers of the American Chemical Society)、《职业与环境医学杂志》(Journal of

Occupational and Environmental Medicine)、《吸入毒理学》(Inhalation Toxicology)、《美国呼吸与重症医学杂志》(American Journal of Respiratory and Critical Care Medicine)、《国际环境》(Environment International)、《环境科学与技术》(Environmental Science & Technology)、《大气环境》(Atmospheric Environment)、《化学圈》(Chemosphere)、《美国工业医学杂志》(American Journal of Industrial Medicine)、《英国医学杂志》(British Medical Journal)、《毒理学与应用药理学》(Toxicology and Applied Pharmacology),如表6-5所示。

表6-5 环境污染与健康领域主要期刊及发文量(前20个)

排名	期刊	发文量/篇	排名	期刊	发文量/篇
1	Epidemiology(《流行病学》)	1002	11	Journal of Occupational and Environmental Medicine(《职业与环境医学杂志》)	124
2	Environmental Health Perspectives(《环境与健康展望》)	653	12	Inhalation Toxicology(《吸入毒理学》)	106
3	American Journal of Epidemiology(《美国流行病学杂志》)	360	13	American Journal of Respiratory and Critical Care Medicine(《美国呼吸与重症医学杂志》)	100
4	Science of the Total Environment(《总体环境科学》)	240	14	Environment International(《国际环境》)	99
5	Environmental Research(《环境研究》)	226	15	Environmental Science & Technology(《环境科学与技术》)	95
6	Archives of Environmental Health(《环境健康档案》)	219	16	Atmospheric Environment(《大气环境》)	93
7	Occupational and Environmental Medicine(《职业与环境医学》)	162	17	Chemosphere(《化学圈》)	90
8	Toxicology Letters(《毒理学快报》)	154	18	American Journal of Industrial Medicine(《美国工业医学杂志》)	89
9	Lancet(《柳叶刀》)	147	19	British Medical Journal(《英国医学杂志》)	88
10	Abstracts of Papers of the American Chemical Society(《美国化学学会的会议论文摘要》)	133	20	Toxicology and Applied Pharmacology(《毒理学与应用药理学》)	88

6.3.3 环境污染与健康领域国际研究力量分析

6.3.3.1 主要研究国家

1)主要国家的发文情况

按照全部作者统计,SCIE和SSCI数据库中环境污染与健康领域的研究文献发文量前

15位的国家是：美国、中国、英国、加拿大、德国、意大利、法国、日本、瑞典、西班牙、荷兰、澳大利亚、韩国、印度和巴西。由图6-2可知，美国发文量居全球之首，总计有超过4500篇研究论文有美国的参与，大约占总发文量的35%，在该研究领域占据主导地位。图6-3是主要国家近3年的发文量变化情况。近3年，美国以794篇的发文量依然位居全球第一，中国紧随其后，发文量为383篇。英国近3年在该领域的发文量高于加拿大，但154篇的发文量明显低于中国。结合图6-2、图6-3可以得出美国在该研究领域处于主导地位，且近期主导地位不变；中国发文量位居全球第二，并且近年来发文量增速较高；英国、加拿大、德国、意大利等国的发文量呈现稳步增长的趋势。图6-4展示了21世纪中国环境污染与健康领域的研究论文发文量变化情况。从总体看来，中国环境污染与健康领域的发文量除2002年、2005年有所下降外，在21世纪初期整体表现出快速增长的趋势。

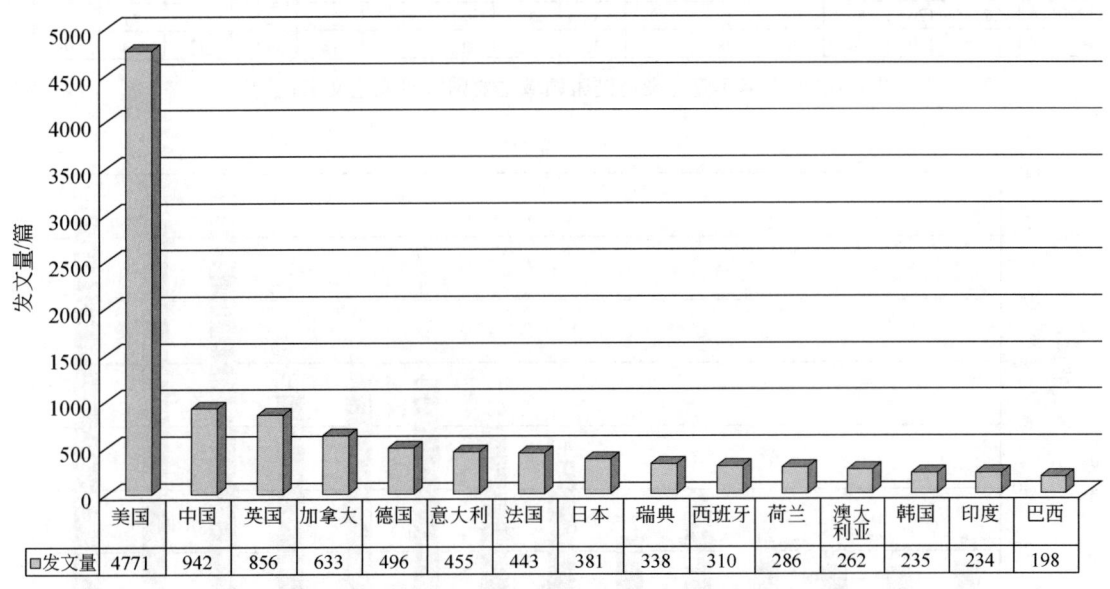

图6-2　环境污染与健康领域主要国家论文发文量比较

为了了解主要国家研究的影响力情况，对相关主要国家的论文被引情况进行了分析，如表6-6所示。在发文量前15的国家中，美国、日本、印度、韩国、巴西和澳大利亚的第一作者论文比例较高，均超过80%，其中美国、日本、印度和韩国的第一作者论文比例超过85%；荷兰、加拿大、英国、瑞典、日本、中国、美国、澳大利亚、法国、德国和西班牙的被引论文比例均超过70%；美国、英国、加拿大、中国、德国、瑞典和荷兰的论文总被引频次较高，均超过10 000次，其中美国、英国、加拿大和中国的论文总被引频次都超过15 000次；荷兰、瑞典、加拿大、美国、英国、德国和法国的论文篇均被引频次较高，篇均被引频次均大于20次/篇；从高被引频次（被引频次≥50次）来看，美国、英国、中国、加拿大、德国、瑞典、法国和荷兰的高被引论文数量较多，被引频次超过50次的论文均超过50篇，其中，美国和英国的高被引论文数量大于100篇；从高被引论文所占比例来看，荷兰、瑞典、美国、德国、英国、法国、加拿大、澳大利亚和西班牙的高

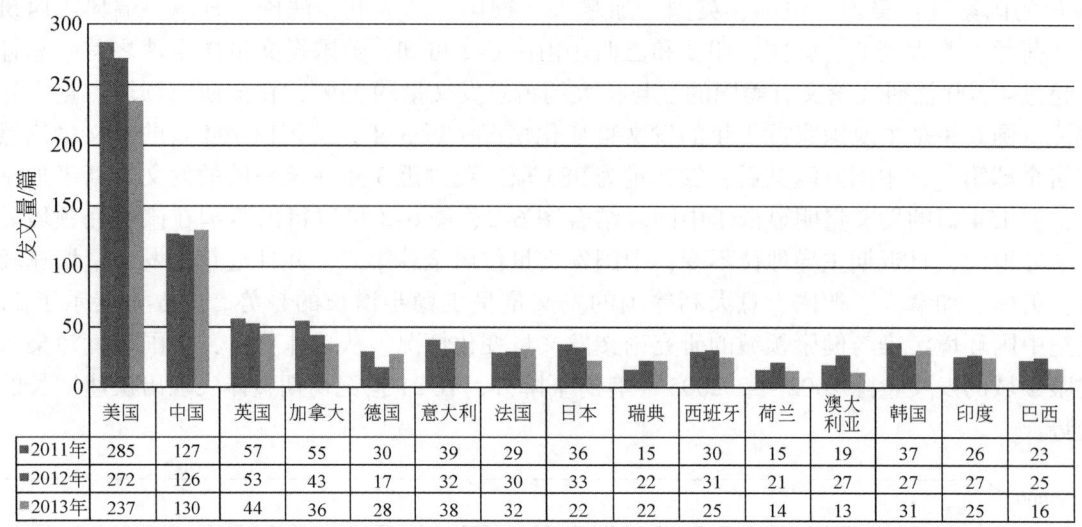

图 6-3　近 3 年环境污染与健康领域主要国家研究论文变化情况

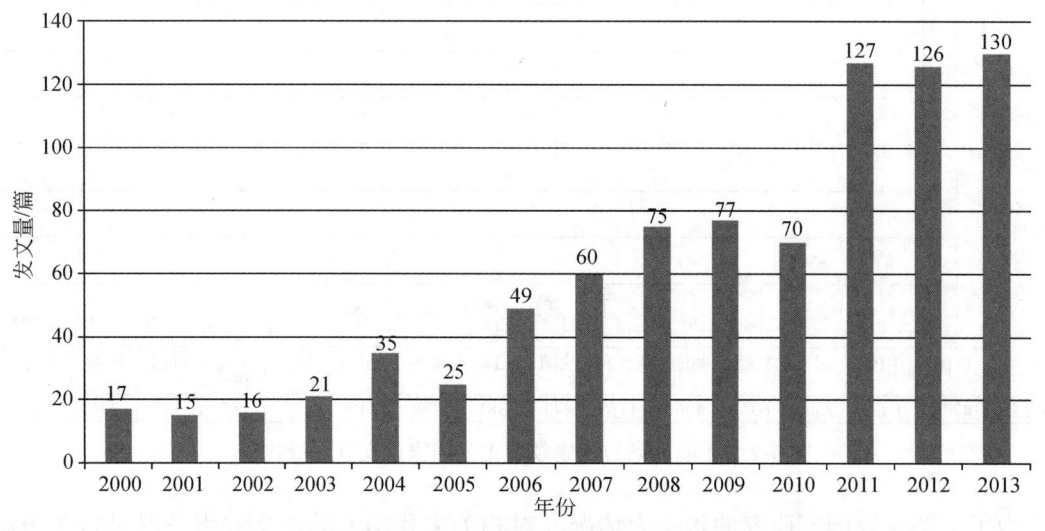

图 6-4　2000 年以来环境污染与健康领域中国发文量变化情况

被引论文占全部论文的比例都已超过 10%，其中，荷兰、瑞典和美国的高被引论文比例已超过 15%。从总被引频次、篇均被引频次和高被引论文等指标综合分析来看，美国、英国、加拿大的环境污染与健康领域研究论文的综合影响力较高。

表 6-6　环境污染与健康领域主要国家论文被引情况

序号	国家	发文量/篇	第一作者论文比例/%	被引论文比例/%	总被引频次/次	篇均被引频次/(次/篇)	高被引(被引≥50次)	高被引论文比例/%
1	美国	4 771	89.06	73.07	134 394	28.17	735	15.41
2	中国	942	52.55	73.89	17 279	18.34	87	9.24

续表

序号	国家	发文量/篇	第一作者论文比例/%	被引论文比例/%	总被引频次/次	篇均被引频次/(次/篇)	高被引(被引≥50次)	高被引论文比例/%
3	英国	856	72.20	76.40	23 433	27.38	116	13.55
4	加拿大	633	75.04	77.25	18 163	28.69	82	12.95
5	德国	496	68.95	70.97	13 262	26.74	73	14.72
6	意大利	455	74.07	67.03	8 204	18.03	44	9.67
7	法国	443	72.46	71.11	9 881	22.30	60	13.54
8	日本	381	86.35	75.33	5 997	15.74	21	5.51
9	瑞典	338	63.02	76.33	11 010	32.57	60	17.75
10	西班牙	310	73.55	70.32	5 957	19.22	34	10.97
11	荷兰	286	58.04	79.02	10 693	37.39	58	20.28
12	澳大利亚	262	82.44	72.14	5 185	19.79	29	11.07
13	韩国	235	85.53	62.98	2 665	11.34	17	7.23
14	印度	234	86.32	62.39	2 117	9.05	6	2.56
15	巴西	198	84.34	64.65	1 927	9.73	8	4.04

中国环境污染与健康领域的发文量指标、高被引论文指标及总被引频次指标占有一定的优势：中国环境污染与健康领域的发文量指标较高，以942篇的发文量位居全球第二，同时高被引论文数量为87篇，在15个国家中位列第3位，总被引频次为17 279次，排在第4位。虽然在以上指标中，中国环境污染与健康领域的研究占据一定的优势地位，但是在第一作者论文比例、被引论文比例、篇均被引频次及高被引论文比例指标中则位于劣势地位：第一作者论文比例为52.55%，在15个国家中位居最后一位，被引论文比例为73.89%，排在第6位，篇均被引频次为18.34%，位居第10位，高被引论文比例为9.24%，在15个国家中位列11位。总体看来，我国被SCIE和SSCI数据库收录的环境污染与健康研究论文的相对质量不是很高，综合影响力位居中等水平，相关论文质量有待进一步加强。

2）主要国家的合作情况

随着大科学时代的到来，各个科研领域的国际间合作成为大势所趋，环境污染与健康研究也不例外，呈现出较强的国际合作态势。图6-5反映的是该研究领域主要国家的发文合作情况（发文量前50位），该图以经过Pathfinder算法优化的数据为基础，使用NetDraw软件实现。

从图6-5可以看出，美国在国际合作中的表现尤为突出，是全球环境污染与健康研究合作网的中心，美国的主要合作对象有英国、加拿大、中国、法国、德国和荷兰。英国在国际合作网中是除了美国以外的第二个网络中心，具有较为明显的网络合作中心性。此外，中国、德国、葡萄牙等也具有一定的中心性。图6-5也展示了中国在环境污染与健康研究国际合作网络中的地位，中国是美国的重要合作对象，中国的合作对象有美国、马来西亚、巴基斯坦和澳大利亚等国家。

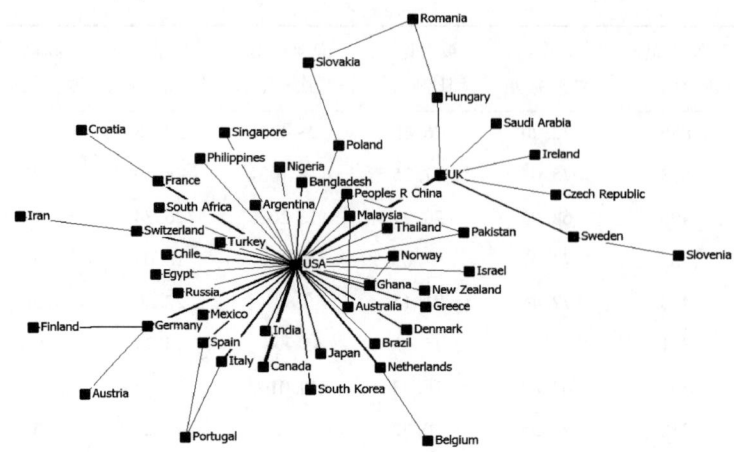

图 6-5 环境污染与健康领域排名前 50 的国家发文合作情况

从不同时段的国家发文合作情况（发文量前 50 位）（图 6-6～图 6-8）来看，1984 年以来，环境污染与健康领域国际合作网络逐渐密集，合作能力逐渐增强。1984～1993 年，美国在国际合作中的表现尤为突出，是全球环境污染与健康研究合作网的中心，美国的主要合作对象有英国、加拿大、中国、德国和挪威。此外，英国、法国、挪威、德国、意大利是除美国以外具有较为明显的网络合作中心性的国家。此阶段共有 32 个国家参与国际研究的相互合作。其中，美国、英国、法国和意大利之间的合作十分密切。1994～2003 年，美国已处于国际合作中的绝对核心位置，其合作对象进一步迅速扩大，荷兰、德国、英国、意大利、西班牙、中国等都是其重要合作对象。除英国、法国、德国、意大利之外，保加利亚、瑞典、西班牙、斯洛文尼亚、乌克兰、芬兰等国家也都具有一定的网络中心性，与上以阶段比较，这一时期的合作网络中，各个国家之间的合作关系更为密切，参与国家的数量也更多。2004～2013 年，美国的网络合作中心地位得到了进一步的加固，德国、意大利、英国、中国、加拿大与韩国是其重要合作对象，英国、德国、中国和葡萄牙

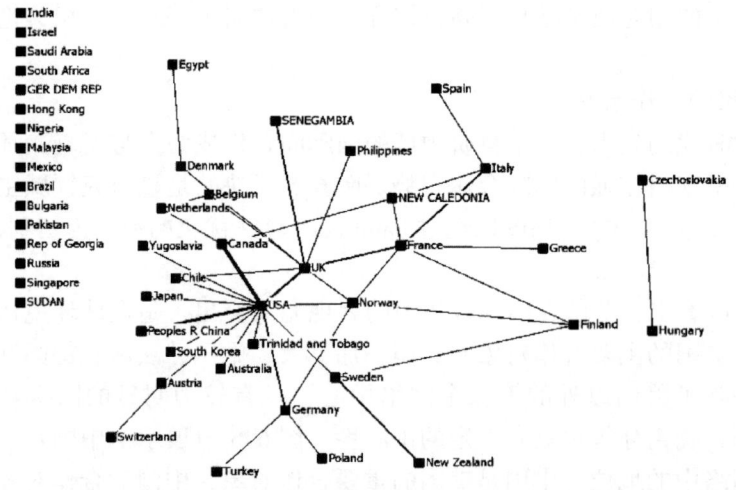

图 6-6 1984～1993 年环境污染与健康领域排名前 50 的国家发文合作情况

在合作网络中的中心位置进一步减退。其中，英国的合作对象主要有希腊、美国、捷克、瑞典、匈牙利、沙特阿拉伯等6个国家，德国的合作对象为芬兰、奥地利、美国，中国与日本、马来西亚、巴基斯坦、美国具有合作关系，葡萄牙与西班牙、意大利存在合作关系。

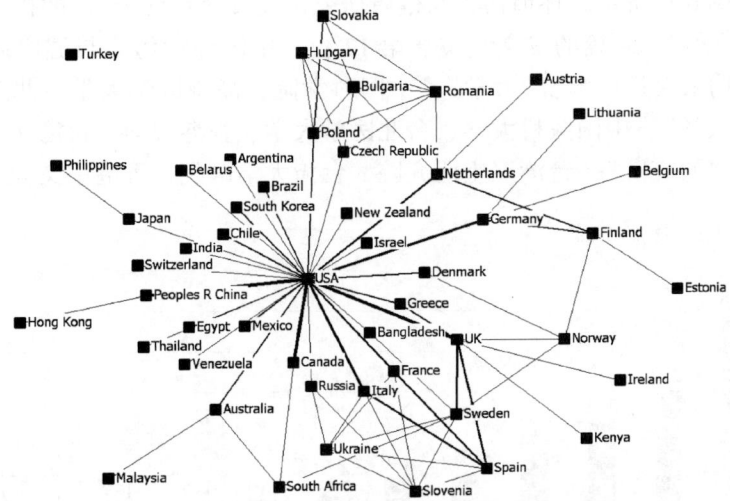

图6-7　1994~2003年环境污染与健康领域排名前50的国家发文合作情况

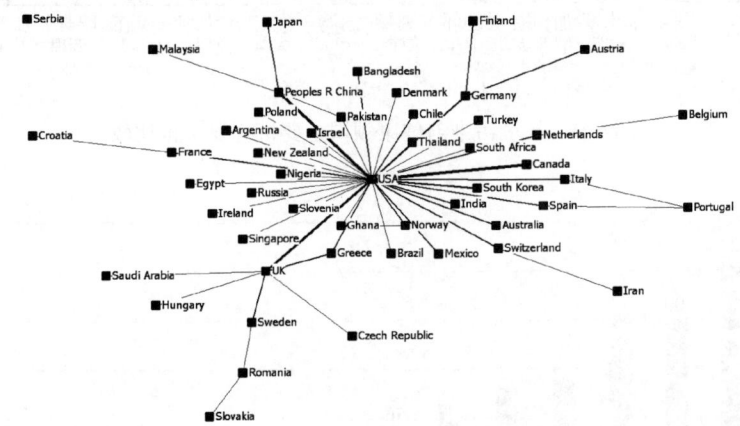

图6-8　2004~2013年环境污染与健康领域排名前50的国家发文合作情况

6.3.3.2　主要研究机构

1）主要研究机构的发文情况

按照全部作者统计，SCIE和SSCI数据库中环境污染与健康研究论文发文量较多的15个机构依次是哈佛大学（Harvard University）、美国环境保护局（U. S. Environmental Protection Agency，EPA）、美国国家癌症中心（National Cancer Center）、北卡罗来纳大学（University of North Carolina）、加利福尼亚大学伯克利分校（University of California, Berkeley）、美国环境健康研究中心（American Research Center for Environmental Health）、

华盛顿大学（University of Washington）、"台湾大学"（"Taiwan University"）、纽约大学（New York University）、南加利福尼亚大学（University of Southern California）、约翰霍普金斯大学（Johns Hopkins University）、瑞典卡罗琳学院（Karolinska Institute in Sweden）、加拿大卫生部（Health Canada）、耶鲁大学（Yale University）和哥伦比亚大学（Columbia University），如图6-9所示。环境污染与健康研究论文发文量前15位的机构中仅有一个中国机构，台湾大学以124篇的发文量位居第12位。中国环境污染与健康研究论文发文量较多的15个机构依次是："台湾大学"、中国科学院、高雄医学大学、北京大学、复旦大学、"台湾成功大学"、中国医科大学、台北医学大学、香港大学、台湾义守大学、中国医学科学院、"中央研究院"、台湾卫生研究院、台湾大学医院、香港中文大学（图6-10）。

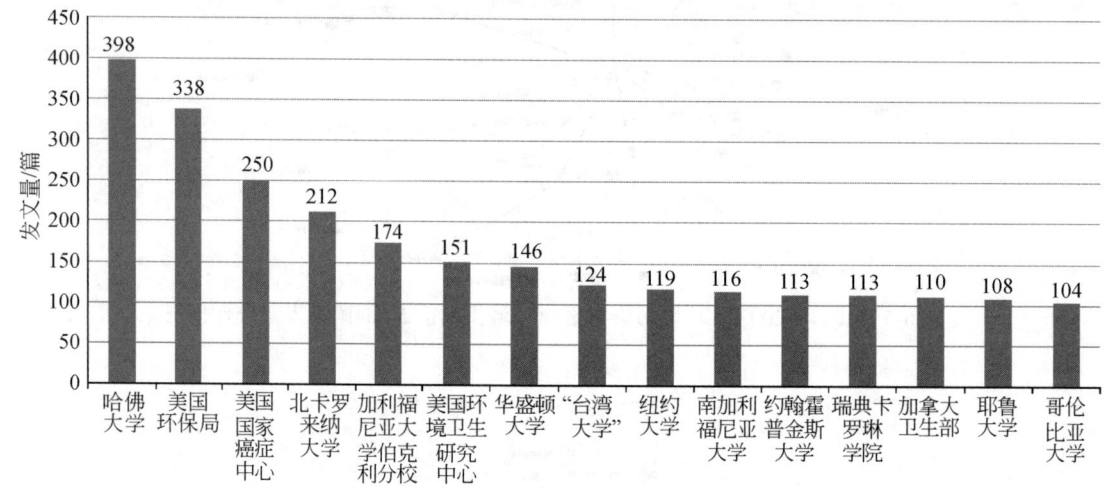

图6-9 环境污染与健康领域主要机构发文量比较

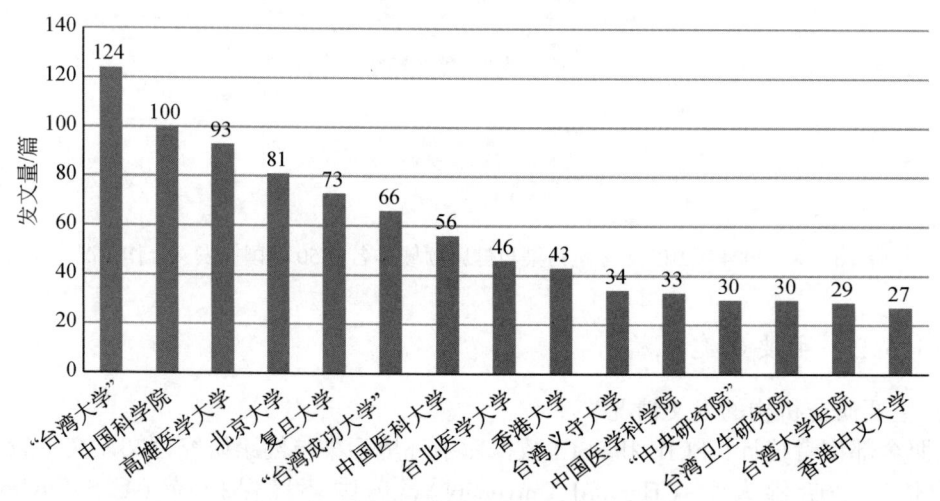

图6-10 中国前15位机构发文情况统计

科研机构是科学研究的主要单元，为了了解主要机构研究的影响力情况，对相关主要机构的论文被引情况进行了分析。在这些发文量较多的机构中，约翰霍普金斯大学、加利福尼亚大学伯克利分校、耶鲁大学、台湾大学及北卡罗来纳大学的第一作者论文比例较高，这些机构的第一作者论文比例均超过55%；被引论文比例较高的机构有台湾大学、加拿大卫生部、美国环境健康研究中心以上3个机构的被引论文比例均超过80%；哈佛大学和美国环境保护局以超过10 000次的总被引频次居前2位；这15个机构中篇均被引频次较高的机构有加拿大卫生部、哈佛大学、约翰霍普金斯大学和纽约大学，篇均被引频次均超过50%；从高被引论文的角度，哈佛大学、美国环境保护局、加利福尼亚大学伯克利分校及美国国家癌症中心以超过40篇的高被引论文排在这15个机构的前列；以高被引论文所占比例来看，哈佛大学、约翰霍普金斯大学、加利福尼亚大学伯克利分校及南加利福尼亚大学的高被引论文比例较高，均超过25%，如表6-7所示。

表6-7 环境污染与健康领域主要机构论文被引情况

序号	机构	发文量/篇	第一作者论文比例/%	被引论文比例/%	总被引频次/次	篇均被引频次/(次/篇)	高被引(被引≥50次)	高被引论文比例/%
1	哈佛大学	398	45.98	78.89	25 273	63.50	121	30.40
2	美国环境保护局	338	53.55	76.04	14 091	41.69	74	21.89
3	美国国家癌症中心	250	52.00	77.20	6 799	27.20	40	16.00
4	北卡罗来纳大学	212	56.13	76.89	6 766	31.92	34	16.04
5	加利福尼亚大学伯克利分校	174	62.64	75.29	7 506	43.14	47	27.01
6	美国环境健康研究中心	151	52.32	80.13	5 362	35.51	22	14.57
7	华盛顿大学	146	47.95	76.71	3 444	23.59	23	15.75
8	台湾大学	124	58.06	83.87	4 746	38.27	24	19.35
9	纽约大学	119	44.54	72.27	6 741	56.65	23	19.33
10	南加利福尼亚大学	116	50.00	75.86	3 748	32.31	29	25.00
11	约翰霍普金斯大学	113	62.83	79.65	7 119	63.00	34	30.09
12	瑞典卡罗琳学院	113	47.79	67.26	3 941	34.88	21	18.58
13	加拿大卫生部	110	38.18	80.91	7 756	70.51	25	22.73
14	耶鲁大学	108	58.33	77.78	3 540	32.78	22	20.37
15	哥伦比亚大学	104	42.31	74.04	2 500	24.04	19	18.27

2) 主要研究机构合作情况

图6-11反映的是环境污染与健康领域发文量排名前50的主要机构的发文合作情况。主要的机构合作主要是以哈佛大学为中心展开，哈佛大学位于环境污染与健康领域国际主要机构合作网络的中心位置。美国环境保护局、美国国家癌症研究中心、南加利福尼亚大学、加拿大卫生部等为主要机构合作的次级中心，其中，美国环境保护局、美国国家癌症研究中心、南加利福尼亚大学之间的合作较为密切。

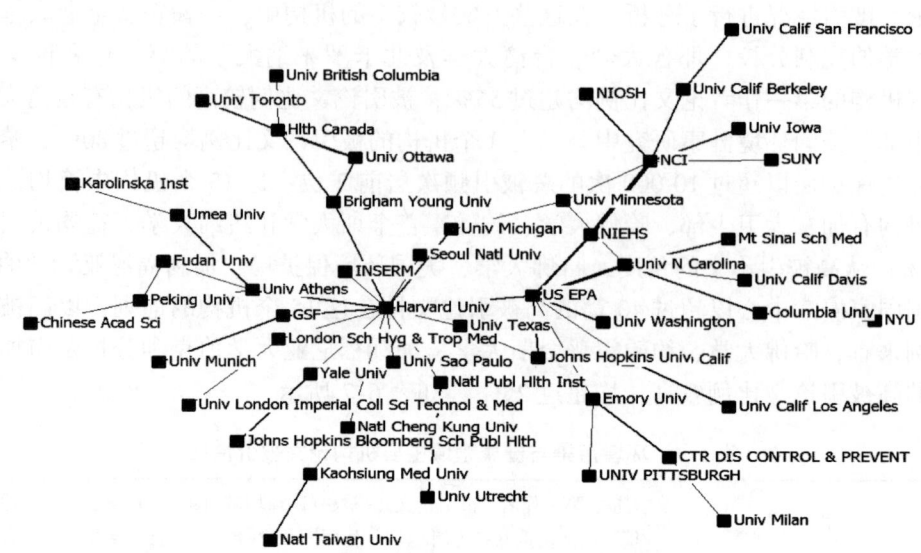

图 6-11 环境污染与健康领域排名前 50 的机构合作关系图

6.3.4 国际环境污染与健康领域研究热点分析

6.3.4.1 学科分布

从 SCIE 和 SSCI 收录的研究文章的期刊所属的学科看,环境污染与健康研究所涉及的相关研究学科有公共环境与职业健康、环境科学与生态学、毒理学、普通内科医学、肿瘤学、工程学、药理学及制药、化学、呼吸系统、生物化学与分子生物学,如图 6-12 所示。

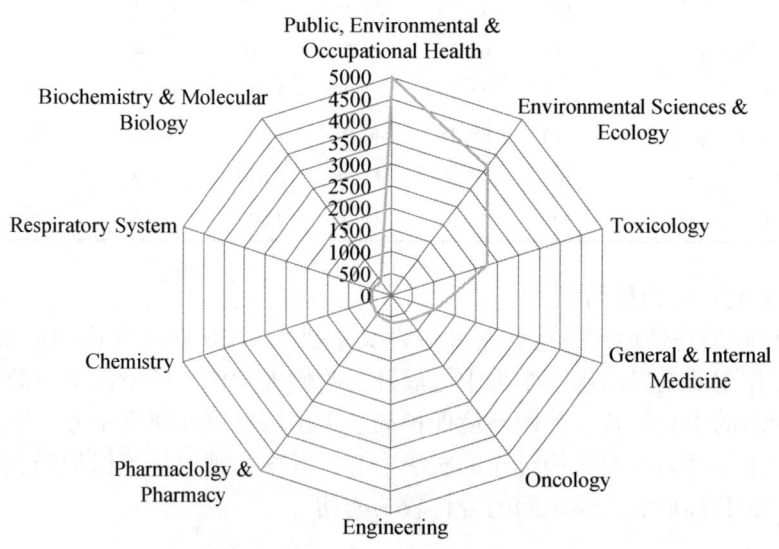

图 6-12 环境污染与健康领域涉及的主要学科(前 10 个)

6.3.4.2 关键词分析

为了了解该领域主要研究方向，对该领域的关键词进行了统计。通过对关键词出现频率的分析，发现出现频次最高的前20个关键词依次是：空气污染（air pollution）、死亡率（mortality）、农药（pesticides）、砷（arsenic）、可吸入颗粒物（particulate matter）、流行病学（epidemiology）、镉（cadmium）、风险评估（risk assessment）、臭氧（ozone）、癌症（cancer）、重金属（heavy metals）、健康风险（health risk）、心血管疾病（cardiovascular diseases）、汞（mercury）、肺癌（lung cancer）、健康影响（health effects）、二噁英（dioxin）、哮喘（asthma）、职业暴露（occupational exposure）、儿童（children），其中有关空气污染的论文量远高于其他主题的论文量（图6-13）。

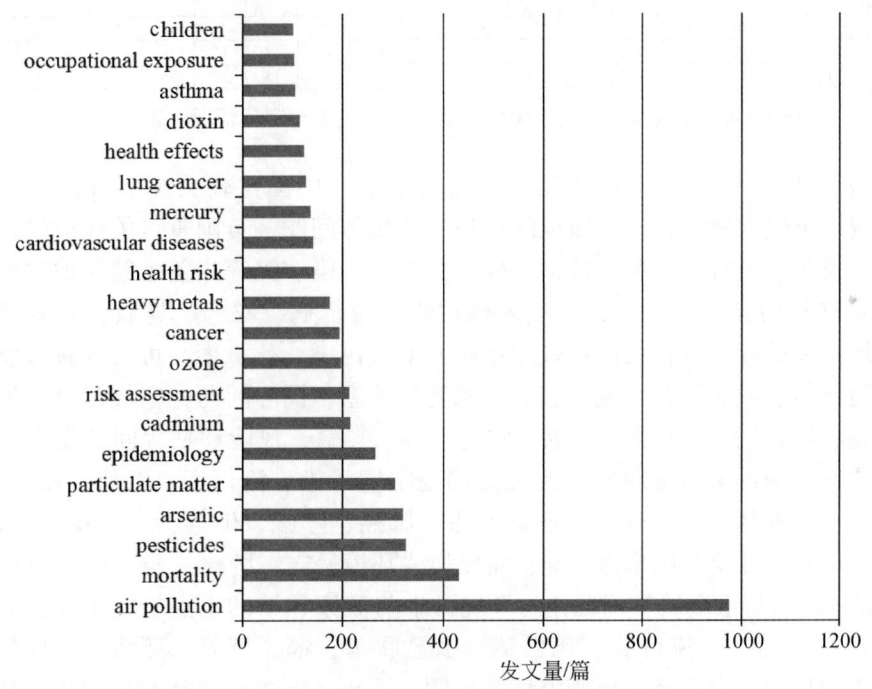

图6-13 环境污染与健康领域涉及的主要关键词（前20个）

学科领域的研究热点变化可以从近年来关键词的变化进行追踪探索，环境污染与健康领域近3年关键词的变化情况如图6-14所示。从图6-14中可以看出，空气污染问题是近3年环境污染与健康研究最关注的问题，其次是死亡率、农药、砷和可吸入颗粒物，流行病、镉、风险评估、臭氧、癌症、重金属、健康风险、心血管疾病等相关问题也得到一定程度的关注，同时对汞、肺癌、健康影响、二噁英、哮喘、职业暴露及儿童问题也有所涉及。总体来看，有关空气污染、死亡率、农药、砷、可吸入颗粒物问题的关注度居高不下，砷、镉、汞等有关问题的关注度逐年升高。

为了探索环境污染与健康领域的研究热点问题，本报告不仅从时间尺度统计了关键词的变化状况，而且从空间尺度通过关键词的统计呈现了各国的重点研究方向（表6-8）。美国环境污染与健康研究的主要关键词为：空气污染、死亡率、可吸入颗粒物、农药、

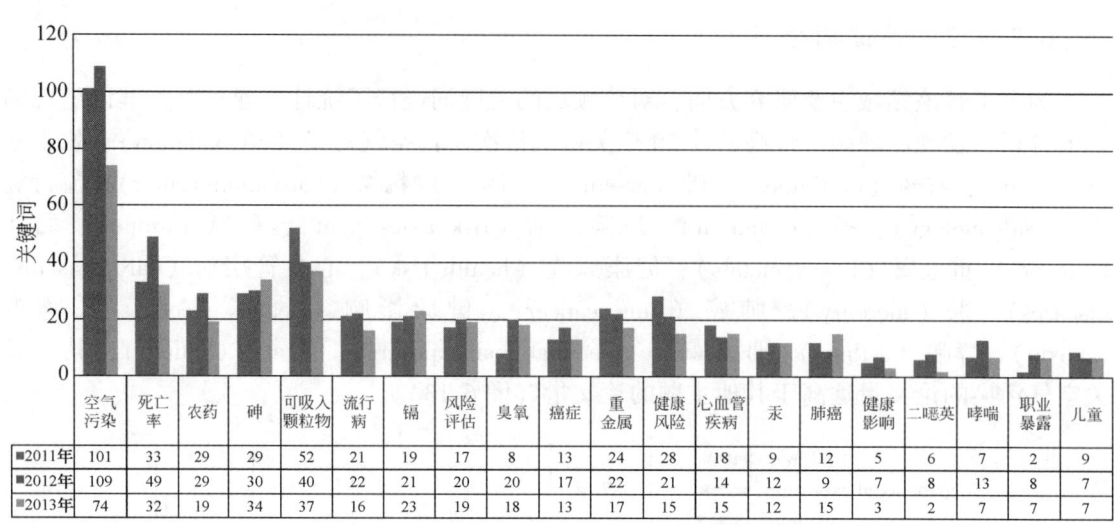

图 6-14 环境污染与健康领域主要关键词近 3 年变化情况（前 20 个）

砷、流行病、臭氧、癌症、风险评估、心血管疾病；中国比较关注空气污染，砷、死亡率、重金属、可吸入颗粒物、健康风险评估、肺癌等问题；英国重点关注空气污染、死亡率、健康、农药、流行病、风险评估、砷、臭氧、污染、镉等相关主题；加拿大研究领域的关键词是空气污染、死亡率、可吸入颗粒物、流行病、农药、臭氧、心血管疾病、癌症、风险评估及砷等问题；德国比较注重研究空气污染、死亡率、可吸入颗粒物、心血管疾病、风险评估、职业暴露、流行病、二噁英、肺癌、镉等问题；空气污染、死亡率、可吸入颗粒物、流行病、二噁英、肺癌、农药、镉、臭氧、风险评估等问题是意大利的关注重点；法国在环境污染与健康领域的关键词是空气污染、流行病、农药、死亡率、臭氧、癌症、可吸入颗粒物、风险评估、职业暴露、肺癌、哮喘、砷等；日本将空气污染、镉、死亡率、二噁英、可吸入颗粒物、砷、痛痛病、环境暴露、肺癌、汞、神通川流域（Jinzu River）、健康风险与重金属等问题作为环境污染与健康领域的重点研究主题；瑞典在该领域主要关注空气污染、流行病、死亡率、多氯联苯、镉、臭氧、环境、二噁英、职业暴露、可吸入颗粒物、农药及心血管疾病等主题；西班牙则主要关注空气污染、死亡率、可吸入颗粒物、镉、心血管疾病、土壤、健康风险、砷、流行病、重金属等主题。

表 6-8　环境污染与健康领域研究各国主要关键词（前 10 个国家）

序号	国家	关键词
1	美国	air pollution, mortality, particulate matter, pesticides, arsenic, epidemiology, ozone, cancer, risk assessment, cardiovascular diseases
2	中国	air pollution, arsenic, health risk, mortality, heavy metals, china, particulate matter, health risk assessment, risk assessment, lung cancer
3	英国	air pollution, mortality, health, pesticides, epidemiology, risk assessment, arsenic, ozone, pollution, cadmium

续表

序号	国家	关键词
4	加拿大	air pollution, mortality, particulate matter, epidemiology, pesticides, ozone, cardiovascular diseases, cancer, risk assessment, arsenic
5	德国	air pollution, mortality, particulate matter, cardiovascular diseases, risk assessment, occupational exposure, epidemiology, dioxin, lung cancer, cadmium
6	意大利	air pollution, mortality, particulate matter, epidemiology, dioxin, lung cancer, pesticides, cadmium, ozone, risk assessment
7	法国	air pollution, epidemiology, pesticides, mortality, ozone, cancer, particulate matter, risk assessment, occupational exposure, lung cancer, asthma, arsenic, environment
8	日本	air pollution, cadmium, mortality, dioxin, particulate matter, arsenic, itai-itai disease, environmental exposure, lung cancer, mercury, jinzu river, cohort study, health risk, heavy metals
9	瑞典	air pollution, epidemiology, mortality, polychlorinated biphenyls, cadmium, ozone, environment, dioxin, occupational exposure, particulate matter, pesticides, cardiovascular diseases
10	西班牙	air pollution, mortality, particulate matter, cadmium, cardiovascular diseases, soil, health risk, arsenic, epidemiology, meta-analysis, heavy metals

在这10个国家对癌症的关注方面，美国、加拿大与法国关注更为广泛的癌症主题，并不仅限于肺癌；中国、日本和西班牙相对于其他国家对风险评估的关注，更多地对健康风险进行了广泛研究；与其他9个国家相比，英国的主要关键词中没有可吸入颗粒物主题的研究；与其他7个国家相比，意大利、法国和瑞典对与环境污染与健康相关的砷的主题研究较少；德国、法国和瑞典对环境暴露问题较为关注，同时法国也关注其他国家较少关注的哮喘问题；日本、中国与西班牙该领域的关键词中出现了重金属，这是其他国家关键词中所没有的，此外，日本关注的痛痛病、汞等主题也是其他国家较少关注的；瑞典在该领域出现频率较高的关键词（频率前10位）中包含了其他国家没有的多氯联苯一词；而西班牙的关键词中包括了土壤问题。美国、中国、英国、加拿大、德国、意大利、法国、日本、瑞典、西班牙等10个国家均关注空气污染和死亡率的问题，可吸入颗粒物、流行病、砷、镉、农药、臭氧、心血管疾病及肺癌等也是大多数国家普遍关注的。

6.3.5 小结

本节基于文献计量分析的方法对环境污染与健康研究相关论文展开分析，探测国际环境污染与健康领域研究力量的分布情况，了解国家、研究机构之间的合作情况及相关研究热点的分布情况。本节采用Thomson Data Analyzer、UCINET分析平台对SCIE和SSCI数据库收录的环境污染与人类健康相关研究文献进行了分析。

1）国家情况

环境污染与健康领域研究论文的数量整体呈增长趋势。从总被引频次、篇均被引频次和高被引论文等指标综合分析来看，美国、英国、加拿大的环境污染与健康领域研究论文的综合影响力较高；美国在国际合作中的表现尤为突出，是全球环境污染与健康研究合作网的中心，英国是除了美国以外的第二个网络中心，具有较为明显的网络合作中心性。

2）机构情况

哈佛大学、美国环境保护局、美国国家癌症中心、北卡罗来纳大学、加利福尼亚大学伯克利分校等机构发文量较多；约翰霍普金斯大学、加利福尼亚大学伯克利分校、耶鲁大学、"台湾大学"及北卡罗来纳大学的第一作者论文比例较高；加拿大卫生部、哈佛大学、约翰霍普金斯大学和纽约大学的篇均被引频次较高；"台湾大学"、加拿大卫生部、美国环境健康研究中心3个机构的被引论文比例较高；哈佛大学是环境污染与健康领域研究的中心，美国环境保护局、美国国家癌症研究中心、南加利福尼亚大学、加拿大卫生部等为主要机构合作的次级中心。

3）研究热点

空气污染问题是近3年环境污染与健康研究最关注的问题，其次是死亡率、农药、砷和可吸入颗粒物，流行病、镉、风险评估、臭氧、癌症、重金属、健康风险、心血管疾病等相关问题也得到一定程度的关注。总体来看，有关空气污染、死亡率、农药、砷、可吸入颗粒物问题的关注度居高不下，砷、镉、汞等有关问题的关注度逐年升高。

4）中国情况

我国在环境污染与健康研究的发文量上有较强的优势，并且近年来发文量增速较高，但是在第一作者论文比例、被引论文比例、篇均被引频次及高被引论文比例中则位于劣势地位，在国际合作中是美国的主要合作对象，但合作地位并不突出。"台湾大学"在中国环境污染与健康研究中起着引领作用，在发文量方面具有一定的优势，但同样在论文篇均被引频次和高被引论文方面尚显不足。

6.4 环境污染与健康研究进展及动向

6.4.1 环境污染对健康影响研究的进展

《2010年全球疾病负担》（The 2010 Global Burden of Disease）研究报告指出，2010年，室外空气污染（尤其是颗粒物污染）在全球过早死亡的影响因素中排名第八位（图6-15），每年导致全球320多万人过早死亡；在东亚（中国和朝鲜）的死亡数和健康负担中排名第四位，2010年的死亡人数达到120万；在南亚（包括印度、巴基斯坦、孟加拉国和斯里兰卡）排名第六，2010年的死亡人数达到71万人（HEI，2012）。WHO下属的国际癌症研究机构（IARC）发布《空气污染与癌症》（Outdoor Air Pollution and Cancer）报告指出，室外空气污染增加患肺癌和膀胱癌的风险，是全球最重要的环境致癌因素。最新的数据表明，2010年全世界共有22.3万人死于空气污染导致的肺癌，预计到2033年，全球新增癌症病例将达2500万，其中大部分来自发展中国家（IARC，2013）。美国密歇根大学和华盛顿大学的研究人员利用前瞻性队列研究，通过调查美国6个城市的5362人，发现长期暴露在$PM_{2.5}$超标的污染环境下，会加速人体动脉硬化的进程，引发心脏病和脑卒中（Adar et al., 2013）。美国加利福尼亚大学圣弗朗西斯科分校及疾病预防和控制中心的研究人员在分析韩国首尔、美国亚特兰大、加拿大温哥华等9个国家14个地区的300多万名新生儿的出生体重后发现，在空气污染严重区域生活的孕妇，容易诞下体重低于2.5千克的低体重儿（Woodruff, 2013）。一项覆盖欧洲12个国家14项研究的欧洲队列研究表明，怀孕期间接触空气中的颗粒物含量增加5微克/米^{3}就会使婴儿低出生体重的风险增加18%。如果欧洲的城市空气污染（尤其是颗粒物）降低，新生儿体重过轻可能在相当程度上得以避免（Pedersen et al., 2013）。美国哈佛大学的研究人员第一次探讨了大气污染与发生自闭症风险之间的关联，发现在含有高度铅、锰、亚甲基氯化物和化合金属等污染物的空气环境中，孕妇分娩出自闭症儿童的概率倍增（Roberts et al., 2013）。瑞士热带和公共卫生研究所领导的多国多机构合作研究以欧洲的10个城市为例，研究居住在道路附近的人群受到车辆尾气污染的影响，发现欧洲10个城市大约有14%的慢性儿童期哮喘是由于交通繁忙的道路附近的污染所致（Perez et al., 2013）。美国和加拿大研究人员利用卫星观测，在美国、欧洲、中国和印度四个主要的空气污染地区，定量研究了城市空气污染与人口的关系，指出污染与人口的关系因地区而异，如欧洲100万人口的城市暴露的NO_2污染比印度100万人口的城市高6倍（Lamsal et al., 2013）。来自美国、英国、法国、日本和澳大利亚等国的研究人员通过模拟1850~2000年空气中悬浮颗粒物及臭氧浓度，发现人类活动导致的悬浮颗粒物浓度上升，每年造成全球约210万人死亡，而人类活动导致的臭氧浓度增加则造成每年约47万人死亡（Silva et al., 2013）。美国国家航空航天局（NASA）地球气象台利用1850年1月至2000年1月的数据最新绘制了地球空气污染地图，呈现了全球各地弥漫悬浮微粒的污染状况。地图显示污染最严重的地区是亚洲，尤其是中国。同时，欧洲东部具有较高的煤烟、灰尘和汽车尾气指数，对于人类健康具有严重危害（NASA Earth Observatory, 2013）。美国哥伦比亚大学的研究人员在9年内跟踪调查了248名母亲及其孩子，收集了这些妇女产前生存环境空气样本并分析了其中多环芳烃的含量，通过儿童行为量表评估儿童的行为问题。结果发现，孕妇在产前暴露于被多环芳烃污染的空气中，心情抑郁，将对儿童产生重大负面影响（Perera et al., 2013）。2013年在西班牙马德里举行的急性心脏病护理会议上发表的一项研究指出，空气污染会增加心脏病的发作，PM_{10}的浓度水平与因急性心血管事件（包括急性冠脉综合征、心力衰竭、心力衰竭恶化、阵发性心房颤动和室性心律失常）入院之间呈显著的线性关系，PM_{10}每增加10微克，入院率增加3%（European Society of Cardiology, 2013）。美国眼科学会（American Academy of Ophthalmology）第117届年会上发表的一项研究指出，空气污染水平高的主要城市，其居民患干眼症的风险也将增加（American Academy of Ophthalmology, 2013）。

多国研究人员收集了来自17个欧洲国家的母子配对的头发样品，发现欧盟每年有150~200万出生的儿童甲基汞（MeHg）暴露超过0.58微克/克的安全限值，并有20万超过WHO推荐的最大限值2.5微克/克。清理汞污染和减少产前对神经毒素MeHg的暴露可以为欧盟每年节省100亿欧元（Bellanger et al., 2013）。英国和美国研究人员通过研究孕妇血液汞含量与其饮食成分的关系发现，孕妇产前血液中汞含量的高低与其对海鲜产品的摄入量有关，但血液中其他汞的来源仍待研究。孕妇血液中汞含量较高可能对胎儿的大脑发育不利，所以建议妇女在怀孕期间应适量摄入海鲜食物（Golding et al., 2013）。2013年

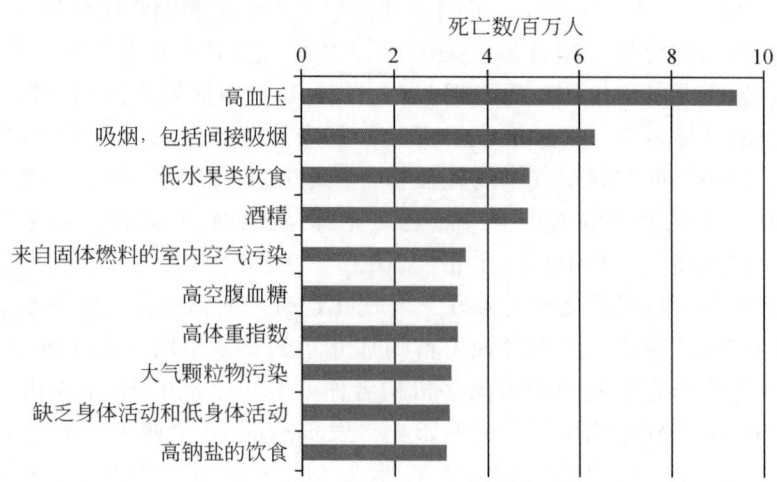

图 6-15 2010 年全球前 10 位导致死亡的风险因素

美国心脏协会科学会议（American Heart Association's Scientific Sessions 2013）中，加拿大阿尔伯塔大学的研究人员发表一项最新研究指出，儿童先天性心脏缺陷可能与其母亲在孕期对特定环境毒素（包括苯、丁二烯、二硫化碳、氯仿、环氧乙烷、六氯苯、四氯乙烷、甲醇、二氧化硫、甲苯、铅、汞和镉）的暴露有关（American Heart Association，2013）。美国研究人员对孟加拉国地下水砷污染的研究指出，在孟加拉国及其周边国家，数百万人长期受到地下水中砷的污染，导致皮肤损伤和某些癌症的患病风险增加（Mailloux et al.，2013）。

6.4.2 环境空气质量标准的发展

空气污染是影响健康的一个主要环境风险，基于上述的文献计量分析和最新科研进展发现，空气污染对人类健康的影响一直是各国科学家研究的重点。各国政府和相关机构对环境空气质量标准的制定也高度重视。2000 年以来，依据最新的科学研究成果，WHO、欧盟、美国、日本、澳大利亚、加拿大、中国等组织和国家均对环境空气质量标准进行了新一轮修订（王宗爽等，2010），修订的重点是进一步提高保护人体健康和生态环境的要求，普遍增加 $PM_{2.5}$ 浓度限值及 O_3 的 8 小时浓度限值（表 6-9）。

表 6-9 国际上环境空气质量标准最新修订情况

国家/地区组织	年份	修订内容
WHO	1997	升级《欧洲空气质量准则》为《空气质量准则》，增加 $PM_{2.5}$ 的准则
	2005	发布《空气质量准则》（AQG）全球升级版，修订了颗粒物（PM_{10} 和 $PM_{2.5}$）、O_3、NO_2 和 SO_2 的浓度限值
美国	2006	修订《国家环境空气质量标准》（NAAQS），实施 $PM_{2.5}$ 标准，取消 PM_{10} 年均浓度限值
	2008	实施新的 O_3 浓度限值，加严空气中 Pb 的浓度限值

续表

国家/地区组织	年份	修订内容
欧盟	1999	发布《环境空气中 SO_2、NO_2、NO_x、PM_{10}、Pb 的限值指令》，规定 SO_2 等 5 种污染物浓度限值
	2000	发布《环境空气中苯和 CO 限值指令》，规定环境空气中苯和 CO 的浓度限值
	2002	发布《环境空气中有关 O_3 的指令》，分别规定保护人体健康和植被的 O_3 的 2010 年目标值
	2004	发布《环境中砷、镉、汞、镍和多环芳烃指令》，规定了砷等污染物 2012 年目标浓度值
	2008	发布《关于欧洲空气质量及更加清洁的空气指令》，规定了 $PM_{2.5}$ 2010 年的目标浓度值
日本	1997	增加了空气中苯、三氯乙烯、四氯乙烯的标准
	1999/2001	分别增加了二噁英和二氯甲烷的标准
	2009	增加了 $PM_{2.5}$ 的标准
澳大利亚	1998	调整了基于健康的 CO、NO_2、O_3、SO_2、Pb 和 PM_{10} 的空气质量标准
	2003	把 $PM_{2.5}$ 纳入到环境空气质量标准中
加拿大	1998	增加 $PM_{2.5}$ 浓度参考值
中国	2000	取消 NO_x 标准，调整 NO_2 和 O_3 的浓度限值
	2012	增加了 $PM_{2.5}$ 的浓度限值和臭氧 8 小时平均浓度限值，调整了 PM_{10}、NO_2、Pb 和苯并[a]芘等的浓度限值

WHO 基于环境空气污染物健康影响研究的最新科学证据，于 2005 年发布了最新的《空气质量准则》，修订了 4 种典型污染物（颗粒物、臭氧、二氧化氮和二氧化硫）的空气质量指导值，旨在就减少空气污染对健康的影响提供全球性指导（WHO，2005）。2005 年空气质量准则第一次为可吸入颗粒物（PM_{10}）确定了一项指导值（表 6-10）。WHO 提供的 $PM_{2.5}$ 准则日均浓度和年均浓度限值分别为 25 微克/米^3 和 10 微克/米^3。PM_{10} 的日均浓度和年均浓度限值分别为 50 微克/米^3 和 20 微克/米^3。SO_2 的 24 小时的指导值从 125 微克/米^3 修订为 20 微克/米^3（表 6-11），500 微克/米^3 浓度的 SO_2 持续时间平均不应超过 10 分钟。研究显示，一部分哮喘病人在暴露于 SO_2 10 分钟之后肺功能和呼吸系统即发生变化（WHO，2011）。NO_2 的年均浓度限值为 40 微克/米^3，与过去的空气质量准则中建议的水平相比没有变化，1 小时平均浓度限值为 200 微克/米^3。短期浓度超过 200 微克/米^3 时，容易引起呼吸道严重发炎。根据最近对臭氧浓度低于 120 微克/米^3 发生的日死亡率与臭氧水平之间的确凿的关联，将原先建议的 8 小时平均 120 微克/米^3 的限值降低为 100 微克/米^3。

表 6-10　WHO 对于颗粒物的空气质量准则和过渡时期目标　　（单位：微克/米³）

项目	统计方式	PM_{10}	$PM_{2.5}$	选择浓度的基础
过渡时期目标—1（IT-1）	年平均浓度	70	35	相对于 AQG 水平而言，在这些水平的长期暴露会增加约 15% 的死亡风险
	24 小时浓度	150	75	以已发表的多中心研究和 Meta 分析中得出的危险度系数为基础（超过 AQG 值的短期暴露会增加 5% 的死亡率）
过渡时期目标—2（IT-2）	年平均浓度	50	25	除了其他健康利益外，与 IT-1 相比，在这个水平的暴露会降低约 6%（2%~11%）的死亡风险
	24 小时浓度	100	50	以已发表的多中心研究和 Meta 分析中得出的危险度系数为基础（超过 AQG 值的短期暴露会增加 2.5% 的死亡率）
过渡时期目标—3（IT-3）	年平均浓度	30	15	除了其他健康利益外，与 IT-2 相比，在这个水平的暴露会降低约 6%（2%~11%）的死亡风险
	24 小时浓度	75	37.5	以已发表的多中心研究和 Meta 分析中得出的危险度系数为基础（超过 AQG 值的短期暴露会增加 1.2% 的死亡率）
空气质量准则值（AQG）	年平均浓度	20	10	对于 PM2.5 的长期暴露，这是一个最低水平，在这个水平，总死亡率、心肺疾病死亡率和肺癌的死亡率会增加（95% 以上可信度）
	24 小时浓度	50	25	建立在 24 小时和年均暴露的基础上

表 6-11　各国环境空气质量标准　　（单位：微克/米³）

污染物	统计方式	WHO（准则值）	EU	EPA 一级	EPA 二级	日本	中国 一级	中国 二级
$PM_{2.5}$	年平均浓度	10	25	12	15	15	15	35
	24 小时平均浓度	25		35	35	35	35	75
PM_{10}	年平均浓度	20	40				40	70
	24 小时平均浓度	50	50	150			50	150
SO_2	年平均浓度						20	60
	24 小时平均浓度	20	125			0.04ppm*	50	150
	3 小时平均浓度				0.5ppm			
	1 小时平均浓度		350	75ppb**		0.1ppm	150	500
	10 分钟平均浓度	500						

续表

污染物	统计方式	WHO（准则值）	EU	EPA 一级	EPA 二级	日本	中国 一级	中国 二级
NO_2	年平均浓度	40	40	53 ppb			40	40
	24 小时平均浓度						80	80
	1 小时平均浓度	200	200	100 ppb			200	200
O_3	8 小时平均浓度	100	120	0.075 ppm			100	160
	1 小时平均浓度						160	200

* 1 ppm = 10^{-6}
** 1 ppb = 10^{-9}

欧盟于 2008 年发布了《关于欧洲空气质量及更加清洁的空气指令》，新标准规定了 $PM_{2.5}$ 的目标浓度限值，其年均浓度限值为 25 微克/米³，该限制值为保护人体健康而不得超过的浓度值。PM_{10} 的日均浓度和年均浓度限值分别为 50 微克/米³ 和 40 微克/米³。SO_2 的 24 小时指导值为 125 微克/米³，350 微克/米³ 浓度的 SO_2 持续时间平均不应超过 10 分钟。NO_2 的年均浓度限值和 1 小时平均浓度限值与 WHO 空气质量准则的 NO_2 浓度限值一致，分别为 40 微克/米³ 和 200 微克/米³。O_3 的 8 小时平均浓度限值为 120 微克/米³（European Commission，2008）。

美国将环境空气质量标准分为 2 级，一级标准以保护人体健康为主要对象，包括对敏感人群健康状况保护，如哮喘病患者、儿童、老年人等；二级标准以保护自然生态及公众福利为主要对象。$PM_{2.5}$ 的一级和二级年均浓度限值分别为 12 微克/米³ 和 15 微克/米³，日均浓度限值均为 35 微克/米³。PM_{10} 的一级和二级日均浓度限值为 150 微克/米³。SO_2 的 3 小时平均浓度为 0.5ppm（二级），1 小时平均浓度为 75ppb（一级）。NO_2 的一级和二级年均浓度限值均为 53ppb，1 小时平均浓度为 100ppb（一级）。O_3 的 8 小时平均浓度限值为 0.075ppm（USEPA，2012）。

2009 年，日本环境空气质量标准中增加了 $PM_{2.5}$ 的标准值，规定日均浓度限值为 35 微克/米³，年均浓度值为 15 微克/米³。SO_2 的 24 小时平均浓度为 0.04ppm，1 小时平均浓度为 0.1ppm（Ministry of the Environment Government of Japan，2009）。

中国的环境空气质量标准也分为 2 级，自然保护区、风景名胜区和其他需要特殊保护的区域适用一级浓度限值，居住区、商业交通居民混合区、文化区、工业区和农村地区适用二级浓度限值。2012 年，中国修订了环境空气质量标准。$PM_{2.5}$ 的二级日均浓度和年均浓度限值分别为 75 微克/米³ 和 35 微克/米³，一级日均浓度和年均浓度限值与日本一致，分别为 35 微克/米³ 和 15 微克/米³。PM_{10} 的二级日均浓度和年均浓度限值分别为 150 微克/米³ 和 70 微克/米³，一级日均浓度和年均浓度限值分别为 50 微克/米³ 和 40 微克/米³。SO_2 的二级日均浓度和年均浓度限值分别为 150 微克/米³ 和 60 微克/米³，一级日均浓度和年均浓度限值分别为 50 微克/米³ 和 20 微克/米³。NO_2 的一级和二级的 1 小时平均浓度、日均浓度和年均浓度限值分别为 200 微克/米³、80 微克/米³ 和 40 微克/米³。O_3 的 1 小时平均浓度和 8 小时平均浓度二级限值分别为 200 微克/米³ 和 160 微克/米³，1 小时平均浓度和 8 小时平均浓度一级限值分别为 160 微克/米³ 和 100 微克/米³（环境保护部，2012）。2013 年 12 月 6 日，中国香港也制定了更高的环保标准，宣布了新的空气质量健康指数。沿用 20 多年的"空气污染指数"将被"空气质量健康指数"取代。新推出的空气质量健康指数，以健康为本计入多种污染物指数（SO_2、NO_2、O_3 和颗粒物），比旧指数更能反映市民在不同空气污染水平下的健康风险。新指数将更清晰地显示香港空气质量对健康的影响程度，整个系统将分为 1~10，以及 10+ 级，即共 11 级，再分 5 个健康风险级别，包括低、中、高、甚高和严重（新华网，2013）。

6.4.3 重要国际会议反映的发展动向

环境污染与人类健康国际会议、环境健康会议、环境健康风险国际会议、美国健康效应研究所年会等会议探讨的主题和内容在一定程度上反映出当前环境污染与健康研究关注的热点及发展动向。

6.4.3.1 环境污染与人类健康国际学术会议

环境污染与人类健康国际学术会议（International Conference on Environmental Pollution and Public Health，EPPH）是 IEEE 生物信息与生物医学工程国际学术会议（ICBBE）的特别分会。会议由 IEEE 医学与生物工程学会主办，自 2008 年以来，已连续举办了六届。每届会议均以空气污染和水质对公众健康的影响为重点领域。2013 年 EPPH 会议主要关注的主题包括：空气污染对人类健康的影响、空气污染源探测、空气污染监测与建模、空气污染预防与控制、城市室内空气污染与控制、空气质量测量与管理、全球气候变化与空气污染、饮用水净化、废水排放与处理、废水处理新技术、水质检测方法、水污染建模与测量、水质净化新技术、地下水污染控制、水资源与水质评估、水资源保护及持续利用、水生生物学与水污染、其他水污染问题、化学污染物及其对健康的影响、陆地污染及其对健康的影响、原子辐射与安全、食品与药品安全管理、有毒物质管理、固体废弃物管理、环境毒理学、环境污染的风险评估、生态系统恢复、全球气候变化与人类健康等（EPPH，2013）。

6.4.3.2 环境健康会议

爱思唯尔（Elsevier）组织的 2013 年环境健康会议——保护子孙后代的科学和政策会议（Environmental Health 2013—Science and Policy to Protect Future Generations）于 2013 年 3 月 3~6 日在美国马萨诸塞州波士顿召开。会议就关于环境与人类健康方面的最新科学研究成果进行交流和讨论。在快速变化的全球环境背景下，对后代子孙的未来进行保护成为国家和国际政治的一个主要议题。因此，会议旨在将科学的研究证据转化为指导未来研究与政策行为的战略考量。会议将覆盖环境领域中关于健康研究的广泛议题，例如室内、室外空气污染，气候变化和有害化学物与颗粒物，同时也特别关注环境公平和快速发展的城市中面临问题的可能解决方法。会议主要关注的主题包括：城市环境和健康，环境的不平等和正义，新兴物质和混合物，环境、表观遗传学和早期规划，流行病学研究，自然与人类健康的相互作用,组学和健康产出——缩小差距,热点污染和健康结果,纳米粒子和健康,集成的健康和安全——可持续发展的产品设计,指引保护后代的研究战略,科学转化为政治行动(Elsevier,2013)。

6.4.3.3 环境健康风险国际会议

自2001年以来,英国威塞克斯技术研究所(Wessex Institute of Technology,UK)和匈牙利布达佩斯技术与经济大学(the Budapest University of Technology and Economics, Hungary)组织了7届环境因素对健康影响的国际会议(International Conference on the Impact of Environmental Factors on Health)。会议起源于英国加的夫(2001年),然后依次在马耳他(2007年)、韦塞克斯学院新森林校区(2009年)、里加(2011年)召开。2013年的环境健康风险会议于2013年4月23~25日在匈牙利布达佩斯召开。此次会议关注的主题包括:风险预防和监测、职业健康、空气污染、社会经济和规划问题、食品安全、环境教育和风险减少、废弃物和废水问题(Wessex Institute,2013)。

6.4.3.4 美国健康效应研究所年会

美国健康效应研究所(the Health Effects Institute,HEI)旨在提供可信赖的、高质量的有关空气污染与健康的科学研究,为空气质量相关决策服务。自1999年以来,HEI每年召开一次会议,其主题一直为空气污染及其健康影响,但每年重点关注的内容会随热点问题的变化而有所不同。2011年,大会讨论了环境空气标准的设置,空气污染研究中基因—环境相互作用,估计排放和暴露的新进展,空气污染物的远距离传输等问题。2012年,柴油机排放和癌症间的证据,空气质量监管的新进展,光化学氧化剂与慢性疾病,评估交通相关污染物暴露的改进方法等内容是大会讨论的重点。2013年,大会讨论了$PM_{2.5}$的特性及其健康影响、颗粒物暴露导致心血管疾病的机制、测量空气质量措施的有效性、空气污染导致的长期影响等方面(HEI,2013)。

6.4.4 布莱克史密斯研究所环境污染与健康研究进展

布莱克史密斯研究所(Blacksmith Institute)成立于1999年,总部设在美国纽约市,是一个资助与环境污染相关研究的非政府机构,主要关注发展中国家环境污染对人类健康的巨大威胁。自2006年以来,布莱克史密斯研究所发布了一系列关于全球污染问题的年度报告,受到各国政治家、企业家和相关市民的广泛关注。在报告中列举的某些区域,政府和污染企业都做出了积极的响应,并采取了一系列有效措施治理出现的某些污染问题,同时对受影响的区域加以保护。因而布莱克史密斯研究所发布的环境污染报告不容忽视。

报告基于人体健康受损程度、受影响的人口规模、污染毒素的严重性、对儿童健康和成长的冲击、污染物产生危害的有力证据等评估了世界最严重的污染问题和污染地方(表6-12)。报告关注的重点是中低收入国家采矿和工业农业活动所产生的有毒金属和化学污染物对人类健康的影响。该研究侧重于有毒污染物对源区域附近人口健康的影响,而不是大气污染物或水体污染物所产生的更广泛的健康影响。污染物是由布莱克史密斯研究所技术顾问委员会根据污染物的毒性和影响,通过评估其相关性和紧迫性来确定的。所确定的污染物包括(但不仅限于):重金属、放射性核素、多环芳烃、挥发性有机化合物、氟化物、石棉、氰化物、持久性有机污染物(如多氯联苯和一些杀虫剂)。

表 6-12 2006～2013 年世界最严重的污染问题(根据布莱克史密斯研究所历年报告整理)

污染物	污染来源	污染地方	对人类健康的影响
铅	工业园、采矿和矿石加工、铅冶炼、电池回收	中国田营镇、俄罗斯鲁德纳亚码头、多米尼加海纳、赞比亚卡布韦、秘鲁拉奥罗亚、加纳阿博布罗西、印度尼西亚芝塔龙河	IQ下降、贫血、神经损伤、体格生长障碍、神经障碍、肌肉和骨骼疼痛、记忆力减退、肾脏疾病、反应迟钝、疲倦、头痛和腹部绞痛。严重暴露于高浓度的铅中将导致癫痫、神志昏迷,并会出现死亡
汞	采矿和矿石加工、工业区的各种工业废水	印度尼西亚中加里曼丹省、阿塞拜疆苏姆加以特市	吸入汞蒸气对肾脏、中枢神经系统及呼吸和心血管系统带来危害,还会引起神经行为障碍如手颤抖和精神发育迟滞。暴露在其他形式的汞中(尤其是甲基汞)将导致与肾脏、肺和神经系统有关的问题,还有生殖问题、记忆力减退、精神异常,甚至死亡
铬	制革、铬铁矿矿山的开采	印度苏金达、孟加拉国哈扎里巴格	吸入六价铬会引起呼吸系统方面的癌症。长期暴露在铬中,会使鼻中生疮,甚至会导致鼻中隔孔的形成。摄入六价铬会导致胃方面的疾病,并且会损伤肾脏和肝脏的功能。皮肤接触会导致大量皮肤问题。此外,铬在体内蓄积会损害人对铁的代谢能力
砷	地下水中自然形成砷	尼泊尔、印度和孟加拉	大量摄入砷会导致死亡。长期暴露在少量砷环境中也会导致许多健康问题,包括心脏跳动异常、损害血管、白细胞和红细胞减少、恶心和呕吐、刺激皮肤
杀虫剂	农业生产、杀虫剂的生产与存储	印度 Kasargod、瓦皮(重金属、杀虫剂和化学废弃物)	皮肤过敏、呼吸道和肺部问题、视力减退、损害神经和免疫系统、出生缺陷、DNA 损伤、内分泌系统紊乱、不同形式的癌症,并在某些情况下会出现死亡
放射性核素	苏联时期的铀工厂、核反应堆爆炸	乌克兰切尔诺贝利、吉尔吉斯斯坦迈利赛	导致成千上万的人死于癌症。呼吸道、耳、鼻、喉等疾病是常见病
有机化学品	化学武器和工业制造	印度博帕尔、拉尼贝特、俄罗斯捷尔任斯克、加拿大北极(POP)	在受影响的社区,许多婴儿出生后患有先天性缺陷和脑瘫,居民饮用受污染的地下水后患皮肤病、呼吸道和消化道疾病的几率较高。癌症发病率和死亡率较高
颗粒物	交通和各种工业	中国临汾	呼吸道疾病、皮肤病及肺癌的发病率很高

同时，布莱克史密斯研究所每年发布的报告侧重点有所不同。2006~2013年，报告研究的趋势从突出世界污染最严重的地方到突出污染最严重的问题，再到污染得到治理的成功案例，最后到定量化研究有毒污染物对人类健康产生的影响（表6-13和表6-14）。2006年和2007年报告重点是世界污染最严重的地方；2008年报告对威胁人类健康的一系列污染问题进行了回顾；2009年报告关注污染得到治理的地区；2010年报告确定了污染场所危害最大的特定污染物及其受影响人口；2011年报告首次尝试定量分析工业生产及其产生的特殊有毒污染物对人类健康产生的影响；2012年报告在2011年的基础上更进了一步，首次尝试建立一个普遍的工业有毒污染物造成的疾病负担评估，定量评估了中低收入国家主要危险污染物对人类健康的影响。2013年报告重新确定了污染最严重的十个地方（Blacksmith Institute，2006-2013）。

表6-13 世界十大污染地方比较（根据布莱克史密斯研究所历年报告整理）

排名	2013年	2007年	2006年
1	加纳阿博布罗西（Agbogbloshie）	阿塞拜疆苏姆加以特市（Sumgayit）	中国临汾
2	乌克兰切尔诺贝利（Chernobyl）	中国临汾	多米尼加海纳（Haina）
3	印度尼西亚芝塔龙河（Citarum River）	中国田营镇	印度拉尼佩（Ranipet）
4	俄罗斯捷尔任斯克（Dzerzhinsk）	印度苏金达（Sukinda）	吉尔吉斯斯坦迈卢苏（Mailuu-Suu）
5	孟加拉国哈扎里巴格（Hazaribagh）	印度瓦皮（Vapi）	俄罗斯捷尔任斯克
6	赞比亚卡布韦（Kabwe）	秘鲁拉奥罗亚（La Oroya）	俄罗斯诺里尔斯克
7	印度尼西亚加里曼丹（Kalimantan）	俄罗斯捷尔任斯克	俄罗斯鲁德纳亚码头（Rudnaya Pristan）
8	阿根廷马坦萨里亚楚埃洛河（Matanza-Riachuelo）	俄罗斯诺里尔斯克	乌克兰切尔诺贝利
9	尼日利亚尼日尔河三角洲（Niger River Delta）	乌克兰切尔诺贝利	赞比亚卡布韦
10	俄罗斯诺里尔斯克（Norilsk）	赞比亚卡布韦	秘鲁拉奥罗亚

表6-14 世界十大有毒污染问题比较（根据布莱克史密斯研究所历年报告整理）

排名	2012年		2011年			2010年		
	工业污染源	受影响人口/人	污染源	主要污染物	受影响人口/人	有毒物质	污染场所受影响人口/百万人	全球受影响人口/百万人
1	铅酸蓄电池回收	4 800 000	人工开采金矿	汞	3 506 600	铅	10	18~22
2	铅冶炼	2 600 000	工业园	铅	2 981 200	汞	8.6	15~19
3	采矿和选矿	2 521 600	农业生产	杀虫剂	2 245 000	铬	7.3	13~17
4	制革	1 930 000	铅冶炼	铅	1 988 800	砷	3.7	5~9

续表

排名	2012年		2011年			2010年		
	工业污染源	受影响人口/人	污染源	主要污染物	受影响人口/人	有毒物质	污染场所受影响人口/百万人	全球受影响人口/百万人
5	工业/市政垃圾场	1 234 000	制革	铬	1 848 100	杀虫剂	3.4	5~8
6	工业园区	1 060 000	采矿和矿石加工	汞	1 591 700	放射性核素	3.3	5~8
7	人工开采金矿	1 021 000	采矿和矿石加工	铅	1 239 500			
8	产品制造	786 000	铅酸电池的循环处理	铅	967 800			
9	化学制造	765 000	地下水中自然形成砷	砷	750 700			
10	染料工业	430 000	杀虫剂的生产与存储	杀虫剂	735 400			

6.5 我国环境污染与健康研究现状

6.5.1 我国环境污染对健康的影响现状

我国的环境问题伴随着我国的工业化进程而产生、加剧，发达国家上百年工业化过程中分阶段出现的环境问题，在我国近30多年来集中出现。自1978年改革开放以来，我国经济获得迅猛发展，近30年的GDP年均增长率高达9.8%。但我国的经济增长，尤其是20世纪90年代末的经济增长主要是由要素投入和牺牲环境推动的，这种粗放型的经济增长方式带来了严重的环境问题。2005年发布的《中国环境危机》报告指出，中国还是粗放式的生产方式，每增加1元的生产总值消耗的能源是世界平均的4倍，日本的6倍（胡星斗，2008）。根据《全球环境绩效指数》(Environmental Performance Index，EPI)，我国在2006年、2008年和2010年的排名持续偏后。2006年，在参与排名的133个国家或地区中位居94位，其EPI得分为56.2分，低于同等收入国家的平均水平；2008年，在参与排名的149个国家或地区中位居105位，其EPI得分为65.1分；2010年，在参与排名的163个国家或地区中位居121位，其EPI得分为49.0分（曹颖等，2010）。中国通过工业化实现经济增长的方式已经使得环境"濒临崩溃的边缘"。OECD在发布的《中国环境表现回顾》报告中称，中国有些城市的空气污染已经属于世界上最差的等级；能量强度大约要高出经合组织平均水平的20%；大约1/3的水域受到严重污染（刘化军，2009）。

近年来，空气污染导致雾霾天气频发，过高浓度的 $PM_{2.5}$ 对人体健康造成的中长期影响不容小视；地表水和饮用水污染造成局部地区癌症高发，甚至出现了"癌症村"；土壤重金属污染造成儿童血铅和大米中的镉超标等事件引起了社会对环境污染和人体健康关系的广泛关注。《中国环境发展报告（2010年）》指出，我国环境污染对人体健康的危害正日益显现，已进入环境污染导致人体健康受损事件的高发期（自然之友，2010）。据统计，"十一五"期间发生的232起较大（III级以上）环境事件中，56起为环境污染导致健康损害事件;37 起环境事件发展为群体性事件,涉及环境与健康问题的就有 19 起。若干与环境污染相关的疾病的发病率和死亡率也呈上升趋势(环境保护部,2011)。

中国环境恶化造成的经济损失约占 GDP 的 10% 左右(据世界银行估计),而人民的健康代价更是无法估算。《$PM_{2.5}$ 的健康危害和经济损失评估研究》报告选取北京、上海、广州、西安四个典型城市,对 $PM_{2.5}$ 对中国城市居民造成的公众健康危害和经济损失进行了估算,结果显示:2010 年北京、上海、广州、西安因 $PM_{2.5}$ 污染分别造成早死人数为 2349、2980、1715、726 人,共计 7770 人,经济损失分别为 18.6、23.7、13.6、5.8 亿元,共计 61.7 亿元(潘小川等,2012)。根据 WHO 伤残调整期望寿命年(disability-adjusted life-years,DALY)计算,我国居民的疾病负担中有 21% 是由环境污染因素造成,尤其是与环境因素密切相关的慢性病如慢性阻塞性肺部疾患(COPD)和癌症等的发病率近年来呈明显的上升趋势(WHO,2009;段小丽,魏复盛,2010)。过去 30 年,我国人群恶性肿瘤死亡率从 83.65/10 万上升至 134.80/10 万,出生缺陷发生率从 1996 年的 8.87‰ 上升至 2007 年的 14.79‰;我国城市儿童哮喘患病率从 1990 年的 0.91% 上升至 2000 年的 1.50%,十年间上升了 60%。扣除人口老龄化因素影响发现,大气污染与呼吸系统疾病、水污染与消化道肿瘤高发具有较高相关性,而重金属污染对人体机能损害、环境污染对出生缺陷的影响也不容忽视(苏杨,林家彬,2010)。世界银行估计,中国有 6 亿人生活在 SO_2 超过 WHO 标准的环境中,10 亿人生活在 TSP 超过 WHO 标准的环境中(WB,2007)。《中国环境宏观战略研究:环境要素保护战略卷》显示,我国以灰霾为典型代表的大气污染已经对我国公众健康和生态安全构成巨大威胁,所导致的健康和经济损失高达 GDP 的 1%~4%(中国工程院,环境保护部,2011)。一份报告表明,全国 532 条主要河流中,有 436 条受到不同程度的污染。七大江河流经的 15 个主要城市河段中,有 13 个河段水质严重污染(胡星斗,2008)。中国环境监测总站 2006 年 6 月发布的《113 个环境保护重点城市集中式饮用水源地水质月报》,有 16 个城市水质全部不达标,占重点城市的 14%;有 74 个饮用水源地不达标,占重点城市饮用水源地的 20.1%;有 5.27 亿吨水量不达标,占重点城市总取水量的 32.3%(中华人民共和国中央人民政府,2006)。

1)大气污染与健康研究现状

空气污染已成为中国最明显的、最危险的环境问题,是影响国民健康的主要危害,尤其是对于城市居民。2013 年初以来,我国中东部地区出现了大规模灰霾天气,受影响面积超过国土的 1/4,受影响人口约 6 亿人。法国和比利时的科学家研究了 2013 年 1 月发生在中国北京、天津和河北的严重污染事件,首次从太空绘制了中国华北平原的地面空气污染图,发现一氧化碳(CO)、二氧化硫(SO_2)和氨(NH_3)及硫酸铵气溶胶[$(NH_4)_2SO_4$] 等主要污染气体的浓度较高(Boynard et al.,2014)。曹晨等利用宏基因组学研究了 2013 年 1 月北京严重雾霾天气期间颗粒物中的微生物组分,指出北京雾霾中大约有 1300 种不同类型的微生物,大多数微生物对人类不会致病,只有少数可能会引起过敏和呼吸系统疾病(Cao et al.,2014)。中国北京大学、清华大学、以色列耶路撒冷希伯来大学、美国麻省理工学院的研究人员在《美国科学院院刊》(PNAS)发表论文,搜集了以淮河为分界线的中国南北两地区多年空气污染数据和居民健康数据,运用间断点回归方法估计污染对健康的因果影响。研究发现,长期暴露于污染空气中,总悬浮颗粒物(TSP)每上升 100 微克/米^3,

平均预期寿命将缩短 3 年。按照北方地区总悬浮颗粒物的水平，意味着中国北方 5 亿居民因严重的空气污染平均每人失去 5 年寿命（Chen et al.，2013）。该期刊的另一篇论文指出，来自中国出口行业的空气污染物飘越太平洋，给美国西部造成空气污染（Lin et al.，2014）。陈竺、王金南等在《柳叶刀》（The Lancet）杂志上发表文章指出，中国每年有 30 万~50 万人因为室外空气污染过早死亡（Chen et al.，2013）。

2）水污染与健康研究现状

由日益恶化的水污染导致的疾病和死亡是人们关注的另一个主要问题。重金属、有毒有害的有机污染物、微囊藻毒素、内分泌干扰物等都是饮用水中威胁人体健康的主要危险因子。瑞士联邦水产科技研究所与中国医科大学的研究人员在《科学》上发表论文，开发出了一种新型的预测地下水污染物风险的模型，将中国各个地区划分为砷污染的低风险区与高风险区，指出中国有近 2000 万人生活在砷污染高风险区域。例如，新疆塔里木盆地、内蒙古额济纳地区、甘肃黑河、中国北部平原河南和山东等。据模型估测，中国砷浓度超过 10 微克/升（WHO 标准）的地区总面积为 58 万千米^2（Rodríguez-Lado et al.，2013）。Zhang Xueyan 等利用空间分析研究了全国范围内水体污染与食管癌死亡率之间的关系，发现全国范围内广泛的水体污染与食管癌死亡率之间呈显著的正相关，海河和淮河流域的食管癌死亡率较高（Zhang et al.，2014）。《淮河流域水环境与消化道肿瘤死亡图集》显示，通过对淮河多年水环境监测数据的分析发现，由于企业排放的污水进入淮河河道，污水中的汞、铅、镉等各种化学元素长期渗入地下，造成沿岸地区人民的癌症高发和高死亡率。严重污染地区和新出现的几种消化道肿瘤高发区的分布高度重合（杨功焕，庄大方，2013）。

3）土壤污染与健康研究现状

镉米、砷毒、血铅等重金属污染危害近年来常见诸报道，土壤重金属污染已经成为土壤污染中备受关注的公共问题之一。与大气污染和水污染相比，我国土壤污染与健康的关系研究较少。宋伟等依托收集的耕地土壤重金属污染案例资料，建立了我国 138 个典型区域的耕地土壤重金属污染数据库，并利用《土壤环境质量标准》（GB15618—1995）中的二级标准作为评价标准，测算了我国耕地的土壤重金属污染概况，发现我国耕地的土壤重金属污染概率为 16.67% 左右，据此推断我国耕地重金属污染的面积占耕地总量的 1/6 左右；镉、镍、汞、砷和铅等土壤重金属元素中，镉污染的概率最高，为 25.20%（宋伟等，2013）。Li Z 等利用 2005~2012 年中国矿区土壤重金属污染的文献资料，评估了矿区土壤污染程度及其对人体健康的风险，指出矿区土壤重金属污染严重，生活在周围的公众患癌症的风险较高，尤其是儿童（Li et al.，2014）。我国正建立涵盖 81 个化学指标（含 78 种元素）的地球化学基准网：以 1:20 万图幅为基准网格单元，每一个网格都布设采样点位，每个点位都采集一个深层土壤样品和一个表层土壤样品。深层样品来自 1 米以下，基本代表未受人类污染的自然界地球化学背景；表层样品来自地表 25 厘米以浅，是自然地质背景与人类活动污染的叠加。用表层含量减去深层含量，即得出重金属元素"人类污染图"。数据显示，重金属等污染物指标在大的流域及局部工矿业和农业区上升较快（新华网，2013）。

此外，电子垃圾、噪声及电磁等造成的环境污染不断向人类健康提出严峻的挑战，环境内分泌干扰物（EED）、持久性有机污染物（POP）、全氟辛烷磺酰基化合物（PFOS）

等新型有毒有害有机污染物及纳米材料等一些新材料也正在成为全球环境问题的热点。但我国在这些方面的调查和研究工作起步较晚，大规模、深入的流行病学研究资料尚缺乏，相关工作亟待加强。总的来说，当前我国已呈现出从室外到室内空气、从地表水到地下水、从土壤到农作物的污染对健康的危害无处不在，从传统的重金属污染到新型有毒有害有机污染物的污染对健康的影响共存且相互作用，从地区性到全国性、从区域性到全球性的各类环境问题对健康的威胁重重叠加，污染的慢性累积和突发环境事故的急性健康危害同时存在（段小丽，魏复盛，2010）。1999~2004年，我国环境与健康方面的课题研究主要包括：对镉、砷、铅、汞、铬、苯、甲醛、二噁英、臭氧、氮氧化物、二氧化硫、硫化氢、烟尘粉尘、电磁、放射、噪声、藻毒素等各种环境污染物的理化特性、分布和生态毒理，以及在环境介质界面间的转化过程、人体健康损伤机理、慢性累积健康效应、评价指标、易感性、理论模式、监测、风险评价等多方面进行了研究，为制定环境污染损害人体健康的判定标准、污染源控制技术规范等工作提供了较好的工作基础。但是，其中只对少数几种污染物的研究比较系统和全面，尤其是各种污染物对健康影响的风险评估、环境与健康指标体系、降低检测和监测成本、污染源追踪方法等方面的研究还很少（柯屾等，2006），反映了我国在科学研究方面还有许多不足，亟待引起更多科研工作者的高度重视。

6.5.2 我国环境污染与健康工作现状

在日趋严重的环境问题压力下，我国政府也逐步加大了环境与健康的相关工作。《中华人民共和国国民经济和社会发展第十二个五年规划纲要》明确提出，要加大环境保护力度，以解决饮用水不安全和空气、土壤污染等损害群众健康的突出环境问题为重点，防范环境风险，提高环境与健康风险评估能力。《国家中长期科学和技术发展规划纲要（2006—2020年）》也明确提出要加强环境与人类健康的相关研究。2002年，国家环境保护总局（2008年改为环境保护部）开始和卫生部共同建设国家环境与健康重点实验室，并于2004年底在中国环境科学研究院成立环境污染与健康研究室，同时卫生部即开始组织专家起草《国家与健康行动计划》。2005年1月，国家环境保护总局专门设立环境健康与监测机构，主要从基础调查、标准制定、科学研究等方面推动环境与健康工作。2007年11月，卫生部、环境保护总局等18个部委联合制定了《国家环境与健康行动计划（2007-2015）》。该计划是我国环境与健康工作科学发展的第一个纲领性文件，标志着环境与健康理念开始融入到经济社会大发展中。计划的行动策略包括：①建立健全环境与健康法律法规标准体系；②形成环境与健康监测网络；③加强环境与健康风险预警和突发事件应急处置工作；④建立国家环境与健康信息共享与服务系统；⑤完善环境与健康技术支撑建设；⑥加强环境与健康宣传和交流（卫生部等，2007）。2009年，环境保护部发布了我国首个《国家污染物环境健康风险名录》（化学第一分册）。2011年8月，环境保护部发布《国家环境保护"十二五"环境与健康工作规划》，将环境与健康问题调查、环境与健康风险管理、环境与健康科学研究、环境与健康能力建设和环境与健康宣传教育作为重点领域和主要任务，规划共设计十大重点项目，并计划投入25.32亿元的资金（环境保护部，2011）。

2012 年，环境保护部和卫生部联合开展"全国重点地区环境与健康专项调查"项目，拟投资 17.5 亿元对全国 100 个重点地区开展摸底调查。专项调查工作内容主要包括四个部分：一是环境污染调查，重点是调查多环芳烃、挥发性卤代烃、苯系物、有机氯及有机磷农药等影响人体健康的特征污染物，了解其来源、分布和影响程度；二是人群健康调查，了解环境污染物人体内暴露水平及相关疾病的分布；三是重点地区环境污染与健康风险评价；四是污染防治与健康保护措施调查，了解环境与健康现状及影响因素，提出有针对性的防治对策。

2013 年 9 月，国务院发布《大气污染防治行动计划》，要求全国地级及以上城市 PM_{10} 浓度比 2012 年下降 10% 以上，京津冀、长三角、珠三角等区域的 $PM_{2.5}$ 浓度分别下降 25%、20% 和 15% 左右。为实现以上目标，《行动计划》提出了十项具体措施（国务院，2013）。2013 年 9 月，环境保护部编制《中国公民环境与健康素养（试行）》，以普及现阶段公民应具备的环境与健康基本理念、知识和技能，促进社会共同推进国家环境与健康工作（环境保护部，2013）。2013 年 10 月 28 日，国家卫生和计划生育委员会发布《2013 年空气污染（雾霾）健康影响监测工作方案》，提出将通过 3~5 年时间，建立覆盖全国的空气污染（雾霾）健康影响监测网络，掌握不同地区 $PM_{2.5}$ 污染特征及成分差异，了解不同地区空气污染健康影响状况，为进行健康风险评价提供数据支持（国家卫生和计划生育委员会，2013）。

6.6 结论与建议

6.6.1 结论

随着环境污染事件的不断出现及人类健康不断受到威胁，环境污染与健康的关系研究越来越受到国际社会和各国的重视。欧盟、美国、澳大利亚、韩国等发达国家早已制定环境与健康战略行动计划，以加强环境与健康的研究和管理。欧盟战略和行动计划侧重于环境风险因素和一些重点疾病的因果关系，识别并防止环境因素引起新的健康威胁，并重点关注环境有害因素对儿童健康的危害。欧盟第五、六框架计划重点资助了环境与健康相关项目研究。美国的研究计划重点关注基础研究和多学科领域的协作，设立了环境健康相关的机构，并组织开展了大量的环境健康相关研究。韩国制定了一部国家级的专门的《环境与健康法》，对风险评价、环境对人体健康影响的预防和管理、儿童健康进行了相关规定。

20 世纪 50 年代以来，环境污染与健康领域研究论文总体呈增长趋势，但 20 世纪 80 年代以前，其增长速度较慢；80 年代以后，呈快速增长的趋势，在 21 世纪初增速进一步加快。表明该领域的受关注度和研究规模都有所增加，研究所涉及的相关学科有公共环境与职业健康、环境科学与生态学、毒理学、普通内科医学、肿瘤学、工程学、药理学及制药、化学、呼吸系统、生物化学与分子生物学等。美国是环境污染与健康领域研究论文最多的国家，其发文量远高于其他国家，在该研究领域占据主导地位，其次分别为中国、英国、加拿大、德国、意大利和法国等。美国在国际合作中的中心性最强，是全球环境污染与健康研究合作网的中心。从论文综合影响力来看，美国、英国、加拿大的环境污染与健康领域研究论文的综合影响力较高。美国在国际合作中的表现尤为突出，是全球环境污染与健康研究合作网的中心。哈佛大学、美国环境保护局、美国国家癌症中心、北卡罗来纳大学、加利福尼亚大学伯克利分校和美国环境健康研究中心等机构的发文量较多。在环境污染与健康的研究热点中，空气污染是环境污染与健康领域最关注的问题，其次是死亡率、农药、砷和可吸入颗粒物。总体来看，近年来对空气污染、死亡率、农药、砷、可吸入颗粒物问题的关注度居高不下，对砷、汞和镉等重金属的关注度逐年升高。我国在环境污染与健康研究的发文量上有较强的优势，并且近年来发文量增速较高，但综合影响力较低，国际合作地位并不突出。

主要国际组织和国家对空气污染与健康的研究较多，同时高度重视环境空气质量的改善，并普遍修订了环境空气质量标准，增加了 $PM_{2.5}$ 浓度限值及 O_3 的 8 小时浓度限值。WHO 将 $PM_{2.5}$ 准则日均浓度和年均浓度限值分别设为 25 微克/米^3 和 10 微克/米^3，并收紧了 SO_2 和 O_3 的浓度限值。美国是全球最早制定 $PM_{2.5}$ 空气质量标准的国家，目前 $PM_{2.5}$ 的一级日均浓度和年均浓度限值分别为 35 微克/米^3 和 12 微克/米^3。欧盟规定 $PM_{2.5}$ 的年均目标浓度限值为 25 微克/米^3。我国在 2012 年增设了 $PM_{2.5}$ 空气质量标准，规定 $PM_{2.5}$ 的二级日均浓度和年均浓度限值分别为 75 微克/米^3 和 35 微克/米^3。可见，我国的环境空气质量标准与国际相比存在较大差距，仅能与国际最低标准"接轨"。

环境污染成为影响我国居民健康的主要风险因素。大气污染、水污染和土壤重金属污染对健康的影响是目前主要关注的问题。环境内分泌干扰物（EED）、持久性有机污染物（POP）、全氟辛烷磺酰基化合物（PFOS）等新型有毒有害有机污染物及纳米材料等一些新材料也正在成为全球环境问题的热点。

6.6.2 加强我国环境与健康工作的建议

虽然我国已普遍意识到环境污染对健康的危害，目前也有一些初步的研究成果，但人们对污染导致的健康问题的认识和理解仍处在较低的层次上，环境与健康工作仍较薄弱。现阶段的环境与健康工作还远远不能满足经济社会的发展及人民群众提高生活质量的需求。与发达国家相比，我国在重视程度、管理体制、法律法规、标准建设和技术支撑等方面存在较大的差距。尽快提高我国的环境与健康工作是实现可持续发展的迫切要求。为进一步做好我国的环境与健康工作，提出以下建议。

1）加强环境与健康法律法规体系建设

长期以来，我国的环境与健康管理在国际层面和地方层面都保持着相互分离的状态，经过几十年的发展，我国基本健全了环境行政管理的法规体系，但尚无直接解决环境与健康问题的法律条款，相关的法律法规规定散见于各个部门法律当中。日本有一系列与公害救济相关的法律，从法律上保证公民受到影响后得到补偿，并有专门的管理机构和工作经费保证；美国的环境保护法律、标准等的制定都考虑了对人体健康的影响。我国应借鉴发达国家的成功经验，结合中国的实际情况，尽早出台我国环境与健康方面的专门法律法规，健全和完善应对环境污染及健康损害问题的制度措施。如制定公众健康计划、环境与健康影响评价、健康环境补偿和公众参与等政策法规。随着突发性环境与健康事件的发生，我国在环境与健康政策法规体系中已经有所建树，但本着"预防为主、防控结合"的原则，从污染物源头控制和疾病感染途径上解决环境污染对健康的影响，需要更前端、更全面的政策法规体系支持。

2）深入开展环境污染与健康调查

2012 年，我国开展了"全国重点地区环境与健康专项调查"，但该项目仍分别对环境污染与健康进行监测，未将污染物与健康损伤相结合，也未包括毒理机制的研究。应尽快开展环境因素及环境所致健康损害调查，构建环境与健康综合监测体系。环境污染监测和治理的对象要从目前的传统污染物（如 COD、SO_2 和颗粒物 PM_{10}）向兼顾有毒有害有机物、重金属、放射性物质及细颗粒物（$PM_{2.5}$）等对人体健康更具危害性的污染物控制模式转变。基本弄清我国环境污染所致健康损害的种类、程度、性质及分布情况，掌握环境污染所致疾病谱，依据风险评估制定国家环境与健康风险等级区划，确定特征污染物和优先控制污染物名单，将其纳入常规监测体系并形成以健康影响为依据的环境管理制度，实行对环境质量的健康风险管理。

3）加强环境污染与健康领域的前沿研究

从基础研究来看，我国近年在环境污染与健康方面的研究大多集中在空气污染、饮用水和重金属污染的危害等方面。而环境污染与健康调查技术方法缺乏，以及环境污染导致人体健康损害的致病机理和暴露途径的确定、有害污染物的健康危害评价指标和分析测试技术等方面研究明显不足，阻碍了环境污染所致健康危害的量化研究的进程。我国应针对现阶段的重大环境问题和主要环境污染物，开展其与健康损害效应的内在联系研究，确定我国主要健康危害的环境污染因素。同时应探索内分泌干扰物、纳米材料等新型污染物的环境行为、暴露途径和健康效应。应改变以往学科割裂的研究模式，将环境暴露、毒理和疾病紧密联系起来。探索重要环境化学污染物的致病机理，寻找有效预防、检测、评价的方法和技术；建立和发展环境污染与健康关系研究的新方法和新技术，提高环境卫生领域的科研水平；逐步建立中国主要环境污染物对人体健康影响的检测、评价体系和方法，并开发相关监测技术和设备。为此，国家需要加大对环境污染与健康研究的资助，制定综合的研究计划框架，并在此框架内促进环境科学、预防医学、化学学科、生物学科等多学科之间的交流与合作，以推进环境污染与健康的基础和系统研究。

4）加强部门和区域间的合作

环境与健康问题的高度复杂性决定了其研究必然是多学科的交叉，环境与健康问题的解决需要相关领域的协调合作。目前我国环境与健康管理的主要部门主要有环境保护部和卫生部。环境保护部在环境与健康管理方面主要侧重对污染物的监测，但对污染物的监测数据与人群健康影响之间的相互联系缺乏研究。卫生部在环境与健康管理工作上更多侧重于人群健康损害的环境污染因素识别（富贵等，2012）。此外还涉及国土资源部、水利部、交通部等。这些部门之间应加强协调与沟通，明确环境与健康工作的职责，避免管理的重叠或缺位，共同建立覆盖地方和全国的环境与健康监控系统，加紧信息系统的标准化和规范化进程，建立公开、共享的环境与健康信息体系，提高环境与健康领域的科学决策水平。对于各部门环境与健康管理的职能划分问题，应探讨部门间合作的有效形式，提高管理的效率。在国家的整体环境与健康目标框架下,区域间应合作构建流域或区域信息平台、监控系统,促进地区间监测和预防控制技术的转移和交流,完善跨界污染的协调管制及补偿机制。同时,通过人员互访、联合科研、信息交流等多种形式,开展国际交流,借鉴国外的先进理念和技术方法,促进国际合作。

5)加强宣传教育与信息公开

环境与健康的信息公开对保证公民知情权,提高公民的环保与健康意识,促进公众积极参与环境与健康行动和监督政府科学制定相关政策等方面具有重要的积极作用。日本国民在遭受各种深重的公害灾难后,强烈要求把保护公民健康和维护生活环境作为立法的最高目标;美国在环境法领域制定了一些涉及政府环境信息公开的法律;欧洲对环境信息公开和公众环境知情权也进行了专门的立法,规定了公共机构基于保护公众健康和安全的、必须向公众公开的环境信息的范围,并规定信息公开属于公共机构承担的强制性义务。我国应加强环境与健康知识的普及,通过各信息平台将环境与健康有关的信息和数据公开,提高公众的环境与健康保护意识及参与能力。

致谢:中国环境科学研究院宋永会研究员、中国科学院地理科学与资源研究所杨林生研究员、中国环境科学研究院张金良研究员、中国科学院资源环境科学信息中心张志强研究员等对本报告初稿进行了审阅,并提出了许多宝贵的修改意见,谨致谢忱!

参 考 文 献

曹颖,王金南,曹国志,等.2010.中国在全球环境绩效指数排名中持续偏后的原因分析.环境污染与防治,32(12):107-110.

段小丽,魏复盛.2010.我国环境化学污染物的健康影响现状和问题及科研发展方向.环境与健康杂志,27(12):1111-1114.

段小丽.2008.美国环境健康工作的启示.环境与健康杂志,25(1):2-3.

富贵,李炜,张宏伟.2012.美国环境与健康管理体制对我国的启示.科技管理研究,(12):44-46.

国家卫生和计划生育委员会.2013-10-28.国家卫生和计划生育委员会办公厅关于印发《2013年空气污染(雾霾)人群健康影响监测和农村环境卫生监测工作方案》的通知.http://www.nhfpc.gov.cn/jkj/s5898bm/201310/02c483b454264c4aa0e99d580fc91c71.shtml

国务院.2013-09-12.国务院关于印发大气污染防治行动计划的通知.http://www.gov.cn/zwgk/2013-09/12/content_2486773.htm

胡星斗.2008.中国改革开放三十年的成就与问题总结.社会科学论坛(学术评论卷),11(上):85-100.

环境保护部.2011-09-20.关于印发《国家环境保护"十二五"环境与健康工作规划》的通知.http://www.zhb.gov.cn/gkml/hbb/bwj/201109/t20110926_217743.htm

环境保护部.2012-02-29.环境空气质量标准.http://kjs.mep.gov.cn/hjbhbz/bzwb/dqhjbh/dqhjzlbz/201203/W020120410330232398521.pdf

环境保护部.2013-09-29.关于发布《中国公民环境与健康素养(试行)》的公告.http://www.zhb.gov.cn/gkml/hbb/bgg/201310/t20131009_261336.htm

柯屾,于云江,侯雪松.2006.我国环境与健康现状的文献调研.环境保护,(16):68-71.

李晓明．2011．我国环境与健康相关法律法规的评估研究．北京：中国疾病预防控制中心．

李旭红．2008．简论欧盟的环境政策．商场现代化，（20）：2-3．

刘鸿志，王谦．2005．欧盟环境与健康发展战略对我国的启示．毒理学杂志，19（1）：3-4．

刘化军．2009．评估中国对环境健康挑战的应对．国外理论动态，（3）：49-55．

潘小川，李国星，高婷．2012-12．危险的呼吸：$PM_{2.5}$的健康危害和经济损失评估研究．http://m.greenpeace.org/china/Global/china/publications/campaigns/climate-energy/2012/dangerous-breath.pdf．

人民网．2013-02-21．中国癌症村地图解密河南江苏数量最多．http://env.people.com.cn/n/2013/0221/c1010-20556848.html

阮梅花．2006-04-10．欧盟加强研究环境因素对人类健康的影响．http://www.istis.sh.cn/hykjqb/wenzhang/list_n.asp?id=1556&sid=2．

时临云，张宏武．2006．日本的环境政策及其对我国的启示．生产力研究，(6)：166-168．

宋瑞金，廖岩，吴俊华．2007．国外制定《国家环境与健康行动计划》的基本思路与框架．环境与健康杂志，24（1）：1-3．

宋伟，陈百明，刘琳．2013．中国耕地土壤重金属污染概况．水土保持研究，20（2）：293-298．

苏杨，林家彬．2010．"十二五"期间环境保护和生态建设的思路、目标和对策．发展研究，（9）：100-108．

孙宇飞，严岩，段靖，等．2009．日本与德国环境政策的比较．环境保护，(2)：82-84．

王宗爽，武婷，车飞，等．2010．中外环境空气质量标准比较．环境科学研究，23（3）：253-256．

卫生部，国家环境保护总局，国家发展和改革委员会，等．2007-11-05．关于印发《国家环境与健康行动计划》的通知．www.gov.cn/zwgk/2007/11/16/content_807439.htm．

新华网．2013-06-13．我国绘土壤重金属污染图 部分城市放射性异常．http://news.xinhuanet.com/local/2013-06/13/c_124846854.htm

新华网．2013-12-07．香港推出新的空气污染指数．http://news.xinhuanet.com/gangao/2013-12/07/c_118460204.ht

熊继海．2009．欧盟的环境政策与环境行动规划．能源研究与管理，(1)：5-8．

杨功焕，庄大方．2013．淮河流域水环境与消化道肿瘤死亡图集．北京：中国地图出版社．

姚孝元．2013-10-23．环境问题已构成对健康的最大威胁．http://fangtan.china.com.cn/zhuanti/2013-10/23/content_30383775.htm．

张中骞．2012．欧盟环境和健康保护政策研究．昆明：云南大学．

中国工程院，环境保护部．2011．中国环境宏观战略研究：环境要素保护战略卷．

中国清洁空气联盟．2013．空气污染治理国际经验介绍之伦敦烟雾治理历程．

中华人民共和国中央人民政府．2006-11-02．环保总局副局长张力军就饮用水源地污染问题答问．http://www.gov.cn/zwhd/2006-11/02/content_430396.htm．

自然之友．2010．中国环境发展报告．http://www.fon.org.cn/uploads/attachment/36771339578361.pdf．

Adar S D, Sheppard L, Vedal S, et al. 2013. Fine Particulate Air Pollution and the Progression of Carotid Intima-Medial Thickness: A Prospective Cohort Study from the Multi-Ethnic Study of Atherosclerosis and Air Pollution. PLoS Medicine, 10 (4): e1001430. doi: 10.1371/journal.pmed.1001430.

American Academy of Ophthalmology. 2013. Residents of Most Polluted U.S. Cities—New York City, Chicago, Los Angeles and Miami—Have Increased Risk of Dry Eye Syndrome. http://www.aao.org/newsroom/release/pollution-increases-risk-of-dry-eye.cfm.

American Heart Association. 2013-11-17. Environmental toxins linked to heart defects. http://newsroom.heart.org/news/environmental-toxins-linked-to-heart-defects.

Australian Government Department of Health. 1999-10. The National Environmental Health Strategy Implementation Plan. http://www.health.gov.au/internet/main/publishing.nsf/Content/health-pubhlth-publicat-document-metadata-envstrat_imp.htm.

Australian Government Department of Health. 2007-11-27. The National Environmental Health Strategy 2007-2012. http://www.health.gov.au/internet/main/publishing.nsf/Content/ohp-environ-envstrat.htm.

Bellanger M, Pichery C, Aerts D, et al. 2013. Economic benefits of methylmercury exposure control in Europe: Monetaryvalue of neurotoxicity prevention. Environmental Health, 12 (3). doi: 10.1186/1476-069X-12-3.

Blacksmith Institute. 2006-2013. The World's Worst Polluted Places. http://www.worstpolluted.org.

Blacksmith Institute. 2012-07-30. New Global Alliance Seeks to Tackle Toxic Pollution Hotspots. http://www.blacksmithinstitute.org/new-global-alliance-seeks-to-tackle-toxic-pollution-hotspots.html.

Boynard A, Clerbaux C, Clarisse L, et al. 2014. First simultaneous space measurements of atmospheric pollutants in the boundary layer from IASI: A case study in the North China Plain. Geophysical Research Letters, DOI: 10.1002/2013GL058333.

Cao C, Jiang W J, Wang B Y, et al. 2014. Inhalable Microorganisms in Beijing's $PM_{2.5}$ and PM_{10} Pollutants during a Severe Smog Event. Environ Sci Technol, 48: 1499-1507. DOI: 10.1021/es4048472.

CDC. 2005. CDC's Strategy for the National Environmental Public Health Tracking Program, Fiscal Years 2005-2010. http://stacks.cdc.gov/view/cdc/6924.

CDC. 2006-01. Environmental Public Health Indicators. http://c.ymcdn.com/sites/www.cste.org/resource/resmgr/EnvironmentalHealth/EHIndicatorephi999worklist.pdf.

CDC. 2009-08-07. Environmental Hazards and Health Effects Program. http://www.cdc.gov/nceh/ehhel.

Chen Y Y, Ebensteinb A, Greenstone M, et al. 2013. Evidence on the impact of sustained exposure to air pollution on life expectancy from China's Huai River policy. PNAS, DOI: 10.1073/pnas.1300018110.

Chen Z, Wang J N, Ma G X, et al. 2013. China tackles the health effects of airpollution. The Lancet, 382 (9909): 1959-1960.

DEC. 2005-11. Air Pollution Economics: Health Costs of Air Pollution in the Greater Sydney Metropolitan Region. http://www.environment.nsw.gov.au/resources/aqms/airpollution05623.pdf.

Department of Health and Ageing. 2004-06. Environmental health risk assessment: guidelines for assessing humanhealth risks from environmental hazards. http://www.health.gov.au/internet/publications/publishing.nsf/Content/CA25774C001857CACA2571E0000C8CF1/$File/EHRA%202004.pdf.

EEA. 2012-06-08. Environment and health. http://www.eea.europa.eu/themes/human/intro.

Elsevier. 2013. Environmental Health 2013: Science and Policy to Protect Future Generations. http://www.environmentalhealthconference.com.

Environmental Protection Agency. 2010. Understanding the links between the environment, human health and well-being. http://www.epa.ie/pubs/reports/research/health/ercreport15.html.

Environmental Protection Agency. 2012. Enhancing Human Health through Improved Water Quality. http://www.epa.ie/pubs/reports/research/health/strivereport89.html.

Environmental Protection Agency. 2012-05-30. Science, Technology, Research & Innovation for the Environment (STRIVE) Programme 2007-2013. http://www.epa.ie/pubs/reports/research/termsandconditions/EPA_%20.Research_Guide_for_Grantees%202012_%20FINAL.pdf

Environmental Protection Agency. 2013. Indoor Air Pollution and Health. http://www.epa.ie/pubs/reports/research/health/iapahreportmcoggins.html.

EPPH. 2013. 2013 Environmental Pollution and Public Health (EPPH2013). http://www.engii.org/

EPPH2013/home. aspx.

Europa. 2007-08-29. Environment and Health Action Plan 2004-2010. http：//europa. eu/legislation_ summaries/ public_ health/health_ determinants_ environment/l28145_ en. htm.

European Commission. 2006. The UK Environment and Human Health Programme. http：//ec. europa. eu/research/environment/pdf/runnals_ 2905_ en. pdf.

European Commission. 2007. EU Research on Environment and Health - Results from projects funded by the Fifth Framework Programme. http：//www. eea. europa. eu/themes/human/links/eu- research- on- environment- and- health- results- from-projects-funded-by-the-fifth-framework-programme.

European Commission. Air Quality Standards. http：//ec. europa. eu/environment/air/quality/standards. htm.

European Society of Cardiology. 2013. Air pollution increases heart attacks. http：//www. escardio. org/about/press/press- releases/pr-13/Pages/air- pollution-increases-heart-attacks. aspx.

Golding J, Steer C D, Hibbeln J R, et al. 2013. Dietary Predictors of Maternal Prenatal Blood Mercury Levels in the ALSPAC Birth Cohort Study. Environmental Health Perspectives, DOI：10. 1289/ehp. 1206115.

Government of Ireland. 1999. National Environmental Health Action Plan. http：//lenus. ie/hse/bitstream/10147/45646/1/8532. pdf.

HEI. 2002. Public Health and Air Pollution in Asia（PAPA）. http：//www. healtheffects. org/international. htm#PAPA.

HEI. 2012. Outdoor air pollution among top global health risks in 2010. http：//www. healtheffects. org/International/GBD-Press-Release. pdf.

HEI. 2013. Past HEI Annual Conferences. http：//www. healtheffects. org/meetings. htm.

IARC. 2013. Air Pollution and Cancer. http：//www. iarc. fr/en/publications/books/sp161/index. php

JRC. 2011-03-30. Burden of disease from environmental noise. http：//ihcp. jrc. ec. europa. eu/our_ activities/public-health/ env_ noise/who-and-jrc-announce-new-evidence-of-health-effects-of-noise

Lamsal L N, Martin R V, Parrish D D, et al. 2013. Scaling Relationship for NO_2 Pollution and Urban Population Size：A Satellite Perspective. Environmental Science & Technology, 47（14）：7855- 7861. DOI：10. 1021/es400744g.

Li Z, Ma Z, van der Kuijp T J. 2014. A review of soil heavy metal pollution from mines in China：pollution and health risk assessment. Sci Total Environ, 468-489：843-853. doi：10. 1016/j. scitotenv. 2013. 08. 090.

Lin J T, Pan D, Davis S J, et al. 2014. China's international trade and air pollution in the United States. PNAS, 10. 1073/pnas. 1312860111

Mailloux B J, Trembath-Reichert E, Cheung J, et al. 2013. Advection of surface-derived organic carbon fuels microbial reduction in Bangladesh groundwater. PNAS, 110（14）：5331- 5335. DOI：10. 1073/pnas. 1213141110.

Ministry of Ecology, Energy, Sustainable Development and the Sea. 2009. Health Environment 2nd National Action Plan 2009-2013. http：//www. sante. gouv. fr/IMG/pdf/PNSE2_ GP_ Nouvelle_ version_ V4_ ENGv1 _ _ revisable_ . pdf.

Ministry of Environment, Republic of Korea. 2009. The Korea National Environmental Health Action Plan toward 10 years（KNEHAP-10）(2006-2015). http：//www. environment-health. asia/fileupload/KNEHAP. pdf.

Ministry of the Environment Government of Japan. 2009-09-09. Environmental quality standards for air. http：//www. env. go. jp/en/air/aq/aq. html.

Ministère de la Santéet de la Protection Sociale. 2004. National Environment and Health Action Plan 2004 – 2008. http：//www. sante. gouv. fr/IMG/pdf/resume_ en. pdf.

NASA Earth Observatory. 2013-09-19. The Global Toll of Fine Particulate Matter. http://earthobservatory.nasa.gov/IOTD/view.php?id=82087.

NCCEH. 2010-10-14. Systematic Review of Environmental Burden of Disease in Canada. http://www.ncceh.ca/sites/default/files/Env_Burden_Disease_Oct_2010.pdf.

New Jersey Department of Environmental Protection. 2013-12-26. County Environmental Health Act. http://www.state.nj.us/dep/enforcement/CEHAstatute.pdf.

NIEHS. 2012. Advancing Science, Improving Health: A Plan for Environmental Health Research. http://www.niehs.nih.gov/about/strategicplan/strategicplan2012_508.pdf.

OECD. 2001. Human Health and the Environment. http://www.oecd.org/health/health-systems/32006565.pdf.

Pedersen M, Giorgis-Allemand L, Bernard C, et al. 2013. Ambient air pollution and low birthweight: a European cohort study (ESCAPE). the Lancet Respiratory Medicine, 1 (9): 695-704. doi: 10.1016/S2213-2600 (13) 70192-9.

Perera F P, Wang S, Rauh V, et al. 2013. Prenatal Exposure to Air Pollution, Maternal Psychological Distress, and Child Behavior. Pediatrics, doi: 10.1542/peds.2012-3844.

Perez L, Declercq C, Iñiguez C, et al. 2013. Chronic burden of near-roadway traffic pollution in 10 European cities (APHEKOM network). European Respiratory Journal, 42 (3): 594-605. DOI: 10.1183/09031936.00031112.

RobertsA L, Lyall K, Hart J E, et al. 2013. Perinatal Air Pollutant Exposures and Autism Spectrum Disorder in the Children of Nurses' Health Study II Participants. Environmental Health Perspectives, 121 (8): 978-984. DOI: 10.1289/ehp.1206187.

Rodríguez-Lado L, Sun G F, Berg M, et al. 2013. Groundwater Arsenic Contamination Throughout China. Science, 341 (6148): 866-868. DOI: 10.1126/science.1237484.

Silva R A, West J, Zhang Y Q, et al. 2013. Global premature mortality due to anthropogenic outdoor air pollution and the contribution of past climate change. Environmental Research Letters, 8 (3). DOI: 10.1088/1748-9326/8/3/034005.

UNEP. 2013. New global treaty cuts mercury emissions and neleases, sets up controls on prducts, mines and mdustrial plants. http://www.unep.org/newscentre/Default.aspx?DocumentID=2752&ArticleID=9647&l=zh.

USEPA. 2012-12-14. National Ambient Air Quality Standards (NAAQS). http://www.epa.gov/air/criteria.html.

WB. 2007. Cost of Pollution in China.

Wessex Institute. 2013. Environmental Health Risk2013. http://www.wessex.ac.uk/13-conferences/environmental-health-risk-2013.html.

WHO. 2006. Preventing disease through healthy environments. http://www.who.int/quantifying_ehimpacts/publications/preventingdisease.pdf.

WHO. 2009. Country Profile of Environmental Burden of Disease. Geneva, Switzerland: WHO.

WHO. 2011-09. Ambient Coutdoor air quality and health. http://www.who.int/mediacentre/factsheets/fs313/zh.

WHO. 2005. Air Quality Guidelines—Global Update 2005. http://www.who.int/phe/health_topics/outdoorair/outdoorair_aqg/en.

WHO Regional Office for Europe. 2004-06-25. Children's Environment and Health Action Plan for Europe. http://www.euro.who.int/__data/assets/pdf_file/0006/78639/E83338.pdf.

Woodruff T. 2013. An Unlikely Duo: Air Pollution's Link to Low Birth Weight, with Tracey Woodruff. Environmental Health Perspectives, 121 (2).

Zhang X Y, Zhuang D F, Xin M A, et al. 2014. Esophageal cancer spatial and correlation analyses: Water pollution, mortality rates, and safe buffer distances in China. J Geogr Sci, 24（1）: 46-58. DOI: 10.1007/s11442-014-1072-8.

附录　环境污染与健康研究国际发展态势分析检索式

检索式1:（（air or atmosphere or atmospheric or airborne or water or soil or noise or light or physical or environment *）and（pollution or contamination or contaminated or polluted or pollutant or pollutants））and（health * or disease or mortality or cancer or Carcinogenicity or neoplasms or "hospital admissions" or "birth weight" or "life expectancy" or "diabetes mellitus" or "atrial fibrillation" or "cardiac arrhythmia" or "acute myocardial infarction" or stroke or leukemia or retinoblastoma or "insulin resistance"）

检索式2:（（ozone or "particulate matter" or "particulate matters" or "suspended particulate" or "suspended particulates" or "suspended matter" or "suspended matters" or "inhalable particle" or "inhalable particles" or "fine particle" or "fine particles" or "ultrafine particle" or "ultrafine particles" or "aerosol" or "aerosols" or "nitrogen dioxide" or "nitrogen oxides" or "nitric oxides" or（"nitric oxide" and（pollution or contamination or contaminated or polluted or pollutant or pollutants））or "sulfur dioxide" or "carbon monoxide" or "carbonic oxide" or "carbon monoxide" or "volatile organic compound" or "volatile organic compounds" or "black carbon"））and（health * or disease or mortality or cancer or Carcinogenicity or neoplasms or "hospital admissions" or "birth weight" or "life expectancy" or "diabetes mellitus" or "atrial fibrillation" or "cardiac arrhythmia" or "acute myocardial infarction" or stroke or leukemia or retinoblastoma or "insulin resistance"）

检索式3:（"heavy metal" or "heavy metals" or（pollut * same lead）or cadmium or chromium or mercury or（arsenic not "arsenic trioxide"）or nickel or（pollut * same copper）or manganese or（pollut * same zinc））and（health * or disease or mortality or cancer or Carcinogenicity or neoplasms or "hospital admissions" or "birth weight" or "life expectancy" or "diabetes mellitus" or "atrial fibrillation" or "cardiac arrhythmia" or "acute myocardial infarction" or stroke or leukemia or retinoblastoma or "insulin resistance"）

检索式4:（sewage or wastewater or eutrophication or（（nitrogen or phosphorous）and（pollution or contamination or contaminated or polluted）））and（health * or disease or mortality or cancer or Carcinogenicity or neoplasms or "hospital admissions" or "birth weight" or "life expectancy" or "diabetes mellitus" or "atrial fibrillation" or "cardiac arrhythmia" or "acute myocardial infarction" or stroke or leukemia or retinoblastoma or "insulin resistance"）

检索式5:（（（chemical or chemicals or organic or organics or "organic compounds" or "organic matter" or "organic matters"）and（pollution or contamination or contaminated or polluted or pollutant or pollutants））or pesticide or pesticides or insecticide or insecticides or aldrin or chlordane or "dichlorodiphenyl trichloroethane" or "dichlorodiphenyl trichloroethanes" or "polychlorinated biphenyl" or "polychlorinated biphenyls" or "polycyclic aromatic hydrocarbon" or "polycyclic aromatic hydrocarbons" or dioxin or benzene or toluene or formaldehyde or methanol or oxymethylene or "methyl aldehyde" or "carbon disulphide" or chloroform or butadiene or "ethylene oxide" or hexachlorobenzene or tetrachloroethane or methanol or mirex or chlorpyrifos or metolachlor or pyridaben or trifluralin) and (health * or disease or mortality or cancer or Carcinogenicity or neoplasms or "hospital admissions" or "birth weight" or "life expectancy" or "diabetes mellitus" or "atrial fibrillation" or "cardiac arrhythmia" or "acute myocardial infarction" or stroke or leukemia or retinoblastoma or "insulin resistance")

检索式6：（"electronic waste" or "e-waste" or "hazardous waste" or "hazardous wastes" or "municipal waste" or "municipal wastes" or "noxious waste" or "noxious wastes" or "solid waste" or "solid wastes" or "toxic waste" or "toxic wastes" or rubbish or garbage or "environmental toxin" or "environmental toxins" or "environmental hormone" or "environmental hormones" or "endocrine disruptor" or "endocrine disruptors" or "toxic substance" or "toxic substances") and (health * or disease or mortality or cancer or Carcinogenicity or neoplasms or "hospital admissions" or "birth weight" or "life expectancy" or "diabetes mellitus" or "atrial fibrillation" or "cardiac arrhythmia" or "acute myocardial infarction" or stroke or leukemia or retinoblastoma or "insulin resistance")

检索式7：((radioactive or radiation or electromagnetic or "electromagnetic field" or "electromagnetic wave") and (pollution or contamination or contaminated or polluted or pollutant or pollutants)) and (health * or disease or mortality or cancer or Carcinogenicity or neoplasms or "hospital admissions" or "birth weight" or "life expectancy" or "diabetes mellitus" or "atrial fibrillation" or "cardiac arrhythmia" or "acute myocardial infarction" or stroke or leukemia or retinoblastoma or "insulin resistance")

7 人类世研究国际发展态势分析

刘 学 郑军卫 张志强 赵纪东 王立伟

(中国科学院兰州文献情报中心)

摘 要 人类世（Anthropocene）概念是由大气化学家、诺贝尔奖得主保罗·克鲁岑（Paul J. Crutzen）与生态学家欧赫内·施特默（Eugene F. Stoermer）在 2000 年首次正式提出，此概念一经提出即在学术界引发了广泛地讨论。2008 年伦敦地质学会地层委员会的扎拉谢维奇（Zalasiewicz）等 21 位成员就人类世这个地质时代的建立进行了全面论证。2009 年，国际地层委员会（ICS）设立了人类世工作小组（The Anthropocene Working Group），以考察人类活动引起的变化是否满足正式开创一个新的地质时代的标准。自此，人类世已成为环境科学、地球科学、考古学、生物学和其他相关领域的关注热点。

人类世是在人类活动引起的全球性环境问题这一背景下提出的，强调人也是一种重要地质营力，其对地球改造的程度与后果足以与传统意义上的地质营力（地震、造山运动等）产生的影响相匹敌。相别于已有的地质时期，人类世不应是一个人类完全受制于自然环境变化的时期，更不应是一个人类破坏自然环境的时期，而应当是一个人与自然和谐相处的时期。

由于中国巨大的人口规模和有限的生存空间，中国人口在过去几十年中对国土地理环境改造的幅度是空前的，因此从未来提升人民生活质量和促进经济社会发展角度而言，在中国开展人类世研究不但具有重要的科学意义，而且具有更大的现实意义。

本报告以人类世为分析对象，采用定性研究和定量分析相结合的方法，对发达国家、国际组织等开展的研究计划、召开的相关重要国际会议主题等进行梳理，利用文献计量分析对科学研究论文进行分析，综合分析了人类世研究的发展态势和前沿热点，以期为我国相关研究机构开展人类世研究提供重要参考。

对人类世研究的文献计量分析结果显示，2000～2013 年人类世研究相关的 SCI 收录论文总计 240 篇，发文量总体呈逐年增加的趋势，特别是自 2009 年人类世工作小组成立以后，推动了更多的学者从事有关人类世研究的工作，产生了更多的研究成果。从发文量国家排名情况来看，美国发文量远远高于其他国家，可见其在该领域处于引领地位；英国排名第二，随后依次为德国、澳大利亚、加拿大、法国、荷兰、西班牙、瑞典和中国。从发文量前 10 位机构排名情况来看，各机构发文量（3～7 篇）的差异不大，马里兰大学发文 7 篇，位居第一。在全球前 10 位研究机构中，4 个来自美国，2 个来自英国,其余 4 个分别来自法国、澳大利亚、德国和加拿大。从发文所属学科领域来看,环境科学与生态学领域的论文数量最多,其次是地质学、自然地理学、科学与技术其他学科等。刊载人类世研究论文最多的 5 个期刊为《皇家学会哲学汇刊 A 辑:数学、物理学与工程科学》(Philosophical Transactions of the Royal Society A: Mathematical, Physical & Engineering Sciences)、《全新世》(Holocene)、《第四纪科学评论》(Quaternary Science Review)、《自然》(Nature)、《科学》(Science),发文量占据该领域论文总量的 16.39%,它们是人类世研究论文的核心分布期刊。从人类世研究被引频次排名前 20 的论文可看出,梅伊贝克(Meybeck)、斯特芬(Steffen)、安德森(Andersson)、扎拉谢维奇(Zalasiewicz)和科迪斯波蒂(Codispoti)等都是人类世研究的核心作者。

目前国际人类世研究的前沿热点主要集中在人类活动驱动的地球系统变化、人类世的下限、地层金钉子确定等方面。主要体现在,地球系统中没有哪个组成部分能够完全不受人类活动的影响,地球的大气、淡水、海洋、陆地和生态等系统,以及将它们联系在一起的生物地球化学循环都反映出人类活动的影响。虽然对人类世是否成立还存在不同意见,但赞同设立人类世的学者在公开发表意见的作者中还是占绝大多数。文献中关于人类世下限的建议主要有原全新世下限、全新世早期、工业革命开始和 1950 年等 4 种。目前人类世尚未被科学界广泛认同,其中一个重要原因在于迄今还没有找到一个确定它的边界或标志物——地质学界公认的金钉子(GSSP)。人类世的候选金钉子主要有物种灭绝、核试验、海洋酸化、城市化、农业生产、物种入侵、工业化、畜牧化和合成化学等 9 个。

目前我国关于人类世的研究工作还比较少,研究的深度也不够,针对我国人类世研究不足的现状,建议:中国第四纪科学研究会及有关单位应高度重视这一新兴研究领域,积极策划组织相关研究,如中国第四纪科学研究会新增人类世专业委员会,召开全国性人类世专题学术会议,参与有关人类世研究的国际组织与协会,资助人类世研究领域的计划与项目等,推动该工作的深入发展。

基于对国际研究进展的分析,建议我国研究人员可以从以下方面开展人类世相关研究:①人类对地球生态系统的影响及可能产生的不同地质记录;②人类引起地貌景观变化的理论和实证研究;③人类世的地球系统管理研究;④人类世以来中国古环境的演化、古环境图的制作和人类活动强度评价;⑤短尺度的气候转型问题研究等。

关键词 人类世　环境变化　地质营力　全新世　文献计量　第四纪研究　地球系统管理

7.1 引言

越来越多的证据表明,自人类诞生以来,人类活动就以各种方式影响着地球。尤其是工业革命后,人类工业化的现代文明进程已经给地球带来了前所未有的、不可磨灭的影响。自 20 世纪 60 年代以来,国际上关注人类对地球改造研究的相关机构和具有前瞻性眼光的科学家越来越多,例如,自 1998 年以来世界自然基金会(WWF)每 2 年发布一期《地球生命力报告》(Living Planet Report),突出强调人类长期以来给地球带来的累积压力,以及由此导致的人类所赖以生存的森林、河流和海洋生态系统的健康程度的下降。其《地球生命力报告 2012》指出,人类对自然资源的需求自 1966 年以来翻了一番,人类现在每年使用相当于 1.5 个地球的资源来维持自身的生活。按目前的模式进行预测,到 2030 年,人类将需要 2 个地球来满足自身全年的需求(WWF,2012)。在过去 300 年里,世界人口增长了 10 倍,达 60 亿,仅在 20 世纪就增长了 4 倍。与此同时,牛头数上升至 14 亿头(相当于每个家庭 1 头牛)。20 世纪城市化规模甚至比此前增长了 13 倍。其他因素如世界经济和能源利用的增长也同样显著(表 7-1):工业产值增长了 40 倍;能源利用量增加了 16 倍;全球一半以上可利用淡水资源被人类使用等(McNeill,2000)。过去 50 年来,地球表面被人类改造的程度比历史上任何时期都强。预计 2050 年全球人口将超过 90 亿,甚至可能达到 105 亿,随着全球人口数量的增加,届时对地球环境的影响可能还会加剧(United Nations,2009)。人类驱动的这些变化正在引起科学家对未来地球环境甚至是维持人类文明的担忧。

表 7-1 20 世纪人类活动增长和影响的部分记录(McNeill,2000)

项目	增长幅度(19 世纪 90 年代至 20 世纪 90 年代)/%
世界人口	400
世界城市人口总量	1300
世界经济	1400
工业产值	4000
能源利用	1600
煤产量	700
CO_2 排放量	1700
SO_2 排放量	1300
铅排放	约 800
水利用	900
海洋鱼类捕捞	3500
牛头数	400
猪产量	900
灌溉面积	500
耕地	200
森林面积	-20
蓝鲸数量(南大洋)	-99.75
长须鲸数量	-97
鸟类和哺乳动物	-1

注:负数代表下降

在上述背景下,"人类世"(Anthropocene)这一新名词应运而生。2000 年,大气化学家、诺贝尔奖得主保罗·克鲁岑与生态学家施特默(E. F. Stoermer)在《国际地圈生物圈计划简报》(IGBP Newsletter)上撰文,认为自 1784 年瓦特发明蒸汽机以来,人类的作用越来越成为一个重要的地质营力;提出全新世已经结束,当今的地球已进入一个人类主导的新的地球地质时代——人类世(Crutzen, Stoermer, 2000)。经典的地质时代划分是以生物演化为依据,建立能反映地球相对年龄的地质年代表。在这个表上,最大的时间概念是宙,其次是代、纪、世、期。据此,人类目前生活的地质时期是显生宙新生代第四纪的全新世。根据克鲁岑的提法,人类已不再处于全新世了,已经到了"人类世"的新阶段。也就是说,他提出了一个与更新世、全新世并列的地质学新纪元——"人类世"(图 7-1)。2002 年,Crutzen(2002)在《自然》杂志上继续发表他的"人类世"观点后,这个概念迅速被许多领域的研究者采纳,开始成为科学媒体中的常见词。

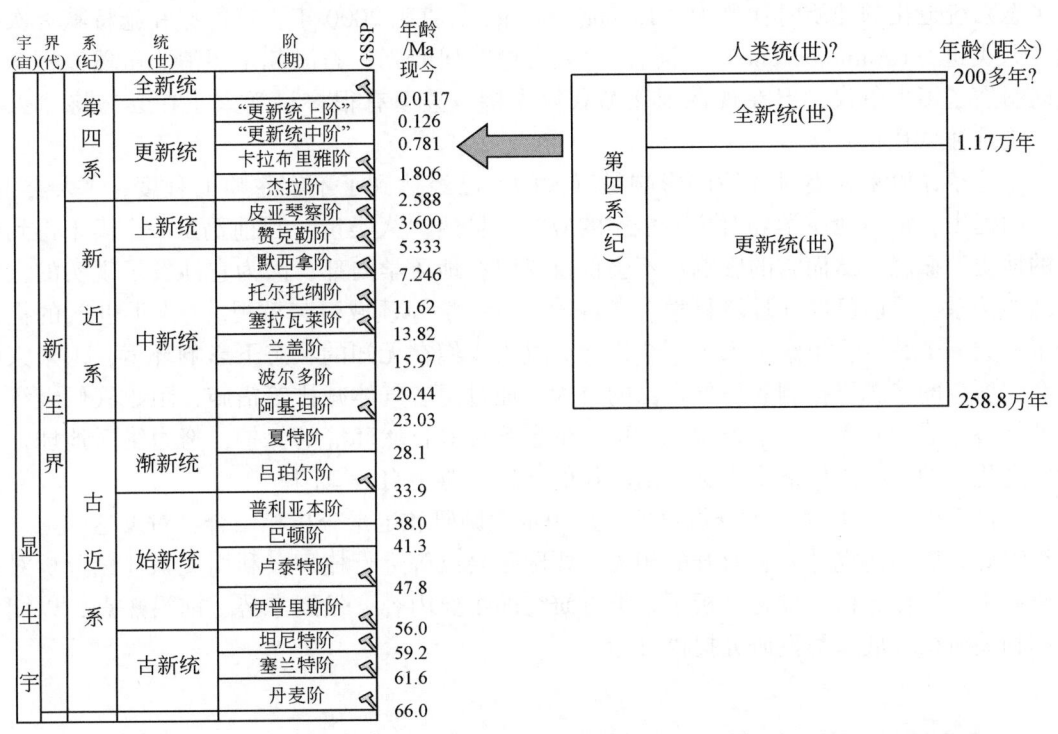

图 7-1 人类统(世)在国际年代地层表中所处位置示意(据《国际年代地层表 2013》修改)

其实,学术界很早就认识到人类对地球产生的日益增大的影响和作用。早在"anthropocene"一词提出之前,就有学者意识到人类活动对地球产生的重大影响,提出过类似的名词。例如,1864 年,马什(G. P. Marsh)出版了《人与自然》一书,1965 年 3 月再版时更名为《被人类活动改变的地球》;1873 年意大利地质学家斯托帕尼(A. Stoppani)将人类活动列为一种"新的地质营力,在力量和全球性方面可以与地球自然力相媲美",事实上斯托帕尼的研究已触及"人类世"(anthropocene era);1924 年法国牧师泰亚尔·德·夏尔丹(P. Teilhard de Chardin)和勒罗伊(E. Le Roy)创造了"智慧圈"(noösphere)这一术语,用于代表思想世界,标志着人类脑力和科技才能在塑造自身、改变环境方面扮演越来越重要的角色（Crutzen，2002）；1926年俄罗斯地质和生物学家韦尔纳茨基（Vernadsky）提到人类对环境的影响正在增加："人类的演化进程必须前进，即提高意识和思想，并对其周围环境产生越来越大的影响"；20世纪以来，随着人类对自然界认识的不断深入和人类科学技术的快速发展，人类的足迹逐步遍及地球的各个角落，甚至涉足到了月球；特别是20世纪后半叶以来，人类开始注意到人为作用中破坏性的一面，并着手认识人类对岩石圈、水圈、大气圈与生物圈四大圈层的交互作用，以及人类对这四大圈层所造成的压力展开了日益升温的研究和讨论，自此"人类圈"（anthroposphere）的叫法不胫而走（蒋青等，2009）。首次意识到人类当前所处的这个时代在地质年代上的特殊性，并从地质年代学上提出建议的，当首推列夫金（A. Revkin）。Revkin（1992）在其著作中指出，人类已进入一个属于人类自己的时代，并预测地质学家们将来可能用诸如"anthrocene"这样的词来命名这个时代。Samways（1999）将当前所处的生物多样性减少及生态系统退化的地质时代称为"Homogenocene"。直到2000年，克鲁岑和施特默首次提出"人类世"（Anthropocene）一词后，"人类世"研究则一石激起千层浪。虽然该概念在当时引发了不少争议，但在现在则逐渐获得支持，甚至有很多科学家正在尝试将"人类世"变成正式用语。

工业革命以来人类对环境的影响是巨大的，已经达到了不容忽略的程度，"人类世"概念的提出，正是地质学界对这一事实的应对。虽然"人类世"目前仍是一个尚未得到公认的地质学概念，然而它的影响却不会仅仅局限在地质学内部，因为它涉及了现实的人与自然的关系，目前已经在环境科学、考古学、生物学等领域引起重视。"人类世"的提出给了人类一个警示，也给了人类一个机会。过去人们在无知的状态下影响环境，未来人类将会在理智的状态下控制和引导自己的行为，通过温室气体减排等措施，阻止气候继续变暖的趋势，通过对大气、水资源、土壤、生态系统等自然环境的保护，努力维系地球亿万年才进化出的这个刚好适宜人类生活居住的环境，避免自毁家园。

本报告以"人类世"为分析对象，采用定性调研和定量分析相结合，对发达国家、国际组织等开展的研究计划、召开的相关重要国际会议等进行梳理，利用文献计量分析对科学研究论文进行分析，综合分析了人类世研究的主要内容、发展态势、前沿热点，以期为我国相关机构开展人类世研究提供参考。

7.2 国外人类世研究现状

人类世概念提出和推广后，得到众多学者的支持，其中以环境研究领域的学者居多。Steffen等（2004）认为人类对世界生态系统的改变比自己历史上以往任何可比的阶段都更加快速、更加广泛；Richter（2007）从土壤学角度支持人类世概念并提出下限等。

2008年2月，伦敦地质学会地层委员会（Stratigraphy Commission of the Geological Society of London）的Zalasiewicz等（2008）21位成员联名在《美国地质学会志》（GSA Today）上发表论文认为，人类活动——特别是工业革命以来的人类经济活动对气候和环境造成了全球尺度的影响。这些影响涉及沉积、大气、生物、海洋、冰冻圈等多个圈层，在地层中留下了可见、可测的标志,能够为人类世(统)下限(底界)的确立提供地层学上的证据。从 1950 年起的 50 年中,人口总数、风化率、大气中 CO_2 含量、全球气温和海平面都发生了异动,与 1 万多年来的变化趋势截然不同(图 7-2)。

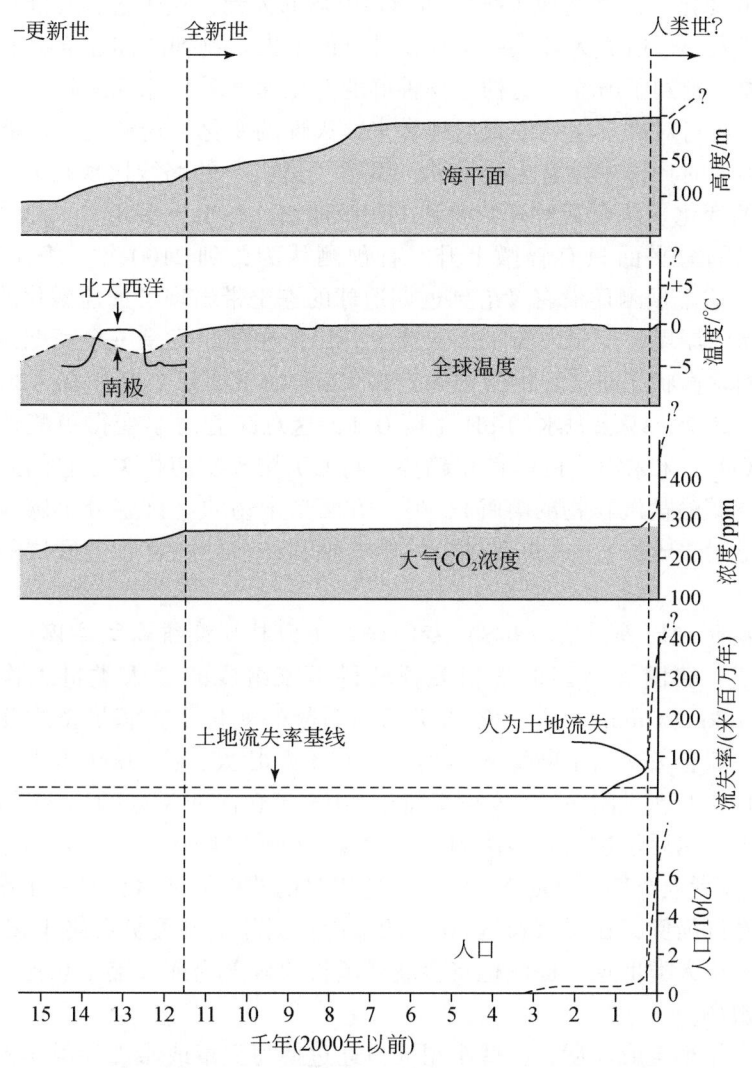

图 7-2 近 15 000 年来全球海平面、温度、大气 CO_2 浓度变化趋势及与
人为土地流失量和人口变化之间的关系(Zalasiewizc et al.,2008)

科学家认为,人类造成的地质变化,主要体现在以下 4 个方面:

(1)地质沉积率的改变。人类使得陆地上的侵蚀和风化大大加速。直接的表现是农业和各类建筑物,间接的表现是修建的大坝改变了河道。人类引发的风化速率比自然风化速率高出一个数量级。

(2)碳循环波动和气温的变化。大气中的 CO_2 含量在 2005 年是 379ppm,比工业化时代前高出 1/3,是将近 1000 万年以来的最高值(图 7-2)。即使是保守地预测,到 21 世纪末期,这个含量还将翻倍。大气中的甲烷含量已经比工业革命前翻了一倍,变化速度之快前所未有。20世纪气温的总体趋势是在上升，并且在过去20年中开始加速。科学家普遍认为，CO_2的排放是主要原因。有预测认为，21世纪末的气温将比现在高 $1.1\sim6.4℃$。这将是6000万年以来的最高气温。

（3）生物的变化。人类造成了很多动物和植物的灭绝。这个过程可能早在1万年前就开始了。并且，人类还造成大多数巨型动物种群的消失。物种的加速灭绝和生物数量的下降，已经从陆地蔓延到了海洋。这种生物种群的变化速度堪与冰期来临时相提并论。预期中的气温上升，还将对许多生物的聚居地带来毁灭性的变化。这种变化可能比上一个冰期时更严重，因为那时环境中没有人类活动，生物"逃生"的路线比现在大得多。

（4）海洋的变化。从全新世开始前到工业革命前，在1万多年中，海平面大约上升了120米。20世纪的海平面只有轻微上升。有预测认为，到2100年，海平面将比现在高 $0.19\sim0.58$ 米。这个预测还没有考虑到近期地球的冻土带出现了加速融化的趋势。在全新世早期，大量冰山崩塌曾经引发海平面快速上升。现在预测只是一个短期预测，从长期来看，当达到新的均衡状态时，可能气温每升高 $1℃$，海平面就会上升 $10\sim30$ 米。

相比工业革命前，表层海水的 pH 下降 0.1，这意味着海水变得更酸性了。这主要是因为人类排放 CO_2。未来海水的酸性化趋势，与 CO_2 排放密切相关。它的后果一方面是物理的（海洋底部碳酸盐沉积物的溶解），另一方面是生物的（许多分泌碳酸盐来构造自身骨架的生物，将无法成长）。这对海洋中的珊瑚礁和许多处在食物链底层的浮游生物都有巨大的影响。

2009年，国际地层委员会（ICS）专门设立了以扎拉谢维奇为主席的、由来自英国、美国、澳大利亚、德国等多国地学相关领域科学家组成的"人类世工作小组"（The Anthropocene Working Group），以考察人类活动引起的变化是否满足正式开创一个新的地质时代的标准。随着考察的不断深入，小组也在不断壮大，由2009年成立之初的16人，增至2012年的30人（见附录）。该小组将于2016年在南非举办的第35届国际地质大会上递交最终报告，然后经过投票表决的方式为这一地质时期正名——人类纪（period）、人类世（epoch）或者人类期（stage）。一个新地质时期的设立或修订是一个漫长的过程，以第四纪年代的修订为例，在经过长达60年的争论，国际地层委员会终于在2009年完成了对其的修订。围绕人类世这一提法也将会展开漫长的科学论证，鉴于意见分歧之大，其结果目前仍难以预料。

自人类世工作小组成立后，一些小组成员通过撰写文章或参加各类学术研讨以及活跃在相关领域的各大国际会议，推广人类世概念，并带动更多的学者根据各自研究领域的成果，为人类世的成立提供更多的证据。国际上一些相关的新计划和新期刊被陆续推出。自此，人类世已成为环境科学、地球科学和其他相关学科领域的研究热点（图7-3）。2011年5月，约20名诺贝尔奖得主向联合国提交了《斯德哥尔摩备忘录》，建议将人类现在所处的地质年代改为"人类世"（Crutzen et al.，2011）。2011年12月21日，《自然》回顾总结了2011年的11个科研进展与科技政策事件，以"生活在人类世"（Living in the Anthropocene）为标题将"人类世"列入其中（Richard，2011）。2013年《自然·地球科学》（Nature Geoscience）在首期发表特刊文章，特邀9位地球与行星科学领域知名科学家对2007年以来地球科学领域的进展与热点予以回顾和梳理，人类世为9个热点之一（Stocker et al., 2013)。

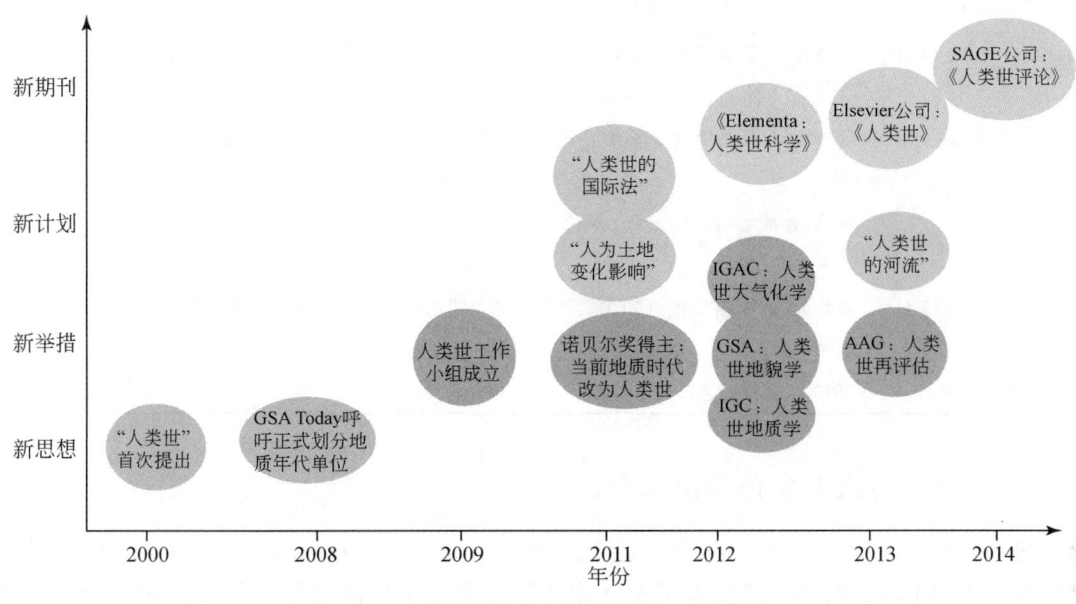

图 7-3 人类世研究发展态势图谱（见彩图）

7.2.1 近年人类世研究相关的重要国际会议

国际地质大会、全球大气化学国际会议、美国地球物理学会秋季会议等会议是具有广泛专业基础的国际性盛会，这些会议的主题和探讨的内容能够在一定程度上反映出当前各自领域研究的前沿与热点。以下就最近几年召开的上述众多会议做一简要介绍（表7-2），以便能借此寻找到人类世相关研究的新动向与关注的热点。

表 7-2 近年来人类世相关国际会议

时间	会议名称	人类世相关议题或认识
2012年9月17~21日	国际全球大气化学计划（IGAC）	人类世的大气化学、大气化学与超大城市、大气化学与气候、大气化学与健康、大气化学与地表-大气交换、大气化学基础研究等
2012年8月5~12日	国际地质大会（IGC）	人类世地质学
2012年10月18~28日	美国农学会、作物学会和土壤学会年会	人类世土壤的改造过程
2013年8月27~31日	第八届国际地貌学大会（IAG）	人类世地貌学
2012年3月	国际科学理事会（ICSU）发起主题为"压力下的星球"的大会	会上，科学家确认，人类对地球系统的影响已经成为全球尺度的地质过程，人类已经驱使地球进入人类影响地球的地质时代——人类世

续表

时间	会议名称	人类世相关议题或认识
2013 年 4 月 9~14 日	美国地理学家协会（AAG）2013 年年会	人类世的再评估与人类文明的重新定位
2012 年 12 月 3~7 日	美国地球物理学会（AGU）秋季会议	人类世：世界面临 4℃的升温前景
2012 年 11 月	美国地质学会（GSA）2012 年年会	人类世地貌学
2013 年 4 月 7~12 日	欧洲地球物理学会（EGU）2013 年年会	人类世的地貌景观：研究现状与发展趋势
2013 年 11 月 26 日	2013 年世界哲学日圆桌会议	思考人类世

7.2.1.1 全球大气化学国际会议

国际全球大气化学计划（IGAC）是国际地圈生物圈计划（IGBP）的核心项目。每 2 年举办一次的 IGAC 国际会议代表了大气化学领域的学术最高水平。每次该国际会议的地点和主题不同。第 12 届 IGAC 国际会议于 2012 年 9 月 17~21 日在北京举办，会议主题是"人类世的大气化学"（Atmospheric Chemistry in the Anthropocene）。该大会设立了 6 个专题，分别是人类世的大气化学、大气化学与超大城市、大气化学与气候、大气化学与健康、大气化学与地表–大气交换、大气化学基础研究（IGAC，2012）。

7.2.1.2 国际地质大会

国际地质大会（International Geological Congress，IGC）是国际地质学家的学术盛会，每 4 年召开一次。2012 年 8 月 5~12 日，第 34 届国际地质大会在澳大利亚布里斯班召开，本次大会以"探讨过去，揭示未来——为人类的明天提供资源"为主题，30 多个分会专题讨论，Price 在专题 4——环境地学（Environmental Geoscience）做了题为"人类世地质学"（the Geology of the Anthropocene）的报告（Price et al.，2012），该报告指出人工地基（Artificial Ground）可作为人类对地下沉积记录影响和改造的证据。在英国，英国地质调查局（BSG）已将人工地基标记在地质图上，并且在三维地质模型上也越来越多地使用 5 层分类系统，该系统专门用来识别人为景观和人造地层。

7.2.1.3 美国农学会、作物学会和土壤学会年会

2012 年 10 月 18~28 日，在美国俄亥俄州辛辛那提市召开了由美国农学会（ASA）、作物学会（CSSA）和土壤学会（SSSA）举办的 2012 年国际年会（ASA，CSSA and SSSA Annual Meetings）。来自全球的 4000 多位科学家、专家和学生参加会议，本次会议的主题为"地球可持续发展的愿景"（ASA，CSSA and SSSA，2012）。会上讨论了"人类世土壤的改造过程"（How Is the Anthropocene Transforming Pedology？）。

7.2.1.4 国际地貌学大会

2013年8月27~31日,第八届国际地貌学大会(IAG)在巴黎召开(IAG,2013),会议主题为"地貌学与可持续发展"(Geomorphology and Sustainability),来自世界各地1600多位地貌学家、研究生与会,大会设27个分会,共48个专题,内容涵盖了地表各种地貌过程与演变机理,主要包括:从行星地貌到构造地貌;从冰川冻土、山地地貌到河流、河口三角洲地貌;从海岸到海底地貌;从干旱、半干旱区地貌到热带、亚热带地貌;从人类世到第四纪地貌;从极端事件地貌到长时间作用过程地貌;以及地貌学史、地貌学研究方法等。同时,会议还设立了地貌学与地球系统科学、地貌学与全球变化分会。其中5个分会都在探讨"人类世地貌学"(anthropocene geomorphology),主要讨论了全新世尺度内人类与环境的相互作用、人类对地貌景观的影响、地貌灾害、风险管理与气候变化影响等。

7.2.1.5 国际全球变化大会

2012年3月26~29日,由"全球环境变化研究计划"——国际地圈生物圈计划(IGBP)、生物多样性计划(DIVERSITAS)、全球环境变化人文因素计划(IHDP)和世界气候研究计划(WCRP)及其地球系统科学联盟(ESSP)、国际科学理事会(ICSU)联合组织的"压力下的星球——迈向解决方案的新知识"(Planet Under Pressure 2012:New Knowledge Towards Solutions)大会在英国伦敦召开(张志强,高峰,2012)。大会旨在评估行星地球的现状,探索解决迫在眉睫的全球危机的新方法。来自联合国机构、ICSU、IGBP、WCRP、IHDP、DIVERSITAS等国际科学组织、各国全球变化与可持续发展研究机构、非政府组织等领域的3000多名科学家和决策者聚集一起,共同研讨全球面临的挑战,探索新的解决办法,而且世界各地至少有3 000人在线参加了会议。大会发布的会议宣言——《行星地球状态宣言》认为,人类已经成为全球尺度的作用力,导致自1950年以来全球已发生了巨大变化,而且变化的速率正在加剧。人类对地球系统的影响已经成为全球尺度的地质过程,人类已驱使地球进入一个新的地质时代——人类世(Anthropocene)。

7.2.1.6 美国地理学家协会年会

2013年4月9~14日,在洛杉矶举行了美国地理学家协会(Association of American Geographers,AAG)2013年年会,此次会议共有7000余名来自世界各地的地理学工作者参加,拥有超过4000个口头及展板报告专题讨论组。大会主题是"亚洲崛起"(Emerging Asia)。主要议题有新兴的亚太地区、世界城镇化、气候变化及其适应及地理学与地理信息系统等领域中研究与应用的最新进展,其中有一个专题为"对人类世的再评估与人类文明的重新定位"(Re-evaluating the Anthropocene,Resituating "Anthropos"),就人类世的政治性、代表性和理论性分别展开了讨论(AAG,2013)。

7.2.1.7 美国地球物理学会秋季会议

2012年12月3~7日,美国地球物理学会(American Geophysical Union,AGU)秋季

会议在旧金山举行，来自全球各地的 23 000 多名 AGU 会员、地球科学家、教育工作者、学生和相关单位的负责人参加了此次会议。会议收到 21 000 多篇论文摘要。会议共设 27 个专题，包括大气科学（A）、大气和空间电学（AE）、生态科学（B）、低温层（C）等。其中在全球环境变化（GC）专题中，一个分会场题为"人类世：世界面临 4℃ 的升温前景"（The Anthropocene: Confronting the Prospects of a +4℃ World），会议召集人有弗鲁姆霍夫（P. Frumhoff）、威廉斯（M. Williams）、埃利斯（M. Ellis）和格利奇（J. Gulledge）等，扎拉谢维奇和巴诺斯基（A. Barnosky）等在会上做了报告，该会议旨在提升人们对人类世阶段生物多样性的认识（AGU，2012）。

2013 年 12 月 9~13 日，在旧金山举行的 2013 AGU 秋季会议上，科学家就"人类世土壤变化与土壤有机质动态变化"（Soil Change and Soil Organic Matter Dynamics in the Anthropocene）和"水、气候变化与人类世"（Water, Climate Variability, and the Anthropocene）进行了探讨交流（AGU，2013）。

7.2.1.8 美国地质学会年会

2012 年 11 月，在美国夏洛特市召开了美国地质学会（GSA）2012 年年会，大会主题为"地球科学：投资未来"（Geosciences: Investing in the Future），其中有一个议题为人类世地貌学（Geomorphology of the Anthropocene），来自科罗拉多大学丹佛分校、乔治城大学等的学者们分别就"在'人类世'地球表面将如何演变？""人类世早期模拟——玛雅文明对地表的影响"等研究进行了交流与探讨（GSA，2012）。

7.2.1.9 欧洲地球物理学会年会

2013 年 4 月 7~12 日，在奥地利维也纳举行了欧洲地球物理学会（EGU）2013 年年会，其中一个分会场为"人类世的地貌景观：研究现状与未来方向"（Landscape in the Anthropocene: state of the art and future directions），会上围绕人类活动改造地貌景观的规模和幅度（如农业用地和城市增长造成的土地利用变化）、不同类型的环境记录（如降雨径流长时间序列、侵蚀和沉积的长尺度速率、地质记录等）等展开（EGU，2013）。

7.2.1.10 2013 年世界哲学日圆桌会议

2013 年 11 月 21 日，联合国教科文组织（UNESCO）在巴黎总部举行圆桌会议，纪念"世界哲学日"。本次世界哲学日的主题是"社会融入、可持续的地球"。11 月 26 日，联合国教科文组织举行了一个"思考人类世"（Thinking the Anthropocene）的圆桌会议，该会议以哲学与伦理的视角，讨论人类作为自然界力量这一新角色的相关问题，人类推动地球进入了一个新地质时代，这一时代被科学家称作"人类世"。圆桌会议后还举办了一个当代艺术展览，该展览题为"适应人类世"（Adapting in the Anthropocene），它所展示的艺术项目捕捉重大社会问题以及当代环境问题，也为一种新的自然生态文化的出现做出贡献（UNESCO，2013）。

7.2.1.11 小结

近几年尤其是自 2012 年来，相关国际会议上有关人类世的议题逐渐增多，说明"人类世"这一名词越来越得到科学家、尤其是地球科学家的认可。从上述众多的国际会议的主题与探讨内容可以看出,人类世大气化学、人类世地貌景观变化、人类世土壤变化等都是人类世研究关注的重点。同时,对人类世的政治性等也有所涉及。

7.2.2 人类世相关研究计划

对人类世这一新问题,国际上仅有少数机构设立了相关的研究计划。

7.2.2.1 人类世国际法

由挪威研究理事会资助、维达斯(D. Vidas)带领的弗里德约夫·南森研究所(FNI)负责为期4年(2011~2014年)的研究计划——"人类世的国际法"(International Law for an Anthropocene Epoch),该项目拟解决一旦人类世正式划分为地质时间单位后,国际法将如何面对这一新挑战的问题,重要领域包括海洋法、环境法和基因资源法等(Fridtjof Nansen Institute,2011)。

7.2.2.2 人类世与生物群落

2011年,美国国家科学基金会资助了一项由埃利斯带领的马里兰大学研究团队进行的、为期5年(2011~2015年)、耗资183万美元的研究计划——"地球:不断发展出新的全球土地变化科学工作流程"(Globe:evolving new global workflows for land change science),该项目将评估人为造成的局部和区域的土地变化对全球的影响,从而帮助确定人类世在陆地系统中的标记(NSF,2013)。实际上早在2007年,埃利斯就与其他来自荷兰、德国和加拿大等国的科学家成立了人为生物群落工作组(The Anthromes Working Group),该工作组基于将人为生物群落(Anthropogenic Biomes,即由人类创造和主宰的生态系统)作为一种把人类因素考虑在内的进行全球生态学、地球科学和人类世研究的新范式,旨在了解和模拟人类改造陆地生态系统的过程(Laboratory for Anthropogenic Landscape Ecology,2013)。

7.2.2.3 "人类世河流"研究计划

"人类世河流"(Rivers of the Anthropocene)是考察在人类世(1750年至今)全球河流系统的跨学科研究计划。该计划的第一阶段将把俄亥俄河和泰恩河(the Ohio and Tyne Rivers)作为案例研究。河流及其景观并不只是简单的自然现象或人类的遗迹,而是人类与自然的相互复杂作用的结果,来自印第安纳大学/普渡大学印第安纳波利斯分校(IUPUI)和英国纽卡斯尔大学等组成的国际研究团队试图进行跨学科分析以考察人类与河流环境之间的相互作用。通过绘制河流系统的生态、地理、文化、社会、政治和科学历史,该计划将为公共政策、环境保护和遗产管理等相关问题提供见解(IUPUI,2013)。

"人类世河流"计划将解决科学家和决策者们面临的一个基本问题,那就是虽然我们对于地球这个系统的理解已取得重大进步,即人类和人类系统在改变地球的过程中发挥着重要作用,但是我们还没有建立连接起地球系统科学和人类系统科学的方法。这将决定我们对于全球生态变化的整体理解并限制我们对于日益上升的危机的响应能力。如果没有整合地球科学、社会科学、人类学和环境科学的方法，则将失去在 21 世纪解决人类面临重大问题的重要工具。人类继续改造着地球，对于环境学家而言，非常有必要了解人类与环境相互作用的界面。清楚人类对环境系统已造成的改变和能造成的改变还不够，还需要和人类系统专家携手来了解信仰、习俗、意识形态、社会结构和文化规范等对人类行为的指导和反馈机制。国际河流系统的比较研究是构建科学与人文鸿沟之间很好的桥梁，也可以有助于解决全球 80% 人口面临的水安全这一紧迫问题。该计划的第一阶段将为人类与环境相互作用的界面创建一个灵活的、跨学科的概念框架，地球学家可以从中获得人类学和人文科学的方法，反之亦然。

在第一阶段（2013 年 2 月～2017 年 12 月），"人类世河流"将聚集科学家、社会学家、人文学家、决策者和非营利组织等共同回答在人类世人类与环境界面有关的一些重要问题，其中几个基本概念和方法研究问题包括：

（1）来自不同学科领域的科学家如何设计环境变化的众多问题？可以构建什么问题，并且有哪些最有效的方法去解决问题？我们如何重建思维和方法，将其嵌入不同学科体系？

（2）在哪些方面人类系统对地球系统造成了明显影响，科学家可以通过哪些最有用的方法去模拟这些过程？来自不同学科的研究人员如何构建一个人类与环境相互作用的模型来兼顾环境现象和人类自身以及社会。我们如何创建一个多尺度的、包含众多变化参数和机制的模型。

（3）我们如何整合地球系统和人类系统，在人文环境中有哪些基本的定量方法和主要的定性方法。如何构建一个跨学科的研究机制，以便于一些非学术工作者和利益相关者，可以在这个系统中获得相关信息以及利益。

（4）基于有众多知识类型、认识论的主张、伦理框架和社会政治结构等不同群体，包括学术和非学术的，我们如何将这些不同群体聚集起来建立一个跨学科的模型？

（5）在哪些方面，跨学科研究方法可以为全球河流系统带来一些新答案和解决一些新问题。

2014 年 1 月，该项目第一阶段将在印第安纳波利斯举行为期 3 天的研讨会，该会议上涌现的问题，将有助于形成第 2 阶段的核心研究议程。

7.2.2.4 "人类世海洋表层过程"研究计划

2007 年启动的"人类世海洋表层过程"（Surface Ocean Processes in the Anthropocene，SOPRAN）研究计划由德国联邦教育与科研部（BMBF）资助，也是德国参与表层海洋低层大气研究（SOLAS）国际合作研究计划的一部分（BMBF，2013）。SOPRAN 计划将研究海洋-大气生物地球化学相互作用的 3 个主要方面：

（1）大气组成的变化如何影响海洋表层。
（2）海洋表层的变化如何改变海洋向大气层的气体排放。
（3）海洋与大气物质交换的机制与速率。

主要目标是研究海洋表层的过程及其在下个世纪的变化。具体科学目标如下：

（1）加强对海洋表层排放物的认识，这些物质对气候和大气组成（CO_2、O_2、N_2O、卤化物以及一些有机化合物）都非常重要。

（2）评估 CO_2 含量的增加对海洋表层生态系统造成的影响。

（3）在大气粉尘造成气候变化下，评估海洋表层生态系统和关键的生物地球化学循环的敏感度。

（4）提高对海洋表层和大气之间交换过程的基本认识。

（5）提高对北大西洋东部气候变化、粉尘含量、相关的生物生产力和物理传输之间的反馈机制的认识。

（6）鉴于当前和预测的人为驱动，评估未来 100 年海洋物质排放的变化。

7.2.3 以人类世研究为主的相关新期刊

独立的专门性学术期刊的产生是一个学科逐渐走向成熟的重要标志，近年来已先后有多个以报道人类世研究为主的国际性学术期刊诞生，标志人类世研究已迈出坚实的一步，正在向一门独立学科发展。

7.2.3.1 《人类世》（Anthropocene）

鉴于人类已经成为地球系统变化的主导因素，为了解人类对地球的影响及程度，从 2013 年 4 月起，爱思唯尔（Elsevier）开始出版新杂志《人类世》，美国科罗拉多大学的地貌学家钦（A. Chin）出任主编。该杂志主要关注人类活动在一定时空范围内对景观、海洋、大气、冰冻圈和生态系统的影响，涉及地质时代的全球现象到单个事件，以及系统之间的交换、联系和反馈变化等。目前，其关注的主要研究方向包括：人类对地球的影响及可能产生的不同地质记录，对这些地质记录与地球历史上的大扰动进行比较的方法，以及人类引起地貌景观变化的理论和实证研究等（Elsevier，2013）。

7.2.3.2 《人类世评论》（The Anthropocene Review）

世界第五大学术出版商——SAGE 出版公司于 2014 年开始出版新期刊——《人类世评论》，英国利物浦大学奥德菲尔德（F. Oldfield）出任主编。该跨学科期刊计划每年出版 3 期，汇集来自各个方面关于人类世研究的同行评议文章，包括地球和环境科学、社会科学、材料科学和人文科学等。尤其欢迎高影响力研究性文章、权威的评论文章以及简短的观点性文章等。其关注的主要研究方向包括：人类活动或人类与环境的相互作用对全球或者是主要的大陆/海洋盆地的影响；对人类与环境间的关系中现存一些问题的理解、看法以及应采取的有效行动；对一些随人类活动和气候变化带来的新问题而开发的新技术的评估等（SAGE，2013）。

7.2.3.3 《Elementa：人类世科学》（Elementa：Science of the Anthropocene）

2012 年，BioOne 新推出一种开放获取期刊——《Elementa：人类世科学》，将发布以下几个方向的原创研究成果，包括对地球物理、化学和生物系统的新认识；人类与自然系统之间的相互作用；以及气候变化减缓与适应的措施等。目前该期刊涉及大气科学、地球与环境科学、生态学、海洋科学、可持续管理、可持续性转型等六大领域，并且各个领域分别有相应的主编负责，以便高质量的研究文章快速出版（BioOne，2013）。

7.2.3.4 《地球未来》（Earth's Future）

2013年7月11日，美国地球物理协会（AGU）宣布将与威利（Wiley）共同推出新期刊——《地球未来》，AGU负责审稿，威利负责出版。美国密歇根大学的地质学家本·范·德·普鲁吉姆（Ben van der Pluijm）出任主编。这是一本全新的跨学科开放获取期刊，关注全球变化和可持续发展，致力于了解地球现状和预测其未来，目的在于帮助研究者、决策者和公众一起成功"驾驭"科学，投稿文章的研究时间范围为人类活动时代（即人类世）。

理解和管理处于人类世的地球需要各个不同领域的研究。《地球未来》将探讨和促进了解地球与环境科学、生态学、经济学、健康和社会科学、农业与人口研究等之间的相互关系。该期刊将出版以探讨地球和环境所面临的挑战为中心，联结生命科学、自然科学和社会科学的高质量论文、综述、评论等文章，涉及以下主题：资源评估与需求，环境保护与恢复，土地利用，海洋酸化，替代能源的发展和影响，全球和区域化学和材料通量的过去和未来的变化，地球工程，环境法规的后果，人类活动、生态系统和地质过程之间的动态与反馈，当前和未来的地球生物群落和景观，适应战略的成本效益分析，数据和观测需求（Wiley，2013）。

7.2.4 基于文献计量分析的人类世研究发展态势

本节利用文献计量学方法，通过国际研究论文的分析，揭示人类世研究的现状与态势、分析重要的国家、机构和研究者等。论文分析采用的数据库为 ISI Web of Science（SCI-E、SSCI），采用"主题（TI）=（"Anthropocene*" or "age of man"）"进行检索，检索时间为2013年12月6日，同时通过人工判读对部分与研究内容无关的记录进行了剔除，得到有效数据240条（由于数据库自身的时滞性及数据采集时间等问题的影响，最近2年，特别是2013年的数据收录不全，仅供参考），利用汤森路透集团开发的数据分析器TDA对论文数据进行文献计量分析、数据挖掘以及可视化分析。

7.2.4.1 论文数量年度趋势

在人类世研究中，2000~2013年SCI论文年度发文量统计分析如图7-4所示，由于2000年克鲁岑是在《国际地圈生物圈计划简报》首次提出"Anthropocene"一词，而该《简报》并不是SCI收录期刊，因此在SCI论文发文量统计里最早发表的与人类世相关的文章出现在2001年。依据论文数量变化，人类世研究可划分为3个阶段：2000~2006年，为研究初始阶段，论文数量很少，每年维持在10篇以下；2007~2009年，是一个发展阶段，论文数量明显增加；2010~2013年，是快速发展阶段，发文量保持较高的水平。结合前述的分析，也可以侧面看出自2009年人类世工作小组成立以后，推动了更多的学者开始有关人类世研究的相关工作。

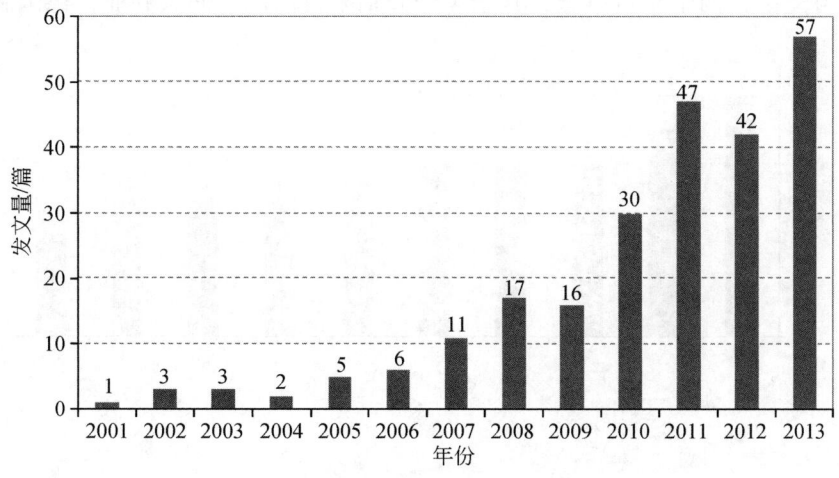

图 7-4　2000~2013 年人类世研究 SCI 论文的年度分布

7.2.4.2　论文的国家分布

从人类世研究 SCI 论文发文量国家排名情况来看（图 7-5），美国独占鳌头，发文量远远高于其他国家，可见其在该领域的引领地位。英国排名第二，其余依次为德国、澳大利亚、加拿大、法国、荷兰、西班牙、瑞典和中国。

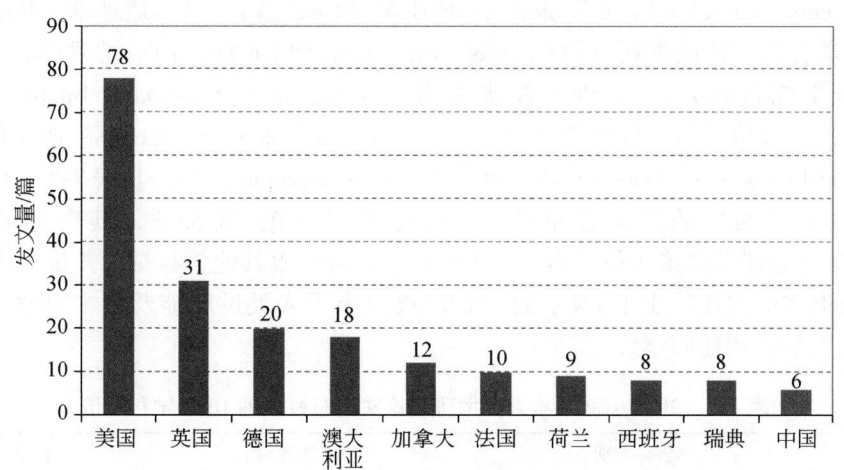

图 7-5　2000~2013 年人类世研究 SCI 论文发文量国家排名（前 10 位）

7.2.4.3　论文的机构分布

从人类世研究 SCI 论文发文量前 10 个机构排名情况来看（图 7-6），各机构发文量的差异并不大（3~7 篇），马里兰大学发文 7 篇，位居第一，随后依次为巴黎第六大学、亚利桑那州立大学、澳大利亚国立大学、马克斯·普朗克化学研究所、威斯康星大学、麦克吉尔大学、加利福尼亚大学圣巴巴拉分校、莱斯特大学、英国地质调查局。这些机构中，其中4个来自美国，两个来自英国，其余4个分别来自法国、澳大利亚、德国和加拿大。

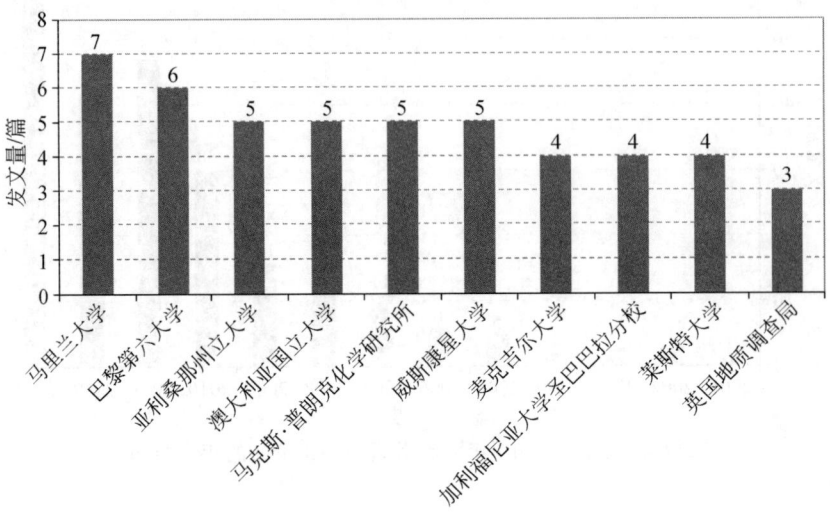

图7-6　2000~2013年人类世研究SCI论文发文量机构排名（前10位）

7.2.4.4　研究所涉学科领域分析

根据ISI数据库的学科分类，2000~2013年人类世研究论文主要分布在环境科学与生态学（Environmental Sciences & Ecology）、地质学（Geology）、自然地理学（Physical Geography）、科学与技术其他学科（Science & Technology-Other Topics）、地理学（Geography，主要为地理学综合研究）、海洋与淡水生物学（Marine & Freshwater Biology）、工程学（Engineering）、气象学与大气科学（Meteorology & Atmospheric Sciences）、地球化学与地球物理学（Geochemistry & Geophysics）、海洋学（Oceanography）等。从表7-3可以看出，环境科学与生态学领域的论文数量最多，占论文总量的36.55%，其次是地质学，占25.63%，自然地理学排第3位，占14.71%，科学与技术其他学科排第4位，占14.29%，其他学科的论文量占比均小于7%，这一情况反映出了人类世所涉及的主要学科领域，即环境科学与生态学和地质学。

表7-3　2000~2013年人类世研究论文分布最多的10个学科领域

排序	学科类别	论文数/篇	比例/%
1	环境科学与生态学	87	36.55
2	地质学	61	25.63
3	自然地理学	35	14.71
4	科学与技术其他学科	34	14.29
5	地理学	16	6.72
6	海洋与淡水生物学	16	6.72

续表

排序	学科类别	论文数/篇	比例/%
7	工程学	15	6.30
8	气象学与大气科学	14	5.88
9	地球化学与地球物理学	9	3.78
10	海洋学	9	3.78

7.2.4.5 发文期刊分析

从表7-4可以看出，刊载人类世研究论文的期刊中：前5个期刊《皇家学会哲学汇刊A辑：数学、物理学与工程科学》（11篇）、《全新世》（8篇）、《第四纪科学评论》（8篇）、《自然》（6篇）、《科学》（6篇）的载文量共计39篇，占据该领域论文总量的16.39%。可以说，这5个期刊是人类世研究论文的核心分布期刊。发文量第6～10名期刊分别是《人类环境杂志》（Ambio）、《环境科学与技术》（Environmental Science & Technology）、《全球生物地球化学循环》（Global Biogeochemical Cycles）、《古湖沼学杂志》（Journal of Paleolimnology）和《美国科学院院刊》（Proceedings of the National Academy of Sciences of the United States of America），这5个期刊载文量共计25篇，占论文总量10.5%，是人类世研究论文的重要分布期刊。

表7-4 2000～2013年人类世研究论文的期刊分布（前10名）

期刊名称	出版国别	论文数/篇	累计百分比/%
Philos. Trans. R. Soc. A-Math. Phys. Eng. Sci	英国	11	4.62
Holocene	英国	8	7.98
Quat. Sci. Rev	英国	8	11.34
Nature	英国	6	13.87
Science	美国	6	16.39
Ambio	瑞典	5	18.49
Environ. Sci. Technol	美国	5	20.59
Glob. Biogeochem. Cycle	美国	5	22.69
J. Paleolimn	荷兰	5	24.79
Proc. Natl. Acad. Sci. U. S. A	美国	5	26.89

7.2.4.6 重点文章分析

表7-5列出了人类世研究被引频次排名前20的研究论文。可以看出，梅伊贝克和斯特芬发表最多，各3篇。其次，安德森、扎拉谢维奇和科迪斯波蒂各发表2篇。

表 7-5 2000~2013 年人类世研究被引频次排名前 20 的研究论文

被引频次/次	论文题目	发表时间	第一作者
296	Climate-driven regime shifts in the biological communities of arctic lakes	2005 年	J. P. Smol
296	The oceanic fixed nitrogen and nitrous oxide budgets: Moving targets as we enter the anthropocene?	2001 年	L. A. Codispoti
150	The Anthropocene: Are humans now overwhelming the great forces of nature?	2007 年	W. Steffen
125	Ecological extinction and evolution in the brave new ocean	2008 年	J. B. C. Jackson
125	Global analysis of river systems: from Earth system controls to Anthropocene syndromes	2003 年	M. Meybeck
88	An oceanic fixed nitrogen sink exceeding 400 Tg Na-1 vs the concept of homeostasis in the fixed-nitrogen inventory	2007 年	L. A. Codispoti
75	Morphodynamics of deltas under the influence of humans	2007 年	J. P. M. Syvitski
64	Fluvial filtering of land-to-ocean fluxes: from natural Holocene variations to Anthropocene	2005 年	M. Meybeck
60	A continental strategy for the National Ecological Observatory Network	2008 年	M. Keller
58	The HYDE 3.1 spatially explicit database of human-induced global land-use change over the past 12,000 years	2011 年	K. K. Goldewijk
58	The New World of the Anthropocene	2010 年	J. Zalasiewicz
53	Coastal ocean and carbonate systems in the high CO_2 world of the anthropocene	2005 年	A. J. Andersson
52	The role of plantations in managing the world's forests in the Anthropocene	2010 年	A. Paquette
48	How long have we been in the Anthropocene era?	2003 年	P. J. Crutzen
41	The Anthropocene: conceptual and historical perspectives	2011 年	W. Steffen
35	Riverine quality at the Anthropocene: Propositions for global space and time analysis, illustrated by the Seine River	2002 年	M. Meybeck
34	How old is pastoralism in Tibet? An ecological approach to the making of a Tibetan landscape	2009 年	G. Miehe
34	Mapping regional economic activity from night-time light satellite imagery	2006 年	C. N. H. Doll
33	Coastal ocean CO_2-carbonic acid-carbonate sediment system of the Anthropocene	2006 年	A. J. Andersson
32	The Anthropocene: a new epoch of geological time?	2011 年	J. Zalasiewicz
32	The Anthropocene: From Global Change to Planetary Stewardship	2011 年	W. Steffen
32	The human dimension of fire regimes on earth	2011 年	D. M. J. S. Bowman

7.2.4.7 小结

到目前为止,自"人类世"一词正式提出仅过去 13 年,对于这一新兴领域的相关研究还比较少,人类世研究的文献计量分析结果显示,2000~2013年人类世研究相关SCI论文总计240篇,年度发文量总体呈逐年增加的趋势,特别是自2009年人类世工作小组成立以后,推动了更多的学者从事与人类世研究相关的工作,产生了更多的研究成果。从发文量国家排名情况来看,美国独占鳌头,发文量远远大于高于其他国家,可见其在该领域的研究处于引领地位;英国排名第二,其余依次为德国、澳大利亚、加拿大、法国、荷兰、西班牙、瑞典和中国;我国在该领域的发文量仅为6篇,可见人类世的相关研究在我国还不多。从发文量的机构排名情况来看,各机构发文量的差异不大(3~7篇),马里兰大学发文7篇位居第一;这些机构中,其中4个来自美国,2个来自英国,其余4个分别来自法国、澳大利亚、德国和加拿大。从发文所属学科领域来看,环境科学与生态学领域的论文数量最多,其次是地质学、自然地理学、科学与技术其他学科等。刊载人类世研究论文的期刊中:前5个期刊《皇家学会哲学汇刊A辑:数学、物理学和工程科学》《全新世》《第四纪科学评论》《自然》《科学》的载文量共占据该领域论文总量16.39%,该5个期刊是人类世研究论文的核心分布期刊。从人类世研究被引频次排名前20的研究论文可看出,梅伊贝克、斯特芬、安德森、扎拉谢维奇和科迪斯波蒂等都是人类世研究的核心作者。

7.3 我国人类世研究现状

人类世提出后,我国学者迅速做出积极响应。2001年12月1~4日在重庆举行了"西部大开发面临的挑战——全球变化区域响应研讨会暨第四届CNC-IGBP 2001年年会",会议总结了过去10年国际全球环境变化计划的工作进展,对地球系统及其重大变化的最新科学认识,在食物系统、空气质量、碳循环和水资源等4个领域所取得的科学成就和面临的挑战,提出了迎接这些挑战的新战略,敲响了人类已进入"人类世"(the "Anthropocene" era)的警钟。安芷生、陈宜瑜、陈泮勤等发言,都强调当今全球变化研究已进入了新阶段,称之为进入"人类世纪",对其主要特征取得的共识;全球变化研究的内容从纯基础理论性的研究转向与人类社会可持续发展相结合研究,即全球变化的科学目标、社会目标和国际目标相结合(CNC-IGBP秘书处,2002)。自第一届人类世工作小组成立以来,安芷生一直是该小组成员。

在2004年两院院士大会上,刘东生做了"人与自然和谐发展——来自环境演化研究的启示"的综述性学术报告。刘东生认为,未来地球科学的发展,在更多地为保障资源的可持续发展的同时,保障国家环境的可持续发展。地球科学已步入研究"人类世"时代。地球科学今后应开展"人类世"的研究以服务于社会发展、人与自然协调发展。会上,刘东生介绍了"人类世"概念,并指出自工业革命以来,人类活动成为重要的地质营力。人类的一些活动已引起了地球环境一些不容乐观的变化,正在加剧侵袭着人类赖以生存的地球系统。环境问题,已成为全球可持续发展的一个主要障碍。大气中CO_2的增温作用和"温室效应",海洋的水面升高和资源的减少,陆地水资源的不足和水土流失,沙尘暴和土地荒漠化,以及矿产资源的消耗等,都极大地妨碍了可持续发展的步伐。地质自然灾害的频频发生,更促使我们应该关注环境变化及人与自然的协调发展,"人类世"正为我们提供了研究这一问题的新视角。

刘东生强调,研究"人类世"不仅需要多种自然科学的交叉融合,甚至要求自然科学和社会科学的通力合作,加强地球系统研究,实现人与自然和谐发展(陆彩荣等,2009)。他根据中国情况,把人类世的起始时间提前到新石器时代的农业革命,与地质年代表中的全新世在时间上相同(刘东生,2004)。我国另一学者陈之荣也对此表示赞同(陈之荣,2006)。

近些年,我国一些青年学者也参与到讨论人类世研究的行列。蒋青等(2009)整理分析了2000~2008年的相关论著,对"人类世"名称的来历、"人类世"提出的背景及数年来学术界的争议内容等进行了介绍和评论;赵剑波等(2008)对人类世地质学的研究体系及研究前景予以论述,指出研究人类世地质有利于人类正确认识自己的行为,并且规范这种行为,从而有利于建立人与自然和谐的美好社会。

7.4 人类世研究前沿热点

结合国际上的相关研究计划、会议主题与探讨内容和文献计量的分析结果,可以看出,越来越多的学者从人类活动驱动地球系统发生的巨大变化来论证人类世成立的合理性,并且试图从中确定人类世的下限和金钉子[金钉子是全球年代地层单位界线层型剖面和点位(GSSP)的俗称,是国际地层委员会(ICS)和国际地质科学联合会(UGS)以正式公布的形式所指定的年代地层单位界线的典型或标准]。

7.4.1 人类活动驱动的地球系统变化

一直到地球历史上距今非常近的时期,人类和人类活动在地球系统动力学中都是一支可以忽略不计的力量。在历史上的大部分时期,人类引起的环境变化具有高度的局限性,有时是区域性的。人类对地球系统留下的印记随着18世纪后期的工业革命而发生了巨大变化。随着基于化石燃料的能源系统的出现,人类存在的结构发生了变化,凭借这种变化,人类开始有能力影响地球。地球系统中没有哪个组成成分能够完全不受人类活动的影响。地球的大气、淡水和海洋系统、陆地系统、生态系统,以及将它们联系在一起的生物地球化学循环都反映出人类活动的影响(Steffen et al., 2010)。

7.4.1.1 人类活动驱动的海洋系统变化

从工业革命开始,人类开采使用煤、石油和天然气等化石燃料,并砍伐了大量森林,至21世纪初,已经排出超过5 000亿吨CO_2。这使得大气中的碳含量水平逐年上升。研究表明,在19世纪和20世纪,海洋吸收了人类排放的CO_2中的30%,并且仍在以约每小时100万吨的速度吸收。人类活动导致了海水的不断酸化。

当下的海洋酸化速度已经与古新世—始新世气候最暖期时的酸化速度相似,当时表面海水的温度上升了 5~6℃。当时海洋表面的生态系统未受到重大影响，而深海底部的生态系统濒于毁灭。现在的海洋酸化速度大约是古新世-始新世气候最暖期时的速度的 10 倍，研究者称之为"史无前例"的地质事件（Ridgwell，Schmidt，2010）。2012 年，美国和欧洲科学家发布了一项新研究成果，证明海洋正经历 3 亿年来最快速的酸化（Hönisch et al.，2012）。Tyrrell（2011）指出，即使人为 CO_2 排放停止，如碳酸盐补偿等过程在未来千年时间尺度可能会持续影响海洋变化。到 2100 年，全球海洋上层平均可能会经历温度增加 1.2~2.6℃、溶解氧的浓度比当前值降低约 2%~4%、pH 下降约 0.15~0.31、浮游植物产量比当前值减少 4%~10% 等变化（Mora et al.，2013）。

Vidas（2011）审查了海洋法历史，海洋法框架规定了人类对有限的海洋资源的勘探开采。这个框架源于格劳秀斯（H. Grotius）在 17 世纪早期提出的公海概念——"公海自由"。随后国家、领土的形成，发展成为现代化的框架，地质概念（如大陆架的范围）上保留了国家宣称的大海。现在，Vidas 认为，通过人为的压力随着海洋自己变化，我们必须预想，承认这些压力的新原则，以支撑未来的迭代大海的法则。当前的海洋法为各种具体问题提供了一个框架，但是还不足以应对已经生活在人类世的人类所面临的全部挑战。海洋法的发展与人类世地质时代正式划分的当前进程之间的关系是双重的。首先是起源之间的联系。海洋法的思想基础促进了工业革命，甚至其发展程度使人类对地球系统的影响越来越大。其次，还有相互作用的联系。自 20 世纪中叶大陆架概念提出后，地质信息极大地促进了海洋法的关键性发展。随着人类世的正式划分，地质学可能再次触发海洋法的新发展。

已有研究表明人类活动造成主要径流、地下水和大气氮固定含量的增加。在一些河口区，人类活动释放的结合态氮甚至超过氮的天然输送通量，由此也导致近岸海域生态系统的变化，例如，大量有机氮组分的输入导致近岸海域产生缺氧环境，进而激发海域的反硝化作用；大量氮无机组分的输入使近岸海域水体产生富营养化，激发海域生物生产力，从而提升这些海域吸收大气 CO_2 的能力。Codispoti 等（2001）探讨了进入人类世后，氮循环的全球变化以及人类活动影响的海洋固氮机制。研究人员修订了海洋氮循环通量的计算，但其结果始终无法达到平衡，海洋氮收支出现约 200 太克$_N$/年的亏损。

7.4.1.2 人类活动驱动的河流系统变化

2012 年，美国地质调查局和伍兹霍尔海洋研究所的研究人员对地球水资源量重新进行了统计，绘制出了一张地球水资源总量示意图。研究人员发现，如果把地球上所有的水——海水、河水、地下水、水蒸气甚至动物和人身体里的水都收集起来，能形成一个直径为 1 385 千米的"水球"，这些水的体积将有 13.86 亿千米^3。在地图上看，这个蓝色水球的直径只相当于上海到重庆的直线距离。如果把地球比作一个篮球的话，那么这个水球的体积比一个乒乓球还要小一些（USGS，2012）。

在过去的 300 年中，人类用水量增加了 35 倍多，尤其是在近几十年，取水量每年递增 4%~8%，发展中国家增加幅度最大，而工业化国家的用水状况趋于稳定。近年来，为满足日益增长的人口需求，提高人类福祉，粮食和能源生产用水越来越多，这一趋势在全球还将持续下去。目前，农业用水量最大，占全球用水量的 70% 以上。水力发电和灌溉农业的增长（主要发生在发展中国家）对经济发展和粮食生产至关重要，预计到 2025 年，发展中国家的取水量将增长 50%，发达国家增长 18%。同时，由于几乎所有工业生产和制造活动都需要充足的供水，这种局面有可能妨碍社会经济发展，并增加对淡水生态系统的压力（UNEP，2007）。

研究表明，黄河流域人类对泥沙通量的影响大约开始于 3000 年前。过去 1000 年，人类对于沉积物通量大规模的影响速率加快，范围更广。森林砍伐、农业、采矿、运输等人类活动的总和与地质气候事件产生的效果相当。到 16 世纪，现代社会的发展开始改造环境，对土壤的扰动也更加频繁。为了确定人类世的开始时间，研究人员采用计算机数据模拟来确定人类影响沉积物通量的时间和尺度。由于人类对地表过程的影响在空间和时间上均呈非均一性，所以这一过程十分复杂。该研究举例说明人类对沉积物通量的影响间接造就了泛滥平原、三角洲平原以及引起沉积物向沿海的扩散。基于地表温度记录，研究人员认为人类世开始于公元 1950 年（Syvitski，Kettnerr，2011）。

从长期以来人类压力对陆地水生系统各个方面的影响来看（表 7-6），目前仅有加拿大和阿拉斯加、亚马孙河、刚果盆地的部分地区及西伯利亚的一些河流保持原始状态。从全球范围来看，进入人类世后陆地水生系统发生了一系列重大变化，如沉积物不平衡、出现新无流区、盐渍化、化学污染、酸化、富营养化和微生物污染等（表 7-7）。无论是正面还是负面，这些变化特征都对水的利用产生了直接影响。它们还改变着地球系统的一些关键功能，如沉积物、水、养分和碳平衡、温室气体排放及水生生物多样性等（Meybeck，2003）。

表 7-6 与人类压力有关的河流系统变化特征（Meybeck，2003）

特征	水的利用/人类压力						
	a	b	c	d	e	f	g
1 有机物	++-		+	+++	+-	-	+
2 盐	+	+++	+	+	+	+++	
3 酸							
3.1 直接输入		++	+				
3.2 大气变化		+	++	++			
4 金属							
4.1 直接输入		++	++	+	---		
4.2 大气输入变化		+++	++	+			
4.3 历史贡献		+++	+				
5 悬浮固体总量（TSS）	+++	++	+	+	---	-	-
6 营养物质	+++		+	++	--	+-	
7 水媒疾病（WBD）	+-			+++	+	+	+
8 持久性有机污染物（POPs）							
8.1 直接输入	++		++	++	--		
8.2 大气输入	+		+	+			
8.3 历史贡献			+++	++			

续表

特征	水的利用/人类压力						
	a	b	c	d	e	f	g
9 平均径流	+-		-	+	-	---	
10 水怜态	×			×	×××	×	×
11 水生生境变化	×	××		××	×××	×	×××

注：1~8. 描述水质变化的指标；a. 土地利用变化（农业、森林…）；b. 采矿和熔炼；c. 产业转型；d. 城市化；e. 水库建设和运行；f. 灌溉；g. 其他类型的水管理（防洪和航运）；×-×××，变化幅度；+，增加；-，减少（这里省略了热状态变化和放射性核素污染）

表 7-7 在人类世[a]由人类压力引起的主要河流的变化特征（Meybeck，2003）

综合特征	河流特征	压力[b]	例子
1. 径流调节	排水和/或水位控制；泛滥平原面积减少、管道化；地形变化	e_{10}, g_{11}	欧洲和美国的大部分河流、大部分筑坝河流（莫斯科河、尼罗河、印度河、埃布罗河、墨累河）
2. 碎裂	集水区演替；生物变化（迁移种等的损失）；TSS 捕获；河床变化；Fe^{2+} 和 Mn^{2+} 含量增高；热状态变化	e_{11}, g_{11}	科罗拉多河、格兰德河、哥伦比亚河、密苏里河、伏尔加河、第聂伯河、墨累河、詹姆斯湾支流
3. 沉积物不平衡	TSS 水平变化；加速河床侵蚀/沉积；泛滥平原的河道移动	a_5, b_5, e_5	黄河、尼泊尔河、马达加斯加河，大部分小的热带岛屿河，昆士兰河，新几内亚岛的一些河
4. 新无流区	从恒流向季节性干旱变换、或年径流的大量减少；河口物质通量的显著减少	f_9	科罗拉多河、格兰德河、尼罗河、印度河、黄河、阿姆河、锡尔河、埃布罗河
5. 盐碱化	含盐量增加；Na^+、Cl^-、SO_4^{2-} 占主要地位；HCO_3^- 减少	f_2 b_2	阿姆河、锡尔河、科罗拉多河、墨累河 莱茵河、威悉河、采矿区
6. 化学污染	6A 窒息：BOD/COD 高；DOC & POC 高；NH_4 高；溶解氧少	a_1, d_1	20 世纪中期西欧的大部分河流、印度、中国
	6B 无机物污染：金属微粒增加（Cd、Cr、Cu、Hg、Ni、Pb、Zn）；As、CN^- 增加	b_4, c_4	西欧的大部分河流（1950~1980 年）科拉半岛河流、顿河
	6C 出现异型生物质：农业化学药品、杀虫剂、工业异型生物质、PAHs、PCBs、溶媒	a_8, c_8, d_8	西欧河流、密西西比河、受大城市影响的河流
	6D 历史污染：金属高、高水平的异型生物质	$b_{4.3}$, $c_{4.3}$, $d_{4.3}$	威尔士、腊夫运河、尼亚加拉河
7. 酸化	pH 下降；铝增加；生物多样性减少	b_3, c_3, d_3	纳维亚半岛、安大略湖、魁北克、宾夕法尼亚
8. 富营养化[c]	营养物增加（P、N）；二氧化硅减少；N∶P∶Si 不平衡；海藻生物量高；海藻分布变化	a_6, d_6, e_6	西欧河流（莱茵河、塞纳河、卢瓦尔河）、伏尔加河，密西西比河，多瑙河、北海、布列塔尼海岸带

续表

综合特征	河流特征	压力[b]	例子
9. 微生物污染	排泄物的大肠杆菌及相关的病原体水平较高	d_1, d_7	当人口与卫生效率比较高时,全球出现(如非洲,南美洲,南亚,东亚)

注:a. 不包括热状态变化、放射性核素污染、水媒疾病(如寄生虫)和引进的水生物种;b. 引用自表 7-6;c. 包括营养不良(绿色潮汐、有害藻花)

此外,Meybeck 和 Vörösmarty(2005)还利用 IGPB-BAHC 项目数据库,包括河流径流、水库位置、流域网络和形态、河流泥沙通量、目前河流化学性质和其他来源(河流沉积物和全球地球化学),对比了自然变化的全新世河流系统和人类世修改的河流系统,指出全球海洋净通量受到人类压力影响而进行了很大的修改,特别是在过去百年。然而,这些变化的方向可能是不确定的,主要包括三大变化:①人类活动大大加快了生物地球化学循环和材料的全球性转移;②河流系统的过滤器都得到了很大的修改,特别是通过建立水库;③河水排入海洋已经被控制,通过水资源工程和灌溉减少了水带连接。因此,每种类型的河流材料应单独考虑,并且从自然状态许多截然不同的演化模式可以被定义,这取决于生产/保持平衡。一些河流通量的全球稳定性有时会掩盖区域当地的尺度发生的快速演化。河流系统的功能可以在相对短的时间内对 1970~2000 年实际河流调查,这期间人类压力已经在全球范围内大大进化,一般通过增加相关河流退化与河流恢复的影响。这段记录用于建立和验证河流通量模型。地球系统的研究需要重建过去在不同时间尺度(全新世等)及其未来尤其是未来几百年的河流通量。在未来 50 年的气候变化和人类压力直接影响的河流流量模型(图 7-7)将面临不同的任务。目前河流通量应结合全球知名的气候情景,和假设当地流域开发方案。

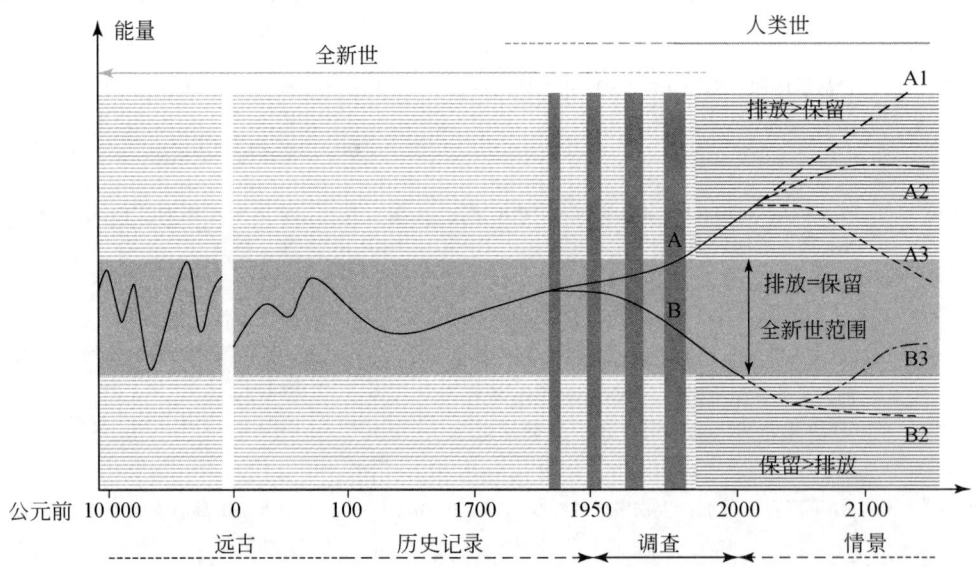

图 7-7　全新世和人类世(加速时间尺度)的河流通量轨迹(Meybeck,Vörösmarty,2005)
A,表示人为排放量一般都高于河流系统的保留(如氮、磷);B,改变的人类世趋势;A1,缺乏适当的人类对环境变化的响应;A2、B2,河流系统稳定的局部响应;A3、B3,全新世全球河流通量恢复范围

在所有人类改造地表的活动中,建坝、农业及其他土地清理活动所造成的加速侵蚀是影响河流沉积和形态学主要因素之一。20 世纪 50 年代,美国等发达国家已经实现了对水电的大量开发,目前,全世界登记在册的高度超过 15 米的水坝已经超过 45 000 个,而河流上和农田上的小水坝更是不计其数(Dybesuis,Nilsson,1994)。到了 20 世纪 80~90 年代,西方世界关于水坝的争论开始风起云涌。某些非政府组织收集了一些资料,将大坝对环境、健康和经济等方面的负面影响联系起来,试图告诉人们建造大型水坝的危害性。大型水库改变了水流的时间和强度,不仅溶解物质和使物质微粒化,而且改变化学反应的位置和途径。同时,这些大坝也分隔河流、裂解景观和水生动物的栖息地,创建新的沉积物和碳汇(NRC,2010)。在全球规模上,大坝减少了每年流向海岸的沉积物达 (1.4±0.3) 亿吨,尽管由于土壤剥蚀和河流搬运,沉积物以每年 (2.3±0.6) 亿吨的速率增加。

7.4.1.3 人类活动驱动的大气圈变化

海伍德(Haywood)等分析了一些古地球气候。他们得出结论是古代温暖的气候相关性研究不是 21 世纪全球变暖的直接模拟,而是评估和计算长期内(几个世纪)CO_2 浓度的上升对全球气温的响应。以及通过评估气候能力和地球系统模型预测未来气候变化(Haywood et al.,2011)。

大气 CO_2 浓度可用作唯一的、简单的指标来追溯人类世的进程,并且利用其将地球系统的人类印迹与自然可变性进行对比(表 7-8)。1850 年前后,大气 CO_2 浓度为 285ppm,处于第四纪晚期间冰期期间自然可变性范围之内。1800/1850~1945 年,CO_2 浓度上升了 25ppm,足以超过整个全新世自然可变性的上限,从而提供了明确无误的证据:人类活动在全球尺度上影响着环境。因而指定人类世的开端与工业化时代的开端(1800~1850 年)是一致的(Steffen et al.,2007)。

表 7-8 地球上完全现代的人类生存期间的大气 CO_2 浓度(Steffen et al.,2007;NOAA,2013)

年份/时段	大气 CO_2 浓度/ppm	年份/时段	大气 CO_2 浓度/ppm
距今 25 万~1.2 万年		1825	284
间冰期范围	262~287	1850	285
冰期最小值	182	1875	289
距今 12000~2000 年	260~285	1900	296
全新世(当前间冰期)		1925	305
1000	279	1950	311
1500	282	1975	331
1600	276	2000	369
1700	277	2005	379
1750	277	2010	389
1775	279	2012	393
1800	283	2013	396

7.4.1.4 人类活动驱动的生态系统变化

人类世的定义主要基于全球环境变化，而人类利用土地是全球环境变化的主要原因。考古学和古生态学证据指出，至晚更新世人类及其利用土地等改造的生态系统已遍布世界各地，历史模型表明在 3000 多年前这种改造就已达到全球显著水平。埃利斯认为大部分陆地生物圈的转型为人为生物群落。他通过比较全新世不同时间段的变化程度分析这一转变的规模。尽管自 8000 多年前以来人类的影响是巨大的，但仅在 20 世纪大多数生物圈开始被人类所密集地使用，生态过程描绘了这些变化，并对整个生态系统的运行影响越来越大 (Ellis, 2011)。

埃利斯与戈尔德维克 (Goldewijk) 等展出了一套新的地图显示自工业革命开始后人为生物群落的变化。研究表明，在 1700 年，地球上无冰的陆地面积中 95% 为原始或半自然生物群落，仅有 5% 被人类利用；全球的土地利用变化主要发生在 1900~2000 年，到 2000 年时，55% 的无冰的陆地被人类利用变为牧场、耕地、村庄等，未被利用的保持原始的土地仅保存在地球最寒冷和最干燥的地区 (Ellis et al., 2010)。

陆地生态系统每年自然固氮量为 90~130 太克 (1 太克 = 10^{12} 克)，自人类诞生以来，主要通过以下几种方式驱动氮通量：耕作引起的生物固氮 (如豆类生产)，工业过程把氮气转化为氨 (用作化肥)，矿物燃料燃烧等。目前这几方面人类驱动的氮通量总和在一起已经大于所有陆地生态系统的自然固氮量 (Galloway, Cowling, 2002)。

巴诺斯基及其同事考察了过去 6500 万年来哺乳动物灭绝的速率，发现平均每 100 万年，灭绝的哺乳动物少于 2 种。然而在近 500 年来，5570 种哺乳动物中至少有 80 种已经灭绝，由此得出人类正在经历一场将延续千百年的集群灭绝，并且最快将在 3 个世纪内爆发。如果它们在一个世纪内全数灭绝，那么 334 年后，现存所有哺乳动物中的 75% 将不复存在。研究小组使用同样的方法考察了两栖动物、爬行动物、鸟类、植物、软体动物和其他门类的生物，发现它们的物种数量变化基本遵从同一趋势，有 20%~50% 的物种已经濒危——和过去集群灭绝的情况相同，保守估计，灭绝速率比正常值高出 3~80 倍 (Barnosky et al., 2011)。

Smol 等 (2005) 通过对北极及其附近 11 个地方的 55 个湖泊的古湖沼记录，探讨了北极圈湖泊中所记录的气候驱动机制对生物群落的影响。这些数据反映了自公元 1850 年以来北极圈内藻类和无脊椎动物呈现出快速的突变及生态重组现象，且最为显著的生态环境变化亦发生在近 150 年内。这一现象表明自公元 1850 年以来，气候变暖已经导致北极圈夏季时间的延长，故而生物的生长季节延长，从而对北极圈的生物群落及生态环境造成一系列的影响。该研究表明，即使是在遥远的北极，人类活动也会对其气候环境以及生态系统产生影响。该古湖泊数据提供了在气候异常敏感的北极地区，全新世向人类世过渡的显著的生物地层学信号。

Wolfe 等 (2013) 指出，由于化石燃料燃烧造成大气中 CO_2 含量增加，在北极区域湖泊沉积物中有明显的地层标志，这个可以作为人类世的金钉子，并认为人类世的下限应为 1950 年。

Richter (2005) 以土壤不肥沃为由，将目前的时期称之为"人类世"。几千年来，为了满足核心需求人类不断努力改变原始土壤。直到 20 世纪中叶，人类活动开始影响全球多数土壤，改变了地球动力学环境。目前，人类已经占用全世界约 130 亿公顷土地中的一半用于作物耕种、牧场、伐木、采矿、城郊发展、交通运输、工业以及娱乐项目，用来协调人类的快速发展以及畜禽场废弃物。另外，大面积关键地区也已被化合物和化工材料污染，准备等到下个世纪再回收利用或继续使用。同时，气候变化以及大气 CO_2 浓度上升也会对土壤造成影响，成土作用时间已开始受人为因素控制。美国农业和城市土地利用的研究表明 5% 的美国土壤正濒于"大量损失"或"彻底退化"（Amundson et al., 2003），如果历史上土壤的利用和误用也被包含在内，这一比例还将更大。

7.4.2 人类世作为地质时代合理性的讨论

"人类世"同以前的地质年代相比有一个重要的不同点。过去所有的地质年代都已经结束，我们知晓它们的整个历史，而"人类世"正在持续，关于扎拉谢维奇指出的未来的地质学家们将会看到我们这个时代留下来的化石的观点，美国长滩的加利福尼亚州州立大学地质学教授、国际地层委员会（ICS）主席斯坦利·芬尼（Stanley Finney）认为，仅仅根据预测来定义一个地质时代是错误的。德国地层委员会（DSK）的曼弗雷德·门宁（Manfred Menning）则表示，将人类世引入地质年代表会带来更多的问题而不是好处，因为这会迫使地质学家们重新审视他们定义地质时代的标准（Schwägerl, Bojanowski, 2011）。

从地球演化史来看，不同级别的地质时代都有与其相对应的不同级别的生物事件，包括绝灭事件、短暂的间隔和生物辐射（或爆发）。例如，寒武纪被称为"三叶虫时代"——当时以盛产节肢动物三叶虫为特征；泥盆纪又称"鱼类时代"——当时是鱼类出现并大繁盛的时期；石炭纪则又称为"森林的时代"——当时地球身披绿色"盛装"，也是煤炭生成的时代；侏罗纪也称"恐龙时代"——以恐龙家族的大繁盛为特征；而第四纪又称"人类时代"——以人类的出现为最显著特征。但进入全新世以来，虽然人类活动导致了大量物种的绝灭，但并未出现新的生物种群，即还没有发生生物辐射（爆发）现象，因而，建立一个新的地质时代，条件还不充分（陈之荣，2006）。但同时，这些学者也都承认，"人类世"的提出，强调了从地质时代高度来研究人类对地球自然界的巨大影响，是具有积极意义的。

分别对比 12 个纪、38 个世和 100 个期的延续时间（蒋青等，2009）：各纪的延续时间长短不一，未见明显规律性。然而，排除第四纪这个未完结的纪不考虑，除志留纪和新近纪略短、白垩纪稍长外，纪的长度一般在 40~60 百万年。总的来说，都处于同一个数量级。世的持续时间变化幅度较大。数据显示，显生宙中世的长度大多集中在 10~20 百万年。若不考虑全新世，则少于 5 百万年的仅 5 个。其中最短的一个世为更新世，为 2.5763 百万年，与延续时间最长的早白垩世（45.9 百万年）相差 20 倍。若以工业革命为起点创建人类世，则全新世仅持续了约 0.0115 百万年，与最短的更新世相差 200 倍，达到 2 个数量级；与最长的早白垩世更是相差 4000 倍，显得不甚协调。每个期的延续时间多在 1~7 百万年。而且，越靠近现代，人们对地球的了解越细致，地层的划分越细化，使得期作为地质年代的基本单位，有一个持续时间不断缩短的趋势，这个趋势在新生代尤其明显。从这个意义上说，在承认人类作为当前最重要的地质营力对地球产生影响的情况下，不建新世而建新期，也不失为一个合理方案。

虽然对人类世是否成立，有上述不同意见，但赞同成立人类世的学者在目前公开发表意见的作者中还是占绝大多数。这些学者，有的完全同意所提议的人类世的概念（Crutzen，Stoermer，2000），有的则对人类世下限提出了不同的见解。建议主要有以下4种：

（1）原全新世下限。我国学者刘东生建议直接用人类世取代全新世，强调从全新世开始，人类的作用就已发生，人类作为地质营力对地球产生的全面影响，不仅仅是近200多年来的影响。因此，人类世的下限就应等同于原全新世的下限（刘东生，2004）。陈之荣对此表示赞同，他认为，采用"人类世"来称谓全新世，既丰富了全新世的内容，又避免了克鲁岑等在划分地质时代标准上的困境，是可取的（陈之荣，2006）。

（2）全新世早期，即把下限推到数千年前。拉迪曼（Ruddiman）提出在前工业时期，大气 CO_2 浓度已从260ppm缓慢增至280ppm。这一方面是由于当时所处的间冰期较之前的2个间冰期更长；另一方面是由于人类的农业活动，也就是说在前工业时代人类的农业活动所造成的大气改变就已经很可观。将人类世的下限定为全新世早期（Ruddiman，2003）。但是，有学者对此持反对意见，认为在前工业时期的大气 CO_2 浓度上升并非人为原因，而是自然变化过程（Broecker，2006；Stocker et al.，2011）。一些考古学家在总结人类活动引起的不利环境变化后认为，人类世是成立的并且在很早的数千年以前就已经进入了人类世，他们指出约在6万年前人类的祖先从聚居地非洲大陆开始扩散并开始改造大陆，约在11 500年前农业开始起源，约9000年前小米、小麦、大麦作为粮食就开始在中国各地出现了（Balter，2013）。

（3）工业革命开始。人类世的提出者克鲁岑和施特默认为，自瓦特发明蒸汽机以来，人的作用越来越成为一个重要的地质营力。他们提议将西方国家工业革命的开始，即18世纪下半叶，作为全新世和人类世的界线，因为根据冰芯记录，自那时起大气中数种温室气体浓度激增，并且人类对地球产生了清晰可辨的、全球性的影响。扎拉谢维奇、斯特芬等也持该划分意见。其中斯特芬更是将人类世分为3个阶段：第一阶段为工业化时期（1800~1945年）、第二阶段为大加速时期（1945~2015年）和第三阶段地球系统营运者时期（2015~ ）（Steffen et al.，2007）。

（4）1950年。来自沃尔夫（Wolfe）等有关北极区域和高山带的湖泊沉积物的最新研究表明，人类世的下限应为1950年，该依据是与19世纪相比，由于化石燃料燃烧造成大气中 CO_2 含量增加，在湖泊沉积物中有明显的地层标志，这个可以作为人类世的金钉子（Wolfe et al.，2013）。该划分与斯特芬等的大加速期对应，在20世纪后半叶的50年间人口翻了一番，但全球经济增长了15倍多。汽油消耗自1960年以来增长了3.5倍，机动车数大量增加。世界生活在城镇地区的人口比例从30％增至50％，并且仍在强劲增长。随着电子通讯的爆炸式发展、国际旅行及经济的全球化，文化的相互连接在快速增长。过去50年间，人类对世界生态系统的改变比自己历史上以往任何可比的阶段都更加快速、更加广泛。梅伊贝克、西维茨基（Syvitski）等也持该划分意见。

除上述4种主流建议外，还有少许学者提出不同看法，例如，Smith等（2010）在

《自然·地球科学》撰文指出晚更新世人类的狩猎就导致美洲巨型动物的灭绝,并带来甲烷排放量的显著减少,因此他们认为人类世应该从 13 400 年前就开始了,这与人类首次大规模迁移至美洲的时间相一致。

目前较多的观点认为,"人类世"是全新世后半段出现的,即上述划分意见中的第 3 种或第 4 种,因为人类的活动使它比预期时间提前了 300 多万年,并将成为主要的地质时期,而全新世只是一个过渡。两者最大的区别是,"全新世"的定义是人类的出现与崛起,而"人类世"则直截了当地说明人类已经成为地球的主人。人类已经能够很擅长地利用能源和操控环境,人类活动已经成为地球表面地质过程重要的推动力。

"人类世"的称呼尚未被广泛认同的一个重要原因在于迄今还没有找到一个确定它的边界或标志物——地质学界公认的"金钉子"(GSSP),即由国际地质科学联合会(IUGS)和国际地层委员会(ICS)以正式公布的形式所指定的年代地层单位界线的典型或标准。它是为定义和区别全球不同年代(时代)所形成的地层的全球唯一标准或样板,并在一个特定的地点和特定的岩层序列中标出,作为确定和识别全球 2 个时代地层之间的界线的唯一标志。全球地层年表中一共有"金钉子"110 颗左右,截至 2013 年 4 月,已经正式确立的有 65 颗。到目前为止,人们还没有找到"人类世"相对应的"金钉子"或者可以用作地层界线的标志。

目前人类世的候选金钉子主要有物种灭绝、核试验、海洋酸化、城市化、农业生产、物种入侵、工业化、畜牧化、合成化学等 9 个(表 7-9)。

表 7-9 人类世 9 个候选金钉子(Bellanger,2012)

标志性事件	标志性	发现地点	开始时间	历史上类似事件
物种灭绝	物种的突然和大量灭绝通过化石得到记录。当今的物种灭绝率是过去 6500 万年间平均速度的 100 到 1000 倍!我们甚至可以预言第 6 次大规模物种灭绝已经开始,75%的物种将最终消失。预测表明,从现在到 21 世纪末,1/4 到 1/2 的物种将灭绝	全世界,沉积物中	不确定:22 世纪或 23 世纪?	历史上曾有 5 次重大危机,分别发生于距今 4.5 亿年、3.75 亿年、2.5 亿年、2 亿年和 6500 万年
核试验	提起核试验,就得提及人造放射性核素的产生。1945~1980 年,全球共展开 543 次核试验,向大气中排放逾 250 种放射性核素,它们被风带到全世界。100 万年后,只有放射性物质周期最长的放射性核素才能被测到,如 ^{135}Cs、^{129}I、^{107}Pd 及 ^{93}Zr	全世界,在海洋和陆地沉积物中	20 世纪 40 年代中期	无

续表

标志性事件	标志性	发现地点	开始时间	历史上类似事件
海洋酸化	深水的酸化将导致含碳酸钙的贝壳类动物在潜入海底时被溶解。它们将无法像今天一样增长（占海洋沉积物中的90%），届时只有黏土质的微粒留存下来。沉积层的这一变化将表现为清澈的沉积层间夹杂的浑浊物带	深海沉积层中	几世纪后，当海面吸收的 CO_2 溶入深海并酸化海水时	有，如古新世和始新世之间的5500万年
城市化	如果所有的人类建筑将在数千年间遭到风化侵蚀，建在冲积平原和三角洲地带的城市则能逃过一劫，因为地块的下沉和海平面的升高将淹没威尼斯、阿姆斯特丹或者新奥尔良，但这些城市得到保存，成为化石城	沿海或冲积平原沉积层中	20世纪期间的人口爆炸和高速城市化	无
农业生产	随着农业发展，由种植的谷物（小麦、玉米、水稻）传播的花粉将占据优势，损害到野生植物的花粉。只要花粉能经过千百万年在沉积层中保存下来，这一变化便是可测的	湖泊和海洋沉积层	距今8000至10 000年，甚至更晚	无
物种入侵	伴随着商业交流的全球化，动植物品种的全球交换也以海量计。每天有5000到10 000个物种身不由己地随着船只压载水舱中的水流在港口间迁徙。造成的后果便是全球范围史无前例的动植物同质化过程，这将被载入史册	陆地及海岸沉积物中	物种入侵爆发于20世纪50年代	无
畜牧业	未来的考古学家将惊诧于丰富的奶牛、猪、山羊、绵羊等古化石。估计目前养殖的家畜共计几十亿头，占地球上哺乳动物总量的60%。再加上70亿人口，比例将上升到90%。而在10 000年前，这个数字是0.1%！化石记录能清晰说明这一变化	陆地沉积物中	20世纪	无

续表

标志性事件	标志性	发现地点	开始时间	历史上类似事件
工业化	大气中造成温室效应的气体（CO_2、CH_4、N_2O）浓度达到至少80万年来的最高峰。这些导致气候变暖的元凶将以多种形态被保存，例如在极地冰川的气泡中、在CO_2中、在海洋钙质甲壳类生物中。大气及海洋温度的升高从数个地质年代前就开始了	海洋及冰川沉积物中	约1800至1950年间	曾多次出现
合成化学	聚乙烯、聚氨酸、聚酰胺、聚苯乙烯……化学工业制造出大量的合成分子，日用塑料制品的堆积随处可见，标志着人类活动的特征且在地址档案中从未有过先例，但很难预计它们抵御时间的能力	陆地及海洋沉积物中	20世纪	无

7.5 人类世主要研究方向

自2000年人类世概念正式提出以来，人类世研究快速发展，随着研究的不断深入，人类世概念的内涵与外延、主要关注问题、主要研究内容、主要研究方法等日渐清晰，同时有关人类世研究的国际会议、研究计划项目以及学术期刊也陆续出现并增加，所有这一切都标志着建立独立的人类世科学的条件已基本成熟。

人类世科学与地球系统科学既存在联系密切，又有较大区别。地球系统科学将地球作为由地核、地幔、岩石圈、水圈、大气圈、生物圈等各个子系统构成的统一整体系统来进行研究；其在地球系统这一统一动力框架下，描述和认识控制地球系统的关键的、相互作用的物理、化学和生物学过程；描述和认识生命支持系统的地球环境；描述和认识人类活动诱发的重大全球变化。人类圈是地球系统的一个重要的、能动的组成部分。人类世科学研究中，既将人类作为地球系统的重要组成部分，又将人类作为一个独立的营力来研究对地球系统的改造和影响。

人类世科学是一门综合性学科，与地质学、地理学、地貌学、环境科学、考古学、地球化学、地球物理学、科技史学等学科存在密切联系，研究对象广泛。目前人类世科学主要涉及以下分支学科和研究内容。

7.5.1 人类世地貌学

人类活动正在改变地球的表面，这些变化可能还会继续扩展，在过去的几十年内，人类已经逐渐认识到了人类对地表系统的影响程度，这些研究成果加上科技上的突破，可以基本解决目前最紧迫的问题：怎样才能理解、预测和回应人类引起的地貌景观的快速变化？尽管不同的学科在处理这个问题的不同方面，但是焦点问题是通过学科交叉去减轻未来人类活动的影响，因此该方向的最终目标是对人类—地貌景观系统—人类世的综合系统特征的革新性认知，以预测该系统未来如何演化。

本方向是跨越多个自然和社会科学的交叉，因此一系列的专业知识、各种理论、模型和方法的综合集成以增进人类—地貌景观系统的预测能力。产出的新学科交叉知识对地貌景观管理和恢复及环境政策的制定都很重要。其重要性随着面临的人口增长和自然资源短缺压力增长而增加。

该方向有如下几个主要的具体研究目标：

（1）研究人类长期活动对地貌景观的影响，定量确定人类长期活动（例如，采矿、放牧、砍伐、农业侵蚀和污染、泥沙流失与拦截等）对地貌景观特别是对全球气候变化敏感的地区影响的速率。

（2）建立将人类活动的多重和累积影响集成在一起的机制性模型。

（3）建立人类活动主导的地貌景观复杂过程，涵盖决策和人类行为影响的综合模型。

（4）加强人类活动与地貌景观的动态耦合的理解和预测能力。

（5）加强为缓解、逆转、适应人类导致的地貌景观变化提供预测和指导性意见的能力。

（6）协调土地利用的人文科学与地理信息数据的收集和管理，以便在定量模型中有所体现。

该方向的有效实施需要地表研究科学家与其他领域的科学家如经济学家、政治家、心理学家、人文地理学家等之间进行广泛的、持续的交流。只有这一系列专家进行合作预测人类与地貌景观的动态耦合，才会提高决策、认知与评价定量模型的预测能力，建立能为社会所用的综合评估工具。要实现景观地貌在可控条件下的实验，以及涵盖人-地系统反馈机制的理论研究，需要地表过程研究的科学家、工程师、技术和规划设计人员之间的合作。此外，空间地学研究人员间的合作有助于增强数值模拟对现有及新兴的空间地学技术手段的吸收，帮助数据挖掘和管理优化，遥感研究与模拟计算和野外的链接。同时，为探索全球气候变化下各过程的相互联系，地表过程研究的科学家（包括生态学家、地貌学家和地球化学家）与气候学家之间的合作还需要进一步加强。

地表研究科学家与其他社会科学家的广泛合作是个挑战和契机，过去很少做，特别是在地貌系统的研究中更是突出，然而革新性进展需要在自然科学与社会科学之间搭建桥梁以弥合一些存在的和臆想的研究方法上的差别。最初的合作主要是在美国国家科学基金会LTER（美国长期生态研究网络）系统和其他一些环境观测站和生态水文等领域，最新的研究工作也强调了社会科学与气候变化研究的结合。其中最关键的地方是需要加快合作的步伐，开展以地貌过程为中心、新的人-地系统研究。美国国家科学基金会在2009年2月《环境、社会和经济：给各位同行的一封信》（Dear Colleague Letter: Environment, Society, and the Economy）中明确指出，鼓励地球科学与社会科学的合作项目（NSF，2009）。相应经费的增加将为人类地貌景观的前景预测研究提供契机（Committee on Challenges and

Opportunities in Earth Surface Processes,National Research Council,2010)。

7.5.2 人类世地质学

人类世地质学主要研究的是人类世范围内的地质学内容,包括人类世所有的地质过程、成因、结果及影响。不管哪个时代的地质学研究,其最主要的目的就是揭示地球演化规律,预测地球未来。人类世地质学同样以这两点为基本的研究方向。首先,地球的演化规律受到地质营力的影响,人类活动作为人类世一种主要的地质营力显然会影响未来地球演化。即人类活动的特点决定了地球演化的规律、速率和方向,这也是人类世地质学主要的研究论点。

预测地球的未来,不仅是传统地质学的主要研究方面,对人类世地质学研究而言,更具有深刻含义。因为,人类世地球的未来,不仅是地球自身的发展问题,也是人类的发展问题。因此,对地球未来的预测是人类世地质学研究的主要方面。

因为人类活动是人类世一种主要的地质营力,同时也是人类世地质学研究的载体,因此,研究人类活动对地球演化的表现及其结果是进行人类世地质学其他研究的基础。

人类世地质学另一个主要研究方向是人类世环境。世界目前面临着诸多环境问题,正是这些环境问题才促使人类不得不研究怎样预防负面的问题和改善环境。人类世地质学同样也要关注人类世环境的演变,这种"环境演变"主要是指环境问题的演变,和传统的自然环境演变有本质区别。

人类世的生物演化由于受到人类活动的影响,呈现出以往任何一个时代都未曾出现的局面——生物灭绝速率异常加快。生物多样性的锐减和人类活动之间究竟有什么关系?它的速率还会增加吗?它最终演变的结果是什么?这种结果将会出现怎样的自然世界?这些都是需要探讨的问题。

此外,和更古老的地质学进行比较研究,也是人类世地质学的主要方面。这种比较研究有利于揭示人类世地球演变的走向,有利于恢复地球原本面貌,有利于进一步认识和规范人类行为,从而使地球沿着和谐的道路演化,使人类也能够继续生存(赵剑波,揭毅,2008)。

7.5.3 人类世生态学

当前许多生态范式都以平衡假设为基础。如一些生态学家认为,生态系统维持着碳平衡,即光合作用吸收的碳与呼吸作用释放的碳一致,净生态系统生产量(NEP,光合总产量与呼吸消耗量的差值)接近0。同样,在演化后期,通常假定植物及微生物群落组成接近平衡。但近代研究表明,后期森林演替继续积累碳,并通过灭绝本地物种和侵入新物种来改变物种组成。人类世生态学必须采取临界控制来确定生态系统结构和功能的定向变化,以及这些变化突然转变成未知新状态的情况。在快速变化时期,我们通常不知道接下来会发生什么,因此与稳态动力学相比,科学更需要关注相互作用、反馈机制和临界阈值等。也许可以通过探索一些情境来确定变化过程和阈值,也就是说会更加重视模型不确定性而不是统计不确定性。

将人类世定义为一个地质时期为人类活动强烈影响着区域乃至全球的环境、生态和社会变革这一日益显著的事实提供了有条理的科学框架。生态学家通过研究"原始"生态系统而无视人类在动力学系统中的作用，期望所得结果可以在全球通用的时代已经过去。在人类世动力学中，生态学比简单地观察和理解变化的作用重要得多。管理工作正在塑造社会-生态系统健康及其恢复力的变化轨迹。在形成远离巨灾风险和危险临界值、朝向更可持续方向发展的变化轨迹的过程中，生态学家、其他科学家、决策者们、管理者以及民间团体均起重要作用。在管理工作中，生态学家们能根据各自的兴趣和人生哲学观起着各种不同的作用。在快速变化的世界中界定问题和可能性时，倡导把生态学及其他学科转向更加积极的领导角色，而不是固守被动角色，采用亡羊补牢的方法来解决问题（Chapin，Fernandez，2013）。

7.5.4 人类世考古学

人类世考古学主要是根据古代人类各种活动遗留下来的物质资料，研究地质历史中人类及其行为。近年来，考古学提供了越来越多的灌溉稻作农业区域的早期土地利用的证据（Ruddiman，2013），为人类世研究提供了支撑。在美国考古学协会于檀香山举行的一次讨论会上，考古学家们对人类世考古学的研究进展进行了交流（Balter，2013）。俄勒冈大学的考古学家厄兰森（J. Erlandson）通过研究指出，人们在约6万年前就开始改造大陆了，那时我们的祖先开始从他们的祖居地非洲进行扩散。他们进行大型狩猎活动时，会燃烧植被，砍伐森林，此时就开始为人类统治地球创造条件了。美国史密森学会所属美国自然历史博物馆（NMNH）的考古学家史密斯（B. Smith）认为："人类在很长一段时期里都在改变生态系统。"史密斯和同事考古学家齐德（M. Zeder）认为："与其去研究温室气体，我们倒不如去发掘在考古学记录中，人类是从何时开始发展出改变地球生态系统的能力。"俄勒冈大学的考古学家梅尔文·艾肯斯（C. Melvin Aikens）根据东亚地区的案例解释称，将农业作为划分线的主要依据是早期农民带来的巨大影响。约9000年前，以种植粟、小麦和大麦为主的村庄在中国范围内兴起。艾肯斯称，早期种植水稻的农民分割出田地和水道，"经过几千年发展，中国南方全部被水坝、运河和稻田所覆盖"。

7.5.5 人类世社会学

过去10年，人类世已经成为人类与环境关系研究以及把地球系统作为整体研究的有效范式。然而，对于在人类世和大加速时期，潜在的社会体系和区域社会经济表现的关注还较少。此外，对于人类驱动的变化及其应对还没有使用一个整合的社会生态系统的观点加以分析。在此背景下，2014年1月17~19日，国际地圈生物圈计划（IGBP）和国际全球环境变化人文因素计划（IHDP）联合组织在华盛顿召开了一个关注人类世驱动的社会体系的研讨会，邀请了众多社会学家和自然科学家参会（IGBP，2013）。该研讨会就以下一些主题进行了探讨：

（1）从复杂系统角度出发进行思考。通过社会生态系统的相互联系和一些复杂性理论为整合地球系统和可持续发展科学提供路径，这也是未来地球（Future Earth）研究计划的前瞻性研究议程。应考虑的引导性问题包括：①有哪些方法可以将不同学科的理论集合起来，为人类世耦合动力学过程和反馈机制提供更深的见解；②在人类世，我们如何加深局地、区域和行星系统之间的联系以及人类与自然过程的相互关系；③在不同层面的政策和决策相关方面，人类世是否可以提供一个分析框架。

（2）人类与环境复杂性的建模与评估框架，该主题围绕如何将复杂系统分析中的概念和方法纳入到建模和评估方法中。应考虑的引导性问题包括：①有哪些方法可以将复杂动力学概念和我们对于反馈机制、相互作用以及临界点的理解嵌入到现有模型和评估工具中；②如何构建不同背景下探索复杂的耦合人类与环境动力学系统的模型和评价框架，如不同的空间尺度、时间尺度、社会背景等。

（3）对研究和政策的影响，理解对于地球当前和未来而言人类世的含义，我们需要制定未来数十年政策与管理的新目标和新指标、发展新的概念框架和建模工具等。应考虑的引导性问题包括：①对于不同区域和社会群体而言，人类世的意义？②从生物物理学和社会学视角，该研讨会如何指导人类世环境下的政策制定过程。③我们如何利用对人类世日益增强的认知来促进在行星尺度上的政策整合？

7.6 人类世的科学反思——地球系统管理

总体说来，人们普遍同意将人类活动当作一个重要的地质营力来看待，承认人类活动对地球系统施加了可见的巨大影响，但是否需要专门成立人类世这一地质年代，目前还是一个"仁者见仁、智者见智"的问题。第四纪年代的修订可作为一个范例，经过60年的争论，国际地层委员会终于在2009年对其进行了修订。一旦文件完备，人类世的正名将提交投票表决。鉴于意见分歧之大，其结果实在难以预料。

"人类世"议题的真正价值不在于它能改正地质学教科书。人类世的提出，是鉴于当前环境的恶化，并承认人类活动的重要性。但这并不仅仅是划分一个新的地质时期而已。人类世不应是一个人类受制于自然环境变化的时期，更不应是一个人类破坏自然环境的时期，而应当是一个人与自然和谐的时期（刘东生，2003）。

Lövbrand 等（2009）在《全球环境变化》（Global Environmental Change）杂志发文指出，全球环境变化的研究表明人类的过度增长给地球生命支撑系统带来了前所未有的压力，怎样使人类社会与生态系统和谐发展已经成为国际关注的热点。人类世中，人类对地球的作用已经远远超过历史的作用，不断改变着地球系统，并且创造了一个新的地质历史。地球系统科学作为一门超级学科，包括了社会以及自然的方方面面，并且将它们连接在一起，成为了全球环境变化研究的新方法，它将各个分散的系统联合起来并使我们更好地理解地球生命支撑系统这一个整体。我们如何将地球系统科学运用到全球环境变化研究中去，使地球系统管理作为一种政治分析和解释其作为一个可控的领域怎样使我们更好地理解自然和社会，并且帮助我们实现人类与生态系统的可持续发展。我们将米歇尔·福柯提出的"管理性"这一概念运用到地球系统科学中去,来探索地球系统科学中那些看似平常的方法怎样在理论上以及实践上帮助我们实现社会以及自然的可持续发展。主要把研究重点放在全球管理上,并且这一国际性的研究项目跨学科的分析了人在地球系统中的重要作用,通过引入一系列新的分析问题,并且将分析的范围扩大到公众范围。地球系统管理分析范围已经不仅仅局限于人类世,而是将地球系统作为理论和实践的起点。通过将理论与实践紧密联系在一起,查明人类世中自然以及社会系统是如何联系以及运作的,在这一研究中,我们解决了人类世中一些较为模糊的关系,如地球管理系统所管理的对象——个人还是公民,地球系统管理的执行者——专家、政府还是大众,以及地球管理系统怎样实现管理,通过强制性的控制还是宣传和倡议,通过这一系列的分析以及举措,能够帮助我们更好将科学的理念运用到处理人类世地球环境变化的研究中去。

  2012 年,32 位来自世界各地的社会科学家及研究人员联合在《科学》上发文,指出全球环境治理必须进行一次根本上的大变革,才能避免人类逾越地球系统的临界点(Biermann et al.,2012)。

  研究显示,目前世界正在靠近地球系统的临界点,包括气候和生物多样性等,如果不及时建立新的治理框架,则将导致快速且不可逆转的后果。国际上组织开展的一些科学评估研究显示,人类活动已造成多个地球子系统的变动,其变动幅度超过 50 万年来自然变动的范围。专家指出,要降低全球环境灾害的风险,则需要"建立一个未来几十年内有效可持续治理的清晰路线图",其规模和重要性不亚于二次世界大战后的国际政治秩序改革。专家建议应该让 G20 的前 20 大经济体扮演更强的角色,并可在联合国新设一个可持续发展委员会,更完善地统筹联合国体系内的可持续发展议题。他们也主张现行的联合国环境规划署(UNEP)应提升为联合国正式机构,赋予更大的职权和充足的经费。为了使这个体系对公众负责,科学家呼吁应强化公众代表的咨询权力,包括来自发展中国家、非政府组织、消费者和原住民等。

  为加快国际谈判的决策制定,科学家还呼吁应建立多数投票机制。指出,按现行国际协商程序,若没有等到缔约国全部达成共识,没办法采取任何行动。这种模式必须要改变。同时也呼吁政府,要严禁全球范围内的管理空白,包括新兴技术的处理方式。此外,气候变化议题已获得大量的关注。纳米技术和其他新兴产业技术等虽可能带来巨大的利益,但存在可持续发展的潜在风险。新兴技术需要国际机制管理——如一个或者多个多边框架公约,以增加可预见性和透明度,并且也可以保证将环境风险也考虑进来。Biermann 等(2012)还主张增加对贫穷国家的财政援助,通过全球碳排放交易市场或空中运输环保税等新工具,可提供稳固的财政资源。研究人员指出不论在联合国体制内外,全球环境治理的结构必须有所改变,并且不论公共部门、私人部门都要参与其中。

7.7 结论与建议

7.7.1 结论

  2000 年"人类世"概念首次提出后,数年间即在学术界引发了广泛的讨论。2008 年,伦敦地质学会地层委员会的 21 位成员就人类世这个地质时代的建立进行了全面论证。2009 年，国际地层委员会（ICS）设立了人类世工作小组，以考察人类活动引起的变化是否满足正式开创一个新的地质时代的标准。自此，人类世已成为环境科学、地球科学、考古学、生物学和其他相关领域的热点。近几年来尤其是自 2012 年来，相关国际会议上有关人类世的议题逐渐增多，说明"人类世"这一名词越来越得到科学家尤其是地球科学家的认可。从众多国际会议的主题与探讨内容可以看出，人类世大气化学、人类世地貌景观变化、人类世的土壤变化等都是人类世研究关注的重点。对人类世这一新问题，国际上仅有少数机构开始了相关的研究计划：由挪威研究理事会资助为期 4 年的"人类世国际法"研究计划、"人类世河流"研究计划等。独立的专门性学术期刊的产生是一个学科逐渐走向成熟的重要标志，近年来先后有多个以报道人类研究为主的国际性学术期刊诞生（《人类世》《人类世评论》《Elementa：人类世科学》等），标志人类世研究已迈出了坚实的一步，正在向一门独立学科发展。

到目前为止，人类世的概念正式提出只有十多年的时间，对于这一新兴领域的相关研究还比较少。人类世研究的文献计量分析结果显示，2000～2013 年人类世研究相关的 SCI 收录论文总计 240 篇，发文量总体呈逐年增加的趋势，特别是自 2009 年人类世工作小组成立以后，推动了更多的学者从事有关人类世研究的工作。从发文量国家排名情况来看，美国发文量远远高于其他国家，可见其在该领域处于引领地位。英国排名第二，其余依次为德国、澳大利亚、加拿大、法国、荷兰、西班牙、瑞典和中国。我国在该领域的发文量仅为 6 篇，可见我国对人类世的相关研究还不多。从发文量前 10 位机构排名情况来看，各机构发文量（3～7 篇）的差异不大，马里兰大学发文 7 篇，位居第一。在这些机构中，4 个来自美国，2 个来自英国，其余 4 个分别来自法国、澳大利亚、德国和加拿大。从发文所属学科来看，环境科学与生态学领域的论文数量最多，其次是地质学、自然地理学、科学与技术其他学科等。刊载人类世研究论文最多的 5 个期刊为《皇家学会哲学汇刊 A 辑：数学、物理学与工程科学》《全新世》《第四纪科学评论》《自然》《科学》，载文量占据该领域论文总量的 16.39%，它们是人类世研究论文的核心分布期刊。从人类世研究被引频次排名前 20 的论文可看出，梅伊贝克、斯特芬、安德森、扎拉谢维奇和科迪斯波蒂等都是人类世研究的核心作者。

结合国际上的相关研究计划、会议主题与探讨内容和文献计量的分析结果，可以看出，越来越多的学者从人类活动驱动地球系统发生的巨大变化来论证人类世成立的合理性，并且试图从中确定人类世的下限和金钉子。地球系统中没有哪个组成部分能够完全不受人类活动的影响，地球的大气、淡水、海洋、陆地、生态等系统，以及将它们联系在一起的生物地球化学循环都反映出人类活动的影响。虽然目前对人类世是否成立还存在不同意见，但赞同成立人类世的学者在目前公开发表意见的作者中还是占绝大多数。文献中关于人类世下限的建议主要有 4 种：原全新世下限、全新世早期、工业革命开始和 1950 年。人类世尚未被广泛认同的一个重要原因在于迄今还没有找到一个确定它的边界或标志物——地质学界公认的金钉子（GSSP），目前人类世的候选金钉子主要有物种灭绝、核试验、海洋酸化、城市化、农业生产、物种入侵、工业化、畜牧化、合成化学等 9 个。

人类活动正在改变地球的表面，这些变化可能还会继续的扩展，尽管不同的学科在处理这个问题的不同方面,但是焦点问题是通过学科交叉去减轻未来人类活动的影响,因此该方向的最终目标是对人类—地貌景观系统—人类世的综合系统特征的革新性认知,以预测该系统未来会怎么演化。与传统地质学研究一样,人类世地质学研究的目的也是揭示地球演化规律,预测地球未来。人类世生态学必须采取临界控制来确定生态系统结构和功能的定向变化,以及这些变化突然转变成未知新状态的情况,需更加关注相互作用、反馈机制和临界阈值等。过去10年,人类世已经成为人类与环境关系研究及把地球系统作为整体研究的有效范式。然而,对于在人类世和大加速时期,潜在的社会体系和区域社会经济表现的关注还较少。未来我们应更加注重人类与环境复杂性的建模与评估框架对研究和政策的影响,理解对于地球当前和未来而言人类世的含义,需制定未来数十年政策与管理的新目标和新指标、发展新的概念框架和建模工具等。

"人类世"议题的真正价值不在于它能改正地质学教科书。人类世的提出,是鉴于当前地球环境的持续恶化,并承认人类活动对地球环境变化的巨大影响力。但这并不仅仅是划分一个新的地质时期而已。人类世不应是一个人类受制于自然环境变化的时期,更不应是一个人类破坏自然环境的时期,而应当是一个人与自然和谐的时期。人类世中,人类对地球的作用已经远远超过历史的作用,不断地改变着地球系统,并且创造了一个新的地质历史。地球系统科学作为一门超级学科,包括了社会及自然的方方面面,并且将它们连接在一起,成为了全球环境变化研究的新方法,它将各个分散的系统联合起来并使我们更好地理解地球生命支撑系统这一个整体。

7.7.2 建议

我国是古代历史文明大国,很早便有了人类大规模活动,并且人类大规模改变环境的记录在中华大地上比比皆是,这为我们进行人类世的研究提供了很好的条件。但是自人类世的学术概念提出之后,我国仅有少数学者开展了这方面的研究。过去人们在无知的状态下影响地球,一些问题只有随着人类的发展和时间的推移才会呈现出来,所以只有积极加入人类世研究的行列,开拓新领域、新思想和新办法,才能使我们古老的人类文明得以持续发展。

目前我国关于人类世的研究工作还比较少,深度也不够,针对我国人类世研究不足的现状,建议:中国第四纪科学研究会及有关单位应高度重视这一新兴研究领域,积极策划组织相关研究工作,如中国第四纪科学研究会可考虑新增人类世专业委员会,组织召开全国性人类世研究学术会议,参与有关人类世研究的国际组织与协会,资助人类世研究领域的计划与项目等,推动该工作的深入发展。

基于对国际研究进展的分析,建议我国研究人员可以从以下方面开展人类世相关研究:①人类对地球生态系统的影响及可能产生的不同地质记录;②人类引起地貌景观变化的理论和实证研究;③人类世的地球系统管理研究;④人类世以来中国古环境的演化、古环境图的制作和人类活动强度评价;⑤短尺度的气候转型问题研究等。

致谢：中国科学院地球环境研究所安芷生院士、中国科学院地质与地球物理研究所郭正堂院士、兰州大学陈发虎教授、中国科学院地质与地球物理研究所兰州油气资源研究中心史基安研究员、中国科学院地质与地球物理研究所吴海斌研究员等审阅了本报告，并提出了宝贵的修改意见，在此一并谨致谢忱！

参 考 文 献

陈之荣．2006．人类圈．智慧圈．人类世．第四纪研究，26（5）：872-878．

国际地圈生物圈计划中国全国委员会（CNC-IGBP）秘书处．2002．"西部大开发面临的挑战——全球变化区域响应研讨会暨第四届 CNC-IGBP 2001 年年会"会议纪要（摘要）．地球科学进展，17（2）：299-301．

蒋青，冷琴，王力．2009．"人类世"论评——环境领域的"舶来品"，地球科学的新纪元？地层学杂志，33（1）：11-17．

刘东生．2003．第四纪科学发展展望．第四纪研究，23（2）：165-176．

刘东生．2004．开展"人类世"环境研究，做新时代地学的开拓者．第四纪研究，24（4）：369-378．

陆彩荣，王光荣，齐芳．2009．院士们在关注什么．http：//www.cae.cn/cae/html/main/col209/2012-03/02/20120302133513792395523_1.html

张志强，高峰．2012．认识地球所受压力状况 寻求全球可持续性路径——"压力下的星球——迈向解决方案的新知识"大会综述．地球科学进展，27（5）：588-590．

赵剑波，揭毅．2008．人类世地质学几个基本理论问题．华中师范大学学报（自然科学版），42（4）：649-653．

AAG. 2013-05-27. 2013 AAG Annual Meeting. http：//meridian.aag.org/callforpapers/program/SessionList.cfm?AlphaChar=R.

AGU. 2013-06-07. 2012 AGU Fall Meeting. http：//fallmeeting.agu.org/2012/events/gc51h-the-anthropocene-confronting-the-prospects-of-a-4c-world-i-video-on-demand.

AGU. 2013-12-09. 2013 AGU Fall Meeting. http：//fallmeeting.agu.org/2013/announcements/single/fall-meeting-program-book-now-posted.

Amundson R., Guo Y, Gong P. 2003. Soil diversity and land use in the United States. Ecosystems, 6：470-482.

ASA, CSSA, SSSA. 2012-10-22. ASA, CSSA and SSSA Annual Meetings：Visions for a sustainable planet. https：//a-c-s.confex.com/crops/2012am/webprogram/Session10014.html.

Balter M. 2013. Archaeologists say the 'anthropocene' is here—but it began long ago. Science, 340：261-262.

Barnosky A D, Matzke N, Tomiya S, et al. 2011. Has the Earth's sixth mass extinction already arrived?. Nature, 471：51-57.

Bellanger B. 2013. 走进"人类世"．徐波编译．新发现，（1）：66．

Biermann F, Abbott K, Andresen S, et al. 2012. Navigating the Anthropocene：Improving earth system governance. Science, 335（6074）：1306-1307.

BioOne. 2013-11-19. Elementa：Science of the Anthropocene. http：//www.elementascience.org.

BMBF. 2013-12-09. Surface Ocean Processes in the Anthropocene. http：//sopran.pangaea.de.

Broecker W C, Stocker T F. 2006. The Holocene CO_2 rise：Anthropogenic or natural? Eos, 87（3），27-29.

Chapin FS III, Fernandez E. 2013. Proactive ecology for the Anthropocene. Elementa：Science of the Anthropocene. DOI：10.12952/journal.elementa.000013.

Codispoti L A, Brandes J A, Christensen J P, et al. 2001. The oceanic fixed nitrogen and nitrous oxide budgets: moving targets as we enter the anthropocene? . Scientia Marina, 65 (Supp. 2): 85-105.

Committee on Challenges and Opportunities in Earth Surface Processes, National Research Council. 2010. Landscapes on the Edge: New Horizons for Research on Earth's Surface. Washington, DC: The National Academies Press: 100-101.

Crutzen P J, Agre P, Arber W, et al. 2011-05-18. Stockholm Memorandum, "Tipping the Scales Toward Sustainability". http://globalsymposium2011.org/wp-content/uploads/2011/05/The-Stockholm-Memorandum.pdf.

Crutzen P J, Stoermer E F. 2000. The "Anthropocene". IGBP Newsletter, 41: 17-18.

Crutzen P J. 2002. Geology of mankind. Nature, 415 (6867): 23.

Dybesuis M, Nilsson C. 1994. Fragmentation and flow regulation of river systems in the northern third of the world. Science, 266: 753-762.

EGU. 2013-06-17. European Geosciences Union General Assembly 2013. http://meetingorganizer.copernicus.org/EGU2013/session/11697.

Ellis E C, Goldewijk. K K, Siebert S, et al. 2010. Anthropogenic transformation of the biomes, 1700 to 2000. Global Ecology and Biogeography, 19 (5): 589-606.

Ellis E C. 2011. Anthropogenic transformation of the terrestrial biosphere. Phil Trans R Soc A, 369: 1010-1035.

Elsevier. 2013-04-18. Anthropocene. http://www.journals.elsevier.com/anthropocene.

Fridtjof Nansen Institute. 2011. International Law for an Anthropocene Epoch? http://www.fni.no/projects/anthropocene_law.html

Galloway J N, Cowling E B. 2002. Reactive nitrogen and the world: two hundred years of change. AMBIO: A Journal of the Human Environment, 31 (2): 64-71.

GSA. 2012. GSA Annual Meeting. http://www.geosociety.org/news/pr/12-81.htm

Haywood A M, Ridgwell A, Lunt D J, et al. 2011 Are there pre-Quaternary geological analogues for a future greenhouse warming? Phil Trans R Soc A, 369: 933-956.

Hönisch B, Ridgwell A, Schmidt D, et al. 2012. The Geological record of ocean acidification. Science, 335 (6072): 1058-1063.

IAG. 2013-11-25. 8th IAG International Conference on Geomorphology: Geomorphology and Sustainability. http://www.geomorphology-iag-paris2013.com/en/sessions.

IGAC. 2011-11-04. 2012 IGAC conference: Atmospheric Chemistry in the Anthropocene. http://www.igac2012.org/dct/page/1.

IGBP. 2013. Anthropocene workshop 17-19 January. http://www.igbp.net/news/news/news/anthropoceneworkshop1719january.5.7815fd3f14373a7f24cea.html.

IUPUI. 2013-12-15. Rivers of the Anthropocene. http://rivers.iupui.edu/cms.

Laboratory for Anthropogenic Landscape Ecology. 2013-05-27. Anthromes Project. http://eco3d.org/projects/anthromes.

Lövbrand E, Stripple J, Wimand B. 2009. Earth System governmentality Reflections on science in the Anthropocene. Global Environmental Change, 19 (1): 7-13.

McNeill J R. 2000. SomethingNew under the Sun. New York/London: WH Norton and Company.

Meybeck M, Vörösmarty C. 2005. Fluvial filtering of land-to-ocean fluxes: from natural Holocene variations to Anthropocene. Comptes Rendus Geoscience, 337 (1-2): 107-123.

Meybeck M. 2003. Global analysis of river systems: from Earth system controls to Anthropocene syndromes. Phil Trans R Soc Lond B, 358: 1935-1955.

Mora C, Wei C L, Rollo A, et al. 2013. Biotic and human vulnerability to projected changes in ocean biogeochemistry over the 21st Century. PLoS Biology, 11 (10): 1-14.

NOAA Mauna Loa Observatory. 2014-01-15. Atmospheric CO_2 Mauna Loa Observatory (Scripps / NOAA / ESRL) Monthly Mean CO_2 Concentrations (ppm) Since March 1958. http://co2now.org/Current-CO2/CO2-Now/noaa-mauna-loa-co2-data.html.

NSF. 2013-01-20. CDI-Type II: GLOBE: Evolving New Global Workflows for Land ChangeScience. http://www.nsf.gov/awardsearch/showAward?AWD_ID=1125210

NSF. 2009. Dear Colleague Letter: Environment, Society, and the Economy (ESE). http://www.nsf.gov/pubs/2009/nsf09031/nsf09031.jsp

Price S J, Ford J R, Cooper A H, et al. 2012. The geology of the Anthropocene. 34th International Geological Congress: Theme 4.2. Global Geochemical Mapping: Understanding the Chemical Earth. Brisbane, Australia, 5-10 Aug 2012 (Unpublished).

Revkin A. 1992. GlobalWarming: Understanding the Forecast. New York: Abbeville Press: 1-180.

Richard V N. 2011. 365days: 2011 in review. Nature, 480: 426-429.

RichterD B. 2007. Humanity's transformation of Earth's soil: pedology's new frontier. Soil Science, 172 (12): 957-967.

Ridgwell A, Schmidt D N. 2010. Past constraints on the vulnerability of marine calcifiers to massive carbon dioxide release. Nature Geoscience, 3: 196-200.

Ruddiman W F. 2003. The anthropogenic greenhouse era began thousands of year's ago. Climatic Change, 61: 261-293.

Ruddiman W F. 2013. The Anthropocene. Annual Review of Earth and Planetary Sciences, 41: 45-68.

SAGE. 2013-12-09. The Anthropocene Review. http://anr.sagepub.com.

Samways M J. 1999. Translocating fauna to foreign lands: Here comes the Homogenocene. Journal of Insect Conservation, 3: 65-66.

Schwägerl C, Bojanowski A. 2011-09-04. The Anthropocene Debate: Do Humans Deserve Their Own Geological Era?. http://www.spiegel.de/international/world/the-anthropocene-debate-do-humans-deserve-their-own-geological-era-a-773233.html.

Smith F A, Elliott S M, Lyons S K. 2010. Methane emissions from extinct megafauna. Nature Geoscience, 3: 374-375.

Smol J P, Wolfe A P, Birks H J B, et al. 2005. Climate-driven regime shifts in the biological communities of arctic lakes. PNAS, 102 (12): 4397-4402.

Steffen W, Crutzen P J, McNeill J R. 2007. The Anthropocene: Are humans now overwhelming the great forces of nature? Ambio, 36: 614-621.

Steffen W, Sanderson A, Tyson P D, et al. 2004. Global Change and the Earth System: A Planet under Pressure. Berlin: Springer: 1-336.

Steffen W, Sanderson A, Tyson P D, et al. 2010. 全球变化与地球系统：一颗重负之下的行星. 符淙斌, 延晓冬, 马柱国, 等译, 北京：气象出版社, 96.

Stocker B D, Strassmann K, Joos F. 2011. Sensitivity of Holocene CO_2 and the modern carbon budget to early human land use: Analysis with a process-based model. Biogeosciences, 8: 69-88.

Stocker T F, Zalasiewicz J, Kasting J, et al. 2013. Five years of Earth science. Nature Geoscience, 6 (1): 7-16.

Syvitski J P M, Kettner A. 2011. Sediment flux and the Anthropocene. Phil Trans R Soc A, 369: 957-975.

Syvitski J P M, Vörösmarty C J, Kettner A J, et al. 2005. Impact of humans on the flux of terrestrial sediment to the global coastal ocean. Science, 308 (5720): 376-380.

Tyrrell T. 2011. Anthropogenic modification of the oceans. Phil Trans R Soc A, 369: 887-908.

UNEP (United Nations Environment Programme). 2007. Global Environment Outlook 4: Environment for Development.

UNESCO. 2013-12-12. World Philosophy Day 2013: "Inclusive Societies, Sustainable Planet". http://www.unesco.org/new/en/unesco/events/prizes-and-celebrations/celebrations/international-days/world-philosophy-day-2013.

United Nations Department of Economic and Social Affairs, Population Division. 2009. World Population Prospects: The 2008 Revision, Highlights, Working Paper No. ESA/P/WP. 210.

USGS. 2012. How much water is there on, in, and above the Earth? http://ga.water.usgs.gov/edu/earthhowmuch.html.

Vidas D. 2011. The Anthropocene and the international law of the sea. Phil Trans R Soc A, 369: 909-925.

Vörösmarty C J, Meybeck M, Fekete B, et al. 2003. Anthropogenic sediment retention: major global impact from registered river impoundments. Global and Planetary Change, 39: 169-190.

Wiley. 2013. Earth's Future. http://onlinelibrary.wiley.com/journal/10.1002/(ISSN)2328-4277

Wolfe A P, Hobbs W O, Birks H H, et al. 2013. Stratigraphic expressions of the Holocene-Anthropocene transition revealed in sediments from remote lakes. Earth-Science Reviews, 116: 17-34.

World Wild Fund for Nature. 2012. Living Planet Report 2012.

Zalasiewicz J, Williams M, Smith A, et al. 2008. Are we now living in the Anthropocene? GSA Today, 18 (2): 4-8.

附录 人类世工作小组成员表

年份	成员	所属机构	邮箱
2009 (16人)	Alan Haywood	英国利兹大学	A. M. Haywood@ leeds. ac. uk
	Andrew Kerr	英国卡迪夫大学	kerra@ cardiff. ac. uk
	Jan Zalasiewicz	英国莱斯特大学	jaz1@ le. ac. uk
	Mark Williams	英国莱斯特大学	mri@ le. ac. uk
	Mike Ellis	英国地质调查局	mich3@ bgs. ac. uk
	Mike Walker	英国威尔士大学	walker@ lamp. ac. uk
	Philip Gibbard	英国剑桥大学	plg1@ cam. ac. uk
	Simon Price	英国地质调查局	sprice@ bgs. ac. uk
	Carlos Nobre	巴西国家空间研究所	carlos. nobre@ inpe. br
	Davor Vidas	挪威弗里德约夫·南森研究所	Davor. Vidas@ fni. no
	Eric Odada	肯尼亚内罗毕大学	eodada@ uonbi. ac. ke
	Erle Ellis	美国马里兰大学	ece@ umbc. edu
	Mary Scholes	南非金山大学	mary. scholes@ wits. ac. za
	Paul Crutzen	德国马普化学研究所名誉教授	paul. crutzen@ mpic. de

7 人类世研究国际发展态势分析

续表

年份	成员	所属机构	邮箱
2009 (16人)	Will Steffen	澳大利亚国立大学气候变化研究所所长	will. steffen@ anu. edu. au
	安芷生	中国科学院地球环境研究所	anzs@ loess. llqg. ac. cn
2010 (新增3人)	Alejandro Cearreta	西班牙巴斯克大学	alejandro. cearreta@ ehu. es
	Andrew Revkin	纽约时报	revkin@ gmail. com
	Jacques Grinevald	瑞士日内瓦高级国际关系与成长研究学院	jacques. grinevald @ graduateinstitute. ch
2011 (新增5人)	Colin Waters	英国地质调查局	cnw@ bgs. ac. uk
	Ian Fairchild	英国伯明翰大学	i. f. fairchild@ bham. ac. uk
	Dan Richter	美国杜克大学	drichter@ duke. edu
	John McNeill	美国乔治城大学	mcneiilj@ georgetown. edu
	Clémen Poirier	法国拉罗谢尔大学	Clement. poirier@ univ-lr. fr
2012 (新增6人)	Alex Wolfe	加拿大阿尔伯塔大学	awolfe@ ualberta. ca
	Matt Edgeworth	英国莱斯特大学	me87@ le. ac. uk
	Michael Wagreich	奥地利维也纳大学	michael. wagreich@ univie. ac. at
	Peter Haff	美国杜克大学	pkhaff@ gmail. com
	Tony Barnosky	美国加利福尼亚大学	barnosky@ berkeley. edu
	Reinhold Leinfelder	德国柏林自由大学	leinfelder@ hu-berlin. de

注:Jan Zalasiewicz 一直是人类世工作小组主席,而秘书则有变动,2009~2010 年由 Mark Williams 担任,2011~2012 年由 Colin Waters 担任

8　国际空间站物理科学研究前沿发展态势分析

韩　淋　王海名　王海霞　郭世杰　杨　帆

(中国科学院文献情报中心)

摘　要　作为目前在轨运行的最大的空间平台，国际空间站（ISS）不仅是人类在近地轨道上的一个前哨基地，而且是一个拥有现代化科研设备、可开展大规模、多学科的基础和应用科学研究的空间实验室。物理科学是 ISS 上重要的科学研究领域，包括复杂流体、流体物理、材料科学、燃烧科学和基础物理研究。ISS 为物理科学研究提供了无与伦比的条件，可开展长期、有人照料的微重力实验研究工作，是其他平台所无法媲美的。此外，物理科学研究可能孕育重大科学突破，其成果将促进空间和地面的创新技术和应用的发展。

本报告利用文献计量学和文本挖掘方法来描绘 ISS 物理科学研究的发展态势。从 ISS 开始建设至今，物理科学五大研究方向上共计开展了 81 项实验，其中流体和材料科学实验项数最多，基础物理和复杂流体实验的平均开展次数最多；在实验资助航天机构方面，美国的实验项目最多，同时各国体现出不同的研究重点。ISS 于 2011 年基本建成，步入全面应用时代。随着各种专门、多用途以及暴露研究设备陆续就位，物理科学研究活动的开展愈发活跃，并且涌现出越来越多引人瞩目的研究成果，例如"冷焰"燃烧新现象和利用电场下胶体自组装制造纳米材料被选入美国国家航空航天局（NASA）公布的"国际空间站十大科研成就"，一些实验项目已产出具有较高影响力的研究论文或实用化的授权专利等成果。在不久的未来，ISS 上还将开展几项引发高度关注的物理研究，如空间原子钟组合、空间光钟、PK-4 等离子晶体研究和冷原子实验室等，一些新的研究设备也即将登场。按目前规划，ISS 的使用寿命将延续至 2020 年或更久，可期待未来将产生更多成果。

美国、俄罗斯、欧洲和日本等国/地区都制定了 ISS 物理科学研究和发展规划。美国一直是 ISS 物理科学研究的"领跑者"，无论实验项数还是次数都遥遥领先，但相比于前 ISS 时期，研究活动和预算都大幅缩减。2011 年，美国国家研究理事会建议重振微重力物理科学研究，并提出基础物理、应用物理和可推动空间探索任务开展的转化性研究共三类研究建议。欧洲和日本非常注重长期、持续性地制定专门的 ISS 物理科学研究计划，欧洲的研究计划采用"自上而下"制定战略规划、"自下而上"形成研究项目的方式，并通过定期外部评审评估和更新计划。

ISS 物理科学研究活动的开展历程并非一帆风顺，总结其中的成就、经验与教训，可为我国规划空间站研究活动提供一些参考和借鉴，为此提出以下建议：①确定物理科学在空间站科学研究中的重要地位，通过顶层规划来制定长期的、战略性的研究计划，并定期开展评估，调整研究重点和优先级；②科学合理地规划优先研究方向和实验项目，统筹兼顾两类研究——为开发未来空间探索所需的先进技术，特别是那些易受空间环境影响的技术开展的"能实现空间探索的研究"和需要空间的独特环境、可推动基础科学认知发展的"空间探索能实现的研究"；③围绕长期研究计划和优先研究方向来尽早规划和部署研究设备，有效地支持研究的开展。

关键词 国际空间站 微重力 物理科学实验 研究设备

8.1 引言

1998年11月20日，国际空间站（ISS）第一个组件——俄罗斯"曙光"号多功能舱发射升空，拉开了ISS在轨装配的序幕。经过10余年的边建设边应用，ISS基本在2011年完成组装，目前已经进入全面应用阶段。

ISS 不仅是人类在近地轨道上的一个前哨基地，而且是一个拥有现代化科研设备、可开展大规模、多学科的基础和应用科学研究的空间实验室。ISS 的主要目的是为在微重力环境下开展科学实验研究提供一个装有实验载荷、可分配利用各种资源、支持人长期居留的地球轨道设施。人们期望 ISS 可以作为一个世界级的在轨实验室，开展高水平的科学研究，为科学和技术开发的重要领域提供可利用的微重力资源。

目前，ISS 上的科学实验项目主要由美国国家航空航天局（NASA）、俄罗斯联邦航天局（Roscosmos）、欧洲空间局（ESA）、日本宇宙航空研究开发机构（JAXA）和加拿大空间局（CSA）合作进行，涵盖六大研究领域：人体研究、生物学和生物技术、物理科学、技术开发与验证、对地观测和空间科学，以及教育和推广活动。

物理科学是 ISS 上重要的科学研究领域，针对微重力下的复杂流体、流体物理、材料科学、燃烧科学和基础物理开展研究。空间探索可使许多物理科学研究获得发展机会，反过来物理科学研究成果也能够推动空间探索更好地开展：一方面，ISS 可为许多物理科学研究提供地面及其他空间平台所无法比拟的特殊实验条件，如可在微重力环境下开展长期研究，航天员可对实验进行必要操作，同时地面上的科学家可对实验开展进行及时反馈和修正等；另一方面，一些物理科学研究可推动空间探索技术的发展，并可能在地面有极大的应用前景，如燃烧研究有助于提升未来空间探索的消防安全，也可用于在地面提升燃烧效率、降低污染；对胶体的研究不仅会促进空间新材料、航天器推进系统等技术的进步，还将有助于提高地面消费产品的存储寿命等。

2011年 ISS 基本完成组建，其中为物理科学研究提供了开展燃烧、流体和材料科学研究的专用研究设备和相关配套设备,研究设备的有效支持配合以航天员和地面的协同操作,将极大促进物理科学研究的开展。

ISS 的微重力环境是物理科学研究开展的基础。ISS 的重力加速度水平约为地表值(9.8 米/秒^2,$1g$)的百万分之一。ISS 上残余的重力主要由两类加速度引起:准稳态加速度和振动加速度。由于这两种加速度的水平会对微重力实验产生影响,因此 ISS 在设计、组装和运行时已经充分考虑了其准稳态和振动加速度水平,不仅考虑了 ISS 内何处必须满足这一水平,还考虑了 ISS 必须持续满足这一水平多长时间。

准稳态加速度是大小和方向变化相对缓慢的一种加速度,其时间尺度大于 100 秒(即频率小于 0.01 赫)。NASA 对 ISS 组装完成后的准稳态加速度要求为:美国"命运"号实验舱内 50% 的"国际标准载荷机柜"、欧洲"哥伦布"实验舱和日本"希望"号实验舱的准稳态加速度水平必须小于 $1\mu g$($10^{-6}g$),这一准稳态加速度水平必须至少连续保持 30 天,每年 6 次。

振动加速度主要由载荷和运动系统引起,其频率(f)介于 0.01~300 赫。NASA 对载荷和运动系统施加在 ISS 上的振动加速度水平的要求如下:

(1) 频率范围 $0.01 \leq f \leq 0.1$ 赫:小于 $1.8 \times 10^{-6}g$。
(2) 频率范围 $0.1 \leq f \leq 100$ 赫:小于 $1.8 \times 10^{-5}g$。
(3) 频率范围 $100 \leq f \leq 300$ 赫:小于 $1.8 \times 10^{-3}g$。

这一振动加速度水平必须至少连续保持 30 天,每年 6 次。

ISS 微重力环境的剖面图如图 8-1(XZ 平面)和图 8-2(YZ 平面)所示。ISS 的坐标系统为右手笛卡儿直角坐标系,其中坐标原点为 ISS 的质心;X 轴是平行于美国"命运"

图 8-1 国际空间站微重力环境-XZ 平面

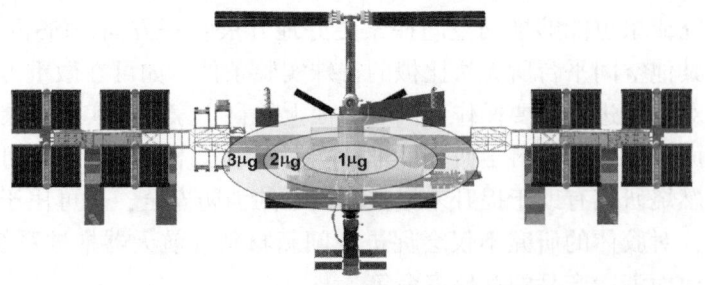

图 8-2 国际空间站微重力环境-YZ 平面

号实验舱的纵向轴线,其正方向指向远离俄罗斯舱段的方向;Y轴平行于集成桁架S0,其正方向指向ISS的右舷;Z轴正方向为天底方向,即指向地球。

8.2 主要国家/地区微重力物理科学研究历程、重要计划及未来发展战略

8.2.1 美国

NASA自1958年成立以来,一直广泛致力于拓展人类在空间的探索,同时维护其健康和安全,并为开展关于重力究竟如何影响物理现象及生物体的科学研究提供必要的平台和资源。空间探索活动的开展让人们很快认识到空间环境与地面截然不同,空间飞行器的设计及空间适用技术将成为一项重大挑战。此外,接近失重的环境会对许多生物和物理现象产生根本性的独特影响,而在地球上很难对这些影响进行研究,空间为回答基本科学问题提供了机遇。

20世纪70年代,在NASA总部成立了生命科学和微重力科学办公室。生命科学领域设立了3项计划,得到约翰逊空间中心和埃姆斯研究中心的支持。与此形成对比的是,微重力物理学计划的开发难度更大,部分原因在于其是从与空间飞行系统开发相关的专门技术研究发展而来的。流体物理因与推进控制等飞行系统相关而成为最早的突破口之一。逐步开展起来的物理学研究活动可以大致分为几类:流体物理、材料科学(晶体生长、冶金学、软物质等)、生物技术(电泳、蛋白质结晶学等)、燃烧科学和基础物理。

NASA真正开始专门的微重力生命科学和物理学研究是在"阿波罗"计划(1968~1972年)时期,其中开展的物理实验包括流体流动、传热及生物分子电泳实验。尽管这些早期实验的结果很少在经过同行评议的科学期刊上发表,但"阿波罗"计划在微重力科学领域开创了"以科学假说驱动研究"的先河。

在20世纪70年代初期,"天空实验室"(Skylab)成为美国的第一个空间站。从1973年5月到1974年2月,执行了4次天空实验室任务,任务为期28~84天。飞行中许多物理学研究的目标是关于微重力对浮力驱动的对流和材料加工的影响。在微重力环境下,浮力的减小或消失会改变对流过程,这对许多加工过程中的凝固和结晶而言也非常重要。在没有浮力的情况下,许多反应受扩散限制,不仅动力学特征发生变化,而且反应的时间长度也会增加。预期有商业化应用可能的无容器加工实验也位列其中,但未能有效开展。

在航天飞机的飞行历史中,一系列物理学研究都是在由欧洲研制的、搭载美国航天飞机升空和返回的"空间实验室"(Spacelab)中进行的。这些任务包括美国微重力实验室(USML)任务——USML-1和USML-2、微重力科学实验室(MSL-1)以及几项国际合作任务。所有这些实验的主题都可归属于前面提到的几个物理学研究方向。流体物理实验研究表面张力和热毛细驱动流,可产生对不稳定性和振荡流激振的新认知。多相流体流动实验及气泡、液滴和聚结研究也是计划的重要内容,研究目标是生长体积大、缺陷少的合金和有机均相晶体,如碲镉锌和蛋白质。利用电磁悬浮装置对过冷液体进行了研究,以期获得

金属玻璃形成的设计思想及金属玻璃，这些结果具有重要商业价值。实验还研究了涉及材料科学和流体物理的没有对流传热条件下的枝状晶体生长。燃烧是一项基础性的、与消防安全相关的活跃领域，相关研究的核心是火焰的传播和熄灭、燃烧点火和自动点火、低温干馏以及产生重要成果的液滴燃烧。在空间实验室时代，基础物理开始成为微重力研究中的重要方向，在中等和超低温条件下开展了4项与相变和临界现象相关的实验，研究结果包括实现了迄今为止对液氦超流体临界点的最精确的测量。总体上讲，在航天飞机时代，微重力物理研究领域产出了大量成果，取得了众多发现，所有这些都是在进入空间的基础上实现的。

ISS计划开始后，NASA及其国际合作伙伴致力于将ISS建设成为一个世界级的研究实验室，开展划时代的研究，提供可在微重力下开展时间超过6个月的研究机遇，相较于过去这无疑是一个重大飞跃。

2003年，美国国家研究理事会（NRC）发布了《对NASA微重力物理各研究方向的评估》报告。报告对流体物理、燃烧、基础物理和材料科学四大领域的研究情况进行了介绍，并细述了各领域研究项目产生的影响和未来研究方向。报告对表8-1所列举的重要研究主题获得影响的可行性和重要性进行了评估。在对科学知识和认识的可能影响方面，获得影响可能性最大且造成影响最大的是研究主题14（a）、14（c）和16；在对地面应用的可能影响方面，获得影响可能性最大且造成影响最大的是研究主题1和18；在对NASA技术需求的可能影响方面，获得影响可能性最大且造成影响最大的是研究主题10和11。

表8-1 微重力物理重要研究主题

编号	研究主题	编号	研究主题
1	多相流及传热	11	点火、火焰传播和工程材料筛选技术
2	复杂流体：（a）自组织和结晶化；（b）复杂流体流变	12	反物质的搜索和测量
3	界面过程：（a）浸润和扩散；（b）毛细驱动的流动和平衡；（c）聚结和聚集	13	元素组成测量
4	生物流体动力学：（a）细胞生物技术；（b）生理流动	14	完成ISS目前的基础物理实验：（a）低温实验；（b）相对论和精确时钟实验；（c）其他空间钟应用实验
5	湍流燃烧	15	过冷液体的成核过程和特性
6	化学动力学	16	凝固过程中微观结构形成动力学
7	烟尘和辐射	17	多相系统的形态演变
8	阴燃（焖烧）	18	计算材料科学
9	航天器火灾动力学的计算机模拟	19	采集微重力下液体状态的热物理数据
10	氧气系统消防安全		

同时，报告对纳米材料、集成纳米器件和分子与细胞生物物理学等新兴领域进行了研究，认为最重要的研究方向包括：在体外具有长期稳定性的蛋白质的开发方法、研究重力

影响的组织应力的细胞反应以及用于发电和能量转换的纳米技术。

2004年，NASA发布了《NASA微重力流体物理研究路线图》，称微重力流体物理研究将改变过去对基础科学研究的侧重，转而支持NASA开发可帮助实现未来空间探索的先进技术这一总体目标，规划未来研究。NASA在微重力流体物理研究路线图上的两大重点研究领域是先进生命支持和动力与推进，报告对两大研究领域的研究目标、近期规划（2004~2008年）和长期规划（2009~2015/2016年）进行了详述。先进生命支持领域的研究目标包括：提高采用两相技术的先进生命支持系统的性能和可靠性；改进用于空间和地面的气/液/固分离与混合技术；开发微重力和低重力环境下的高效填充床反应器；提高长期空间飞行中的通风/过滤系统的性能并减少其运营维护需求；改进对气体回收/再生系统中细颗粒物的管理（减少其产生、转移和沉积）。动力与推进领域的研究目标包括：通过更好地了解低重力对相变和多相系统的影响，促进高可靠空间电力和核电推进系统的开发；在低重力下推进剂和其他液体的存储和管理方面，减轻存储系统的质量并提高其可靠性。

NRC在2011年发布《重掌空间探索的未来：新时代生命和物理科学研究》报告，为NASA规划了最新的微重力物理研究的蓝图。

8.2.1.1 基础物理研究

在基础物理科学方面，主要集中于两项研究"任务"：①发现并探索主宰整个物质、空间和时间的物理规律；②发现和理解复杂系统的组织原则。空间的独特环境有助于解决这些基本自然法则中的重要问题，并可以在多个领域实现超出地面实验的高灵敏度测量。基础物理方面的4个优先研究主题分别是软凝聚态物理和复杂流体、基本作用力与对称性的精密测量、量子气体以及临界现象。

8.2.1.2 应用物理研究

应用物理研究，特别是流体物理、燃烧和材料科学，需要在很多关键探索技术中解决设计上面临的挑战性问题。应用物理研究可以实现新的探索能力，并产生对空间和地面多种物理现象的深入认识，特别是在提高能源生产、火箭推进、生保系统以及安全方面。应用物理研究在流体物理、燃烧和材料科学三方面共有11个优先研究主题，如表8-2所示。

8.2.1.3 可推动空间探索任务开展的转化性研究

包括选择确定那些有助于实现月球、火星或其他探测任务的技术，也包括实现这些技术、工艺方法和能力所需要的物理研究。高优先级研究主题包括：两相流和热管理；低温流体管理；机动性、漫游车和机器人系统；防尘系统；辐射防护系统；闭环生保系统；温度调节技术；防火安全：材料标准和粒子探测器；灭火和火灾策略；再生燃料电池；能源转换技术；核裂变地外天体表面发电；上升段和下降段推进技术；空间核动力推进；月球水氧提取系统；地外天体表面运行规划，包括原位资源利用（ISRU）和表面居住。

表8-2 应用物理科学优先研究领域和主题、研究现状、建议及目标

研究领域和主题	研究现状	2010~2020年目标	2020年之后目标	研究成果
流体科学				
低重力多相流、低温学和传热数据库与建模：相分离和相分布、相变传热、压降以及多相体系的系统稳定性	低重力数据非常有限且多是定性描述；几乎没有对低重力多相现象的详细且可靠的模拟	在ISS的流体集成柜上设计并建立一个多用途相变测试回路；获得有针对性的相分布、相变传热、压降及系统稳定性的数据库；实施对低重力条件下选定的相分布、流体管理、低温学和相变现象的直接数值模拟和分子模拟	获得全面详细的相分布、相分离和相变传热三维数据和相变机械，多尺度三维可计算多相流动力学模型；基于低重力数据库开发一维漂移通量模型	可靠的数据库，可用于开发和评估精确模型，为NASA设计和分析全新或改进能显著提高的性能，如发电和利用、废水回收、在轨加注、原位资源利用和提水等；对低重力下多相流和传热可靠的预测能力
界面流动现象：采集数据并研制在有传热的无传热的情况下自发或诱发多相低温机制模型	对重力热毛细和浮力驱动的流动有充分理解，但对由于局部浸润的接触线导致的问题缺乏了解	进行有针对性的实验，扩大核心知识，提高设计者和可选项和信心（多用途设备优先）	扩展实验宽度从而提升技术成熟度	一个可靠的数据库、模型和充足的经验，足以设计和分析可靠性有很大提升的航天器流体系统，并有相关地面应用
动态颗粒材料形态，以及地下岩土工程：用于载人或无人探索、原位资源利用（ISRU）采矿，以及居住的颗粒流体动力学和月球与火星岩土工程研究	计算方法和模型仅限于简单的粒子形状；重力影响不确定；目前表征的方法局限于基于地面的经验基础上，而探索和取样技术不适用于空间使用；对月壤几米深度以下数据缺乏了解，不利于ISRU的开展	为不规则形状颗粒和凝聚物粉碎/压实开发计算方法和模型；提高对航天器系统和陨石坑相互作用的理解，并考虑重力影响；开发深层原位取样方法；为地基、护道等土壤的应力应变特性开发合适的模型	改进不规则形状颗粒子尺度模型；改进包括重力影响的多尺度模型；收集用于表征月球土壤样品；开发挖掘和输送ISRU材料的方法；开发用于研制低重力标准的基础的方法	可预测传输媒介和颗粒材料之间的相互作用、陨石撞击、挖掘以及低重力条件下复杂颗粒系统的干扰流过渡；精确可靠的月球和火星土壤形态预测模型，用于分析挖掘、斜坡以及计算模型地基、护道的计算模型；正确用于研制低重力标准的结构和研行星土壤的形变和强度特性

— 300 —

续表

研究领域和主题	研究现状	2010~2020年目标	2020年之后目标	研究成果
流体科学				
减少尘埃：基于基础研究开发用以消减月球和火星表面尘埃的策略	之前的月球任务和火星大气的观测已发现由于尘埃引发问题的大量证据对尘埃累积的物理规律认识较少	在地面和ISS进行尘埃累积（特别是静电作用）实验研究开展地外环境下尘埃影响问题的数值模拟和建模工作	拓展适用于月球和火星环境的专门方法开发消除尘埃对密封系统、传感器和太阳能电池的不利影响的实用方法	获得低重力环境下尘埃行为的基本理解减轻尘埃对机械系统和传感器影响的实用方法
复杂流体物理学：利用ISS的微重力环境研究复杂流体	已经开展很多重要的微重力实验，但许多基本问题还有待解决	在ISS上研究颗粒材料、胶体、泡沫、生物流体、等离子体、非牛顿流体、临界流体、液晶在微重力下的行为开展在地面会受到重力影响的复杂流体研究	在ISS上继续开展相关研究	获得对复杂流体物理的更好理解
燃烧科学				
消防安全：空间应用材料易燃性和灭火性筛查方法	当前地面方法是不充足的	改进和补充现有的材料筛选方法	优化和实施新方法	提升航天员的消防安全
燃烧过程：开展新燃料和与未来任务相关的实用性航天材料的长时间、大规模低重力实验	目前对燃烧的基本过程和微重力的影响的认知还不完善重力对燃烧的重要性已得到验证，并发现了低重力下的新现象	完成ISS上的液滴相、气相和固相燃烧实验开始准备和规划大规模、长时间实验	进行大规模、长时间实验	加深对基本燃烧现象的理解一些基础知识可以改进消防技术其他地面应用可用到的知识
燃烧的数值模拟：关联地球重力和低重力的单相多相数值燃烧模型的开发和验证	许多计算工具是可用的，但输入数据和边界条件并不完善需要改进燃烧过程的理论和数值模拟手段	通过低重力实验开发和验证选定的数值模型	将模型与实验和设计进行整合	构建可用于预测、设计和解释实验及任务数据的、经过验证的数值模型

8 国际空间站物理科学研究前沿发展态势分析

续表

研究领域和主题	研究现状	2010~2020年目标	2020年之后目标	研究成果
材料科学				
材料合成、加工以及微观结构和性能的控制：研究受重力影响的材料合成、加工和微结构形成	近年来这类研究很少	为低重力下的材料合成、加工和微结构控制提供基准数据	开发新的实验设备，解决ISS现有设备不能解决的问题	提升了解和预测在地面和空间环境中多种材料的微结构形成和性能的能力，提升开发新材料的能力
先进材料：可帮助实现NASA任务的材料	对空间探索所需材料的基础研究很少，NASA一直依赖已有材料	使用实验和计算技术和方法开发新型先进材料	开发能明显改进质量和性能因子的新型异材料，如轻质、可运行温度高、可自我修复等	提升航天器和任务能力，同时降低成本
原位资源利用：有关如何原位利用矿物和材料的基础性研究	尽管已认识到其必要性，但是这方面的研究很少	确定和生产特定的战略性元素（如氧气）、材料技术发展，并在正常重力和低重力下都利用地外资源进行生产	在月球、火星或小行星上搜集元素、生产材料和元件	提升人类探索地外天体的前景

NRC 的报告为 NASA 总结了过去研究和组织工作的经验教训，并在谋划未来优先研究主题、优化组织管理方式等方面提出了很多建设性意见，报告在 ISS 基本建成、即将全面进入应用阶段时期推出，按目前计划 ISS 的寿命将至少持续至 2020 年，或可由此一窥 NASA 未来的 ISS 物理研究工作。

目前，美国 ISS 物理科学研究项目总体由 NASA 载人探索和运行任务部（HEOMD）负责。HEOMD 下辖的空间生命与物理科学研究和应用部负责具体实施空间生命科学、物理科学、人体研究和乘员健康与安全四大主题的研究项目。HEOMD 负责的物理科学研究计划（PSRP）共包括五大研究领域：流体物理、燃烧科学、材料科学、复杂流体和基础物理，各领域关注的主要研究方向如表 8-3 所示。负责实施 PSRP 的 NASA 领域中心为格伦研究中心（重点负责流体物理、复杂流体和燃烧科学）、喷气推进实验室（重点负责基础物理）和马歇尔空间飞行中心（重点负责材料科学）。

表 8-3　NASA 物理科学研究计划的研究领域和重点方向

研究领域	重点研究方向
流体物理	两相流，相变，沸腾，冷凝，毛细，界面现象
燃烧科学	航天器消防安全，固体、液体和气体，超临界反应流体，烟尘的形成
材料科学	金属和合金凝固，晶体生长，电子材料，玻璃，陶瓷
复杂流体	胶体系统，液晶，聚合物流体，泡沫，颗粒流
基础物理	临界现象，原子干涉仪，空间原子钟

不过从整体来看，与以往的研究相比，ISS 计划实施以来 NASA 所开展的物理科学研究受到了很大冲击。一方面，在 ISS 计划开展阶段，NASA 关于物理科学研究的组织和管理机构发生了重大变化，包括 NASA 基于 2000 年战略规划成立了生物和物理研究部；之后在 2004 年将原来的 7 个战略部改组为四个任务部，ISS 计划由空间运行任务部负责；2011 年，四大任务部更改为三个，ISS 计划由新成立的 HEOMD 负责。组织和管理机构的变化为研究的稳定、持续开展带来了挑战。另一方面，NRC 报告显示，自从 20 世纪 90 年代以来，很少或根本没有任何实质性的飞行计划可以扩展此前 10 年微重力物理科学研究所奠定的知识基础，这源于预算和优先性更高的"星座计划"等多方面影响。从 2003 年开始，NASA 对生物和基础的微重力科学的预算比之前的水平削减了 90% 以上，仅仅依靠国会批准保留了极少的部分，地基研究的机会也大幅减少，这是美国领导的以科学假说驱动的基础和应用性研究活动的真实情况。

8.2.2　俄罗斯

早在 1969 年，苏联就在联盟 6 号飞船上搭载了名为"火神"的空间炉，进行了金属焊接、合金熔化和结晶等空间材料科学实验。1971～1982 年，苏联共发射了 7 个"礼炮"号系列载人空间站。"礼炮"号空间站上开展的微重力材料加工研究工作取得了许多重要成果，如生长出质量为 1.5 千克的均匀单晶硅，制备了碲镉汞半导体材料、陶瓷和光学材料，还生产出球体伍德合金和铝镁、钼镓、铝钨、铜铟和锑铟等多种合金材料。

1986年，苏联发射了"和平"号空间站核心舱，开始建设大型载人空间站。建设完成的"和平"号空间站除核心舱外，还包括5个实验舱，其中1990年发射的晶体实验舱专门用于开展空间材料科学和生物学研究。晶体舱开展的物理科学研究多以应用为导向，包括材料加工和流体物理等研究领域，产生了一些重要成果，如生产出砷化镓、硅单晶和氧化锌晶体，还研究了毛细对流、异质扩散等现象，这对于发展和验证流体力学的理论模型、更好地设计水配给系统和推进剂输运系统等具有重要意义。

"和平"号空间站在2001年结束使命，以美俄为首的多国合作共同建设的ISS成为新的微重力科学空间研究平台。2005年10月，俄罗斯发布《俄罗斯联邦2006~2015年航天规划》，规划中部署的重要工作之一就是完成ISS的建造。俄罗斯对ISS计划十分重视，原因包括：首先ISS是一个空间实验平台，俄罗斯需要依靠ISS来继续进行各项空间实验。其次，建造和使用ISS的经验将是未来包括行星际探测在内的长期载人航天计划的基础，同时也是对实现这些任务所必需的各种航天设备和技术的测试。此外，俄罗斯通过ISS与其他国家开展广泛合作，不仅可以在经济上取得收益，同时通过承担航天员和货物运输任务，掌握了航天活动很大的主动权。

俄罗斯利用其拥有的ISS舱段开展多学科科学研究，物理科学研究是重要的组成部分，其研究主题包括晶体生长、新材料和结构、燃烧和合成物理学、流体、相变、低温物理学等。其中，对不同类型的高熔点无机材料开展了自蔓延高温合成研究，其研究结果可能在未来用于开展空间修补以及在其他行星表面进行建造等。另外，在等离子晶体研究方面发现了等离子晶体中的非线性波。俄罗斯下一步还将在以下几个方面开展研究工作：利用多区炉、采用不同方法生长制备半导体、金属和介电材料等的高质量晶体；流体和输运物理学、低温物理学；以及利用分子束外延技术在空间真空条件（$<10^{-12}$毫米汞柱）下实现半导体多层异质结构，通过这一技术可能将太阳能电池的效率提升至60%。

8.2.3 欧洲

欧洲主要依托国际合作的方式开展空间微重力物理科学研究。在1973年，ESA的前身——欧洲空间研究组织与NASA签署了联合研制空间实验室（Spacelab）的协议。Spacelab不是独立飞行的轨道设施，而是搭载航天飞机进入空间并由航天飞机供电。Spacelab于1983年首次入轨，至1998年ISS开始建设之前结束，共进行了20余次航天飞机任务，开展了大量科学研究，其中包括材料科学和加工实验、空间等离子体物理学等许多物理科学研究。进入ISS时代，欧洲的主要贡献之一是建造了"哥伦布"实验舱，为欧洲在ISS上开展包括物理科学在内的多学科科学研究活动提供了坚实基础。

2001年11月，在爱丁堡召开的ESA部长级会议上正式确定开展"欧洲空间生命和物理科学计划"（ELIPS）。ESA发布的《欧洲空间生命和物理科学计划执行摘要》报告详述了ELIPS计划的总体目标、研究目标和优先领域及实施方案等内容。

ELIPS的总体战略目标是"利用空间特殊条件、特别是ISS，开展生命和物理科学领域的基础和应用研究"，四大顶层科学与应用目标是探索自然、改善健康、创新技术与工艺和保护环境。为了实现这一总体战略目标，ELIPS制定了以下的行动路线：

（1）通过 ISS 应用促使研究团体收益最大化；
（2）加强和进一步发展空间生命和物理科学中的科学和工业用户团体；
（3）追求"最好的科学"的原则，加强与国际合作伙伴的合作和竞争；
（4）推进产学研结合；
（5）保障欧洲在该领域合作的连贯性；
（6）促进对大众特别是年青一代的教育和宣传活动；
（7）鼓励中小型欧洲企业开发先进设备并成为 ISS 的用户。

ESA 相信，ELIPS 计划的有效进行有望为计划参与国带来如下的改变：
（1）相关领域的论文数量和质量得到显著提升；
（2）科学家对空间领域研究的兴趣逐渐提高，空间科学成为主流学科；
（3）显著提高科研团队之间的跨国合作；
（4）在提供有说服力的应用价值的基础上提升工业和社会研究团体对空间领域研究的兴趣。

ESA 委托欧洲科学基金会（ESF）研究可促成实现这些目标的具体领域，并依据其建议凝练成覆盖 6 个学科的 14 个研究基石，分别是：基础物理领域的复杂等离子体和尘埃粒子物理学，冷原子和量子流体；流体物理和燃烧领域的流体与多相系统的结构和动力学，燃烧；材料科学领域的热物理特性，新材料、产品和工艺；生物学领域的生物技术，植物生理学，细胞与发育生物学；生理学领域的综合生理学，肌肉与骨骼生理学，神经科学；天体生物学与行星探索领域的生命的起源、演化和分布，为载人行星探索做准备。

ELIPS 计划采取了一种"自上而下"的战略框架，阐明了 ELIPS 的广泛目标以及运行的基本原理。而对于 ELIPS 计划具体任务的选拔，则采取了最终用户定义的"自下而上"形成研究规划的方式。具体来说，首先 ESA 发布机会公告，来自科研机构和工业界的研究团队提出新的项目并将研究方案提交 ESA，所有项目都必须对 ESA 提供的微重力研究平台有明确的需求。ESA 组织外部的独立评审专家对项目的技术可行性进行严格评估，通过评审的项目进入 ELIPS 项目池。进入项目池的项目还将由 ESA 的咨询小组进行再次评估，ELIPS 计划各参与国最终通过评审的项目才能获得各自国家航天局的资助，而 ESA 则提供硬件开发和飞行资源。

ESA 定期地邀请欧洲空间科学委员会（ESSC）和 ESF 对 ELIPS 计划进行评估，并根据评估结果对计划进行更新，提出 ELIPS 计划下一期的目标。ESA 已经完成了第 1~3 期 ELIPS 计划，目前已经开始进行第 4 期（即 ELIPS-4）。各期 ELIPS 计划情况列于表 8-4 中。

表 8-4　各期 ELIPS 计划情况一览

	获批时间	执行时间	预算金额/亿欧元	实际经费/亿欧元	项目数
ELIPS-1	2001 年 11 月	2002~2006 年	3.2	1.7	229
ELIPS-2	2005 年 12 月	2006~2010 年	3.2	1.6	
ELIPS-3	2008 年 11 月	2009~2012 年	4.0	约 2.9	约 260
ELIPS-4	2012 年 12 月	2013~2016 年	3.9	2.1	

2002年，第1期ELIPS计划（ELIPS-1）正式开始。在全面采纳ESSC和ESF提出的与ELIPS计划相关的发展建议的基础上，ESA制定了ELIPS-1的研究规划。ESA从超过600项申请的研究任务书中挑选出229项研究进行资助，超过1000名欧洲科学家和125家欧洲企业直接参与到ELIPS-1中。

ELIPS-1中的物理科学研究方向包括材料科学、流体物理与燃烧以及基础物理。材料科学方面的研究基石包括"热物理性质"和"新材料、产品与工艺"，其研究重点是：稳定和过冷液态金属性质的高精度测量，生长条件对晶体均匀性和缺陷的影响的定量研究，金属和合金微结构形成方式的建模。流体物理与燃烧方面的研究基石包括"流体结构和动力学、多相体系"和"燃烧"，其研究重点是：多相体系和超临界流体中的传热、质量交换以及化学过程的定量研究，混合物扩散过程、泡沫和乳浊液的稳定性研究，燃料液滴和喷雾、自点火和燃烧过程的量化研究，灰烬形成研究和固体燃料燃烧研究。基础物理方面的研究基石包括"复杂流体和尘埃粒子物理"和"冷原子和量子流体"，其研究重点是：复杂等离子体研究（包括自组织和相转移过程），原行星研究——光学特性及其大气污染物行为建模，空间冷原子钟研究，相对论和量子电动力学验证研究等。ELIPS-1各研究基石对ELIPS计划4大顶层目标的贡献以及涉及的项目数列于表8-5中。值得指出的是，在ELIPS-1的全部229个项目中，"新材料与工艺"以及"流体和多相体系"研究基石涉及的研究项目远超其他领域。

表8-5　ELIPS-1研究基石对ELIPS计划科学和应用目标的贡献

科学和应用目标	基础物理		流体物理与燃烧		材料科学	
	复杂流体与尘埃粒子物理	冷原子与量子流体	流体和多相体系	燃烧	热物理性质	新材料与工艺
探索自然	关键	关键	重要	重要	重要	重要
改善健康			重要			重要
创新技术与工艺	重要	重要	关键	重要	关键	关键
保护环境	重要		重要	关键		重要
项目数	11	5	30	8	8	46

2004年，ESA再次请求ESSC和ESF以前瞻性眼光对ELIPS计划的影响、成绩以及机遇进行评估，以期对ELIPS计划主管机构在相关领域的管理、投资等行为提供意见。最终形成的评估报告对ELIPS计划的战略、组织、结构以及科学优先级等方面都提出了发展建议。

在2005年召开的ESA部长级会议上，ESA宣布在2006年启动ELIPS-2计划。ELIPS-2计划与物理科学相关的研究方向与ELIPS-1相同，包括材料科学、流体物理和燃烧以及基础物理。材料科学方面的研究基石包括"基于流体设计材料"和"用于先进工艺的流体热物理性质研究"，其研究重点是：外力（如离心力）对流体的影响研究，与固体相关的界面现象研究（毛细现象、浸润现象、传热、相变等），复杂流体——气泡、膜乳化研究，与燃烧相关的化学过程研究，超临界现象研究以及颗粒材料研究等。流体物理和燃烧方面的研究基石包括"流体结构动力学、多相体系及界面"和"燃烧"，其研究重点是：

对流和界面热与物质交换、相变以及沸腾，动态条件（振动）下的流体管理研究，泡沫结构和流变性、乳浊液和液滴研究，生物流体和微流体动力学研究以及部分预混喷射系统的燃烧性能研究。基础物理方面的研究基石是"等离子体物理和固体/液体尘埃粒子"和"冷原子钟、物质波和玻色-爱因斯坦凝聚"，其研究重点是：长程相互作用研究、复杂等离子体研究、凝聚态物理研究、复杂体系：大气和宇宙粒子研究等。

2008年2月，ESSC和ESF对ELIPS-2的相关成果进行了评估，并提出了ELIPS下一阶段的战略和科学优先级建议。在2008年11月召开的ESA部长级会议上，将在2009至2012年进行的ELIPS-3得到了ELIPS计划各参与国的一致批准。ELIPS-3着重选择了那些已经在国际范围内拥有一定的研究基础，并预期可以产生显著成果的关键问题。其中，与物理科学相关的研究方向仍然是材料科学、流体物理与燃烧以及基础物理。材料科学方面的研究基石包括"新材料、产品及工艺"和"用于先进工艺的流体热物理性质研究"，其研究重点是：高温熔体的热物理性质，对流对合金中不同微结构的形成的影响，处理工艺对生物、有机和无机材料的特性的影响，研究处理工艺与轻质金属/金属间化合物材料的性能和结构之间的基本关系。流体物理与燃烧方面的研究基石包括"流体和界面物理"和"燃烧"，其研究重点是：界面动力学与性质，相分离的主要机理，复杂流体的稳定性，超临界流体的物理化学性质，分散系统的燃烧过程，利用模型流体系统研究对流的基本原理。基础物理方面的研究基石是"冷原子钟、物质波、玻色-爱因斯坦凝聚"和"等离子体物理和固体/液体尘埃粒子"，其研究重点是：以前所未有的精度验证基础物理理论和测量基本常数，时频传递、世界范围内时钟比对，微重力条件下简并量子气体的动力学和特性，物质波干涉仪：从原子到大分子，高性能空间原子钟：从微波钟到光钟，空间量子通信测试等。

2012年2月，ESSC和ESF对ELIPS计划再次进行独立评估。在2012年12月举行的ESA部长级会议上，ESA在采纳ESSC-ESF评估报告的相关发展建议的基础上发布了ELIPS-4的相关内容。ELIPS-4将于2013～2016年进行。其中，与物理科学相关的研究方向仍然是材料科学、流体物理与燃烧以及基础物理。材料科学方面的研究基石包括"基于流体设计材料"和"用于先进工艺的流体热物理性质研究"，其研究重点是：热物理性能，合金显微结构-对流影响，加工条件对结晶相和非晶相以及生物、有机和无机材料特性的影响。相关性：材料加工-结构-新型轻质结构金属或金属间化合材料的性能。流体物理与燃烧方面的研究基石包括"流体结构动力学、多相体系及界面"和"燃烧"，其研究重点是：界面动力学与特性，地球上无法实现的条件下对流的不稳定性，相分离、蒸发和传热，复杂流体——粗化和稳定，分散系统的燃烧过程。基础物理方面的研究基石是"冷原子钟、物质波、玻色-爱因斯坦凝聚和量子"和"等离子体物理和固体/液体尘埃粒子"，其研究重点是：自然界基本常数，世界时标和全球时钟比对，简并量子气动力学，验证爱因斯坦弱等效原理，模拟分子间的相互作用等。

8.2.4 日本

日本利用空间环境开展物理实验研究活动在20世纪90年代较为频繁，然而利用微重力环境的长时间研究实验直到2008年日本"希望"号实验舱组装到ISS上才得以进行。在此前,研究者们利用探空火箭、抛物线飞行飞机、落塔实验来掌握实验技术和开展"希望"号实验舱上的准备实验。值得一提的是日本研究人员积极利用这些短时微重力技术,为"希望"号实验舱的科学利用开发出了先进的实验设备。

在早期微重力物理实验中,一个具有启发性的研究方向转变是在液体、气体的对流抑制研究以及样品浮力研究中。早期研究试图利用这些效应研制出高质量的半导体和新功能材料,但是后来意识到这一新的研究领域需要额外的地面研究、开发新的"希望"号实验舱实验设备、利用ISS上有限的资源以及积累更多的实验支持和运控专家。因此,在2002年确定的物理科学领域方案中,不再是单纯地试图制造高质量的材料,而是追求利用实验环境细致地观察晶体生长的基本过程和加深科学家对相关现象的理解。在"空间工厂"的概念由于将物质运输到空间的高昂费用而变得不切实际之后,人们开始关注从空间获得知识产权,而不是获得产品本身。由此自2002年就确立了以下两个科学研究优先级:①通过原位观察了解晶体生长的基本过程;②对微重力条件下出现的表面张力驱动对流获得系统性的了解。

在这一思想的指导下,"希望"号实验舱第一利用阶段(2008~2011年)确定了空间材料科学和空间生命科学两大研究方向。在"希望"号实验舱内安装了流体物理和溶液结晶原位观测设备,同时安装的还有一台计划用作高温结晶制造设备的梯度加热炉。日本科学家因此掌握了国际上比较独特的原位观察技术,包括利用干涉仪同时观察溶液相的温度和浓度分布。JAXA的材料科学实验主要集中在晶体生长与结构研究、晶体周围的对流现象研究方面。

"希望"号实验舱第二利用阶段(2011~2013年)的科学方案在2006年被确定,计划在第一利用阶段成果的基础上进一步扩大科学目标,包括通过消减和控制重力产生的波动来发现隐藏的现象、确认物理学的基本规律,以及确定新功能材料研制的设计原则。这一阶段规划了极端环境下的基础科学实验以及利用空间环境和空间活动进行的技术革新,日本希望通过"希望"号开发空间探索技术,并在国际空间活动中扮演重要角色。

2013年3月,JAXA发布了《至2020年"希望"号实验舱应用方案》,为"希望"号实验舱确定了三大优先研究领域,以满足其延长运行至2020年的应用需求。

在确定优先领域时,方案指出有必要去追求那些可以对工业有立竿见影效果或者可以使日本占领国际竞争的制高点,同时又能促进研究界积极合作的研究领域。重点考虑以下三点:①关注最具学术意义或社会影响力的科学领域,以及那些最显著地受到重力影响的系统;②对于还未被充分开展的新的研究领域赋予更高的优先级;③在设定优先领域时不要求实验主题与现有的设备相对应,否则可能会限制研究概念与灵感的提出并最终妨碍优秀和先进的研究成果的产生。在考虑研究提案时,要从其研究结果的重要程度和吸引力出发,甚至需要考虑给"希望"号实验舱安装新的设备可能造成的财政困难。

"希望"号实验舱第三利用阶段(2013~2015年)的项目正在征求中。方案指出,基于国际研究趋势,结合日本当前在ISS计划和"希望"号实验舱所取得的成果,JAXA选择了生命科学、航天医学和物理科学作为"希望"号实验舱至2020年的三大优先研究领域。JAXA依据两个标准凝练各领域的优先方向和目标。一是只有利用"希望"号实验舱才能开展的前沿科学研究,二是可用于未来空间活动的基础研究与开发。下面对物理科学方面的优先研究方向和目标进行介绍。

8.2.4.1 只有利用"希望"号实验舱才能开展的前沿科学研究

1)长期方向1:新型燃烧技术

日本CO_2减排的能源政策此前仅依赖于发展核能,因此开发能够减少CO_2排放的新型燃烧系统是非常有必要的。日本过去没有开展过在轨燃烧试验,仅仅开展过采用气体燃料的逆流火焰的落塔实验。

至2020年的目标和方法包括:至2015年左右,提供燃烧极限的理论背景,包括辐射和化学反应;至2020年左右,为新型燃烧系统做出贡献,为超高效率燃烧技术和CO_2回收燃烧技术打下基础。

2)长期方向2:气泡、液滴和薄液膜科学与技术

气-液界面由于存在巨大的密度跳变,因此极易受到重力影响,与之相关的一些现象只能在长时间的微重力环境下才能进行研究。根据该技术的特点,将其划分为空间长时间逗留研究和短时间逗留研究。长时间逗留研究大约需要5年的时间来做准备性研究和开发空间站上应用的实验设备;短时间逗留研究大约需要3年的时间来使新的视角和实验创新融入国外已经开展的相关研究。

至2020年的目标和方法包括:至2015年左右,试图评估和获得对气泡、液滴和薄液膜的基本现象的科学理解;至2020年左右,力争通过控制气泡、液滴和薄液膜来获得在微重力下经验证的创新性热控制技术。

3)长期方向3:极端和等离子环境下的平衡和非平衡现象

包括研究极低温和真空构成的极端环境下以及等离子体环境中的非平衡现象,前者包括^{4}He固体的研究,后者包括尘埃等离子体的研究。在地面环境中,由于受重力影响,几乎不可能对^{4}He晶体的粗糙化转变进行观察,也难以得到在尘埃等离子体研究中非常重要的三维各向同性库仑晶体。过去科学家曾经采用抛物线飞行进行过短时间的微重力^{4}He固体研究,但是飞机的振动容易造成故障。尽管日本科学家没有相关的实验经验,但是对国际研究做出过许多理论上的贡献。未来日本计划利用欧洲实验装置,通过国际合作开展研究。

在尘埃等离子体的研究中,研究人员将首先建立强库仑耦合等离子体的参数测量技术,理解空隙形成的机理,在此基础上开发在轨实验设备。通过在轨实验,科学家将验证无空隙等离子体的产生,验证固相晶体结构和固相转变、固体和液体相图,得到带电粒子体系的临界点,解释固相的形成和晶体生长的机理,理解功率平衡和粒子平衡的机理,解释细颗粒聚团的作用机制。

至2020年的目标和方法包括:至2015年左右,增加开展在轨实验所需的基础知识和技术,解决特定的重要问题(无空隙等离子体);至2020年左右,得到重要问题的解释,包括库仑晶体相与液体相之间的转变,晶体生长以及临界点。

4)短期方向1:利用无容器处理技术从过冷熔体制造新材料

这项技术旨在通过无容器处理和使样品在过冷状态下凝固的方式,获得具有卓越功能

的新材料，并通过系统性高精度测量样品的物理性质（黏性、表面张力、密度等），获得物理学的新认识。与之前开展的实验相比，新的空间实验采用成熟的无容器技术获得过冷状态。

至2020年的目标和方法包括：至2015年左右，寻找亚稳态材料，系统地测量高熔点材料（特别是氧化物）的各种物理参数；至2020年左右，整理和归纳从亚稳态相能够获得的组成结构、特征信息，以及达到亚稳态相所需要的物理过程（冷却速度、过冷度等）。

5）短期方向2：利用空间环境寻找对社会有用的软物质

本项目旨在寻找可在社会中发挥作用的软物质，例如蛋白质晶体，这可导致新医药和新功能材料的发现。在有重力影响时，表征分子特征的分子间的弱相互作用力会显著地受到重力分离和对流效应的影响，因而结晶困难，而这些困难可以在微重力下克服，获得分子整齐排列的晶体。

研究人员已经在以往的空间实验中积累了微重力下蛋白质晶体生长的技术经验，如高纯度蛋白质样品的获得、扩散速度的控制等。然而像过去一样依靠直觉和反复实验无法满足短期内获得研究投资回报，因而新的实验将更强调细致的理论计算与计算机模拟技术，以及采用更加科学的方法。未来的目标和方法包括：至2013年左右，搜索微重力影响显著的分子结构，建立空间提炼实验技术；至2016年左右，将空间实验的结果应用在地面工业中。

8.2.4.2 可用于未来空间活动的基础研究与开发——国际空间消防安全标准基础研究

固体材料在微重力下的燃烧特性显著区别于地面，ISS可以在较大空间内开展长持续时间的微重力燃烧研究，日本此前没有开展过在轨固体燃烧实验。

至2020年的目标和方法包括：至2015年左右：从固体燃料消防安全的角度出发获得燃烧极限的详细数据；至2020年左右：为未来载人空间活动基础消防安全标准的制定做出贡献。

8.3 国际空间站物理科学实验研究态势及其产出分析

通过对ISS已开展的物理科学实验的研究方向、研究内容、操作运行要求、应用前景、支持航天局以及重要成果产出等进行多角度分析，可全面展现ISS物理科学研究的发展态势。本节主要从以上角度进行分析，实验数据来源于NASA ISS计划网站，通过对网页文本进行提取和处理，形成具有多项可分析关键字段标签的文本数据集，时间指标参考ISS的远征任务编号，数据采集时间为2013年12月3日。实验产出论文数据来源于NASA ISS计划网站和ISI Web of Science-Science Citation Index Expanded（SCI-E）数据库，NASA ISS计划网站数据采集时间为2013年12月3日，SCI-E数据库利用关键词进行检索，数据更新时间为2013年12月13日，论文数据利用汤森路透集团开发的数据分析器进行文献计量分析、数据挖掘以及可视化分析。

8.3.1 物理科学实验总体分析

8.3.1.1 研究方向分析

目前已经在 ISS 上开展的物理科学实验共计 81 项，按照 NASA 的分类体系分为五大研究方向，分别是复杂流体、流体物理、材料科学、燃烧科学和基础物理。这里需要说明的是，在早期的文献中，甚至目前在美国之外的国家和地区，往往仍然将复杂流体主要归属于流体物理，少部分研究则归属为材料科学或基础物理；另一方面，材料科学（尤其是 JAXA 文献中的材料科学）往往包含有极大份额的流体物理内容。另外，各国对基础物理研究的分类也有所不同。在本报告后续的分析中，上述情形难以一一区分，只能依据原始文献进行粗略的分类与讨论。

各研究方向实验项数如图 8-3（a）所示，可以看出流体研究（复杂流体和流体物理）占据了很大比例，其次为材料科学研究。有些实验项目会在多次"远征任务"中开展，计算实验开展的次数可以展示研究的持续性，图 8-3（b）展示了各研究方向实验开展次数（一项实验被指定在一次"远征任务"中开展就被计为一次）的统计情况，基础物理和复杂流体是实验平均开展次数最多的研究方向，体现出基础性研究持续性更好的特点。

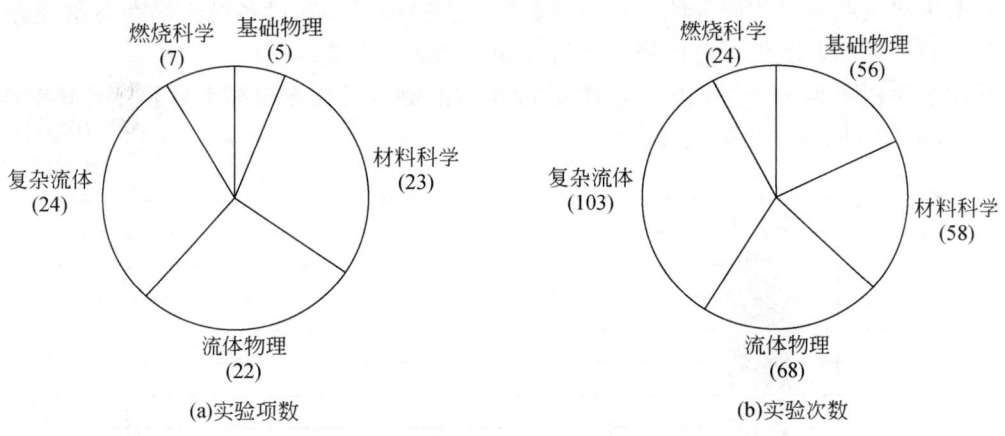

图 8-3 各研究方向实验项数和实验次数

按照实验安排的"远征任务"次序来统计各研究领域实验开展情况，如图 8-4 所示。可以看出从"远征任务"19/20 开始，每次远征任务所开展的物理实验总数有了显著的增长，从之前仅有个位数增长至二三十项。这一方面体现出对物理科学研究的重视程度在逐步增加，另一方面也可看出 ISS 乘员数量的增加确实极大促进了 ISS 科学研究工作的开展。在各研究方向对比方面，基础物理研究方向实验体现出整体研究项数虽然较少、但长期持续开展的特点。除基础物理实验外，其他研究方向在近年来呈现实验项数逐步增加的趋势，特别是在流体研究方面表现得更为突出。

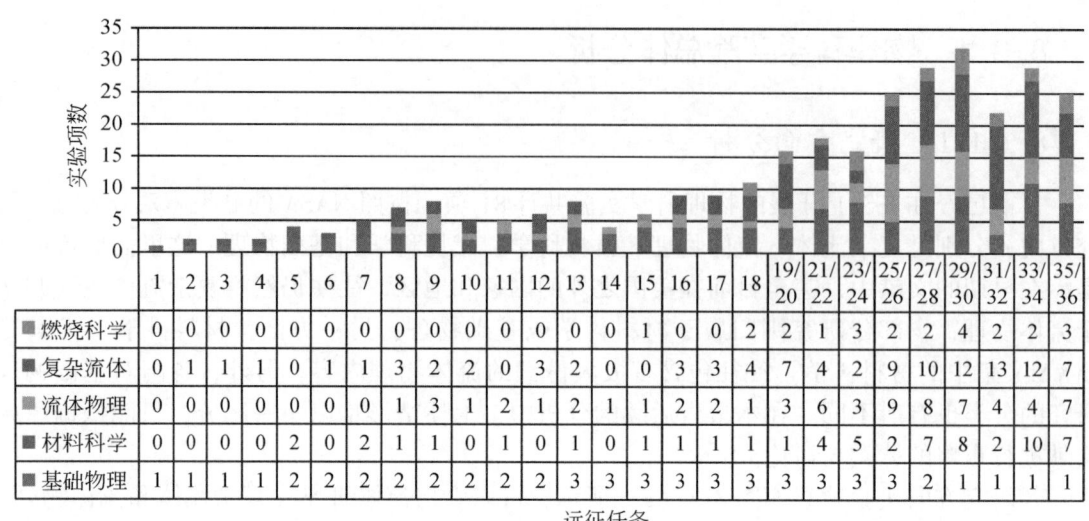

图 8-4　各远征任务开展的物理科学实验情况（见彩图）

8.3.1.2　各航天局侧重点分析

各航天局按照各自的研究侧重点来部署安排实验项目，通过各航天局在各研究方向上的实验项目数和实验次数可总体描画其研究侧重和优先方向。

从图 8-5 和图 8-6 综合来看，各航天局/机构的侧重研究方向都十分明显，其中 NASA 和 ESA 的研究方向覆盖更为全面。

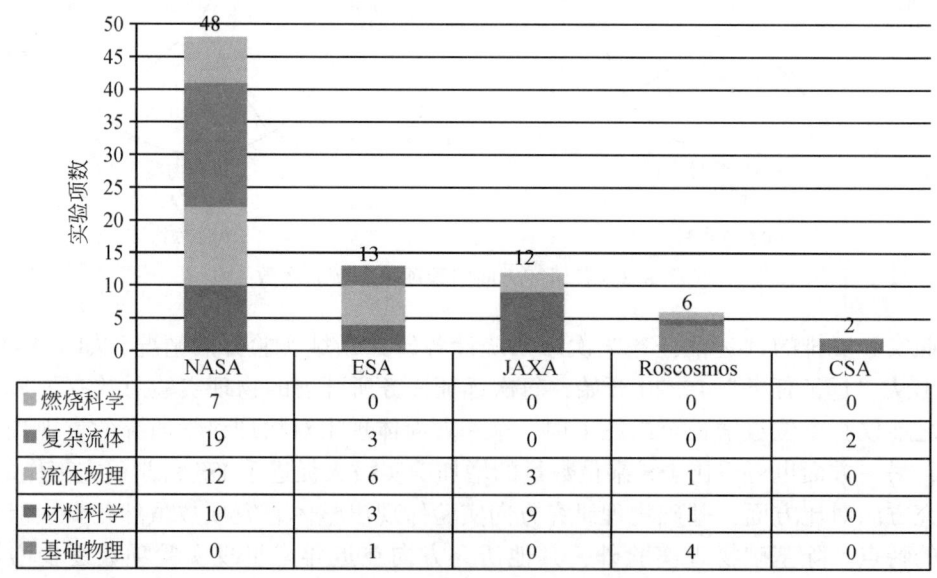

图 8-5　按实验项数统计各航天局资助实验情况（见彩图）

美国无疑是在 ISS 上开展物理科学实验项目最多且最频繁的国家，在 4 个研究方向上

8 国际空间站物理科学研究前沿发展态势分析

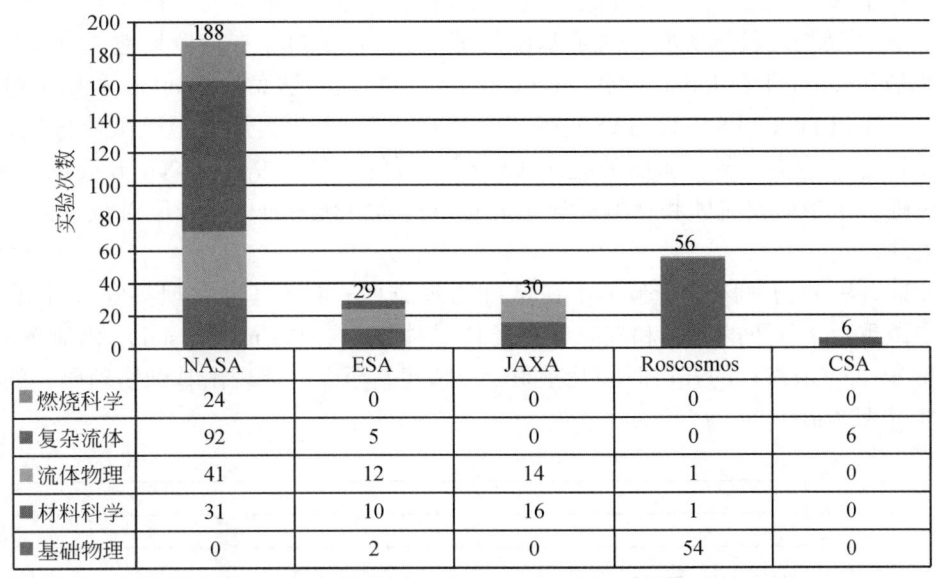

图 8-6 按实验开展次数统计各航天局资助实验情况（见彩图）

的实验项目都平均重复 3 次以上。特别是在复杂流体研究方向上，不仅实验项目最多（占总项目数的 40%），每项实验平均开展次数更高达 4.8 次，其实验次数高达 NASA 总实验次数的 49%。从图 8-7 中还可以看出，NASA 对流体研究的侧重贯穿 ISS 计划开展的始终，整体显示出 NASA 对物理科学特别是复杂流体和流体物理研究的重视。另一值得关注的是，所有燃烧科学实验均由 NASA 资助开展。NASA 在基础物理实验方面表现不佳，尽管 NASA 早已有规划在 ISS 上开展基础物理方面的实验研究，但至今尚未实现。曾经计划于 ISS 开展的几项空间原子钟项目，如"超导微波腔振荡器"（SUMO）实验、"空间原子基准钟"（PARCS）和"铷原子钟实验"（RACE）都已被取消。2011 年 NASA 宣布开展的"深空原子钟"（DSAC）技术验证项目计划于 2015 年搭载商业卫星升空。

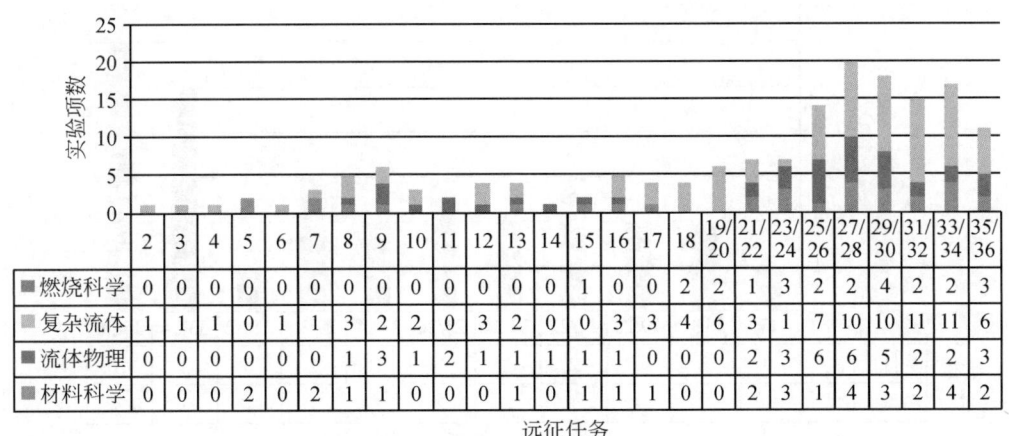

图 8-7 NASA 各远征任务开展的物理科学实验情况（见彩图）

ESA 和 JAXA 的实验舱为其开展物理科学研究提供了平台支持。ESA 自"远征任务"13 起才首次开展物理科学实验，这项基础物理实验 PK-3 Plus 在俄罗斯舱段开展，"哥伦布"实验舱于 2008 年在 ISS 就位后，ESA 的第二项物理科学实验 Geoflow 利用了舱内的流体科学实验室进行（图 8-8）。JAXA 在"远征任务"17 首次开展了一项流体物理实验，这项实验是在"希望"号实验舱的流体实验柜进行的（图 8-9）。JAXA 开展的实验不多，但侧重清晰，集中研究流体和材料科学相关问题，其中开展的马兰哥尼对流系列实验等非常引人关注。

俄罗斯开展的物理科学实验集中在基础物理方面，4 项基础物理实验共计开展了 54 次。其中微重力条件下的尘埃和液态等离子体晶体实验（Plasma Crystal）和弛豫-雷暴实验（Relaksatsia-Groza）的开展时间几乎贯穿 ISS 建站至今，体现出基础物理研究的持续性和连贯性（图 8-10）。

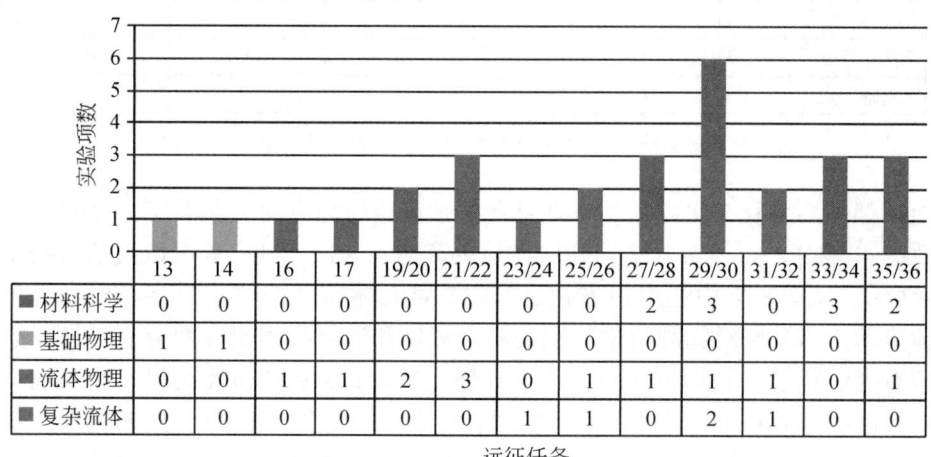

图 8-8　ESA 各远征任务开展的物理科学实验情况（见彩图）

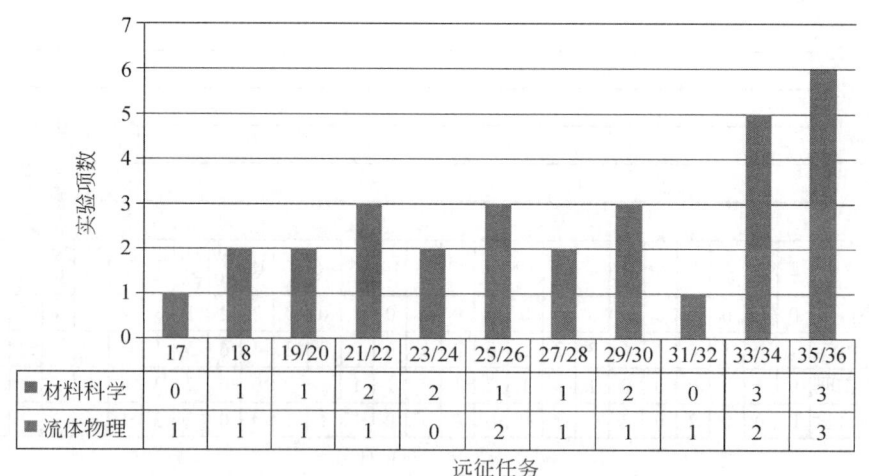

图 8-9　JAXA 各远征任务开展的物理科学实验情况

8 国际空间站物理科学研究前沿发展态势分析

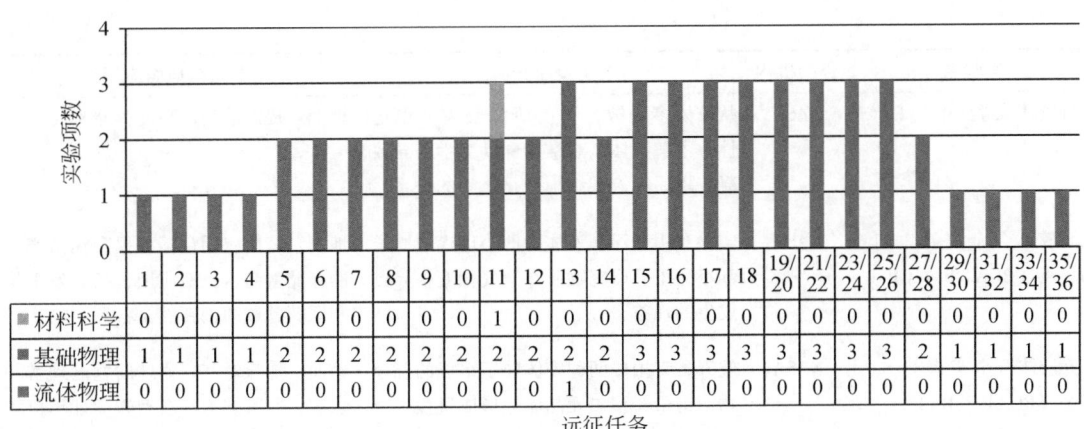

图 8-10　Roscosmos 各远征任务开展的物理科学实验情况

8.3.2 复杂流体实验

复杂流体是一种分散体系，它指的是具有一种或几种分散相的物质体系，也有人称之为软物质。在重力条件下，复杂流体的许多行为特征会受对流、沉降、分层等干扰，而微重力条件则有助于研究在地面上被重力作用所掩盖的过程，特别是分子间的相互作用力。

微重力复杂流体研究包括：胶体的聚集和相变研究；悬浮液和乳状液的稳定性研究；复杂等离子体的结晶研究；气溶胶的稳定性和聚集行为研究；对颗粒体系本征运动行为的研究；临界点现象的研究以及材料制备、石油开采和生物流体的相关问题研究等。对复杂流动现象的研究在材料设计中起到了切实的作用，如对复杂流体自组织现象的研究成果已经应用于纳米结构材料和器件的研制。近年来，复杂流体的力学和物理学，接触角、接触线和浸润现象等与物理化学密切相关的领域也越来越受到关注。

ISS 已开展 24 项复杂流体实验，并且以系列实验居多，体现出对复杂流体研究的高度关注，其中二元胶体合金系列实验已经开展了 12 项实验，累计实验次数达 78 次。复杂流体研究资助机构以 NASA 为主，CSA 资助开展了 2 项二元胶体合金系列实验，另外 ESA 利用可选光学诊断仪器开展了 3 项复杂流体研究系列实验（表 8-6）。在实验操作运行方面，多数实验为航天员负责实验的安装和启动，之后实验自动运行，航天员对实验情况进行定期检查直至实验完成，部分实验进行过程中需要地面的支持和控制，实验拍摄的图片由地面进行反馈或传输回地面进行详细分析。

表 8-6　ISS 复杂流体实验项目列表

实验名	资助机构	实验简介	空间与地面应用
先进胶体实验-1（ACE-1）	NASA	该实验是对包含微小胶体的粒子材料进行显微成像研究的系列实验中的第一项，研究胶体物质中的流动特性以及形成和排序效应	空间：实验研究胶体相关的基础物理问题，但一些成果也或将在空间探索中获得应用。地面：实验可增进对最基本的固液传输过程的了解

续表

实验名	资助机构	实验简介	空间与地面应用
先进胶体实验-M-1（ACE-M-1）	NASA	从胶体多分散性角度研究胶体的稳定性，了解胶体微观结构和动力学与导致凝胶坍塌的宏观结构变化之间的关系	地面：提高消费产品的存储寿命
二元胶体合金实验3和4：临界点（BCAT-3-4-CP）	NASA	实验利用悬浮在液体中的小球模拟原子和小分子，研究物质在液气相变临界点发生的现象	地面：短期应用包括可提高消费产品的存储寿命，长期应用包括开发电子和医药领域的创新性材料等
二元胶体合金实验3：二元合金（BCAT-3-BA）	NASA	航天员将拍摄两种胶体粒子组成的混合物，记录新型二元晶体的形成过程	地面：加深对基础物理问题的理解和认识，并可能为与新型光学计算机相关的光纤光学发展提供有用信息
二元胶体合金实验3：表面结晶化（BCAT-3-SC）	NASA	航天员将拍摄实验样品，记录在样品容器壁表面形成晶体的过程	空间：研究晶体更易于在表面而不是液体中形成，有助于研究空间液体贮存问题。地面：加深对基础物理问题的理解和认识，同时这种微米尺寸粒子的有序阵列或可能是用于开发新一代光学器件的理想材料
二元胶体合金实验4：多分散性（BCAT-4-Poly）	NASA	研究晶体悬浮于液体中的固体材料是如何形成晶体的，对比地面实验研究重力对晶体结构的影响	地面：结果有助于开发用于高速计算机、光学器件和其他先进材料的特殊晶体
二元胶体合金实验5：三维熔化（BCAT-5-3D-Melt）	NASA	观察悬浮于液体中的粒子结晶和熔化过程	空间：通过控制晶体尺寸和尺寸分布提升材料加工工艺。地面：促进胶体工程工艺的改进
二元胶体合金实验5：相分离（BCAT-5-PhaseSep）	NASA	航天员将拍摄胶体样本，以确定随时间推移产生的结构变化	空间：可用于未来航天器推进系统的超临界流体。地面：短期应用包括提高消费产品的存储寿命，长期应用包括开发计算机技术和先进光学领域的创新性材料等
二元胶体合金实验5：籽晶生长(BCAT-5-Seeded Growth)	NASA	研究胶体溶液中有籽晶存在时的结晶化过程	空间：通过研究籽晶和多分散性对结晶化的影响帮助开发新型材料。地面：促进相关研究，并可在陶瓷、复合材料、光学滤波器和光子带隙材料等领域获得应用
二元胶体合金实验6：胶体片（BCAT-6-Colloidal Disks）	NASA	实验以胶体为模型研究理论预测其存在但迄今尚未发现的一种新型液晶态	空间：开发新型液晶改进天基技术，如航天员头盔等。地面：利用不对称粒子可生产沿特殊方向生长的晶体，开发可调晶体

续表

实验名	资助机构	实验简介	空间与地面应用
二元胶体合金实验6：相分离（BCAT-6-Phase Separation）	NASA	研究在微重力环境下气液两相是如何实现相分离和均相化的	空间：该项研究将有助于空间水循环系统等开发，以及可用于未来航天器推进系统的超临界流体。地面：有助于研究可提高产品存储寿命的材料和添加剂
二元胶体合金实验6：籽晶生长（BCAT-6-Seeded Growth）	NASA	研究胶体溶液中有籽晶存在时的结晶化过程	空间：天基生产晶体可获得尺寸更大、性能更好的晶体，用于研究或提升地面晶体品质。地面：提升工业生产工艺，如塑料、日用品和医药等
临界流体与结晶化研究设备-ALI插件（DECLIC-ALI）	NASA	研究接近沸腾的液体，沸腾过程中的热流动在微重力下与在地面截然不同，此项研究有助于开发微重力下的冷却系统	空间：对研究低温火箭推进剂有所帮助。地面：近临界流体的许多参数可在非常微小的温度变化下发生很大变化，如可压缩性、密度和表面张力等，这种快速可变的特性使得近临界流体在流体研究中非常引人关注，可能有助于开发用于化学和环境科学的更好溶剂等
EXPRESS实验柜-空间中的胶体物理学（EXPPCS）	NASA	研究晶体形成和生长过程中的胶体动力学	空间：研究胶体生长过程将成为在空间中制造新材料和产品的重要基础。地面：实验对胶体行为的研究和理解可改进油漆、食品、药物输送系统和陶瓷等产品
胶体乳剂的顺磁性聚集结构研究（InSPACE）	NASA	研究磁性胶状流体在不同磁场影响下的基本行为	地面：振动阻尼系统、刹车系统等，有可能改善如桥梁和建筑物等的结构设计，使之更好地承受振动，未来还可能用于机器人技术等方面
胶体乳剂的顺磁性聚集结构研究-2（InSPACE-2）	NASA	研究磁性胶状流体在不同磁场影响下的基本行为	地面：振动阻尼系统、刹车系统等，有可能改善如桥梁和建筑物等的结构设计，使之更好地承受振动，未来还可能用于机器人技术等方面
胶体乳剂的顺磁性聚集结构研究-3（InSPACE-3）	NASA	研究磁性胶状流体在不同磁场影响下的基本行为	地面：振动阻尼系统、刹车系统等，有可能改善如桥梁和建筑物等的结构设计，使之更好地承受振动，未来还可能用于机器人技术等方面

续表

实验名	资助机构	实验简介	空间与地面应用
剪切历史拉伸流变实验（SHERE）	NASA	研究聚合物流体在预剪切后，处于微重力下被拉伸时的应力和应变响应	空间：对复杂流体拉伸流变的研究对更好地了解无容器加工技术非常重要，可应用于未来空间探索所需的原位加工和修复技术，如利用塑料、填充聚合物、金属、陶瓷和复合材料等原位加工部件，以及原位修补航天服等。地面：将改进地面制造工艺，如树脂纺丝技术等；黏弹性液体颗粒悬浮液可用于许多地面加工工作，如聚合物与填料熔化、陶瓷糊剂、生物医学材料、食品、化妆品和洗涤剂等
剪切历史拉伸流变实验-2（SHERE-II）	NASA	针对一种非牛顿流体，在特定的时间段内进行预剪切，然后进行拉伸。实验测量聚合物系统的拉伸黏度及其随拉伸强度的变化，目的是对聚合物流体在拉伸变形过程中的流动行为进行预测	空间：对复杂流体拉伸流变的研究对更好地了解无容器加工技术非常重要，可应用于未来空间探索所需的原位加工和修复技术，如利用塑料、填充聚合物、金属、陶瓷和复合材料等原位加工部件，以及原位修补航天服等。地面：将改进地面制造工艺，如树脂纺丝技术等；黏弹性液体颗粒悬浮液可用于许多地面加工工作，如聚合物与填料熔化、陶瓷糊剂、生物医学材料、食品、化妆品和洗涤剂等
可选光学诊断仪器-胶体溶液的聚合（SODI-Colloid）	ESA	研究微重力环境下胶体的聚合现象	空间：胶体工程工艺将有助于在空间中制造新材料和产品。地面：对胶体行为的研究和理解可改进颜料、食品、药物输送系统和陶瓷等产品
可选光学诊断仪器-胶体溶液的聚合-2（SODI-Colloid-2）	ESA	研究微重力环境下胶体的聚合现象。二元流体混合溶液可作为光学晶体的生长介质，研究可促进光子材料的生长技术发展	空间：胶体工程工艺将有助于在空间中制造新材料和产品。地面：对胶体行为的研究和理解可改进颜料、食品、药物输送系统和陶瓷等产品
可选光学诊断仪器-扩散和索雷特系数（SODI-DSC）	ESA	研究在微重力导致无对流条件下，6种不同流体随时间的扩散变化情况	空间：了解微重力下流体行为有助于更好地在 ISS 开展科学研究。地面：为更高效地开采石油资源提供信息。
二元胶体合金实验5：竞争（BCAT-5-Compete）	CSA	航天员将对悬浮在液体中的微粒（胶体）进行时序拍摄，研究固体从液体中结晶和相分离二者之间的竞争，以改进加工工艺和商业化产品	空间：研究相分离和结晶化之间的竞争关系这一基础物理问题。地面：对在地面研究如何控制这一竞争关系从而减少产品缺陷有帮助

续表

实验名	资助机构	实验简介	空间与地面应用
二元胶体合金实验-C1（BCAT-C1）	CSA	实验研究胶体悬浮系统，这种悬浮体的粒子具有相分离的特性，并能在光照下自组织为晶体。在微重力下研究这一过程将避免由重力引起粒子沉降的影响	地面：提升工业生产工艺，如塑料等，提高消费产品的存储寿命

8.3.3 流体物理实验

具有界面的流体体系普遍存在于自然科学和工程应用中。微重力环境中流体的晃动、流体的运动与固体结构的相互耦合是航天工程中经常遇到的问题。在微重力环境中，受重力驱动的对流、沉降、分层等作用被极大地抑制甚至完全消除，更能凸显气、液、固相间的传递机制，便于更深刻地揭示其流动与传热机理。微重力流体物理实验的主要目标是研究重力缺失条件下的流体的动态现象。对微重力环境中简单流体的传热和传质过程，主要研究毛细系统中临界现象和浸润现象，热毛细对流的转捩过程和振荡机理，液滴热毛细迁移及相互作用规律等方面。流体管理研究也是微重力工程中的重要课题。微重力气/液两相流动与传热研究的主要对象包括两相流动的流型、沸腾与冷凝传热、混合与分离等现象，对载人航天技术（如航天器热与流体管理系统、空间站与深空探测器等大型航天器动力系统、载人航天器环控生保系统以及空间材料制备与空间生物技术实验等）的发展有直接的应用价值。

ISS 进行了 22 项流体物理实验，涉及的研究方向众多，包括毛细现象、沸腾现象、对流现象、泡沫稳定性、流体热管理、颗粒材料行为以及超临界流体研究等（表 8-7）。在这些实验中很多实验都是系列实验，如毛细流系列实验、DECLIC 临界流体与结晶化研究设备系列实验等，凸显了对微重力流体物理研究的重视。流体物理科学实验的操作运行多为全自动进行，仅有部分实验需要航天员的参与，包括手动进行设备的安装和设置以及更换记录磁带等工作。

表 8-7 ISS 流体物理实验项目列表

实验名	资助机构	实验简介	空间与地面应用
毛细槽道流（CCF）	NASA	实验将有助于制定微重力环境下燃料、液氮和水等液体运输的新方案。对微重力环境下毛细槽道的流速研究，可以用于无需移动即可实现将液体从一个储库泵送到另一个储库的硬件的开发，这种设备的成本和重量降低而可靠性显著提高，因此该技术对 NASA 而言特别具有吸引力	空间：该实验对于设计和测试当前/未来空间任务的液体管理系统十分重要。地面：有助于开发新技术和提高地面的制造能力

续表

实验名	资助机构	实验简介	空间与地面应用
毛细流实验（CFE）	NASA	"毛细流实验"是一系列流体物理学实验，主要研究流体在微重力环境条件下的表面运动规律，目的是改进现有的微重力流体系统设计计算模型，并可能用于改良未来航天器的液体运输系统	空间：改良未来航天器的液体运输系统。地面：开发预测液体在多孔、复杂毛细结构和芯片实验室中流动的模型
毛细流实验-2（CFE-2）	NASA	"毛细流实验-2"进一步加强了对浸润现象的研究，未来可能用于改良航天器的液体处理系统	空间：改良未来航天器的液体运输系统。地面：开发预测液体在多孔、复杂毛细结构和芯片实验室中流动的模型
约束气泡（CVB）	NASA	旨在更好地理解微重力下蒸发和冷凝的物理特性以及它们如何影响冷却过程	空间：空间实验是研究此类内部低重力流体力学的唯一可用方法。地面：利用相关技术开发的热管有望应用在微电子工业和军事领域
DECLIC 临界流体与结晶化研究设备–高温插件（DECLIC-HTI）	NASA	主要研究低温/高温下临界流体行为、超临界水中的化学反应、透明合金的定向凝固、微重力环境下普通透明媒介实验	空间：实验所取得的成果将惠及未来载人飞行任务的流体管理和有机废物处理。地面：开发超临界水反应器用于废物处理。
DECLIC 临界流体与结晶化研究设备–高温插件再次飞行（DECLIC HTI-R）	NASA	DECLIC-HTI 的后续实验，研究超临界水中的氧化过程。	空间：实验所取得的成果将惠及未来载人飞行任务的流体管理和有机废物处理。地面：开发超临界水反应器用于废物处理。
DECLIC 临界流体与结晶化研究设备–定向凝固插件（DECLIC-DSI）	NASA	主要研究低温/高温下临界流体行为、超临界水中的化学反应、透明合金的定向凝固、微重力环境下普通透明媒介实验	空间：改进与形态不稳定性的发生和生长以及界面凝固和对流之间的耦合相关的理论模型和数字模拟方法。地面：改善对凝固模式的形成和选择的理解
流体混合黏度测量（FMVM）	NASA	验证一种新的测定液体黏度的方法的精度，即通过测量两滴液体混合到一起花费的时间来确定该液体的黏度	空间：传统方法无法测量非常黏稠的熔融玻璃，FMVM 实验开发的方法将对熔化的月球土壤形成的玻璃有更深入的了解，这对于未来建立月表的营地和开发用于长期空间任务的车辆部件非常重要。地面：新开发的方法对于测量过冷液体的黏度、开发新型快速成型工艺非常重要

续表

实验名	资助机构	实验简介	空间与地面应用
微型加热器阵列沸腾实验（MABE）	NASA	通过实验确定了微重力环境下沸腾过程中的临界热流，可用于为未来的空间探索工具设计最佳的冷却系统，并适用于地球环境	空间：实验开发的技术有望用于喷雾冷却、湍流测量以及流动沸腾等领域。地面：利用实验成果开发更高效的冷却系统
微重力条件下的可混溶流体（MFMG）	NASA	研究在微重力环境下，水被加入蜂蜜后，二者是否仍表现为可混溶液体	空间：这一研究对于材料的加工和流体处理有重要意义。地面：与微流控相关
纳米机架：俄亥俄州立大学沸石晶体（NanoRacks-OSU-Zeolite）	NASA	暂无	暂无
核池沸腾实验（NPBX）	NASA	研究微重力环境下的核池沸腾现象	空间：开发更有效的冷却系统，令未来的空间探索系统更小、更轻。地面：用于开发在极端环境（如深海、极冷地区以及高空）使用的换热设备
乳液稳定性的基础和应用研究（FASES）	ESA	研究乳液稳定性和液滴界面的物理化学特性之间的联系	空间：相关知识有望用在生产适用于空间探索的相关装置。地面：提高与乳化相关的许多产品的品质
泡沫光学和力学-稳定性（Foam-Stability）	ESA	研究湿泡沫在微重力环境下的行为	暂无
空间泡沫注塑与利用（FOCUS）	ESA	FOCUS实验是一项工业材料实验，研究微重力下泡沫的形成和稳定性。FOCUS实验将验证一种在ISS生产纳米粒稳定的泡沫的新技术	暂无
微重力条件下地球物理流体流动的模拟-1（Geoflow-1）	ESA	研究热量和流体在地幔中的流动，目的是对科学家和工程师所采用的地幔研究计算方法进行改进	暂无
微重力条件下地球物理流体流动的模拟-2（Geoflow-2）	ESA	研究热量和流体在地幔中的流动，目的是对科学家和工程师所采用的地幔研究计算方法进行改进	暂无
可选光学诊断仪器-振动对液体扩散的影响（SODI-IVIDIL）	ESA	研究微重力条件下，受控振动对不存在浮力对流（通过运动传递热量）的液体扩散的影响	空间：实验表征了空间站残余振动对液体扩散的影响，实验结果有助于未来在ISS上进行更多的科学实验。地面：实验结果帮助科学家开发更好的油井数值模拟模型

续表

实验名	资助机构	实验简介	空间与地面应用
马兰哥尼对流实验：混沌、湍流及其过渡过程（Marangoni-Exp）	JAXA	通过观察流体的运动模式研究微重力环境下的热量传递规律	空间：对更高效和紧凑的热交换设备和热管的设计、制造有重大帮助。地面：有助于制备高品质的晶体（如半导体、光学晶体等），还将有助于改进微流控技术，有望用于DNA检查和临床诊断领域
马兰哥尼对流实验：时空流动结构（Marangoni-UVP）	JAXA	实验将观察马兰哥尼对流，即表面张力梯度驱动的流动	空间：对更高效和紧凑的热交换设备和热管的设计、制造有重大帮助。地面：有助于制备高品质的晶体（如半导体、光学晶体等），还将有助于改进微流控技术，有望用于DNA检查和临床诊断领域
对流体从高普朗克数流体的液桥中向振荡热毛细对流过渡的动态表面变形效应进行实验评估（Dynamic Surf）	JAXA	研究微重力下马兰哥尼对流现象	空间：有望开发更高效、紧凑的热管理系统。地面：用于开发多种微流体处理技术，如DNA检查和临床诊断等
小型线材热管：研究微重力下的流体动力学过程（WM-HP）	Roscosmos	研究不同压力下3个小型热管中水的流体力学	暂无

8.3.4 材料科学实验

空间微重力环境是制备、研究多元均匀块体材料的最佳场所，其主要特征就是消除了因重力而产生的沉降、浮力对流和静压力梯度。由于浮力减弱，密度分层效应的消失，可以使不同密度的介质均匀地混合。由于空间微重力环境中静压力梯度几乎趋于零，因而能提供更加均匀的热力学状态。在微重力环境下进行材料科学研究（物质特性的应用研究），可以更好地隔离重力对物质化学和热特性的影响，不仅可以发展材料科学理论，还可以发展新型材料和新型加工工艺。此外，空间材料科学的进展及空间材料制备的技术可以改进空间和地面的材料加工，特别是为地面的晶体生长和铸造技术提供帮助。空间材料科学研究按物理现象可分为5个主要的研究主题：形核和亚稳态、微观组织的预测和控制、相分离和界面现象、晶体生长和缺陷形成以及输运现象，材料类型包括金属和合金材料、半导体材料、光学晶体材料、纳米材料以及高分子与生物医学材料等。

在ISS上进行的23项材料科学实验中，有14项实验涉及晶体的结晶过程、生长和凝固研究，其余的实验聚焦于研究特定功能材料的性能和形成机理研究。在各航天局中，NASA资助开展的实验最多（10项，部分项目与ESA合作进行），其次为JAXA（9项）。

在实验操作运行方面,除少数实验需要航天员全程手动进行之外,在多数材料科学实验中航天员仅需负责实验装置的安装和启动、在实验装置中取出或放置样品、记录实验过程等工作,其余工作自动进行。实验的具体情况列于表 8-8 中。

表 8-8　ISS 材料科学实验项目列表

实验名	资助机构	实验简介	空间与地面应用
二元胶体合金实验 6:聚苯乙烯脱氧糖核酸(BCAT-6-PS-DNA)	NASA	实验旨在微重力环境下制造晶体,依靠脱氧核糖核酸来维持这些晶体的成分,实验结果已被用于新型革命性纳米材料的设计之中	空间:开发用于航天器的节能、轻质显示屏。地面:开发新型显示技术、医疗诊断等分子纳米技术的新应用
固液混合中的粗化-2(CSLM-2)	NASA	研究嵌在液体基质中的固体颗粒的粗化率	空间:用于新材料的设计和制造。地面:改进材料生产工艺
固液混合中的粗化-3(CSLM-3)	NASA	研究铅–锡固液混合物的生长和凝固过程	地面:有望改进金属和合金的机械性能
DECLIC 临界流体与结晶化研究设备–定向凝固插件再次飞行(DECLIC DSI-R)	NASA	研究透明液体中的晶体生长	空间:改进与形态不稳定性的发生和生长以及界面凝固和对流之间的耦合相关的理论模型和数字模拟方法。地面:改善对凝固模式的形成和选择的理解
黏性泡沫–大块金属玻璃(Foam)	NASA	测试并生产从大块的金属玻璃制造硬化泡沫	空间:有助于开发更轻、更坚固的航天器材料
意大利泡沫实验(I-FOAM)	NASA	实验将研制新概念作动器所必需的形状记忆环氧泡沫塑料	暂无
材料科学实验室–凝固过程中柱状晶到等轴晶的过渡过程和扩散及磁控对流条件下合金铸造技术的微结构形成(MSL-CETSOL and MICAST)	NASA	实验研究冶金凝固、半导体晶体生长,以及对材料热物理性质的测量,是 NASA 和 ESA 的合作项目	空间:相关知识用于开发轻质、高性能空间应用结构材料。地面:最终目标是利用该实验获取的对材料凝固过程的认识,开发出更轻、强度更高的材料
了解微重力环境下受控定向凝固过程中孔的形成与移动(PFMI)	NASA	研究与金属铸件某类缺陷的形成相关的基本现象	空间:有望在微重力环境下制造可靠的产品。地面,有望增强铸造产品,如半导体和飞机涡轮叶片的整体结构性能
空间动态响应超声矩阵系统(SpaceDRUMS)	NASA	SpaceDRUMS 包括整套硬件系统,可进行容器无接触处理,最终目标是利用空间实验来指导地面加工工艺的开发,协助开发商业数量和质量的先进材料	空间:基于 SpaceDRUMS 技术有望开发更轻、更耐用以及更先进的材料。地面:已经利用 SpaceDRUMS 技术合成了拥有专利的先进多孔玻璃陶瓷材料

续表

实验名	资助机构	实验简介	空间与地面应用
在密封容器中借助隔板实现材料凝固（SUBSA）	NASA	研究微重力下熔体结晶的实验方法，有望用于半导体结晶生产技术	空间：增加对凝固现象的了解，未来有望用于生产地球所需的高质量半导体晶体。地球：有望用于改善半导体晶体的质量
微重力条件下二维纳米模板的生产（2D-Nano Template）	JAXA	通过抑制对流、沉降和浮力作用制造大尺寸、高度取向的纳米尺度二维排列多肽阵列	暂无
微重力环境条件下合金半导体的晶体生长（Alloy Semiconductor）	JAXA	合金半导体实验的目标是研究微重力条件下可用于制造热电转换器件的半导体材料的结晶过程，同时还可推动利用其他材料研制高品质晶体，并用于太阳能电池等其他器件	暂无
小面细胞状列阵生长机理研究（Facet）	JAXA	研究结晶过程中固液界面的现象，特别是被认为受液相温度和浓度分布强烈影响的小面状结晶	地面：有助于生产高质量的工业用材料，如超导磁体等
在微重力条件下利用移动液相区方法进行硅锗均相晶体的生长（Hicari）	JAXA	目的是利用移动液相区方法改变晶体的生长，并借助日本实验舱的梯度加热熔炉研制出高性能硅锗半导体结晶，如果方法建立成功则有望于研制效率更高的太阳能电池和半导体电子元件	暂无
晶体生长时的模式形成（Ice Crystal）	JAXA	通过原位观察的方法研究微重力对冰晶体形成模式的影响	暂无
与在生长界面被吸附的高分子相关的晶体生长规律-微重力环境对自激振荡生长的影响-2（Ice Crystal 2）	JAXA	研究在过冷水中冰晶体的生长速率和稳定性	暂无
微重力下高性能纳米材料的生产（Nanoskeleton）	JAXA	实验目的是研究微重力下与晶体形成过程相关的油浮选、沉降以及对流现象	地面：开发新型 TiO_2 光化学反应催化剂
光催化材料试验（PMT）	JAXA	研究光催化反应下材料的性能	暂无
利用原位观测技术研究混合溶液的索雷特效应（热扩散过程）（Soret-Facet）	JAXA	研究稳定/非稳定状态下液体（包括过冷液体）的索雷特效应	地面：成果将应用在大质量运输现象中，如海洋质量传输以及原油的提炼等
扩散及磁控对流条件下合金铸造技术的微结构形成-2（MICAST-2）	ESA	实验目的是加深对主导金属合金凝固过程的物理机理的定量理解，实验还研究旋转磁场对凝固过程的影响	地面：旨在获得支配金属合金凝固的定量物理原理

续表

实验名	资助机构	实验简介	空间与地面应用
凝固过程中柱状晶到等轴晶的过渡过程-2（CETSOL-2）	ESA	实验目的是加深对主导金属合金凝固过程的物理机理的理解	暂无
三元合金共晶过程中的凝固-2（SETA-2）	ESA	实验研究微重力下各种合金材料的凝固过程，重点关注材料从液体转变为固体中微观结构形成模式	暂无
CBC：空间自蔓延水热合成实验（SVS-1）	Roscosmos	研究用于空间的温度范围为0～3000开的低导热率多孔耐热绝缘材料的形成机理	暂无

8.3.5 燃烧科学实验

地面的燃烧过程都是和浮力对流密切耦合在一起的，给模型化研究增加了难度。微重力条件下基本上没有浮力对流的影响，为研究燃烧的化学反应过程提供了极好的机遇。微重力燃烧涉及了地面燃烧学的主要领域，几乎地面主要的燃烧过程都可开展空间微重力实验。微重力燃烧的研究除了具有重大的机理意义以外，还在于利用对燃烧过程的深刻理解，可改进地面燃烧过程的效率，利用对燃烧产物的进一步分析，可降低地面燃烧产物对环境的污染。此外，载人航天器的安全防火是微重力燃烧的重大课题，特别是针对今后的长期载人飞行任务，防火任务将更加严峻。

ISS 已经开展了7项燃烧科学实验（表8-9）均为NASA资助开展的实验。研究内容包括各种燃料和液滴燃烧过程研究、灭火剂研究、火焰结构研究和烟尘研究等。燃烧科学实验的操作运行具有人工操作多的特点，大部分实验都需要航天员来手动完成，同时地面进行远程监控和支持。

表8-9 ISS 燃烧科学实验项目列表

实验名	资助机构	实验简介	空间与地面应用
固体的燃烧和熄灭（BASS）	NASA	实验旨在对微重力环境下多种燃料样品的燃烧和熄灭特征进行研究，将有助于制定微重力环境中意外火灾的灭火策略，实验结果将用于构建燃烧计算模型，以设计用于微重力和地球环境的火情检测和灭火系统	空间：当前NASA遴选航天器材料所采用的标准测试方法并未考虑低重力环境的效应，研究结果将作为航天器火灾放热的第一级模型和预测，并将其作为将放热数据从测试转为基于性能的材料遴选程序的手段。地面：研究结果将为地基微重力燃烧研究提供重要指导，并为研究正常重力下的燃烧过程和问题提供帮助

续表

实验名	资助机构	实验简介	空间与地面应用
火焰熄灭实验（FLEX）	NASA	实验将评估微重力下灭火剂的有效性，并量化不同载人探索大气环境对灭火的影响，其分析变量包括：氧气摩尔分数、不同稀释剂、不同灭火剂、气压、不同燃料和燃料液滴大小	空间：将对开发应用于地球和空间的更加高效的能源产生和推进系统有所帮助。地面：有助于更好处理燃烧产生的污染，及与可燃液体相关的火灾隐患问题
火焰熄灭实验-2（FLEX-2）	NASA	实验将利用燃料液滴开展燃烧研究，包括燃料燃烧速度、烟形成条件以及混合燃料在燃烧前的蒸发情况	空间：理解燃料在微重力下的燃烧行为有助于提高行星际任务的混合燃料燃烧效率，从而降低成本和质量，并有助于开发更加安全的载人飞船防火措施。地面：实验对烟形成过程的研究有助于开发更加高效和环境友好的混合化学燃料
意大利空气净化燃烧实验（ICE-GA）	NASA	利用不同生物燃料混合物的单液滴研究其燃烧效率	空间：研究可再生能源的燃烧效率，在未来航天器燃料方面有应用前景。地面：实验数据可用于开发多种生物燃料混合物的蒸发和燃烧统计数据集，用来构建计算机模型，评估生物燃料的效能并加速最具能效燃料的应用
烟和气溶胶测量实验（SAME）	NASA	实验将对航天器火焰烟尘中典型粒子的烟的特性或粒子尺寸分布进行测量	空间：将为未来航天器所用的更为先进的火情探测器提供技术，实验将为未来评价火情探测技术提供低重力基线数据。地面：基于实验结果开发的烟探测器也可用于地面上的许多极端环境，如潜艇和水下实验室等
燃烧实验中的火焰结构和火焰举升（SLICE）	NASA	实验研究微重力下燃烧气体的火焰温度和形状	空间：实验并未设定任何空间应用情景，但其实验发现有可能有助于开发未来天基燃烧设备，如固体废物处理等。地面：有助于设计更加高效的燃烧设备，如引擎和锅炉等，以减少工厂的污染物排放并降低成本
同向流动烟点实验（SPICE）	NASA	实验将确定微重力条件下，气体喷射火焰开始排放烟尘的烟点	空间：当前NASA遴选航天器材料所采用的标准测试方法并未考虑低重力环境的效应，研究结果将作为航天器火灾放热的第一级模型和预测，并将其作为将放热数据从测试转为基于性能的材料遴选程序的手段。地面：实验通过研究环境气流与烟点之间的相互作用增进对燃烧的了解，更好地预测在实际生活中的燃烧室（如飞机引擎和锅炉）中无浮力火焰的放热

8.3.6 基础物理实验

许多大统一类型的理论都预言了作为广义相对论基础的弱等效原理的破坏，并给出了不同于牛顿反平方定律的引力定律。用实践检验和验证相对论效应、等效原理、引力反平方定律等虽然是物理学界长期的研究课题，但是这些实验都是在地面进行的，受到地面环境的影响，更高精度的地面实验已经很难进行。近年来，高精度的空间基础物理实验成为新的颇具活力的研究方向。

玻色-爱因斯坦凝聚（BEC）是当气体温度低于其极限温度时，所有冷原子都聚集在最低量子能态上，表现出玻色子的特征。激光冷却和BEC曾分别于1997年和2001年获得诺贝尔物理学奖，它们是当代物理学最活跃的前沿领域之一。作为一种新的物质状态，它包含着许多新的基本物理规律，等待人们去探索，诸如物质波及其相干性、低温极限（10^{-15}开）、量子相变等。另一方面，它孕育许多重大的应用前景，诸如原子激光、高精度时标等。微重力环境可以更好地降低气体的温度，改进谱线的宽度和稳定性，提高系统的信噪比，从而为研究提供更好的条件。

作为该领域的一个重要应用项目，空间冷气体原子钟的研制受到重视。地面通过激光冷却和冷原子喷泉效应，可以使冷气体原子钟的精度达到10^{-16}。而在微重力环境中，则可以使冷气体原子钟的精度提高一个数量级，从而在军事和民用上产生极大的价值。ESA和NASA都将空间冷原子钟研究作为ISS的重要研究项目。

凝聚态物质在低温条件下会表现出许多特异的性质，成为物理学的新热点。微重力条件可以实现极小的静压梯度，可以提供更高精度的物理学实验条件，从而在更高精度下验证理论和揭示新的规律。

等离子体作为除固体、液体和气体之外的第四种基本的物态，广泛地存在于宇宙空间中。由于早期的研究中等离子体中的尘埃颗粒大部分是自然生成而非人为添加的，复杂等离子体也被称为尘埃等离子体。早期的复杂等离子体研究主要集中在天体物理学中，土星环就是一个很典型的例子。1994年，德国、日本、中国台湾的3个研究小组先后独立地在实验室中观察到尘埃等离子体晶体，极大地提高了大家对复杂等离子体研究的兴趣。在重力环境下，尘埃颗粒只能悬浮在具有强电场的等离子鞘层之中，所形成的等离子晶格也主要是二维系统，即使强行形成一个三维等离子晶格，其颗粒数密度在重力的作用下也并不均匀。因此，为了在复杂等离子体系统中完美地形成均匀的三维晶体，克服重力的影响是很重要的。德国马普学会和俄罗斯科学院从20世纪90年代中期就开始在空间站上进行复杂等离子体研究，取得了令人瞩目的成绩。

验证基本定律以及研究BEC和空间冷原子钟的实验目前都仍处于论证和设备研制过程中，当前阶段ISS进行的基础物理实验主要集中在复杂等离子体研究。基础物理实验多数需要航天员负责实验的安装、启动和设置，之后实验自动运行，同时地面进行远程监控和支持。PK-3 Plus实验较为特殊，可以运行在手动、自动两种模式下。ISS进行的基础物理实验列于表8-10中。

表 8-10　ISS 基础物理实验项目列表

实验名	资助机构	实验简介	空间与地面应用
脉冲等离子源探测电离层（Impuls）	Roscosmos	研究脉冲等离子体是否可以作为电离层扰动源或是低频电磁波源	暂无
微重力条件下的尘埃和液态等离子体晶体（Plasma Crystal）	Roscosmos	研究在各种环境下等离子体–尘埃的结构	暂无
国际空间站内发动机启动情况下，航天器等离子体环境的反射特性研究（Plazma-Progress）	Roscosmos	实验研究了航天器液体推进器开机状态下等离子体环境密度升高的时空关系	暂无
弛豫–雷暴实验（Relaksatsia-Groza）	Roscosmos	利用 Relaksatsia 观测安装在 Z1 桁架上的两台等离子体触发单元释放的氙等离子体中的化学发光反应的光谱	暂无
PK-3 Plus：国际空间站上的等离子体晶体研究（PK-3 Plus）	ESA	研究微重力环境下等离子体晶体的特性	空间：有助于更安全、更好地在空间中工作。地面：或可回答我们对地面等离子体现象如闪电的问题

8.3.7　高影响力物理科学实验及其成果产出分析

8.3.7.1　火焰熄灭实验

火焰熄灭实验（FLEX）是 NASA HEOMD 支持开展的一项 ISS 燃烧科学实验，将评估微重力下灭火剂的有效性，并量化不同载人探索大气环境对灭火的影响，其分析变量包括：氧气摩尔分数、不同稀释剂、不同灭火剂、气压、不同燃料和燃料液滴大小。该实验研究在空间和地面都有很好的应用前景，如对开发应用于地球和空间的更加高效的能源产生和推进系统有所帮助，并有助于更好处理燃烧产生的污染以及与可燃液体相关的火灾隐患问题。

FLEX 实验被指定在"远征任务"18、19/20、23/24、25/26 和 29/30 进行，从 2008 年 10 月持续至 2012 年 5 月。其相关前期研究包括曾在航天飞机上开展的纤维支持液滴燃烧实验（1995 年和 1997 年）和液滴燃烧实验（1997 年），这些实验对空间探索环境下火情监测和灭火技术相关的基础问题起到了重要作用。

FLEX 实验需航天员手动操作。实验在燃烧集成柜中开展，实验开始后，向实验腔内充入适当气氛，气压、氧气含量和灭火剂含量均可变化，然后注入燃料液滴并点火。彩色摄像机将近实时地记录燃料液滴注入、点火和燃烧过程。

在 2009 年 3 ~ 12 月，FLEX 完成了首轮实验，利用燃烧集成柜以及流体和燃烧设备开展了超过 225 个测试。实验观测到了在微重力条件下正庚烷液滴的异常燃烧。点火之后，一个比较大的正庚烷液滴首先发生辐射衰减，可见的火焰因为辐射能量损失而熄灭。但液滴依照准稳态液滴燃烧规律继续一段时间剧烈的气化，在到达一定液滴直径时发生次级衰减而结束，在这之后蒸气云迅速出现在液滴周围。研究人员推测，第二阶段的气化是由低温无烟的"冷焰"化学放热所维持的。实验同时发现直径小于2.4毫米的正庚烷液滴则不会发生这种二级燃烧现象。在正辛烷和正癸烷液滴燃烧实验中也发现了类似的二级燃烧现象。相关成果刊登在《燃烧与火焰》杂志上（Nayagam et al., 2012）。

这一新发现将帮助科学家和工程师优化数值模型，更好地预测火焰、燃料和燃烧行为，并可能将在更长时期对空间和地面都产生影响。例如，该技术有助于减少内燃机的污染，提高单位汽油的行驶里程数。这一新发现还有助于提升空间火灾安全。由于火焰在热焰熄灭后还将继续燃烧，因此必须考虑到这种二级燃烧的发生，开发特殊的空间灭火技术。文章在最后强调了利用ISS等平台提供的设备开展精密控制的基础实验所具有的科学重要性。这一结果并不在实验预期中，完全是一个惊喜。同时也证明了只有在过去无法获得的环境下，通过系统化的试验才能发现新的、未曾预期过的科学进展。在2013年9月召开的第64届国际宇航大会上，NASA ISS计划首席科学家将其评选为"国际空间站十大科研成就"之六。

8.3.7.2 二元胶体合金系列实验

复杂流体方向的系列实验——二元胶体合金（BCAT）目前已在ISS上开展了12项，其中10项由NASA HEOMD支持开展，2项由CSA支持开展。BCAT系列实验项数占到了ISS复杂流体实验项数的一半，体现出对于该领域研究的高度关注。该研究不仅在胶体成核和结晶过程、相变、相分离等基础物理问题研究方面具有重大意义，同时在空间和地面都有很多应用前景，如在空间可有助于研究空间液体贮存、航天器推进剂、空间生保系统以及生产更大和品质更高的晶体等，在地面可有助于开发创新材料、改进胶体工程工艺以及提升日用品质量和存储寿命等。

与该系列研究相关的前期研究曾在"和平"号空间站上开展过（1997年和1998年）。ISS所提供的微重力环境和有人操作为该类研究提供了得天独厚的实验条件。在ISS上首批开展的为BCAT-3系列实验，始于"远征任务"8（2003年10月~2004年4月）。实验所采用的BCAT-3硬件支持了3项研究的开展，整个硬件大小如同一本书，共包括10个样品盒，在实验开始前将所有样品搅拌均匀，然后调暗其所处环境的灯光，航天员按时对样品拍照记录，照片会最终传回地面进行详细分析。第二批开展的BCAT-4系列实验始于"远征任务"16（2007年10月~2008年4月），共包含2项研究，BCAT-4硬件与BCAT-3的尺寸和结构类似，操作略有不同，在航天员在首次手动拍照之后，可启动EarthKAM软件，之后由软件自动控制拍照，航天员定期检查实验进行情况即可。BCAT-5和BCAT-6系列实验分别始于"远征任务"19/20（2009年5月~2010年10月）和"远征任务"25/26（2010年9月~2011年3月），分别包含4项和3项研究，采用的硬件的结构和操作与BCAT-4硬件类似。

通过多年系列研究的持续推进，实验取得了很多研究发现。BCAT-3/4：临界点实验发现相分离图像中显示其网络结构具有一特征长度，研究特征长度随时间的变化情况可揭示驱动相分离的热动力学,并采用了一种图像相关性计算软件大大加快了对图像的分析速度。BCAT-3:表面结晶化实验观察到了至少一个样品出现结晶化。BCAT-5:竞争实验和BCAT-5/6:相分离实验观察到一种独特的结构——"晶体凝胶",这一现象发生在液体中的微晶扩散生长抑制了气液相分离时,研究人员认为"晶体凝胶"结构对相分离的抑制作用是由于结晶的刚度超过气液界面张力。

8.3.7.3 胶体乳液顺磁聚团结构研究系列实验

胶体乳液顺磁聚团结构研究(InSPACE)是 NASA HEOMD 支持下开展的一项复杂流体系列实验,研究磁性胶状流体在不同磁场影响下的基本行为。磁流变流体属于智能材料,其微观结构能够在磁场作用下,通过成型和交联转变为类固体状态。对其微观结构的观察将有助于更好地了解磁流变流体结构中磁场、表面张力和斥力之间的相互作用。这类材料的应用包括振动阻尼系统、刹车系统等,并有可能改善如桥梁和建筑物等的结构设计,使之更好地承受振动,未来还可能用于机器人技术等方面。

InSPACE-1 在"远征任务"6、7、12 和 13 进行,共开展了 27 次实验。采集的数据用于定量分析聚团的尺寸、形状等结构数据,这是定义聚团动力学的关键参数,并可用于验证微结构的理论模型。实验并未能获得稳定状态的结构,但是采集到了在低频下不稳定性开始显露时期的数据。InSPACE-2 在"远征任务"16、18 和 19/20 进行,共开展了 42 轮测试,观察了两种不同的粒子生长过程,一种是通过凝胶的扩散弛豫生长,另一种是整个系统结构突然坍塌后粒子柱形成。两种过程的磁场强度和频率非常不同,结果证明阻止胶体相变的能量势垒可通过改变磁场而克服。实验还表明在这类胶体系统中,重力起到主导作用,如果类似实验在地面上进行,将会缓慢压缩胶体结构并使之变形,而在微重力下,只要一直有外加磁场作用,胶体结构将始终保持不变。通过对微重力条件下稳定和不稳定相行为的深入研究,结果显示了如何通过操控外加磁场将胶体悬浮液用于制造独特材料和机电器件。

InSPACE-1 和 InSPACE-2 实验在微重力科学手套箱工作区内进行,手套箱为实验硬件提供 120 伏直流电,实验过程由手套箱的摄像系统全程记录。实验需要航天员的参与,主要是更换样品和摄像带。InSPACE-3 于 2011 年被送往 ISS,从"远征任务"27/28(2011年 3~9月)开始进行,按目前安排将至少持续进行至 2014 年。InSPACE-3 将开展 36 轮测试,航天员需要在手套箱内安装实验硬件、启动实验,并进行初步观察和简单调整,实验自动运行阶段需要地面通过视频进行监督,实验结束后摄像带将返回地面进行更细致的分析,实验样品则不返回地面。在第 64 届国际宇航大会上,该项研究被评选为"国际空间站十大科研成就"之七。

8.3.7.4 国际空间站上的等离子体晶体研究

国际空间站上的等离子体晶体研究(PK-3 Plus)是在 ESA 支持下开展的一项基础物理实验,在微重力环境下研究等离子体晶体的特性和临界点。实验的成果使我们进一步加深对空间环境的了解,有助于我们更安全地在空间中工作。此外,该实验或可回答对地面等离子体现象(如闪电)的问题。

由德国和俄罗斯合作完成的复杂等离子体实验装置 PKE-Nefedov（PK-3 Plus 装置的上一代版本）于 2001 年由"进步"号飞船送入 ISS 的俄罗斯舱段。PKE-Nefedov 采用了一套自动与手动相结合的遥科学实验控制系统，既可运行预编程序，也可由航天员手动输入实验参数进行实验。最初 PKE-Nefedov 装置并没有安装真空泵，科学家计划使用空间的自然真空环境来控制放电腔气压，但实验发现空间的真空并不能将装置的气压降低到所需要的本底气压。在之后的 ISS 补给任务时，将一个涡轮泵送入 ISS 并安装到了 PKE-Nefedov 装置上后才解决了这一问题。在 PKE-Nefedov 的一系列实验中，人们首次在微重力环境下观测到了三维等离子体晶格。PKE-Nefedov 装置在 ISS 工作了 4 年之后，于 2006 年被更新一代的 PK-3 Plus 装置所接替。

位于俄罗斯舱段的 PK-3 Plus 设备可开展尘埃等离子的结晶和熔化研究，包括张量单元、涡轮泵和两个 TEAC 磁带录像机。PK-3 Plus 是一个方形射频放电装置，其辅助系统有了长足的改进。PK-3Plus 既可使用氩气又可使用氪气放电，尘埃颗粒的选择也从 2 种增加到了 6 种，这使混合多种颗粒实验成为了可能。在成像方面，3 台 CCD 摄像机分别从不同尺度观察颗粒的运动，除此之外，有一台额外的摄像机用来观察等离子辉光。为了观察等离子晶格的三维结构，摄像机和激光照明系统被安装在同一平台上并可在沿垂直于激光照明面的方向上扫描。

PK-3 Plus 实验被指定在"远征任务"13/14 进行，从 2006 年 4 月持续至 2007 年 4 月。作为两国合作实验项目，每次任务前由德国和俄罗斯科学家讨论决定具体的实验方案，并在任务开始前一周将实验程序通过无线电上传到 ISS，在实验期间，两国科学家直接与在轨航天员一起操作和监控实验，装置中安装的摄像机可以直接将实验图像传输至地面控制中心，地面人员通过所观察到的实验情况，可以对预先上载的实验流程进行修改。此时，航天员需要将装置操作系统临时切换到手动模式对实验进行相应的干预。在每次任务结束后，所储存的实验数据被航天员带回地面并送往马普学会和俄罗斯科学院高温联合研究所进行分析。在"远征任务"13/14 期间，PK-3 Plus 实验共成功进行了 3 次，实验每次持续 3~4 天，航天员收集的观测数据装满了 12 个硬盘。

实验发现 2.55 微米直径的陶瓷颗粒均匀分布在射频放电产生的等离子体中，通过调节气压的方式可以"融化"或生成晶体结构。系统初始处于不规则状态，当气压下降时，靠近上电极的鞘层厚度增加，尘埃云被挤压导致其上边界下降，而位于空洞上方的下边界位置基本没有变化，整个晶格结构被压缩，颗粒间距急剧减小，系统的耦合强度相应增加。当气压下降超过一个临界值后，系统结晶，形成规则的等离子晶格结构。这一实验的结果与重力环境下观察到的等离子晶格的融化和结晶过程恰好相反。在地面的重力环境下，当气压降低至一定临界值时，集体波动传播到整个尘埃云从而融化等离子晶格。研究还发现复杂等离子体中除了具有普通等离子体中的波动模式外，还存在尘埃颗粒运动时间尺度的低频尘埃密度波。这种密度波既可以被外加激发信号所激发，也可以自激发；在二元复杂等离子体系统中，非相加性会导致构成二元体系的两种颗粒分开成不同团簇，较小的尘埃颗粒在穿过由较大颗粒组成的尘埃云过程中，大颗粒会形成链状结构。

根据 ISS 网站和 SCI-E 数据库检索，PK-3 Plus 实验相关研究已经形成 34 篇期刊和会议论文，其中被引频次在 10 次以上的论文共 12 篇，体现出该项研究的影响力水平。下表

8-11列出了被引频次最高的几篇论文。通过论文资助信息可发现，实验的主要资助机构为德国宇航中心、德国联邦经济技术部、德国联邦教育研究部、俄罗斯基础研究基金会和Roscosmos。

表8-11 PK-3 Plus实验产出的高频次被引论文

文章题名	被引频次/次	作者机构	来源期刊	出版年	主要内容
国际空间站上的复杂等离子体实验室PK-3 Plus	72	马克思·普朗克地外物理学研究所；俄罗斯能源火箭与航天公司；俄罗斯科学院高能密度研究所；加加林航天员训练中心	《新物理学》	2008	对PK-3 Plus实验设备进行了详尽的介绍
二维复杂等离子体的冲击熔化过程	65	俄罗斯科学院地圈动力学研究所；马克思·普朗克地外物理学研究所	《物理评论快报》	2004	实验研究了冲击波对单层六角形汤川晶格的影响。研究发现冲击波会导致晶体从固体相变至类似气态或液态。冲击波的速度最大达到了2.7马赫
二元复杂等离子体的空洞形成动力学	45	荷兰物质基础研究基金会等离子体物理研究所；俄罗斯科学院高温联合研究所；马克思·普朗克地外物理学研究所；杜塞尔多夫大学	《物理评论快报》	2009	实验研究了微重力条件下的二元复杂等离子体的空洞形成动力学。实验观察到的时间分辨空洞形成过程与基于郎之万动力学的二维Yukawa模型的计算机模拟结果一致
电流变等离子体的首次观测	45	欧洲航天员中心；马克思·普朗克地外物理学研究所；俄罗斯能源火箭与航天公司；俄罗斯科学院高能密度研究所；马里兰大学	《物理评论快报》	2008	实验研究了外加电场对复杂等离子体中粒子间相互作用的影响。实验证实在微弱的交流电场中电流变等离子体的相互作用在数学上等价于传统电流变液体的相互作用。随着电场强度的增加，这一复杂等离子体从各向同性转变为各向异性

8.3.7.5 临界流体与结晶化研究设备系列实验

临界流体与结晶化研究设备（DECLIC）系列实验是在NASA HEOMD支持下开展流体和材料科学实验，目前已经开展的包括5项实验：DECLIC-ALI、DECLIC-定向凝固插件、DECLIC-定向凝固插件–再次飞行、DECLIC-高温插件以及DECLIC-高温插件–再次飞行实验。DECLIC系列实验将研究低温/高温下临界流体的行为、超临界水中的化学反应、透明合金的定向凝固以及微重力环境下普通透明媒介。DECLIC 系列实验所取得的成果将改进与形态不稳定性的发生和生长以及界面凝固和对流之间的耦合相关的理论模型和数字模拟方法，也将惠及未来载人飞行任务的流体管理和有机废物处理。实验在地面上也将有很好的应用前景，如改善对凝固模式的形成和选择的理解以及开发超临界水氧化技术用于废物处理。

DECLIC 系列实验被指定在"远征任务"21/22，23/24，25/26，27/28，29/30，33/34，35/36，37/38，39/40，41/42 和 43/44 进行，从 2009 年 10 月持续至 2014 年 9 月。DECLIC 系列实验的相关前期研究包括曾在地面、天空实验室和航天飞机上开展的一系列超临界实验。

DECLIC 系列实验在 EXPRESS 实验柜进行。在实验中，航天员需要负责实验设备的安装和设置并且及时更换记录磁带，其余的实验操作自动进行。

凝固微观组织的形成机理和过程研究对于新材料的设计和加工非常重要。由凝固形成的界面模式很大程度上支配了材料的机械和物理性能，因此通过对材料和加工条件的精巧设计，可以令最终的产品拥有最佳的性能。DECLIC 系列实验令我们得以更好地了解凝固过程中微观和宏观结构的形成之间的关系，最终将带来更新、更好的材料制造技术。迄今为止，基于 DECLIC 系列实验的相关研究成果，研究团队已经发表数篇期刊和会议论文。对作为模型透明体系的含有 24 %（质量分数）樟脑的丁二腈凝固过程的研究发现，微重力环境下体系表现出较为均匀的凝固过程。相关研究论文还探讨了这种凝固模式的特性（间隔、顺序等）和动力学。随着实验持续不断地进行，预期 DECLIC 系列实验还将带来更多的重要发现。

8.3.7.6 冰晶体系列实验

冰晶体系列实验（Ice Crystal）是在 JAXA 资助下开展的材料科学实验，包括"晶体生长时的模式形成"（Ice Crystal）和"与在生长界面被吸附的高分子相关的晶体生长规律——微重力环境对自激振荡生长的影响"（Ice Crystal 2）实验。Ice Crystal 系列实验通过原位观察的方法研究微重力对冰晶体形成模式的影响以及过冷水中冰晶体在微重力下的生长速率和稳定性。

Ice Crystal 实验被指定在"远征任务"18 进行（从 2008 年 10 月持续至 2009 年 4 月），Ice Crystal 2 实验将在"远征任务"29/30、33/34、35/36、37/38 进行，从 2011 年 9 月持续至 2014 年 3 月。早在 1998 年研究团队就已经在 JAXA 的资助下利用探空火箭对实验设备——溶液结晶观测设备进行了验证。

Ice Crystal 系列实验是全自动实验。实验在溶液结晶观测设备中进行，实验过程中可对实验的温度、压力进行设置。地面人员通过远程控制的方法对实验进行操作。

温度、湿度、风速等物理条件的些许不同就会导致冰晶的形状各不相同。冰晶的形成过程（即晶体的生长过程）非常复杂，其形成机理的细节截至目前仍不甚清楚。随着 Ice Crystal 系列实验的进行，研究团队逐步揭开了冰晶的形成机理：冰晶凝结开始于盘状晶体的形成，随后该晶体的边缘变得不稳定，逐步形成了树枝状的枝晶。近期的研究发现在微重力条件下，冰晶形成树枝状结构的速度远小于在地面常规重力下的速度，这一现象或许是由于在微重力条件下热对流被抑制所致。相信ISS提供的稳定微重力环境有望进一步揭开稳定的盘状晶体的边缘为何会变得不稳定。Ice Crystal系列实验的研究成果已经发表在《物理化学杂志-B》、《物理评论-E》等重要国际刊物上。

8.3.7.7 毛细流实验

毛细流实验（CFE）是在NASA HEOMD支持下开展的一系列流体物理实验，主要研究流体在微重力环境下具有复杂几何结构的容器内的毛细流和流体的流动规律，毛细流系列实验-2（CFE-2）进一步加强了对微重力下流体在表面的运动规律（浸润现象）的研究，相关研究成果未来可能用于改进现有的微重力流体系统设计模型，改良航天器的液体运输、处理系统。该实验在空间和地面都有很好的应用前景，如开发新一代水净化系统，并有助于开发预测液体在多孔、复杂毛细结构和芯片型实验室中流动的理论新模型。

CFE实验被指定在"远征任务"9、12、13、14、15和16进行（2004年4月至2008年4月），CFE-2实验被指定在"远征任务"25/26、27/28、29/30、31/32、35/36、37/38、39/40和41/42进行（将从2010年9月持续至2015年3月）。CFE和CFE-2实验需要航天员全程参与。实验在CFE单元中开展，航天员需要按照实验的要求对CFE单元进行操作、测量临界角、打开/关闭相关阀门以及对实验过程进行记录等。

CFE的子实验"内部角流"对四种不同的流（干、湿、开环和气泡）在容器的空白部分的迁移率进行了观测和比较。其中干燥流的迁移率与理论预测值惊人的一致，但已浸润表面的迁移率被明显低估。对"内角"的研究还发现，如果两个固体表面以足够小的角度相交，微重力下的流体将自然地沿相交的内角流动。这一毛细效应可用于航天器上所有液体的导引，如低温燃料和循环废水等。子实验"接触线"对容器中液体和固体表面之间的边界进行了研究。研究团队已将全部的实验视频、数据和实验参数放置于一个数据库中，以期在未来进一步优化已有的理论模型。迄今为止，基于CFE和CFE-2系列实验的相关研究成果，研究团队已经发表多篇论文。研究团队已经基于实验结果获得三项专利授权，分别是微重力冷凝热交换器、一种可分离和控制多相流体的装置以及低重力下使用的咖啡杯。航天员Don Pettit在ISS工作期间参与了CFE实验，帮助开发了这个咖啡杯。杯子的一侧有一个尖锐的内角，在微重力环境中，流体在毛细力的作用下就可以沿着通道流入饮用者口中。这一研究成果也将使得许多其他空间应用变得可能，如马桶、空调、燃料箱和回收利用系统等。

8.3.7.8 马兰哥尼对流系列实验

马兰哥尼对流系列实验是在JAXA支持下开展的流体物理系列实验，包括"混沌、湍流及其过渡过程"（Marangoni-Exp）和"时空流动结构"（Marangoni-UVP）实验，将对马兰哥尼对流，即表面张力驱动的流动进行系统的研究。直径30毫米或50毫米的硅油液体桥形成一对圆盘，利用施加在圆盘之间的温差诱导对流产生。由于流体不稳定，随着驱动力不断增加，流动状态将依次从稳定变化到振荡、湍流和涡流。实验将在微重力环境下对每个阶段的流体和温度场进行观察，并对转变条件和过程以及热量如何在对流中传递进行研究。该系列实验在空间和地面都有非常重要的应用前景，如对更高效和紧凑的热交换设备和热管的设计、制造有重大帮助，有助于制备高品质的晶体（如半导体、光学晶体等），还将有助于改进微流控技术，有望用于 DNA 检查和临床诊断领域等。

Marangoni-Exp 实验被指定在"远征任务"17、18、19/20、25/26、27/28、29/30、31/32、33/34 和 35/36 进行（2008 年 4 月至 2013 年 9 月），Marangoni-UVP 实验被指定在"远征任务"21/22、25/26、33/34、35/36 和 41/42 进行。马兰哥尼对流系列实验需要航天员首先安装并设置流体物理实验设备，随后实验由地面的人员负责运行。

依赖于边界条件，对流可以是稳定且对称的，但也有可能在某一点（临界点）变得不稳定且时间依赖。Marangoni-Exp 实验旨在找到这些临界条件。在微重力环境中，科学家可以获得比地球上大得多的浮动硅油柱，因此可以更好地在这些液桥中观测对流和不稳定性。Marangoni-UVP 实验首次获得了多种温度/液桥长度下流动转捩的数据。Marangoni-Exp 研究结果表明，当临界温度的差异超过一定水平时就会出现一个驻波振荡，其波长正比于液桥的长度。和理论预测结果一致，较高黏度的液体也拥有较高的临界温度。区域熔炼技术普遍用于制造极高纯度的晶体，熔炼过程中液桥的扰动是晶体质量下降的主要原因，因此了解液桥的流变动力学对于众多工业领域应用和生物过程有重要意义。迄今为止，基于马兰哥尼对流系列实验的相关研究成果，研究团队已经发表十余篇期刊及会议论文。2012 和 2013 年的两篇论文对这一在日本"希望"号实验舱进行的首个系列实验进行了系统地综述，包括实验方法（仪器、条件、程序）和重大实验成果等。论文呈现的结果包括往复流的临近温度差别、与之对应的马兰哥尼数、振荡频率、振荡的方位角模式、基于粒子的轨迹构建的三维流动模式、利用红外成像器研究表面温度的传播等。所有这些结果都基于微重力条件下的宽纵横比的液桥实验获得，为研究不同重力条件下的马兰哥尼对流提供了重要的、不可缺少的数据。

8.3.8 即将进行的物理科学实验

8.3.8.1 空间原子钟组合

空间原子钟组合（ACES）是 ESA 与法国空间局合作开发的一项基础物理研究任务，主要内容是高稳定、高精度原子钟在 ISS 微重力环境下的运行。ACES 在 ISS 上生成的时间标准可以进行高性能双向时频链路传输。时钟信号可以用于空对地和地对地原子频标比对。

ACES 的科学目标涵盖了基础物理及应用。在该任务中将以更高的精度验证狭义相对论和广义相对论，寻找基本物理参数随时间变化的可能性。在应用方面，将在全世界范围内，以前所未有的分辨率对相距遥远的原子钟进行空对地和地对地时频比对。ACES 还将验证基于对广义相对论引力红移精确测量的新型相对论大地测量学，对地球重力势能的分辨率可达 10 厘米。最后，ACES 还有助于改进全球导航卫星系统（GNSS），促进该系统未来的发展。ACES 还计划对基于 GNSS 信号散射测量的新型海平面监测技术进行验证，并通过无线电掩星实验开展地球大气监测。预期性能方面：时间稳定性可达 10 皮秒/10 天，频率精度优于 3×10^{-16}。

ACES 的有效载荷中最关键的仪器是两个原子钟，冷铯原子钟 PHARAO 和空间氢脉泽（SHM）。冷原子钟决定准确度和长期稳定度指标，而氢钟决定短、中期稳定度指标并提供有用输出。PHARAO 由法国空间局开发，目前已对 PHARAO 工程模块进行了全面测试，测试结果良好。SHM 由 ESA 委托瑞士的 SpectraTime 公司开发制作。ACES 预期将在 2016 年被运往 ISS，安放在"哥伦布"实验舱的外部载荷平台上，项目期为 18~36 个月。

8.3.8.2 空间光钟

ISS 可在原子钟（光钟和微波钟）及原子干涉测量传感器的开发工作中发挥关键作用。冷原子物理、新型频率标准以及量子技术是 ESA《宇宙愿景 2015~2025 年》计划框架之下的《空间基础物理路线图》的六大科学领域之一。欧盟在基于晶格囚禁中性原子技术开发紧凑型可搬运光钟示范方面开展了大量工作，开发出紧凑型可搬运锶钟试验模型，及可搬运镱钟装置和相应的紧凑型钟激光器子系统。

ELIPS-3 计划下的"空间光钟"（SOC）任务目前正在开发中，拟争取 2020 年登上 ISS。该任务的目标是开发一个不准确度和不稳定度为 10^{-17} 水平的光钟以及高性能链路，可以 10^{-18} 准确度与未来的地面钟进行比对，引力红移的测量精度比 ACES 高 10 倍。

2009 年 3 月，SOC 联合研究团队制定了空间中性原子光钟的开发路线图，总体目标细分为四个阶段：①开发阶段：2010~2012 年完成紧凑型可搬运试验模型的开发，2010~2015 年完成关键的子系统工程模块；②原型和组件工程模块的地面和空间测试和验证阶段：2011~2017 年进行原型测试和验证，2013~2016 年进行组件工程模块测试；③整体工程模块开发阶段（2015~2017 年）；④任务阶段：2018~2020 年开发利用 ISS 或卫星开展专门任务的飞行模块，争取在 2020 年获得首次任务机会。

目前 SOC 任务已经得到了欧盟第七框架计划的资助，目标是在 2014 年前对不稳定度为 $1\times10^{-15}/\tau^{1/2}$、不准确度小于 5×10^{-17} 的光钟试验模型进行验证。

8.3.8.3 PK-4 和 PlasmaLab

近年来的复杂等离子体实验主要集中在射频放电中的复杂等离子体结构的研究。下一代实验装置 PK-4 将主要研究在直流放电中的复杂等离子体的流体性质。PK-4 装置增加了很多革命性的设计。首先，PK-4 的放电电极除了可以提供传统的直流放电，还可以提供频率高达 1000 赫的交流电场，从而可以将尘埃颗粒限制在玻璃管的中心。其次，PK-4 具有自清洁功能，使用氧、氩混合气体进行等离子放电，可以将实验后装置中剩余的尘埃颗粒刻蚀掉。除此之外，PK-4 装备有红外射线源，可以通过光学方式操纵颗粒的运动。PK-4 项目由 ESA 和马普学会等参与合作，已进入后期测试阶段，计划于 2014 年送入 ISS 的"哥伦布"实验舱。

在 PK-4 项目之后，由 ESA 和德国宇航中心（DLR）提供资助的 PlasmaLab 项目也已经进入了准备阶段，预计于 2018 年送入 ISS。PlasmaLab 由两个放电腔组成，第一个为圆柱形射频放电装置，直径约为 30 厘米，高约为 25 厘米，内部空间远大于之前几代空间装置，值得一提的是，其两电极间距离和电极上的信号可根据实验的具体需要自动调节。第二个装置更是具有革命性的设计，其放电腔是直径约为 20 厘米近球形装置，内部装有 12

个电极，每个电极都有一个独立的频道驱动，使用不同的电极组合和电压设置，可以形成不同的放电位形。将近球形装置用于复杂等离子体实验，可以调节尘埃颗粒间的相互作用势，使系统更接近真实的原子系统。在一定的设置下，放电中心将从装置中心迁移到装置边缘靠近壁的地方，理论上或可避免空洞的形成。

8.3.8.4 冷原子实验室

由 NASA 喷气推进实验室开发的冷原子实验室（CAL）设备将利用 ISS 的微重力环境对超冷量子气体开展研究。在微重力环境中 CAL 可以实现长达 20 秒的相互作用时间以及低至 1 皮开的温度。按照设计，CAL 将由多名航天员进行操作并且可以进行在轨维护和升级。

CAL 预计在 2016 年初发射升空。运抵 ISS 后，航天员会将其安装在 EXPRESS 实验柜中，CAL 将占据 1/4 的空间。CAL 任务将持续 12 个月，任务延长期最长将达 5 年。NASA 已在 2013 年 7 月 11 日发布了机会公告，正式为 CAL 征集研究项目。

8.3.8.5 其他实验

根据 ISS 计划网站，已有数项物理科学实验计划安排在接下来的几次"远征任务"中开展，下面对其进行简单介绍。

复杂流体实验"先进胶体实验-M-3"（ACE-M-3）旨在设计并构建流体介质中具有复杂三维结构的胶体，预计将在"远征任务"39/40（2014 年 3~9 月）进行。"雾化"（ATOMIZATION）实验将研究微重力下液体的雾化过程，预期可提高人们对火箭和喷气发动机的喷雾燃烧过程的理解。"随机分布的液滴云的火焰蔓延和组燃烧激励机理研究"（Group Combustion）实验将验证一个理论，即由于火焰在液滴云中传播，燃料喷雾的燃烧从局部蔓延至组燃烧。实验预期在 2014 年 3 月开始进行（"远征任务"39/40，41/42）。将在近期进行的"小面细胞状列阵生长机理研究-2"（Facet-2）实验旨在研究结晶过程中固液界面的现象，特别是被认为受液相温度和浓度分布强烈影响的小面状结晶。二元胶体合金系列实验中的下一项实验"动力学平台"（BCAT-KP）旨在提供一个胶体相变研究平台，以期帮助研究人员开发具有独特性质的新型胶体材料。BCAT-KP 将在"远征任务"37/38 和 39/40 期间（2013 年 9 月至 2014 年 9 月）进行。其他即将于近期进行的流体物理实验还包括研究表面活性剂如何改变液滴表面的物理化学性质和乳化稳定性的"吸收和表面张力设备"（FASTER）实验，由本科生设计的旨在验证流体物理模型的"流体教育"（Fluids Education）实验，研究微重力下的流体稳定性、流动特性、导热系数和热导率的"约束气泡-2"（CVB-2）实验，以及研究气体和液体同时流经充满填料的反应器时的行为的"填料床反应器实验"（PBRE）。

8.4 国际空间站物理科学研究设备

ISS 多学科科研与应用实验的有序、高效开展得益于各种资源、科研设备和能力的有力支持。目前，美国"命运"、ESA"哥伦布"、日本"希望"以及俄罗斯"黎明"和"探索"五个实验舱构成了 ISS 上科学实验资源的主体。除俄罗斯实验舱设备外，可支持物理科学实验开展的相关研究设备主要包括位于"命运"号实验舱的燃烧集成柜、流体集成柜、微重力科学手套箱、材料科学研究柜，位于"哥伦布"实验舱的流体科学实验室，位于"希望"号实验舱的流体实验柜和 Kobairo 实验柜，以及"持久"实验设备、欧洲技术暴露设备和可替换盒式容器等 ISS 外部暴露设备。下面按照设备所支持的实验研究方向对各类设备的功能、配备和操作等进行详细介绍。

8.4.1 流体物理科学实验设备

8.4.1.1 流体集成柜

NASA 开发的流体集成柜（FIR）可以为复杂流体（胶体和凝胶）、不稳定性（气泡）、界面现象（浸润和毛细作用）、相变（沸腾和凝结）等研究提供场所，研究范围从基础研究到技术开发，支持 NASA 的探索任务。FIR 于 2009 年 8 月由航天飞机运抵 ISS 并已安装就位。FIR 是组成流体和燃烧设备（FCF）的两大动力实验柜之一。为隔离由 ISS 系统及航天员引起的振动，FIR 采用了主动机柜隔振系统，该系统在 EXPRESS 实验柜中广泛使用。FCF 是一个永久性标准多用户设备，支持持续、系统的流体物理和燃烧科学研究。其大小类似于实验室光学平台，是一个大型的用户可配置装置，可提供数据采集和控制、传感器接口、激光和白光源、先进的成像能力、动力、冷却等资源。建立在平台上的实验可以是独立包装的组件形式，也可以是两个组件结合为一体的形式。航天员可以快速安装和建立实验，实验的运行可由格伦研究中心的 FCF 遥科学支持中心或项目科学家的研究机构遥控完成。FIR 还为航天员提供了从光学平台后面进行维护和重新配置实验的便捷入口。

在轨运行期间，FIR 需要航天员参与的时间很少，只需重新配置特殊实验，包括初始化实验硬件和设定光学平台上的诊断设备。实验设置好之后，整个运行由格伦研究中心的地面团队控制。航天员将定期更换测试单元和实验资源。大部分数据（图像、诊断数据等）将传回地面，FIR 中的数据硬盘驱动器很容易在轨替换。

光学显微镜模块（LMM）位于 FIR 中，LMM 是一个可遥控操作的自动显微镜，可以对物理学和生物学实验灵活成像（明场、暗场、相衬等）。LMM 包括了样品更换和液体容器，以及在轨操作样品的手套箱，可以支撑大批需要对小型测试样品进行视频成像的实验。在 LMM 内进行的初始实验目的是更好地了解轻型散热器的热交换。

8.4.1.2 流体科学实验室

在 ESA 的流体科学实验室（FSL）开展的实验需要集成到 FSL 的实验容器中，该容器质量为 30～35 千克，标准尺寸为 $400 \times 270 \times 280$ 厘米^3，可为流体单元组件提供足够空间。FSL 由以下 4 个主要部分组成：设备的核心组件包括在观察过程中会用到的光学设备（相机、干涉仪和照明光源）和两个容纳实验容器的中心实验模块；科学仪器包括数码相机、红外相机和进行粒子观察的设备;视频管理单元负责处理、分发和记录所有由 FSL 产生的图像;控制和支撑设备为 FSL 提供动力并控制环境系统,该模块同时还提供存储和工作台功能。FSL 的模块化设计基于抽屉系统,可以为各种实验进行不同的配置,也便于升级和维修设备。

8.4.1.3 沸腾实验设备

NASA 的沸腾实验设备(BXF)可验证换热系数、临界热量流和池沸腾曲线模型,于 2011 年 1 月搭载航天飞机运抵 ISS。BXF 在微重力科学手套箱中运行,由安装在密闭容器内的沸腾室组成,沸腾室又包括 3 个科学加热器、压力和温度测量表、进行压力控制的波纹管组件和液体泵。密闭容器可以对从沸腾室中泄漏出来的实验流体进行第二和第三级控制,防止蔓延。安装在沸腾室内的标准速率(29.97 赫)视频摄像机可以提供两幅正交侧视图和一幅标准侧视图。安装在密闭容器壁外侧的高速视频摄像机可以从加热器底部以 500 幅图像/秒的速度拍摄 4 秒图像。电子学设备箱包含了数据采集和控制单元、可移动硬盘、指示面板和高速视频摄像机的控制单元,与微重力科学手套箱笔记本电脑、高速视频摄像机以密闭容器内的 BXF 嵌入式控制器板都有接口。所有 3 个加热器阵列都位于单独的流体填充测试室内。整个实验过程中的数据都将被采集下来,包括温度、压力数据以及视频,这些数据和视频的飞行后处理和分析将产生更加精确的热传输过程数学模型。

测试室将为 3.5 升的测试流体(全氟正己烷)产生适当的压力和温度环境,每项研究都使用专门的加热器。目前有 2 个阵列共 96 个单独受控的微型加热器与侧视相机和高速相机相连,相机通过微型加热器的底部成像。另外一个单独的加热器阵列由 5 个独立受控的加热器组成,这些加热器将激活单个气泡成核位点。

8.4.1.4 蛋白质晶体生长-单抽屉热防护系统

NASA 的蛋白质晶体生长-单抽屉热防护系统(PCG-STES)能提供温度在 1~40℃ 的可控环境,以生长高质量大分子晶体。载荷室内的温度由热控系统调节。风扇将舱内空气从前面板上的进气口吹进来,空气通过热交换风扇后从装置的左后方排出。样品被储藏在 PCG-STES 以及两种不同类型的结晶硬件中:微重力下蛋白质结晶装置(PCAM)和微重力下扩散控制结晶装置(DCAM)。PCAM 包括 9 个托盘,每个托盘又包含 7 个气相平衡孔,托盘被密封在容器内。晶体通过蒸气扩散"坐滴"法形成。每个样品孔中有一滴蛋白质溶液和沉淀剂(盐或有机溶剂,吸收蛋白质溶液中的水)的混合液,周围的槽中充满吸收液,可以吸收混合液体中的水分,从而形成晶体。槽的边缘装有密封橡胶,可以阻止晶体在地面形成或者晶体在运输过程中从样品孔中弹跳出来。每个容器可容纳 63 个实验,STES 总共可容纳 378 个实验。DCAM 比 35 毫米胶片盒略小,每个装置含有两个通过管道连接的容器。一个容器装有沉淀物溶液,另一个装有蛋白质样品。蛋白质样品被半透明薄膜覆盖,以使沉淀物以受控速率透过。扩散速率由隔离两个容器的多孔塞控制。这种方法被称为液-液扩散法。

PCG-STES 于 2002 年 11 月由航天飞机运抵 ISS。航天员负责将实验硬件、PCG-STES 从航天飞机的中层甲板转移到 ISS 的 EXPRESS 4 实验柜中,实验由地面初始化,样品和沉淀剂被加到各自的容器中。PCG-STES 非常自主，硬件的激活、停止、周期性状态检验只需很少的航天员时间。航天员可通过面板上的按键和 LCD 显示屏控制装置。STES 也可从地面控制。

8.4.1.5　日本流体实验柜

日本流体实验柜（Ryutai）是一个支持多种流体物理实验的多用途、多用户机柜系统，由流体物理实验设备（FPEF）、溶液结晶观测设备（SCOF）、蛋白质结晶研究设备（PCRF）和图像处理单元 4 个子柜组成。流体实验柜支持实验的遥操作，为子柜设备提供实验所需的电力、地面指令和遥测、水冷却和气体等。FPEF 是用于进行微重力环境下流体物理现象研究的子柜设备，由中心部件和任务部件组成。中心部件包括观测设备、控制设备和多种实验支持系统，任务部件也被称为实验单元，可以按照实验目的更换。FPEF 可进行液桥观察、三维流场观察、超声速剖面测量，以及记录马兰哥尼对流流动模式的表面流速率观察。SCOF 配有多种显微镜，能够同时测量晶体形态和生长条件（温度和湿度）的变化。PCRF 能控制为靶向蛋白质提供适宜温度曲线的珀尔帖元件。

FPEF 可由航天员控制，也可由地面遥控，操作人员还要定期检查载荷的完整性、温度控制和工作环境。流体实验柜初始化和校验完成后，子柜设备就开始工作，目前正按照科学时间表运行。FPEF 通过电连接器为实验单元提供电力资源（动力、信号、视频），通过快速断开接头提供流体（氩、水）。根据不同的实验目标，实验单元可以替换。实验单元由液桥形成设备、加热盘、冷却盘、样品盒、表面流速度测量部件和结构子系统组成，用户可以设计和加工自己的任务部件，但要满足中心部件和任务部件的接口。

8.4.1.6　临界液体和晶体研究装置

临界液体和晶体研究装置（DECLIC）是由法国空间局开发的一个多用户设备，支持流体物理和材料科学实验，于 2009 年 8 月抵达 ISS。DECLIC 为室温临界点流体和高温超临界流体研究提供专门的插件，还为研究液体材料凝固前的动态和形态提供了一类插件。

8.4.2　材料科学实验设备

8.4.2.1　材料科学研究实验柜-1

NASA 的材料科学研究实验柜-1（MSRR-1）是一个强大的多用户实验室，能提供控制实验的热、环境以及真空条件的硬件，可监视实验并为特殊的实验仪器提供电力和数据处理能力促进对混合材料、正在生长的晶体、淬火/凝固材料或合金的研究。ESA 开发的材料科学实验室（MSL）是 MSRR-1 的第一个实验模块，占据了该实验柜的整个右半部。MSL 具有控制材料处理条件和先进的诊断功能，包括：温度稳定性和精确度、熔炉转化的稳定性和精确度、测量 Seebeck 电压和样品电阻、用超声脉冲测定固/液界面位置、旋转磁场来开启液体半导体样品内部的受控层流、激活样品安瓿瓶密封组件的剪切单元和视频接口。此外，MSL 还可容纳一些在轨可替换的模块插件，如低梯度炉、凝固和淬火炉以及样品安瓿瓶盒装组件，该组件能将样品密封，可作为航天员将样品插入模块的机械手段，还能对盒子的温度和完整性进行监测。MSRR-1 的主要实验仪器都被安置在在轨可替换的实验模块中，并配备了支撑设备，如主控制器（MC）、视频盒、固态动力控制模块（SSPCM）、热和环境控制系统（TECS）、真空接入系统（VAS），此外还使用了主动机柜隔振系统。

MSRR-1 随多学科后勤模块于 2009 年 8 月发射入轨并被放入美国"命运"号实验舱的机柜位置后，航天员连接其必需的 ISS 资源，将 SSPCM 通电，之后机柜系统的主控制器就能够自启动。MSRR-1 是一个高度自主的设备，能够进行各种实验，但需要航天员手动安装可替换模块或熔炉插件。一旦插件到位，系统启动检测，航天员利用样品安瓿瓶盒装组件插入实验样品，此后实验序列可以按照自动指令执行或者由主控制器/笔记本电脑发送指令执行。科学家们还可以通过分布式用户基地进行遥科学操作来监控实验。在实验过程中，航天员必须在维护时与设备进行交互。MSRR-1 中的大量组件被设计成在轨可替换单元，包括 MC、SSPCM、VAS 电动真空阀组件以及 TECS 隔板。最后，航天员还要将样品移出运送至存储位置或返回地面的航天器上，并插入新的模块或实验专用电子学设备。

8.4.2.2 Kobairo 实验柜

日本 Kobairo 实验柜是一个材料科学研究用熔炉，其中的梯度加热炉为材料科学实验提供了实用接口，于 2011 年 1 月由 H-2 转移飞行器运抵 ISS。梯度加热炉是一个包含 3 个加热模块的真空熔炉，各模块的位置和温度都能独立受控，从而实现最高 1 600 ℃ 的多种温度。设备主要用于使用定向凝固的大尺寸纯晶体生长实验。梯度加热炉具有自动样品交换系统，可容纳 15 个样品，从而减少航天员的操作。

8.4.2.3 空间动态响应超声矩阵系统

NASA 的空间动态响应超声矩阵系统（SpaceDRUMS）能够进行无容器式（材料不接触容器壁）先进材料科学研究（包括燃烧合成和流体物理），在燃烧过程中利用 20 个声束发射器发出的超声波来悬浮一个棒球大小的固体或液体样品，样品包括先进陶瓷、聚合物和胶体。SpaceDRUMS 的用途是创造具有独特结构和特性的新材料，最终目标是利用空间实验来指导地面加工工艺的开发，辅助开发大批量、高质量的先进材料。预期将在先进陶瓷材料的生产方面有所产出，这些材料可用于新型航天器或月球基地等地外前哨的建设。SpaceDRUMS 已在加工先进多孔玻璃陶瓷方面发挥了作用，该材料已获得专利。这种轻型并坚硬的新型多孔玻璃陶瓷材料具有耐高温、孔隙度可控、功能梯度和吸音的特点，并且具有高耐磨性。在牙齿和骨骼的替代物、发动机、滤波器、切割工具和钻头的降噪等方面都具有潜在应用。SpaceDRUMS 占用一整个 EXPRESS 实验柜，其组件安装在几个相当于 EXPRESS 实验柜插件的中层甲板抽屉中。其中央是一个类似人造卫星的球形样品处理室；样品存储组件最多可存放 5 个样品，这些样品被放在一个可由航天员手动替换和存放的旋转盘中，以便被自动传送和处理。SpaceDRUMS 的主处理单元是一个 4 抽屉的 EXPRESS 实验柜插件，分别装有各种电子学设备、计算机处理器、声处理器和氩气系统（帮助在样品室内建立真空环境）。

SpaceDRUMS 的初始安装和设置,以及每次硬件的启动需要航天员参与。航天员把样品放在旋转盘上并打开开关后,实验将靠地面指令进行。在此之前要用氩气净化容器,保证没有颗粒物质干扰实验。两次实验之间还要用真空来清洁容器,在抽真空的过程中任何移动的小颗粒都被收集到 SpaceDRUMS 的碎片捕集器中。所有这些处理过程都是自主进行的。航天员需要用装有未处理样品的旋转盘替换旧旋转盘,还要替换碎片捕集器以及清除颗粒物质的过滤器。虽然在实验过程中需要航天员的参与,SpaceDRUMS 也算是一个具有较大自主能力的载荷。

8.4.2.4 欧洲技术暴露设备

欧洲技术暴露设备(EuTEF)于 2008 年 2 月搭载航天飞机运抵 ISS,通过航天员舱外活动安装在"哥伦布"舱外部,可支持几种不同类型的、直接暴露在空间环境下的实验或材料研究。该设备是一个可编程、多功能体系,为仪器提供了标准接口,可同时容纳和运行 9 个仪器载荷。实验和设备体系安装在哥伦布外部载荷适配器上,该适配器由适配器板、主动飞行拆除连接机构、连接器和系带组成。设备总重约 350 千克,功耗低于 450 瓦。

8.4.2.5 可替换盒式容器

可替换盒式容器(SKK 或 CKK)是 Roscosmos 的材料测试设备,直接将材料样品暴露在空间环境下。该设备可拆分,可测量样品被腐蚀的程度和成分,监测样品特征的变化。早在 1970~2000 年,Roscosmos 就已经在其他空间平台进行了 15 次 SKK 实验,暴露时间 1~4.5 年。这一系列实验对超过 600 个材料样品进行了测试,测量的数据包括材料的光学性质(太阳吸收、发射、透射和反射)、质量、最低和最高温度以及物理和机械性能。2002 年 1 月,Roscosmos 在 ISS 上同时部署了 3 台 SKK,其中 2 台安装在"星辰"号服务舱的外部扶手上,第 3 台安装在"团结"号节点舱的外部。

8.4.2.6 "持久"实验设备

"持久"(Vynoslivost)实验设备是研究空间环境对目前所使用的空间技术和结构材料的变形、强度和疲劳程度的材料科学设备,样品被放置在俄罗斯"探索"号实验舱的外表面。实验数据将更加精确地评估 ISS 俄罗斯舱段结构单元的持久性,并为将来选择更加有效和可靠的结构材料提供建议。

8.4.3 燃烧科学实验设备

8.4.3.1 燃烧集成柜

NASA 的燃烧集成柜(CIR)可以很容易地实现在轨重新配置,以适应不同的燃烧实验。CIR 由光具座、燃烧室、燃料和氧化剂管理系统、环境管理系统以及科学诊断和实验专用设备接口组成,还有 5 个不同的相机供研究者在诊断时使用。体积为 100 升的燃烧室被光学设备和诊断封装包围起来,包括气相色谱仪。CIR 具有被动机柜隔离系统,8 个弹簧阻尼器和一套特殊管线将机柜与 ISS 结构连接起来。建模和分析表明,被动机柜隔离系统可以有效减轻振动,为实验提供一个更加安静的环境。CIR 可用于研究液滴、固体燃料和气态燃料的燃烧。

CIR 可在最低 0.02、最高 3 个大气压下运行。打开燃烧室、改变或维修燃烧室的 8 个窗户,均无需使用工具。气体通过机柜前面的瓶子传送,排气封装起到过滤器的作用,能将用过的气体循环再利用并将其转化成可排出的气体。燃烧实验由格伦研究中心的遥科学支持中心遥控操作。

8.4.3.2 燃烧实验室

JAXA 的燃烧实验室位于多用途小载荷实验柜设备中,能够进行受控燃烧实验。

8.4.4 多用途设备——微重力科学手套箱

微重力科学手套箱(MSG)有一个大的前窗和内置手套,还具有数据记录和存储能力,以及独立的空气循环和过滤系统,可为科学和技术实验提供密封环境,特别适用于处理有毒性物质。MSG 自 2002 年开始在"命运"号实验舱工作,2008 年被移往"哥伦布"实验舱,NASA、ESA 和 JAXA 都可使用 MSG 开展实验研究。

MSG 比航天飞机上的手套箱大一倍多,是一个可扩展、可伸缩的 9 英尺^3[①] 密封工作区域(与 ISS 的舱内压力相比为负压),既可以由航天员使用,地面科学家也可以通过实时数据链接利用手套箱。MSG 非常适合于进行多种小型和中型微重力研究,如流体物理、燃烧科学、材料科学、生物技术和基础物理等。组件和设备包括三个存放抽屉、一个有电力供应的摄像机抽屉(其中共有四台摄像机)、四个录音机、两台监视器(数字或 8 毫米)、每台照相机所配备的标准及广角镜头、一台笔记本电脑。

8.4.5 即将运往国际空间站的物理科学实验设备

1)静电悬浮熔炉

JAXA 正在开发的静电悬浮炉(ELF)可使样品以悬浮状态熔化并凝固,因此可在极高的熔点温度附近测量样品的热物理特性,以及通过过冷条件凝固来开发新型功能材料。JAXA 计划在"希望"号实验舱内部署该设备,来测量氧化物的热学特性,如密度、表面张力和黏性。目前 ELF 处于关键设计阶段,利用 ELF 的工程模型开展各种功能测试。

ELF 通过静电力控制样品位置,并利用激光从 4 个不同方向上将样品加热到 2000℃ 以上。ELF 可容纳样品尺寸为 1~5 毫米,定位精度可达 100 微米,采用 970 纳米波长激光器加热,温度最高可达 2710℃。ELF 的观察系统包括一个高温计和两个 CCD 相机,高温计

---

① 1 英尺^3 = 2.831685×10^{-2} 米^3

的测量范围为 300~3000℃，其中一个 CCD 可在高温观测，用于密度测量，另一个 CCD 观测凝固过程，具有宽动态范围。

2）材料科学实验室-电磁悬浮单元

由 ESA 和 DLR 合作开发的材料科学实验室-电磁悬浮单元（MSL-EML）计划于 2014 年通过 ESA 自动转移飞行器-5 运往 ISS，安装在"哥伦布"实验舱。MSL-EML 将允许研究样品不与容器壁发生任何接触的前提下研究液体金属的热物理性质（黏度、表面张力、热容、电导率等）以及在失重环境下的凝固过程。MSL-EML 还可用于聚合物以及陶瓷材料的液-固相转移过程。

MSL-EML 容纳的样品尺寸为 5~8 毫米，加热温度可高达 2000℃。MSL-EML 采用了自动进样方式，地面控制机构也可以采用远程控制的方式控制样品的进出。样品处理可以在高真空或者稀有气体气氛中进行，MSL-EML 还提供混合气体对流方式对样品进行降温处理。MSL-EML 提供了一个可以工作在 600~2000℃ 范围内的高精度高温计，其测量光斑小于 2 毫米。为了进行表面张力和黏度测量，MSL-EML 还提供了 10~50 赫范围内的功率振荡能力。

8.5 研究结论

通过以上对 ISS 物理科学研究实验项目、研究特点及其产出的分析，对支持物理科学研究的科研设备的分析，以及各国在 ISS 物理科学研究方面的发展历程、战略和最新规划的梳理和分析，展示出 ISS 物理科学研究呈现下述发展态势和特点。

1）从各国发展历程和战略规划情况来看

NASA 在微重力物理科学研究方面起步很早，最远可追溯到其空间活动之初，而真正的起步也可追溯到"阿波罗"计划，在随后的天空实验室和航天飞机计划中，微重力物理科学研究活动十分活跃，产生大量科学发现和研究成果。ISS 为开展长期、有人照料的微重力物理科学研究提供了前所未有的条件，但在 ISS 的建设阶段中 NASA 物理科学研究活动和预算被大幅缩减，为此 NRC 表示出担忧。2011 年，NRC 报告建议在 ISS 已经全面进入应用阶段之际，已经到了 NASA 必须重振微重力物理科学研究的时刻，为此 NASA 需提升微重力物理科学在空间探索活动中的优先级，建立稳定充分的资金基础，并通过其他规划性和组织管理方面的改进措施，以及建立长期持续的微重力物理科学综合研究计划，确保 NASA 保持在该领域的世界领先地位，以此推动未来空间探索技术的发展并促进基础性的科学发现。NASA 目前在微重力物理方面的重要研究主题包括：流体物理方面的两相流，相变，沸腾，冷凝，毛细和界面现象；燃烧科学方面的航天器消防安全，固体、液体和气体燃烧，超临界反应流体以及烟尘的形成；材料科学方面的金属和合金凝固，晶体生长，电子材料，玻璃和陶瓷；复杂流体方面的胶体系统，液晶，聚合物流体，泡沫和颗粒流；以及基础物理方面的临界点现象，原子干涉仪和空间原子钟。

俄罗斯（包括前苏联）也是在空间微重力物理科学研究方面起步很早的国家，早在 1969 年就在联盟号飞船上开展了空间材料科学实验。20 世纪 70 年代初至 21 世纪初，"礼炮"号系列空间站和"和平"号空间站开展了大量物理实验,并取得许多重要成果。进入 ISS 时代以来,俄罗斯作为 ISS 计划的主要合作国,在 ISS 的建设和应用方面都发挥了极其关键的作用,2005 年出台的《俄罗斯联邦 2006—2015 年航天规划》再次强调了 ISS 计划对俄罗斯的重要性。在利用 ISS 开展科学研究方面,物理科学是俄罗斯开展的重要科学研究领域之一,并且展现出一贯以来以应用需求为导向的研究特色,将持续在高质量晶体生长、流体和输运物理学、燃烧和合成物理学以及半导体器件外延生长等方面开展研究。

ESA 在 2001 年推出 ELIPS 计划,从一开始就设定其总体目标是"利用空间特殊条件、特别是 ISS,开展生命和物理科学领域的基础和应用研究"。迄今,ELIPS 计划已经完成 3 期,ELIPS-4 将于 2013 年至 2016 年间进行,微重力物理科学研究主题包括材料科学、流体物理与燃烧以及基础物理,研究基石分别是:基于流体设计材料,用于先进工艺的流体热物理性质研究,流体结构动力学,多相体系及界面,燃烧,冷原子钟、物质波、玻色-爱因斯坦凝聚和量子,等离子体物理和固体/液体尘埃粒子。

JAXA 对 ISS 上的"希望"号实验舱的应用进行了细致规划,在 2013 年 3 月,推出了最新的《至 2020 年"希望"号实验舱应用方案》,其中优先研究方向的确定基于两点考虑:只有利用"希望"号实验舱才能开展的前沿科学研究;用于未来空间活动的基础研究与开发。微重力物理科学研究为三大优先研究领域之一,确定的重点研究方向包括新型燃烧技术,气泡、液滴和薄膜科学与技术,极端和等离子环境下的平衡和非平衡现象,利用无容器处理技术从过冷相制造新材料,研究对社会有益的软物质,用于国际空间消防安全标准的基础研究。

2) 在 ISS 开展的物理科学实验研究方面

从微重力物理科学的各研究方向上看,目前已经在 ISS 上开展的物理科学实验包括复杂流体、流体物理、材料科学、燃烧科学和基础物理五大研究方向,共计 81 项实验。在实验项数方面,流体研究最多,其次为材料科学研究;在实验次数方面,基础物理和复杂流体实验的平均开展次数最多。从时间上来看,自"远征任务"19/20 开始,每次远征任务所开展的物理实验总数有了显著的增长,展示出随着 ISS 建设的不断推进,其研究活动也在加速,其中流体研究实验增加最快。

在参与 ISS 物理科学研究的各航天局/机构中,NASA 是开展实验项目最多且最频繁的,并对复杂流体和流体物理研究极为重视,NASA 还是唯一开展燃烧科学实验的航天局,但基础物理研究是其短板。JAXA 开展的实验不多,但侧重清晰,集中在流体和材料科学研究方面,其开展的马兰哥尼对流系列实验等非常引人关注。ESA 的研究方向比较平均,流体物理和材料科学相比较为突出。Roscosmos 在基础物理方面表现突出,一些实验持续时间几乎贯穿 ISS 建站初期至今。

ISS 物理研究实验项目中,各研究方向均涌现出引起广泛关注、产生重要成果的实验项目。例如,燃烧实验中发现的"冷焰"燃烧新现象和利用电场下胶体自组装制造纳米材料被 NASA 选入"国际空间站十大科研成就";二元胶体合金系列实验已经开展了 12 项,研究涉及胶体结晶、熔化、临界点现象、相分离、籽晶生长等各方面;对等离子体晶体开展研究的 PK-3 Plus 实验只在两次 ISS "远征任务"中进行,但已产出 30 余篇研究论文,2008 年的一篇论文已经被引 72 次,实验研究体现出一定影响力;毛细流实验研究成果获得三项专利授权，包括微重力冷凝热交换器、一种可分离和控制多相流体的装置以及低重力下使用的咖啡杯，研究成果有助于改进现有的微重力流体系统设计计算模型，并可能用于改良未来航天器的液体运输系统；等等。在不远的将来，ISS还将开展几项引起高度关注的物理实验，如ESA的空间原子钟组合、空间光钟和PK-4等离子晶体研究以及NASA的冷原子实验室等。

3）在支持ISS物理科学实验开展的科研设备方面

目前，美国"命运"、ESA"哥伦布"、日本"希望"以及俄罗斯"黎明"和"探索"五个实验舱构成了ISS科学实验资源的主体，其内部装载的分别支持燃烧科学、流体物理、材料科学和基础物理研究的专门实验设备、微重力科学手套箱等多用途设备及ISS舱外暴露研究设备，有力地支持了物理科学实验项目的开展。实验设备对科学研究顺利开展的重要性毋庸置疑，典型的案例如"哥伦布"和"希望"号实验舱在ISS的就位大力推动了ESA和JAXA物理科学实验的开展。

8.6 启示与建议

物理科学是ISS自建站之初即开始进行的重要研究领域，历经10余年时间发展，获得长足进步，但是这些研究活动的开展并非一帆风顺，如NASA物理科学研究预算受到大幅缩减，ISS建设进程迟缓拖延了研究和应用活动的大规模开展等。总结ISS物理科学研究的成就和不足，有助于为我国规划空间站研究活动提供参考和借鉴，为此，我们提出以下建议。

1）制定长期战略性研究计划，保障微重力物理科学研究的持续开展

将物理科学研究作为空间站科学研究的重要领域进行顶层规划和设计，确定物理科学的重要地位，制定长期的、战略性的研究计划，定期开展评估并调整研究重点和优先级。例如，ESA ELIPS计划的制订是在外部研究机构提出的建议基础上制定"自上而下"的战略框架，在计划执行过程中，定期邀请外部独立机构对研究计划进展情况进行评估，并根据评估结果调整更新下一期研究计划。

2）科学合理地规划实验项目，兼顾"能实现空间探索的"和"空间探索能实现的"两类研究

对空间站物理科学实验的规划应在总体上统筹兼顾以下两类研究：①为开发未来空间探索所需的先进技术，特别是那些易受空间环境影响的技术开展的"能实现空间探索的研究"；②利用空间的独特环境、可推动基础科学认知发展的"空间探索能实现的研究"。在具体实验项目的遴选中应考虑满足以上两点之一或兼而有之。

美国、日本、欧洲在微重力物理科学规划中都体现出要兼顾基础科学发现、空间与地面应用两类目标，如NRC就是基于上述两点为NASA提出基础物理、应用物理和可推动空间探索任务开展的转化性研究共三类研究建议；ESA ELIPS计划的四大顶层目标中既包括"探索自然"这样的基础研究目标，也包括"改善健康、创新技术与工艺和保护环境"这样的应用目标；JAXA提出的优先方向和目标一是只有利用"希望"号实验舱才能开展

的前沿科学研究；二是可用于未来空间活动的基础性研究与技术开发。从实际情况看，ISS上已开展的物理科学研究既包含以提升基础认知为目标的研究，也包含以应用为导向的研究，许多研究还二者兼顾，例如ISS上开展的燃烧研究不仅具有重大的理论（机理）意义，还能提升空间中和地面的燃烧效率，改进载人航天器的消防技术等。

另外，各国在ISS物理科学的各研究方向上并非是均衡发展的，体现出了各具特色的优先和侧重研究方向，如NASA在复杂流体和流体物理方面、JAXA在流体物理和材料科学方面、Roscosmos在基础物理方面部署实验项目更多、实验开展次数更多。为此可以考虑在研究资源有限的情况下，首先应在优先研究方向部署实验，有所为有所不为，从而更加高效地开展研究，实现效益最大化。

3）根据优先研究方向统筹兼顾地规划科研设备

研究设备是科学实验开展的基础和前提，因此要在制定长期可持续的战略研究规划、优选重点研究方向并兼顾"能实现空间探索的"和"空间探索能实现的"两类研究的基础上，根据优先级目标统筹兼顾地规划和建设研究设备，才能真正有效地支持研究工作，才能不造成浪费。

致谢：中国科学院力学研究所胡文瑞院士、赵建福研究员，中国科学院理论物理研究所张元仲研究员，中国科学院物理研究所潘明祥研究员，中国科学院空间应用工程与技术中心刘迎春研究员等专家、学者审阅了本报告初稿，提供了宝贵的修改意见，谨致谢忱！

参 考 文 献

陈有荣. 1996. 全部组装完成的"和平"号空间站. 航天，（5）：20-23.
杜诚然，李阳芳. 2013. 微重力环境下的复杂等离子体实验. 现代物理知识，25（3）：33-39.
胡文瑞，等. 2010. 微重力科学概论. 北京：科学出版社.
胡文瑞. 2008. 空间的物理学. 物理，37（9）：637-642.
胡文瑞. 2009. 载人航天的科学研究. 中国研究生，（8）：28-31.
李大耀. 2002. 苏联（俄罗斯）载人航天器的发展史实. 航天返回与遥感，23（2）：50-60.
Adachi S, Yoshizaki I, Ishikawa T, et al. 2011. Stable growth mechanisms of ice disk crystals in heavy water. Physical Review E, 84（5）：051605.
Andersen D R. 2013. Systems for isotropic quantization sorting of automobile shredder residue to enhance recovery of recyclable resources. US20120032008A1.
CNES. 2013-03-22. Aces platform. http：//smsc. cnes. fr/PHARAO/GP_ platform_ aces. htm.
DLR. 2012-11-29. Status und Perspektiven des Deutschen Biowissenschaftlichen Raumfahrtprogramms. http：//www. dglrm. de/space/index. php/publikationen/item/download/16_ dd8c9f7b3c46763f048cb978a9cc4b92.
ESA. 2011-05-19. Human spaceflight：Life and physical science in space. http：//www. iap. fr/elixir/Documents/ESTEC/Stefano_ Mazzoni_ ELIXIR. pdf.
ESA. 2008-09-23. Research and applications from the Space Station to future Human Exploration. http：//www. astro. auth. gr/esa/Heppener/ELIPS. pdf.
ESA. 2009-05-13. Electromagnetic Levitator（MSL-EML）. http：//www. esa. int/Our_ Activities/Human_ Spaceflight/Human_ Spaceflight_ Research/Electromagnetic_ levitator_ MSL-EML.

ESA. 2009-06-15. Announcement of Opportunity for Research in Physical Sciences on Sounding Rockets and the ISS and Research in Life Sciences (Biology) on Sounding Rockets. www.isdc.unige.ch/polar/topical-group/AO2009-PHYS-BIOSR.pdf.

ESA. 2011-11-03. ACES mission. http：//www.esa.int/Our_Activities/Human_Spaceflight/Human_Spaceflight_Research/ACES_Mission.

ESA. 2011-11. ELIPS：Life & Physical Sciences in Space Executive Summary. http：//www.esa.int/esapub/br/br183/br183.pdf.

ESA. 2012-06-28. Progress report on physical sciences research in space in the framework of the ESA. ELIPS programme http：//knts.tsniimash.ru/ru/src/notice/ESA%20pres%20to%20IMSPG%2021.pdf.

ESA. 2012-07-03. ELIPS-4. http：//www.belspo.be/belspo/space/doc/euPolicy/2012_07_03/ELIPS.pdf.

ESA. 2012-09-25. ESA ELIPS Programme：Opportunities for research relevant to an ageing and sedentary population. http：//www.bis.gov.uk/assets/ukspaceagency/docs/space-science/microgravity-presentations/hatton.pdf.

ESA. 2012-11-21. Ministerial Council 2012 - Fact Sheet. http：//www.esa.int/About_Us/Ministerial_Council_2012/FACT_SHEET.

ESA. 2013-02-23. ESA ELIPS Programme & ISS Utilisation. http：//ukseds.org/conference2013/docs/ELIPS-ISS-UK-SEDS-v6a-for-public.pdf.

ESA. 2013-12-27. European Users Guide to Low Gravity Platforms. http：//www.esa.int/Our_Activities/Human_Spaceflight/Human_Spaceflight_Research/European_User_Guide_to_Low-Gravity_Platforms.

ESF. 2001-04-01. Recommendations for ESA's Future Programme in Life and Physical Sciences in Space. http：//www.esf.org/fileadmin/Public_documents/Publications/Recommendations_for_ESA_s_Future_Programme_in_Life_and_Physical_Sciences_in_Space.pdf.

ESF. 2005-08-01. Scientific Perspectives for ESA s Future Programme in Life and Physical Sciences in Space. http：//www.esf.org/fileadmin/Public_documents/Publications/Scientific_Perspectives_for_ESA_s_Future_Programme_in_Life_and_Physical_Sciences_in_Space.pdf.

ESF. 2008-11-28. Scientific Evaluation and Future Priorities of ESA's ELIPS Programme. http：//www.esf.org/fileadmin/Public_documents/Publications/elips.pdf.

ESF. 2012-12-13. Independent Evaluation of ESA's Programme for Life and Physical Sciences in Space (ELIPS). http：//www.esf.org/fileadmin/Public_documents/Publications/elips_01.pdf.

Ivlev A V, Morfill G E, Thomas H M, et al. 2008. First observation of electrorheological plasmas. Physical Review Letters, 100 (9)：095003.

JASMA. 2013-10. Development Status of the JEM-Electrostatic Levitation Furnace (ELF). www.jasma.info/wp-content/uploads/2013/10/p18-p22.pdf.

JAXA. 2009-10-21. Electrostatic Levitation Furnace (ELF). http：//iss.jaxa.jp/en/kiboexp/pm/pdf/elf_en.pdf.

JAXA. 2012. Summary of "Utilization scenarios toward 2020". http：//iss.jaxa.jp/en/kiboexp/news/pdf/scenarios_2020.pdf.

JAXA. 2013-12-25. Preparation for the Kibo utilization based on "Utilization scenarios toward 2020". http：//iss.jaxa.jp/en/kiboexp/scenario/selection/.

Lu P, Oki H, Frey C, et al. 2010. Orders-of-magnitude performance increases in GPU-accelerated correlation of images from the International Space Station. Journal of Real-Time Image Processing, 5 (3)：179-193.

NASA JPL. 2013-10-18. NASA Research Announcement：Research Opportunities in Fundamental

Physics. http://coldatomlab.jpl.nasa.gov/news/FunPhysicsResearch/.

NASA JPL. 2013-12-25. Cold Atom Laboratory. http://coldatomlab.jpl.nasa.gov/mission.

NASA. 2004-03-17. NASA's microgravity fluid physics strategic research roadmap. http://ntrs.nasa.gov/archive/nasa/casi.ntrs.nasa.gov/20040035612_2004031740.pdf.

NASA. 2012-10-10. Space Life and Physical Sciences Research and Applications. http://www.nasa.gov/directorates/heo/slpsra/index.html.

NASA. 2013-05. International Space Station Utilization Statistics (Expeditions 0-32, December 1998-September 2012). http://www.nasa.gov/pdf/745992main_Current_ISS_Utilization_Statistics.pdf.

NASA. 2013-10-25. A Lab Aloft (International Space Station Research). http://blogs.nasa.gov/ISS_Science_Blog/2013/10/25/top-space-station-research-results-countdown-six-new-process-of-cool-flame-combustion.

Nayagam V, Dietrich D L, Ferkul P V, et al. 2012. Can cool flames support quasi-steady alkane droplet burning? Combustion and Flame, 159 (12): 3583-3588.

NRC. 2003. Assessment of Directions in Microgravity and Physical Sciences Research at NASA. http://www.nap.edu/catalog/10624.html.

NRC. 2011. Recapturing a Future for Space Exploration: Life and Physical Sciences Research for a New Era. http://www.nap.edu/catalog.php?record_id=13048.

Peter L, David W, Gregory C, et al. 2009. Long-Time Observation of Near-Critical Spinodal Decomposition of Colloid-Polymer Mixtures in Microgravity. In: 47th AIAA Aerospace Sciences Meeting including The New Horizons Forum and Aerospace Exposition. American Institute of Aeronautics and Astronautics.

Peter L, David W, Michael F, et al. 2007. Microgravity Phase Separation Near the Critical Point in Attractive Colloids. 45th AIAA Aerospace Sciences Meeting and Exhibit. American Institute of Aeronautics and Astronautics.

Pettit D R, Weislogel M M, Concus P, et al. 2011. Beverage cup for drinking use in spacecraft or weightless environments. US8074827 B2.

Ramirez A, Chen L, Bergeon N, et al. 2012. In situ and real time characterization of interface microstructure in 3D alloy solidification: benchmark microgravity experiments in the DECLIC-Directional Solidification Insert on ISS. IOP Conference Series: Materials Science and Engineering, 27 (1): 012087.

Sabin J, Bailey A E, Espinosa G, et al. 2012. Crystal-arrested phase separation. Physical Review Letters, 109 (19): 195701.

Samsonov D, Zhdanov S K, Quinn R A, et al. 2004. Shock melting of a two-dimensional complex (dusty) plasma. Physical Review Letters, 92 (25): 255004.

SOC Project. 2011. Project "Space Optical Clocks" in the ELIPS-3 program of ESA. http://www.exphy.uni-duesseldorf.de/optical_clock/ELIPS.php.

SOC2 Project Team. 2013-12-25. EU-FP7 Project "SOC2": Towards Neutral-atom Space Optical Clocks: Development of high-performance transportable and breadboard optical clocks and advanced subsystems (Project No. 263500). http://www.exphy.uni-duesseldorf.de/optical_clock/soc2/index.php.

Sütterlin K R, Wysocki A, Ivlev A V, et al. 2009. Dynamics of lane formation in driven binary complex plasmas. Physical Review Letters, 102 (8): 085003.

Thomas C M, Ma Y H, North A, et al. 2011. Microgravity condensing heat exchanger. US 07913499.

Thomas H M, Morfill G E, Fortov V E, et al. 2008. Complex plasma laboratory PK-3 plus on the international space station. New Journal of Physics, 10: 033036.

Weislogel M M, Chen Y, Bolleddula D. 2008. A better nondimensionalization scheme for slender laminar flows:

The Laplacian operator scaling method. Physics of Fluids, 20 (9): 093602.

Yokoyama E, Sekerka R F, Furukawa Y. 2009. Growth of an ice disk: Dependence of critical thickness for disk instability on supercooling of water. The Journal of Physical Chemistry B, 113 (14): 4733-4738.

Yokoyama E, Yoshizaki I, Shimaoka T, et al. 2011. Measurements of growth rates of an ice crystal from supercooled heavy water under microgravity conditions: Basal face growth rate and tip velocity of a dendrite. The Journal of Physical Chemistry B, 115 (27): 8739-8745.

Zagreev B. 2011. Program of scientific and appliedexperiments on the ISS Russian Segment. http://www.oosa.unvienna.org/pdf/sap/hsti/Malaysia2011/D2AM_ISS_4_ISS_Russian_Segment.pdf.

9 大数据研究国际发展态势分析

唐川 张娟 徐婧 张勐 房俊民

(中国科学院成都文献情报中心)

摘 要 大数据一般指超过传统数据管理工具的处理能力的数据集合,它们体量浩大、模态繁多、生成速度极快、蕴含巨大价值,需要通过一些高效率、创新性的分析方法与工具来挖掘。大数据隐含着巨大的社会、经济和科研价值,已引起了各国及各行各业的高度重视。

美国近年来一直很重视大数据的研发,多个联邦机构均启动了相关项目,涵盖国防、能源、航天、医疗等各个领域。2012年3月,美国政府启动"大数据研究与开发计划",正式从国家战略高度来推动大数据发展。欧洲各国对大数据的研发关注度也在进一步提升。在开放数据、数据共享标准建设等方面,欧洲各国都给予了较多的关注。欧盟有关组织和国家政府部门先后制定了促进大数据研发的相关政策措施,高校和研究机构也在开展一批与大数据有关的研究项目。日本总务省、文部科学省、经济产业省等政府部门近两年先后推出多项战略计划,投入近100亿日元推进大数据技术研发与产业的发展。2013年8月,澳大利亚政府发布《公共服务大数据战略》,提出了指导大数据发展的六大原则和拟采取的六项举措,旨在利用大数据为公众提供更好的服务与政策建议、驱动公共部门提高效率、促进各部门的合作与创新。中国已有一些科技部门推出了大数据的相关科研项目,上海、重庆等地区也提出了区域性的大数据发展规划。联合国"全球脉动"(Global Pulse)、世界经济合作与发展组织(OECD)等国际机构也分别提出了利用大数据促进全球经济发展、刺激创新、提升生产力、造福人类的计划。

科研部门对大数据关键技术的研发是大数据前沿发展的重要推动力,本报告从科研部门的角度出发,关注大数据基础设施、大数据管理、大数据分析、大数据可视化等方面的关键技术研发。大数据已成为科学研究的重要方法与手段,本报告从大数据与医药研发、大数据与对地观测、大数据与数字地球、大数据与大规模开放课程四个方面阐述了大数据在科研领域的应用与成果。在大数据学术研究趋势方面,2012年前,大数据研究论文的数量总体较少;2012年和2013年,随着大数据日益受到各国政府和研究机构的重视,论文数量出现了井喷式的增长。近10年在大数据学术研究方面最活跃的前10位国家依次是美国、中国、日本、德国、英国、印度、意大利、澳大利亚、韩国、加拿大。与大数据研究相关的主要技术方向包括数据处理技术、知识工程技术和互联网软件、而大数据研究的相关重点包括数据分析、云计算、数据处理、数据挖掘。

大数据的发展还面临着几方面的挑战与问题，其中大数据科学面临的主要关键问题包括：数据科学与大数据的学科边界、数据计算的基本模式与范式、大数据特性与数据态、大数据的数据变换与价值提炼、大数据对IT技术架构的挑战。大数据工程面临的主要挑战包括：数据处理能力、异构问题、数据融合、数据质量、大数据分析。大数据安全与隐私面临的主要问题包括：隐性的数据暴露、数据公开与隐私保护的矛盾、数据动态性。其他挑战主要包括：人才短缺、大数据生态环境、能耗问题。

只有解决了以上挑战与问题才能充分挖掘出大数据的大价值，从而能够充分利用大数据所带来的机遇。我国亟须在国家层面对大数据给予高度重视，特别需要从政策制定、资源投入、人才培养等方面给予强有力的支持，并将大数据上升为国家战略。建议：设立国家层面的数据科学和大数据专家组，组织制定国家数据科学和大数据的发展战略与规划，引导学术界、工业界以及政府部门消除壁垒、共享资源、成立联盟、建立专业组织等，建立大数据生态系统；对数据共享进行分级，政府数据根据其保密程度分级共享，企业自发进行有条件数据共享，对科研数据建立数据共享的激励机制和政策；成立国家级的专门组织机构，更好地推动大数据的协同创新研究与战略性应用；成立国家级的面向大数据研究与应用的开源社区，或向国际开源社区的核心团队举荐核心成员；开展数据科学的基础理论研究，积极推动高等院校与企业在数据相关领域的合作，加快数据科学学科建设和人才培养；以关乎国计民生的科学决策、应急管理、环境管理、社会计算以及知识经济为大数据的主要应用领域。

关键词 大数据 战略 政策 挑战

9.1 引言

近年来，大数据引起了产业界、科技界和政府部门的高度关注。

一般意义上，大数据是指无法在可容忍的时间内用传统IT技术和软硬件工具对其进行感知、获取、管理、处理和服务的数据集合。大数据的特点可以总结为4个V，即volume（体量浩大）、variety（模态繁多）、velocity（生成快速）和value（价值巨大但密度很低）。毫无疑问，大数据隐含着巨大的社会、经济和科研价值，已引起了各行各业的高度重视。如果能有效地组织和利用大数据，将对社会经济和科学研究发展产生巨大的推动作用，同时孕育前所未有的机遇。

IBM、Oracle、Microsoft、Google、Amazon、Facebook等跨国巨头是发展大数据处理技术的主要推动者。自2005年以来，IBM投资160亿美元进行了30次与大数据有关的收购，促使其业绩稳定高速增长。IBM现在是全球数学博士的最大雇主，数学家正在将其数据分析的才能应用于石油勘探、医疗健康等各个领域。eBay通过数据挖掘可精确计算出广告中的每一个关键字为公司带来的回报。通过对广告投放的优化，2007年以来eBay产品销售的广告费降低了99%，而顶级卖家占总销售额的百分比却上升至32%。目前推动大数据研究的动力主要是企业经济效益，巨大的经济利益驱使大企业不断扩大数据处理规模。

《自然》和《科学》等国际顶级学术刊物相继出版专刊，专门探讨对大数据的研究。2008年《自然》杂志出版专刊"Big Data"，从互联网技术、网络经济学、超级计算、环境科学、生物医药等多个方面介绍了海量数据带来的挑战。2011年《科学》杂志推出关于数据处理的专刊"Dealing with Data"，讨论了数据洪流（data deluge）所带来的挑战，特别指出，倘若能够更有效地组织和使用这些数据，人们将得到更多的机会发挥科学技术对社会发展的巨大推动作用。2012年4月欧洲信息学与数学研究协会会刊ERCIM News出版专刊"Big Data"，讨论了大数据时代的数据管理、数据密集型研究的创新技术等问题，并介绍了欧洲科研机构开展的研究活动和取得的创新性进展。在这样的大背景下，2012年5月，香山科学会议组织了以大数据科学与工程为主题的学术讨论会，来自国内外35个单位横跨IT、经济、管理、社会、生物等多个不同学科领域的43位专家代表参会，并就大数据的理论与工程技术研究、应用方向以及大数据研究的组织方式与资源支持形式等重要问题进行了深入讨论。2012年6月，中国计算机学会青年计算机科技论坛（CCF YOCSEF）举办了"大数据时代，智谋未来"学术报告会，就大数据时代的数据挖掘、体系架构理论、大数据安全、大数据平台开发与大数据现实案例进行了全面的讨论。总体而言，大数据技术及相应的基础研究已经成为科技界的研究热点，大数据科学作为一个横跨信息科学、社会科学、网络科学、系统科学、心理学、经济学等诸多领域的新兴交叉学科方向正在逐步形成。

大数据同时也引起了包括美国在内的许多国家政府的极大关注。2012年3月，美国公布了"大数据研发计划"，认为大数据是"未来的新石油"，并将对大数据的研究上升为国家意志，这对未来的科技与经济发展必将带来深远影响。该计划旨在提高和改进人们从海量和复杂的数据中获取知识的能力，进而加速美国在科学与工程领域发明的步伐，增强国家安全。根据该计划，美国国家科学基金会（NSF）、国立卫生研究院（NIH）、国防部（DOD）、能源部（DOE）、国防部高级研究计划局（DARPA）、地质勘探局（USGS）6个联邦部门和机构共同提高收集、储存、保留、管理、分析和共享海量数据所需的核心技术，扩大大数据技术开发和应用所需人才的供给。该计划还强调，大数据技术事关美国国家安全、科学和研究的步伐，将引发教育和学习的变革。欧盟方面也有类似的举措。过去几年欧盟已对科学数据基础设施投资1亿多欧元，并将数据信息化基础设施作为"地平线2020"（Horizon 2020）计划的优先领域之一。纵观国际形势，对大数据的研究与应用已引起各国政府的高度重视，并已成为重要的战略布局方向。

大数据还引起了科技界对科学研究方法论的重新审视，正在引发科学研究思维与方法的一场革命。最早的科学研究只有实验科学，随后出现以研究各种定律和定理为特征的理论科学。由于理论分析方法在许多问题上过于复杂，难以解决实际问题，人们开始寻求模拟的方法，导致计算科学的兴起。海量数据的出现催生了一种新的科研模式，即面对海量数据，科研人员只需从数据中直接查找或挖掘所需要的信息、知识和智慧，甚至无须直接接触需研究的对象。2007年，已故的图灵奖得主吉姆·格雷（Jim Gray）在他最后一次演讲中描绘了数据密集型科学研究的"第四范式"（The Fourth Paradigm），把数据密集型科学从计算科学中单独区分开来。格雷认为，要解决我们面临的某些最棘手的全球性挑战，"第四范式"可能是唯一具有系统性的方法。其实，"第四范式"不仅是科研方式的转变，也是人们思维方式的大变化。

在中国，大数据也已受到各界关注和重视。中国科学院院长白春礼院士 2012 年 12 月呼吁中国应制定国家大数据战略。中国工程院常务副院长潘云鹤院士表示："大数据时代已经到来，我建议国家要及时把握大数据科技变革的重大机遇。"2012 年 10 月 19 日，中国计算机学会成立大数据专家委员会。第三届大数据世界论坛于 2013 年 7 月在北京举行。2013 年甚至被称作中国的"大数据元年"。

大数据是与自然资源、人力资源一样重要的战略资源，是一个国家数字主权的体现。大数据时代，国家层面的竞争力将部分体现为一国拥有大数据的规模、活性以及对数据的解释、运用的能力。一个国家在网络空间的数据主权将是继海、陆、空、天之后另一个大国博弈的空间。在大数据领域的落后，意味着失守产业战略制高点，意味着数字主权无险可守，意味着国家安全将出现漏洞。大数据将直接影响国家和社会稳定，是关系国家安全的战略性问题。

为了把握大数据研究的国际发展态势、了解相关机构的研发动态、明确其关键技术与挑战，中国科学院国家科学图书馆成都分馆信息科技团队完成此文，以为我院在相关领域的工作提供有益参考。

9.2 各国大数据发展战略与政策分析

9.2.1 美国

9.2.1.1 美国大数据研究与开发计划

美国近年来一直很重视大数据的研发。多个联邦机构均启动了相关项目，涵盖国防、能源、航天、医疗等各个领域，但这些项目没有得到很好的协调。2011 年，美国网络与信息技术研发计划（NITRD）设立"大数据研发高级指导小组"，负责确定跨联邦政府的大数据研发活动和大数据国家计划的目标。在该指导小组的努力下，2012 年 3 月 29 日，美国总统奥巴马宣布启动"大数据研究与开发计划"（Big Data Research and Development Initiative），旨在提高从海量数字数据中提取知识和观点的能力，加快科学与工程发现的步伐，加强美国的安全，实现教育与学习的转变。

该计划的推出表明，美国已经从国家战略高度来认识大数据并展开行动。白宫科技政策办公室的主管将大数据计划与历史上对超级计算和网络的投资相提并论，"过去在信息技术研发方面的联合投资推动了超级计算机和互联网的创建，而大数据计划有望使我们利用大数据促进科学发现、环境和生物医学研究、教育以及保护国家安全的能力发生变革。"

为启动大数据研发计划，以美国国家科学基金会为首的六大联邦机构宣布投资 2 亿多美元资助新项目的研发。其中美国国防部和国防部高级研究计划局更是投资巨大，可见大数据对于国防安全的重要意义。此次各部门启动的大数据项目包括以下几个。

1) 美国国家科学基金会与国立卫生研究院联合项目

(1) "促进大数据科学与工程的核心技术"项目。

美国国家科学基金会与国立卫生研究院联手推出的"促进大数据科学与工程的核心技术"（BIGDATA）项目将促进对大规模数据集进行管理、分析、可视化并从中抽取有用信息的核心科学技术的发展。美国国立卫生研究院尤其关注与医疗、疾病有关的分子、化学、行为、临床等数据集。根据两家机构发布的招标指南，申请提案需要关注以下三方面的工作：

①数据收集与管理。

处理多源、异构、复杂的海量数据需要开发新的方法与工具。支持的研究领域包括但不限于：

• 针对不断产生的数据以及共享和广泛分布的静态实时数据的新的数据存储、I/O系统和架构；
• 计算、存储和通信资源的有效使用与优化；
• 能持续收集和处理数据，并确保其精确性、可信性和完整性的容错系统；
• 能利用语义和情境信息自动注释数据的新方法；
• 面向先进数据架构（包括云）的新设计，可以解决极限容量、电源管理、实时控制等问题，同时确保可扩展性和可用性；
• 新一代多核处理器架构，以及能最大限度地发挥该架构优势的新一代软件库。

②数据分析。

数据分析、仿真、建模和解释领域的进展将产生重大影响，有助于促进科学发现，认识事件的因果关系、进行预测并提出行动建议。支持的研究领域包括但不限于：

• 新的算法、编程语言、数据结构和数据预测工具的开发；
• 理解海量数据集计算的重要特性所需的计算模型和基础数学与统计学理论；
• 针对不断产生的数据集的实时处理技术，以及允许更灵活、更直观地研究数据的实时可视化和分析工具；
• 能整合不同数据并将数据转化为知识，实现实时决策的技术。

③e-Science合作环境。

综合的"大数据"网络基础设施必不可少，它能使广大的科学家和工程师团体访问多样化的数据，以及最优秀、最实用的推理和可视化工具。支持的研究领域包括但不限于：

• 有助于不同领域、不同地域的科研人员和学生互相协作，并大幅提高科学合作效率的新的合作环境；
• 通过机器学习、数据挖掘和自动推理等方式实现科学发现过程的自动化；
• 能管理多学科领域复杂和大规模科学成果流的新的数据管理技术；
• 能促进科学工作流和新应用开发与使用的端对端系统。

除了关注以上三方面外，申请者还必须制定能力建设方案，因为这对新兴科研教育领域的健康发展至关重要。此外，申请者还可选择在某个国家优先领域开展大数据项目，例如医疗IT、应急响应、清洁能源、网络学习、材料基因组、国家安全、先进制造等领域。

（2）美国国家科学基金会新资助的项目。

2012年10月3日，作为对 BIGDATA 项目联合招标的回应，美国国家科学基金会宣布为新的大数据基础研究项目提供1500万美元的资助，以开发新的工具和方法来提取与利用来自于大规模数据集的知识，加速科学与工程研究与创新的进展。获得资助的八大项目包括：

① 消除大数据应用中的数据摄取瓶颈。

大数据实践证明需要在快速查询响应（比如通过索引）和数据的更新之间进行很好的权衡。由罗格斯大学和石溪大学承担的此项目建立的存储系统将有别于传统的索引机制，在数据规模数以亿级的数据库中，索引速度将提高200倍。

② 数据桥——长期科学数据馆藏的社会经济系统。

科学数据数量的快速增长和多样化有可能催生重要的合作研究计划，但要找到与某特定研究相关的所有数据存在挑战，需要开发新的工具来帮助科学家检索相关的数据集。

由北卡罗来纳大学、哈佛大学、北卡罗来纳农工州立大学承担的此项目将通过利用社会经济网络来实现和改进从大型分布式、多样化馆藏中发现相关科学数据的工作，从而支持科学与工程的创新。该系统将提供一种方便的方法来通过"数据桥"发布数据。"数据桥"是一个 e-science 合作环境工具，可用来研究相关社会经济工具和算法，从而确定语义桥梁来将大量数据库集连接成一个社会经济网络。

③ 大数据管理的正式基础。

由华盛顿大学承担的此项目将探索大数据管理的基础问题，目的是大幅提高大数据分析的生产力。项目将开发开源的软件来解释和优化特定的数据分析，从而使领域专家能够在大数据和大型计算机集群上开展复杂的数据分析。

④ 大规模数据计算的分析方法在基因组学中的应用。

由布朗大学承担的此项目将在数学上设计和测试有良好根据的算法与统计技术，以分析大规模、异构的噪声数据。此项目旨在解决分子生物数据分析方面的挑战，将在大规模癌症基因数据上进行测试，从而有助于实现更好的医疗和新的医疗信息技术的发展。

⑤ 基于分布式机器学习的高维数据集。

由卡内基梅隆大学承担的此项目旨在针对标准的机器学习问题的自然推广开发新的统计和算法方法，由此产生的创新机器学习方法有望使社会网络分析、医药等其他科学领域从中受益。

⑥ 高通量 DNA 序列的核心技术、库和领域特定语言。

由艾奥瓦州立大学、斯坦福大学、弗吉尼亚理工大学承担的此项目旨在开发相关核心技术和软件库，以实现针对高通量 DNA 序列的可升级的、有效的高性能计算解决方案。为了扩大用户群体，项目将：a. 确定一系列在多种类型高通量测序应用程序中的常用核心功能；b. 开发针对上述功能的有效的并行算法和高性能实施方案；c. 寻求所需的高性能计算框架（包括集群、多核 GPU）；d. 开发封装这些功能的软件仓库，方便生物信息学团体研究高性能计算框架；e. 设计一种能够自动生成并行代码的特定语言使不熟悉并行处理的生物信息学研究人员从中受益。

⑦ 大张量数据挖掘：理论、可升级的算法和应用。

由卡内基梅隆大学、明尼苏达大学承担的此项目将开发解决语言处理复杂性的理论和算法,并开发能够估算人类大脑如何进行语言处理的方法。该算法有望帮助开发搜索引擎的更好算法、理解人脑活动的新方法。

⑧大规模科学文献的发现与社会分析。

由罗格斯大学、康奈尔大学、普林斯顿大学承担的此项目将调查与"文本仓储如何得到访问和利用"相关的个人和社会模型,重点关注如何提高复杂科学文献检索的精确度和相关度。

2)美国国家科学基金会

美国国家科学基金会正在实施一项全面的长期战略,包括从数据中获取知识的新方法、管理数据的基础设施、教育和队伍建设的新途径,尤其:

(1) 鼓励科研院校开展跨学科的研究生课程,以培养下一代数据科学家和工程师;

(2) 向加州大学伯克利分校提供 1000 万美元的资助,将机器学习、云计算、众包这三种方法整合起来,用于将数据转变为信息;

(3) 为"地球立方"(EarthCube)项目提供首轮资助,使地学家可以访问、分析和共享地球信息;

(4) 向一个培训小组分配 200 万美元,使本科生能在利用图形和可视化技术处理复杂数据方面获得培训;

(5) 向一个由统计学家和生物学家组成的科研小组提供 140 万美元的资助,以确定蛋白质结构和生物学通路;

(6) 召集跨学科的研究人员以确定大数据如何改变教学。

3)美国国防部

美国国防部对大数据极为重视,每年投资近 2.5 亿美元(6000 万用于新的研究项目)资助以下三方面研究:

(1) "数据到决策":开发计算技术和软件工具,以分析那些与动态推理和推理机相连的海量数据(包括表格等半结构化数据和文本等非结构化数据);

(2) 自动化:利用"数据到决策"取得的进展来开发相关的支持工具,这些工具能够识别趋势、适应现实世界的条件,并可不依赖于人类的干预而在复杂的动态环境中成功运行;

(3) 人机系统:促进人机接口的发展,以实现运行和培训方面的无缝合作。

此外,国防部高级研究计划局启动的"XDATA 项目"拟在未来 4 年每年投资 2500 万美元,开发分析大规模数据的计算技术和软件工具。项目拟解决的中心挑战包括:

● 开发可升级的算法,以处理分布式数据仓库中的不完全的数据;

● 创建有效的人机互动工具,其可以根据不同的任务进行轻松定制;

XDATA 项目将支持开源软件工具包,为用户提供可在多种环境中进行大规模数据处理的灵活的软件。国防部高级研究计划局已为佐治亚理工学院提供了一份 270 万美元的技术研发合同,资助他们开发用于处理和分析数据的新的计算技术和开源软件工具,重点是开发能分析大规模数据的机器学习新方法。

4)美国国立卫生研究院

美国国立卫生研究院的千人基因组计划数据集将通过亚马逊云服务(AWS)免费对外

开放。这些数据总量达到 200 TB，是世界上最大的人类基因变异数据集。

5）美国能源部

美国能源部将提供 2500 万美元的资助，建立"可扩展的数据管理、分析和可视化研究所"（SDAV）。SDAV 由劳伦斯伯克利国家实验室牵头，将汇集美国 6 个国家实验室和 7 所大学的专家，开发新的工具来帮助科学家管理和可视化来自美国能源部超级计算机的数据。

6）美国地质勘探局

美国地质勘探局的约翰·韦斯利·鲍威尔分析与集成中心启动了 8 个新的研究项目，以将地球科学理论的大数据集转变为科学发现，加深人们关于气候变化对物种的影响、地震复发率、下一代生态指标等问题的理解。

除了响应政府号召推出新的大数据项目外，美国多个联邦部门和机构在此前已经开展了多项与大数据相关的项目，下面将具体介绍各个部门和机构的重要项目及与大数据相关的活动。

9.2.1.2 美国国防部高级研究计划局的大数据研发项目

（1）"多尺度异常监测"项目（ADAMS）：旨在解决海量网络数据中的异常监测和鉴定问题。

（2）"内部人网络威胁"项目（CINDER）：旨在开发创新的方法，以监测军事计算机网络中的网络间谍活动，并提高监测的精确度和速度。

（3）Insight 项目：旨在开发一个资源管理系统，通过分析来自成像、非成像传感器和其他来源的信息，自动确定网络威胁和不规则战争，从而弥补当前情报、监视与侦察系统存在的不足。

（4）"机器读取"项目：旨在开发能够处理自然语言的学习系统，并将由此产生的语义表征插入到知识库中，实现人工智能应用，而无须依赖于专家。

（5）"心灵之眼"项目：旨在为无人系统研发"可视智能"的能力，使无人系统通过对系统采集到的流媒体数据进行分析，发现并及时报告重要的作战信息，从而使作战人员能够及时地采取相应措施应对发生的重要事态。

（6）"面向任务的弹性云"项目：旨在开发监测、诊断和应对网络攻击的技术，解决云计算的安全挑战。

（7）"加密数据的编程计算"（PROCEED）项目：旨在针对那些在使用过程中保持加密状态的数据，开发实用的计算方法和编程语言，从而克服云计算环境中的信息安全挑战。由于无须在用户端解密数据，网络间谍也难以得逞。

（8）"视频与图像检索与分析工具"（VIRAT）项目：旨在为军事图像分析家开发一个系统，使其能利用收集到的海量视频内容，在某些事件发生时即可发出警报。VIRAT 还将开发相关工具，使分析家能够从超大型视频库中快速检索视频内容。

（9）"针对性网络攻击分析器"项目（CAT）。

CAT 项目通过自动关联网络中的所有不同数据源，理解随着网络的发展变化，信息如何进行连接，从而帮助网络防御者更轻松地识别电脑异常情况，降低网络部门人员的工作量，解决人手短缺的问题。CAT项目将解决以下问题：利用最少的人工干预，自动对网络的数据源进行索引；整合不同的数据结构；允许操作者进行跨联邦数据库的推理（比如查询整个网络任何相互关联数据的关系等）。国防部高级研究计划局预计该项目将包括两部分：一是开展致力于解决上述技术挑战的研究，二是专注于为项目提供针对技术解决方案的安全测试和验证。

（10）"动态网络的现代图形分析"项目（MEGA）。

国防部高级研究计划局为斯坦福大学的研究人员提供了560万美元的资助，支持他们开发新的模拟人类沟通及发现社交媒体庞大数据集中的精细模式的算法。国防部高级研究计划局的兴趣在于，从国家安全的角度考虑，对大数据的研究可以从恐怖分子和其他国外敌对势力的异常或可疑的社交互动中发现安全威胁。MEGA项目的目标之一是模拟人类的网络在线行为并研究这些行为是如何塑造社交网络的。之后研究团队可以将这些模式转化成更加普通、抽象的理论并看它是否适用于大量的社交网络。要实现对大数据的实时分析，就必须存储和探索大量不同计算机上的数据，这就需要更多的新算法。MEGA项目的第二个组成部分就是编写实时处理分布式数据的分步程序。MEGA项目的算法有可能会实现一个不仅考虑用户所输入的关键字，而且考虑用户的社交联系和当时在线趋势的搜索引擎。

9.2.1.3 美国国家科学基金会的大数据研发项目

（1）"面向21世纪科学与工程的网络基础设施框架"项目（CIF21）。

CIF21项目是美国国家科学基金会实现其综合战略目标的重要组成部分，它将网络基础设施视为一个生态系统，旨在通过这个生态系统中各个关键要素的发展，实现科学发现与创新。

美国"大数据研究与发展计划"是CIF21项目的核心，其重点是针对数据密集型和数据驱动型科学进行新技能的研发，以创建可操作的信息，实现及时和明智的决策。美国国家科学基金会的大数据项目将重点投资四个关键领域：创新与新的基础研究，网络基础设施，团体建设，教育与员工发展。

此外，根据美国国家科学基金会的2014财年预算案，2014年CIF21项目的重点将集中在数据领域。包括：

①开展美国国家数据基础设施项目，解决与开放获取相关的问题，并通过1～2个试点项目解决多领域数据的管理和使用问题。

②充实大数据项目，纳入更多与美国国家科学基金会各学部使命密切相关的主题；召开研讨会以制定未来5～10年的研发路线。

③扩展计算与数据驱动型科学和工程（CDS&E）项目，开发新的建模方法，针对跨领域合作开发特定领域的新原型。

④通过数据基础设施建设模块（DIBB）项目和数据协调示范项目，资助新的数据概念化研究和数据示范项目。数据项目将拓展跨领域先进计算服务和能力的基础与利用，并探索新的数据密集型计算资源处理方案。

⑤资助新的科研团体建设，以及下一代数据资源的开发和获取。

⑥培养下一代科研人员，解决以下基本挑战：开发可促进大数据科学与工程发展的核心技术；分析和处理挑战性的 CDS&E 问题；研究、提供和使用网络基础设施，以实现所有领域的前沿 CDS&E 研究。

（2）数据挖掘挑战赛。

"数据挖掘挑战赛"（Digging into Data Challenge）是包括美国国家科学基金会在内的多家国际研究基金会于 2009 年联手启动的一个国际项目，旨在解决大数据对人文和社会科学研究的挑战，利用新的研究方法来检索、分析和理解数字图书、报纸、网络搜索结果、传感器、电话记录等数据集。

2013 年 2 月 6 日，"数据挖掘挑战赛"启动第 3 轮资助计划，旨在激励社会及人文科学中的计算密集型研究的发展，通过认识"大数据"对于社会及人文科学研究人员的意义来说明"大数据"是如何改变这些学科领域的研究状态的。

（3）"计算探险"项目。

该项目为加利福尼亚大学伯克利分校的研究人员提供经费，以处理大数据研究挑战。分析学的根本性革新、可促进云与集群计算及众包中伸缩性资源的系统构架、人类活动和智能的结合将为当今自动数据分析技术无法解决的问题提供解决方案。

（4）"信息集成和信息学"项目：旨在解决将传统科学研究数据转移到超大型异构数据库时所涉及的挑战和升级难题，如新型数据模型和表征方式的集成，以及与数据通路、信息生命周期管理和新平台相关的问题。

（5）理论与计算天体物理学网络（TCAN）项目：旨在促进解释海量天体物理学数据的理论与计算方法。

（6）开放科学网格（OSG）将全世界 8000 多名科学家联合起来，共同探索搜寻希格斯玻色子等研究。

此外，为响应政府号召，更顺利地开展大数据研发计划，美国国家科学基金会于 2013 年 3 月底公布了拟重点支持的项目和计划。主要范围包括：促进能支持大数据及数据分析的技术研发；培养并扩充大数据领域的人才力量；开发大数据应用，并进行演示和评估，以促进经济增长、改善就业、教育、医疗、能源、可持续性、公共安全、先进制造、科学工程与全球发展等各个领域的工作；通过开展挑战赛并提供奖励来促进基于大数据的新发现，并促进地区创新。

9.2.1.4 美国能源部的大数据研发项目

美国能源部下属的多个机构都在开展与大数据相关的活动或项目。

（1）科学办公室。

①"先进科学计算研究办公室"（ASCR）带领相关团体开展数据管理、可视化和数据分析研究，包括 Kepler 等广泛使用的数据管理技术、存储资源管理标准、ADIOS 等数据存储管理技术、ParaView 等科学可视化工具。

②高性能存储系统（HPSS）：美国能源部和 IBM 等联合开发管理 P 级数据的软件，被纳米、核能物理、气候科学等学科及数字图书馆广泛利用。

③"千万亿次级数据的分析数学"项目：为从海量科学数据集中提取知识，发现重要

特征和理解这些特征间的联系,该项目旨在解决与之相关的数学挑战,包括流数据的实时分析、随机非线性数据简化技术,以用于来自电网的传感器数据、气候数据等。

④ "下一代联网"项目:支持开发有关发现、移动和利用大规模数据的科研合作工具,相关产品包括 Globus、GridFTP、ESG。

(2) 基础能源科学办公室(BES)。

BES 的"科学用户设施"项目支持帮助用户管理和分析大数据的研究工作,如"加速数据获取、简化和分析"(ADARA)项目旨在解决散裂中子源数据系统的数据流需求,以为实验控制提供实时分析能力。

(3) 聚变能源科学办公室(FES)。

"先进计算带来科学发现"(SciDAC)项目旨在解决与聚变能源科学计算研究和实验研究相关的大数据挑战,其开发的数据管理技术和可视化技术受到欧盟和国际热核聚变实验反应堆(ITER)的关注。

(4) 高能物理办公室(HEP)。

"计算高能物理"项目支持有关大规模、复杂实验数据集以及模拟数据的分析研究。合作的大数据管理活动包括 PanDA 工作量管理系统和 XRootD(可快速访问多种数据集的高性能、容错软件)。

(5) 核物理办公室(NP)。

"美国核数据项目"(USNDP)旨在编写和交叉检验与原子核重要特点相关的所有实验结果。

(6) 科技信息办公室(OSTI)。

OSTI 是美国唯一参加国际 DataCite 的联邦机构成员,在制定数据引用的政策和技术方面发挥着重要的作用。它帮助实现数据的有效再利用与验证,并跟踪数据的影响。

(7) 生物与环境研究办公室(BER)。

大气辐射测量(ARM)气候研究设施是一个多平台的科学用户设施,负责为国际科研团队精确观测重要的大气现象、理解气候模型提供基础设施。ARM 的数据每年都被上百份期刊引用。该项目面临的主要挑战是:处理从数以百台的实验设备收集的高时间分辨率和光谱信息,满足用户需求。

系统生物学知识库(Kbase)是一个社区驱动的软件框架,可实现对微生物、植物和生物群落功能的数据驱动型预测。Kbase 的开发基于开放式设计,能改进算法开发和部署效率,实现来自异构数据源的实验数据的获取和集成。Kbase 不是一个典型的数据库,而是用以解释缺失信息的一种手段,可成为实验设计的预测工具。

9.2.1.5 美国国立卫生研究院的大数据研发项目

(1) "从大数据到知识发现"项目。

生物医药研究会产生大规模、多样化的数据集,并且其数据密集程度越来越高。然而,由于缺乏分析工具、数据访问权限、技能培训等,科研人员往往难以管理、集成、分析这些数据。针对这个问题,美国国立卫生研究院于 2012 年 12 月启动了"从大数据到知识发现"项目,以促进数据科学的相关研究、实施和培训,为生物医药科研人员提供帮助。该项目目前正在研究新的方法、标准、工具和软件等,以使生物医学科学家能够更充分地利用研究团体产生的大数据。

2013 年 7 月,作为"从大数据到知识发现"项目的一部分,美国国立卫生研究院宣布将在未来四年每年投资 2400 万美元建立 6~8 个"从大数据到知识发现卓越中心(Big Data to Knowledge Centers of Excellence)",以开发和推广数据共享、集成、分析与管理的创新方法、软件与工具,帮助科研团体提高利用大规模复杂数据集的能力。这些卓越中心将鼓励科研人员开展跨学科合作,并将尝试促进数据科学领域的科学家加入到生物医药的研究中来。同时,这些大数据卓越中心也将为学生和科研人员提供培训课程,以掌握使用和开发大数据分析方法。

(2)人脑连接组项目。

人脑连接组项目(NIH Human Connectome Project)是一项宏伟的计划,旨在绘制能揭示人脑功能的神经通路,共享与人脑结构和功能有关的数据。该项目将加深人们对人脑机制的理解,并为未来研究许多神经和精神疾病中出现的大脑回路异常搭建一个平台。

(3)神经科学信息框架(NIF)。

NIF 是一个基于 web 的动态神经科学资源目录,允许用户使用任一台联网的计算机访问其中的数据、资料和工具。NIF 项目是美国国立卫生研究院神经科学研究蓝图的一项计划,NIF 通过推进科学发现,以及促进在开源、联网环境中对全球公共研究数据与工具的访问来推动神经科学研究。

(4)国家生物医学计算中心(NCBC)。

NCBC 致力于成为国家级的生物医学信息学和计算生物学基础设施。目前美国国立卫生研究院投建了八所 NCBC,这八个中心负责创建创新性软件项目和其他工具,方便生物医学团体整合、分析、模拟和共享人类健康与疾病数据。

(5)结构基因组项目。

该项目由国立综合医学研究所承担,旨在推动蛋白质、RNA 和其他生物大分子(代表了自然界能发现的所有结构多样性)三维结构的发现、分析与传播,加强对生物学、农学和医学的理解和应用。

(6)"生物医学信息学研究网络"(BIRN)国立综合医学研究所。

是一项旨在通过数据共享与合作促进生物医学研究的国家计划,为研究人员提供用户驱动的、基于软件的共享数据的框架。

(7)"癌症成像档案"(TCIA)。

TCIA 是一项图像数据共享服务,旨在推动医学成像领域开放科学的发展。TCIA 项目由美国国立卫生研究院下属的国立癌症研究所承担,旨在改善当前癌症研究与实践,主要方式包括提高癌症成像检测与诊断的效率和可重复性,利用医学影像对治疗反应进行客观评估,最终通过成像资源的发展实现更好的临床决策支持。

(8)癌症基因地图(TCGA)。

TCGA 项目同样由国立癌症研究所承担,是一项综合性的协作型工作,旨在通过大规模基因组测序等基因组技术的应用,加深对癌症分子学基础的认识。TCGA 项目正利用大规模基因数据集来描述 20 多种癌症的基因变化,近日他们发现乳癌和卵巢癌具有基因相似性，对于这些疾病的治疗具有重要的意义。随着大规模基因组技术的快速发展，到2014年，TCGA项目将会积累数千万亿字节（PB）的原始实验数据。

9.2.1.6 其他联邦部门与机构的大数据研发项目

（1）美国国家航空航天局（NASA）。

为支持未来的地球观测任务，美国国家航空航天局的信息系统必须不断演变。过去两年中，美国国家航空航天局对以大数据管理和数据挖掘算法为重点的数据与信息管理系统研发投资了900万美元，开发了多个技术平台，包括一个进行数据模型验证的Apache OpenClimate工作台、一个对卫星雷达数据进行处理和挖掘的Amazon Web Services云合作环境，以及气候模型输出数据分析的并行网络服务。

美国国家航空航天局开展的"先进信息系统技术"（AIST）项目旨在降低美国国家航空航天局信息系统不断演变的风险和成本，提高科学数据的可用性和利用率。"行星数据系统"（PDS）则是美国国家航空航天局执行行星任务过程中所产生的数据产品库，其中的所有产品都经过同行评估，并可通过在线目录系统轻松进行访问。

（2）美国国土安全部（DHS）。

"可视化和数据分析卓越中心"（CVADA）通过对大规模异构数据的研究，使应急救援人员能够解决人为或自然灾害、恐怖主义事件、网络威胁等方面的问题。

（3）美国国家安全局（NSA）。

"Vigilant Net"项目将开发保护计算机网络的数据可视化技术，从而促进和测试网络保护位置感知能力。此外，在信息安全与大数据的结合方面，美国情报机构开展了一系列协调、宣传和计划活动，与美国政府、学术界和产业界的人士合作，使参与非保密工作的科学团体也可以了解情报机构的观点。

（4）美国国家档案记录管理局（NARA）。

"十亿电子记录网络基础设施"（CI-BER）是由多个机构联合资助的测试床，其将评价相关的技术和方法，旨在支持对超大规模数据集的持续访问。

（5）食品与药品管理局（FDA）。

"虚拟实验室环境"将整合现有的资源和能力，建立一个虚拟的实验室数据网络。

9.2.1.7 公私机构在大数据领域的新合作计划

2013年11月12日，美国白宫、网络与信息技术研发计划（NITRD）、美国科技政策办公室（OSTP）资助举办了名为"从数据到知识到行动"的会议，介绍了数十家公私机构在大数据方面的新合作计划。这些大数据公私合作计划分为七类，部分项目如下：

（1）增加患者的自主权、治疗疾病、拯救生命。

①构建虚拟临床试验。

临床试验对癌症研究功不可没，但只有30%的癌症患者参与了临床试验。美国临床肿瘤学会旨在通过CancerLinQ解决这一问题。CancerLinQ是一个为期五年、经费达8000万美元的计算机学习网络项目，它将分析大量的患者信息，为医疗专家和患者提供实时的反馈和指导，帮助改进所有癌症患者享受的医疗质量。

②提高临床试验的可获取性。

超过一半的患者有兴趣参加临床试验,但近一半的临床试验未能实现其招聘目标。研究人员将提供一个新的平台来改进患者对临床试验信息的获取。该平台将加强现有的 clinicaltrials. gov 网站,提供更详细和对患者友好的可参加的临床试验信息,并嵌入一个机器可读的"目标健康文件"来提高医疗软件将个人医疗文件与适当临床试验匹配起来的能力。

③创建虚拟数据中心,以降低医疗数据共享的成本和提高安全性。

美国医疗保险和医疗补助服务中心(CMS)正投资 1300 万美元建立"虚拟研究数据中心"(VRDC),以制定一种安全和有效的机制,使研究人员能够虚拟访问 CMS 的数据,并在虚拟环境中分析和操控数据。

④OSTP 启动利用大数据预测流行病的新计划。

OSTP 的"预测下一个流行病计划"将建立一支研究团队,通过加强跨部门的合作和利用大数据来提前预测流行病的发生。

(2) 经济增长。

纽约市市长的数据分析办公室正关注能够提高日常运作、帮助预防和应对灾害、支持经济增长的项目。

(3) 支持地球、能源利用和环境。

①开放地球空间数据。

Amazon Web Services 和美国国家航空航天局正通过地球科学合作共享网络美国国家航空航天局 Earth eXchange(NEX)向公众开放有关地球的空间数据。这将促进科学研究众包网站 Zooniverse. org 等所推出项目的研发。

②能源数据挑战赛。

能源部正构建相关平台,使美国实现能源来源的多样化。能源部首席信息官等正资助"美国能源数据挑战赛",鼓励公众开发使美国消费者能够更有效地利用数据的工具,并鼓励家庭与企业做出明智决策。

③监控全球森林变化。

Google 将与世界资源研究所开展"世界森林观察 2.0"(GFW2.0)的研发工作。GFW2.0 是一个新的森林监测工具,其利用来自卫星图像、监测系统的数据和移动技术来提供近实时的世界森林信息。它还具备众包能力,使人们可以及时汇报森林砍伐事件的发生。Google 的 Earth Engine 将管理这些卫星数据和科学分析数据。

(4) 增强国家和世界的实力。

①利用数据分析师解决社会挑战。

许多高影响的社会组织拥有海量的数据,但缺乏资源来分析这些数据。互联网大数据科研组织 DataKind 正与 Pivotal 合作,通过 Pivotal 数据科学家的自愿劳动和全球数据科学家的参与,解决社会面临的挑战。DataKind 还与 Medic Mobile 启动了一个新的项目,以更好地衡量该组织不同医疗计划的影响。

②麻省理工学院组织城市交通大数据挑战赛。

麻省理工学院(MIT)计算机科学与人工智能实验室(CSAIL)正在组织大数据挑战

赛，以激励科学家利用数据来解决重大社会问题。2013年10月启动的首次MIT大数据挑战赛致力于利用出租车、社交媒体、天气等数据来预测波士顿的出租车需求等城市交通问题。

（5）促进核心技术。

①美国国家科学基金会促进先进数据分析研究。

自大数据研发计划启动以来，美国国家科学基金会已通过大数据核心技术、数据基础设施建设模块项目投资了6200万美元，资助提高数据分析能力的项目。美国国家科学基金会还投资376万美元以通过数据分析研究改进在线隐私政策，拨款2500万美元建立了"大脑、思维和机器中心"。

②SGI利用超算解决数据挑战。

SGI公司已经创建了一个低成本、高密度的计算系统来管理高速数据，尤其是解决防止舞弊所需进行的高速监测、处理和分析问题。2013年，SGI、Fedcentric Technologies与美国邮政总局合作，利用该系统来管理日常邮政业务。

（6）培养下一代数据科学家。

①三所大学利用数据科学家促进科研。

纽约大学、加利福尼亚大学伯克利分校、华盛顿大学已开展一项为期五年、经费达3780万美元的合作，将各专业领域的专家与数据科学家联合起来，加速数据科学的变革，促进科学发展与科学发现。

②IBM创建数据分析人才评估工具。

IBM正开发首个在线"分析人才评估"工具，使大学生能够评估他们成为公私部门大数据分析职员的能力，指导他们进一步发展相关能力。该工具的重点是评价学生所具备的必要竞争力与特征，即评估其学生是否具备分析数据以及能利用其形成有效策略的能力。

（7）描述数据驱动社会的未来。

①麻省理工建立大数据隐私工作组。

麻省理工大数据计划于2013年11月建立了一个"大数据隐私工作组"，长期思考能够更好地理解和帮助确定保护与管理隐私的技术，尤其是大规模、多样化数据集得到收集与整合情况下的隐私保护技术。工作组将制定有关未来研究需求的路线图。

②成立大数据、道德与社会委员会。

在美国国家科学基金会的支持下，大数据、道德与社会委员会将于2014年初成立，以研究大数据计划的关键社会与文化问题。

9.2.2 欧洲

早在2009年，由英国联合信息系统委员会（JISC）、美国国家人文基金会（NEH）、美国国家科学基金会和加拿大社会科学与人文科学研究理事会共同资助的一项国际性项目"数据挖掘挑战赛"（Digging into Data Challenge）就开始推动大数据理论在欧洲的探索与实践。近两年，欧洲各国对大数据的研发关注度进一步提升。在开放数据、数据共享标准建设等方面，欧盟及欧洲各国都给予了较多的关注。欧盟有关组织和国家政府部门先后制定了促进大数据研发的相关政策措施，高校和研究机构也在开展一批与大数据有关的研究项目。

纵观近年欧洲各国在大数据领域的政策举措和发展规划，欧洲各国已经意识到大数据发展的潜在价值和重大机遇，并逐渐将大数据研发作为提升其科研竞争力的一项重要内容。

9.2.2.1 欧盟开放数据战略

欧盟的大数据发展主要集中在开放数据领域。欧盟的开放数据战略与大数据在社会经济中的重要角色有直接关系。2010年3月欧盟委员会公布了"欧盟2020战略"，重点追求经济与就业的高速增长，其思路是以知识追求经济成长，创造价值，打造竞争，发展绿色经济。"欧盟2020战略"认为经济增长的动力已经发生了变化，唯有创新才可能走出经济困境，创造经济发展的新增长点。欧盟认为，为了加强其创新潜力，应尽可能以最好的方式使用资源，这些创新资源就是数据。通过原始数据的再利用，创造就业机会，刺激经济增长，政策创新，提高公共政策的透明度，提高政府决策及公共服务的水平。因此，欧盟把开放数据视作就业和经济增长的重要工具。

2010年，欧盟发布了"开放数据战略"，以促进对公共部门数据的再利用。2011年12月，欧盟数字议程正式推出这一战略，提出有关开放数据战略的多项法律提案，希望让欧洲企业与市民能自由获取欧盟公共管理部门的所有信息，并在2012年初推出了一个新的数据门户网站，在2013年建立一个汇集不同成员国以及欧洲机构数据的泛欧门户。

9.2.2.2 英国斥巨资发展大数据技术

2011年12月，英国商业、创新与技能部（BIS）发布了《促进增长的创新和科研战略》，计划通过投资于科研和创新来促进英国经济的增长。该战略强调了信息化基础设施和开放数据利用的重要性，并指出开放这些数据可帮助构建数据和分析市场、创建新的产品和服务、驱动公共服务的标准化和透明化。因此，英国将采取诸多举措促进开放数据的发展，如开放有关交通运输、天气和健康方面的核心公共数据库。

2012年5月，英国建立世界上首个"开放数据研究所"（Open Data Institute），以帮助产业界利用这些数据的开放所带来的机遇。政府将在未来五年里通过科技战略委员会投入1000万英镑支持"开放数据研究所"的研发，而学术界与产业界也将为此提供配套资金。最初，"开放数据研究所"将孵化、培育并指导新业务，通过发掘开放数据来创建新的产品和商业机会，从而促进经济增长。下一步，"开放数据研究所"将支持新发布的数据集，并开发面向开放数据的新用例。英国政府的开放数据战略为创新提供了驱动力，而"开放数据研究所"将进一步推动这种创新，帮助公共部门更有效地使用其数据，同时使英国商业能更好地发掘开放数据的商业价值。

2013年1月，英国商业、创新与技能部宣布政府注资6亿英镑支持有关研究机构的研发工作、新设备购置等，以发展8类高新技术。其中，信息行业新兴的大数据技术拔得头筹，获得1.89亿英镑，占8个具体领域总和4.9亿英镑的38.6%，远超其余7个领域。在英国经济低迷、财政吃紧的背景下，"大数据"由此成为众人关注的焦点。

此外，英国财政大臣于2013年2月也宣称将投资3000万英镑支持节能超级计算机软件的开发，尤其是能够处理欧洲核子研究中心等大规模实验研究计划所创造海量数据的软件，以迎接大数据的挑战。

9.2.2.3 欧洲各国开展大数据研究

2012年1月，芬兰教育和文化部指定一个跨部门协调小组开展研究数据计划，旨在提高电子研究数据的应用潜力，从而促进芬兰的研究与创新。协调小组的任务主要是就如何管理公共资助所产生的研究数据确定信息化基础设施的服务、目标和实践。此外，该小组还需要提高研究数据的可用性，明确与信息化基础设施发展相关的必要的立法和行政管理需求，并创建必要的行政架构，确定将要进一步开展的活动，以确保2013年以后研究数据的可用性。

2013年3月，法国经济、财政和工业部宣布，将投入1150万欧元用于支持7个大数据领域的未来投资项目，旨在"通过发展创新性解决方案，并将其用于实践，来促进法国在大数据领域的发展。"

荷兰eScience中心（NLeSC）也大力资助大数据研究项目。其首批资助的项目涵盖天文、气候等领域，共11项。此举是荷兰eScience发展过程中的一个重要里程碑。首批资助的项目中包括一项"针对NLeSC的通用eScience计划"，其重点要解决的问题是几乎所有学科共同面临的一个重大问题——数据爆炸。项目将开发用于传输大数据的网络拓扑和基础设施描述工具，以及估算现有大数据集语义复杂性的算法。

9.2.3 日本

9.2.3.1 日本总务省《面向2020年的ICT综合战略》重视大数据应用

（1）"活力数据"战略。

2012年7月3日，日本总务省ICT基本战略委员会发布了《面向2020年的ICT综合战略》（草案），提出实现"活跃在ICT领域的日本"（Active Japan）的目标，设置了五个重点领域，其中一个重点领域就是通过大数据应用促进社会发展和经济增长，即通过多样化数据的实时收集、传输和分析，解决相应问题，创建数十兆日元的数据应用市场。此外，该战略还分别针对不同的重点领域制定了相应的战略和具体措施。涉及大数据应用的是"活力数据"（active data）战略。"活力数据"战略确立的面向2015年的目标为：开放分布在官方和民间的数据，创建跨领域应用数据的环境；针对机对机数据或实时数据的收集、传输和分析创建新业务。具体措施包括：

①研发多样化数据的实时收集、传输和分析技术及数据加密技术，并实现这些技术的标准化。

②推动有碍于大数据应用的规章制度的改革，制定相关推广体制，通过官产学合作和不同行业间的合作促进大数据应用。

③培养数据科学家。

(2) 通过大数据和开放数据开创新市场。

为推进"活跃在 ICT 领域的日本"ICT 综合战略,总务省在 2012 年 9 月 7 日公布的 2013 年行动计划中提出要通过大数据和开放数据开创新市场。具体内容及相关项目和预算如下:

①促进大数据利用:创建面向大数据时代的网络基础技术,使智能手机、社交网络和多样化传感器收集的海量数据得到利用,为开创大数据相关市场做出贡献(预算 61 亿日元)。此外,利用战略性信息通信研发推广制度(SCOPE),培养数据科学家(预算 19 亿日元)。

②促进开放数据分布环境的构建:构建信息传播共享基础设施(预算 3 亿日元);通过信息交流确保灾害发生时的安全(预算 6 亿日元)。

此外,2013 年 1 月,日本总务省公布了 2013 年度预算草案,提出要促进大数据的应用,并以此为目的开发信息通信网络基础设施技术,同时加快开创建放数据流通环境。

9.2.3.2 日本总务省《ICT 增长战略》关注大数据和开放数据利用

2013 年 7 月 4 日,日本总务省发布了《ICT 增长战略》,希望通过 ICT 促进日本经济增长并为国际社会做出贡献,使日本成为全球最具活力的国家。其中涉及大数据的项目和行动包括:

(1) 构建地理空间开放数据/平台,实现官方和民间保有的地理空间数据的自由组合和利用,并通过向民营企业开放该平台推出各种新的服务。此外,创建合适的公私合作模式,以实现地图的有效制作和更新。

(2) 构建世界最先进的地理空间防灾系统,对地理空间信息进行实时大数据分析,并采取多种手段实现一对一的信息提供。同时,开发能利用地理空间信息、远程作业的先进防灾机器人,以应对大规模灾害和特殊灾害。

(3) 促进公共数据向公众开放和大数据的利用,并整顿相关环境,例如统一数据格式等。IT 综合战略总部应就个人数据的使用重新审视相关体制。此外,为通过大数据的利用创造新的附加值,应以创业公司和青年人才为目标创建相关体制,以解决社会和地方面临的问题。

随后,总务省于 2013 年 8 月 30 日公布了 2014 年拟采取的重要举措及相关预算。其中一项关键措施就是促进大数据和开放数据的利用,预算为 31 亿日元。具体内容包括:利用地方公共团体存储在公共云中的数据,在此基础上推进大数据和开放数据的利用,解决农业生产率提高和社会基础设施运维管理等问题;为创业公司和青年人才创新性利用 ICT 提供相关环境支持,帮助他们创建具备更高附加值的新服务;开展相关研究,以开发出能实现大数据利用的信息通信网络基础技术,开拓大数据相关市场。

此外,总务省将充分利用战略性信息通信研发推广制度,通过竞争性资助方式,促进先进通信应用的开发和青年数据科学家的培养。同时,推动开放数据流通环境的构建。

9.2.3.3 日本总务省投资大数据技术研发

2013 年 2 月 22 日,日本总务省发布了一份招标公告,拟对两项涉及大数据技术的信息通信技术研发课题进行资助。具体内容如下：

（1）海量微数据的有效传输技术研发。

该课题的经费额度为1亿日元，主要目标是开发大数据网络传输技术，以智能手机应用程序的通信信息和传感器数据为对象，使快速生成的数据能通过10Gbps以上的网络传送至云环境，并实现很高的传输效率。相关研发内容包括：

①大数据网络传输技术：研发能顺利、高效传输各种设备生成的海量微数据，并能实现应用程序要求的通信品质的网络传输技术。

②能检测出面向大数据的网络传输基础设施的异常的技术。

（2）强大的大数据利用技术研发。

该课题的经费额度为1亿日元，主要目标是开发能通过网络的终端节点自主设定连接路径，以及能实现分布式存储和处理同时确保可信度和机密性的大数据利用技术。相关研发内容包括：

①自主分布式网络构建技术：研发相关技术，当构成网络的终端节点突然发生变化（连接或断开）时，各终端节点间能自主设定通信线路，构建或重新构建稳定的网络。

②自主分布式存储技术：针对自主分布式网络，开发自主分布式存储技术，使数据在网络结构发生变化时也能确保其完整性。同时为确保数据的机密性，开发能对加密数据进行检索的技术。

③自主分布式处理技术：针对自主分布式网络，开发自主分布式处理技术，使正在处理中的数据在网络结构发生变化时也能确保其机密性且不中断处理过程。

9.2.3.4 日本文部科学省开展的大数据项目与活动

1）大数据时代的学术云建设

2012年7月5日，文部科学省在一场例会上针对大数据时代学术界面临的挑战为学术云建设提供了相关建议，并明确指出，文部科学省应重点推进下述涉及大数据和学术云的课题：

（1）能够大力推动数据科学发展的研发。

研发方向：在生命科学、地球环境等大数据得到有效应用的领域，类似数据驱动型发现的研究方法（第四类科学方法）正在逐步发展。然而，在组合多种数据进行大规模处理时，常会碰到无法正常分析的数据，为顺利解析此类数据，需要研发革命性的方法论。对信息科技领域而言，为挖掘大数据的潜能，必须针对数据收集、存储、分析、可视化、建模和信息综合的各阶段推进相关研究。

重要事项：在开展研发时应设置跨领域的融合研究机制，与应用方合作创造新知识。同时，应针对大数据的应用开发可共享的基础技术，包括数据清洗、流数据的在线处理、海量多样化数据的建模、多样化数据间的关系分析等技术。

（2）面向学术云构建的系统研究。

研发方向：从提高大学的抗灾害能力，促进大学IT投资合理化的角度出发，有必要在各大学间实现云计算基础设施的共享。就构建学术云环境的方式而言，应针对各大学云环境的协同、大数据的管理/运营、教育云构建方法、设置形式、对象范围等方面开展体系研究。

重要事项：在实现各大学云环境的协同方面，探讨信息安全政策的运用方针、认证系统、数据处理规则等；针对研究环境中的大数据的管理/运营，探讨如何实现数据的有效存储和运用，以及云环境中数据的标准化和共享等；教育云的构建涉及学生事务的管理、商业云服务的优缺点探讨、教育内容许可的集中管理等。此外，系统构建时要考虑如何保护个人信息。

（3）构建能利用大数据的模型。

研发方向：日本的研发数据一般都根据研究机构和领域建成各种数据库，在数据库的协同方面进展缓慢。因此，首先，应构建大数据利用模型，促进数据的共享与开放。其次，对研发机构拥有的海量专门数据进行挖掘，并制定相关规则，以更好地将这些数据用于研究。再次，推动研究机构拥有的多个数据库的协同，并促进这些数据为公众所用。最后，还应大力培养能利用、分析大数据的人才。

2）面向大数据利用研发下一代IT基础设施

2013年1月，文部科学省公布了2013年度与信息科学技术相关的预算。其中一项内容是通过面向大数据利用的系统研究，利用信息科学技术构建下一代IT基础设施。该项预算为5.64亿日元，主要措施包括：

（1）以促进大数据利用为目标开展相关研发。

针对各领域的大数据利用开展系统研究，包括针对数据库共享技术和学术云环境构建等进行相应的系统研究。同时，设立跨领域研究基地，构建创新型人才培养网络，培养数据科学家，这些科学家能同时掌握信息科学技术领域和产生大数据的学科领域的知识，可以跨领域发挥自身的才干。

（2）构建问题解决型IT综合系统。

构建能收集真实社会信息、针对问题的解决提供最优方案或方向，并反馈回真实世界的高度综合的IT系统。

（3）提高IT系统的功能、实时性、移动性、灵活性、可信度和抗灾能力，并降低其能耗。

9.2.3.5 其他涉及大数据和开放数据的规划与部署

（1）日本IT战略本部制定电子政务开放数据战略。

2012年7月4日，日本IT战略本部发布了《电子政务开放数据战略》，介绍了日本公共数据利用的基本原则及拟在开放数据方面采取的具体措施。

日本在促进公共数据的利用方面，设置了四项基本原则：政府应积极主动地公开公共数据；以机器可读的形式公开数据；促进公共数据的利用，不管其性质是营利还是非营利的；制定可迅速公开公共数据的具体措施，逐步积累成果。

日本拟采取的具体措施如下：

①促进公共数据的利用，包括：把握对公共数据利用的需求；探讨并整理数据提供方法；开发民间服务等。

②针对公共数据利用整顿相关环境，包括：制定必要的规则（如与版权相关的规则）；

创建数据目录；促进数据形式和结构的标准化；确保相关机构和部门能提供所需支持。

（2）三部门合作开发面向大数据新产业的相关基础技术。

2012年11月2日，日本综合科学技术会议召开"ICT共享基础技术研讨会第6次会议"，总结和分析了日本2013年度重点科学技术政策措施及其预算，其中一项措施是开发面向大数据新产业的相关基础技术。该项目为新设立的项目，由总务省主导，参与部门包括经济产业省和文部科学省，2013财年预算为47.7亿日元。

目标：到2016年开发出可从多样化数据中实时抽取出有意义数据的基础技术，为此应：①针对大数据的收集和传输，到2017年开发出网络虚拟化技术，使网络即使面临目前300倍的通信流量，也能实时满足大数据的多样化传输需求；②针对大数据处理，到2015年开发出能对随时产生的海量数据顺序进行"高级分析"，实时抽取出知识的技术；③针对大数据应用和分析，到2015年开发出信息提取技术（自动关联不同领域信息，从非结构化数据中提取知识，可综合分析不同领域数据的算法等）。

方案：通过总务省、经济产业省和文部科学省的合作，从整体上推进与大数据收集、传输、处理、应用和分析有关的基础技术的研发和人才培养，包括：研发网络基础技术和关键的网络利用技术，并在JGN-X上进行验证和评估；促进研发成果的国际标准化和实用化；研发可捕捉大数据特质的数据控制和分析技术；通过数据中心操作系统的研发，促进云数据中心的利用，为大数据时代的大规模计算和分布式计算提供支持；促进研发成果的开放等。

（3）日本科学技术振兴机构：通过大数据的利用创造新知识。

2013年3月5日，由日本科学技术振兴机构（JST）承担的战略性创造研究推广业务设定了2013年的五大战略目标，其中有一项目标是开发革命性信息技术及相关数理方法，通过大数据的利用创造新知识。具体目标包括：

①促进大数据在各个领域的使用，开发下一代基础应用技术：开展相关研究，以更轻松地传输、压缩和保存多样化且海量的应用数据（医疗数据、对地观测数据、防灾数据、社交数据等）；通过图像数据、三维数据等多样化数据的检索、比较和分析抽提出有意义的信息；利用应用数据实现科学新发现，如阐明致病因素、预测气候变化等；利用定量数据来构建与人体、自然现象等有关的多样化数理模型，并结合实际测得的数据获取新知识。

②开发下一代基础技术并使其成为一个体系，以对各个领域的大数据进行综合分析：开发数据清洗技术，以及能自动进行数据注解的技术；开发数据挖掘技术，促进机器学习的进展；开发能从多样化应用数据的相关性中发现新知识的可视化技术；开发有助于实现大数据共享的系统技术（数据处理、元数据管理、可追溯、匿名、安全、计费等）；开发能发现问题本质和分析大数据结构的数理方法。

9.2.4 澳大利亚

9.2.4.1 公共服务大数据战略

2013年8月2日，澳大利亚政府信息管理办公室（AGIMO）发布《公共服务大数据战略》，提出了指导大数据发展的六大原则和实现目标拟采取的六项举措。澳大利亚将利用大数据来提供更好的服务与政策建议，同时利用隐私保护经验和现有 ICT 投资，成为利用大数据分析来驱动公共部门提高效率、实现合作与创新的领导者。

(1) 战略提出指导大数据发展的六大原则。

①数据是国家资产：这意味着政府拥有的数据是国家资产，应该用于实现公共利益；按照"开放政府宣言"和其他法律所进行的数据共享将加强参与文化。

②从设计入手保护隐私：大数据项目将纳入"从设计入手保护隐私"的理念，隐私和数据保护将成为大数据项目生命周期的一部分；所有数据共享都将遵循相关的法律和商业需求。

③数据集成与过程的透明：鼓励各机构对大数据新项目开展"隐私影响评估"（PIA），并发布评估结果；大数据分析项目的任一参与方必须履行"提供来源数据"的职责，并确保针对个人或其他敏感数据的利用，拥有足够的控制权，从而帮助加强大数据分析项目的集成，维护公众对政府数据管理的信任度。

④应共享技能、资源与能力：应在政府机构和产业界间共享数据分析的技能和专业知识；应在机构间共享各类数据、用于查询数据的分析模型以及开展计算所需的基础设施；应通过"数据分析卓越中心"（DACoE）等来加强政府整体的大数据分析能力。

⑤与产学界合作：政府机构已意识到研究机构是利用大数据分析来获得知识的关键合作机构，也是宝贵数据收集的管理人；政府机构应与国内外开展大数据分析的产业界、学术界、非政府组织等机构合作。

⑥加强开放数据：政府机构应根据"开放公共部门信息"的原则来处理大数据分析项目；在适当的时候，任何政府大数据项目的研究成果都应公之于众，在分析过程中所利用或创建的数据应在 data.gov.au 门户网站上进行发布。

(2) 战略提出实现目标拟采取的 6 项举措。

①制定大数据实践指南（2014 年 3 月前）。

大数据工作组将与"数据分析卓越中心"合作，制定用于提高政府机构大数据分析竞争力的实践指南。这些指南将：提供建议，帮助机构确定大数据分析将在哪些方面改进服务和制定更好的政策；确定大数据分析计划所需的管理办法；帮助机构确定具有较高价值的资产；就政府利用第三方数据库和第三方利用政府数据这两种情况提供建议；促进"从设计入手保护隐私"；推动隐私影响评估、同行评估和质量保证过程；提供有关云计算应用的政策与指南的参考引用。

②确定和汇报有关阻碍大数据分析的障碍（2014 年 7 月前）。

大数据工作组将与"数据分析卓越中心"共同确定阻碍大数据得到跨政府有效利用的障碍，包括技术、政策、法律、资源、组织和文化方面的障碍，并发布一份报告，详细阐述这些障碍以及提出可能的补救战略与行动。

③加强大数据分析的技能和经验（2014 年 7 月前）。

大数据工作组将与"数据分析卓越中心"共同确定和支持一系列大数据试点项目，以通过促进学习、创新与合作，来加强大数据分析相关技能的发展。他们还倡导将用于大数据分析的各种具体技能纳入更广泛的 ICT 技能范畴，进而增加教育课程的丰富度。这些技

9 大数据研究国际发展态势分析

能包括 ICT、信息学与统计学、数学、社会经济学、商业、语言学和影响评估技能等。

④制定相关指南以进行可靠数据分析（2014 年 7 月前）。

大数据工作组将与"数据分析卓越中心"共同制定有关可靠数据分析的指南。指南将重点关注大数据项目的管理，合并澳大利亚信息专员办公室有关隐私的指南和建议，以及研究利用透明评估过程来支持大数据项目的可行性。

⑤建立信息资产登记表（持续性工作）。

大数据工作组将与"数据分析卓越中心"共同制定相关指南，帮助机构建立内部特定信息资产登记表。这些登记表使机构能相互了解哪些数据可被再利用。

⑥积极监测大数据分析领域的技术进展（持续性工作）。

大数据工作组的成员将积极监测大数据领域的技术进展，呼吁产学研界的专家向工作组提供这方面的信息更新。

9.2.4.2 大数据知识发现项目

2013 年 6 月 5 日，澳大利亚四家机构启动了一项"大数据知识发现"（Big Data Knowledge Discovery）合作项目，将利用最新的大数据和机器学习的软件与技术来解决生态学、地球学和物理学挑战。

该项目为期 3 年，由澳大利亚国家信息通信技术研究中心（NICTA）主导，从"科学工业捐赠奖"和合作机构获资 1100 万澳元，将通过促进基础数学和统计学的发展来为基于数据的科学发现提供相关的框架、方法与工具。项目汇集了澳大利亚国家信息通信技术研究中心的机器学习与分析专家、澳大利亚亚太证券业研究中心（SIRCA）的软件和大数据工程师，以及来自麦卡立大学与悉尼大学物理、植物科学和地球科学领域的杰出科学家。

目前全球具有的丰富的生物多样性是许多生态过程相互作用的产物。上述四家机构的跨学科团队将利用数据科学来确定哪些生态过程在其中发挥了最重要的作用，这有可能为揭示神秘的生物多样性打开一扇窗口，显示生态系统如何受到气候变化和其他因素的影响。

项目将整合来自于澳大利亚地球科学组织的公众可获取的地理数据和澳大利亚亚太证券业研究中心的股市波动预测技术，来帮助了解 15 亿年前澳大利亚的情况和其丰富矿产的形成过程。而在复杂激光系统方面的研究将帮助提高光纤通信系统的安全性。项目的研究还将帮助发现先进的数据分析流程，从而减少进行成功实验所需的原始数据量，加快科学进步的步伐。

澳大利亚国家信息通信技术研究中心的首席执行官称，该项目将探索用于数据密集型科学的新范式，影响上述提及的领域和包括医疗、健康等在内的其他诸多领域。

9.2.5 中国

以美国为首的发达国家已纷纷提出国家级大数据发展战略，而中国目前有一些科技部门推出了大数据的相关科研项目，上海、重庆等地区也提出了区域性的大数据发展规划。

2011 年 11 月中国工业和信息化部发布的物联网"十二五"发展规划提出四项关键技

术创新工程,分别是信息感知技术、信息传输技术、信息处理技术和信息安全技术。其中,信息处理技术包括海量数据存储、数据挖掘、图像视频智能分析,这些都与大数据密切相关。

2013年2月1日,科技部公布了973计划(国家重点基础研究发展计划,含重大科学研究计划)2014年度重要支持方向,其中大数据计算的基础研究是信息科学领域的重要支持方向之一:面向网络信息空间大数据挖掘的需求,结合1~2种重要应用,研究多源异构大数据的表示、度量和语义理解方法,研究建模理论和计算模型,提出能效优化的分布存储和处理的硬件及软件系统架构,分析大数据的复杂性、可计算性与处理效率的关系,为建立大数据的科学体系提供理论依据。

2013年4月下旬,863计划(国家高技术研究发展计划)发布了2014年度11个领域的备选项目征集指南,其中重点方向之一是媒体大数据内容理解与智能服务,包括:通过对媒体大数据进行深度分析和关联挖掘,建立符合媒体内容理解的计算模型,实现异构媒体(图像、视频、音频和文本)的结构化描述和语义协同,突破媒体内容理解的关键技术,提升媒体大数据的使用价值,为基于语义的媒体搜索、监管与服务等相关产业的发展提供技术支撑并建立典型应用示范。相关研究下设5个方向:媒体大数据的深度分析与结构化描述;异构媒体数据的关联与挖掘;面向社交网络的搜索方法与群体行为分析;媒体大数据内容聚合与呈现;基于网络媒体内容的智能服务平台。

2012年9月,中国通信学会大数据专家委员会在京成立,成为是我国首个专门研究大数据应用和发展的学术咨询组织。2012年10月,中国计算机学会大数据专家委员会成立。这些学术组织旨在跟踪大数据的最新进展,探讨大数据发展与应用的重点问题,搭建学术性、行业性高端平台,促进国内外企业、监管部门、研究机构、学术机构的交流与合作,推动我国大数据的科研与发展。

在地区大数据发展方面,2013年7月12日,上海市科学技术委员会发布了《上海推进大数据研究与发展三年行动计划(2013—2015年)》。该计划提出,上海市将重点选取医疗卫生、食品安全、终身教育、智慧交通、公共安全、科技服务等具有大数据基础的领域,探索交互共享、一体化的服务模式,建设大数据公共服务平台,促进大数据技术成果惠及民众。

(1)建设全民医疗健康公共服务平台。

在医疗卫生领域,上海市将针对临床质量分析、医疗资源分配、医疗辅助决策、科研数据服务、个性化健康引导的需求,建设全民医疗健康公共服务平台。

在健康信息网已有数据的基础上,汇聚整合医疗、药品、气象和社交网络等大数据资源,形成智能临床诊治模式、自助就医模式等服务模式创新,为市民、医生、政府提供医疗资源配置、流行病跟踪与分析、临床诊疗精细决策、疫情监测及处置、疾病就医导航、健康自我检查等服务。

建设完善涵盖3500万患者的电子诊疗档案库,形成PB级的医疗健康大数据资源,实现支撑2000名医生同时在线诊疗的辅助能力。

(2)建设食品安全大数据服务平台。

在食品安全领域,上海市将针对食品安全和管理的需求,建设食品安全大数据服务平台。汇聚政府各部门的食品安全监管数据、食品检验监测数据、食品生产经营企业索证索票数据、食品安全投诉举报数据,建成食品安全大数据资源库,进行食品安全预警,发现潜在的食品安全问题,促进政府部门间联合监管,为企业、第三方机构、公众提供食品安全大数据服务。

(3) 建设教育大数据服务平台。

在终身教育领域,上海将针对全民学习、终身教育的需求,建设教育大数据服务平台。积累数字教育资源,收集教育服务平台学习者等行为数据和学习爱好数据,为千万级学习者提供个性化的终身在线学习服务,提高教育资源的共享和利用率,实现因材施教,优化教学过程,提高教学质量,为教育政策调整提供决策支持。建立基于大数据支撑的优质教育资源开发、积累、融合、共享的服务机制,为全体学习者提供个性化选择与推送相结合的终身学习在线服务模式。

(4) 建设全方位交通大数据服务平台。

在智慧交通领域,上海市将针对交通规划、综合交通决策、跨部门协同管理、个性化的公众信息服务等需求,建设全方位交通大数据服务平台。

整合全市道路交通、公共交通、对外交通的大数据资源,汇聚气象、环境、人口、土地等行业数据,逐步建设交通大数据库,提供道路交通状况判别及预测,辅助交通决策管理,支撑智慧出行服务,加快交通大数据服务模式创新。针对航班正常、安全、有效运行的需求,建设航空流量管理及机场协同决策平台。

汇聚整合塔台数据、雷达数据、航空公司数据、机场数据,提供流量预测、特情处置等功能,实现飞行流量管理和机场航班运行协同决策,为民航航班指挥提供一站式数据服务,达到覆盖华东地区近40个机场的规模,并逐步推广到全国七大地区局。针对智能化航运业务的需求,建设航运大数据平台。

汇聚整合全球港口、货物、船舶等数据,融合多源物联网、北斗导航等数据,实现航运数据共享服务,建立基于大数据的现代航运物流服务体系。

(5) 建设基于大数据的公共安全管理和应用平台。

在公共安全领域,上海市将针对公共安全领域治安防控、反恐维稳、情报研判、案情侦破等实战需求,建设基于大数据的公共安全管理和应用平台。汇聚融合涉及公共安全的人口、警情、网吧、宾馆、火车、民航、视频、人脸、指纹等海量业务数据,建设公共安全领域的大数据资源库,全面提升公共安全突发事件监测预警、快速响应和高效打击犯罪等能力。探索"以租代建"模式,依托第三方专业数据中心,实现数据内容托管、数据服务租用的现代运营模式创新。

9.2.6 国际组织

9.2.6.1 联合国"全球脉动"计划

2012年5月29日,联合国"全球脉动"(Global Pulse)计划发布《大数据开发:机遇与挑战》报告,阐述了大数据带来的机遇、主要挑战和大数据应用。"全球脉动"计划希望利用"大数据"来促进全球经济发展，使用自然语言解密软件来对社交网站和文本消息中的信息进行"情绪分析"，帮助预测某个给定地区的失业率、支出削减或是疾病爆发等现象。

报告指出，世界正经历着一场数据革命，而这一革命并不局限于工业化世界，发展中地区同样会产生出大量的实时信息流。由于世界正变得越来越难以控制，而事物之间存在着相互联系，政策制定者更倾向于利用这些关系，采用更为简单廉价的方式来防止世界不稳定因素所造成的损害或将这种损害保持在最低限度，而不是试图去扭转它。同时，技术能力的扩展使得大数据在各部门和学术界具有更为重要的意义。通过大数据算法能够检测出各时间范围数据的模式、趋势和相关性，帮助发现异常现象。此外，大数据还可以应用于社会科学和决策。例如，通过远程传感器测量光夜间排放来估计一个国家的国内生产总值。

大数据面临的挑战也是不言而喻的。其中包括涉及数据本身的采集、共享和数据隐私问题，也包括涉及数据分析的挑战。报告指出，由于隐私是民主的支柱，因此必须警惕新技术对隐私可能产生的影响，必要的保障措施必须全部到位。另外，虽然网络上有很多具有一定潜在研发价值的公共数据，但更多有价值的数据是保存在企业中的，并且无法访问和分享。这是大数据面临的访问和共享挑战。在数据分析上的挑战主要是由于数据分析与数据类型的相关性造成的。新的数据源面临更为严峻的挑战，而这些挑战可以归为三类：数据汇总、推断理解数据，以及定义并检测异常。

9.2.6.2 经济合作与发展组织探索数据驱动型创新

2013年4月18日，经济合作与发展组织（OECD）发布了《探索数据驱动型创新》报告，探索了数据及相关分析法对于创造关键竞争优势和形成知识资产方面的潜在作用。报告介绍了在五大领域中（在线广告、健康护理、公共事业、物流和交通、公共管理）利用数据来刺激创新和提升生产力的现状。最后报告明确指出需要协调的公共政策和实践以充分发挥大数据的潜能，进而促进增长和造福人类。主要内容包括：

（1）利用数据的益处。

报告指出，在上述五大领域中利用数据可能实现如下益处：①强化研发（尤其是数据驱动型研发）；②将数据作为产品（即数据产品）或作为产品的主要部分（即数据密集型产品），来开发出新的产品；③优化生产或交付过程（尤其是数据驱动型过程）；④通过提供针对性的广告以及个性化的推荐（尤其在数据驱动型市场中），改善市场化状况；⑤开发出新的组织和管理方法，或者极大地改善现有实践过程（尤其在数据驱动型机构中）。

（2）政策建议。

为释放大数据的潜能，经济合作与发展组织各国需制定一致的政策和实践方案，用以收集、交流、存储和利用数据。这些政策应涵盖如下问题：隐私保护、数据开放获取、技能和就业、基础设施、量化等等。

①隐私保护——确保互联网经济中的信任和创新。由于数据跨界流动对于国家乃至全球经济和社会发展十分关键，隐私保护制度应支持开放、安全、可靠且有效的数据流动，同时减少隐私风险。

②数据开放获取——榜样式领导。各国应回顾数据共享框架并调整使之适应新形势。政府机构可承担适当的责任并作为榜样式领导，提升公共部门信息的可访问性。

③技能和就业——培养所需技能的人才。为满足所有行业对数据分析技能以及专业人才的需求，需要在科学、技术、工程和数学领域（STEM）探索出教、学和技能发展的跨学科方法。

④基础设施——连接数十亿台设备。政府需解决的问题包括：迁移至 IPv6 互联网地址系统、开放对移动市场的访问，以及制定频谱管理政策等。

⑤量化——改善证据基础。更好的量化方法能促进政策的完善。政府应与研究人员以及企业合作，以了解在各种行业中应用大数据分析法的潜在益处与风险，最终制定出恰当的政策。

9.3 大数据关键技术研发与应用态势

9.3.1 关键技术研发与应用

9.3.1.1 大数据关键技术研发

大数据本身是一个比较抽象的概念，一般意义上，大数据是指超过传统数据管理工具的处理能力的数据集合，它们体量浩大、模态繁多、生成速度极快、蕴含巨大价值，需要通过一些高效率、创新性的分析方法与工具来挖掘。从产业角度上来说，大数据技术是为了满足大数据时代的数据处理需求而发展起来的数据采集、过滤、存储、变换、分析和挖掘等一系列相关工具、技术的总称。由于数据规模庞大，对实时性要求高，原有的数据采集、存储等技术已无法应对大数据时代的需求。本节将结合国外科研机构及企业研发项目从大数据基础设施、大数据管理、大数据分析、大数据可视化四个角度来阐述大数据关键技术。

1）大数据基础设施

（1）新型超算编程模型 GPI。

德国弗劳恩霍夫协会工业数学研究所（Fraunhofer ITWM）研发出一种新的名为"GPI"的异步编程模型，有望实现下一代超级计算机奠定基石。高性能计算已经成为多项应用的关键技术之一，而大数据分析也需要更快速、更高效和更节能的计算机集群。目前超级计算机的处理器数量已达到数百万，并且有望继续快速增长。但过去 20 年来超级计算机的编程模型几乎没有重大改变。消息传递编程模型（MPI）能够确保分布式系统中的多核处理器进行通信，但它已经达到能力极限。

GPI 基于一种全新的方法，使每个处理器能够直接访问所有的数据，不管其位于何处，也不会影响其他处理器。与 MPI 编程模型一样，GPI 并不是作为一种并行编程语言被开发的，而是作为一种并行编程接口，因此 GPI 能得到广泛应用。随着超级计算机处理器数量的不断增加，对 GPI 这种可扩展的、灵活的、容错的编程接口的需求正日益增长。

GPI 的初步运行结果非常成功。以空气动力学为例，在德国航空航天中心的一个项目中，科研人员将 TAU 软件移植到 GPI 平台上，获得了显著提高的并行效果。尽管 GPI 是一个专业人士使用的工具，但它有望改变高性能软件的算法发展，是实现下一代百亿亿次级超级计算机的重要组成部分。

（2）节能光网络。

美国赖斯大学的计算机网络研究人员在美国国家科学基金会的资助下，探索创建一个定制化、高效节能的光网络，将研究人员产生的数据输入赖斯大学的超级计算机，借此解决校园内的大数据问题，并展示未来全国范围的网络基础设施如何利用光纤网络作为共享云资源。该项目被称为"大数据与光驱动网络系统研究基础设施"（BOLD），项目为期 3 年，资助金额为 90 万美元。目前面临的挑战不仅是移动数据，还需要在网络控制软件、操作系统和应用程序方面转变思路，使之与网络发展同步。总之，网络需要高效节能、具有可扩展性和非侵入性。

BOLD 将利用比互联网数据中心常用的电子开关具有更大容量的光数据网络交换机。光网络设备耗电量小，能支持巨大的数据传输速率，但需要首先配置微机电镜来建立电路。电子开关没有移动部件，因此不存在镜定位延迟。BOLD 将整合电子和光学开关，使二者优势互补，同时还将包括不含移动部件，且没有传统交换机延迟问题的硅光子开关。

BOLD 的跨学科研究结果将形成未来的大数据处理系统架构，大大加快各种计算科学发现的历程。此外，BOLD 还将作为一个培训教育平台，供前沿大数据驱动研究的本科生和研究生使用。

（3）图像和视频处理新型芯片。

美国国防部高级研究计划局资助 570 万美元给美国密歇根大学的研究人员，用于研发新型芯片，这一计算机硬件处理图像和视频的速度将比现有系统快 1000 倍，而能耗仅为现有系统的万分之一。此项目名为"用于传感和分析的稀疏自适应局部学习"，是国防部高级研究计划局资助的"神经性自适应塑料可伸缩电子系统"（SyNAPSE）项目的一部分。

随着现实世界中传感器、视频和图像的日益增加，人们迫切需要解决如何及时处理更多数据的问题。为此，密歇根大学的研究人员将在自组织、自适应的神经网络基础上，设计和构建一种能进行图像和视频处理的计算机芯片。这些神经网络由传统的晶体管和能同时执行逻辑与存储功能的创新器件"忆阻器"组成。

研究人员称，他们构建的新计算芯片能同时处理大量的信号，并能进行先进的机器学习，使利用这些芯片的系统在处理分析图像和视频等大数据任务方面比传统的计算机更高效。与今天计算机逐像素进行处理有所不同，这种新的计算机系统将一次性审视整幅图像并通过推理过程识别图像的结构。系统的原理是基于图像或视频中的大多数数据都是噪声，具有适应能力的神经网络能够提取关键特点，并利用海量数据重构图像，而无需对其进行完全处理或传输进而浪费大量的带宽。

2）数据管理

（1）大数据压缩掩码技术。

大数据在改变科学与工程的同时，也面临着数据有效存储和访问的问题。数据压缩是解决方案之一，但目前高精密科学数据压缩技术方面的工作还较少。为解决这一问题，美国阿尔贡国家实验室数学和计算机科学部的研究人员开发了一种能提高科学应用程序中大数据的压缩比和吞吐量的掩码技术。

目前，多数大数据科学应用程序都使用 IEEE 浮点表示，而浮点数据通常包含不利于压缩的熵（高度不规则性），因此需提高科学数据集的规律性。阿尔贡国家实验室研究团队设计的解决方案是应用二进制掩码技术将数据转换成高度规律的比特序列。为了避免对每个值都配置相应掩码，研究人员对具有相似值的连续数据块使用同一掩码。

最初的实验结果并不理想，掩码虽然增加了部分浮点数据的规律性，但重要性较低的部分仍然很不规则。而且，对价值不大的数据进行掩蔽处理是对存储资源的浪费。因此，研究团队决定仅对有价值的浮点数据进行掩码压缩。采用该方案的压缩率比直接压缩提高了 15%。此外，尽管掩码过程需要不少时间，但由于避免了熵较高的部分数据，这一方案的掩蔽和压缩速度相比直接压缩有了明显改善。

（2）下一代海量数据处理系统。

2013 年 10 月，美国国家科学基金会批准资助匹兹堡超级计算中心（PSC）760 万美元，用于开发一个 Data Exacell（DXC）原型，即用于存储、处理和分析大量数据的下一代系统。这项为期 4 年的资助将确保 PSC 能协作参与到特定科研项目中，共同设计、打造、测试和完善 DXC，进而解决大数据处理和分析所面临的独特挑战。

PSC 科学主管迈克尔·莱文（Michael Levine）表示，该项目的重点是大数据的存储、检索和分析，DXC 原型将建立于 PSC 各类数据存储和分析系统的成功与创新经验基础之上。大数据领域范围广泛，包括来自传统高性能计算领域以及其他更侧重于数据收集和分析的方法研究领域中的挑战。这些领域不仅需要海量数据，还需要有超越传统大型数据存储性能的访问方法和能力。DXC 项目将能直接满足性能增强方面的需求。

PSC 战略应用主管尼克·奈斯特龙（Nick Nystrom）表示，需要一个分布式的集成系统，可以让研究人员合作分析跨领域的数据，而不会面临通常与大数据相关的性能障碍。项目的目标之一是建设一个强大的、多功能大数据分析系统，并使其能够随时投入到大型的运行系统当中。

DXC 项目的核心是由 PSC 开发的、用于管理和转移大数据的运行软件 SLASH2，目前运行于 Data Supercell（DSC）系统中。DXC 将配置升级版的 DSC 存储和高性能分析资源。DXC 项目将集中于改善数据密集型研究的基本功能。PSC 系统和业务主管雷·斯科特（Ray Scott）表示，DXC 还将重点关注系统的使用方式。

来自各个领域的外部合作者将与匹兹堡超级计算中心的科学家紧密合作，以确保系统适用于现有问题，并且该系统能作为未来系统的模型。预计的合作领域包括基因组学、射电天文学、多媒体数据分析和其他领域。

（3）分布式处理技术。

目前的大数据分析一般采用基于 Hadoop 的分布式处理平台。然而，对于可以从数据中抽提出规则和模式的机器学习等复杂处理过程，Hadoop 难以提高其速度。日本 NEC 公司新开发出一种分布式处理技术，可以将基于 Hadoop 的大数据分析（例如推荐、价格预测、需求预测等）的速度提高 10 倍以上，从而使分析结果能得以迅速应用。

机器学习需要频繁使用反复运算和矩阵运算。要在 Hadoop 上进行反复运算，必须组合多个 MapReduce 作业。向来，MapReduce 间的数据传输需要通过硬盘进行，既耗时效率也低。NEC 新开发的技术使 MapReduce 间的数据传输可以通过内存进行，极大提高了反复运算的速度。同时，新技术采用了名为消息传递接口（MPI）的分布式处理方案，提高了服务器间的通信效率，从而提高了矩阵运算的速度。

此外，分布式处理需要使用多台服务器。Hadoop 平台在某台服务器发生故障时，会使用硬盘上存储的输入数据重新运行故障服务器上的作业，使计算得以继续进行，实现高可信度。但是，为了提高速度，MapReduce 的输入数据存储在内存中，服务器一旦发生故障，数据就会丢失。NEC 开发的新技术可以使数据以在内存中被处理的状态高速存储在硬盘上，在确保高可信度的同时提高了运算速度。这在世界上是首创，该研究成果已在 2013 年 IEEE 大数据国际会议（IEEE International Conference on Big Data 2013）上发表。

3）数据分析及性能基准测试标准

（1）自动发现大数据规则的技术。

日本 NEC 公司最新开发的异构混合学习技术有助于自动发现隐藏于大数据中、人类难以发现的多种规则性，为高精度预测和异常检测做出贡献。

一般情况下，对无差别收集的数据进行挖掘时，首先需要专家设立假说，对数据分类整理后再进行挖掘。然而，单靠人力难以保证假说的正确性，会妨碍大数据的有效利用。而 NEC 新开发的异构混合学习技术无需依赖专家支持，能够自动根据同类数据间的联系将混合收集的原始数据分类，通过数据挖掘抽提出隐藏在原始数据中的多种模式和规则，弥补了传统的机器学习技术只能发现单一规则的不足，实现高精度预测和异常检测。例如，在医疗领域，使用该技术可以从日常生活收集的数据中发现异常模式，从而有助于较早发现比较隐蔽的疾病。该研究成果于 2012 年 6 月 28 日在英国举行的第 29 届机器学习国际会议（ICML 2012）上发表。

（2）大数据性能基准测试标准。

大数据 Top 100 排行榜是一个新的、开放的大数据基准测试项目，得到圣迭戈超算中心、Cisco、IBM 等机构的协调。该项目启动了"大数据基准测试挑战赛"，以确定大数据基准测试和指标，创建有关应用性能与性价比的客观标准，促进该领域的竞争与创新。作为该项目的一部分，美国国家标准与技术研究院（NIST）已经资助圣迭戈超算中心研究不同的大数据战略。

（3）开源 Spark 大数据分析系统。

AMPLab 已发布开源 Spark 大数据分析系统，使数据科学家、开发人员和研究人员等能够免费使用该软件。作为伯克利数据分析栈的关键组成部分，Spark 比目前用于数据分析的 Hadoop Map Reduce 快 10～100 倍，正日益被所有类型的企业利用。比如，Yahoo 已将 Spark SQL 接口用于其广告和数据平台，以提供个性化的用户体验。

4）大数据可视化

（1）IBM 研发全新大数据可视化技术。

2013 年 11 月，IBM 宣布推出三种全新的数据发现与可视化软件能力，这些新能力正在改变人们的分析方式。新发布的解决方案将帮助业务线员工在几分钟内对数据进行处理、体验并从中获取可操作的洞察。本次 IBM 推出的全新数据发现软件，让商务用户无需专业技能便能够用可视化方式与数据进行互动，并对其执行高级分析，随后便可获得更深入的业务洞察。分析技能差距使得日常商务用户无法使用当前的数据发现工具，而新的软件将有助于缩小这一差距。借助新的软件，数据信息将可在几分钟内从原始信息出发，最终得到深藏于结构化与非结构化信息中的答案。

IBM 实验室打造了名为"Project Neo"的软件，以帮助用户与数据更好地互动。不具备专业技能或知识的商务用户无需被迫学习分析技术，便可使用 Project Neo 软件处理原始数据集合。该软件采用简单的界面、交互式可视化与高级分析，可自动使隐藏的洞察与模式浮出水面，并引导商务用户找到深藏于数据中的答案，而且该软件可托管在云端之上。2014 年年初，IBM 将推出 Project Neo 的测试版。

可视化技术的另一个实例是 IBM Concert on Cloud，它可向被海量信息淹没且往往缺乏背景洞察的商务用户提供协作工具，使其做出最佳决策。IBM Concert on Cloud 是一种兼容移动方式的社交分析平台，可帮助组织通过协作做出更好的决策。该实时云分析平台使得用户可轻松查看、了解特定业绩洞察并与其互动，并可更轻松地决定何时需要采取行动。远程员工可即时通过移动设备提供更新数据，从而提高数据准确性，并提供实时规划与预测。

IBM Concert on Cloud 是 100 多种 IBM 软件即服务（SaaS）产品之一，可将分析融入业务线，将在不久的将来由 SoftLayer 基础设施提供支持。SoftLayer 正在迅速成为 IBM 云组合的基础，自 2013 年 7 月被 IBM 收购以来，已增加了 1000 多个新客户。

在 Project Neo 之外，IBM 还继续通过 Cognos 商业智能解决方案向业务分析人员与业务线用户提供丰富创新的可视化功能。全新的可扩展可视化功能可使报告作者与商务用户从静态图表库中解放出来。用户将不再局限于产品内建的可视化选项。现在他们可轻松用不断增加的可视化集合对报告进行扩充，无论是总结报告，还是行动报告，以满足数据和商业洞察需求。借助全新的 IBM Cognos Visualization Customizer，可对可视化进行编辑，包括更改字体、颜色甚至图标，以满足极其特定的要求。

在 IBM Analytics 专区的可视化市集中，用户可在 30 多种从雷达图到热度图与面积图的可视化图表中进行选择并下载。该市集中将不断增加新的可视化选项。

（2）微软推出地理时间大数据可视化项目 GeoFlow。

2013 年 4 月，微软推出了 GeoFlow for Excel 公开预览版，GeoFlow 项目是一款微软为 Excel 2013 开发的 3D 数据可视化工具，用于帮助用户以交互式 3D 形式标注、研究和分析结合地理和时间的数据，或创建动画来表现时间性数据变化，并通过 SharePoint 或 YouTube 分享。

GeoFlow 是微软研究院和 Office 部门的合作，为 Excel 在 BI（商业智能）和大数据领域增加了一款强大数据可视化工具。根据官方的介绍，GeoFlow 支持将 100 万行 Excel 数据，也包括 Excel Data Model 或 PowerPivot 在必应地图 Bing Maps 中呈现，呈现样式包括柱状图、热图、气泡图。

9.3.1.2 大数据科研应用

大数据技术可运用到各行各业，而有效利用大数据可以创造巨大价值，例如可以利用大数据提高人力、物力、资源的分配和协调能力，减少浪费，增加透明度，并促进新想法和新见解的产生。在科研方面，大数据成为科学研究的重要途径。2007年，雅虎的首席科学家沃茨博士在《自然》上发表了《21世纪的科学》，他认为，由于个人在真实世界的活动得到了前所未有的记录，为社会科学的定量分析提供了极其丰富的数据，因此，社会科学将在21世纪脱下"准科学"的外衣，全面迈进科学殿堂。2010年，《经济学人》周刊发表封面文章，也提出了"数据泛滥（data deluge）为科研带来新机遇"的观点。在很多科学研究领域，如高能物理和生物基因工程等，实验产生的数据规模庞大，对实验数据的分析挖掘并由此发现科学规律，已成为科学研究的重要方法。基于密集数据分析的科学发现成为继实验科学、理论科学和计算科学之后的第四个范例。本节将从大数据与医药研发、大数据与对地观测、大数据与数字地球、大数据与大规模开放课程四个方面阐述大数据在科研领域的应用。

1）大数据与医药研发

英国牛津大学、剑桥大学等同世界其他国家的30多家科研机构已经就一项通用标准达成一致意见，该标准能够帮助实现海量的、具有极大差异性的、来自各个科学领域的数据库的一致性描述。这项标准为不同领域的科学家提供了一种途径，使他们能相互协调其科研成果。该项目牛津大学小组的负责人表示，该项目致力于提供一种方法，以管理不兼容的海量数据。一个案例是哈佛大学干细胞研究所。借助该标准，哈佛大学干细胞研究所能够发现鱼类正常血液干细胞和儿童癌症患者血液干细胞之间所存在的联系。项目人员在《自然·遗传学》杂志发表了一篇评论文章，称由于科研数据如海啸般涌现，且存在大量的数据描述方式，因此有必要建立通用的数据标准。剑桥大学的研究人员表示，该标准使小型的研究团队就能够利用该框架存储大量数据，并遵从团体标准。

哈佛大学医学院在20多年的医疗记录中探究药物的有效性和风险。通过对医疗记录的分析，哈佛大学医学院发现某些抗抑郁药可能会引起青少年自杀；另一项研究发现心脏手术中所使用的某种药物具有较高风险，最终被另外两种药物所替代；还有一项研究发现某些精神药物会使老年人具有暴力倾向。

哈佛大学医学院的大部分研究都以数据为中心，这些数据都来自于美国医疗保险和医疗补助服务中心，以及商业保险机构。在哈佛大学获得这些数据之前，个人身份信息都已被清除，保留年龄、性别、民族、症状、治疗方案、治疗效果等信息。然而哈佛大学医学院获得的数据在逐年增长，因此哈佛大学于去年在大型的专有服务器上建立了多个传统的关系数据库，存储了1000多万位病人的数据，数据量超过15TB。然而随着数据不断增长以及新技术不断出现，哈佛大学意识到需要速度更快、容量更大的数据仓库和分析平台。

商业机构一般采用大规模并行处理程序处理大数据，这些程序在商用服务器上运行，而不是昂贵的专用集群机。哈佛大学选择了IBM Netezza作为这方面的合作伙伴。处理大数据的应用程序往往需要耗资上百万美元，而哈佛大学通过与IBM Netezza合作关系节省了这种费用。IBM Netezza在哈佛大学的研究中心安装了一款名为TwinFin的应用系统，研究人员用这款应用系统对数据进行分析，其速度是之前的10倍。这带来了更快的分析速度，并减少了对调试的需求，因而研究人员可以经常使用高维评分技术来提高研究的准确性。

对于哈佛大学来说，缩短研究时间就可以更快地帮助医药公司、美国食品药物监督局等机构清除有风险的药物。而对于 IBM Netezza 来说，通过与哈佛大学的合作有助于他们争取到其他研究机构和商业用户。

2) 大数据与对地观测

近两年，美国科研团体已经将大数据应用于对地观测项目中，如美国国家科学基金会和国家航空航天局。

(1) NEON 项目开启大数据模式。

2011 年 11 月，美国国家科学基金会宣布拨款 4.34 亿美元资助美国国家生态观测网络（NEON）的建设。NEON 项目是一项超过 10 年的长期规划，可以帮助科学家、决策人员和其他相关人员快速访问关键信息，了解北美大陆环境变化产生的影响。NEON 由分布在美国的野外装备和实验室基础设施组成，它们相互连接并形成了一个集成式"研究平台"，可以支持基础生物学和生态学研究，并帮助科学家开发与利用最新的技术与传感器。NEON 计划在美国 24 个州设立观测节点，使用最先进的技术采集和整合 30 多年来的相关数据，以研究北美大陆气候变化、土地使用变化和入侵物种对自然资源与生物多样性的影响。

NEON 计划于 2017 年完全建成并投入运行，它将成为全美首个覆盖野外、空中、卫星的综合集成式实验观测系统，届时将有 15 000 个传感器用于收集超过 500 种类型的数据，包括温度、降水、气压、风速和风向、湿度、日照、如臭氧等的空气污染物浓度、土壤和溪流中各种营养物质的总量，以及地区的植被和微生物状态。在每个地方这些仪器将以同样的方式安装，并采用相同的测量，用标准化方式坚持长期的数据收集，希望能达到统计学功效的需求。预计当 NEON 完全运作起来后，每年产生会 200TB 的数据，这是哈勃太空望远镜数据量的四倍。最终，利用这些观测数据可开发一些预测生态系统未来的模型，这可帮助决策者评估各种行动方案所产生的后果。

总的来说，NEON 将全面监测整个美国的环境变化，从根本上改变传统的小规模、地域性研究方式，进入大数据研究范式。

(2) EarthCube 实现地球观测数据融合。

在奥巴马政府宣布启动"大数据研发计划"之后，美国国家科学基金会公布了该计划框架下的首批新的资助项目清单，其中包括地球科学领域的 EarthCube 项目（地球立方体），以帮助科学家访问、分析和共享地球观测数据。EarthCube 也是美国国家科学基金会"CIF21"计划的重要组成部分。

通过整合整个地球科学领域的不同来源、不同获取方式、不同结构及不同格式的离散数据，"地球立方体"不仅将引发地球科学研究方式变革，也将极大地促进地球科学知识的传播。"地球立方体"将为人们全面认识地球而展现一种全新的动态获取、分享和利用所有类型数据的方式，它将通过连接不同层面的数据和信息管理（从获取数据和信息的资源层，到数据组织与管理层，再到最顶端的基于数据创造知识的交互层），实现整个知识体系的完整性、灵活性、综合性和易用性。数据和信息的交互性将成为"地球立方体"的基本特质，其核心是"以人为中心"，因而它将创造全新的知识学习与培训模式，由此将有效提升公众及决策者的知识水平，并同时增强其在创建可持续的地球系统的参与程度。

（3）美国国家航空航天局部署大数据项目推动对地观测研究。

美国国家航空航天局启动了若干大数据项目，其中与对地观测相关的项目包括：

● 先进信息系统技术（Advanced Information Systems Technology，AIST）：开发先进的信息系统技术，降低美国国家航空航天局信息系统的成本，为对地观测任务提供支持，并将观测结果转换为地理信息。AIST 还寻求成熟的大数据能力，以减少地球科学部空基和陆基信息系统的风险、成本、规模和开发时间，提高科学数据的获取和实用。

● 地球科学数据与信息系统（Earth Science Data and Information System，ESDIS）：用于地球科学卫星数据、飞机观测数据、野外观测数据的处理、存档和传输。ESDIS 的主要任务包括：对地球科学卫星观测数据进行处理、保存、传输；采集用户使用数据，以研究如何改进服务；为科学家和公众提供数据访问服务，帮助他们开展地球科学研究；促进对地观测数据的跨学科应用。

● 全球地球观测综合系统（Global Earth Observation System of Systems）：这项计划将通过国际合作进行地球观测数据共享和整合。美国国家航空航天局已经与环境保护局、国家海洋和大气管理局（NOAA）及其他机构、国家的力量联合，整合卫星、地面监测和建模系统，集成来自不同系统的地球观测数据。

3）大数据与数字地球

地球科学是数据密集型科学，工作方法包括三个层面：一是数据的获取和保存；二是数据挖掘和数据分析，包括建模、可视化、管理和服务；三是知识层面，深化对地球系统的认识和理解。目前，地球科学的数据分析和可视化方法已经远远落后于创造数据的能力，而这正是数字地球研究的任务，大数据可以为这项任务提供帮助。

2012 年 6 月 19 日，《美国科学院院刊》（PNAS）刊登了美国科学院院士迈克·古德柴尔德（Mike Goodchild）和中国郭华东院士等共同撰写的《新一代数字地球》（Next-Generation Digital Earth），指出，人类将进入"大数据"时代。郭华东院士认为，戈尔提出的"数字地球"理念，目前已有 80% 变成了现实。未来数字地球将在 9 个方面进一步改善生活：及时的、精确的、交互的；无论何时何地，提供综合的三维数据，并可通过移动终端访问；重视用户需求，参考周边环境提供决策支持；可预测和可回顾的数据处理能力，并有效提供真实的、精确的可视化；综合数据库、建模、模拟、游戏、智能、可视化等先进技术；集成视频、声音、文字等多种展示手段；强大的数据集成和易用的数据访问；满足各种用户需求；强大的数据共享能力。

不过，数字地球仍存在一些问题，如数据精度不尽如人意，还存在不确定性、不可复制性等。此外，数字地球的大部分数据属于政府和企业，不被其他机构或个人所掌握，且信息再利用也十分受限。因此，新一代数字地球将继续推动数据开放、共享等政策法规的制定，确立科学的数据标准以保证数据质量，开发和使用带有地理要素的物联网、云服务和云数据管理、视频和音频等多媒体智能手段、移动互联设备等新技术，使其能被政府、科学家、公众所用。公众将不仅扮演地理信息使用者，还会是地理信息的提供者。"公众科学"的新形式将鼓励公众参与到环境、灾害和气象等许多与地球有关的现象的数据采集中，形成所谓"新地理"。这一概念即下一代数字地球未来的发展方向。

目前,以 Google Earth、World Wind、DEPS/CAS、GeoGlobe 为代表的众多数字地球系统充分诠释并发展了戈尔提出的数字地球理念,特别是互联网和 3D 技术的深度普及,遥感、地理信息技术和对地观测技术的高速发展,大数据(Big Data)和数据密集型科学(Data Intensive Science)的问世加速了数字地球进程。如今,数字地理信息领域已发生了深刻变化,技术进步使得数字地球可视化及可操作化成为可能,但同时对数据的高效利用、信息的准确表达、预测模型的发展、多种"可视"技术的应用都提出新的要求。论文提出,新一代数字地球将不再是一个单一的系统,其研究也不再局限于自然科学研究工作者,它将更紧密联合社会科学工作者共同发展。新一代数字地球的应用和服务将会在注重功能的科学性和注重实际需求的方便性上找到一个折中的解决方案,以利于对地球的未来进行科学预测。民众科学的新形式和"新地理"概念也为下一代数字地球指明方向。新一代数字地球的实现需要与领域内重要的国际组织建立合作并开展合作研究计划,如国际科学理事会(ICSU)、联合国教科文组织(UNESCO)、地球观测组织(GEO)等。同时,也需要紧密联系行业内公司、开源组织、基金会等团体,为数字地球的发展提供创新思维,从而获得政府关注并争取更多支持。

另外,在大数据时代,数字地球系统中的信息将不再只包括传统的空间地理数据和建筑物数据,还将包括社交信息等与人类生活息息相关的数据,数字地球已经发展成一个大型的、不断增长的基于 Web 的全球性地理计算系统。欧盟 FuturICT 项目还认为数字地球已成为了其他一些先进技术体系的一部分,如地球观测、地理信息系统、全球定位系统、通信网络、传感器网络、虚拟现实、网格计算等,因此地球数据的发展能推动其他科技的发展,并有利于解决社会问题,例如自然资源枯竭、粮食安全、水资源安全、能源短缺、环境恶化、自然灾害、人口爆炸、全球气候变化等。

4)大数据与大规模开放课程

大数据在教育领域正在引发变革。2012 年 11 月,美国高等教育信息化领域最权威的专业组织 EDUCAUSE 在其官网发文称,在线教育的重要性正在与日俱增,美国高校三分之一的学生至少参与了一门在线课程。而大规模开放网络课程(Massive Open Online Courses,MOOC)的出现对传统教育形成了巨大冲击,引发高等教育界的广泛关注。斯坦福、麻省理工、哈佛等顶尖学府纷纷投入大量人力物力发展 MOOC 平台,希望借此抢占先机,引领未来教育潮流。

过去十年,高等教育采用的在线教育服务模式多是通过课程复制来解决规模和访问的问题,MOOC 的出现改变了这种情况。MOOC 最大优势在于允许课程自动扩大规模,不限制修课学生的数量,使优秀教育内容成为全球共享的资源。斯坦福大学校长亨尼斯将 MOOC 称为教育领域的一场海啸,认为其可能对传统教育模式造成颠覆。

大规模在线开放课程的发展使传统高等教育的学习模式面临变革。在线开放课程基于大数据的分析,可以全面跟踪和掌握学生个性特点、学习行为、学习过程,进行有针对性的教学,更准确地评价学生,提高学生的学习质量和学习效率,大幅度提升人才培养质量。

在线开放课程颠覆了传统的教育观念,促使教师对教与学的过程及其规律进行深刻反思。互联网允许任何学习者在任何时间、任何地点,按自己的节奏进行个性化的学习。互联网的社交功能更使学生提供了一个虚拟的学习社区，使得师生间、学生间的交流互动快速而便捷。大数据分析深入每个学生学习过程的各环节中，使教师能随时掌握每个学生的学习状况并能及时进行反馈指导和提供学习资源。从教育大数据中总结提炼的教育规律，使课程教学内容和教学环节设计得以持续改进，支撑了针对每个学生的因材施教。

9.3.2 大数据研究文献计量分析

为了了解大数据的学科研究趋势、热点方向等情况，本节利用 ISI Web of Knowledge 平台的 INSPEC 数据库，对 2003~2013 年发表的相关论文进行检索分析。本次数据的采集时间为 2013 年 11 月 26 日，共检索论文 840 篇。本次分析利用的数据挖掘和可视化工具是美国 Thomson 公司开发的分析工具 TDA（Thomson Data Analyzer）。

9.3.2.1 论文数量的年度变化趋势

2003~2011 年，大数据研究论文的数量总体较少，呈现缓慢增长趋势；2012 年和 2013 年，随着大数据日益受到各国政府和研究机构的重视，论文数量出现了井喷式的增长，数量分别达到 328 篇和 408 篇（图 9-1）。

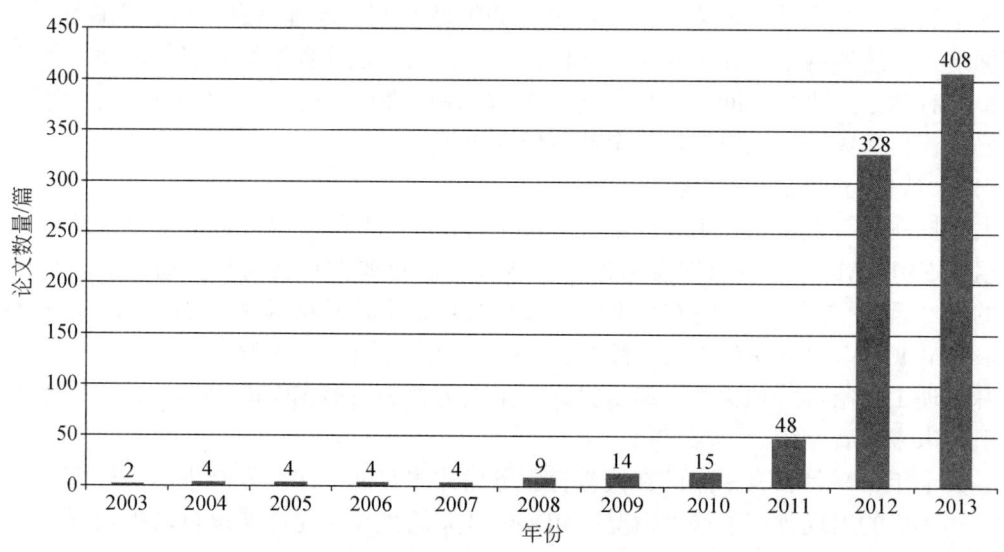

图 9-1 2003~2013 年大数据论文数量年度分布情况

9.3.2.2 主要国家发文量对比

2003~2013 年，大数据论文发文量最多的前 10 位国家依次是美国、中国、日本、德国、英国、印度、意大利、澳大利亚、韩国、加拿大，这些国家的论文发文量占到世界总量的 78%。其中，美国的发文量约占总量的 31%，大幅领先于其他国家，中国和日本排在第二位和第三位，论文数量分别为 107 篇和 37 篇（图 9-2）。

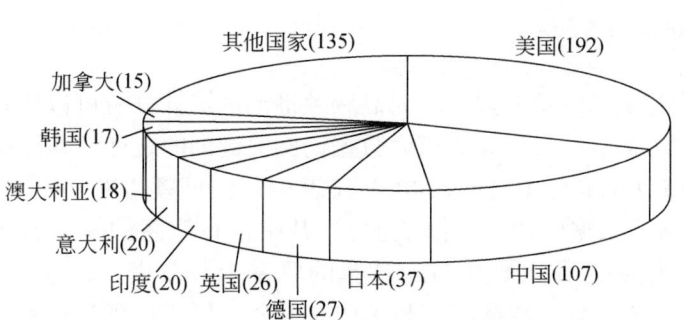

图 9-2　2003~2013 年各国大数据论文发文量

9.3.2.3　热点技术主题分布

图 9-3 是大数据论文主要的技术主题分布情况（基于 INSPEC 分类代码），其中在数据处理技术（Data handling techniques）主题分布的论文数量最多，为 299 篇，占论文总量的 35.6%；知识工程技术（Knowledge engineering techniques）和互联网软件（Internet software）主题分布的论文数量位居第 2、3 位，分别为 155 篇和 138 篇。其余发文量排在前 15 位的技术主题还包括信息网络（Information networks）、文档组织（File organisation）、信息检索技术（Information retrieval techniques）、数据安全（Data security）、并行软件（Parallel software）、组合数学（Combinatorial mathematics）、数据库管理系统（Database management systems）等。

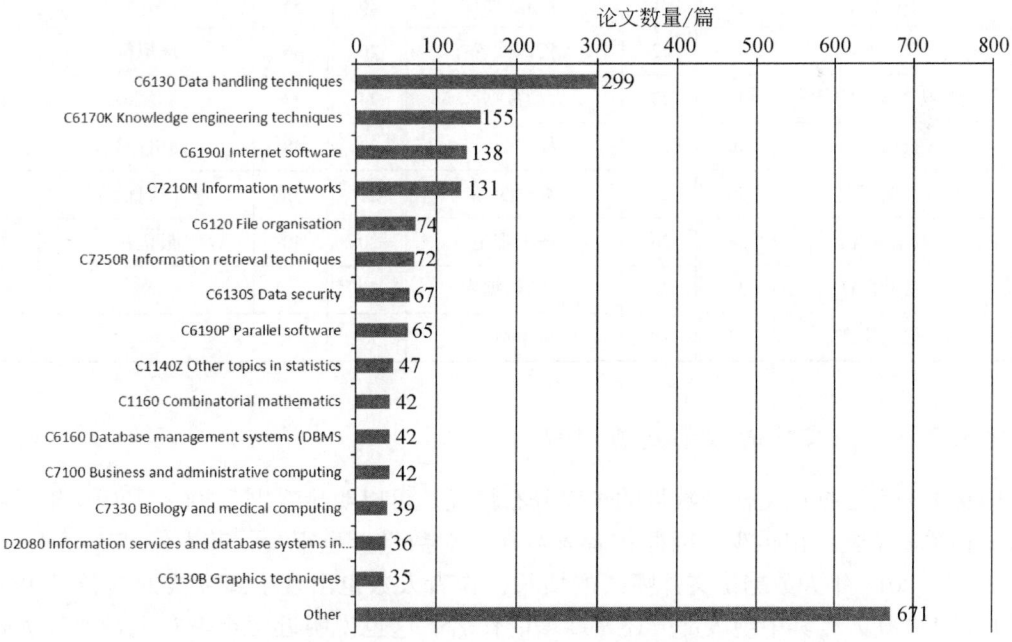

图 9-3　大数据主要的技术主题分布情况（基于 INSPEC 分类代码）

9.3.2.4 关键词分析

论文关键词表达文献的主题内容,对高频关键词的统计分析可以反映出其所涉及学科的研究重点和发展方向。通过对 840 篇大数据论文关键词的统计,共得到受控关键词 1039 个,而频次大于 15 次的高频关键词共 40 个(表 9-1)。词频超过 100 次的关键词共有 4 个(数据分析、云计算、数据处理、数据挖掘),其中值得注意的是"云计算"共出现 157 次,排在第 2 位,说明大数据研究与云计算的联系十分紧密。在这 40 个关键词中,与"数据"相关的共 8 个,与"数据库"相关的共 5 个,与"计算"相关的共 4 个,与"网络"相关的共 3 个,占到高频关键词的一半,这也说明以上 4 个关键词所涉及领域是大数据研究的重点方向。

表 9-1　2003～2013 年大数据论文高频关键词统计

序号	关键词	词频	序号	关键词	词频	序号	关键词	词频
1	数据分析	226	15	公共域软件	30	29	计算机中心	19
2	云计算	157	16	信息检索	29	30	文本分析	19
3	数据处理	105	17	数据安全性	29	31	数据仓库	18
4	数据挖掘	103	18	数据库管理系统	28	32	网络服务	18
5	商业数据处理	59	19	SQL	28	33	分布式数据库	17
6	社会网络	55	20	统计分析	27	34	并行编程	17
7	互联网	51	21	分布式处理	26	35	数据结构	16
8	并行处理	48	22	资源配置	26	36	虚拟机	16
9	学习(人工智能)	44	23	大型数据库	24	37	计算复杂性	15
10	查询处理	40	24	模式分类	22	38	网格计算	15
11	存储管理	40	25	数据隐私	21	39	医疗信息系统	15
12	数据可视化	38	26	图形理论	20	40	最优化	15
13	移动计算	32	27	关系数据库	20			
14	模式聚类	31	28	竞争情报	19			

9.3.2.5 论文作者数量发展趋势

图 9-4 为大数据论文作者数量的年度分布情况。可以明显看出,2003～2010 年,由于大数据相关的论文产出很少,因此作者人数在绝对数量上也很少,基本保持在百人以下;随着 2012～2013 年大数据论文井喷式的增长,作者人数也出现了爆发式的增长,2013 年甚至超过 1 000 人,其中绝大部分还是新增的作者。这也说明近两年来有大量研究人员投入到了大数据的研发活动当中,研发队伍正在极速壮大。

9 大数据研究国际发展态势分析

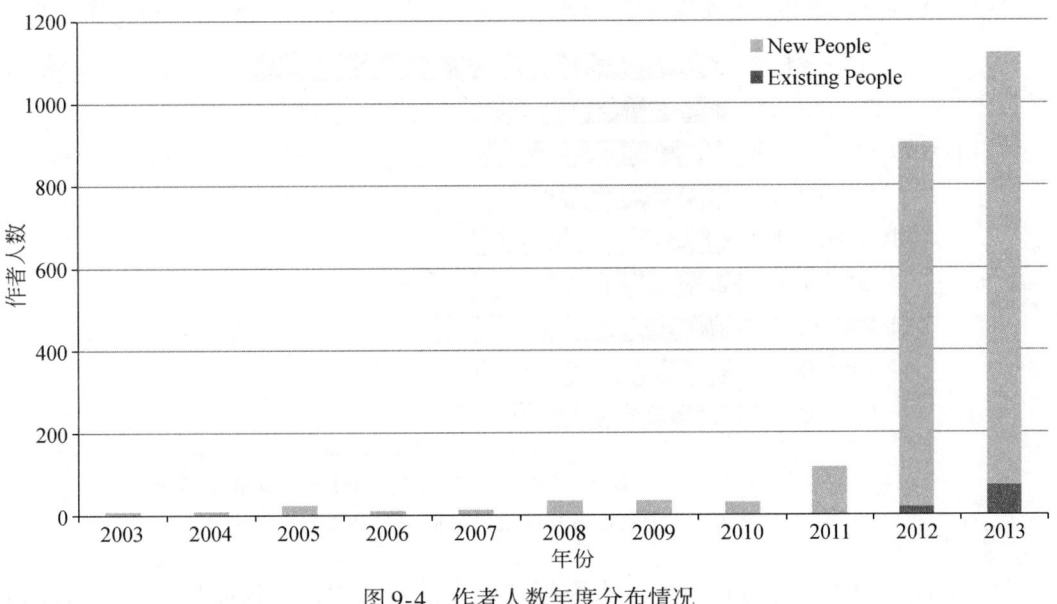

图 9-4 作者人数年度分布情况

9.4 大数据科学与工程的关键问题与挑战

在大数据的发展热潮中,大数据的关键问题与挑战一直是各界研究与关注的焦点。英特尔在一项调研中向 200 名企业 IT 经理提出了大数据面临哪些挑战和障碍的问题。48% 的企业 IT 经理将数据增长所带来的问题列为挑战,即数据急速增长和存储数据所需的成本及收益之间的矛盾;41% 的 IT 经理担心,数据基础设施能否提供可扩展性、低延迟以及出色性能以处理大数据项目;41% 的 IT 经理担心数据监管/政策所面临的挑战(图 9-5)。

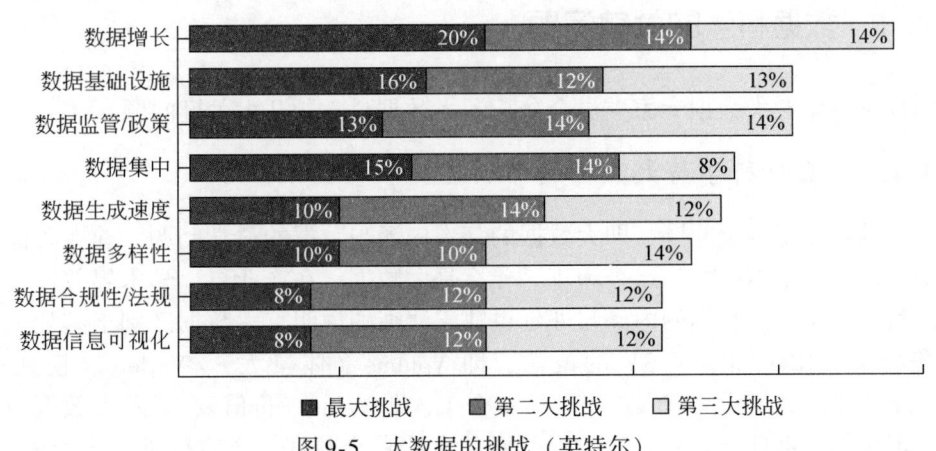

图 9-5 大数据的挑战(英特尔)

在被问及大数据分析所面临的具体障碍时，59%的IT经理担心安全问题（图9-6）。

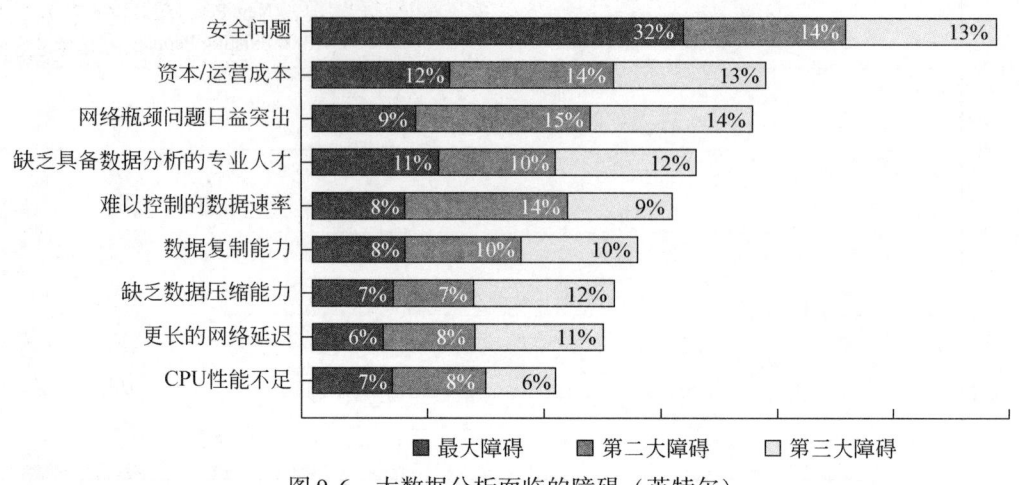

图9-6 大数据分析面临的障碍（英特尔）

从企业IT经理的角度可以看出，大数据在未来的发展中，不仅面临着技术挑战，还受到数据政策、人才短缺等方面的制约。

然而英特尔的调研只关注了大数据工程的一面，忽略了大数据科学的一面。大数据工程的总体目标是在有限时间、有限资源情况下解决四个方面的挑战：①大数据的感知与获取，以及表达和预处理；②大数据的存储与管理；③大数据分析，具体包括典型行业的需求分析，分析方法与工具以及大数据的可视化；④大数据系统体系架构，包括体系架构与平台以及研发环境。而大数据科学主要研究两个方面：用数据的方法来研究科学和用科学的方法来研究数据。前者包括生物信息学、天体信息学、数字地球等领域。后者包括统计学、机器学习、数据挖掘、数据库等领域。总的来说，大数据科学致力于从大数据中发现新知识，大数据工程侧重于应用大数据知识来构建新的事物。

下面讨论大数据科学和工程两方面所面临的关键问题与挑战。

9.4.1 数据科学的关键问题

中国计算机学会大数据专家委员会分析了大数据科学的几大关键问题。

9.4.1.1 数据科学与大数据的学科边界

这一问题综合了两个问题，即大数据的基本内涵与数据的科学问题。前者关注的是大数据的基本定义和基本结构。迄今为止，什么是大数据，在产业界、学术界并没有形成一个公认的科学定义，大数据的内涵与外延也缺乏清晰的说明。大数据区别于其他数据的关键特性是什么？IBM提出了3V的说法，即Volume（体量大）、Variety（模式多）和Velocity（速度快）。尔后又有人提出了另一个V，即Value（价值），表示大数据虽然价值总量高，但价值密度低。另外，大数据是否就意味着全数据，还有待进一步讨论与澄清。最后，还需要为动态、高维、复杂的大数据建立形式化、结构化的描述方法，进而在此基础上发展大数据处理技术。后者关注的是数据界与物理界、人类社会之间的关联与差异，探讨是否存在独立于应用领域的数据科学。如果存在数据科学，其学科问题的分类体系又是什么？目前已有的共识是，大数据的复杂性主要来自数据之间的复杂联系。另外，新型学习理论和认知理论等应当是数据科学的重要组成部分。

9.4.1.2 数据计算的基本模式与范式

大数据的诸多突出特性使得传统的数据分析、数据挖掘、数据处理的方式方法都不再适用。因此，面对大数据，需要有数据密集型计算的基本模式和新型的计算范式，需要提出数据计算的效率评估方法以及研究数据计算复杂性等基本理论。由于数据体量太大，甚至有的数据本身就以分布式的形式存在，难以集中起来处理，因此对于大数据的计算需要从中心化的、自顶向下的模式转为去中心化的、自底向上、自组织的计算模式。另外，面对大数据将形成基于数据的智能，可能需要寻找类似"数据的体量+简单的逻辑"的方法去解决复杂问题。

9.4.1.3 大数据特性与数据态

这一问题综合了三个问题，即大数据的关系维复杂性、大数据的空间维复杂性和大数据的时间维复杂性问题。大数据往往由大量源头产生，而且常包含图像、视频、音频、数据流、文本、网页等等不同的数据格式，因此其模态是多种多样的。主要来源于多模态的大数据之间存在着错综复杂的关联关系，这种异质的关联关系有时还动态变化，互为因果，因此导致其关联模式也非常复杂。大数据的空间维问题主要关注人、机、物三元世界中大数据的产生、感知与采集，以及不同粒度下数据的传输、移动、存储与计算。另外，还需研究大数据在空间与密度的非均衡态对其分析与处理所带来的理论与技术挑战。而大数据的时间维问题意图在时间维度上研究大数据的生命周期、状态与特征，并探索大数据的流化分析、增量式的学习方法与在线推荐。最后，研究大数据的离线与在线处理对时效性要求。

9.4.1.4 大数据的数据变换与价值提炼

这一问题主要由"如何将大数据变小"与"如何进行大数据的价值提炼"两个问题组成，前者要在不改变数据基本属性的前提下对数据进行清洗，在尽量不损失价值的条件下减小数据规模。为此，需要研究大数据的抽样、去重、过滤、筛选、压缩、索引、提取元数据等数据变换方法，直接将大数据变小，这可以看作是大数据的"物理变化"。后者可看作是大数据的"化学反应"，对大数据的探索式考察与可视化将发挥作用，人机的交互分析可以将人的智慧融入这一过程，通过群体智慧、社会计算、认知计算对数据的价值进行发酵和提炼，实现从数据分析到数据价值判定和数据制造的价值飞跃。

9.4.1.5 大数据对IT技术架构的挑战

这一问题是对热点问题"大数据对于系统的要求"的新解读。大数据对系统，不管是存储系统、传输系统还是计算系统都提出了很多非常苛刻的要求，而现有的数据中心技术难以满足大数据的需求。譬如，存储能力的增长远远赶不上数据的增长，设计最合理的分层存储架构已成为信息系统的关键。分布式存储架构不仅需要 scale-up 式的可扩展性，也需要 scale-out 式的可扩展性。因此对整个 IT 架构进行革命性地重构势在必行。此外，大数据平台（包括计算平台、传输平台、存储平台等）是大数据技术链条中的瓶颈，特别是大数据的高速传输，需要革命性的新技术。

9.4.2 大数据工程的挑战

9.4.2.1 数据处理能力

如今数据规模急剧扩张，远远超越现有计算机处理能力。图灵奖获得者吉姆·格雷（Jim Gray）和 IDC 公司曾预测，全球数据量每 18 个月翻一番。目前全球数据的存储和处理能力已远落后于数据的增长幅度。例如，淘宝网每日新增的交易数据达 10TB，沃尔玛每小时处理 100 万件交易，将有大约 2.5PB 的数据存入数据库。此外，在数据处理面临规模化挑战的同时，数据处理需求的多样化逐渐显现。相比支撑单业务类型的数据处理业务，公共数据处理平台需要处理的大数据涉及在线/离线、线性/非线性、流数据和图数据等多种复杂混合计算方式。传统数学方法已无法适应不确定、动态大数据的分析，需要将计算科学与数学、物理等学科结合，建立一种新型数据科学方法，以便在数据多样性和不确定性前提下进行数据规律和统计特征的研究。基于以上因素，大数据的高效处理能力已经成为一项重要挑战。

9.4.2.2 异构问题

异构问题分为数据异构和硬件异构两方面。

目前采集到的数据很大部分是非结构化和半结构化数据，并且向着异质异构、无结构的趋势发展。美国弗雷斯特研究公司（Forrester）在 2010 年《政府今天所面临的挑战》报告中预计："数据将会在今后的 5 年内增加 8 倍，其中非结构化数据在各组织机构的数据中所占份额超过 70% 到 80%，并且这些非结构化数据的增长速度是结构化数据的 10～50 倍。"从数据管理的角度看，非结构化数据很难按照统一的模型进行分析处理，比结构化数据处理难得多。而结构化、半结构化、非结构化数据并存的局面使得数据分析变得尤为困难。传统的关系数据库无法胜任这些数据的处理，以 MapReduce 和 Hadoop 为代表的非关系数据分析技术，凭借其适合非结构数据处理、大规模并行处理、简单易用等突出优势，在大数据分析领域取得了重大进展，已成为大数据分析的主流技术。尽管如此，MapReduce 和 Hadoop 在应用性能等方面仍存在不少问题，还需要研究开发更有效、更实用的分析和管理技术，以高效处理各种非结构化数据和异构数据。

硬件的快速升级换代有力地促进了大数据的发展，但是这也在一定程度上造成了大量不同架构硬件共存的局面，这种硬件异构性给大数据处理带来了难题。整个数据中心（集群）内部不同机器之间的性能会存在着明显的差别，因为不同时期购入的不同厂商的服务器在硬盘 IOPS、CPU 处理速度等性能方面会有很大的差异。这就导致了硬件环境的异构性,这种异构性会给大数据的处理带来诸多问题。如果集群中硬件的性能差异过大,则会导致大量的计算时间浪费在性能较好的服务器等待性能较差的服务器上。这种情况下服务器的线性增长并不一定会带来计算能力的线性增长,因为"木桶效应"制约了整个集群的性能。一般的解决方案是考虑硬件异构的环境下将不同计算强度的任务智能的分配给计算能力不同的服务器,但是当这种异构环境的规模扩展到数以万计的集群时,问题将变得极为复杂。

9.4.2.3 数据融合

大数据已成为联系人类社会、物理世界和信息空间的纽带,如同人类有许多种自然语言一样,作为信息空间中唯一客观存在的数据难免有多种格式,因此大数据面临的一个重要挑战是各种数据和信息能否方便地融合。这方面的挑战包括:

(1) 广泛的异构性。传统的数据融合会面对数据异构的问题,但是在大数据时代这种异构性出现了新的变化,主要体现在:数据类型从以结构化数据为主转向结构化、半结构化、非结构化三者的融合;数据产生方式的多样性带来的数据源变化。传统的电子数据主要产生于服务器或者是个人电脑,这些设备位置相对固定。随着移动终端的快速发展,手机、平板电脑、GPS等产生的数据量呈现爆炸式增长,且产生的数据带有很明显的时空特性;数据存储方式的变化。传统数据主要存储在关系数据库中,但越来越多的数据开始采用新的数据存储方式来应对数据爆炸,比如存储在Hadoop的HDFS中。这就必然要求在融合的过程中进行数据转换,而这种转换的过程是非常复杂和难以管理的。

(2) 数据清洗。数据量大不一定就代表信息量或者数据价值的增大,相反很多时候意味着信息垃圾的泛滥。一方面,很难有单个系统能够容纳下从不同数据源融合的海量数据;另一方面,如果在融合的过程中仅仅简单将所有数据聚集在一起,不做任何数据清洗,会使得过多的无用数据干扰后续的数据分析过程。大数据时代的数据清洗过程必须更加谨慎,因为相对细微的有用信息混杂在庞大的数据量中。如果信息清洗的粒度过细,很容易将有用的信息过滤掉。清洗粒度过粗,又无法达到真正的清洗效果,因此在质与量之间需要进行仔细的考量和权衡。

9.4.2.4 数据质量

由于互联网的开放性,使得大数据管理系统在数据输入时的质量确保面临考验。在传统数据库中假设数据是确定的,而互联网的数据采集和发布更灵活,容易将各种类型的不确定数据大量引入系统,造成数据中含有各种各样的错误和误差,体现为数据不正确、不精确、不完全、过时陈旧或者重复冗余。据高德纳公司(Gartner)统计,在全球财富1000强公司中有超过25%的公司关键数据不正确或不精确。在美国企业中有1%~30%的公司数据存在各类错误和误差,仅就医疗数据而言,13.6%~81%的关键数据存在遗缺、陈旧的问题。数据是企业降低成本、损失和增加收入不可或缺的工具。例如,英国电信公司因使用数据质量工具而创造的企业效益每年高达6亿英镑。

9.4.2.5 大数据分析

传统意义上的数据分析主要针对结构化数据展开,且已经形成了一整套行之有效的分析体系。但是随着大数据时代的到来,半结构化和非结构化数据量的迅猛增长,给传统的分析技术带来了巨大的冲击和挑战,主要体现在:

(1) 数据处理的实时性(Timeliness)。随着时间的流逝数据中所蕴含的知识价值往往也在衰减,因此很多领域对于数据的实时处理有需求。随着大数据时代的到来,更多应用场景的数据分析从离线(offline)转向了在线(online),开始出现实时处理的需求。大数据时代的数据实时处理面临着一些新的挑战,主要体现在数据处理模式的选择及改进。在实时处理的模式选择中,主要有三种思路:即流处理模式、批处理模式以及二者的融合。虽然已有的研究成果很多,但是仍未有一个通用的大数据实时处理框架。各种工具实现实时处理的方法不一,支持的应用类型都相对有限,这导致实际应用中往往需要根据自己的业务需求和应用场景对现有的这些技术和工具进行改造才能满足要求。

(2) 动态变化环境中索引的设计。关系数据库中的索引能够加速查询速率,但是传统的数据管理中模式基本不会发生变化,因此在其上构建索引主要考虑的是索引创建、更新等的效率。大数据时代的数据模式随着数据量的不断变化可能会处于不断的变化之中,这就要求索引结构的设计简单、高效,能够在数据模式发生变化时很快的进行调整来适应。在数据模式变更的假设前提下设计新的索引方案将是大数据时代的主要挑战之一。

(3) 先验知识的缺乏。传统分析主要针对结构化数据展开,这些数据在以关系模型进行存储的同时就隐含了这些数据内部关系等先验知识。比如我们知道所要分析的对象会有哪些属性,通过属性我们又能大致了解其可能的取值范围等。这些知识使得我们在数据分析之前就已经对数据有了一定的理解。而在面对大数据分析时,一方面是半结构化和非结构化数据的存在,这些数据很难以类似结构化数据的方式构建出其内部的正式关系;另一方面很多数据以流的形式源源不断的到来,这些需要实时处理的数据很难有足够的时间去建立先验知识。

9.4.3 安全与隐私

用户在享受数据价值的同时,也面临日益严重的安全威胁和隐私风险。趋势科技称2011年为数据泄露年,国内CSDN网站被曝600万用户的数据库信息数据保护不妥,导致用户密码泄露。而Facebook的Beacon广告系统可以追踪到5500万用户在其他网站的活动,严重威胁用户隐私信息。

其实隐私问题由来已久,计算机的出现使得越来越多的数据以数字化的形式存储在电脑中,互联网的发展则使数据更加容易产生和传播,数据隐私问题越来越严重。大数据时代隐私保护面临的挑战包括:

9.4.3.1 隐性的数据暴露

互联网、尤其是社交网络的出现,使得人们在不同的地点产生越来越多的数据足迹。这种数据具有累积性和关联性,单个地点的信息可能不会暴露用户的隐私,但是如果有办法将某个人的很多行为从不同的独立地点聚集在一起时,他的隐私就很可能会暴露,这种隐性的数据暴露往往是个人无法预知和控制的。从技术层面来说,可以通过数据抽取和集成来实现用户隐私的获取。而在现实中通过所谓的"人肉搜索"的方式往往能更快速、准确的得到结果。大数据时代的隐私保护面临着技术和人力层面的双重考验。

9.4.3.2 数据公开与隐私保护的矛盾

如果仅仅为了保护隐私就将所有的数据都加以隐藏,那么数据的价值根本无法体现。数据公开是非常有必要的,政府可以利用公开的数据来了解整个国民经济社会的运行,以便更好指导社会的运转。企业则可以利用公开的数据来了解客户的行为,从而推出针对性的产品和服务,最大化其利益。研究者则可以利用公开的数据,从社会、经济、技术等不同的角度来进行研究。因此大数据时代的隐私性主要体现在不暴露用户敏感信息的前提下进行有效的数据挖掘,这有别于传统的信息安全领域更加关注文件的私密性等安全属性。

9.4.3.3 数据动态性

大数据时代数据的快速变化除了要求有新的数据处理技术应对之外,也给隐私保护带来了新的挑战。现有隐私保护技术主要基于静态数据集,而在现实中数据模式和数据内容时刻都在发生着变化。因此在这种更加复杂的环境下实现对动态数据的利用和隐私保护将更具挑战。

随着数据的增多,大数据面临着重大的风险和威胁,需要遵守更多更合理的规定,传统的数据保护方法无法满足这一要求。面对大数据的安全与隐私保护,急需解决的问题包括:大数据计算伦理学、大数据密码学、分布式编程框架中的安全计算、远程数据计算的可信任度、数据存储和日志管理的安全性、基于隐私和商业利益保护的数据挖掘与分析、强制的访问控制和安全通信、多粒度访问控制以及数据来源和数据通道的可信等。

9.4.4 其他挑战

9.4.4.1 人才短缺

限制大数据发展的一个重大挑战是人才短缺问题。Gartner 预测到 2015 年美国将出现 440 万个与大数据相关的工作岗位,但只有 1/3 能招到合格人才。美国劳工部则预测到 2018 年市场对大数据人才的需求将增长 25%。麦肯锡全球研究院(McKinsey Global Institute)预测到 2018 年美国将缺乏 14 万~19 万名具有"深度分析"经验的工作者,以及 150 万名更加精通数据的经理人。

大数据人才需要具备两方面的素质:一是概念性的,主要是对模型的理解和运用;二是实践性的,主要是处理实际数据的能力。培养这样的人才,需要数学、统计和计算机科学之间的密切合作,同时也需要和产业界或其他拥有数据的部门之间的合作。目前全球培养具有以上素质的大数据人才的教育机构还很少,美国通过"大数据研究与开发计划"鼓励科研院所和企业积极开展大数据人才培养,但总体培养能力仍远远落后于需求。

对于中国的许多政府部门和科研院所,大数据人才短缺问题还面临人事制度的阻碍。

在现行的人事制度下，许多部门和机构将数据人员限定在支撑岗位，数据科学家或工程师往往得不到与其工作价值相符的承认和待遇，使其流向更能满足数据人才需求的其他部门。

9.4.4.2 大数据生态环境

大数据作为 21 世纪的"新石油"，是一种宝贵的战略资源，因此对大数据的共享与管理无疑是其生态环境的一部分。对于大数据的共享与管理，其中所有权是基础，这既是技术问题，也是法理问题。对数据的权益需要进行具体认定并进行保护，进而在保护好多方利益的前提下解决数据共享问题。为此，可能会遇到不少的障碍，包括人们对法律或信誉的顾虑，保护竞争力的需要，以及数据存储的位置和方式不利于数据的访问和传输等。此外，生态环境问题还涉及与政治、经济、社会、法律、科学等的交叉影响问题。因为大数据将对国家治理模式、企业的决策、组织和业务流程、个人生活方式都将产生巨大的影响，所以这种影响模式值得深入研究。

9.4.4.3 能耗问题

在能源价格上涨、数据中心存储规模不断扩大的今天，高能耗已逐渐成为制约大数据快速发展的一个主要瓶颈，从小型集群到大规模数据中心都面临着降低能耗的问题。在大数据管理系统中，能耗主要由两大部分组成：硬件能耗和软件能耗，二者之中又以硬件能耗为主。《纽约时报》和麦肯锡的一项联合调查发现 Google 数据中心年耗电量约为 300 万瓦，而 Facebook 则在 60 万瓦左右。最令人惊讶的是在这些巨大的能耗中，只有 6%～12% 的能量被用来响应用户的查询并进行计算。绝大部分的电能用以确保服务器处于闲置状态，以应对突如其来的网络流量高峰，这种类型的功耗最高可以占数据中心所有能耗的 80%。此外，大数据的处理和通信都将消耗大量的能源，研究创新的数据处理、存储和传送的节能技术是重要的挑战。

9.5 总结与建议

大数据时代已经来临，大数据已是许多不同行业共同面对的宝贵机遇和巨大挑战。大数据是数字化生存时代的新型战略资源，是驱动创新的重要因素，正在改变人类的生产和生活方式。在不远的未来，可能形成网络数据存储与服务、数据材料、数据制药等战略性新兴产业，一个国家所拥有的大数据的规模与活性及运用大数据的能力，将是国家竞争力的重要组成部分。尽管大数据意味着大机遇，但同时也意味着工程技术、管理政策、人才培养等方面的大挑战。只有解决了这些挑战，才能充分利用这个大机遇，从而能够充分挖掘得到大数据的大价值。我国可采取的举措包括：

(1) 制定战略与规划。

我国亟须在国家层面对大数据给予高度重视，特别需要从政策制定、资源投入、人才培养等方面给予强有力的支持，并将大数据上升为国家战略。建议在国家有关部门设立国家层面的数据科学和大数据专家组，组织制定国家数据科学和大数据的发展战略与规划。

（2）重视大数据工程技术。

大数据背后必然有着支持其研究与应用的数据科学。但无论是美国还是欧盟的大数据研究计划，以及国内外大公司的大数据研发，目前最重视的都是大数据分析算法和大数据系统效率。因此，当前应把主要精力放在应对大数据的工程技术挑战上。工程上无法解决的问题就很自然地会成为数据科学的研究内容，大数据处理技术的进步将促进数据科学的诞生和发展。建议尽快开展数据科学的基础理论研究，设立数据科学基础理论课题，设立专项课题以研究相关的交叉学科问题；加快数据科学学科建设和人才培养，可先行在计算学科或管理类学科建立二级学科。

（3）完善数据资源共享政策法规体系。

当前，国家发展和改革委员会、科技部、国家自然科学基金委员会都有大数据方面的立项，国内研究机构在大数据的研究和应用方面做了大量的工作，积累相当丰富的技术和数据资源，但资源共享相关的政策法规体系还不完善，支持力度有待进一步提高。建议对数据共享进行分级，如政府部门产生的数据为公共社会资源，可根据其保密程度分级共享；各企业行业内可自发联盟进行有条件数据共享；对于科研数据，也可根据保密程度进行分级共享，对于造福全人类的科研数据建议建立数据共享的激励机制和政策。

（4）多种措施开展大数据研究。

为了更有效地开展大数据研究，建议：成立国家级的专门组织机构，更好地推动大数据的协同创新研究与战略性应用；成立国家级的行业大数据共享联盟，使工业界、学术界以及政府部门都能够参与进来，一方面为学术研究提供基本的数据资源，另一方面为大数据的应用提供理论与技术支持；成立国家级的面向大数据研究与应用的开源社区，或向国际开源社区的核心团队举荐核心成员。

（5）建立有序的大数据交易市场。

大数据时代，安全是一个基础保障，但数据安全主要不是技术问题，因为数据放在哪里都有泄露的风险，它与商业模式有很大关系。如果建立一个竞争有序的大数据交易市场，将大数据打包成产品依法进行交易，那所谓的数据隐私问题就可以规范化了。现在数据市场还未成型的情况下，那从顶层设计上要注意保障数据安全，包括隐私权、执行权、防范数据篡改和崩溃、可信度等一系列问题。因此，需要把数据市场、数据产业、数据产品的形态和交易模式清晰化。

（6）多种方式培养大数据人才。

在美国，很多技术公司，特别是对大数据产品和服务感兴趣的公司，都在积极推动高等院校与企业在数据相关领域的合作，但这种合作还处于早期阶段。在国内，只有北京航空航天大学等少数机构开设了面向大数据的人才培养专业，培养能力远远落后于市场需求。需要从学校和实践中培养各类数据人才，如数据科学家、首席数据官、数据咨询师、数据分析师、数据工程师等，特别是数据咨询人才，可以通过大力促进大学与企业的合作实现大数据人才培养。另外，培养大数据人才就要打破专业限制，取长补短，除了传统的计算机、电子信息专业，还应该更多从各行业中培养熟悉本行业的数据人才，教会他们从行业数据中挖掘价值。

（7）以国计民生相关领域为主要研究应用领域。

大数据涉及的行业和领域有很多，我国当前应以关乎国计民生的科学决策、应急管理（如疾病防治、灾害预测与控制、食品安全与群体事件）、环境管理、社会计算以及知识经济等为主要的大数据研究和应用领域。

（8）建立大数据生态系统。

为了有效应对大数据挑战，抓住大数据机遇，需要学术界、工业界以及政府部门在国家战略和政策的引导下共同努力，通过消除壁垒、共享资源、成立联盟、建立专业组织等途径，建立和谐的大数据生态系统。

致谢：电子科技大学周涛教授、中国科学技术大学李京教授、成都信息工程大学许源平副教授对本报告提出了宝贵的意见与建议，在此谨致谢忱！

参 考 文 献

比特网. 2013-11. IBM 推出全新大数据发现与可视化技术. http://soft.chinabyte.com/444/12778944.shtml.

科学技术部. 2013-02. 科技部关于发布国家重点基础研究发展计划和重大科学研究计划 2014 年项目申报指南的通知. http://www.most.gov.cn/tztg/201302/t20130201_99485.htm.

科学技术部. 2013-04-16. 国家高技术研究发展计划（863 计划）信息技术领域 2014 年度备选项目征集指南. http://www.most.gov.cn/tztg/201304/t20130416_100843.htm.

李国杰. 2012. 大数据研究的科学价值. 中国计算机学会通讯，8（9）：8-15.

马帅，李建欣，胡春明. 2012. 大数据科学与工程的挑战与思考. 中国计算机学会通讯，8（9）：22-30.

孟小峰，慈祥. 2013. 大数据管理：概念、技术与挑战. 计算机研究与发展，1：146-169.

上海市科学技术委员会. 2013-07. 《上海推进大数据研究与发展三年行动计划》（2013—2015 年）发布. http://www.most.gov.cn/dfkj/sh/zxdt/201307/t20130719_107344.htm.

苏金树，李东升. 2013. 大数据的技术挑战与机遇. 国防科技，2：18-23.

汤珊红，许儒红，侯勤. 2013. 大数据：信息时代大国技术竞争新领域——美国大数据研发. 国防，(2)：73-76.

滕艳，张地珂. 2013-03. 中国科学院院士赵鹏大提出大数据时代需重视数字地质研究. http://www.cgs.gov.cn/xwtzgg/jrgengxin/20198.htm.

王茜. 2013. 英国大数据战略分析. 全球科技经济瞭望，28（8）：24.

新华网. 2013-02. 求是：大数据时代的机遇与挑战. http://news.xinhuanet.com/tech/2013-02/16/c_124349113.htm.

闫景臻. 2013-08. 在线开放课程发展促使高等教育学习模式变革. http://edu.china.com.cn/2013-08/14/content_29716484.htm.

英特尔. 2012-08. 英特尔就企业如何使用大数据对 IT 经理的调研. http://www.intel.cn/content/www/cn/zh/big-data/hadoop-idh/inr20002-bigdata-peerresearch-final-sw-cs.html.

赵国栋，易欢欢，糜万军，等. 2013. 大数据时代的历史机遇——产业变革与数据科学. 北京：清华大学出版社：304-312.

中国计算机学会大数据专家委员会. 2012. 大数据热点问题与 2013 年发展趋势分析. 中国计算机学会通

讯，8（12）：40-44.

中国计算机学会大数据专家委员会. 2013-12-01. 中国大数据技术与产业发展白皮书（2013）. http：//www. ccf. org. cn/sites/ccf/download. jsp? file=/resources/1190201776262/fujian/dashuju2013-12-19-09_31_15. pdf.

中国经济网. 2013-04-17. 法国政府将投入1150万研发7个大数据市场项目. http：//intl. ce. cn/specials/zxgjzh/201304/17/t20130417_24299114. shtml.

中国科学报. 2012-06. 郭华东院士：人类将进入"大数据"时代. http：//news. sciencenet. cn/htmlnews/2012/6/265771. shtm? id=265771.

中国科学院对地观测与数字地球科学中心. 2012-04. 近期国际地球科学研究新动向. http：//www. ceode. cas. cn/qysm/qydt/201204/t20120427_3564409. html.

文部科学省. 2012-07-04. ビッグデータ時代におけるアカデミアの挑戦 ～アカデミッククラウドに関する検討会提言～. http：//www. mext. go. jp/b_menu/shingi/gijyutu/gijyutu2/006/shiryo/__icsFiles/afieldfile/2012/07/10/1323379_2_1. pdf.

文部科学省. 2013-01-18. 文部科学省情報科学技術関連予算について. http：//www. mext. go. jp/b_menu/shingi/gijyutu/gijyutu2/006/shiryo/__icsFiles/afieldfile/2013/02/12/1330429_1. pdf.

文部科学省. 2013-03-05. 平成25年度戦略目標の決定について（科学技術振興機構（JST）戦略的創造研究推進事業（新技術シーズ創出））. http：//www. mext. go. jp/b_menu/houdou/25/03/1331298. htm.

高度情報通信ネットワーク社会推進戦略本部. 2012-07-04. 電子行政オープンデータ戦略. http：//www. kantei. go. jp/jp/singi/it2/kikaku/dai8/siryou4_2. pdf.

総合科学技術会議. 2012-10-25. 平成25年度科学技術関係予算重点施策パッケージの特定について. http：//www8. cao. go. jp/cstp/tyousakai/innovation/ict/6kai/siryo4. pdf.

総務省. 2012-07-03. 2020年頃に向けたICT総合戦略（案）. http：//www. soumu. go. jp/main_content/000170762. pdf.

総務省. 2012-09. 総務省アクションプラン2013～2013年度総務省重点施策–. http：//www. soumu. go. jp/main_content/000174851. pdf.

総務省. 2013-01. 平成25年度総務省所管予算（案）の概要. http：//www. soumu. go. jp/main_content/000199049. pdf.

総務省. 2013-02-22. 平成25年度情報通信技術の研究開発に係る提案の公募. http：//www. soumu. go. jp/menu_news/s-news/01tsushin03_02000047. html.

総務省. 2013-06. ICT成長戦略 ～ICTによる経済成長と国際社会への貢献～. http：//www. soumu. go. jp/main_content/000236560. pdf.

総務省. 2013-08-30. 総務省ミッションとアプローチ2014～2014年度総務省重点施策. http：//www. soumu. go. jp/menu_news/s-news/01kanbo05_02000056. html.

Argonne National Lab. 2013-09. Using Masks to Improve Compression of Big Data in Scientific Applications. http：//www. mcs. anl. gov/articles/using-masks-improve-compression-big-data-scientific-applications.

Australian Government Information Management Office. 2013-08. The Australian Public Service Big Data Strategy. http：//agict. gov. au/sites/default/files/Big%20Data%20Strategy. pdf.

Datanimi website. 2012-11-29. Georgia Tech Scores $2.7 Million to Move DARPA Big Data Goals. http：//www. datanami. com/datanami/2012-11-29/georgia_tech_scores_$2.7_million_to_move_darpa_big_data_goals. html.

Datanimi website. 2013-04-26. Stanford Receives DARPA Grant to Study Big Data. http：//www. datanami. com/datanami/2013-04-26/stanford_receives_darpa_grant_to_study_big_data. html.

Department for Business, Innovation and Skills. 2011-12. Innovation and Research Strategy for Growth. http://www.bis.gov.uk/assets/biscore/innovation/docs/i/11-1387-innovation-and-research-strategy-for-growth.pdf.

DOD Website. 2013-11. Big Data. http://www.defenseinnovationmarketplace.mil/bigdataFunding.html.

Eurekalert. 2012-05. Southampton professors to co-direct the world's first Open Data Institute. http://www.eurekalert.org/pub_releases/2012-05/uos-spt052512.php.

European Grid Infrastructure. 2012-03-14. The Netherlands eScience Center funds new projects. http://www.egi.eu/about/news/news_0129_NLeSC_funds_new_projects.html.

European Network and Information Security Agency. 2013-05. Study on data collection and storage in the EU. http://www.enisa.europa.eu/activities/identity-and-trust/library/deliverables/data-collection/at_download/fullReport.

Fraunhofer-Gesellschaft. 2013-06-10. Programming model for supercomputers of the future. http://www.fraunhofer.de/en/press/research-news/2013/june/programming-model-for-supercomputers-of-the-future.html.

GCN. 2013-09. Rice University researchers take "BOLD" approach to big data. http://gcn.com/Articles/2013/09/24/BOLD-big-data.aspx?admgarea=TC_BigData&Page=2.

Goodchild M F, Guo H. Next-generation Digital Earth. 2012. Proceedings of the National Academy of Sciences, 109 (28): 11088-11094.

HPCwire. 2013-09. Pittsburgh Supercomputing Center Lands $7.6 Million NSF Grant. http://archive.hpcwire.com/hpcwire/2013-10-23/pittsburgh_supercomputing_center_lands_76_million_nsf_grant.html.

LIVESINO. 2013-04. 微软推出地理时间大数据可视化项目GeoFlow. http://livesino.net/archives/5278.live.

Manyika J, Chui M, Brown B, et al. 2011-05. Big data: The next frontier for innovation, competition, and productivity. MacKinsey Global Institute.

NASA. 2013-01. Advanced Information Systems Technology (AIST) Program. http://esto.nasa.gov/info_technologies_aist.html.

NEC. 2013-10. ビッグデータ分析を高速化する分散処理技術を開発. href="#01". http://jpn.nec.com/press/201310/20131008_02.html#01.

Nextgov Website. 2013-01-14. Pentagon cyberwarriors to unload some defensive tasks to big data. http://www.nextgov.com/big-data/2013/01/pentagon-cyberwarriors-unload-some-defensive-tasks-big-data/60633/.

NICTA. 2013-06-05. Big data comes down to earth as NICTA launches $12M natural sciences project. http://www.nicta.com.au/media/current/big_data_comes_down_to_earth_as_nicta_launches_$12m_natural_sciences_project.

NIH Website. 2013-07-22. NIH commits $24 million annually for Big Data Centers of Excellence. http://www.nih.gov/news/health/jul2013/nih-22.htm.

NSF. 2011-12. EarthCube Guidance for the Community. http://www.nsf.gov/pubs/2011/nsf11085/nsf11085.pdf.

NSF Website. 2012-08. Core Techniques and Technologies for Advancing Big Data Science & Engineering (BIGDATA). http://www.nsf.gov/pubs/2012/nsf12499/nsf12499.htm?WT.mc_id=USnsf_25&WT.mc_ev=click.

NSF Website. 2012-10-03. NSF Announces Interagency Progress on Administration's Big Data Initiative. http://www.nsf.gov/news/news_summ.jsp?cntn_id=125610&WT.mc_id=USnsf_53&WT.mc_ev=click.

NSF Website. 2013-02-06. Ten International Research Funders Announce Round Three of "Digging into Data" Challenge. http://www.nsf.gov/news/news_summ.jsp?cntn_id=126813&org=nsf&from=news.

NSF Website. 2013-03. Making the Most of Big Data. http://www.nsf.gov/cise/news/2013-BIGDATA-announcment. jsp.

NSF Website. 2013-04-10. Cyberinfrastructure Framework for 21st Century Science, Engineering, and Education (CIF21). http://www.nsf.gov/about/budget/fy2014/pdf/35_fy2014.pdf.

OECD. 2013-04. Exploring Data-Driven Innovation as a New Source of Growth. http://www.oecd-ilibrary.org/docserver/download/5k47zw3fcp43.pdf?expires=1375929560&id=id&accname=guest&checksum=93F9ABE885AF5B1AB4ECBC9A725D704D.

OSTP. 2013-11. "Data to Knowledge to Action" Event Highlights Innovative Collaborations to Benefit Americans. http://www.whitehouse.gov/sites/default/files/microsites/ostp/Data2Action%20Press%20Release.pdf.

Physorg. 2012-01. Oxford, Harvard scientists lead data-sharing effort: New standards allow disparate data sets to integrate. http://www.physorg.com/news/2012-01-oxford-harvard-scientists-data-sharing-effort.html.

Science and Technology Facilities Council UK. 2013-02. £30 million to lead global computing technology. http://www.stfc.ac.uk/2557.aspx.

The Economist. 2012-08. NEON light: A 30-year plan to study America's ecology is about to begin. http://www.economist.com/node/21560838.

UN Global Pulse. 2012-05. Big Data for Development: Challenges & Opportunities. http://www.unglobalpulse.org/sites/default/files/BigDataforDevelopment-GlobalPulseMay2012.pdf.

University of Michigan. 2013-08-15. Image-Processing 1,000 Times Faster Is Goal of $5M DARPA Contract. http://cacm.acm.org/careers/166923-image-processing-1000-times-faster-is-goal-of-5m-darpa-contract/fulltext.

Whitehouse. 2012-03-29a. Fact Sheet: Big Data Across the Federal Government. http://www.whitehouse.gov/sites/default/files/microsites/ostp/big_data_fact_sheet_final.pdf.

Whitehouse. 2012-03-29b. Obama Administration Unveils "Big Data" Initiative: Announces $200 Million In New R&D Investments. http://www.whitehouse.gov/sites/default/files/microsites/ostp/big_data_press_release_final_2.pdf.

Whitehouse. 2013-11-12. "Data to Knowledge to Action" Event Highlights Innovative Collaborations to Benefit Americans. http://www.whitehouse.gov/sites/default/files/microsites/ostp/Data2Action%20Press%20Release.pdf.

10　仿生机器人国际发展态势分析

万勇　黄健　姜山

(中国科学院武汉文献情报中心)

摘　要　生物在经过了千百万年的进化之后，由于遗传和变异，已经形成从执行方式、感知方式、控制方式一直到信息加工处理方式、组织方式等诸多方面的优势和长处。仿生机器人的研制状况和应用程度则根本取决于以仿生学为核心的相关学科的研究进展。运动仿生、感知仿生、控制仿生、能量仿生、材料仿生等诸多基础仿生学技术的深入研究和进步是仿生机器人研制和应用的理论基础与技术前提。仿生机器人是机器人发展的高级阶段，它既是机器人研究的最初目的，也是机器人发展的最终目标之一。

日本、美国和欧洲等都非常重视机器人的研究工作，并发布了多项推动机器人研发的战略和研究计划。日本政府从一开始就高度重视机器人技术的发展，对机器人技术给予积极的支持，鼓励企业、大学和研究机构从事机器人研发，并大力推动机器人的推广和应用。支持机器人技术研发的政府部门主要有经济产业省、文部科学省、总务省和国土交通省等。2011年，美国推出了国家机器人计划，2013年3月发布了基于2009年版的新版《机器人技术路线图：从互联网到机器人》，提出了机器人在制造、医疗、服务、空间、国防五个领域的发展目标和挑战，强调了机器人技术在美国制造业和卫生保健领域的重要作用，同时也描绘了机器人技术在创造新市场、新就业岗位和改善人们生活方面的潜力。在2014年开始执行的《地平线2020》计划中，欧盟将致力于强化机器人的技术基础，并且透过学术研究快速转换成新产品与新服务，通过公-私合作伙伴关系，强化欧洲在此领域的竞争力。

本报告介绍了飞行机器人、陆上机器人、水下机器人、管道机器人等几种仿生机器人近年来国外所取得的最新的研究进展。简要分析了仿生机器人研究的部分关键技术，包括虚拟样机技术、运动控制技术、传感探测技术、仿生感知技术、视觉系统技术以及能源供应技术等。

以德温特创新索引专利数据库为数据源，从申请、保护、竞争等方面展开了仿生机器人的专利计量分析。从国别来看，中国、日本和美国受理的专利数量占有绝对优势。中国的主要专利申请人为科研机构，专利申请人前5位分别是中国科学院、清华大学、北京航空航天大学、上海交通大学和浙江大学。日本企业和中国科研机构占据了前10位中的绝大多数席位。机械手及机器人车辆是前10个国家专利布局重点领域。

通过定性调研和文献计量分析，本报告提出以下建议：①部署国家层面的仿生机器人战略发展规划。仿生机器人模仿了千百年来生物进化选择的结果，提供了最经济、最适应环境的解决方案，一直是包括美国、日本、欧洲和韩国等在内的世界主要国家/地区高度重视的尖端领域，并出台了发展战略规划推动相关技术和产业的发展。②进行前瞻研究布局，建设相关体系标准。仿生机器人是机器人研发的高级阶段，具有高风险性的同时，也具有很强的技术辐射性及带动性。开展合理的工作分工，成立协同创新中心，进行仿生机器人的关键技术等的研究，并制定相关的标准体系和规范，减少重复及低水平工作。③促进多学科共同发展，培育交叉研发团队。借助大型的综合性研究项目，建立以中国科学院及其他研究机构、大学等为核心的仿生机器人集成创新科研平台，推动机械、电子、信息、材料、生命科学、认知科学等的交叉融合与发展，并积极鼓励企业参与。

关键词 仿生机器人 政策计划 研究进展 专利计量

10.1 引言

10.1.1 机器人的发展

"机器人"一词和世界上第一台工业机器人的问世都是近几十年的事情，然而人们对机器人的幻想和追求却已有几千年的历史。特别是在科幻小说中，人们对机器人做出了千奇百怪的各种想象。一般来说，人们普遍认为，机器人是靠自身动力和控制能力来实现各种功能的一种机器。

机器人对制造业和国防安全至关重要，是当代高端智能装备和高技术的突出代表。20世纪60年代，以工业机器人为代表的机器人技术在制造业得到巨大成功应用，极大提升了生产效率和制造水平，将人们从一些繁重、重复及危险等工作环境中解放出来，为缔造现代物质文明贡献了重要力量。进入20世纪90年代，随着机械、电子、计算机以及人工智能技术等的发展，机器人的应用领域逐步拓展到军事、医疗等领域。

机器人技术起源于美国，但在日本得到极大产业化。1954年，美国人首先提出了"工业机器人"的概念，并于1962年生产出世界上第一台实用机器人。虽然工业机器人并不是诞生在日本，但日本却是当今世界最大的工业机器人王国，既是工业机器人的最大制造国，也是最大消费国。劳动力短缺、产业升级和政策支持造就日本工业机器人产业发展的黄金20年（1970~1990年）。当前日本制造的工业机器人无论在技术上还是应用上，都处于世界领先地位（中坊嘉宏，2013）。

截至2012年底，日本工业机器人保有量为31万台，约占全球机器人保有量的30%，为世界上最大的工业机器人消费国和应用国。日本是全球工业机器人生产大国。根据日本机器人协会的统计，2012年，全年日本工业机器人的订单达到4 211.6亿日元，较2011年下降了10.9%。2012年，全年日本工业机器人销售额为4 290.3亿日元，同比下降

13.9%。2013 年第一季度，日本工业机器人销售额为 978.8 亿日元，第二季度的销售额为 1 009.2 亿日元，增长了 3.1%。日本工业机器人主要用于出口。从工业机器人出口情况看，日本堪称出口大国。2012 年出口额达到 3 013.4 亿日元，占全年销售总额的 70%，这很大程度上得益于中国和其他亚洲国家对工业机器人需求的大幅增长。

10.1.2 仿生学的发展

仿生，简单说就是师法自然。自然界的生物系统经过亿万年的进化，逐渐形成了精巧优化的形态结构、经济有效的功能系统以及可靠精确的控制和协调过程，从而能够完美地适应自然界的变化，甚至在许多方面超越了人类可以达到的技术水平。自古以来，人类的许多发明创造都是来自于大自然的启示。例如，公元前 1 世纪，人类从鱼儿摆尾前进获得灵感，给船只装上"尾巴"，这就是最早的橹；鲁班由茅草叶边缘的锋利细齿发明了锯子；体育界的仿鲨鱼皮游泳衣……人们一直自觉或不自觉地以自然界为师，通过模仿生物的形态、结构和功能，或从中得到启发，来解决现实生活中所面临的问题。

1960 年 9 月，在美国召开的第一次仿生学讨论会上，正式提出了"仿生学"的概念。仿生学研究生物系统的组成和结构、形成机制、功能和性质、能量转换、信息传递与处理过程，涉及生命科学、物质科学、信息科学、脑认知科学、工程技术、数学与力学以及系统科学等学科。其研究主要集中在以下几个方面：①仿生结构与力学；②仿生材料；③仿生功能器件及控制；④分子仿生；⑤人工智能与认知等（孙树东，万昌秀，2012；贾贤，2007）。

10.1.3 仿生机器人

本质上，所谓"仿生机器人"就是指利用机、电、液、光等各种无机元器件和有机功能体相配合而组建起来的，在运动机理和行为方式、感知模式和信息处理、控制协调和计算推理、能量代谢和材料结构等多方面具有高级生命形态特征，可以在未知的非结构化环境中精确地、灵活地、可靠地、高效地完成各种复杂任务的机器人系统，是仿生学的各种先进技术与机器人领域的各种应用目的的最佳结合。它们能够模拟各种动物在各种特定条件下的卓越功能，可以代替人类，从事恶劣环境作业。在未来的一段时期内，这种基于仿生技术的微型机器人将会大量出现。

按照模仿的运动机理、感知机理、控制机理及能量代谢和材料组成的不同，划分仿生机器人的主要研究内容如图 10-1 所示（许宏岩等，2004）。

当前，全球仿生机器人的研究热点主要包括以下几个方面。

1) 运动机理仿生

运动仿生是仿生机器人研究的前提，而进行运动仿生的关键在于对运动机理的建模。生物原型是仿生机器人的研究基础，软硬件模型是仿生机器人的研究目的，而数学模型则是两者之间不可或缺的桥梁。只有借助于数学模型才能从本质上深刻认识生物的运动机理，从而不仅模仿自然界中已经存在的两足、四足、六足及多足行走方式，而且还可以创造出自然界中不存在的一足、三足等行走模式以及足式与轮式配合运动等。

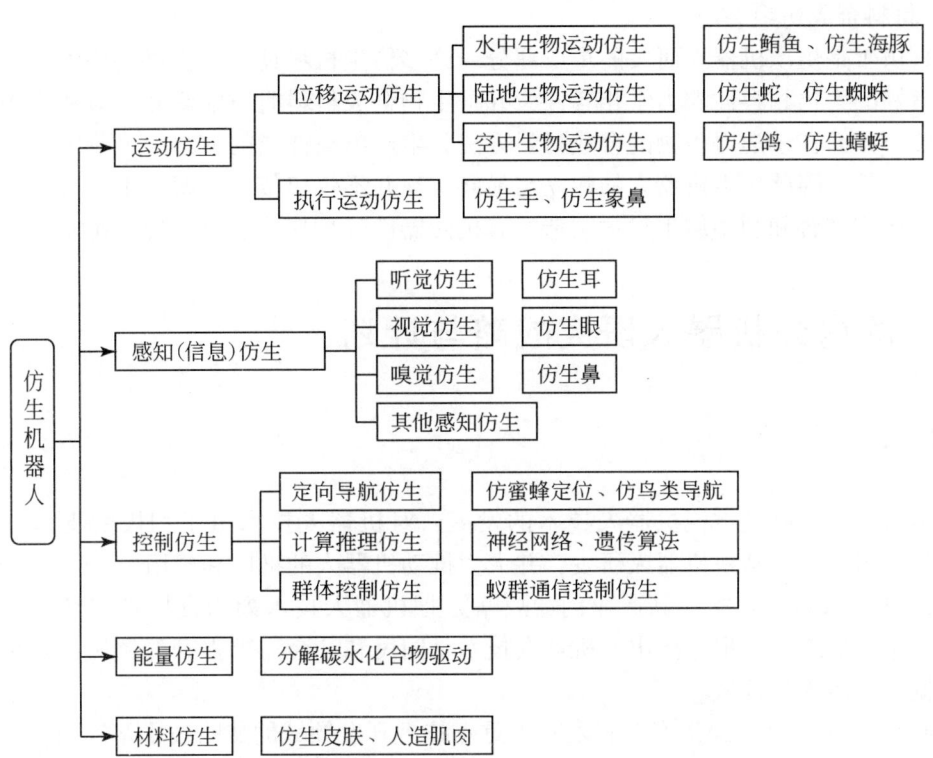

图 10-1　仿生机器人的分类

2）控制机理仿生

控制仿生是仿生机器人研发的基础。要适应复杂多变的工作环境，仿生机器人必须具备强大的导航、定位、控制等能力；要实现多个机器人之间的无缝配合，仿生机器人必须具备良好的群体协调控制能力；要解决纷繁复杂的任务，完成自身的协调、完善及进化，仿生机器人必须具备精确的、开放的系统控制能力。如何设计核心控制模块与网络以完成自适应、群控制、类进化等这一系列问题，已经成为仿生机器人研发过程中的首要难题。

3）信息感知仿生

感知仿生是仿生机器人研发的核心。为了适应未知的工作环境，代替人类完成危险、单调和困难的工作任务，机器人必须具备包括视觉、听觉、嗅觉、接近觉、触觉、力觉等多种感觉在内的强大的感知能力。单纯地感测信号并不复杂，重要的是理解信号所包含的有价值的信息。因此，必须全面运用各种时域、频域的分析算法和智能处理工具，充分融合各传感器的信息，相互补充，才能从复杂的环境噪声中迅速提取出有效、正确的敏感信息，并克服信息冗余与冲突，提高反应的迅速性，并确保决策的科学性。

4）能量代谢仿生

能量仿生是仿生机器人研发的关键。生物的能量转换效率最高可达100%，肌肉把化学能转变为机械能的效率也接近50%，这远远超过目前各种工程机械。肌肉还可自我维护、长期使用。因此，要缩短能量转换过程，提高能量转换效率，建立易于维护的代谢系统，就必须重新回到生物原型，研究模仿生物直接把化学能转换成机械能的能量转换过程。

5）材料合成仿生

材料仿生是仿生机器人研发的重要部分。许多仿生材料具有无机材料所不可比拟的特性，如良好的生物相容性和力学相容性，并且生物合成材料时技能高超、方法简单。因而研究目的一方面在于学习生物的合成材料方法，生产出高性能的材料，另一方面是为了制造有机元器件。因此仿生机器人的建立与最终实现并不仅仅依赖于机、电、液、光等无机元器件，还应结合和利用仿生材料制造的有机元器件（罗庆生，韩宝玲，2008）。

10.2 国内外机器人研究战略与计划

10.2.1 日本

日本政府历来高度重视机器人技术的发展，对机器人技术给予积极的支持，鼓励企业、大学和研究机构从事机器人研发，并大力推动机器人的推广和应用。

2004年，日本出台的《新产业创造战略》把机器人技术列为支撑日本经济未来发展的七大战略领域之一。报告指出，机器人技术是国民和社会需求强劲的领域，是今后需要继续挖掘潜在需求的领域。

2005年3月，日本经济产业省发布了重点技术开发领域的战略技术路线图。在制造业领域，制定了机器人技术发展路线图，把服务于人类生活的机器人放在大力开发的重要位置上。在2010年版的路线图中，对八大领域31个具体技术方向进行了现状分析和发展前景展望，旨在帮助经济产业省及其下属的新能源产业技术综合开发机构实现更好的研发管理，促进各个领域和产业的合作、技术融合及创新（METI，2010）。

2011年8月，日本发布《第四期科学技术基本计划（2011~2015年）》，重点突出了科技创新引领日本灾后重建与复兴。为实现总体目标，基本计划提出三方面重点任务，其中"民生创新计划"中就包含了生活援助机器人的研发。

日本支持机器人技术研发的政府部门主要有经济产业省、文部科学省、总务省和国土交通省等（黄军英，2008）。

10.2.1.1 经济产业省

1991年开始，通产省（经济产业省前身）启动了一项为期10年、耗资250亿日元的微型机械大型研究计划，研制开发体积小于1厘米^3、零件尺寸小于100微米的仿生机器人。该计划有筑波大学、东京工业大学、东北大学、早稻田大学和富士通研究所等机构参加。

2013年5月，经济产业省敲定了"机器人护理器械开发与引进促进事业"的第一批共24个项目。这些项目旨在推动机器人护理器械的开发和引进，为老年人的自立支援和减轻护理人员的负担做出贡献，2013年度的预算额为23.9亿日元。

经济产业省通过下属的资助机构——新能源产业技术综合开发机构（NEDO）来支持机器人技术研发。NEDO启动了国家项目"生活支援机器人实用化项目"。该项目从2009

年到2013年，为期5年，每年投入的金额高达10亿日元以上。NEDO还在2011年实施了"抗灾无人化系统研发项目"，这是2011年3月东日本大地震引发福岛第一核电站事故后紧急实施的项目。为了促进开发能够在高辐射量场所工作的无人机械，NEDO集中日本国内积累的抗灾机器人技术，为技术应用创造了环境。

日本产业技术综合研究所（AIST）也开展机器人的研发。1998~2002年，AIST的研究重点是仿人型机器人，之后重点执行2005年世界机器人博览会计划。从2005年开始从事福利机器人（2005~2007年）、机器人装置计划（2005~2007年）、服务机器人计划（2006~2007年）、机器人技术挑战计划（2006~2010年）和个人护理机器人风险管理技术及软件（2010~2014年）等研发工作。

10.2.1.2 文部科学省

文部科学省机器人领域"移动知"项目（Mobiligence Project）启动于2005年，为期5年，通过生物学和工程学领域的合作，探究移动知的机理，开展的工作包括：了解动物的生物学和生理学、生物系统建模、利用机器人技术进行人工系统的构建及实验等（University of Tokyo，2006）。

文部科学省还通过下属的资助机构——日本科学技术振兴机构（JST）来支持机器人技术研发。JST资助的机器人研究计划主题包括人机共生系统、互动与智能等。

文部科学省重点支持的一个研究机构是理化学研究所（RIKEN），其有关机器人技术生物研究先前由仿生控制研究中心承担。该中心的目标是模拟生命系统高度复杂的控制功能，以创造灵活、精确和可靠的工程系统。在该中心研制的RI-MAN仿人机器人的工作基础上，2007年8月，RIKEN与东海橡胶工业株式会社联手成立了人机交互合作研究中心（RIKEN，2013）。

10.2.1.3 总务省

日本总务省主要对日本国际电气通信基础技术研究所（Advanced Telecommunications Research Institute International，ATR）的机器人技术研究计划提供支持。ATR致力于基础研究，利用图像、声音等媒体，研究能使机器人无限仿真交流，以及能够超越现实交流的界限，开辟新环境、新方法的技术。

10.2.1.4 国土交通省

国土交通省支持的研究重点是能在危险场所作业的机器人研究。众所周知，在灾难发生现场、建筑工地、隧道、悬崖作业时，工作人员要面临危险。为了避免危险的发生，国土交通省重点支持利用3D信息开展机器人技术与信息技术的协同作用与集成研究。另外，下属的港口与机场研究所重点开展水下机器人技术研究。2013年上半年，国土交通省初步决定加大开发可用于老化隧道和桥梁等基础设施检修的机器人，计划在5年后实现让安装摄像头或观测仪器的机器人来检查隧道的内壁、桥脚和路面状况，以及水库的放水管等水中设备。

2013年7月，国土交通省与经济产业省合作设立了"新一代社会基础设施用机器人开发与引进研讨会"，围绕社会基础设施的"维护管理""抗灾措施（调查）""抗灾措施（施工）"三个方面，就机器人实用化的方法进行了探讨。

10.2.2 美国

2011年6月，美国总统奥巴马宣布启动国家机器人技术计划（National Robotics Initiative，NRI）。为落实该倡议，2012年美国国家科学基金会、国立卫生研究院、国家航空航天局和农业部联合设立了国家机器人技术研究计划，并共同投入5 000万美元征集机器人研究项目。2013年10月23日，上述四个联邦部门共同宣布，将向NRI投入总共约3 800万美元，支持能与人类合作工作并提升人类能力、效率和安全性的新一代机器人的开发和应用。这标志着美国对NRI计划的第二轮资助拉开了序幕。本轮研发资助的合作型机器人主要应用领域包括先进制造、民用及环境基础设施、卫生保健康复、军用及国家安全、空间及海洋探索、食品生产加工及物流、自理能力及生活质量提升、安全驾驶等。NSF将资助30个新项目，预计未来3年内累计投入3 100万美元以支持跨学科的机器人科学研究。2013年的项目包括：提高机器人的运动水平，包括双足运动、灵活性和机器人和假肢的操控；机器人传感，推进相关理论、模型和算法研究，使机器人能够从人类或其他机器人处分享和分析数据，以实现集体行为；提高机器人的培训水平，提高外科手术机器人的能力，并为残疾人士提供辅助机器人。此外，该项目还将提高机器人搬运和运输重物，完成危险和复杂的任务，以应对救灾期间的搜索和救援等特殊场合（NSF，2013）。

美国波士顿动力公司牵头的研发团队根据国防部高级研究计划局在2011年3月启动的"机动性与操纵能力最大化"项目，开发"阿特拉斯"和"猎豹"两款新型仿生机器人，其中"阿特拉斯"是仿人形机器人，能以类人行为通过不平地形，如直立行走、转动身躯以勉强通过狭窄的人行道以及在复杂地形上用手臂提供外部支撑并保持平衡；"猎豹"是模仿动物的机器人，能在奔跑中急转弯，能成Z字形运动，以追捕和逃避追捕，还能迅速加速、减速以及停止运动。

2012年9月，美国国家航空航天局确定了8项可获资助的先进机器人项目，每个项目资助金额从15万到100万美元不等，总计约为270万美元。这些项目涉及从改进行星探测机器人到仿人机器人系统的技术，将支持美国开发应用于外空探索、制造业和商业企业中的机器人。这些机器人将单独工作或与人类合作，提升人类在太空及地球上的能力、执行力和安全度（Steitz，2012）。

2013年3月20日，美国发布新版的《机器人技术路线图：从互联网到机器人》（A Roadmap for US Robotics：From Internet to Robotics），该路线图提出了机器人在制造、医疗、服务、空间、国防五个领域的发展目标和挑战，强调了机器人技术在美国制造业和卫生保健领域的重要作用，同时也描绘了机器人技术在创造新市场、新就业岗位和改善人们生活方面的潜力。该路线图是对2009年版本的修订，将推动美国机器人技术在各领域的广泛应用，并有助于加强美国在机器人技术方面的领先地位（Robotics，2013）。

10.2.3 欧盟

欧洲机器人技术平台组织（European Robotics Technology Platform，EUROP）的目标是把大中型企业和研究中心结合在一起，强化欧洲国家在机器人科技研发与市场的竞争力，提高欧洲人民的生活品质。覆盖工业、家庭服务、专业服务、安全及太空等产业领域。欧洲机器人研究网络（European Robotics Research Network，EURON）由超过200个欧洲学界与业界团体组成，开展提升机器人性能的前瞻研究。2012年9月17日，EUROP与EURON合并成euRobotics AISBL（euRobotics AISBL，2013）。

在"Horizon 2020"计划中，欧盟将致力于强化机器人的技术基础，并且透过学术研究快速转换成新产品与新服务，通过公–私合作伙伴关系（Public-Private Partnerships，PPP），强化欧洲在此领域的竞争力。

章鱼机器人计划（OCTOPUS）启动于2007年，旨在探究章鱼身体及大脑的生物机理开展机器人的设计和研发，最终目标是制成世界上第一个如同章鱼一样完全软体的机器人，到达其余工具无法到达的地方，在诸如深海探测以及水下救援方面发挥作用。该计划由意大利比萨圣安娜高等学校领衔，其他成员来自欧亚5个国家的6家研究机构（OCTOPUS，2014）。

2011年，欧盟委员会评选出对未来影响最大的六项未来与新兴技术（future and emerging technologies，FET），并将从中选出1~2项重点支持。其中一项即为"伴侣型机器人"开发，旨在研制具有一定感知、交流和情感表达能力的仿真机器人。这一项目将依靠先进的人工智能技术，使机器人初步具有像人一样的感知、交流和情感表达能力，并开发出制造机器人的新材料，可以让机器人看起来、摸起来像真人一样。欧盟委员会对这六项技术分别给予一年期150万欧元的经费支持（Europa，2011）。

2012年，英国工程与自然科学研究理事会（EPSRC）拨款100万英镑，资助谢菲尔德大学和萨塞克斯大学开发首个针对蜜蜂大脑的精确计算机模型，以促进对人工智能的理解。研究人员将针对控制蜜蜂视觉和嗅觉的大脑部分建立模型，并利用模拟结果开发出一个可飞行的机器人。这种机器人可像蜜蜂一样自动感知和行动，而不只是执行预编程的指令集。开发人工大脑是人工智能领域面临的一大挑战。该项目一旦成功，将解决现代科学面临的一个难题，即开发具备动物大脑功能、能执行复杂任务的机器人大脑，如寻找特定的气味或气体来源，就像蜜蜂识别特定的花朵。最终，开发出的机器人有望用于搜救任务，甚至是机械化作物授粉（EPSRC，2012）。2013年7月，EPSRC出资2500万英镑，资助多所高校开展机器人与自动化系统研究。此外，还将分别从高等教育机构和产业界合作伙伴处获得840万和600万英镑的资助，共计3940万英镑。例如，伦敦帝国学院的"医疗机器人的微工程设施"将开发用于手术和靶向治疗的微型机器人，以对胃肠、神经、心脏、血管等的微创手术产生影响（EPSRC，2013）。

2013年9月3日，欧盟委员会与10家欧洲公司宣布启动Petrobot项目，旨在开发先进的工业机器人，代替人类对石油、天然气和石油化工行业中广泛使用的压力容器与存储罐进行检测。该项目为期三年，共获得620万欧元的资助，其中欧盟资助370万欧元。项目的参与机构包括来自英国、德国、瑞典、挪威、瑞士和荷兰的10家企业,其中以壳牌公司(Shell)为主导(Europa,2013)。2013年11月25日至12月1日,欧盟举办第三届"欧盟机器人周"活动。欧盟官网介绍了其机器人项目中的五项杰出案例,其中有一项名为Stiff-Flop,是有关手术机器人的研究。受象鼻的柔软度和灵活度以及章鱼能在岩石洞上寻找食物的启发,Stiff-Flop项目将研发一款用于锁孔手术的机器人手臂。该机器人手臂能调整其肌理和硬度以适应人体器官。该项目将提升锁孔手术的安全度,并将术后疼痛和疤痕最小化。该项目由伦敦国王学院领衔,研究人员来自英国、西班牙、意大利、波兰、德国、荷兰和以色列等,欧盟委员会将提供740万欧元的资助(项目总资助额度约为960万欧元)(Europa,2013)。

10.2.4 中国

在科技部的领导下,863计划先进制造技术领域始终依据中国的具体国情,坚持自主创新,围绕国家重大需求,引导我国制造业企业走工业化信息化相结合的发展道路,同时瞄准国际前沿技术趋势,对探索引领未来发展的先进制造前沿技术、攻克支撑重点行业的共性关键技术和掌握重大装备制造的核心技术进行了战略部署。在现代服务业方面,我国主要超前部署了面向社会未来发展的生物制造技术和仿人、仿生机器人技术,也部署了面向未来老人化社会的助老助残机器人社区应用示范,和面向现代流通与物流服务与安全运输的无线射频(RFID)技术与危险品微系统网络监控等。

《国家中长期科学和技术发展规划纲要(2006—2020年)》立足于国际科学技术发展态势和我国的具体实际,为未来20年甚至更长的科学技术发展制定了规划。纵观这份对我国未来较长一段时间科学技术发展具有重大影响的规划纲要,可以发现,"智能感知技术""智能服务机器人"属于若干前沿技术之列,并提出"以服务机器人和危险作业机器人应用需求为重点,研究设计方法、制造工艺、智能控制和应用系统集成等共性基础技术"。

2012年4月1日,科技部发布了《服务机器人科技发展"十二五"专项规划》。规划的发展目标是,以国家安全、民生科技与技术引领等重大需求为牵引,实施服务机器人重点专项计划,开展高端仿生科技引领平台前沿技术研究,攻克机器人标准化、模块化核心部件关键技术,研发公共安全机器人、医疗康复机器人以及仿人机器人等典型产品和系统,推进区域经济产业应用试点,形成国际化高水平研发人才基地,建设自主技术创新体系,培育服务机器人新兴产业。专项的三项突破是指突破工艺技术、核心部件技术和通用集成平台技术;四大任务是指重点发展公共安全机器人、医疗康复机器人、仿生机器人平台和模块化核心部件等。

此外,在《高端装备制造业"十二五"发展规划》《智能制造科技发展"十二五"专项规划》《国家自然科学基金"十二五"发展规划》和《"十二五"国家战略性新兴产业发展规划》中,也有对机器人发展的专门表述。

10.3 仿生机器人研究进展

下面介绍国内外几种比较典型的仿生微型机器人（包括飞行机器人、陆上机器人、水下机器人和管道机器人等）近年来取得的一些成就。

10.3.1 飞行机器人

飞行机器人即具有自主导航能力的无人驾驶飞行器，这类机器人活动空间广阔、运动速度快、居高临下不受地形限制。在军事、森林火灾以及灾难搜救中，前景极好。其飞行原理分为：固定翼飞行、旋翼飞行和扑翼飞行。固定翼技术已经成熟，其翼展200毫米以下不足以产生足够的升力。目前国内外广泛关注的微型飞行器侧重于扑翼机的研究。它模仿鸟类或昆虫的扑翼飞行原理，故被称为"人工昆虫"。其特点是将举升、悬停和推进功能集于一个扑翼系统，可以用很小的能量做长距离飞行，同时具有较强的机动性，适合于长时间无能源补给及远距离条件下执行任务。

长期以来，美国国防部高级研究计划局一直在对纳米-仿生微型无人机的设计方案进行研究。研究人员现在研发出的仿生无人机，有虫子的眼睛、蝙蝠的耳朵、鸟的翅膀，甚至还有蜜蜂的绒毛等，以感知生物、化学和核武器。

早在1996年，美国国防部高级研究计划局就同航空环境公司签署了一份研制合同，进行制造微型无人机的可行性研究。该公司随后制造出了"黑寡妇"固定翼微型无人机。这种无人机采用飞翼式布局，整体形状为长方形，翼展15.2厘米，重量不到85克。该机前部装有螺旋桨，靠电池带动电动机驱动。该机采用无线遥控方式，可连续飞行30分钟，飞行半径1.8千米，机上装有一部摄像机和传输设备。随后几年，航空环境公司还开发了这种无人机的锂电池和燃料电池版本，载重量和飞行距离都有了很大提升。

而在旋翼机方面，美国Lutronix公司曾研制出一种微型旋翼无人机。该机续航时间为30分钟。可以采用单旋翼和对转双旋翼的不同类型。基本型直径为10厘米，重316克，有效载荷大约100克。美国宾夕法尼亚大学GRASP实验室在2012年也展示了像蜂群一样成群飞行的由20架纳米四旋翼无人机组成的同步飞行阵列。

哈佛大学伍德（Robert J. Wood）教授率领的研究团队历经10多年的钻研，开发出酷似苍蝇的机器昆虫，重量仅为80毫克，翼展3厘米，其大小与一枚硬币相当（图10-2）。利用压电制动装置，碳纤维加固聚酯形成的晶片厚度羽翼每秒可振动120次。在这极小的尺度上，气流的微小变化都会对飞行动力学产生极大的影响，控制系统必须反应更为迅速方可保持稳定。2011年，该机器昆虫用到了伍德团队开发的弹起式制造技术（Pop-up Manufacturing Technique）。若干种激光切割的材料薄片排列成三明治结构，再将其像儿童的立体书一样折叠起来。由于个头太小，无以承载储能装置，该机器昆虫不得不依靠一根细小的电线供电（Ma et al., 2013）。

同样应用弹起式制造技术，哈佛大学与东北大学、CentEye公司组成RoboBees研究团

图 10-2　哈佛大学研制的机器昆虫

队,可对作物进行授粉,也可用于交通与天气监测,或者安全地调查辐射工厂的泄漏。哈佛大学的研究人员推出一组行为控制组件,将使得 RoboBees 不仅能组织授粉,也能学会机器人摇摆舞,从而传递信息。东北大学主要负责神经网络的研究,联合研究团队的其他研究组负责机身设计以及传感设备(Herring,2013)。

美国陆军研究实验室与马里兰大学合作研制出一种机器鸟,其动作逼真,能迷惑半空中的鸟类,有望成为未来不会引起怀疑的战争武器。研究人员将其命名为"机器人渡鸦"(Robo-Raven),通过电传操纵(fly-by-wire)方式,利用手持无线电控制飞行。在测试过程中,海鸥、鸣鸟,有时还有乌鸦会以编队的形式在机器人渡鸦周边飞行,而猎鹰和隼等猛禽则会采取更具攻击性的方式,用爪子从上方敲击机器鸟,之后一般会飞走。机器人渡鸦由碳纤维、3D 打印的轻质耐热塑料、Mylar 膜和泡沫制成,翼展为 34.3 厘米,重量仅有 9.7 克,有效载荷 6 克,可搭载一架微型摄像机(图 10-3)。其噪声比直升机、螺旋桨小得多,可以更加接近敌方而不被暴露(ARL,2013)。

图 10-3　美国陆军研究实验室与马里兰大学研制的机器鸟

德国科技公司 FESTO 从海鸥身上获得设计灵感,研制出一款名为 SmartBird 的机器鸟(图 10-4),能够自动起飞、飞行和降落。SmartBird 的翅膀不仅可以上下拍打,同时也能按特定角度扭动,为这一超轻机器鸟赋予非凡的空气动力性能和敏捷度。SmartBird 可通过无线电对讲机进行控制,如果切换到自动模式,也可自行在空中翱翔。SmartBird 的重量只有 450 克,能够朝两侧移动尾巴和转动头部(FESTO,2011)。

瑞士洛桑联邦理工学院的智能系统实验室研制的名为 Daler(Deployable Air Land Exploration Robot,可展开式空陆两用勘探机器人)的机器人通过"自适应形态学"方法,可以在天空和陆地上畅行无阻(图 10-5)。其拥有电池供电的"翼腿",着陆时展开像轮

图 10-4　德国 FESTO 公司研制的机器鸟

翼一样旋转,从而做出类似行走的动作,展开时长度达到 60 厘米,其飞行时间大约为 30 分钟,或在地面上行走 1 小时。然而在地面上的最高移动速度仅约 0.2 米/秒（Daler, 2013）。

图 10-5　瑞士洛桑联邦理工学院研制的空陆两用勘探机器人

瑞士洛桑联邦理工学院和波尔多大学在法国里昂举行的欧洲最大服务性机器人展（2013 年）上,展示了既可在陆地爬行又可在水中游弋的两栖机器人"蝾螈"Ⅱ（图 10-6）。"蝾螈"Ⅱ全长约 0.9 米,由 9 节黑黄相间的塑料组成,其内分别安置了一套电池和微型控制器,行动起来是一个连贯整体。其基于 2007 年研制的两栖机器人原型"蝾螈"机器人Ⅰ,在功能及速度上进行了很大改进（Biorobotics Laboratory, 2013）。

南京航空航天大学微型飞行器研究中心实验室在国内最早开始进行新概念微型飞行器技术研究,在这个被称为"鸟巢"的实验室里,先后诞生了国内第一架仿鸟扑翼可控微型飞行器、国内第一架自主控制导航微型飞行器、国内第一架仿蜻蜓微型飞行器等十多种微型飞行器和小型无人机,其技术成果曾获国家科学技术进步奖二等奖等国家级奖项。该校"机器鸟"的核心技术微型智能系统,由微机电、微电子、智能控制和通信等技术合成,动力装置、能源装置、飞行控制与导航系统、操纵装置、信息传输、任务系统、地面测控装置等全部由该校自主研发（韦铭,2011）。图 10-7 展示的是该校昂海松教授为带头人的团队研制的一种仿生鸟。

图 10-6　两栖机器人"蝶螈"Ⅱ

图 10-7　南航研制的机器鸟

10.3.2　陆上机器人

10.3.2.1　仿人机器人

日本仿人机器人的研究始于 20 世纪 60 年代的双足步行机器人，已研制出多种能静态或动态步行的双足机器人样机，并在相关理论研究方面取得了重要成果。本田公司研制出的 ASIMO 机器人就是最杰出的代表之一（图 10-8）。从 2000 年 10 月 31 日诞生，ASIMO 的进步可以用神速来形容，2012 年最新版的 ASIMO，除具备了行走功能与各种人类肢体动作之外，更具备了人工智能，可以预先设定动作，还能依据人类的声音、手势等指令，来从事相应动作。此外，还具备了基本的记忆与辨识能力。

图 10-8　本田研制的 ASIMO 机器人

在英国 Wellcome 基金资助下，影子机器人公司主管 Richard Walker 率领的研究团队制造出第一个符合"仿生人"意义的、名为 Rex（机器外骨骼英文 Robotic Exoskeleton 的缩写）的机器人，并于 2013 年 2~3 月于英国首次公开展出。10 月在美国进行展出的 Rex，身高 6.5 英尺（约 1.98 米），总造价约 100 万美元，研究团队首次将来自 17 个不同制造商的零部件组装在一起，完成了一个功能与真实人类有 60%~70% 相似度的仿生人。其拥有人工血液循环系统、人工胰腺、肾脏、脾脏和气管等，骨骼由 3D 打印技术制得，铁基纳米粒子构筑了其血液，而"视力"则来自一项经美国食品和药物管理局批准应用的仿生眼设备。对于一个完整的仿生人来说，Rex 还有很长的路要走：肾只是一个雏形，没有消化系统、肝脏及皮肤，当然也没脑组织（Popular Mechanics，2013）。

国内方面，清华大学、国防科学技术大学、北京理工大学、北京航空航天大学和中国科学院沈阳自动化研究所等单位积极开展了仿人机器人的研究。2002 年 12 月，北京理工大学研制成功我国首台真正意义上的仿人机器人：BRH-01。该机器人高 1.58 米、重 76 千克，有 32 个自由度，每小时能行走 1 千米，步幅 0.33 米，还能打太极拳，腾空行走。

10.3.2.2 爬行机器人

机器人的移动方式有轮、腿、履带和无肢运动等。蛇形机器人的运动方式是典型的无肢运动。美国、日本、德国、英国、法国等国家都开展了蛇形机器人工作，并研制出许多样机。

挪威科技工业研究院（SINTEF）正在研究一种用于火星探测的蛇形机器人（图 10-9）。设想通过火星车携带蛇形机器人，并在土壤收集点或其他感兴趣的地点投放蛇形机器人。然后火星车能够分析蛇形机器人采集的土壤，或者将其运送回地球。另一种选择就是让蛇形机器人成为火星车的一个机械臂，使其具有切断连接和重新连接的能力，以便它能够降低至地面，独立地爬行（Dragland，2013）。

图 10-9　研究人员正在测试蛇形机器人

日本国土交通省国土技术政策综合研究所开发的爬行机器人能够吸附在建筑物墙壁上并自由移动。它高约 1 米，重约 17 千克，有 3 条腿（即 3 个吸盘），通过气压差牢牢吸附在墙壁上并自由移动（图 10-10）。这种机器人可以按照事先设定好的程序检查墙体。每前进 10 厘米，就会敲击一次墙壁，同时收集声音信号以供分析。每小时能够检查 10～20 米^{2}的墙壁，有望用于勘测建筑物老化情况等（蓝建中，2013）。

加利福尼亚大学研发出一种名为 VelociRoACH 的仿蟑螂微型六腿机器人，速度超过一只真正的蟑螂，能够达到 2.7 米/秒（9.72 千米/小时）。真正的蟑螂爬行速度通常高达 1.5 米/秒。这个长度为 10 厘米的机器人主要是由硬纸板制造而成的，这就使它的重量很轻，大约只有 30 克（图 10-11）。VelociRoACH 的速度来自它的六条 C 形腿，它们能够以约 15 次/秒的转动速度推动机器人前进（Haldane et al.，2013）。

图 10-10　日本国土交通省开发的爬行机器人

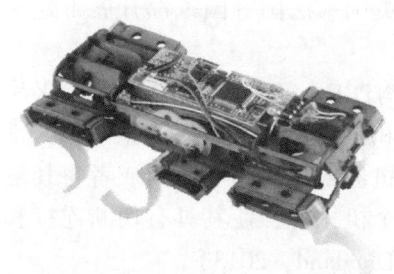

图 10-11　加利福尼亚大学研制的仿蟑螂机器人

利用 3D 打印技术打造的仿蜘蛛机器人 T8，采用无线电控制，由于身体有八个"爪足"，可以在不同方位感知和获取信息（图 10-12）。设计者共使用了 26 个马达（每条爪上 3 个、腹部 2 个），以使得这 8 只"爪足"协同工作。并采用"Bigfoot 逆向运动引擎"做驱动运算，以便控制机器人，时刻保持平稳的运动。

图 10-12　仿蜘蛛机器人

此外，还有仿竹节虫六足机器人（如新西兰 Canterbury 大学研制的 Hamlet、美国凯斯西储大学研制的 Robot II 等）、仿蝎八足机器人（如德国 Bremen 大学研制的 Scorpion）等。

10.3.3　水下机器人

欧盟 FP7 资助的"机器鱼运动与传感"（Robotic FIsh LOcomotion and SEnsing，FILOSE）

项目由爱沙尼亚塔林理工大学仿生机器人研究中心领衔。研发团队利用自行研制设计的流辅助与流相关导航仪（Flow-Aided and Flow-Relative Navigation），开发出可感应水下流速的仿生鱼机器人。其外形、大小、行为和动态类似虹鳟鱼。可模仿动物毛发细胞感应生理学的人工毛发细胞是该研究最关键的技术突破，通过安装在鱼胸部的独立变速马达控制尾部摆动，摆动产生的波动波可促使仿生鱼后部摆动而前身基本平行，从而保证仿生鱼类似于虹鳟鱼的前行姿态。感应装置和控制装置安装在密封不透水的鱼头部，通过控制并改变尾部材料特性改变仿生鱼的游泳姿态。仿生鱼经过在实验室流体动力学流罐的反复试验和优化设计，不仅可以在急速变化的水流中，而且可以在涡流中保持类似虹鳟鱼前行的姿态（CORDIS，2013；中华人民共和国科学技术部，2013）。

韩国海洋科技研究院（Korean Institute of Ocean Science and Technology）研发出Crabster CR 200机器蟹，2.42米长，2.45米宽，高2米（图10-13）。共有6条腿（其中两个装有"钳子"）、30个关节，可在水下进行探索工作。在Crabster的前端有一个用于储藏发现成果的隔间，搭载了10台光学相机，同时配有远距离声呐传感器（扫描距离最多200米）。操作这台机器人共需要四名工作人员，分别负责行动、机械手（"钳子"）、灯光和相机这几个部分。和其他水下机器人相比，Crabster的优势在于没有螺旋桨，这样的好处是不会卷起海底的淤泥，如此一来可见度便不会受到影响（Falconer，2013）。

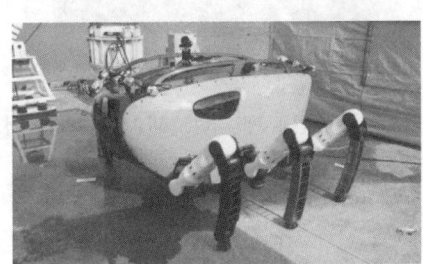

图10-13　Crabster CR 200机器蟹

美国密歇根州立大学研制出一种名为Grace的机器鱼，可以近乎无限滑行，仅消耗很少甚至不消耗能量（图10-14）。鱼身上安装了一系列感应器，不仅可以用于控制自动滑行，还能测量水温、质量及其他相关数据，这些数据将有助于人类对湖泊、河流的清理。这种机器鱼的滑行能力是通过一个新安装的泵来实现的，这个泵能将水"推进推出"机器鱼身。另外，机器鱼身上的电池箱与水泵的动作相协调，从而使其按照预期的路线滑行（Tan，2013）。

图10-14　密歇根州立大学研制的机器鱼

西班牙北部港口城市希洪有一批监测水质污染状况的机器鱼，其体积较大，长约1.5米。游泳姿势与真鱼没有太大区别，都是使用鱼鳍推进身体，并可在狭小的空间内改变方向。它们使用微电极阵列系统探测多种污染物，可以探测到分类化合物、重金属、氧气含量和水的矿化度等信息。

美国弗吉尼亚理工学院和得克萨斯大学达拉斯分校组成的研究团队研制出一款利用外部氢气作为燃料来源的水下机器人，排出的废弃物仅为水。该机器人模拟水母的外形，称为"机器水母"（Robojelly），其"钟状"伞膜外轮廓由硅树脂组成，并由八根有弹性的钢性筋条支撑，在每根筋条边上，从伞膜边缘到顶端中心，安装有一串传感装置（图10-15）。该钢性筋条的核心是常见的镍钛形状记忆合金，被一层碳纳米管包裹着，而碳管外面还有一层钛颗粒，用于催化氢气与氧气之间的反应。反应产生的热量使得合金发生形变。继而拉动传感装置，使机器水母沿一个方向运动。合金冷却下来，回复力将使机器水母沿反方向运动，整个过程不超过10秒（Johnston，2012）。

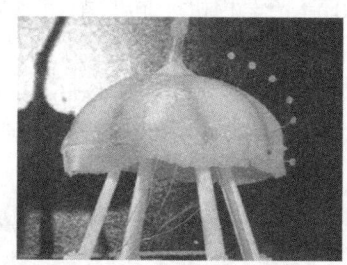

图10-15　弗吉尼亚理工学院研制的"机器水母"

此外，还有仿龙虾机器人，如美国东北大学机器人"水下龙虾"Robolobster可查看海水变化、定位并排除水雷等。

我国在仿生机器鱼方面开展了大量的研究，在世界处于前列位置。目前研制了仿鲹科机器鱼、仿生鲤鱼、机器海豚、长鳍波动推进的水下运载器、子母式机器鱼等多种原型系统，研发了尾鳍推进、长鳍波动推进、高机动转弯、快速启动、倒退游动、浮潜运动、深度保持、姿态保持等关键控制技术，形成一系列具有自主知识产权的技术和方法，实现了仿生机器鱼水下三维高机动游动、机器海豚跃水等独具特色的仿生运动。我国的仿生机器鱼研究工作不仅被国外同行大量引用，研发的仿生机器鱼系统也已应用于英国、德国、澳大利亚等国内外大学的科研和国内多个科技馆的科普工作中（王硕，2013）。

2012年7~9月，中国进行了第五次北极科考。作为考察任务之一，北京大学工学院与太原理工大学联合研制的仿生机器鱼也跟随科考队展开了历时3个月的科学考察。这是中国首次在极地地区进行的机器鱼野外测试。这次北极试航获得数据与经验将为今后仿生机器鱼的研发改进以及实用化产品化的发展提供重要参考和依据。

10.3.4　管道机器人

工业管道广泛用于石油、化工、天然气及城市给排水等领域，通常架设于空中或埋入地下，工作环境恶劣，人们很难直接介入，因此给检修、维护等工作造成了困难。为解决这一问题，针对特定的环境要求，国内外研制了相应类型的管道机器人，其主要分管外与管内两种，以代替人工进行作业。例如，对管道内表面进行除锈、补口等处理，延长管道使用寿命，使管道能长期安全运行。管道内表面处理过程中越来越多地采用管道机器人机构作为移动载体。管道机器人在医学方面也有所应用，作为一种重要的微创外科手术，内窥镜手术得到了迅速发展。将机器人技术应用到内窥镜外科手术，可使内窥镜手术更具安全性、准确性和便利性（刘陈方，宋少云，2010）。

近年来，细小管道微机器人的研究也已经成为热点，大量文献报道了此类微机器人。如日本 NEC 公司开发出能检查下水管道断裂及坍塌等故障的自己行走式机器人。该机器人可以拍摄管道内图像，并进行自动分析，找出有可能出现管道坍塌等事故的区域。警方的指纹识别系统等领域积累的图案识别技术将在该机器人的图像识别方面得以应用。一天工作 6 小时，能采集 1 千米管道的图像数据（日经中文网，2013）。

10.4 仿生机器人研究的部分关键技术

10.4.1 虚拟样机技术

虚拟样机技术是一种基于智能设计技术、并行工程、仿真工程及网络技术的先进制造技术，它以计算机仿真和建模技术为支持，利用虚拟产品模型，在产品实际加工之前对产品的性能、行为、功能和可制造性进行预测，从而对设计方案进行评估和优化，以达到产品生产的最优目标。

机器人整机的机械结构、自由度数、驱动方式和传动机构等都会直接影响机器人的运动学和动力学性能。开展机器人机构研究的目的就是要不断综合出适应各种需求的机器人整机机构；综合出具有高柔顺性、高灵巧度的机器人操作机构；综合出传动精度高、传动性能好的机器人传动机构。近年来，机器人机构研究的主要内容集中在以下几个方面。

1) 对机器人基本规律以及运动学和动力学特性的研究

通过在虚拟样机系统中加入物理信息，如操作机材料种类、质量、转动惯量、关节摩擦等物理因素，进行动力学分析。在动力学分析过程中，可仿真机器人操作机实际工作情况对虚拟样机预加载荷，或施加重力作用，从而分析样机在各种工况下各部分的受力情况，研究重点环节，优化系统结构。

2) 对微型机构及微驱动器的研究

机器人的微型化将会给机器人的设计方法、制造技术、功能材料、关键器件、装配方式以及测试手段等带来重大影响，特别是机器人的结构设计技术将会发生根本性的变化。其机构类型、摩擦机理、驱动方式、微小运动的测量等均发生相应变化，使得常规系统的某些设计理论、经验公式、计算方法、研制手段、技术途径和试验数据等已不再适用，所以不能再按宏观装置的理念进行处理，而必须将原有的设计理论与研究方法经修正后再加以应用，或采用微小型系统专项设计技术区别对待。

3）仿生机构的研究

生物的形态经过千百万年的进化，其结构特征极具合理性，人们在充分研究生物肌体结构和运动特性的基础上，提取其精髓进行简化，开发全方位关节机构和简单关节组成高灵活性的机器人。仿生机械的研究必将导致大量微型、巧妙机构的产生，推动机构学的现代化。

4）误差与精度的研究

影响机器人机构精度的主要原因有机构零部件的制造误差、整机装配误差及机器人的安装误差，还有温度、力等的作用使操作机杆件产生的变形、传动机构的误差、控制系统的误差等。其中，操作机连杆的弹性变形、伺服系统的刚性、运动中惯性力的影响等所产生的误差，随机器人的位姿、工作的质量及运动状态而变化，产生动态误差。

在仿真实验工具方面，目前常用的软件包括美国 MDI 公司的 ADAMS、瑞士 Cyberbotics 公司的 Webots、比利时 LMS 公司的 DADS 以及德国航天局的 SIMPACK 等。其中，ADAMS 软件集建模、求解、可视化技术于一体，是目前使用范围最广、实用功能最强的机械系统仿真分析软件。ADAMS 使用交互式图形环境，能方便地为模型添加作用力及约束，可以创建完全参数化的机械系统几何模型；求解器采用多刚体系统动力学理论中的拉格朗日方程方法建立系统动力学方程，能够对虚拟机械系统进行静力学、运动学和动力学分析，输出位移、速度、加速度和反作用力曲线，并具有强大的结果分析及优化等后处理能力。使用 ADAMS 对步行机器人进行运动仿真实验的流程如图 10-16 所示，主要有数字模型建立、仿真环境定义、仿真及结果分析等步骤。

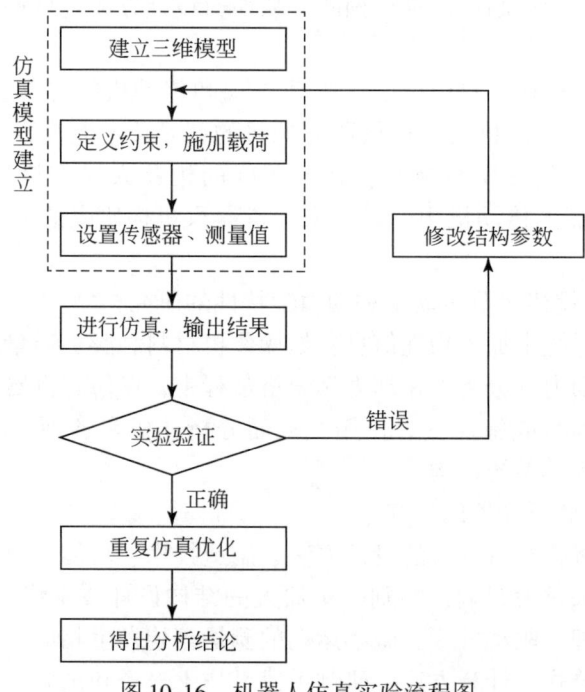

图 10-16 机器人仿真实验流程图

10.4.2 运动控制技术

机器人控制技术的研究是机器人研究中的热门课题，其中融合了神经生理学、心理学、运筹学、控制论和计算机技术等诸多学科的学术思想和技术成果。

在机器人控制系统中运用先进的控制算法是一种必然的发展趋势，这将推动智能控制理论和方法的快速发展和普及使用。目前智能控制系统主要包括仿生式分层递阶控制系统、自适应控制系统、模糊控制系统、神经网络控制系统、自学习控制和专家控制系统等，这些控制系统在各类机器人中得到实际应用，取得了较好的实用效果。

导航是包括仿生机器人在内的智能移动机器人技术中的一个重要领域，自主导航的关键问题之一即为路径规划，有以下三种类型。①全局路径规划：开展的研究包括准结构化道路环境多种约束条件下的路径规划技术，自然地形环境下的路径规划技术，以及机器人在行驶过程中遇到突发事件时的重规划技术等。全局路径规划所生成的路径只是一种粗略的路径，因为移动机器人在实际运行过程中还会受到其他各种未知因素的影响。②局部路径规划：对环境信息完全未知的情况，机器人没有任何先验信息，因此，规划是以提高机器人的避障能力为主，而效果作为其次。在环境部分未知时的规划方法主要有人工势场法、模糊逻辑算法、遗传算法、人工神经网络、模拟退火算法、蚁群优化算法、粒子群算法和启发式搜索方法等。机器人 SLAM（同步定位与地图创建）问题是移动机器人的定位与导航关键，也逐渐称为当今的一个研究热点。例如有学者将基于图像的视觉伺服控制方法引入到 SLAM 运动控制中，提出了一种基于消除图像特征误差的速度控制方法。③行为路径规划。最具有代表性的是麻省理工学院的包容式体系结构，把机器人所要完成的任务分解成一些基本的、简单的行为单元，这些单元彼此协调工作（辛江慧等，2008）。

图 10-17 展示的是基金项目"微型仿生爬行机器人关键技术研究"根据分层递阶智能控制的原则结合仿生六足机器人的特点设计的控制系统。

控制系统第一层是"控制决策层"，起到机器人"组织级"的作用，使机器人本体能够具有一定程度的自主性。目的是将由外部环境变化或操作人员命令引起的本体内部的响应经过分析并对整个机器人控制进行决策，然后将决策翻译成对机器人本体的高级命令。第二层是"运动规划层"，属于机器人的"协调级"，接收"控制决策层"给出的高级命令，根据给定的路径规划算法，将其转化为一系列的本体内部的描述量及认知图，进而给出机器人自身躯体的运动路径。针对躯体的运动路径给出各足的具体运动形态，包括生成具体的步态并协调各步行足之间的动作。第三层是"控制实现层"，属于机器人的"执行级"，用来实现由"运动规划层"给出的步行足的运动，并对由系统的动力学不确定性和干扰造成的误差进行校正。

当一个系统的特征尺寸变得很小时，常规的控制策略就显得不是很适合。更有甚者，当设计并制造出一个微型机器人之后，却发现它根本就不会动或者运动性能很不理想。其主要原因是在设计时没有考虑到一些与尺寸效应有关的阻力对机器人运动的影响。所以发展新的设计理论和相应的微控制技术是必需的。微型机器人的控制基本上可以分为两类：一是控制器和微型机器人本体是分离的，控制指令通过导线或电磁波传送到微型机器人驱

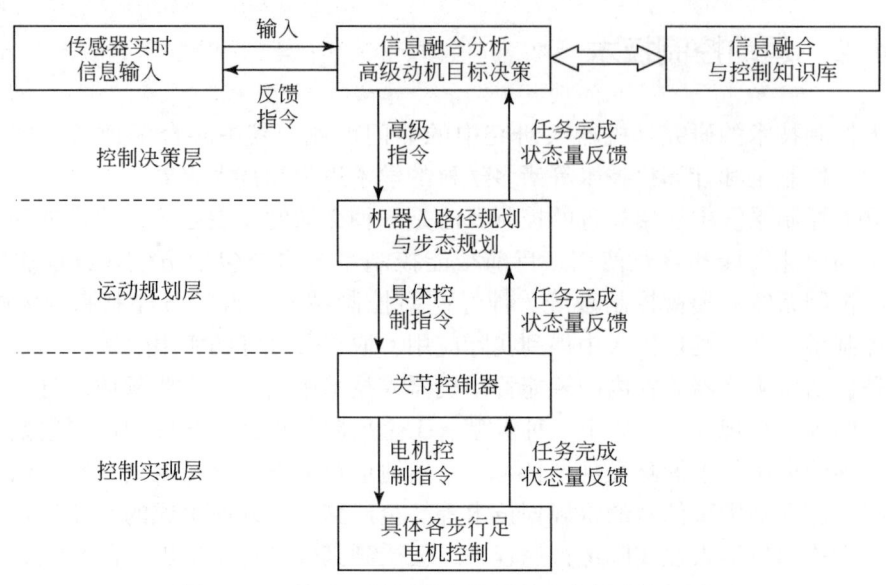

图 10-17　仿生六足机器人分层递阶控制系统框图

动其运动。这种控制方法常见于国际微型机器人迷宫比赛、最小入侵手术和管道检测。这实际上是一种遥控或遥操技术。二是基于人工智能原理，充分利用计算机控制，使微型机器人具有类似 Agent 的自治性，实现自主运动。这样的控制需要根据机器人执行任务的不同而具体设计。可以说就微型机器人的发展趋势看，自主运动控制应该是微型化后的又一关键问题。从控制方法角度讲，传统的 PID 和 LQG 理论是不能很好地实现微型机器人的运动控制的。因为这些方法是基于模型的控制策略，而对于微型机器人来讲，很难给出比较准确的模型。现有文献中大多采用的控制方法是与智能控制等有关的控制方法，而且仿真结果和实验数据比较理想。如采用外部磁场来控制微型机器人的运动，则应该考虑分布参数的控制器。

10.4.3　传感探测技术

在计算机技术迅猛发展的今天，传感器的发展水平和计算机的发展水平比较，可以得出"大脑"发达、"五官"落后的结论。其原因主要是因为计算机技术的发展建立在半导体集成电路长期高速发展的基础上。传感器的生产技术与其相比较为落后，如果可以把半导体集成电路的生产技术用于传感器的生产则可以大大降低其成本，使传感器赶上计算机技术的发展。这就是近年来人们关注半导体传感器的原因。半导体传感器目前可以被做得很小，其微型化程度已经远远超过执行器。

随着机器人技术的不断发展，机器人的应用领域和功能特性有了极大的拓展和提高。智能化已成为机器人技术的发展趋势，而传感器技术是实现机器人智能化的条件和基础。由于单一传感器获得的信息非常有限，而且还要受到自身品质和性能水平的影响，因此智能机器人通常配有数量众多、类型不同的传感器，以满足信息探测和数据采集的需要。多传感器信息融合技术综合运用控制理论、信号处理、仿生学、人工智能和数理统计等方面的知识，把分布在不同位置、处于不同状态的多个传感器所提供的局部的、不完整的观察量加以综合，消除多传感器信息之间可能存在的冗余和矛盾，利用信息互补，降低不确定性，以形成对系统环境相对完整一致的感知描述，从而提高智能系统决策、规划的科学性，以及智能系统反应的快速性和正确性，降低其决策风险。目前，机器人多传感器信息融合技术已成为智能机器人研究领域的关键技术之一。

目前的传感器在微小环境中识别机器人位置和速度的精度是不能令人满意的，而机器人位置和速度的检测是其自主运动的基础。因此，采用先进的显微技术和成像系统（如扫描隧道显微镜、CCD相机和激光扫描显微镜）监视和测定微操作对象，开发微视觉系统，提高微图像处理速度，进一步开发其他类型的微型传感器，是今后传感器设计中应该重点考虑的问题。

此外，随着新型传感器和反馈系统的发展，科研人员现在有望开发出具有感官功能的机器人。感官机器人的核心问题是机器人通过触摸进行通信，而震动则是最常见的触觉反馈。因此有些机构在致力于开发出能感受震动的手术机器人，如美国"剑桥研发公司"（Cambridge Research & Development）开发的Neo。Neo可以戴在外科医生的手指上，它的触觉感受器能将探测到的微小压力或震动转换成医生能感觉到的信号。另外一家名为RIO的公司所研发的手术机器人被广泛用于臀部和膝盖治疗，它能在外科医生用力过度或偏离目标时向医生发出"触觉反馈"。以上机器人的工作环境非常明确，还有一些机器人则被用于无法预知的环境中，如2010年墨西哥湾原油泄漏或2011年日本核泄漏等环境，它们可以在人类不能到达的环境中，代替人执行扭动扳手或拧开门把手等任务。SynTouch公司认为，如果机器人知道自己所触摸的是什么物体，就应该让它学会如何做出相应的处理动作。因此，SynTouch公司开发了能模仿人类手指的传感器，它能感知力量、震动和温度。通过接收和分析这三方面的信息，机器人就能将玻璃和金属等物体分辨开来。在相关技术不断发展的情况下，感官机器人已摆脱了传统局限，正在将感官能力和与人类分享知觉的能力融合起来，有望取得新突破（Sofge，2013）。

10.4.4 仿生感知技术

近年来，世界上的许多国家，诸如美国、日本和欧洲，从国家安全的角度出发，研究制各种类别的危险作业机器人用于灾难的救援以及防护，如灾难救援机器人、反恐机器人、防爆机器人等，特别是"9·11"事件以后，其研究力进一步加大。同时，鉴于其巨大的经济效益和研究价值，国内外大学和公司都投入较大的资金进行研究与开发。救援机器人的智能化程度很大程度上赖于其对部世界的感知能力及理解能力。

以求救声检测技术为例。从广义上讲，语音检测就是将从一段声音信号中将语音与其他类型的声音进行分离。从具体的应用环境不同，又可以细分，如语音激活检测，是一种检测输入信号是否为语音的技术，主要用于数字通信系统中；如端点检测，则主要关注语音信号的准确的起始点和结束点，主要用于语音识别系统中。由于语音信号本身的复杂性和环境的复杂性，但直至今天对语音的检测还是没有得到完全的解决，真正意义上可在实际环境中应用的语音识别识统还不曾实现。随着相关学科的进步，特别是语音学和模式识别的发展，出现了比较多的新的特征参数提取方法和分类方法［如 Mel 倒谱系数、LPC 系数、LPC 倒谱、基音信息参数、时频（Time-Frequency，TF）结合参数和谱熵等］，使语音检测方法的性能有所提高。还有利用学习机来进行语音检测的，如人工神经网络、隐马尔可夫模型、支持向量机等。虽然语音检测在很多系统中都有着重要的应用，是影响系统性能的关键因素，人们已经提出了许多的方法，但是对于语音检测的研究还不是很成熟，对环境的依赖性比较强，大多数的语音检测要求背景噪声比较单一、平稳或信噪比要求较高等，离开了特定的环境，性能下降较快。因此，语音检测方面的研究还有待进一步深入。

10.4.5　视觉系统技术

随着机器人视觉技术的发展，推动了机器人概念的延伸。在研发各种新型机器人，特别是那些将在未知及不确定环境下作业的机器人的过程中，人们逐渐认识到机器人技术的本质是感知、决策、行动和交互技术的结合，而要机器人能够实现正确的感知，机器人视觉技术将起到至关重要的作用。机器人视觉是工程和科学领域一个富有挑战性的重要研究方向。

机器人视觉系统的研制，尽管取得了很大的进展，但仍相对滞后于诸如运动功能、执行功能和通信功能等其他功能，这也是迄今为止机器人尚未真正进入更多实用领域的主要障碍之一。为解决其中的技术难题，人们纷纷把目光投向生物界，以求获得借鉴和启发。仿生眼就是这一思路的产物。仿生眼主要模仿人眼，也有模仿其他生物的，如苍蝇等。此外，还有模仿鹰眼、鲨眼、蛙眼和鸽眼的。当前，机器人视觉仿生主要分为仿人眼和仿昆虫眼两大类别。

机器人视觉系统硬件主要包括图像获取和视觉处理两部分。对于机器人视觉系统来说，图像是唯一的信息来源，而图像的质量是由光学系统的合理选择所决定的。机器人视觉技术把光学部件和成像电子结合在一起，并通过计算机控制系统来分辨、测量、分类和探测正在通过自动处理系统的部件。光学系统的主要参数与图像传感器的光敏面格式有关，一般包括光圈、视场、焦距、F 数等。机器人视觉系统中，视觉信息的处理技术主要依赖于图像处理方法，包括图像增强、数据编码和传输、平滑、边缘锐化、分割、特征抽取、图像识别与理解等内容。

10.4.6　能源供应技术

微型能源技术是微型机器人实用化的瓶颈之一。微型机器人的能源供给有两种方式：一种是有缆，另一种是无缆。有缆能源供给方式比较简单方便，但限制了微机器人的移动距离和行走半径以及应用场合；而无缆能源供应就没有这种限制。可以让微机器人沿任何路径移动。

以仿生机器鱼为例。仿生机器鱼的续航能力是制约其水下活动的关键。大多数的机器鱼都采用电池作为能源，但受体积和重量的制约使得机器鱼往往只能在水下工作几小时。伴随着相关技术的发展，太阳能、波浪能和潮汐能等新型能源，成为机器鱼获得能源补给的新途径。通过结构优化和增加辅助装置使机器鱼能够在水下获得持续的能源供给是仿生机器鱼研究的重要方向。

10.4.7 驱动方式

仿生机器人，尤其是仿生软体机器人具有传统机器人所无法媲美的柔软性能，能够根据环境状况而灵活改变自身形状，对工作空间狭小及非结构化环境具有独特的适应能力。根据能量供给方式的不同，可分为两类：有缆驱动和无缆驱动。有缆驱动方式主要有气液压驱动、人工肌肉驱动、形状记忆合金驱动等。无缆驱动方式软体机器人通过空间各种"场"传递能量，大大增加了机器人运动灵活性，能更好地满足非结构化作业环境要求，使软体机器人应用于废墟搜救、医疗诊治和管道检修等领域成为可能（尤小丹等，2013）。

10.4.8 仿生材料

仿生材料是仿生机器人的物质基础。仿生机器人的建立和最终实现不可能单纯依赖于机、电、液、光等无机元器件，还必须结合和利用仿生材料所制造的有机元器件。这些有机元器件不仅会对仿生机器人的发展具有重要意义，而且还将为人类能力的直接延伸发挥巨大作用。目前除了普通的刚性材料研究以外，有学者正在研究基于记忆体合金、电活性材料、离子型材料、气动肌肉、液压肌肉等人工肌肉方面课题；在视觉方面，还有仿生视网膜等，这些都是仿生机器人的基础。仿生材料或者类生命材料的进展，将推动仿生机器人的快速发展。

10.5 仿生机器人相关专利计量分析

本节以德温特创新索引（DII）专利数据库为数据源，通过测试和修改，设定合适的检索策略，得到全球 40 多个国家和地区受理的与仿生机器人研究相关的专利申请和授权数据，从申请、保护、竞争等方面展开分析。

10.5.1 仿生机器人专利申请趋势

通过对 DII 专利数据库进行检索，共检索到与仿生机器人研究相关的专利（族）5403 件（数据检索日期为 2013 年 12 月 31 日，检索策略参见附录 A）。从图 10-18 可以看出，2000 年以前仿生机器人相关专利数量非常少，2000 年之后相关专利数量年年攀升，其增速有扩大的迹象（由于 2013 年专利的公开或授权存在一定的滞后期，其数据仅供参考），表明仿生机器人相关技术越来越受到关注，相关研发正在快速发展。

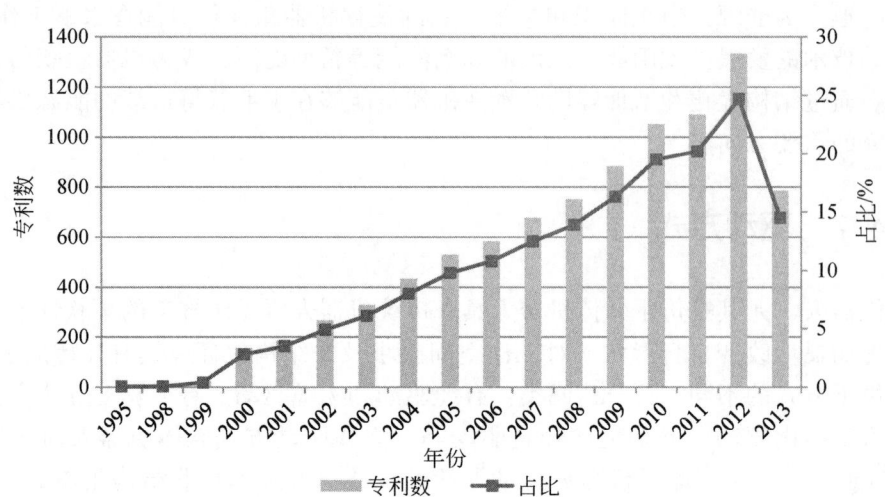

图 10-18 仿生机器人年度专利申请趋势

10.5.2 仿生机器人专利技术国家/地区/组织分析

10.5.2.1 国家/地区/组织专利数量分析

图 10-19 给出了仿生机器人国际专利数量的国家排名情况。可以看出，仿生机器人专利数量最多的前 10 个国家/地区/组织依次是中国内地（CN）、日本（JP）、美国（US）、欧洲专利局（EP）、韩国（KR）、德国（DE）、澳大利亚（AU）、加拿大（CA）、法国（FR）、中国台湾（TW）。中国、日本和美国受理的专利数量占有绝对优势，中国专利局的受理数量最多（2018 件），约占总量的 37.3%，日本和美国的受理数量分别约占总量的 29.9% 和 29.8%（1614 件和 1609 件）。其次是欧洲专利局、韩国、德国等，受理数量在 500 件左右。由此可见，中国、日本、美国、欧洲专利局、韩国、德国是仿生机器人的重要研发和竞争领域。

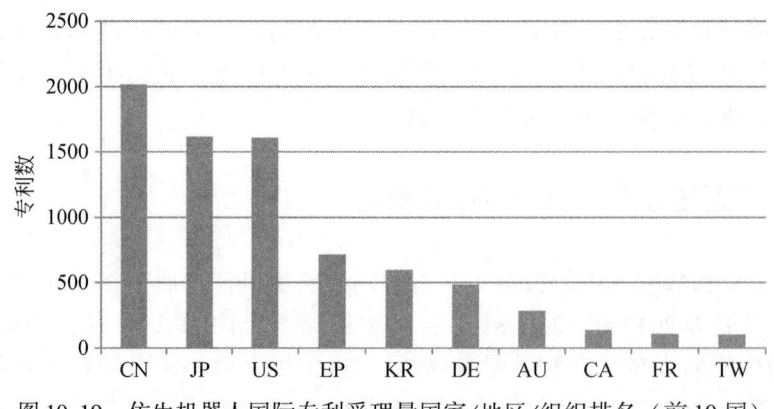

图 10-19 仿生机器人国际专利受理量国家/地区/组织排名（前 10 国）

图10-20给出了各国仿生机器人专利数量的年度分布情况。可见，专利数量前三名中，中国和美国在相关领域专利数量保持着稳定的增长；日本起步较早，但是现阶段专利数量的增长较为缓慢。

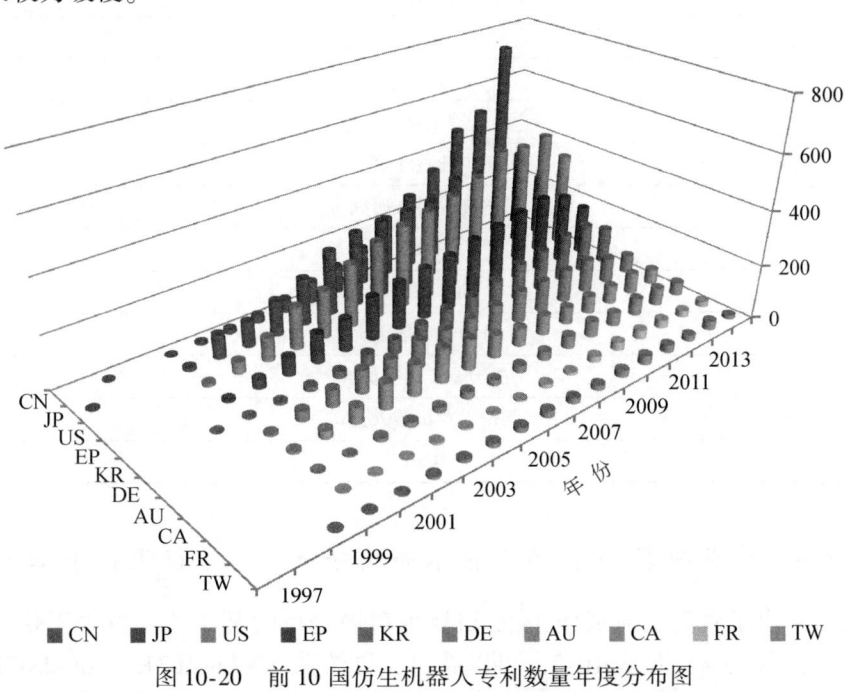

图10-20　前10国仿生机器人专利数量年度分布图

10.5.2.2　重要国家主要专利申请人分析

在仿生机器人领域对重要国家主要专利申请人（表10-1）进行分析发现，中国的主要专利申请人为科研机构，专利申请人前五位分别是中国科学院（92项）、清华大学（81项）、北京航空航天大学（51项）、上海交通大学（45项）和浙江大学（42项）。国外大多数国家主要专利申请人为汽车、电子等行业的跨国企业。日本本田汽车表现较为活跃，在日本、美国、德国、澳大利亚等国申请的专利数量排名都进入了前三名。专利总数前10名中，中国台湾和加拿大的专利申请人较为分散，没有较为明显的主要专利申请人。

表10-1　重要国家主要专利申请人

国家	主要专利申请人	专利数量
中国	中国科学院	92
	清华大学	81
	北京航空航天大学	51
	上海交通大学	45
	浙江大学	42
日本	索尼	181
	本田	106
	丰田	89

续表

国家	主要专利申请人	专利数量
美国	本田	103
	三星	70
	索尼	52
韩国	三星	81
	韩国工业技术研究所	30
	韩国高等科技研究所	26
德国	本田	42
	通用汽车	31
	美国航空航天局	24
法国	法国原子能委员会	13
	阿德巴兰机器人公司	13
澳大利亚	本田	14

10.5.2.3 重点国家/地区专利技术布局分析（基于德温特手工代码）

图 10-21 给出了对重点国家/地区专利技术布局进行的基于德温特手工代码的统计分析，德温特手工代码含义见表 10-2。可以看出，机械手（X25-A03E、T06-D07B）以及机器人车辆（X25-F05A）是前 10 国专利布局重点领域。各国在不同领域各有侧重，美国和法国在软件产品（T01-S03）方向较强，中国台湾较为侧重于制造机器计算机控制和质量控制（T01-J07B），澳大利亚和加拿大的专利较为侧重于测试和检测（除细菌、真菌和病毒之外）（D05-H09），而中国内地在这三个领域的专利数量都非常少。

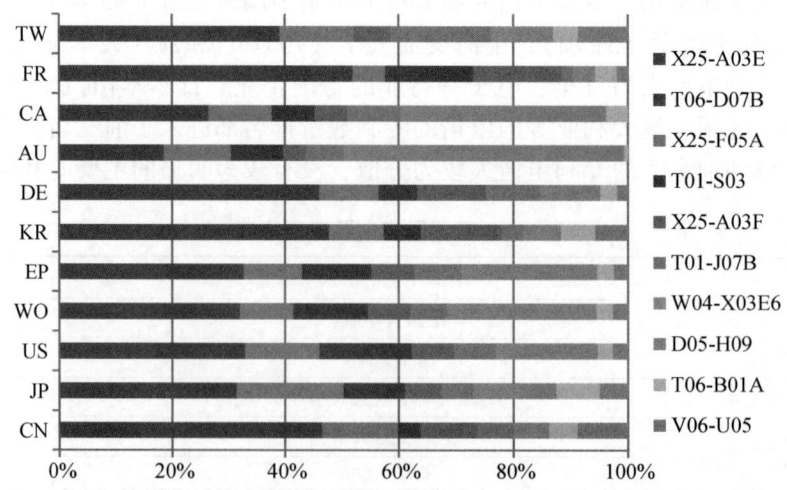

图 10-21 重点国家/地区专利技术领域分布（基于德温特手工代码）（见彩图）

10 仿生机器人国际发展态势分析

表 10-2　德温特手工代码技术方向说明

德温特手工代码	说明
X25-A03E	机械手
T06-D07B	机械手
X25-F05A	卡车、货物或机器人车辆
T01-S03	软件产品
X25-A03F	控制
T01-J07B	制造机器计算机控制和质量控制
W04-X03E6	动画玩具
D05-H09	测试和检测（除细菌、真菌和病毒之外）
T06-B01A	二维定位或过程
V06-U05	机器人技术

10.5.3　仿生机器人主要专利申请机构分析

10.5.3.1　专利申请量排名前 10 的机构

从专利申请机构的专利申请量来看（图 10-22），排在前 10 的机构分别为索尼公司、本田公司、三星集团、中国科学院、丰田公司、清华大学、北京航空航天大学、上海交通大学、浙江大学和瑞士 ABB 集团。日本企业和中国科研机构占据了前 10 中的绝大多数席位。

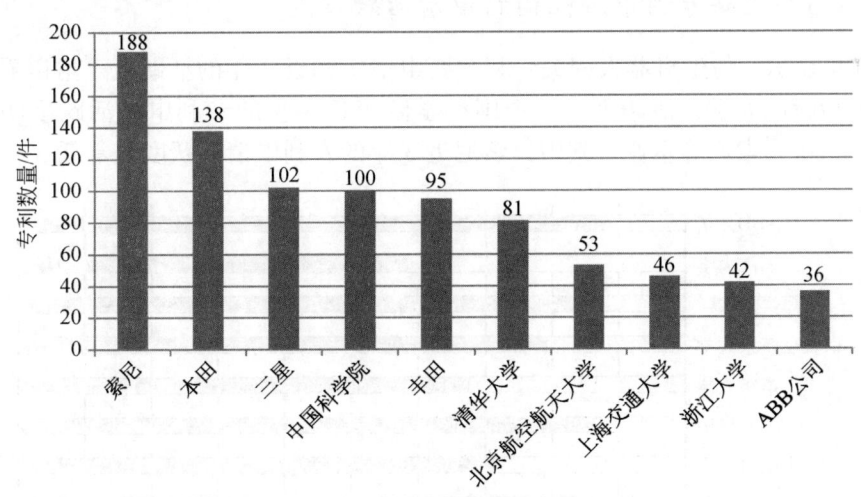

图 10-22　专利申请量排名前 10 的机构

10.5.3.2　主要专利申请机构年度变化趋势

图 10-23 显示，从 1996 年以来主要专利申请机构专利申请量的年度变化趋势。仿生机器人专利申请量最大的索尼公司的大量专利集中在 2000~2005 年，近年来专利量明显下滑。本田和丰田公司的专利申请则主要出现在 2002 年以后，在 2004~2006 年拥有较多申

请量。韩国三星集团相关专利申请大量集中与 2008 年之后，近年来数量也有所下滑。中国科学院和清华大学相关专利的申请自 2007 年开始增多，然后保持在 15 件/年的较稳定水平。

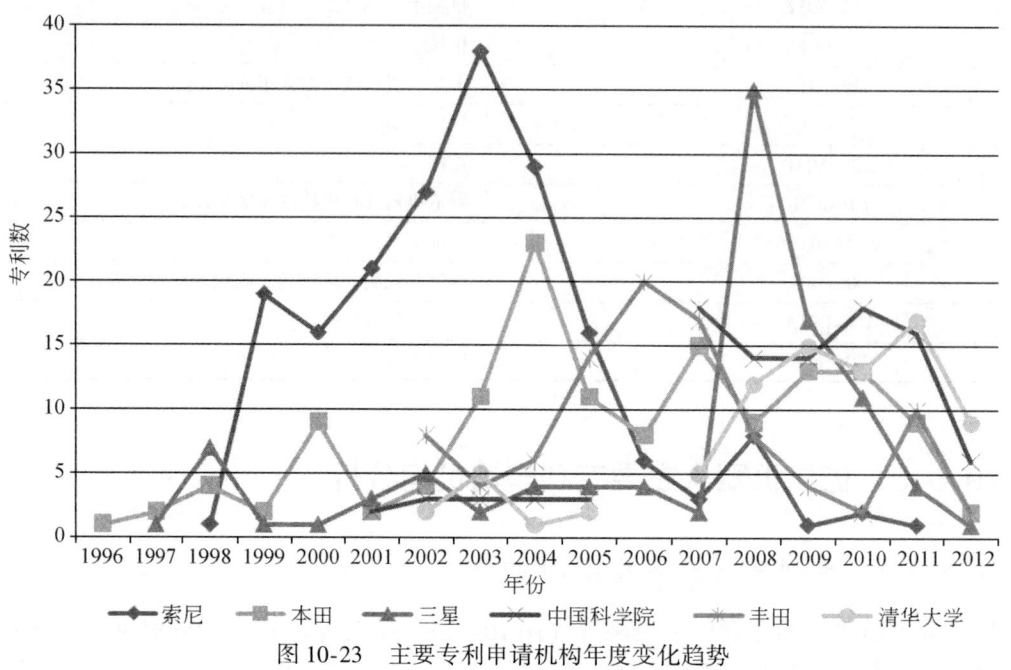

图 10-23　主要专利申请机构年度变化趋势

10.5.3.3　主要专利申请机构的申请活跃程度

图 10-24 显示，仿生机器人相关专利主要申请机构近 3 年的活跃度。可以看到，中国研究机构包括浙江大学、清华大学、中国科学院等近 3 年的专利申请活跃度明显高于本田、丰田、三星、索尼等企业。其中，索尼近 3 年的专利申请活跃度非常低。

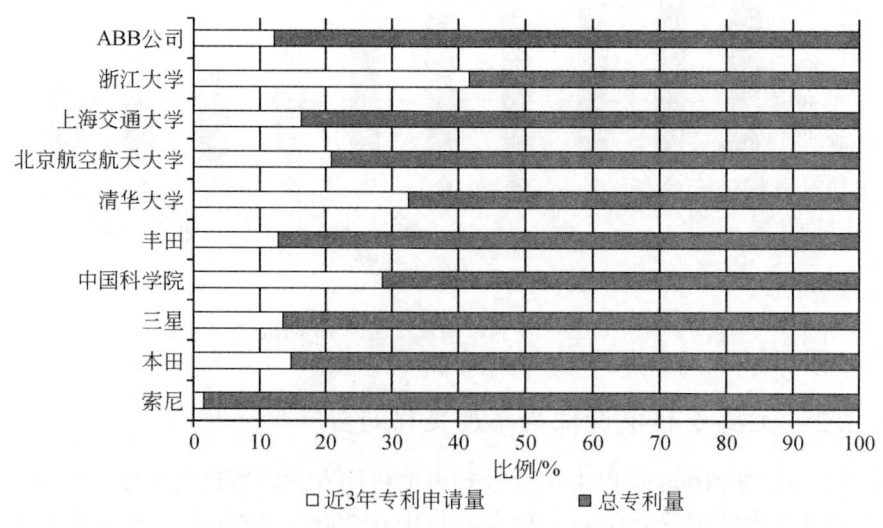

图 10-24　主要专利申请机构近 3 年申请活跃程度

10.5.3.4 主要专利申请机构的专利申请保护策略

从主要专利申请机构提交申请量最多的受理国家/地区分布（表10-3）可以看出，美国是各申请机构（除中国研究机构外）极为重视专利保护的国家。索尼、本田、三星和ABB公司均在美国申请了大量专利，本田公司在美国提交申请的数量甚至与在日本本国数量相当。这些企业在欧洲和中国的专利申请上也有一定布局。中国科学院等中国研究机构的专利申请仅限于在本国提交，并未在其他国家提交专利申请。

表 10-3 主要专利申请机构的专利申请保护策略

	日本	美国	欧洲	德国	韩国	中国	瑞士
索尼	182	53	13	7	8	14	
本田	114	112	52	28	24	15	
三星	20	72	13	3	100	12	
中国科学院						100	
丰田	91	14	8	3	3	6	
清华大学						81	
北京航空航天大学						53	
上海交通大学						46	
浙江大学						42	
ABB 公司	3	14	19	12		8	11

10.5.3.5 主要专利申请机构的主要技术方向

表10-4以IPC为基础，分析了主要专利申请机构的技术方向。索尼、本田、三星、丰田公司展现了相当一致的技术方向，即"装在车轮或车厢上的机械手"，以及"机械手的控制装置"。不过，这些企业的技术分布也存在一定区别。索尼公司有部分专利集中在"自动式玩具人、物形态"方面。本田公司则在"专门适用于特定应用的数字计算或数据处理的设备或方法"拥有大量专利。丰田公司在"陆地、水上、空中或太空中的运载工具的位置、航道、高度或姿态的控制"方面有所布局。中国科学院的专利布局与其他企业不同，相关专利没有集中在机械手方面，而在采用非车轮或履带装置推进的车辆方面，在船舶推进装置方面也有一定专利。清华大学的主要专利也集中在机械手方面，但与索尼等公司不同的是，并非安装在车辆上的机械手。

表 10-4 主要专利申请机构的主要技术方向（基于IPC）

主要专利申请机构	IPC	专利数量/件	IPC 代表的技术方向
索尼	B25J 5/00	118	装在车轮或车厢上的机械手
	B25J 13/00	82	机械手的控制装置
	A63H 11/00	53	自动式玩具人、物形态

续表

主要专利申请机构	IPC	专利数量/件	IPC 代表的技术方向
本田	B25J 5/00	54	装在车轮上或车厢上的机械手
	G06F 19/00	41	专门适用于特定应用的数字计算或数据处理的设备或方法
	B25J 13/00	28	机械手的控制装置
三星	B25J 5/00	28	装在车轮上或车厢上的机械手
	B25J 13/00	19	机械手的控制装置
	B25J 13/08	18	使用读出装置对机械手进行控制的装置
中国科学院	B62D 57/00	15	仅以具有除车轮或履带以外的其他推进装置或接地装置为特征的车辆，或者以车轮或履带加上除车轮或履带以外的其他推进装置为特征的车辆
	B63H 1/36	12	摆动挡板式船舶的推进装置或操舵装置
	B63H 1/00	8	船舶的推进装置或操舵装置
	B62D 57/024	8	仅以具有除车轮或履带以外的其他推进装置或接地装置为特征的车辆，或者以车轮或履带加上除车轮或履带以外的其他推进装置为特征的车辆。专门适用于在倾斜或铅垂的表面运动
丰田	B25J 5/00	35	装在车轮上或车厢上的机械手
	B25J 13/00	21	机械手的控制装置
	G05D 1/02	12	陆地、水上、空中或太空中的运载工具的位置、航道、高度或姿态的控制，二维的位置或航道控制
清华大学	B25J 15/08	27	机械手、装有操纵装置的容器、有抓手构件
	B25J 15/00	26	机械手、装有操纵装置的容器
	B25J 17/00	15	机械手、装有操纵装置的容器、接头
	B25J 19/00	15	与机械手配合的附属装置，如用于监控，用于观察；与机械手组合的安全装置或专门适用于与机械手结合使用的安全装置

10.5.4 仿生机器人相关专利申请的主要技术方向

根据 IPC 类别分析全球仿生机器人相关专利申请的主要技术方向（表 10-5），排名前 10 的 IPC 中，有 6 个隶属于 B25J 类别，即机械手相关专利，可见机械手是仿生机器人研究的重点。除机械手和与之相关的控制装置、接头零部件等专利外，仿生机器人相关专利还主要集中在数据处理设备与方法（G06F），非车轮或履带驱动车辆（B62D）以及玩具（A63H）等类别中。

10 仿生机器人国际发展态势分析

表 10-5 仿生机器人相关专利申请的前 10 个技术方向（基于 IPC）

IPC	专利数量/件	IPC 类别与代表的方向
B25J 5/00	719	装在车轮或车厢上的机械手
B25J 13/00	358	机械手的控制装置
B25J 19/00	282	与机械手配合的附属装置，如用于监控，用于观察；与机械手组合的安全装置或专门适用于与机械手结合使用的安全装置
G06F 19/00	246	专门适用于特定应用的数字计算或数据处理的设备或方法
B62D 57/00	243	仅以具有除车轮或履带以外的其他推进装置或接地装置为特征的车辆，或者以车轮或履带加上除车轮或履带以外的其他推进装置为特征的车辆
B62D 57/024	212	仅以具有除车轮或履带以外的其他推进装置或接地装置为特征的车辆，或者以车轮或履带加上除车轮或履带以外的其他推进装置为特征的车辆。专门适用于在倾斜或铅垂的表面运动
A63H 11/00	211	自动式玩具人、物形态
B25J 17/00	182	机械手接头
B25J 13/08	180	使用读出装置对机械手进行控制的装置
B25J 9/16	176	程序控制机械手

表 10-6 分析了仿生机器人专利所属的前 10 个 IPC 中主要的专利申请机构。在"装在车轮或车厢上的机械手"（B25J 5/00）、"机械手的控制装置"（B25J 13/00）、"自动式玩具人、物形态"（A63H 11/00）这些方向上，索尼、本田和丰田公司基本占据前三位置。值得注意的是，在"与机械手配合的附属装置"（B25J 19/00）中，川田工业株式会社的专利数量领先于其他日本企业，我国清华大学在该方向上也有一定数量的专利申请。在非车轮或履带驱动的车辆装置方向上（B62D 57/00，B62D 57/024），我国研究机构排名靠前，特别是中国科学院、北京航空航天大学，以及东风汽车集团在这一领域表现较为突出，日本与韩国企业则较少涉及这一领域。

表 10-6 仿生机器人专利主要技术方向上的主要申请机构

IPC	主要申请机构（专利数量/件）
B25J 5/00	索尼（118），本田（54），丰田（35），三星（28）
B25J 13/00	索尼（82），本田（28），丰田（21），三星（19）
B25J 19/00	川田工业株式会社（19），本田（17），清华大学（15），索尼（13）
G06F 19/00	本田（41），索尼（23），三星（16）
B62D 57/00	中国科学院（14），本田（14），北京航空航天大学（14）
B62D 57/024	中国东风汽车集团（21），中国科学院（8），北京航空航天大学（7），浙江大学（7），上海交通大学（7）
A63H 11/00	索尼（53），本田（9），丰田（9）
B25J 17/00	三星（15），清华大学（15），通用汽车（11）
B25J 13/08	索尼（23），三星（18），本田（18）
B25J 9/16	三星（17），本田（12），索尼（11），ABB（10）

10.5.5 专利技术热点分析

图 10-25 是利用 Thomson Innovation 制作的 ThemeScape 专利地图。地图中对 5401 件专利的标题与摘要关键词进行了聚类分析。从地图中可以看出，仿生机器人相关专利的研究热点集中在五大领域：① 系统控制，一些专利技术涉及机器人系统与信号的控制、检测与驱动；② 连接装置，相关内容是系统控制外另一研究热点，众多专利涉及机器人部件的连接杆、连接轴、旋转轴、关节；③ 运动装置，包括行走足、仿生鱼、手与手指等；④ 材料，相关研究较多聚集在聚合物材料，以及用于绝缘或导电的膜材料方面；⑤ 光学成像系统。

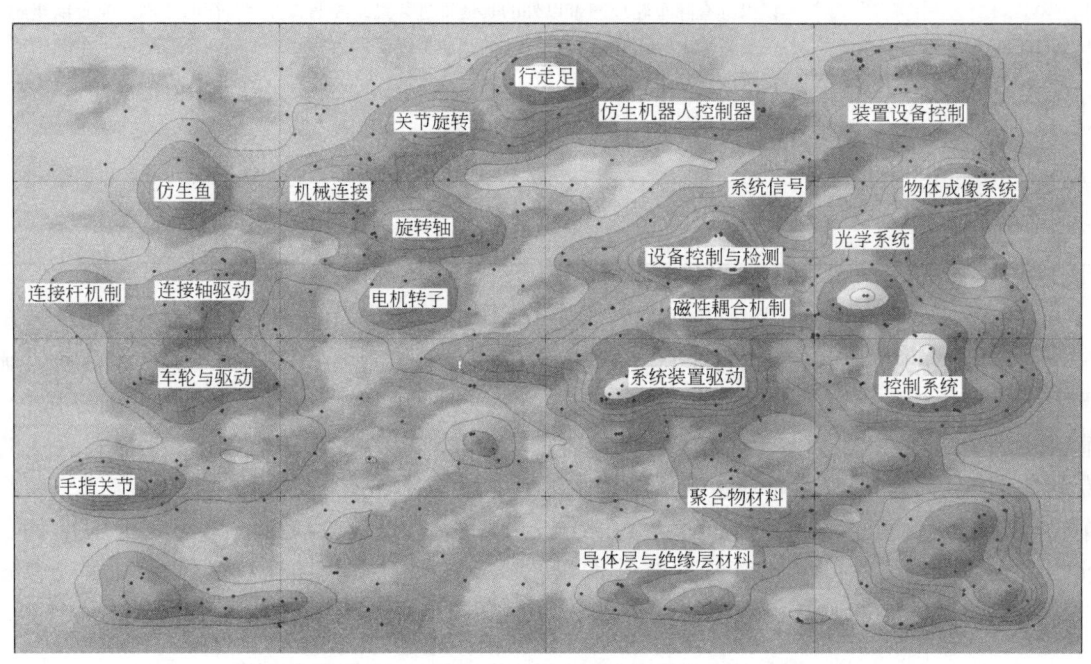

图 10-25　仿生机器人相关专利研发热点分析（见彩图）

10.6　结语与启示

展望未来仿生机器人的发展方向，生命系统和机电系统的有机融合将是机器人研究领域一项划时代的突破进展，并将成为具有引领作用的思想和理论。机器人从无生命体（机电与人工智能）到生命体的技术实现将产生新一代仿生机器人概念、理论及原理样机。这必将在机器人研究领域起到引领作用，产生原创性的理论体系。仿生机器人宜人化智能、柔性驱动和类人感知能力，将从根本上解决人机融合中的自然交互、本质安全等技术挑战，加速和扩展机器人在工业制造和社会服务领域的应用，为解决我国即将面临的老龄化社会问题有着积极意义，同时也将为传统产业升级改造和国民经济的可持续发展提供新的动力和增长点。

人们不仅要研究生物系统在进化过程中逐渐形成的那些结构和机能，更要着重揭示其组织结构和原理，评定其机能关系、适应方法、存活方法和自我更新方法等。因为只有这些方法才能使生物系统在复杂的生存环境中具有高度的适应性和生命力。把生物系统中可能应用的优越结构和物理学的特性结合使用，人类就可能得到在某些性能上比自然界形成的体系更为完善的仿生机械（周群等，2007）。

对于未来我国仿生机器人技术的发展，我们提出以下建议。

1）国家级层面重视仿生机器人发展战略

日本、美国、欧洲及韩国一些国家和地区都非常重视机器人技术与产业的发展，将机器人产业作为战略产业，纷纷制定各自的机器人国家发展战略规划。我国机器人研究起步于20世纪70年代，并且一直非常重视先进机器人技术与产业的发展，在《国家中长期科学和技术发展规划纲要（2006—2020年）》《国家"十二五"科学技术发展规划》《"十二五"863计划先进制造技术领域发展战略》等国际战略中均有所体现。未来，仿生机器人在工业、军事、服务等领域都将发挥重要的作用。在工业需求方面，包括更加柔性智能化的仿生机器人在内的工业机器人的制造及应用水平代表了一个国家的制造业水平，因此建议必须从国家高度认识发展中国工业机器人产业的重要性，这是我国从制造大国向制造强国转变的重要手段和途径。在国防安全领域，机器人是美国入境访问受限制的敏感学科之一，其对国防安全的重要性可见一斑。在社会需求方面，随着我国步入老年社会，人口形势也为机器人的发展提供了空间。同时，这种将生命的各种生理功能作用到机器人上，把生命系统的优点与机电系统相结合将是机器人研究领域一项划时代突破。目前我国在仿生机器人技术的发展战略方面缺乏明晰的规划，与国外的相关政策仍有较大的差距，因此需要在上述规划基础上出台更加明确的仿生机器人中长期发展策略。

2）开展前瞻布局，构建体系标准

仿生机器人研究具有高风险性，同时具有很强的技术辐射性和带动性。生命与非生命高度融合，将使得机器人在感知、驱动和智能等方面的功能和性能发生质的改变，推动机器人学科以全新的角度审视目前机电系统的原理、技术和方法，并在此基础上发展形成全新的类生学学科，抢占机器人学科发展的制高点。需要形成合理分工，成立协同创新中心，分工协作，开展仿生材料、仿生机器人驱动系统、控制系统、感知系统等的布局研究。

在目前的研发过程中，我国还缺乏与仿生机器人技术相关的原始性基础研究标准体系与接口协议规范，研发工作存在大量低水平重复现象，制约了研究工作的开展。因此，在标准体系的指导下，由政府、研发机构、企业、供应商、集成商共同推进各标准的实施，将创新性地变革传统的机器人研发、生产和集成模式，从而缩短开发周期，降低开发难度，提高研发效率。

3）带动多学科发展，培育高素质跨学科机器人交叉研发团队

通过部署大型综合研究项目，建立以中国科学院及重点高校为核心的仿生机器人集成创新科研平台，有效带动机械、电子、信息、材料、生命科学、认知科学等多学科的跨越式发展及交叉融合，凝聚和培养一支高素质、稳定的从事仿生机器人学科基础和交叉研究

的创新科研团队。此外,激励中、小企业开展仿生机器人技术研发,实现产学研相结合的研发模式,也是推动仿生机器人技术和产业发展的关键。

致谢 中国兵器工业集团第二一〇研究所高彬彬副研究员、中国科学院宁波材料技术与工程研究所张驰研究员、杨桂林研究员、杨亚威研究员对本报告提出了宝贵的意见和建议,谨致谢忱!

参 考 文 献

陈黄祥. 2012. 智能机器人. 北京:化学工业出版社.
黄军英. 2008. 日本机器人技术发展浅议. 科技管理研究,(2):105-106,172.
贾贤. 2007. 天然生物材料及其仿生工程材料. 北京:化学工业出版社.
蓝建中. 2013-03-27. 日本开发出"飞檐走壁"机器人 可用于检查墙体. http://news.xinhuanet.com/world/2013-03/27/c_115181228.htm.
刘陈方,宋少云. 2010. 仿生机器人的研究综述. 武汉工业学院学报,29(4):21-25.
罗庆生,韩宝玲. 2008. 现代仿生机器人设计. 北京:电子工业出版社.
日经中文网. 2013-07-31. 日本开发出下水道检测机器人. http://cn.nikkei.com/industry/scienceatechnology/6131-20130731.html.
孙树东,万昌秀. 2012. 材料仿生与思维创新. 成都:四川大学出版社.
王硕. 2013-09-27. 仿生机器鱼 中国领跑研发. 人民日报,第23版.
韦铭. 2011-11-30. 南京有望形成国内首条微型飞行器产业链. 南京日报,第A3版.
辛江慧,李舜酩,廖庆斌. 2008. 基于传感器信息的智能移动机器人导航评述. 传感器与微系统,27(4):4-7.
许宏岩,付宜利,王树国,等. 2004. 仿生机器人的研究. 机器人,26(3):283-288.
尤小丹,宋小波,陈峰. 2013. 环境自适应软体机器人驱动方式和路径规划研究. 南通大学学报(自然科学版),12(3):28-33.
中坊嘉宏. 2013-09-23. 从工业制造迈向生活服务支援的机器人. http://finance.people.com.cn/n/2013/0923/c348883-23000409.html
中华人民共和国科学技术部. 2013-10-31. 欧盟仿生鱼机器人研究的最新进展. http://www.most.gov.cn/gnwkjdt/201310/t20131030_110067.htm.
周群,何斌,岳继光. 2007. 仿生微型机器人的研究与发展. 机床与液压,35(4):225-228.
ARL. 2013-06-04. Army, University of Maryland create realistic robotic bird. http://www.arl.army.mil/www/default.cfm?page=2040.
Biorobotics Laboratory. 2013-06-19. Salamandra robotica. http://biorob.epfl.ch/salamandra.
CORDIS. 2013-07-17. New underwater robot swims and senses like a fish. http://cordis.europa.eu/fetch?CALLER=EN_NEWS_FP7&ACTION=D&DOC=3&CAT=NEWS&QUERY=01401457b87d;4493;21f8518c&RCN=35903.
Daler L. 2013-07-25. Latest video of the DALER project shows a walking flying robot. http://actu.epfl.ch/news/latest-video-of-the-daler-project-shows-a-walking-/.
Dragland Å. 2013-09-20. Snake robot on Mars? http://www.sintef.no/home/Press-Room/Research-News/Snake-robot-on-Mars/.

EPSRC. 2012-10-05. Bee brains to help build better robots. http://www.epsrc.ac.uk/newsevents/news/2012/Pages/Beebrains.aspx.

EPSRC. 2013-07-17. Willetts announces £85 million for three key technologies. http://www.epsrc.ac.uk/newsevents/news/2013/Pages/85million.aspx.

euRobotics AISBL. 2013-11-22. About euRobotics aisbl. http://www.eu-robotics.net/eurobotics-aisbl/.

Europa. 2011-05-04. Digital Agenda: Commission selects six future and emerging technologies (FET) projects to compete for research funding. http://europa.eu/rapid/press-release_IP-11-530_en.htm? locale=en

Europa. 2013-09-03. EU-funded project uses robots, not humans, to inspect petrochemical containers. http://europa.eu/rapid/press-release_IP-13-810_en.htm.

Europa. 2013-11-25. 5 cool robots the EU is funding. http://europa.eu/rapid/press-release_MEMO-13-11047_en.htm? locale=en

Falconer J. 2013-07-13. Huge Six-Legged Robot Crabster Goes Swimming. http://spectrum.ieee.org/automaton/robotics/industrial-robots/six-legged-underwater-robot-crabster.

FESTO. 2011-04-01. SmartBird—bird flight deciphered. http://www.festo.com/cms/en_corp/11369_11378.htm#id_11378.

Haldane D W, Peterson K C, Bermudez F L G, et al. 2013-06-10. Animal-inspired Design and Aerodynamic Stabilization of a Hexapedal Millirobot. http://robotics.eecs.berkeley.edu/~ronf/PAPERS/dhaldane-ICRA13.pdf.

Herring A. 2013-06-07. RoboBees get smart in pollen pursuit. http://www.northeastern.edu/news/2013/06/robobees-get-smart-in-pollen-pursuit/. http://www.race.u-tokyo.ac.jp/~ota/mobiligence/outline/index_e.html.

Johnston H. 2012-03-22. Robot jellyfish fuelled by hydrogen. http://nanotechweb.org/cws/article/tech/49085.

Ma K Y, Chirarattananon P, Fuller S B, et al. 2013. Controlled Flight of a Biologically Inspired, Insect-Scale Robot. Science, 340 (6132): 603-607.

METI. 2010-06-14. Strategic Technology Roadmap 2010: Roadmap for Strategic Planning and Implementation of R&D Investment. http://www.meti.go.jp/english/press/data/20100614_02.html.

NSF. 2013-10-23. National Robotics Initiative invests $38 million in next-generation robotics. http://www.nsf.gov/news/news_summ.jsp? cntn_id=129284&org=NSF&from=news.

OCTOPUS. 2014-03-24. About OCTOPUS. http://www.octopusproject.eu/about.html.

Popular Mechanics. 2013-10-12. The Bionic Man Comes to NYCC. http://www.popularmechanics.com/technology/engineering/robots/the-bionic-man-comes-to-nycc-16030899.

RIKEN. 2013-03-21. RTC. http://rtc.nagoya.riken.jp/index.html.

Robotics V O. 2013-03-19. A Roadmap for U.S. Robotics – 2013 edition. http://robotics-vo.us/node/332.

Sofge E. 2013-03-01. The Sensitive Robot: How Haptic Technology is Closing the Mechanical Gap. http://www.slate.com/articles/business/t_rowe_price_haptics/2013/03/the_sensitive_robot_how_haptic_technology_is_closing_the_mechanical_gap.html.

Steitz D E. 2012-09-14. NASA Selects Advanced Robotics Projects for Development. http://www.nasa.gov/home/hqnews/2012/sep/HQ_12-323_NASA_NRI_Advanced_Robotics.html.

Tan X B. 2013-07-26. Robofish 'Grace' takes a road trip. http://msutoday.msu.edu/360/2013/faculty-voice-xiaobo-tan-robofish-grace-takes-a-road-trip-1/.

University of Tokyo. 2006-02-16. Mobiligence Project: Abstract. http://www.race.u-toyko.ac.jp/~ota/mobiligence/outline/index_e.html.

附录　专利检索策略

ts=((Bionic* or Humanoid or Bioroid or Biomorphic or Biomimetic or Cyborg or(cybernetic organ*))and(robo* or microrobot* or micro-robot* or minirobot* or mini-robot* or swarm-robot*))

ts=((Serpent $ or Snake $ or jellyfish $ or Cuttlefish $ or fish $ or Gorilla* or monkey* or ostrich* or tallstrider* or dog* or Cat or cats or horse* or mule or Equus or donkey* or moke or neddy or rat or rats or mouse or mice or ant or ants or Cockroach* or roach* or beetle* or spider* or araneid* or crab $ or Centipede $ or Chilopoda or frog* or Kangaroo* or Lizard* or lacertid*)and(Robo* or bot or Bionic* or Biomorphic or Biomimetic or(cybernetic organ*)or microrobot* or micro-robot* or minirobot* or mini-robot* or swarm-robot*))

ts=((lacertilian* or gecco* or bird $ or Dragonfl* or butterfl* or bee $ or Moth $ or insect* or cheetah* or drosophila or Quadruped or biped or hexapod* or polypod* or Arthropod* or Reptil* or crawler* or creeper* or Amphibian*)and(Robo* or bot or Bionic* or Biomorphic or Biomimetic or(cybernetic organ*)or microrobot* or micro-robot* or minirobot* or mini-robot* or swarm-robot*))

ts=((hop or hops or Hopping or crawl* or creep* or jump or jumps or jumping or leapping or leap or leaps or swim* or run $ or flap* or climb* or grab*)and(Robo* or bot or Bionic* or Biomorphic or Biomimetic or(cybernetic organ*)or microrobot* or micro-robot* or minirobot* or mini-robot* or swarm-robot*))

Ts=((((genetic or ant colony or ant-colony orartificial immune or artificial-immune or fish swarm or fish-swarm)and algorithm)or neural network*)and(robo* or microrobot* or micro-robot* or minirobot* or mini-robot* or swarm-robot*))

ts=(robofish or robosnake)

11　压缩空气储能技术国际发展态势分析

李桂菊　马廷灿　张　军　陈　伟　周　磊

(中国科学院武汉文献情报中心)

摘　要　随着世界经济的快速发展，能源消费也与日俱增。日益枯竭的化石能源已无法满足全球能源的可持续供应。以水能、太阳能和风能为代表的可再生能源能够发挥一定的作用，但这些可再生能源都具有较强的间歇性和不稳定性，难以实现大规模高效应用。因此，发展低成本高效的储能技术是这类可再生能源大规模利用的关键。压缩空气储能技术是目前除抽水蓄能以外的能够实现大容量和长时间电能存储的电力储能系统。该技术能够解决风力发电和太阳能发电的随机性、间歇性和波动性等问题，通过存储多余电能再利用的方式实现电能的平滑输出。

本报告从压缩空气储能系统与经济性、应用与发展以及技术专利的总体态势等全面分析了该技术的国际发展态势。报告首先梳理了压缩空气储能系统的主要部件以及相对应的关键技术。接着，从技术成熟度、能量储存周期、运行成本、充放循环效率以及使用周期等方面，与其他储能技术（如，抽水蓄能、锂电池、钠硫电池、锌溴电池、铅酸电池等）进行比较分析，认为压缩空气储能技术整体表现尤为突出。

从压缩空气储能全球应用与发展来看，目前，世界上有两座大型压缩空气储能电站投入商业运行，分别在美国和德国。日本、意大利、以色列等国家也正在建设压缩空气储能电站。我国在压缩空气储能系统方面的研发起步较晚，但近几年研究进展迅速。

从压缩空气储能技术的发展趋势来看，新型压缩空气储能系统是未来发展的主要趋势，如改良的传统压缩空气储能系统、带蓄热的压缩空气储能系统（AACAES）、微小型压缩空气储能系统（SSCAES）、液化空气储能系统（LAES）、超临界压缩空气储能系统（SCAES）、与可再生能源耦合的压缩空气储能系统等。

从技术专利深度分析确定了压缩空气储能领域的竞争力态势，发现美国、德国、中国和日本均为压缩空气储能技术强国。各国的技术结构的差异性较大。美国在压缩空气储能领域的技术构成最为完备；德国在电力存储系统、复式燃气轮机等方面均具有强大的工业技术基础；日本和中国在风电储存系统上的研究较为突出。此外，从专利申请人来看，企业是创新主体，通用电气、德国西门子、法国阿尔斯通、瑞士ABB等电气行业巨头企业都是重要的技术持有人。从2006年以来，有三家新企业（光帆能源公司、瑟斯特克斯公司、通用压缩公司）表现突出，已成为该领域的全球技术领航者。在我国，中国科学院是中国压缩空气储能技术领先机构的代表。

从总体态势分析来看，压缩空气储能技术还处在技术生命成长期。我国在先进压缩空气储能技术研发上较为领先，已成为仅次于美国的专利申请大国。但是，由于我国在该领域的研发起步较晚，在成果影响力、技术多样性等方面还存在差距。报告认为我国应做好技术研发布局，以前瞻性的眼光引导压缩空气储能技术的长远发展，并提出了具体的对策建议：包括加大对自主创新技术的扶持，促进原始创新；开展多维度空间和多层面的系统分析和建模；开展应用评估研究，确定适用的地理目录；实施大容量工程示范，建立百兆瓦级系统；加强协同合作，提升关键装备研发和制造水平。

关键词 压缩空气储能　专利　态势

11.1 引言

能源是经济和社会发展的重要物质基础。但是，自工业革命以来，世界能源消费剧增，煤炭、石油、天然气等化石能源资源消耗迅速。以化石燃料为主体的能源结构已难以满足人类的长期可持续发展，因而需要寻找和发展可替代的能源以减少对化石燃料的依赖。以水能、风能、太阳能等为代表的大规模可再生能源能够发挥作用，但这些可再生能源都具有较强随机性、间歇性和不稳定性等特点。发展低成本、高效率的储能技术成为可再生能源大规模利用的关键。

储能是指将电能、热能、机械能等不同形式的能源转化成其他形式的能量存储起来，需要时再将其转化成所需要的能量形式释放出去（Barnes et al.，2013）。依据能量的来源，可将储能技术分为物理储能、化学储能、电磁能和相变储能四大类。物理储能主要包括抽水蓄能、压缩空气储能和飞轮储能。化学储能主要包括锂离子电池、铅酸电池、液流电池和钠硫电池等电池储能技术。电磁储能包括超导储能和超级电容储能。相变储能则是主要利用水等相变材料将电能转变为热能的储能方式。其中，适合大规模储能的技术主要有抽水蓄能和压缩空气储能等物理储能技术。

压缩空气储能技术是目前除抽水蓄能以外的能够实现大容量和长时间电能存储的电力储能系统，该技术的应用领域广泛，在电力生产、运输和消费等领域都具有广泛的应用价值。

压缩空气储能储存电网夜间用电低谷时充足的富余电能，然后到白天用电高峰时反馈输出，进行平抑，即"削峰填谷"。这样可以大大提高发电设备的利用效率，并节约巨额投资。压缩空气储能技术特别适用于解决风力发电和太阳能发电的随机性、间歇性和波动性等问题，通过存储多余电能再利用的方式实现电能的平滑输出。因此，压缩空气储能技术作为分布式电源的关键配套技术，其发展前景被普遍看好。此外，压缩空气储能可以作为未来建筑中的应急电源，压缩空气储能汽车的研究也取得了一定进展，也有研究尝试将压缩空气储能技术用于冷热电联产，以满足供电、供热、供冷等多重需求。

11.2 压缩空气储能系统与经济性

11.2.1 压缩空气储能系统

压缩空气储能是基于燃气轮机技术的储能系统，在电力负荷低谷期将电能用于压缩空气，高压密封在报废矿井、多孔洞穴、海底储气罐、废弃油气井或新建储气井中，在电力负荷高峰期释放高压空气推动燃气轮机透平发电的技术（国家能源局，2013）。

压缩空气储能系统一般包括6个主要部件，分别是压缩机、膨胀机、燃烧室及换热器、储气装置、电动机和发电机、控制系统和辅助设备（陈海生，2011；张新敬，2013）：①压缩机，利用富余的电能对空气进行压缩，一般为多级压缩机，并配有中间冷却装置；②膨胀机，一般为多级透平膨胀机，并配有级间再热设备；③燃烧室及换热器，压缩气体与燃料在燃烧室进行接触、燃烧，释放的能量驱动透平膨胀机做功带动电机发电，同时回收余热；④储气装置，地下或者地上洞穴或压力容器；⑤电动机和发电机，通过离合器分别和压缩机以及膨胀机联接；⑥控制系统和辅助设备，包括控制系统、燃料罐、机械传动系统、管路和配件等。

压缩空气储能系统的关键技术与其主要的组成部件相对应，包括高效压缩机技术、膨胀机（透平）技术、燃烧室技术、储气技术等（张新敬，2011）：①压缩机和膨胀机是影响压缩空气储能系统整体性能的核心部件，压缩空气储能系统的空气压力比燃气轮机高得多，常采用轴流与离心压缩机组成多级压缩、级间和级后冷却的结构形式；②为了获得充分的能量，膨胀机常采用多级膨胀加中间再热的结构形式；③压缩空气储能系统的高压燃烧室的压力高于常规燃气轮机，高压燃烧室的温度一般控制在500℃以下；④由于压缩空气储能系统要求的压缩空气容量大，储气设备多为地下盐矿、硬石岩洞或者多孔岩洞，对于微小型压缩空气储能系统，可采用地上高压储气容器以摆脱对储气洞穴的依赖等。

压缩空气储能系统的工作原理可以表述为以下4个步骤：①用电低峰时有大量过剩的电能，压缩机利用这些能量来压缩空气；②将压缩的空气送至储气室中；③用电高峰时，释放压缩空气与燃料混合燃烧后产生能量进入膨胀机膨胀；④膨胀机透平带动发电机发电，将电能重新输回电网（图11-1）。

按照压缩空气储能系统的运作过程，将压缩空气储能技术分解为7个方面：①能量来源：多为可再生能源，如风能、太阳能、潮汐能等，将其转化为电能后用于压缩空气。②空气压缩机：利用多余电能做功，进行空气压缩，根据工作原理、压缩次数、冷却功能可将其进行分类。③储气设备：根据储气容量不同，可分为大型储气设备、小型储气设备，以及阀门、管路等相关附件。④储热系统：暂存压缩气体的热能，在进入燃烧室前加热膨胀气体，以提高系统的热效率，但并非必要环节。⑤燃烧室：主要涉及燃料、燃烧室、尾气排放与余热回收等环节。⑥膨胀机：用于空气膨胀，可以根据膨胀级数对其进行分类。⑦应用领域：压缩空气储能的最大用途在于削峰填谷以及可再生能源利用（图11-2）。此外，还可作为应急性的电源提供无间断供电，动力汽车和冷热电联产是压缩空气储能技术未来应用的重点方向。

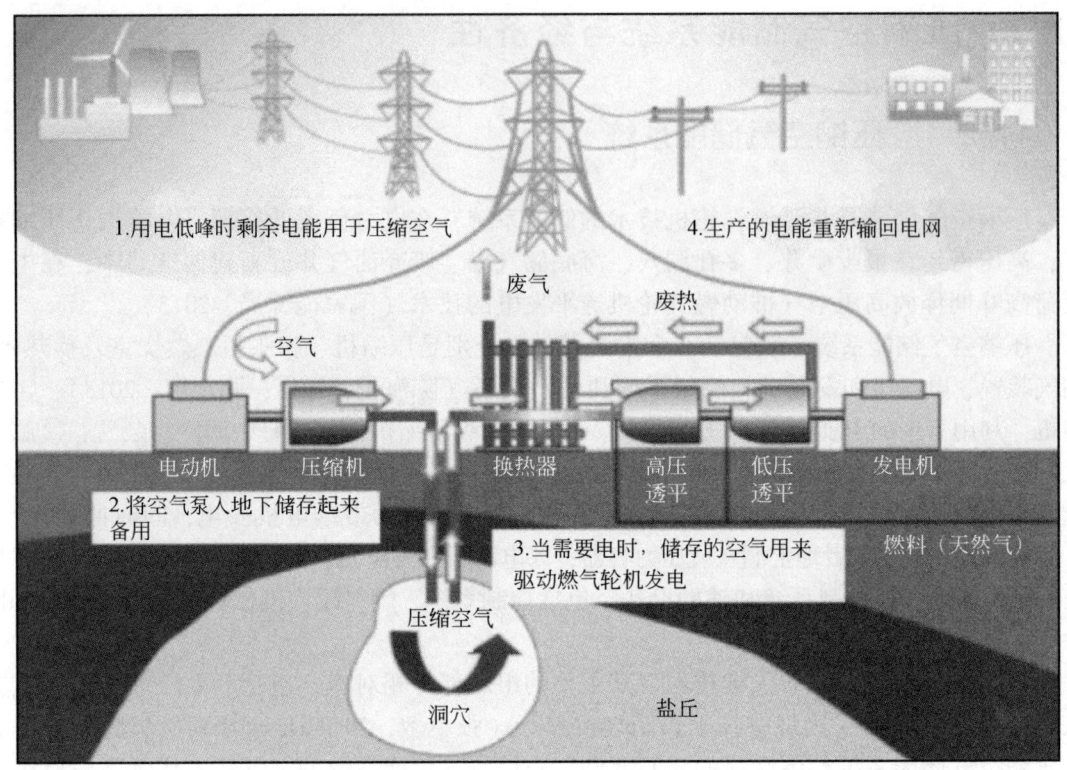

图 11-1　压缩空气储能工作原理示意图（Jewitt，2005）

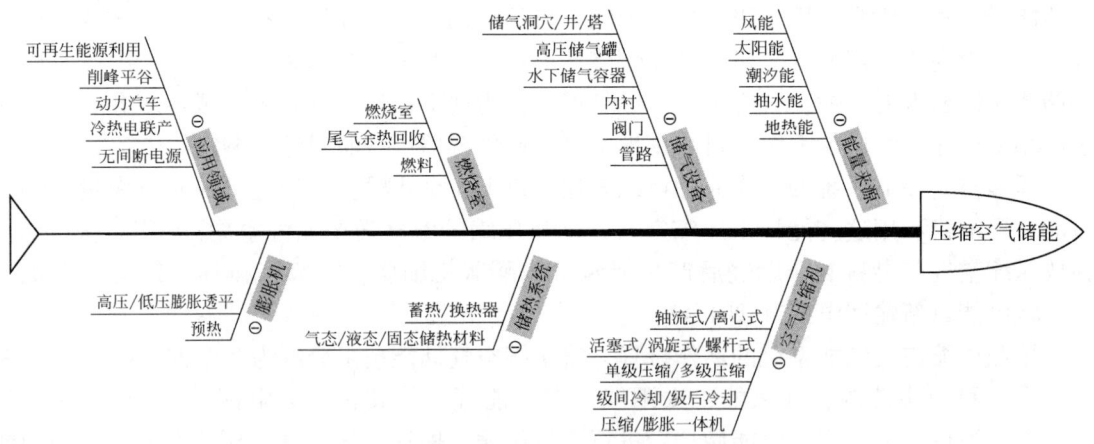

图 11-2　压缩空气储能技术分解鱼骨图

11.2.2　压缩空气储能技术经济性评价

压缩空气储能技术具有诸多优势。第一，在各种储能技术中，除抽水蓄能外，压缩空气储能的规模优势最为明显（张新敬等，2012；余耀等，2013）。第二，压缩空气储能的可行性较高。一方面，压缩空气储能是一种基于燃气轮机的储能技术，理论基础坚实，在国外已有两座大型压缩空气储能电站正在运营。另一方面，抽水蓄能在电站选址时对当地的地质条件要求极为苛刻，而压缩空气储能电站可选用报废矿井、过期油气井、多孔洞穴、海底储气罐等储气。第三，尽管压缩空气储能电站的前期建设成本较高，但供电成本较低（3000~5000元/千瓦，低于其他储能方式的成本），并且电站寿命长（通过维护可以达到40~50年，接近抽水蓄能的50年）。最后，压缩空气储能是一种更为绿色、环保和高效的储能方式。

目前，已经有很多学者对多种储能技术进行了经济性比较分析，总体来看，压缩空气储能不管从技术成熟度、投资成本、储存周期以及使用寿命等方面都具有优势。美国斯坦福大学研究人员对电网级储能技术的能耗和材料资源需求进行了量化研究（Barnhart, Benson, 2013）。研究人员基于能源投资回报（Energy Returned on Invested, EROI），引入了储能投资（Energy Stored on Invested, ESOI）新概念，研究加快电网级储能技术研发的路径。计算结果显示，压缩空气储能表现最好，生命力最强，其次是抽水蓄能，其他五种电池技术表现均不理想（图11-3）。

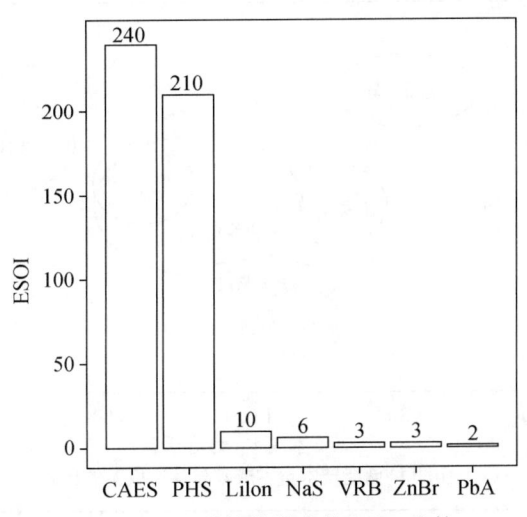

图11-3 几种储能技术的ESOI比较

CAES，压缩空气储能（Compressed Air Energy Storage）；PHS，抽水蓄能（Pumped Hydroelectric Storage）；Li-ion，锂电池（Lithium Ion Batteries）；NaS，钠硫电池（Sodium Sulfur Batteries）；VRB，钒氧化还原电池（Vanadium Redox Batteries）；ZnBr，锌溴电池（Zinc-Bromine Batteries）；PbA，铅酸电池（Lead-acid Batteries）

我国科研人员也对主要储能系统技术经济性进行了评估（陈海生，2012；Zobaa, 2013）。结果显示，不管从技术成熟度、储存周期、运行成本、充放循环效率以及使用周期等方面，压缩空气储能技术均有突出表现（图11-4）。

图11-4显示了压缩空气储能与其他储能技术的特征比较（Zobaa, 2013）。可以看到，压缩空气储能的储存期长，资本成本较低，不过效率较低。典型压缩空气储能系统的额定功率范围为50~300兆瓦，目前制造商可以制造额定功率在5~350兆瓦范围内的机械设备。除了抽水蓄能外，系统额定功率比其他储能技术要高很多。储存期也比其他储能技术长很多，而且损失很小；实际上压缩空气储能系统储能可以超过1年。典型压缩空气储能

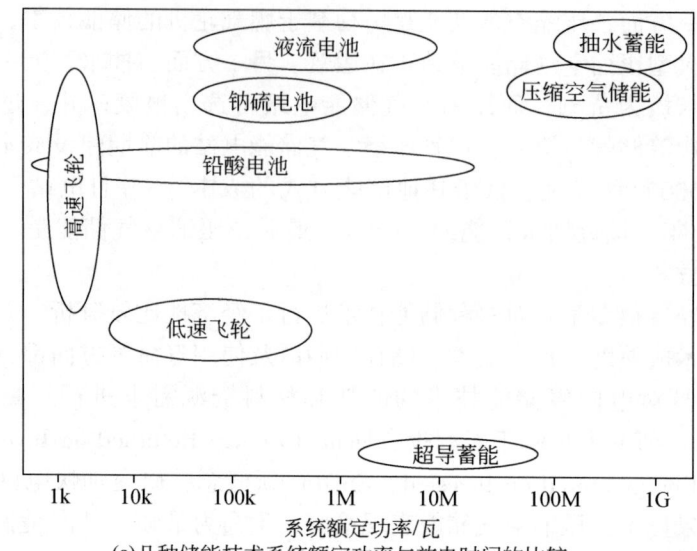

(a) 几种储能技术系统额定功率与放电时间的比较

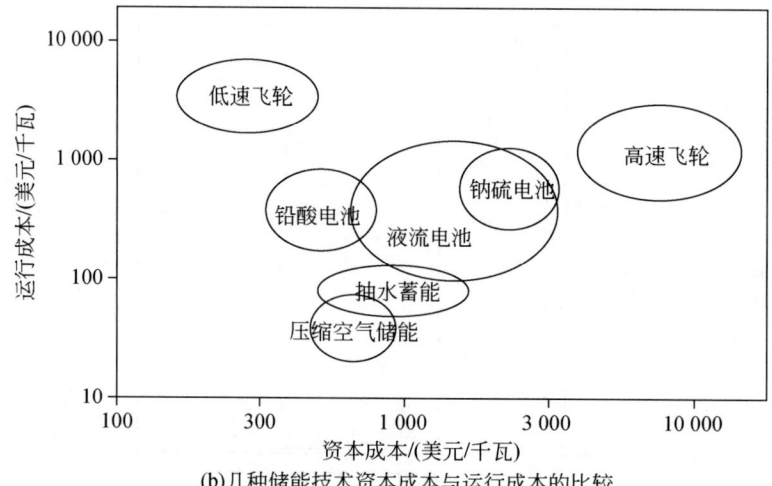

(b) 几种储能技术资本成本与运行成本的比较

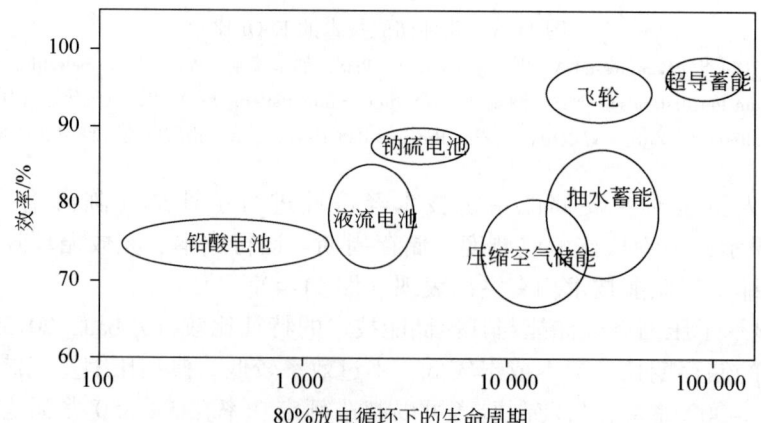

(c) 几种储能技术80%放电循环下的生命周期和效率的比较

图 11-4 压缩空气储能与其他储能技术比较

系统的存储效率值为60%~80%。压缩空气储能系统的资本成本取决于地下存储类型，但通常为400~800美元/千瓦。能量密度一般为3~6瓦·时/升（或0.5~2瓦/升），使用时间20~40年。

和抽水蓄能类似，压缩空气储能发展的主要障碍也是依赖于有利的地理位置（如洞穴），因此从经济可行性来讲，只适用于附近有采石场、盐穴、含水层或枯竭气田的发电厂。另外，与抽水蓄能和其他目前商业可用的储能系统相比，压缩空气储能不是独立的系统，需要有燃气轮机装置，不适用于其他类型的发电厂（如燃煤电厂、核电、风轮机或太阳光伏等）。更重要的是，化石燃料燃烧导致如氮氧化物和碳氧化物等污染物的排放，致使对压缩空气储能系统吸引力不高。目前已经提出很多种方法来改进压缩空气储能系统，如改良的传统压缩空气储能系统、装配小容器的小规模压缩空气储能系统和带蓄热的高级绝热压缩空气储能系统（AACAES）等。

11.3 压缩空气储能应用与发展

11.3.1 应用概况

自从1949年StalLaval提出利用地下洞穴实现压缩空气储能以来，国外内学者都开展了大量的科研和实践工作。自20世纪70年代起，压缩空气储能进入了技术萌芽期；到2006年该领域技术发展出现了重要转折，通用压缩公司、瑟斯特克斯公司、光帆能源公司三家技术领先型企业陆续出现，科研成果呈现快速增长。随着未来可再生能源规模的不断扩大，压缩空气储能技术将得到新的突破和快速成长。

目前，世界上已有两座大型压缩空气储能电站投入商业运行（表11-1）。美国和德国在国际压缩空气储能技术研究领域起着引领作用。目前，越来越多的国家开展压缩空气储能技术领域的研究，日本、意大利、以色列等国正在建设压缩空气储能电站。我国在压缩空气储能系统方面的研发虽然起步较晚，但目前已引起很多科研院所、电力企业和政府部门的高度重视，近几年在该领域的研究进展较为迅速（陈海生等，2013）。

表11-1 德国、美国压缩空气储能电站的对比

国别	性质	投运时间	释能输出功率/兆瓦	发电时间/小时	充气时间/小时	储气室容积/米³	燃气轮机燃料	远距离控制
德国	商业运营	1978年	290	2	8	3.1×10^5	天然气	是
美国	商业运营	1991年	110	26	41	5.6×10^5	天然气/油	是

11.3.2 压缩空气储能技术在主要国家/组织的发展概况

11.3.2.1 美国

1991年投运的美国亚拉巴马州McIntosh压缩空气储能电站是世界上第二座商业运行

的压缩空气储能电站,其地下储气洞穴是一个废气的盐矿,位于地下450米,总容积为$5.6×10^5$米^3,压缩空气储气压力为7.5兆帕。该储能电站压缩机组功率为50兆瓦,发电功率为110兆瓦,可以实现连续压缩空气41小时和发电26小时。该电站由亚拉巴马州电力公司能源控制中心进行远距离自动控制。

近年来,美国政府对储能技术的重视程度与支持力度与日俱增,并将储能技术定位为支撑新能源发展的战略性技术。美国国会在2009年5月通过《2009可再生与绿色能源存储技术法案》(S.1091),并在2010年对该法案进行修正和补充,于2010年7月通过《2010可再生与绿色能源存储技术法案》(S.3617)。该法案主要支持的大规模储能技术包括抽水蓄能、压缩空气储能、可再生燃料电池储能、蓄电池储能等。该方案规定对大规模储能设备的投资税给予优惠,并要求在该法案生效四年内对投资税收减免进行审查,据此可对投资税收减免进行重新分配。2013年,美国参议院通过了新的《绿色及可再生能源储能技术法案》,旨在促进各种储能技术在美国的推广应用。该法案指出,提升美国储能系统稳定性的关键在于通过建设更多的储能系统来增加电网中可再生能源的数量,从而减少对新电站的需求。该法案将为每个并网及分布式储能系统提供投资税降低20%、4000万美元封顶的优惠。研究发现,美国大陆地区有38%的面积可用于压缩空气储能电站选址,主要位于中部地区(Mays et al., 2011)。

美国在包括压缩空气储能等的储能技术研究领域提供持续的政策支撑,通过法案提供优惠来刺激技术研发和投资。在这种政策环境下,美国很多机构都从事着储能技术研究工作,再加上美国发展压缩空气储能技术的地质条件优势,美国在压缩空气储能技术的研发和应用上居世界首位。其中,一批创新型企业起到了支撑美国压缩空气储能研究的作用。

瑟斯特克斯公司(SustainX):该公司成立于2007年,是全球领先的大规模电网储能解决方案提供商,隶属于达特茅斯学院塞耶工程学院。从该公司的经费来源来看,来源于美国国家科学基金会小企业创新研究项目和能源部储能项目的研究经费达到540万美元,来自顶级投资人北极星风险投资、GE能源金融服务等的研究经费高达1440万美元。瑟斯特克斯公司已经获得了多项恒温压缩空气储能(Isothermal Compressed Air Energy Storage,ICAES)的专利,可广泛应用于热力学、机械、液压和控制工程领域。2013年9月,瑟斯特克斯公司宣布其已建了世界上第一台兆瓦级恒温压缩空气储能(ICAES)系统(SustainX, 2013)。这套1.5兆瓦的ICAES系统位于美国新罕布什尔州的Seabrook镇SustainX总部,从电网中获取电力用来驱动电机压缩空气,并以恒温或近似恒温的方式储藏这些气体,其过程是用水吸收压缩过程中产生的热,再将加热的空气-水混合物存储在管道中。当用电需求升高时,该过程逆转,空气膨胀以驱动发电机发电。ICAES是一个安全、清洁、经济、可持续的能源存储解决方案,可以针对功率(兆瓦)、电力(兆瓦小时)的不同应用进行扩展。第一,ICAES系统使用标准管道进行空气存储,无需化石燃料重新加热空气,而且实现零排放,因而可以在任何有需要的地方进行建设。第二,ICAES系统的建设基于成熟的机械原理和工业部件,该系统生命周期可达20年。第三,不同于化学电池系统,ICAES系统的性能不因其生命周期或更换零部件而降低。

传统的空气压缩储能系统(CAES)需要燃烧化石燃料,对空气储存的地质位置(即溶洞)、建设时间和资金投入都有颇高要求。由于这些限制,目前世界上只有两座商业运行的 CAES 系统。SustainX 的 ICAES 是 1991 年以来全球新建的首个兆瓦级压缩空气储能系统，对传统的压缩空气储能系统进行了较大改进，这将有助于压缩空气储能方法与技术的进一步发展和应用。

第一能源公司（FirstEnergy Corp.）：该公司成立于 1997 年，是一家总部位于俄亥俄州阿克伦（Arkron）的多元化能源公司，其子公司业务包括发电、输电、配电、能源管理及其他与能源相关的服务。第一能源公司从压缩空气储能发展公司（CAES Development Company）手中买下了在俄亥俄诺顿（Norton）建造 92 英亩压缩空气发电站的权利。该交易还包括一个位于地下 670 米的岩盐层的配套地下洞穴，洞穴容积为 9.57×10^6 米^3。诺顿储能项目还处于相关评估阶段，估计初期将建造 2~4 个最小装机容量至少达到 268 兆瓦的机组，最终形成一个由 9 台 300 兆瓦机组组成的总发电量达 2700 兆瓦的巨型电站（FirstEnergy, 2013）。

纽约州立电气公司（New York State Electric and Gas, NYSEG）：该公司于 2010 年底与美国能源部签订了金额为 2960 万美元的合作协议，以研发更加环保的压缩空气储能技术，作为该公司智能电网示范项目的一部分。2011 年，纽约州能源研究与发展局（New York State Energy Research and Development Authority）资助该公司 100 万美元对在沃特金斯峡谷北、塞尼卡湖西部建立压缩空气储能电站进行全面的可行性研究。如果工程评估证实该项目具备技术可行性和经济可行性，NYSEG 将向纽约州政府和联邦政府提出申请，于 2014 年末或 2015 年初着手开始发电站的建设。预计，该压缩空气储能电站可连续供电 16 小时（NYSEG, 2013）。

内布拉斯加州公共电力公司（The Nebraska Public Power District, NPPD）：该公司成立于 1970 年，公司正着手在 3000 英尺的地下建设一个压缩空气储能项目。NPPD 租用位于德尔郡（Deual Country）Big Spring 附近的达科塔砂岩层（Dakota Sandstone）存储压缩空气。压缩空气的能量来自于煤炭、核电、风电和其他能源；当电力不足时，压缩空气储能电站将用来稳定风电场的输出。据初步估计，这个项目成本将达到 1200~1300 美元/千瓦（Lincoln Journal Star Online, 2013）。

太平洋燃气与电力公司（Pacific Gas and Electric, PG&E）：是一家成立于 1905 年的公司，该公司从美国能源部、加州公共事业委员会（California Public Utilities Commission, CPUC）和加州能源委员会（California Energy Commission, CEC）等处获得了 5100 万美元的资助为其拟建的压缩空气储能电站进行选址。该电站的预计发电功率可达 300 兆瓦，连续发电 10 小时。作为世界上首个将多孔岩洞用作储气装置的压缩空气储能商业电站，PG&E 在加州境内选择了 124 个地点进行备选，从技术、环境两方面进行论证。预计第一阶段的选址和论证工作将持续 4 年。如果最终能够找出合适的建造 CAES 电站的地点，并且保证各项资金顺利到位，预计该项目将于 2021 年投入运行（PG&E, 2013）。

德赛尔-兰德公司（Dresser-Rand）：该公司成立于 2004 年，是全球最大的压缩机制造公司之一，也是世界上主要的旋转设备解决方案供应商之一。该公司和 Apex 压缩空气储能公司联合宣布他们建设 CAES 项目——Bethel Energy Center。该项目位于得克萨斯州安德森县，压缩空气储能电站的容量为 317 兆瓦。整个建设期为 3 年，花费将达 3.5 亿~4 亿美元（Mary Rainwater, 2013）。德赛尔-兰德公司于 2012 年购买了储能与电力公司（Energy

Storage and Power LLC）的压缩空气储能专利、商标和其他所有相关的知识产权，包括其SMARTCAES压缩空气储能系统和其他衍生产品（中国储能网，2013）。储能与电力公司参与了1991年兴建亚拉巴马州压缩空气储能项目的建造工作（Energy Storage Power Corporation，2013）。收购完成后，德赛尔-兰德公司可以开发各种规模的压缩空气储能系统，提供完整的解决方案。

光帆能源公司（LightSail Energy）：该公司成立于2009年，研究重点主要是致力于利用热力学知识和技术解决当前的美国电网问题。创新重点在于将水雾注入压缩空气系统，其热力学效率可达到90%。2012年11月，该公司的D轮融资吸引了多位顶级投资人，如Peter Thiel、Khosla Ventures、Bill Gates等，共募集到3730万美元。

此外，美国还有一些机构也开展压缩空气储能相关研究工作。2012年9月，博纳维尔电力管理局（BPA）和美国能源部下属太平洋西北国家实验室（PNNL）及一些工业和公共事业单位对内陆地区华盛顿州和俄勒冈州的独特地质环境是否适合建设压缩空气储能电站进行了评估，评选出5个候选地址，并对其中2个地址的地下存储容量、电站设计、传输互联和经济可行性等方面进行了细致地评估，并针对两个场地各自特征采用不同的压缩空气储能途径。哥伦比亚山丘场地靠近天然气管道，适于使用少量的天然气加热从地下释放的压缩空气，热空气随后用于驱动发电机发电，其发电量超过普通天然气发电厂发电量的两倍，有望建成发电量达207兆瓦的常规压缩空气储能发电厂；亚基马矿物场地远离天然气管道，研究人员设计利用地热能为制冷机提供动力，用于冷却空气压缩机。此外，地热能也可用于加热从地下释放出来的压缩空气。研究人员认为，在此处有望建成发电量达83兆瓦的地热压缩空气储能发电厂（Pacific Northwest National Laboratory，2013）。

11.3.2.2 欧盟

欧洲很多国家已经认识到储能的重要性，将储能技术的研发置于地区法规法案的重点位置，并予以相应的产业政策支持。目前，欧盟在电能储存技术研发方面处于世界领先水平，主要研究领域包括：水利抽水电站-落差势能储能技术；压缩空气-汽轮机储能技术；电解池-电化学储能技术；氢气-电解-内燃机储能技术；燃料电池储能技术；调速轮储能系统储能技术；超大型电容储能技术；超导磁能源储存技术等。

欧盟在2007年制订的欧洲能源技术战略规划（European Strategic Energy Technology Plan，SET-Plan）中明确指出，要实现2050年战略目标，在接下来的10年内需要突破低成本、高效率储能技术（European Commission，2013）。欧盟委员会还鼓励欧洲工业和研究团队成立了欧洲储能工作小组。2009年11月底，由11个国家的36个主要欧洲能源相关机构召开了欧洲储能专题讨论会，最终向欧盟委员会提交了储能领域研发和工业政策方面的若干发展建议。欧盟委员会于2010年11月10日公布"能源2020"计划，提出为了重建欧洲在电力存储（包括大型的和车用的）领域的领导地位，制定抽水蓄能、压缩空气储能、电池存储和氢能等创新存储技术领域的发展计划。这些创新性的储能手段有利于实现各种电压水平的小规模分布式和大规模集中式的可再生能源发电系统的并网。

2013年2月欧洲太阳能热发电协会（ESTELA）在发布的首个战略研究议程讨论了四种主要的太阳能热发电技术：抛物槽式、塔式、线性菲涅尔式和碟式斯特林系统，以及蓄热等相关交叉问题,将压缩空气储能作为太阳能热发电系统的配套集成方案。

德国在压缩空气储能技术领域居于世界领先地位。全球第一座投入商业化运营的压缩空气储能电站是1978年建成投运的德国Huntorf电站,目前仍在运行中。该电站的压缩机功率为60兆瓦,释能输出功率为290兆瓦,系统将压缩空气存储在地下600米的废弃矿洞中,矿洞总容积达3.1×10^5米^3,压缩空气的压力最高可达10 MPa。机组连续充气8小时,可连续发电2小时。

2010年,德国莱茵集团(RWE Group)、旭普林(Züblin AG)、德国航空航天研究中心(DLR)与美国通用电气公司(GE)在德国柏林签署了协议,合作发展绝热压缩空气储能项目——ADELE(Adiabatic Compressed Air Energy Storage for Electricity Supply 的德语缩写)。ADELE的存储电量将达到1吉瓦·时,电功率可达200兆瓦。ADELE还具备快速备用的能力,一次可以取代40台先进的风力涡轮机发电4~5小时。德国联邦经济部提供资金资助,项目参与各方将筹集1000万欧元经费(RWE,2013)。

瑞士ABB公司在压缩气体储能技领域拥有许多专利,1999年ABB公司与法国阿尔斯通公司合资组建AAP公司,研发了当时世界上功率最大、设计效率最高的燃气轮机发电机组GT24和GT26,其技术性能令世界瞩目。

11.3.2.3 日本

日本于2001年在北海道空知郡开展了上砂川町压缩空气储能示范项目,其输出功率为2兆瓦,是日本开发400兆瓦机组的工业试验用中间机组。它利用废弃的煤矿坑(约在地下450米处)作为储气洞穴,空洞直径6米,长57米,容积为1600米^3。需要指出的是,受制于地质条件,日本的储能技术以蓄能电池为主,且技术优势突出,压缩空气储能并不是该国重点发展的储能技术。

11.3.2.4 中国

我国对压缩空气储能系统的研发开始较晚,但随着电力储能需求的快速增加,相关研究逐渐被一些大学和科研机构所重视。中国科学院工程热物理研究所、西安交通大学、山东大学、华北电力大学等单位对压缩空气储能电站的热力性能、经济性能、商业应用等进行了研究,但大多集中在理论和小型实验层面,目前还没有投入商业运行的压缩空气储能电站。其中,特别值得指出的是,中国科学院工程热物理研究所已建设完成了15千瓦超临界空气储能系统实验平台,开展了1.5兆瓦先进空气储能系统研发与实验平台的建设,完成了所有关键设备的加工制作,并完成了10兆瓦超临界压缩空气储能系统方案设计。这项工作是我国在压缩空气储能技术领域的一项重要突破,课题研究成果达到国际领先水平(中国科学院工程热物理研究所,2013)。

2013年来,我国在压缩空气储能研究与应用领域活动频频。2013年1月,上海电气与清华大学签订了《压缩空气储能系统合作开发协议》,该项目由国家电网公司立项,清华大学联合中国科学院理化技术研究所、中国电力科学研究院,组建科研团队进行科研攻关。为广泛促进产学研用协同创新,上海电气集团作为项目合作方共同参与相关开发工作,一方面配合做好500千瓦试验系统的建设,另一方面共同启动10兆瓦示范工程项目的预研工作（中国储能网，2013）。2013年3月，芜湖高新区管委会与中国科学院理化技术研究所周远院士团队、清华大学卢强院士团队经过多次交流洽谈，计划在高新区合作建设"500 KW压缩空气储能系统示范项目"（中国储能网，2013）。

西安交通大学能源与动力工程学院与金灵通公司合作开展了电热冷联产的压缩空气储能装置的相关研究。山东大学控制科学与工程学院、华北电力大学能源与动力工程学院等在压缩空气储能理论及应用研究方面开展了相关工作，并申请了国家专利。

11.3.2.5 其他国家

除了上述提到的几个国家/组织外，瑞士、俄罗斯、意大利、卢森堡、南非、以色列和韩国等也在积极开发压缩空气储能电站。

韩国正在开展一项中大规模的储能系统（Energy Storage System, ESS）试验台项目，2013~2017年将投资3000亿韩元（约合2.8亿美元）。该项目由韩国知识经济部（Ministry of Knowledge Economy）负责。ESS实验台项目基于可行性研究将采用一种双模工艺：100兆瓦级的压缩空气储能系统+世界最大规模的锂离子二次电池装置系统。该项目的研究委员会成员包括韩国美联电（Korea Midland Power）、三星泰科（Samsung Techwin）、韩国地球科学与矿产资源研究所（Korea Institute of Geoscience）、SK建设（SK E&C）和许多科研院所及私人企业（Korea Midland Power, 2013；中国储能网，2013）。

2011年，位于加拿大多伦多的Hydrostor公司开展了其第一个水下压缩空气储能试点项目。该系统通过先进的绝热压缩系统利用电能压缩空气，并储藏至水下50~500米处。这一系统的优势在于易于开展、成本低廉且对环境干扰小。2012年，该公司与Toronto Hydro合作，在距离Toronto海岸约7 km处建设一个水下压缩空气储能站（Hydrostor，2013）。

11.3.3 压缩空气储能技术发展趋势

压缩空气储能系统大规模发展的技术趋势主要集中在两个方面，解决需要大型储气装置和依赖燃烧化石燃料的问题。为了解决常规压缩空气储能系统面临的主要问题，新型压缩空气储能系统是未来发展的主要趋势，如改良的传统压缩空气储能系统、带蓄热的压缩空气储能系统（AACAES）、微小型压缩空气储能系统（SSCAES）、液化空气储能系统（LAES）、超临界压缩空气储能系统（SCAES）、与可再生能源耦合的压缩空气储能系统等（表11-2）（苏伟等，2013）。

表11-2 各类新型压缩空气储能系统技术发展情况

技术分类	系统规模/瓦	发展情况
带蓄热的压缩空气储能	30~300兆	效率较高，实现了零排放，添加蓄能装置使投资成本增加20%~30%
微小型压缩空气储能	几千至10兆	利用地上高压容器储存压缩空气，突破了对储气洞穴的依赖；效率低；储存压力高

续表

技术分类	系统规模/瓦	发展情况
液化空气储能	100～300兆	能量密度高，不依赖化石燃料和大型储气室，效率较低，还处在示范运行阶段
超临界压缩空气储能	几千至300兆	能量密度高，效率较高，投资成本低，不需要大的储存装置，还处在研发阶段
与可再生能源耦合的压缩空气储能	5～300兆	解决可再生能源间歇性和不稳定性问题，稳定输出

11.3.3.1 改良的传统压缩空气储能系统

图11-5为改良的传统压缩空气储能系统。压缩过程有中间冷却器和后冷却器；再热器安装在透平之间；再生器是用来废气对压缩空气进行预热。McIntosh电厂利用改良的循环将燃料消耗减少了25%（Zobaa，2013）。

另一种改良的传统压缩空气储能是结合燃气轮机（图11-6）。用电低谷期，压缩空气然后储存起来。用电高峰期，压缩空气储能结合燃气轮机发电系统供电。压缩空气经由燃气轮机排气加热后在高压透平膨胀，再进入燃气轮机透平燃烧室。

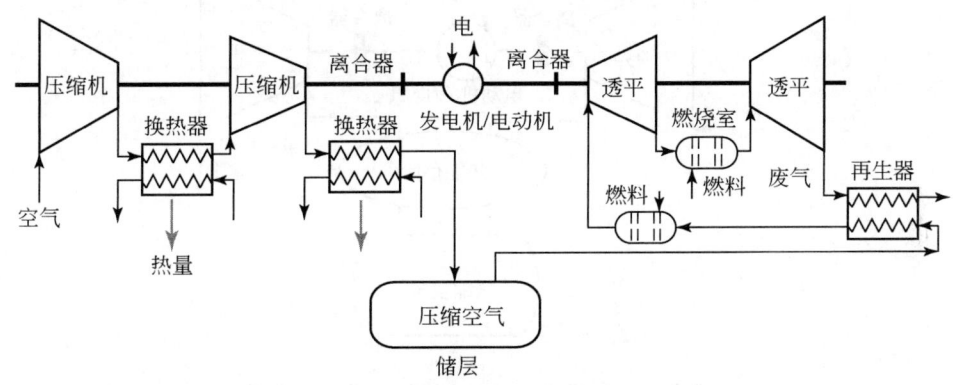

图11-5 改良的传统压缩空气储能系统示意图

11.3.3.2 先进绝热压缩空气储能系统

先进绝热压缩空气储能系统（AA-CAES）是一种能量存储技术，是压缩空气储能和热能存储技术的结合应用（张远等，2013），如图11-7所示。虽然成本比常规发电厂高20%～30%，但是该系统不需要燃烧室，不需要化石燃料系统。先进绝热压缩空气储能系统在蓄热、压缩机和透平技术方面都有所改进，可以实现商业利用。

11.3.3.3 液化压缩空气储能系统

液化压缩空气储能是用电低谷期将多余的电能用于空气液化，然后将液化空气储存起来，在用电高峰期液态空气加压升温并释放能量。传统的液化压缩空气储能受地理条件的

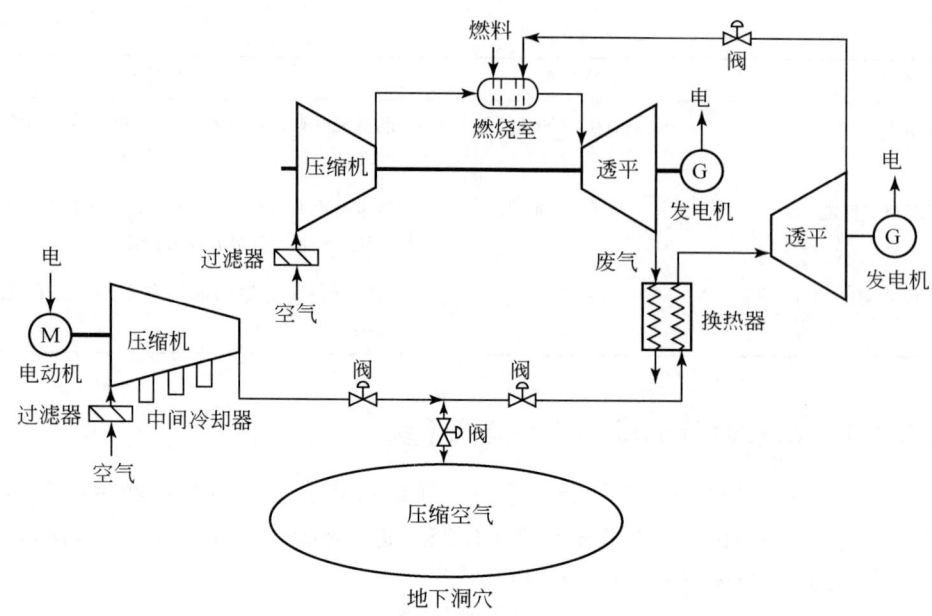

图11-6 结合燃气轮机系统的压缩空气储能示意图

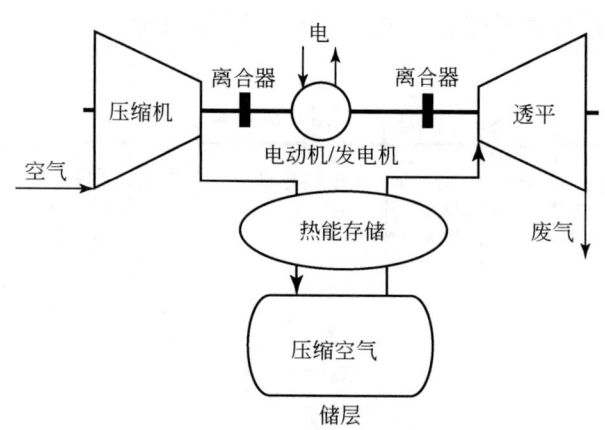

图11-7 先进绝热压缩空气储能系统示意图

限制（如需要洞穴）且能量密度小，而液化压缩空气储能中空气以密度很大的液态形式储存在储罐中，因此不受地理环境限制、能量密度大（郭欢，2013）。图11-8为一种液态空气储能系统示意图。

11.3.3.4 超临界压缩空气储能系统

超临界压缩空气储能系统不需要燃烧室，空气以液态形式储存，兼具带有蓄热的先进压缩空气储能和液化压缩空气储能系统的特点，具有环保友好、不需要进行燃料输运以及能量密度高等优点。系统空气经压缩后处于超临界状态（$T>132$ 开，$P>37.9$ 巴[①]）。图

---

① 1 巴 = 10^5 帕

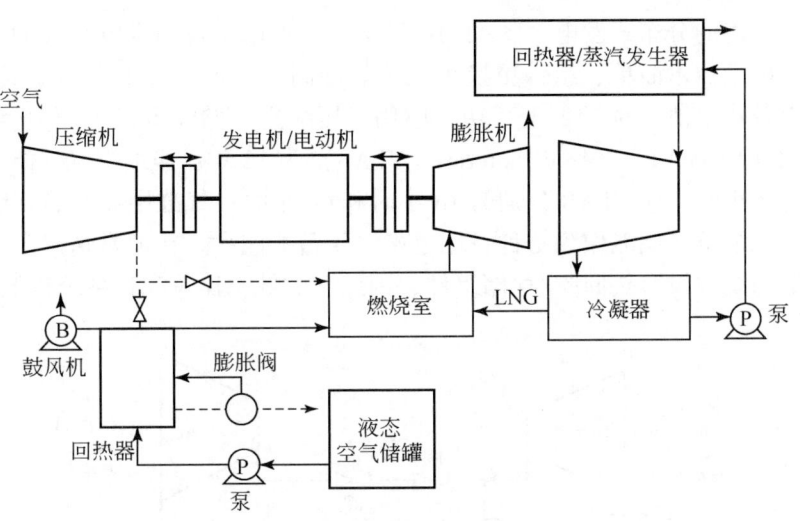

图 11-8 液化压缩空气储能系统示意图

11-9 为超临界压缩空气储能系统示意图。在初始条件下，低温储罐中注满液态空气。在用电高峰期，液态空气经低温泵加压至超临界压力后，输送至蓄冷/换热器加热至常温，再吸收压缩热后经膨胀机膨胀做功。同时液态空气中的冷能被回收并存储于蓄冷/换热器中。在用电低谷期，空气被压缩到超临界状态，并在蓄热/换热器中冷却至常温后，利用存储的冷能将其等压冷却液化，经节流后常压存储于低温储罐中，同时空气的压缩热被回收并存储于蓄热/换热器中（郭欢，2013）。

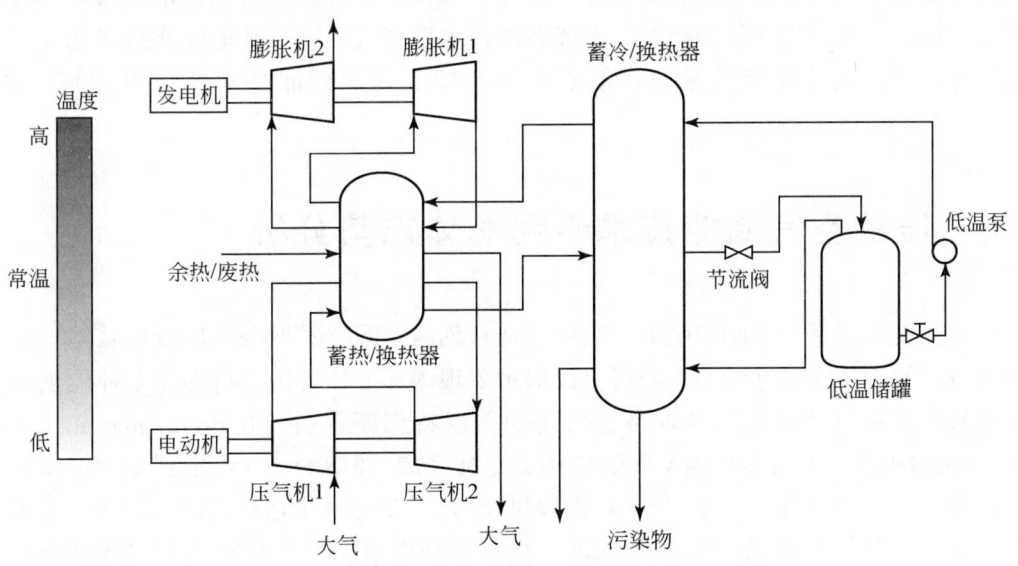

图 11-9 超临界压缩空气系统示意图（郭欢，2013）

11.3.3.5 小规模压缩空气储能系统

小规模 CAES 系统（<10 兆瓦）是采用人造容器，不需要地下洞穴，尤其适用于未来

电网可能广泛应用的分布式发电。图 11-10 显示了一种用于备用发电系统的小规模压缩空气储能系统。由于技术简单、组件更换少、可靠性高、维护少、生命周期成本低等特点，这种技术可以替代电池。对于 2 千瓦功率应用，压缩空气储能可以工作 20 年，而方形开口铅酸蓄电池（Vented Lead Acid Batteries，VLAB）为 12 年；压缩空气储能系统安装和调试工期分别为 8 小时，而 VLAB 分别为 16 小时和 64 小时；气缸中需要 300 巴、24 000 升的压缩空气，压缩空气储能作为一种备用电站一年蓄能四次。在通常情况下，在小规模的压缩空气储能系统内没有热回收/存储组件，因此它的效率比 VLAB 系统较低。

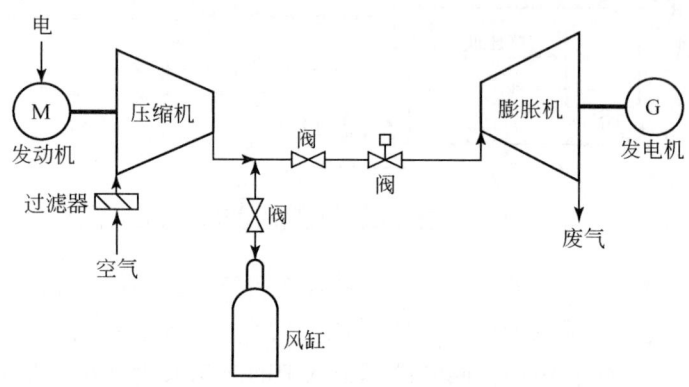

图 11-10 小规模压缩空气系统示意图

还有与其他技术及储能技术结合的压缩空气储能系统。压缩空气储能系统由于具有良好的环境适应性、与其他系统的兼容性等优点，该技术还可以与其他技术如汽车、液压蓄能系统、风电、太阳能光伏相结合，形成新的技术发展方向；与其他储能技术如飞轮、超级电容等结合，互补储能技术的优缺点，使新型混合的储能技术性能更优越（郭欢，2013）。

11.4 压缩空气储能技术专利总体态势分析

压缩空气储能是一种原理明确、应用性强且创新空间和发展潜力广阔的技术。本节重点对该技术的专利状况进行深入分析，以揭示展现国际上各类机构特别是企业的创新能力和技术研发趋向。通过检索汤森路透公司的德温特创新索引（Derwent Innovation Index，DII）专利数据库，共得到压缩空气储能相关专利（族）858 件[①]（考虑到专利申请到公开的时间滞后性，2012 年和 2013 年的数据仅供参考）。从专利申请量的时间趋势、技术生命周期、技术主题、申请/受理国家与地区、重点专利申请人等方面对压缩空气储能技术领域的全球专利总体态势进行分析。采用的分析方法包括：利用 TDA（Thomson Data Analyzer）进行数据清洗和共现矩阵构建，使用 ProQuest Dialog 公司的 Innography 获取专利

---

① 数据检索时间为 2013 年 10 月 20 日，检索结果以 DII 专利族为单位

强度、权利人技术–经济实力信息，同时使用Excel进行部分基础数据的统计分析。

11.4.1 压缩空气储能技术专利申请态势

压缩空气储能相关专利数量随申请年的变化趋势如图11-11所示。从中可以看出，压缩空气储能相关专利的申请始于20世纪70年代，但长期处于低水平徘徊。[①] 这一状况直至2006年起出现转折，2006~2011年，相关专利申请量快速增长。[②] 总体来看，各国政府、学术界和业界对压缩空气储能技术发展仍秉持积极态度，其作为除水电站外大规模储能主要手段的地位仍然坚挺，未来数年中，该技术的相关专利申请将会维持整体增长的势头。

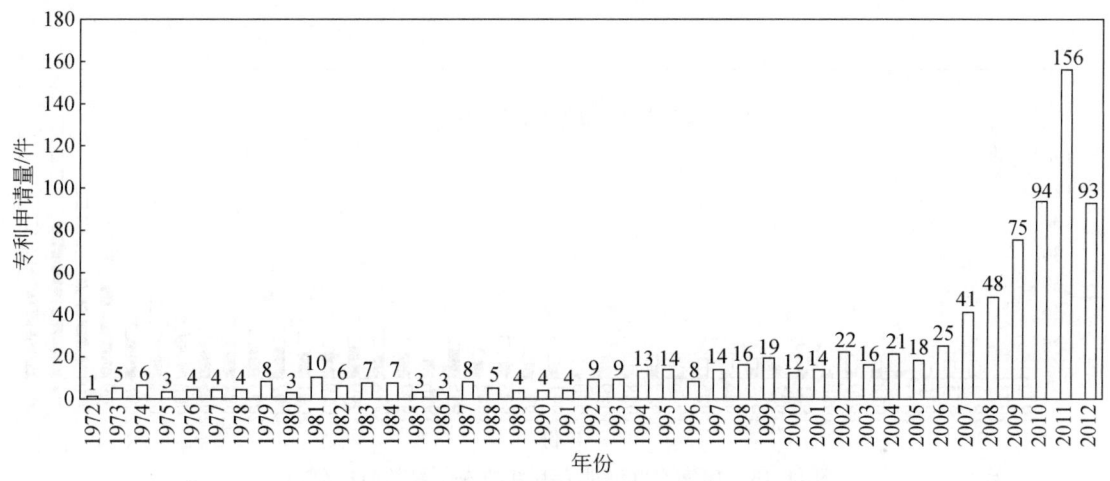

图11-11 压缩空气储能专利申请数量的时序分布

压缩空气储能专利技术发明人及其相关技术条目（基于IPC大组）的年度变化情况参见图11-12、图11-13。可知，大量的发明人持续涌入压缩空气储能技术领域，这些新鲜血液将推动行业技术的进一步发展与扩散。此外，近年来压缩空气储能领域每年都有大量的新技术条目涌现，这说明该领域的技术在持续革新，技术的应用领域在不断扩展。综合考虑图11-12和图11-13的信息，可知压缩空气储能是一个颇具吸引力的技术领域，可以预见在接下来的一段时间内，该行业的活力和竞争态势仍将不断增强。

11.4.2 压缩空气储能专利申请技术布局

压缩空气储能专利涉及的主要技术领域（基于IPC大组）及其申请情况如表11-3所

---

① 据文献调研，首个压缩空气储能专利出现在1949年，但由于DII数据库收录时间限制，因此无法检索到最初专利
② 由于专利从申请到公开，再到被DII数据库收录，会有一定的时间延迟，所以本节中2012年的数据会小于实际数据，仅供参考

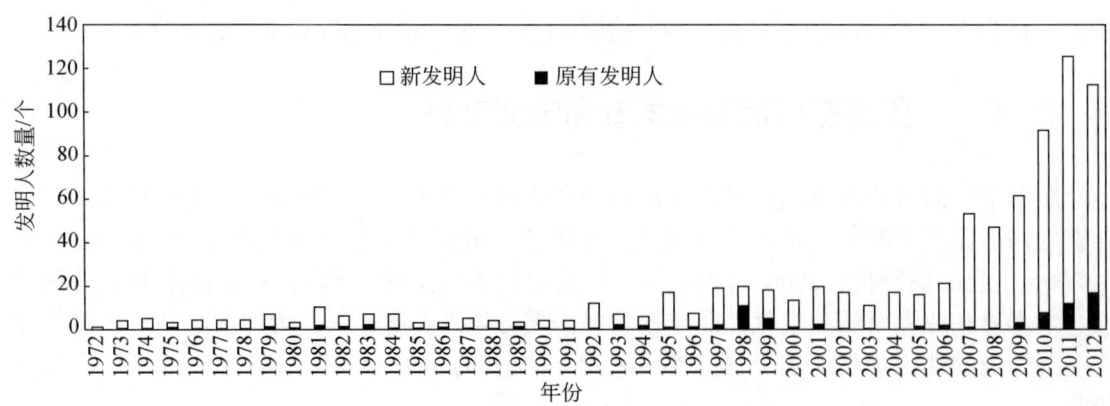

图 11-12 压缩空气储能专利新发明人的时序分布

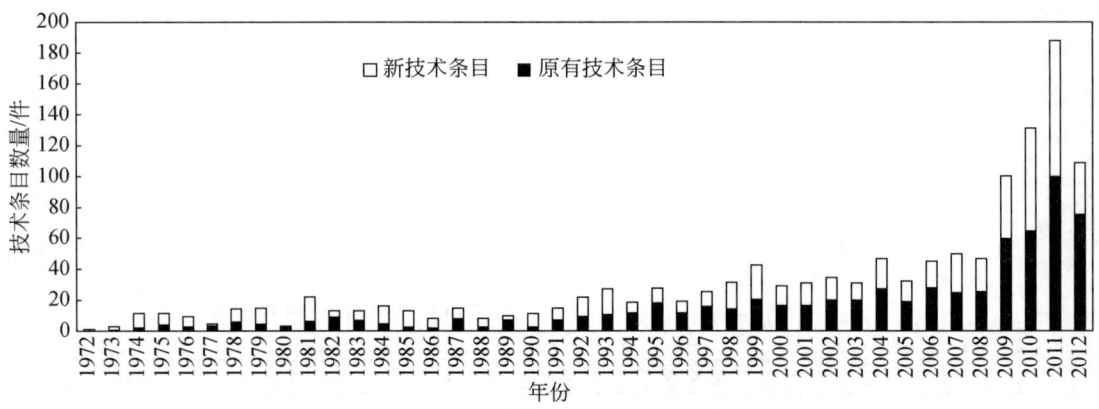

图 11-13 压缩空气储能专利新技术条目的时序分布

示。大部分技术方向出现于 20 世纪 70 年代和 80 年代初，属于行业的基础技术类别；而带蓄能器的装置或系统（F15B-001）和特殊用途的机器或发动机（F01D-015）这两个方向出现于 20 世纪 90 年代，可以视为领域基础技术发展过程中的新突破与新应用。利用太阳能产生机械功的装置（F03G-006）、带蓄能器的装置或系统（F15B-001）、结构上与电机连接用于控制机械能的装置（H02K-007）、特殊用途的机器或发动机（F01D-015）四个方向的专利申请主要集中在 2010～2012 年，说明这些分支技术近年来的研发较为活跃。

表 11-3 压缩空气储能专利技术布局（基于 IPC 大组）

技术领域（IPC 大组）	申请量/件	活动年份	近 3 年*申请量占总量的比例/%
特殊用途的风力发动机（F03D-009）	225	1973～2012	40.0
复式燃气轮机装置；燃气轮机与其他装置的组合；特殊用途的燃气轮机装置（F02C-006）	224	1972～2012	23.2
用于制造、装配、维护或维修电机的方法或设备（H02J-015）	67	1975～2012	16.4

续表

技术领域（IPC 大组）	申请量/件	活动年份	近3年*申请量占总量的比例/%
燃气轮机装置的零件、部件或附件等（F02C-007）	60	1974～2012	15.0
特殊用途的机械或发动机（F03B-013）	53	1975～2012	35.8
以热气或未加热的加压气体为工作流体的汽轮机装置（F02C-001）	45	1978～2012	26.7
带蓄能器的装置或系统（F15B-001）	45	1996～2012	66.7
其他产生机械功的机构或能源利用（F03G-007）	44	1978～2012	45.5
风力发电机的零件、部件或附件（F03D-011）	37	1974～2012	45.9
以燃烧产物为工作流体的燃气轮机装置（F02C-003）	34	1976～2012	17.6
特殊用途的机器或发动机（F01D-015）	25	1992～2012	56.0
利用太阳能产生机械功的装置（F03G-006）	24	1982～2012	79.2
多个发动机组成的整体装置（F01K-023）	23	1976～2012	21.7
结构上与电机连接用于控制机械能的装置（H02K-007）	21	1975～2012	57.1
具有与风向基本一致的旋转轴线的风力发电机（F03D-001）	21	1974～2012	20.0

* 近3年指2010～2012年

利用Innography平台的专利文本聚类功能，对压缩空气储能领域的热点技术主题进行了分析，主要包括储藏罐、热能、储能与回收、热交换器、发电5个大类（图11-14）。细分后的技术关键词包括：高压、压缩气体、导热、多孔材料、储气罐等与空气压缩有关的技术主题，风能、能量转化、控制等与能量来源有关的技术主题，以及燃气机组、燃气涡轮机、蒸汽机、机械能、冷却水等与释能做功过程有关的技术主题。

11.4.3 压缩空气储能专利国家分布分析

11.4.3.1 申请国家分布

压缩空气储能专利申请数量最多的10个国家（基于专利申请来源国）见图11-15。可以看出，压缩空气储能相关专利的主要产出国家包括：美国、中国、德国、日本、法国、韩国、英国、瑞士、加拿大、罗马尼亚等。从压缩空气储能相关专利的受理数量大致可以看出，这些国家/地区也是该领域相关专利的主要保护区域和目标市场。

11.4.3.2 主要国家的年度专利申请态势

主要国家/地区压缩空气储能相关专利申请数量的年度（基于申请年）变化情况参见图11-16。可以看出，美国、德国压缩空气储能相关专利申请起步早，年度变化趋势与全球总体趋势基本一致。日本的三菱等机构也较早地进入了压缩空气储能技术领域，并在20世纪90年代至本世纪初有较多的相关专利申请，但近年来相关专利申请较少。这在很大程度上是由于日本本土的地质条件不适宜大规模压缩空气的储藏，压缩空气储能并不是该

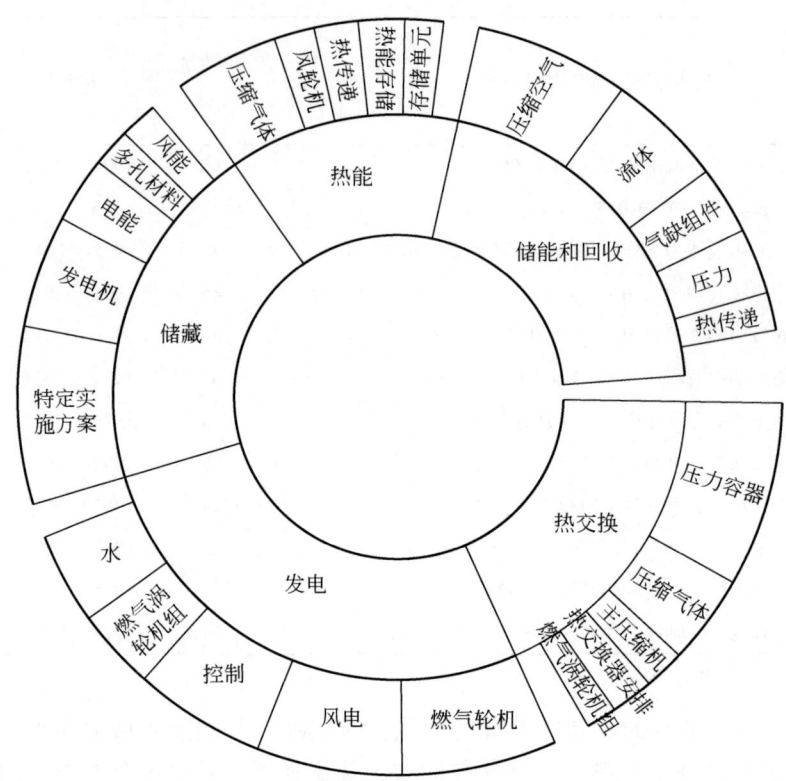

图 11-14　压缩空气储能专利热点技术主题

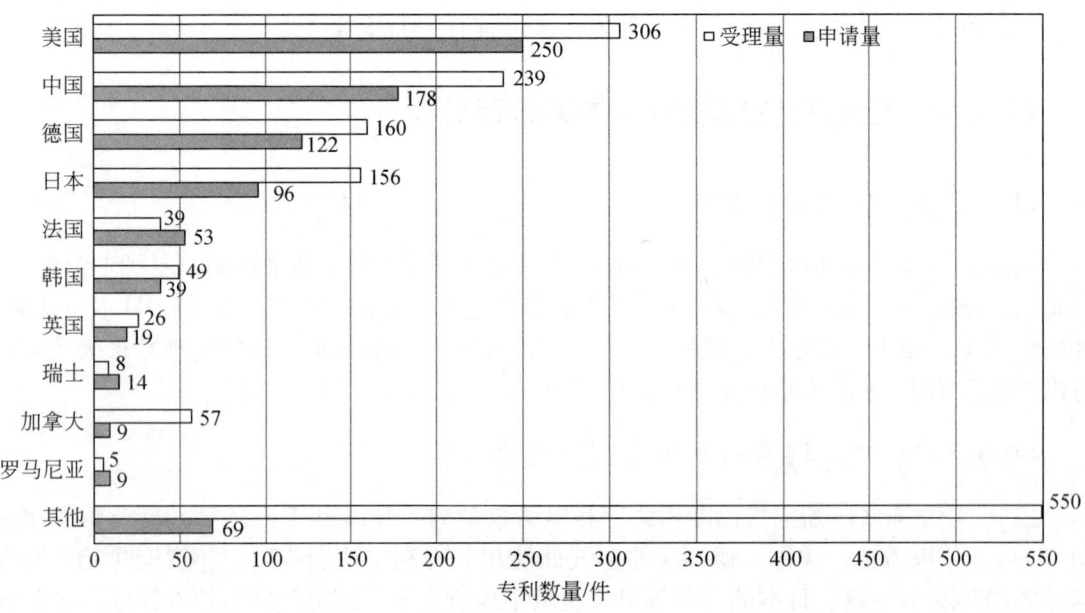

图 11-15　压缩空气储能专利主要申请与受理国家

国重点发展的储能技术。中国的压缩空气储能相关专利申请始于20世纪80年代，近年来的表现极为突出。目前的年度专利申请规模已超过美国。此外，韩国的相关专利申请始于20世纪90年代末期，近年来申请数量增长也较快，是压缩空气储能技术领域的后起之秀。

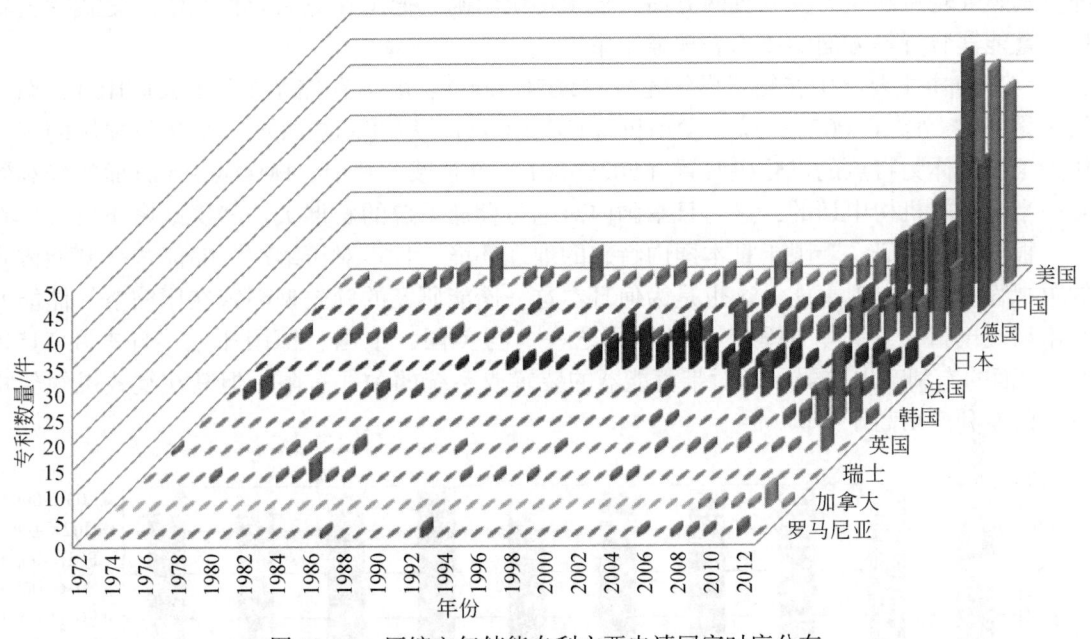

图11-16　压缩空气储能专利主要申请国家时序分布

11.4.3.3　主要国家的技术布局

专利申请量前10位国家（美国、中国、德国、日本、法国、韩国、英国、瑞士、加拿大和罗马尼亚）在压缩空气储能领域的技术布局情况（基于IPC大组）如图11-17所示。可以看出，主要国家/地区的技术构成较为相似，专利大都分布在F03D-009、F02C-006、H02J-015、F02C-007、F03B-013等领域，即风力发电机、压缩空气储能的燃气轮机及过剩电力的存储等。具体来看，美国、中国、德国和日本4个最主要国家的技术布局如下：

（1）美国在压缩空气储能领域的技术构成最为完备，各技术分支均有较多产出，最重要的技术类别包括复式燃气轮机（F02C-006）、风力发电机（F03D-009）、带蓄能器的装置或系统（F15B-001）、燃气轮机相关部件（F02C-007）、以使用热气或未加热的加压气体为工作流体的汽轮机装置（F02C-001）等，特别是燃气轮机、蓄能器装置两大方面优势突出，相关专利一半都是来自美国，这也可以在一定程度上解释美国在压缩空气储能领域处于研发和应用领先地位。

（2）中国主要集中在风力发动机（F03D-009）、特殊用途的发动机（F01D-015）、复式燃气轮机（F02C-006）、利用太阳能产生机械功的装置（F03G-006）、风力发电机零部件（F03D-011）等领域，特别是风力发电机及其零部件方面。事实上，近年来我国风电装机容量始终位居全球首位，中国压缩空气储能专利的技术主题分析结果与这一现实情况也是相符的。

（3）德国在压缩空气储能领域的技术规模虽逊于美国，但其技术构成也非常完备。技术构成主要集中在复式燃气轮机（F02C-006）和风力发动机（F03D-009）两个大组上，即复式燃气轮机和风力发电机两方面，技术定位明确。德国在电力存储系统、复式燃气轮机、蓄能器装置等方面的技术表现强于中国。

（4）日本主要集中在复式燃气轮机（F02C-006）、电力存储系统（H02J-015）、燃气轮机零部件（F02C-007）、风力发动机（F03D-009）、以使用热气或未加热但加压的气体作为工作流体为特点的汽轮机装置（F02C-001）等领域。其中，H02J-0015方面的专利约有一半是日本机构申请的，这与日本国内对电力存储系统的长期关注和实践密不可分。然而，根据文献调研，受限于日本国内特殊的地理环境，日本对压缩空气储能这一储能方式的重视程度弱于电池蓄能，这也是为何日本这一储能研究的领先型国家在压缩空气储能专利申请规模逊于美国、中国、德的原因之一。与美国、中国、德国相比，日本在F15B-001方面的专利产出较弱，即对带蓄能器的装置或系统的关注有限，但其在复式燃气轮机方面的专利产出高于中国。

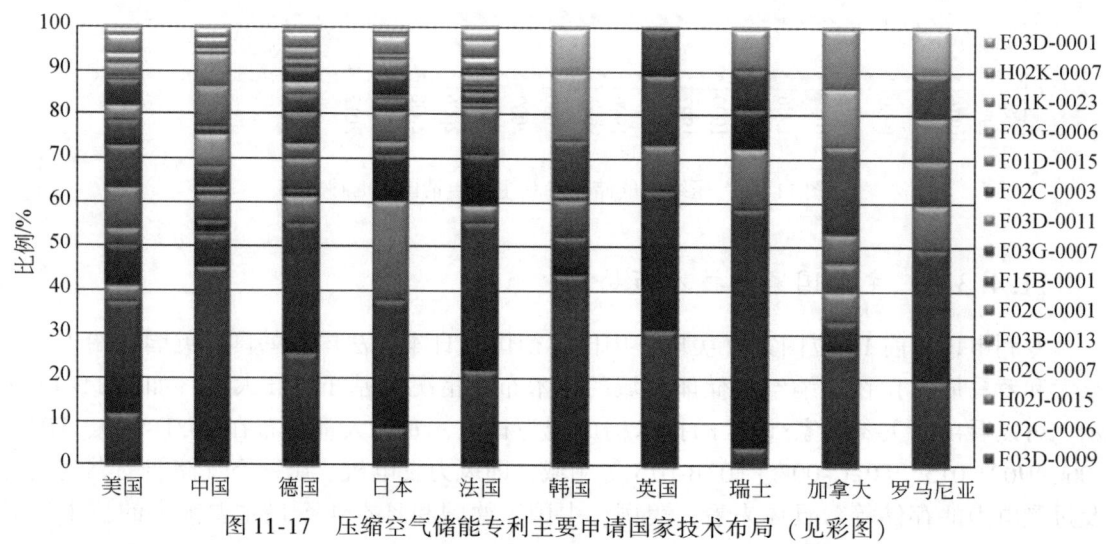

图11-17 压缩空气储能专利主要申请国家技术布局（见彩图）

11.4.4 压缩空气储能专利申请人分析

11.4.4.1 专利申请人概况分析

全球压缩空气储能专利申请人可以分为企业、大学、个人、科研机构四种类型，其专利申请数量所占比例分别为56.3%、4.6%、34.7%、3.7%。在一个相对成熟的行业或技术领域中，企业申请的专利一般会占到专利总量的80%左右，这也表明压缩空气储能仍是一个较新的技术领域。通过对压缩空气储能专利申请人的排查，发现该领域的技术专利主要是由机构独立申请，企业间的合作仅限于同一集团内部的联合申请，产学研合作更为少见。对来源国为中国的专利进行梳理后，发现以中国科学院、山东大学、西安交通大学等为代表的科研机构和大学的专利申请数量、专利质量明显高于企业，是该领域技术发明的主力军。

11.4.4.2 重要专利申请人

从专利申请人的情况来看（图11-18），光帆能源公司、瑟斯特克斯公司、通用压缩公司、德赛尔-兰德公司目前已成为该技术领域的全球领先机构。综合考虑专利申请规模和质量，中国在压缩空气储能领域的重要专利申请机构为中国科学院（主要是工程热物理研究所）和山东大学。德国机构为3家，分别为西门子集团、旭普林公司（Züblin AG）和博世集团。上榜的3家日本机构包括三菱集团、日本三井和电力中央研究所。法国阿尔斯通公司及瑞士ABB公司的压缩空气储能专利数量排名靠前，分别代表了所在国在该技术领域的最高水平。

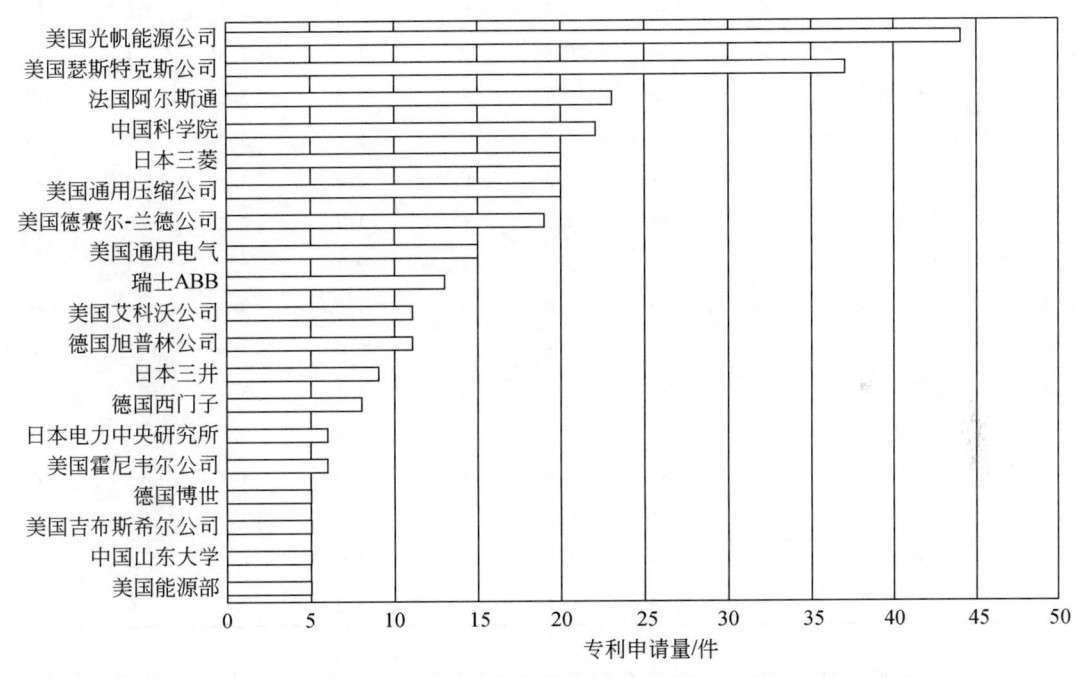

图11-18　压缩空气储能专利重要申请人排名

11.4.4.3 重要专利申请人专利质量及保护力度对比

从被引次数、保护区域数量、保护宽度、重要专利数量等方面对压缩空气储能专利重要申请人的专利质量与专利保护力度进行了对比分析（表11-4）。首先，可以看出美国申请人占据了半壁江山，并且在专利被引、保护区域数量、专利技术宽度[①]、PCT专利等几个方面的综合表现优秀，说明美国机构在压缩空气储能领域的技术产出和质量普遍较高。

---

① 专利技术宽度指的是专利涵盖的技术领域范围。本报告是基于IPC大组的数量

法国阿尔斯通和瑞士 ABB 的压缩空气储能专利不仅具有较高的被引次数，且专利保护区域、技术宽度及重要专利数量甚至优于美国机构。中国机构的相关专利在被引次数及其他专利质量指标上的表现上明显逊于欧美机构，表明我国机构的相关发明创新质量和成果保护力度仍有较大提升空间。

表 11-4　压缩空气储能专利重要申请人专利质量及专利保护力度对比

	专利族数量	总被引频次	平均被引次数	H指数	平均保护区域数量	专利技术宽度	美国专利数量	PCT专利数量
美国光帆能源公司	44	136	3.1	8	1.3	3.0	43	6
美国瑟斯特克斯公司	37	148	4.0	8	1.3	3.7	35	8
法国阿尔斯通	23	85	3.7	6	3.3	3.8	14	8
中国科学院	22	9	0.4	2	1.5	2.7	2	1
美国通用压缩公司	20	83	4.2	6	2.4	3.1	16	11
日本三菱	20	16	0.8	3	1.1	2.8	1	0
美国德赛尔-兰德公司	19	375	19.7	7	4.3	3.6	13	10
美国通用电气	15	72	4.8	4	5.0	5.9	5	10
瑞士 ABB	13	121	9.3	6	3.6	3.5	9	0
德国旭普林公司	11	14	1.3	1	1.7	2.2	0	3
美国艾克沃公司	11	33	3.0	4	2.1	5.7	7	4
日本三井	9	9	1.0	3	1.0	3.3	0	0
德国西门子	8	22	2.8	2	2.0	3.3	2	4
美国霍尼韦尔公司	6	88	14.7	4	3.7	3.2	4	4
日本电力中央研究所	6	5	0.8	1	1.0	2.5	0	0
美国能源部	5	82	16.4	3	1.0	1.4	5	0
中国山东大学	5	1	0.2	1	1.0	2.6	0	0
美国吉布斯希尔公司	5	126	25.2	5	2.8	1.6	4	1
德国博世	5	3	0.6	1	1.2	2.8	0	0

压缩空气储能专利重要申请人的全球专利布局如表 11-5 所示，由此可以发现这些申请人技术输出的主要市场，从而确定其全球区域战略定位。美国光帆能源公司、美国瑟斯特克斯公司、美国通用压缩公司这三家新成立的压缩空气储能企业的目标市场以美国本土为主，可能受到财力的制约，在亚洲和欧洲市场的布局较弱。法国阿尔斯通和美国通用电气这两家老牌电气行业巨头的目标市场分布较广，在美国、欧洲、亚洲均进行了专利部署。日本机构和中国机构的专利申请主要集中在国内。此外，还可以看出重要申请人最为看重的目标市场分别为美国、欧洲和日本。也就是说，虽然我国已经是全球压缩空气储能专利的第二大受理国，但该技术领域中的重要专利申请人在我国的相关专利布防仍然相对有限，这对我国来说是大好机遇。我国相关机构应该继续加大技术研发和成果保护力度，为我国压缩空气储能产业的未来发展保驾护航。

表 11-5 压缩空气储能专利重要申请人的全球布局

	美国	中国	WIPO	德国	日本	欧洲专利局	加拿大	澳大利亚	韩国	法国	英国
美国光帆能源公司	44	1	6	1	1	1	2	0	1	0	0
美国瑟斯特克斯公司	35	1	8	0		2	0	0	1	0	0
法国阿尔斯通	15	3	8	14	5	11	4	4	1	0	3
中国科学院	2	22	2	0	1	1	0	0	0	0	0
美国通用压缩公司	18	3	11	0	3	3	5	5	0	0	0
日本三菱	1	0	0	0	20	0	0	0	0	0	0
美国德赛尔-兰德公司	19	6	10	4	7	10	8	6	0	1	1
美国通用电气	15	12	10	1	11	14	3	1	2	0	0
瑞士 ABB	9	1	0	11	0	9	7	1	0	1	0
德国旭普林公司	0	0	3	4	0	11	0	0	0	0	0
美国艾克沃公司	10	0	4	0	3	6	0	0	0	0	0
日本三井	0	0	0	0	9	0	0	0	0	0	0
德国西门子	2	1	4	5	0	4	0	0	0	0	0
美国霍尼韦尔公司	4	1	4	2	1	4	1	2	1	0	0
日本电力中央研究所	0	0	0	0	6	0	0	0	0	0	0
美国能源部	5	0	0	0	0	0	0	0	0	0	0
中国山东大学	0	5	0	0	0	0	0	0	0	0	0
美国吉布斯希尔公司	5	0	1	1	1	1	3	0	0	0	0
德国博世	0	0	0	5	0	1	0	0	0	0	0

11.4.5 压缩空气储能重要专利分析

Innography 分析平台根据每份专利的他引次数、审查时长、保护权限项数、诉讼次数等十多项指标,提出了专利强度的计算概念,最高为 10 级,强度越强则说明该专利价值越高,可被视为该领域的重点专利。依照此定义,得到专利强度 7~10 级的压缩空气储能高质量专利 87 条,对所属的专利申请人进行统计(图 11-19),美国瑟斯特克斯公司(24件)和光帆能源公司(21件)是高质量专利的主要所有人,拥有近一半的重要专利。另一家技术领先型企业通用压缩公司也囊括了超过 12 件高质量专利。由此可见,这三家美国新兴企业不仅是压缩空气储能专利的高产者,还是核心技术缔造者。前文提到的压缩空气储能的高产机构中,美国德赛尔-兰德公司、美国吉布斯希尔公司、德国西门子、法国阿尔斯通、瑞士 ABB 和、美国艾克沃公司等也都拥有一些高质量专利,其中美国德赛尔-兰德公司、法国阿尔斯通、瑞士 ABB 是压缩空气储能领域的老牌企业,但近年来的活跃度不高;德国西门子是全球著名的工程技术专家,其在燃气轮机领域的优势在压缩空气储能技术领域中亦有所显现。

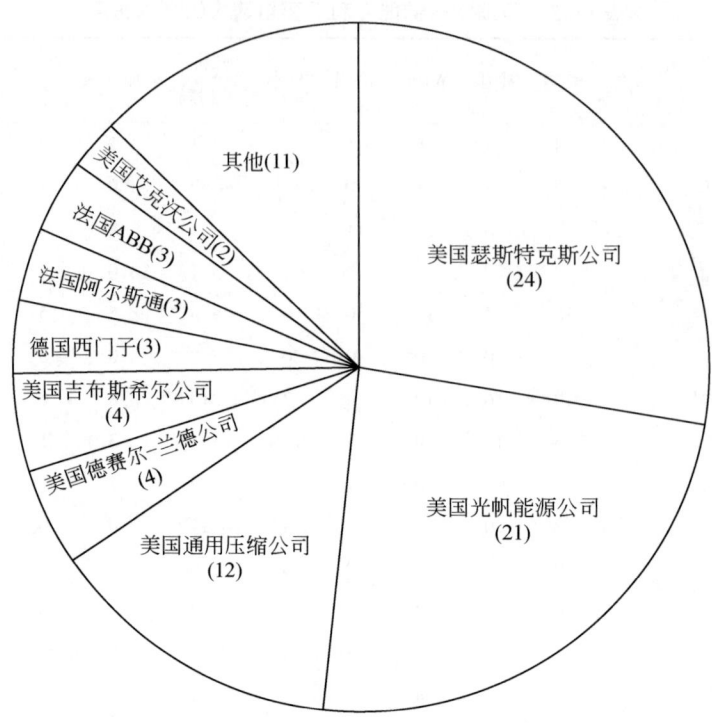

图 11-19 压缩空气储能高质量专利的申请人分布

技术得分在 9 分以上的由机构申请的 20 条专利参见表 11-6,瑟斯特克斯公司独占 11 条专利(其中 2 条为同一专利族),是当之无愧的技术精英公司,光帆能源公司有 8 件专利入围,通用压缩公司有 1 件专利入围。

表 11-6 压缩空气储能领域高质量专利

专利名称	专利号	权利人	被引次数/次
提升压缩气体储能传动装置效率的系统与方法	US7963110 B2	美国瑟斯特克斯公司	11
提升压缩气体储能和回收系统的传动装置的效率的系统与方法	US8046990 B2	美国瑟斯特克斯公司	1
压缩空气储能系统的热交换	US8250863 B2	美国瑟斯特克斯公司	3
热能与压缩气体转换混合系统的系统与方法	US8122718 B2	美国瑟斯特克斯公司	5
热能与压缩气体转换的混合系统的系统与方法	US7958731 B2	美国瑟斯特克斯公司	13
利用耦合气缸组件储能和发电的系统和方法	US8109085 B2	美国瑟斯特克斯公司	1
利用耦合气缸组件的压缩气体储能系统和方法	US8117842 B2	美国瑟斯特克斯公司	9
增大压缩气体储能和回收系统的能量	US8104274 B2	美国瑟斯特克斯公司	5
压缩气体储能和回收的系统与方法	US7832207B2、US7900444 B1	美国瑟斯特克斯公司	28
压缩空气储能系统高效液体热交换	US8171728 B2	美国瑟斯特克斯公司	1

续表

专利名称	专利号	权利人	被引次数/次
利用两相流动促进热交换的压缩空气储能系统	US8037677 B2	美国光帆能源公司	8
利用两相流动促进热交换的压缩空气储能系统	US8037679 B2	美国光帆能源公司	8
利用两相流动促进热交换的压缩空气储能系统	US8061132 B2	美国光帆能源公司	11
利用两相流动促进热交换的压缩空气储能系统	US8087241 B2	美国光帆能源公司	9
利用两相流动促进热交换的压缩空气储能系统	US8065874 B2	美国光帆能源公司	9
利用两相流动促进热交换的压缩空气储能系统	US8181456 B2	美国光帆能源公司	2
利用两相流动促进热交换的压缩空气储能系统	US8201403 B2	美国光帆能源公司	2
压缩机和膨胀机装置	US8096117 B2	美国通用压缩公司	14
燃气轮机电站混合运营模式的发电方法和负载管理	US5778675 A	Energy Storage and Power LLC	44
储能和分配系统	US6026349 A	个人	23

11.5 发展对策

我国能源发展对储能技术的应用提出了需求。为了满足日益增长的电力需求方面，尤其是针对工业用电和大城市用电特点，需要在可再生能源和可持续电力、储能和智能电网基础设施等领域加强研发活动。压缩空气储能系统是除抽水蓄能之外最能够实现大规模应用的储能技术。但是，目前压缩空气储能系统发展面临两大制约：需要大型储气装置和依赖燃烧化石燃料。为了解决这些问题，研究人员已经提出了很多种新型压缩空气储能系统，包括改良的传统压缩空气储能系统、带蓄热的压缩空气储能系统、微小型压缩空气储能系统、液化空气储能系统、超临界压缩空气储能系统、与可再生能源耦合的压缩空气储能系统等。因此，从总体态势分析，压缩空气储能技术仍处于技术生命成长期，随着可再生能源的大规模发展，压缩空气储能的应用将迎来快速成长。

从国际发展态势来看，企业是压缩空气储能技术创新的主体，通用电气、德国西门子、法国阿尔斯通、瑞士ABB等电气行业巨头企业都是压缩空气储能技术的重要技术持有人。然而，随着储能应用的不断发展，对大规模压缩空气储能技术提出了新的要求，这为该领域的技术进步和再创新提供了新的机遇，同时为新兴研发机构进入开辟了新的空间。2006年以来，三家新企业——光帆能源公司、瑟斯特克斯公司、通用压缩公司表现突出，已成为该领域的全球技术领航者。在我国，中国科学院是中国压缩空气储能技术领先机构的代表。

面对压缩空气储能未来的发展机遇，提升压缩空气储能技术的研发能力是推进我国能源结构清洁高效转型升级、实现可再生能源发展目标、建设智能电网的有效技术选项之一。目前，我国在先进压缩空气储能技术研发上已居世界前列，并成为仅次于美国的压缩空气储能专利申请大国。从这个意义上来看，我国已成为压缩空气储能技术的主要产出地和目标市场。然而，由于我国在该领域的技术研发起步较晚，成果的影响力、受关注程度、技术多样性等方面的表现与美国、瑞士、英国等国的差距依然较大。同时，我国在压缩空气储能技术领域的布局还不完整，竞争力仍显不足。对蓄能器、换热器等影响系统热交换过程以及空气压缩机膨胀机一体机、燃气轮机等影响系统整体效率的关键部件和设备的研发能力较弱。

面对这一情况，我国相关机构和部门应提前谋划，做好行业技术研发布局，以前瞻性的眼光引导压缩空气储能技术的长远发展，本报告提出我国发展压缩空气储能技术的对策建议如下。

第一，认识储能对于发展清洁能源的重要意义，加大对压缩空气储能自主创新核心技术的扶持，建议设置科研专项，着力突破技术结构中的薄弱环节，形成一体化的解决方案，提升我国在压缩空气储能技术领域的原始创新能力，形成行业核心竞争力。

第二，开展压缩空气储能技术的系统分析和建模，对我国压缩空气储能技术的可能应用实施多维度空间和多层面分析，特别是需要建立技术–经济–社会–环境综合评价方法和体系，以深入了解技术应用的选择方案和市场机遇。这是决定储能技术未来部署的先决条件。

第三，开展压缩空气储能应用评估研究，制定适用的地理目录。

第四，实施大容量压缩空气储能工程示范，建立百兆瓦级先进压缩空气储能系统。

第五，国内机构间应加大合作，实施协同创新，发挥企业作为创新主体的作用，提升压缩空气储能系统关键装备研发和制造水平。

致谢：特别感谢中国科学院工程热物理研究所陈海生研究员、中国科学院过程工程研究所丁玉龙研究员和中国科学院大连化学物理研究所知识产权办公室杜伟博士为本报告提供宝贵的意见和建议！

参 考 文 献

陈海生. 2011. 压缩空气储能技术的特点与发展趋势. 高科技与产业化，(6)：55-56.

陈海生. 2012-10-22. 主要储能系统技术经济性分析. http：//www. iet. cas. cn/hdzt/135zl/ghssdt/dgmkqcnjs/201210/t20121022_3665200. html.

低碳工业网. 2013-05-30. 美国参议院通过 2013 新储能法案. http：//www. tangongye. com/news/NewShow. aspx？id=18250.

陈海生，刘金超，郭欢，等. 2013. 压缩空气储能技术原理. 储能科学与技术，2（2）：146-151

3-09-14. 美国参议院通过 2013 新储能法案. http：//www. tangongye. com/news/NewShow. aspx？id=18250.

郭欢. 2013. 新型压缩空气储能系统性能研究. 中国科学院大学硕士学位论文.

国家能源局. 2013-07-06. 能源科技热词：压缩空气储. http：//www. nea. gov. cn/2013-05/20/c_132386126. htm.

能源观察网. 2013-09-23. 欧洲各国储能产业支持政策概述. http：//www. chinaero. com. cn/rdzt/cn/plgc/05/103686. shtml.

日经能源环境网. 2013-11-13. 日本确定"革新能源环境战略". http://china.nikkeibp.com.cn/eco/news/catpolicysj/3473-20120920.html.

苏伟, 刘世念, 钟国彬, 等. 2013. 化学储能技术及其在电力系统中的应用. 北京: 科学出版社: 47-48.

余耀, 孙华, 许俊斌, 等. 2013. 压缩空气储能技术综述. 装备机械, (1): 68-74.

张新敬. 2011. 压缩空气储能系统若干问题的研究. 北京: 中国科学院研究生院.

张新敬, 陈海生, 刘金超, 等. 2012. 压缩空气储能技术研究进展. 储能科学与技术, 1 (1): 26-40.

张远, 杨科, 李雪梅, 等. 2013. 基于先进绝热压缩空气储能的冷热电联产系统. 工程热物理学报, 34 (11): 1992-1996.

中国储能网. 2013-10-17. "压缩空气储能系统"合作开发协议在上海签订. http://escn.com.cn/2013/0116/767714.html.

中国储能网. 2013-11-15. 韩国正在开发压缩空气储能系统 http://escn.com.cn/2013/0106/751168.html.

中国储能网. 2013-11-19. SMARTCAES 压缩空气储能系统被收购. http://escn.com.cn/2013/0307/809906.html.

中国储能网. 2013-12-11. 美国储能产业政策解读. http://www.escn.cn/2012/0209/150864.html.

中国创新网. 2013-12-16. 压缩空气储能项目即将落户芜湖高新区. http://www.chinahightech.com/html/1215/2013/0306/141331.html.

中国电器工业协会. 2013-09-19. 风电的发展需要压气蓄能发电系统. http://www.ceeia.com/News_View.aspx?newsid=25321&classid=3.

中国科学院工程热物理研究所. 2013-11-20. 国际电力储能技术分析（一）——抽水蓄能电站. http://www.iet.cas.cn/hdzt/135zl/ghssdt/dgmkqcnjs/201206/t20120629_3606980.html.

中国科学院工程热物理研究所. 2013-12-02. 北京市科技计划重大课题"超临界压缩空气储能系统研制"顺利通过验收. http://www.iet.cas.cn/xwdt/zhxw/201307/t20130721_3903016.html.

Barnes F S, Levine J G, et al. 2013. 大规模储能技术. 肖曦, 聂赞相, 等译. 北京: 机械工业出版社.

Barnhart C J, Benson S M. 2013. On the importance of reducing the energetic and material demands of electrical energy storage. Energy & Environmental Science, 6 (4): 1083-1092.

Energy Storage Power Corporation. 2013-08-19. ESPC is the world leader in development and implementation of innovative technologies for improved power plant performace. http://energystorageandpower.com/.

European Commission. 2013-04-10. Energy 2020. http://ec.europa.eu/energy/publications/doc/2011_energy2020_en.pdf.

European Commission. 2013-04-13. Strategic Energy Technology Plan (SET Plan). http://ec.europa.eu/energy/publications/doc/2010_setplan_brochure.pdf.

FirstEnergy. 2013-08-24. The Norton Energy Storage Project. http://media.cleveland.com/business_impact/other/The%20Norton%20Project%20Fact%20Sheet%201-1.pdf.

Hydrostor. 2013-08-30. Underwater Compressed Air Electrical Storage. http://www.hydrostor.ca/home.

Jewitt J. 2005-10-17. Impact of CAES on Wind in Tx, OK and NM [EB/OL]. http://www.sandia.gov/ess/docs/pr_conferences/2005/Jewitt_CAES.pdf.

Korea Midland Power. 2013-12-14. Korea to Build Hotbed for ESS. http://www.energyplus.or.kr/mailzine/1212_komipo/pdf/121201_komipo.pdf.

Lincoln Journal Star Online. 2013-08-14. NPPD plans to store compressed air underground for energy use. http://journalstar.com/news/local/nppd-plans-to-store-compressed-air-underground-for-energy-use/article_b37791e4-2198-5789-a795-d97d7869f209.html.

Mary R. 2013-09-17. County Commissioners OK Bethel Energy Center reinvestment zone. http://palestineherald.

com/local/x316294551/County-Commissioners-OK-Bethel-Energy-Center-reinvestment-zone.

Mays G T, Belles R J, Blevins B R, et al. 2011-12. Application of Spatial Data Modeling and Geographical Information Systems (GIS) for Identification of Potential Siting Options for Various Electrical Generation Sources. http://mydocs.epri.com/docs/TI/ORNL_Siting_Study_2011-12.pdf.

NYSEG. 2013-09-19. NYSEG Receives $1 Million from NYSERDA for Compressed Air Energy Storage Project. https://www.nyseg.com/OurCompany/News/2011/040511caes.html.

Pacific Northwest National Laboratory. 2013-09-21. Compressed Air Energy Storage. http://caes.pnnl.gov/.

PG&E. 2013-11-11. Compressed Air Energy Storage (CAES) Program Overview. http://www.pge.com/en/about/environment/pge/cleanenergy/caes/index.page?

Rainwater M. 2013-09-17. County Commissioners OK Bethel Energy Center reinvestment zone. http://palestine-herald.com/local/x316294551/County-Commissioners-OK-Bethel-Energy-Center-reinvestment-zone.

RWE. 2013-12-04. ADELE to store electricity efficiently, safely and in large quantities. http://www.rwe.com/web/cms/en/113648/rwe/press-news/press-release/?pmid=4004404.

Sustain X. 2013-12-18. SustainX Begins Startup of World's First Grid-Scale Isothermal Compressed Air Energy Storage System. http://www.sustainx.com/e9c13ca1-134c-49e9-9031-036592c1b37a/about-us-news-events-detail.htm.

Zobaa A F. 2013-12-29. Energy storage—technologies and applications. http://www.intechopen.com/books/energy-storage-technologies-and-applications.

彩 图

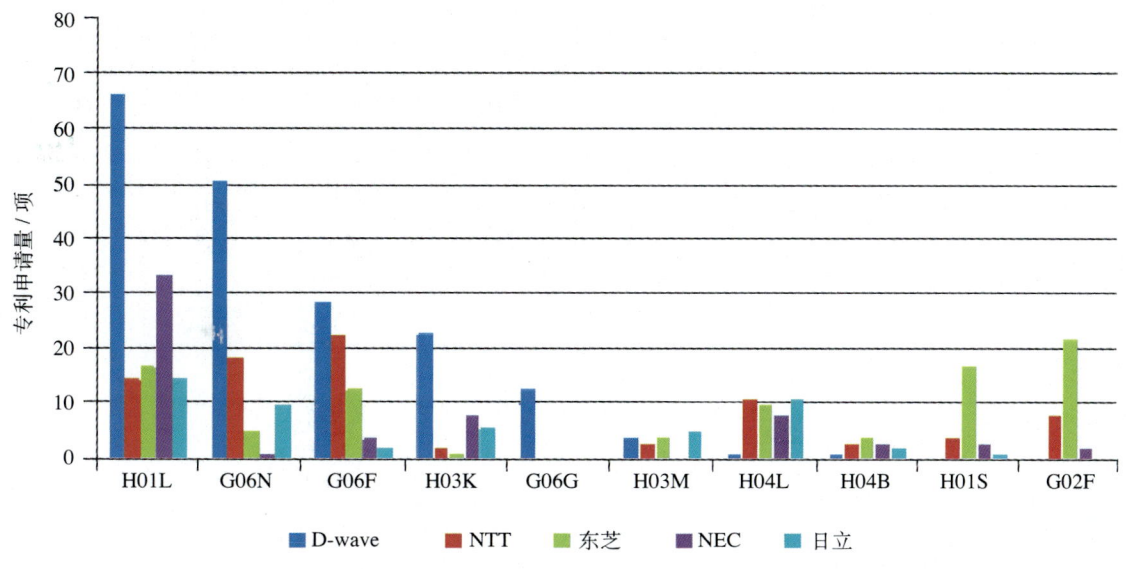

图 1-9 专利申请量前 5 位的机构量子计算专利技术分类比较

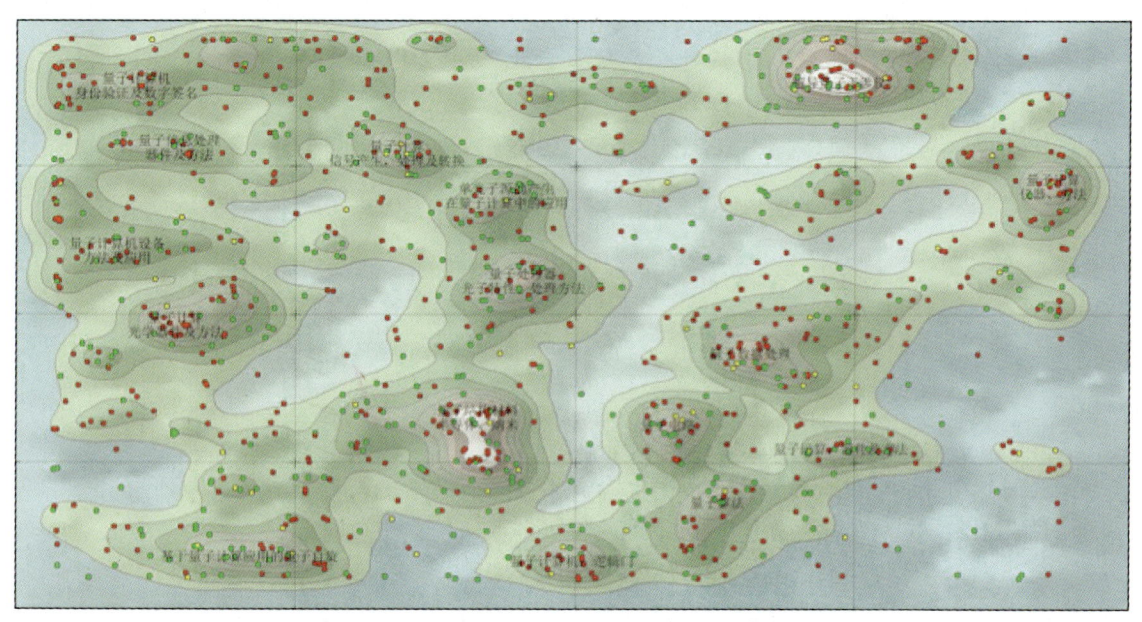

图 1-10 量子计算相关技术的专利热点布局及发展趋势
黄色点,1975～1999 年;绿色点,2000～2005 年;红色点,2006～2011 年

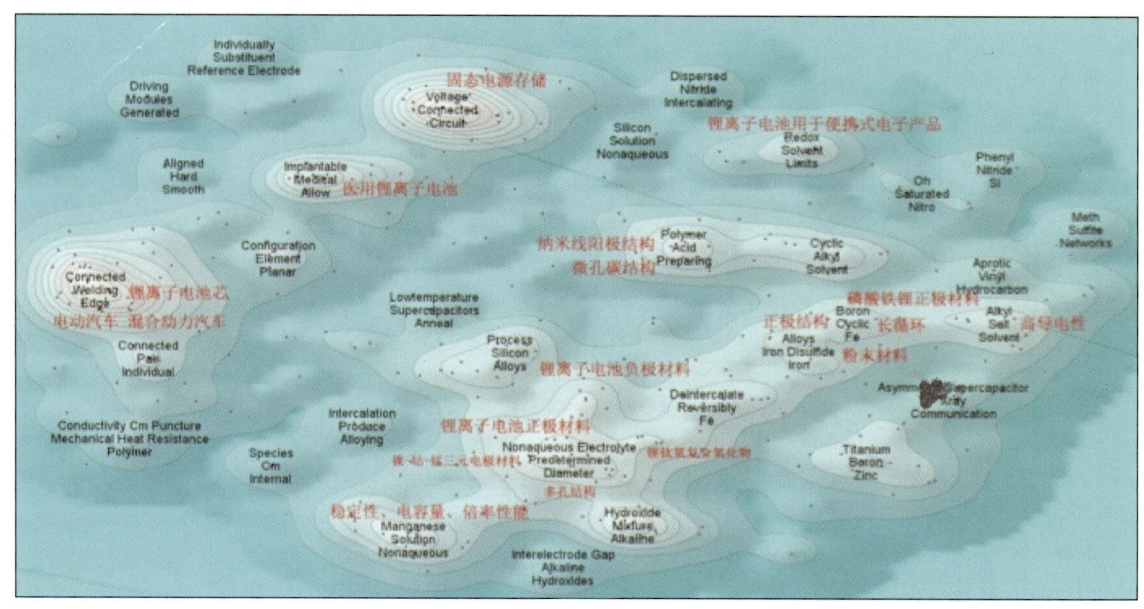

图 2-11 锂离子电池领域专利地图－研发热点和技术布局

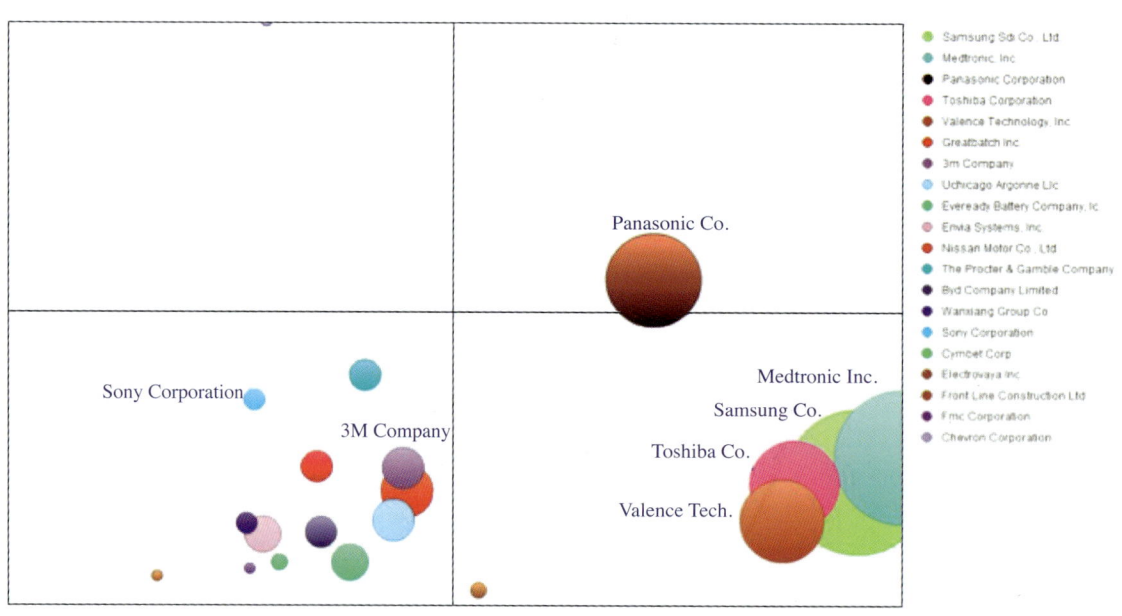

图 2-13 锂离子电池正极材料领域高价值专利及其所属专利权人

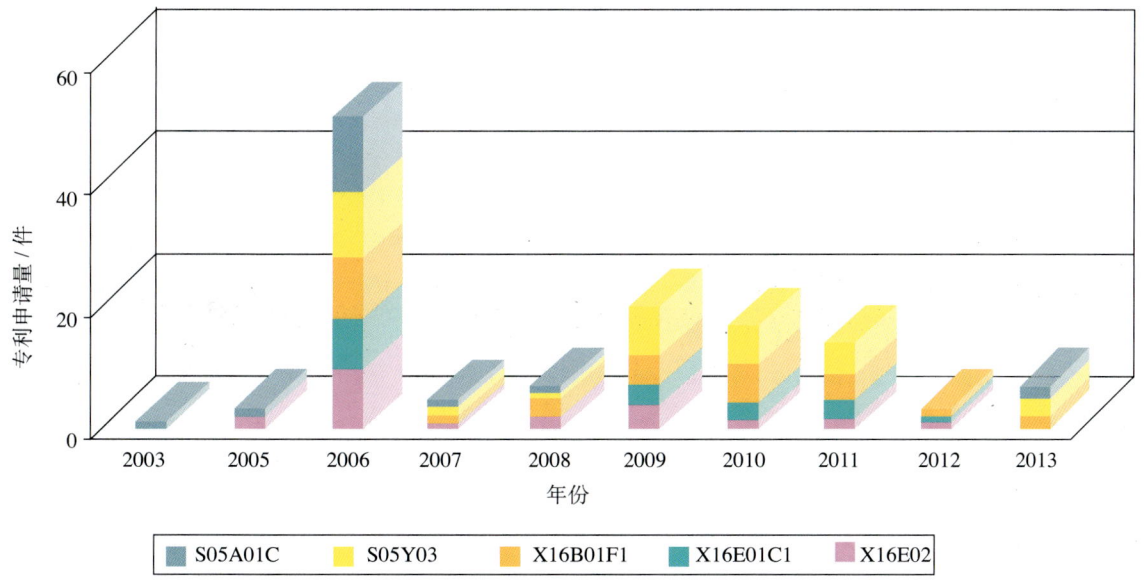

图 2-15 美国美敦力公司专利技术分类（德温特分类）

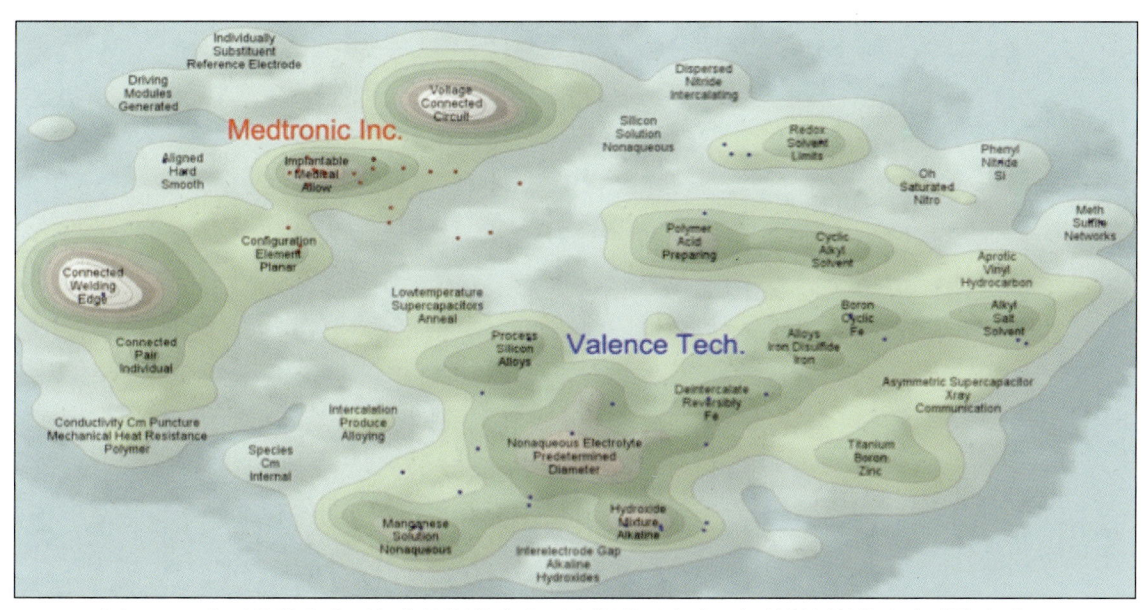

图 2-17 美国美敦力公司与华伦斯技术公司在锂离子电池正极材料领域核心专利技术地图

图中红色点代表美敦力公司核心专利，蓝色点代表华伦斯技术公司核心专利

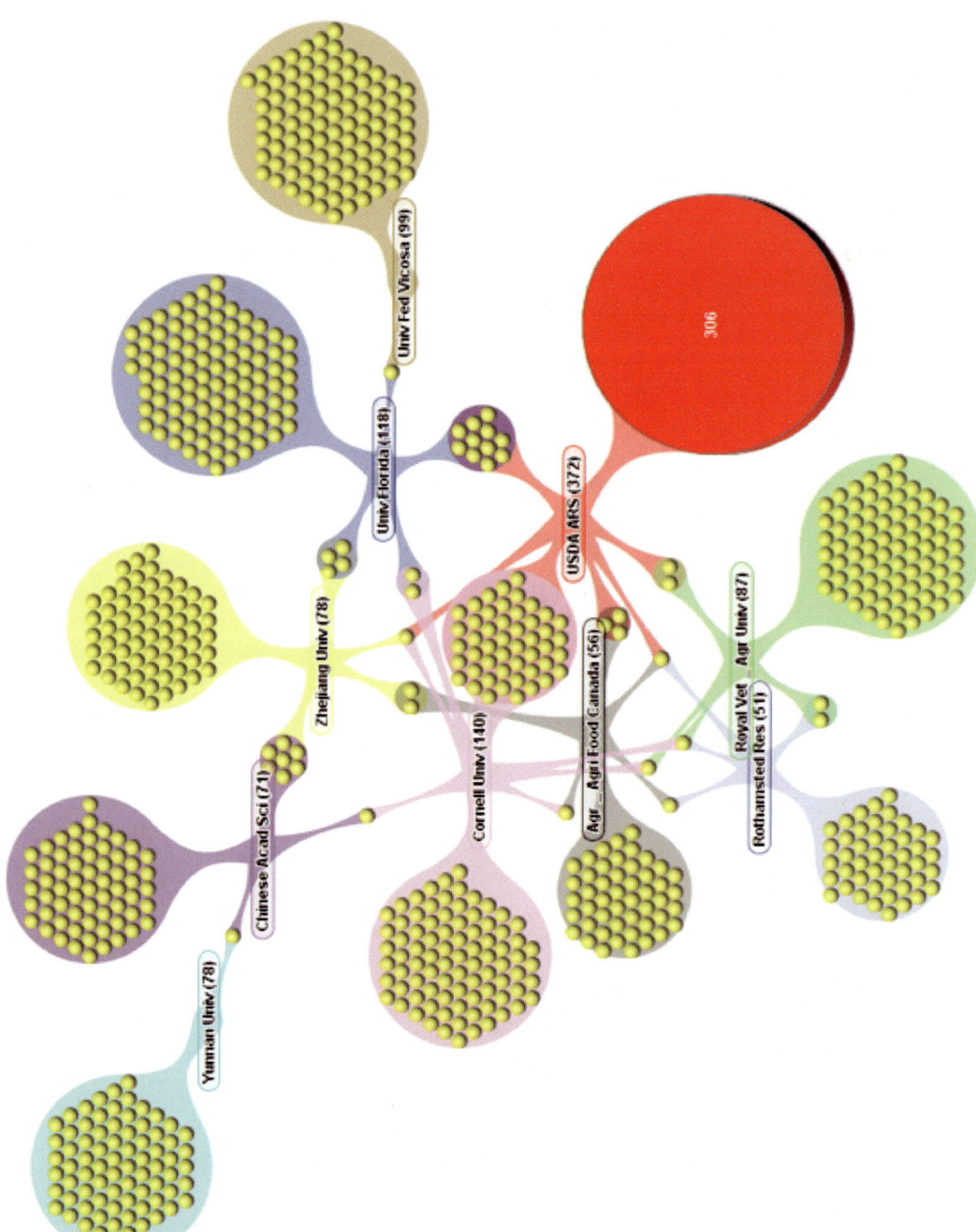

图 3-12 重要机构在真菌类微生物农药领域的 SCI 论文合作情况

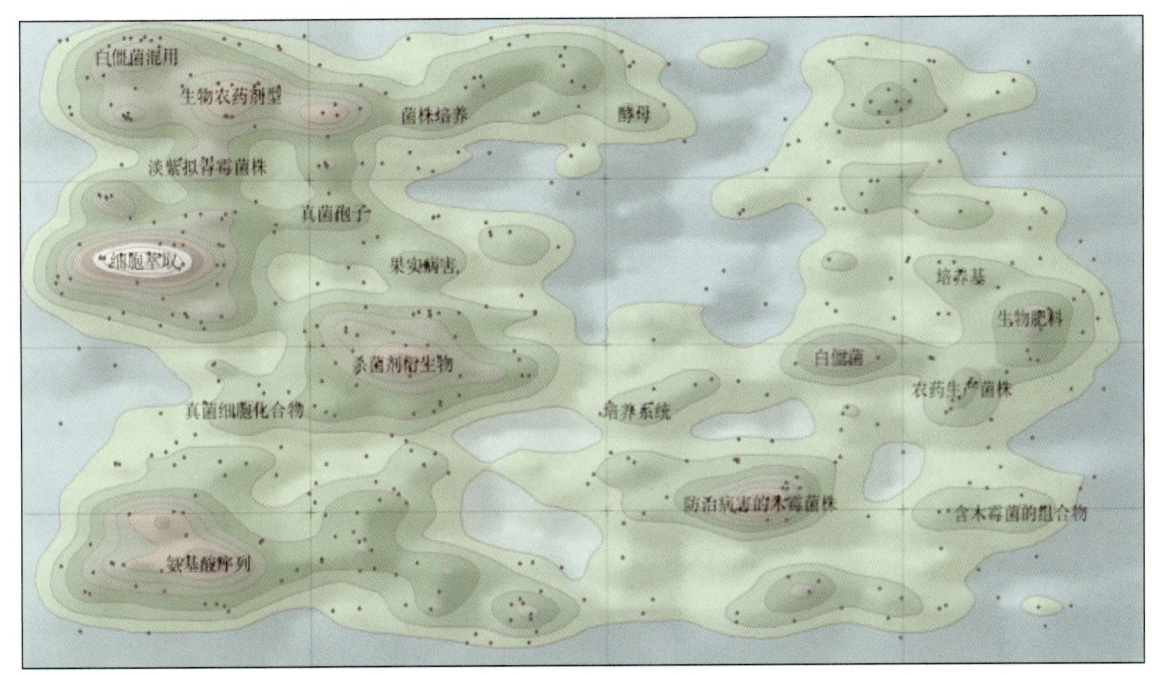

图 3-32　真菌类微生物农药相关专利的研发热点分析

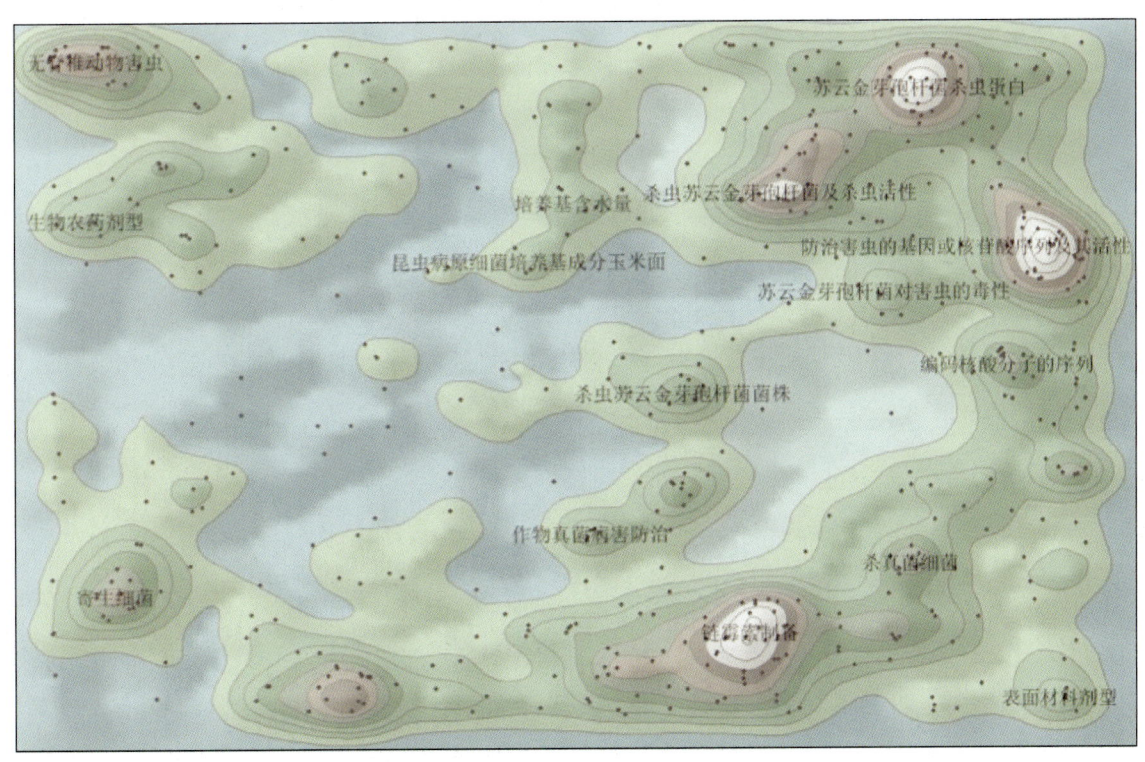

图 3-34　细菌类微生物农药相关专利的研发热点分析

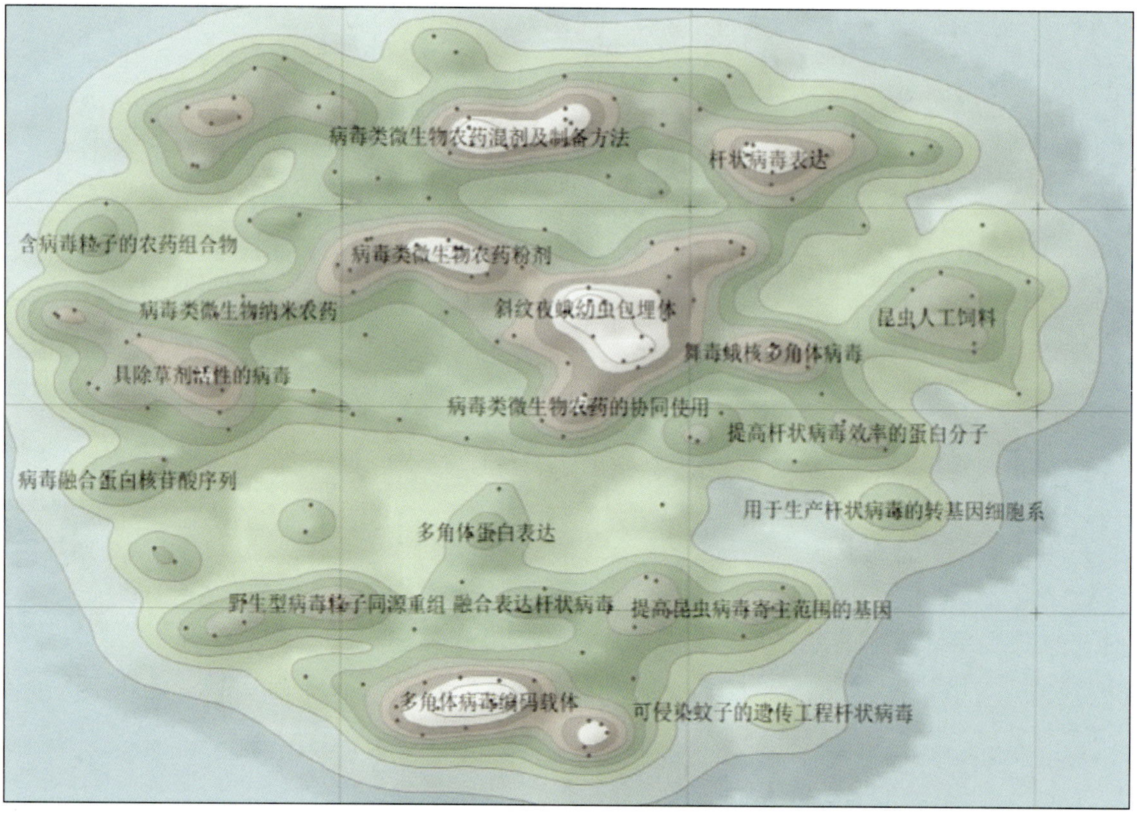

图 3-36 病毒类微生物农药相关专利的研发热点分析

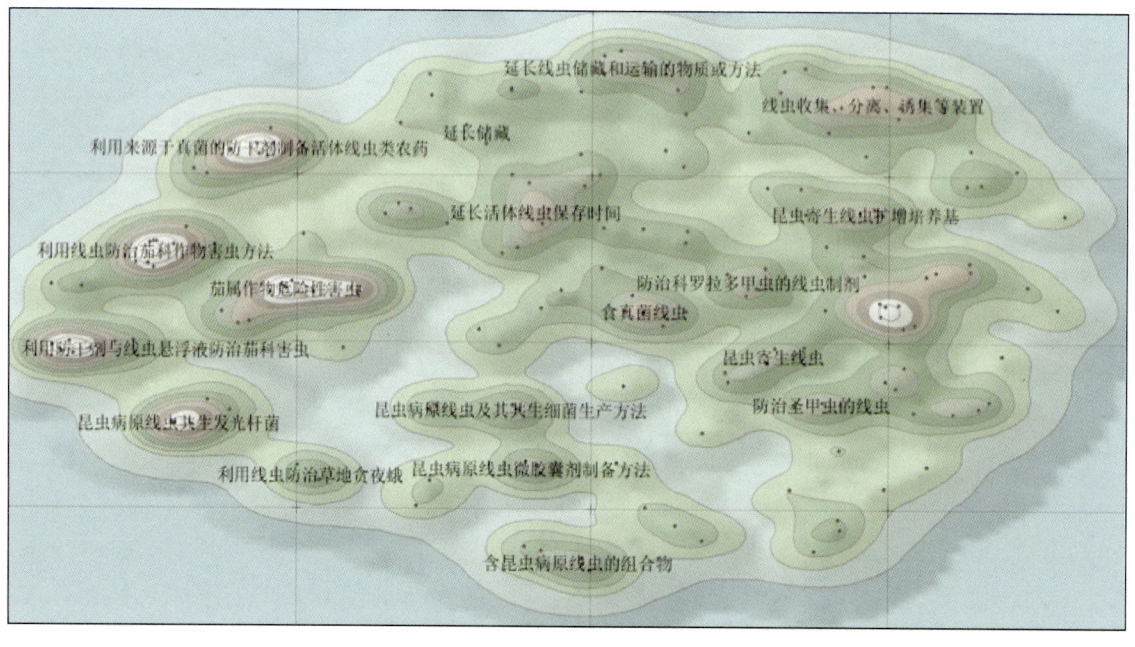

图 3-38 线虫类微生物农药相关专利的研发热点分析

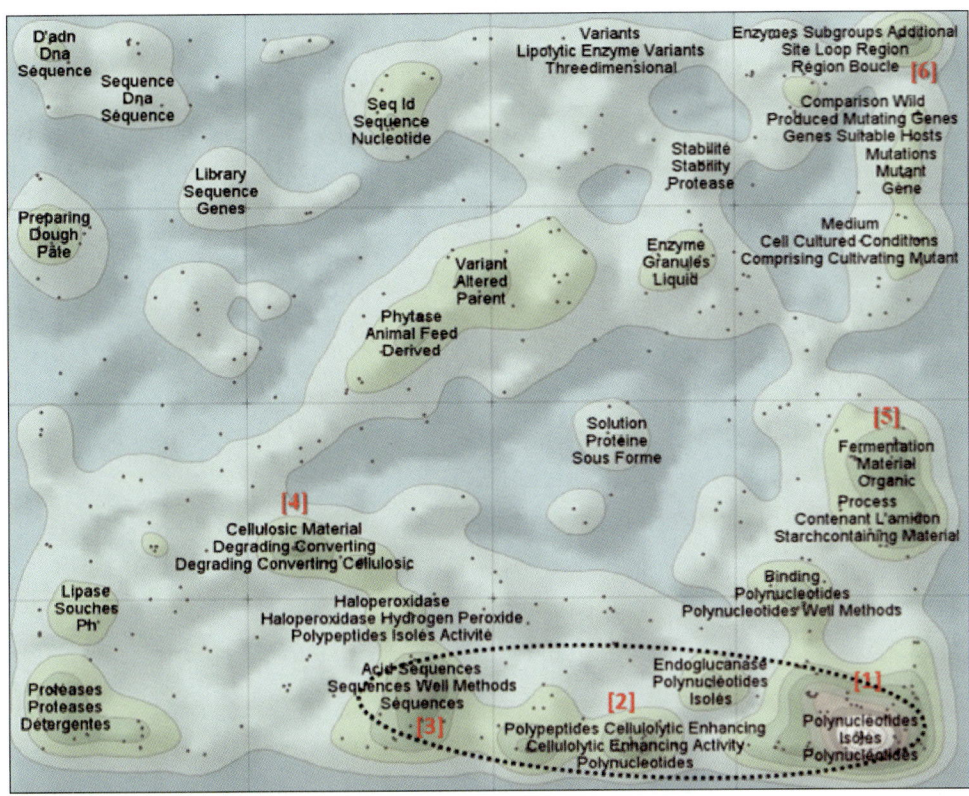

图 4-9　诺维信申请的与酶相关的专利技术主题可视化分布图

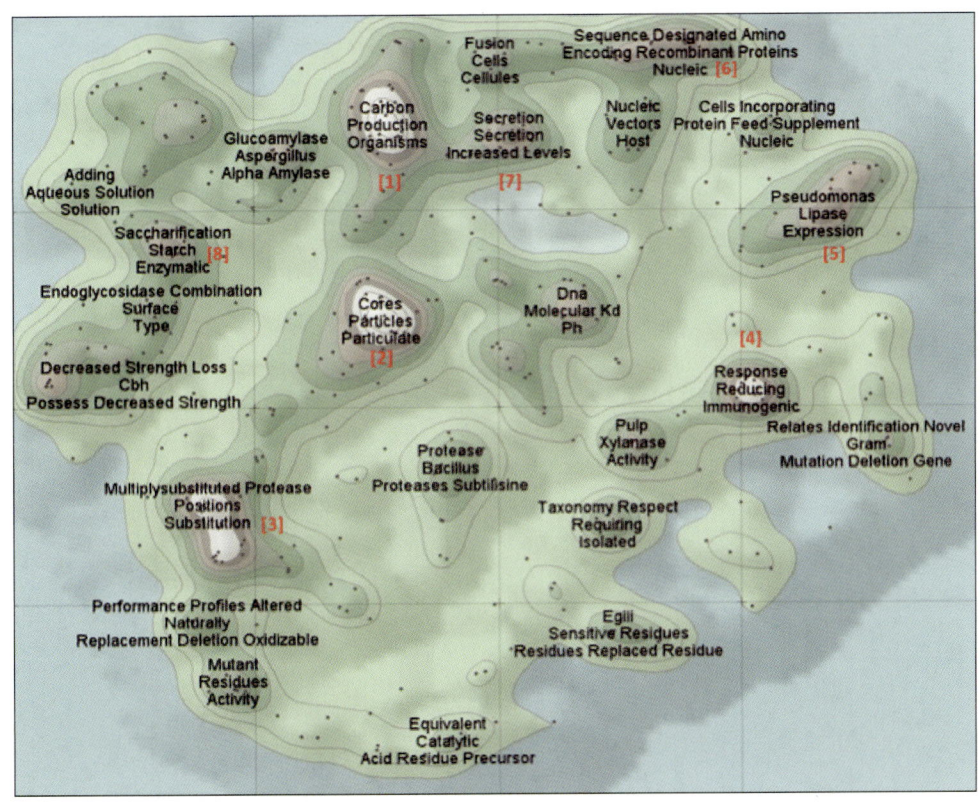

图 4-10　杰能科申请的与酶相关的专利技术主题可视化分布图

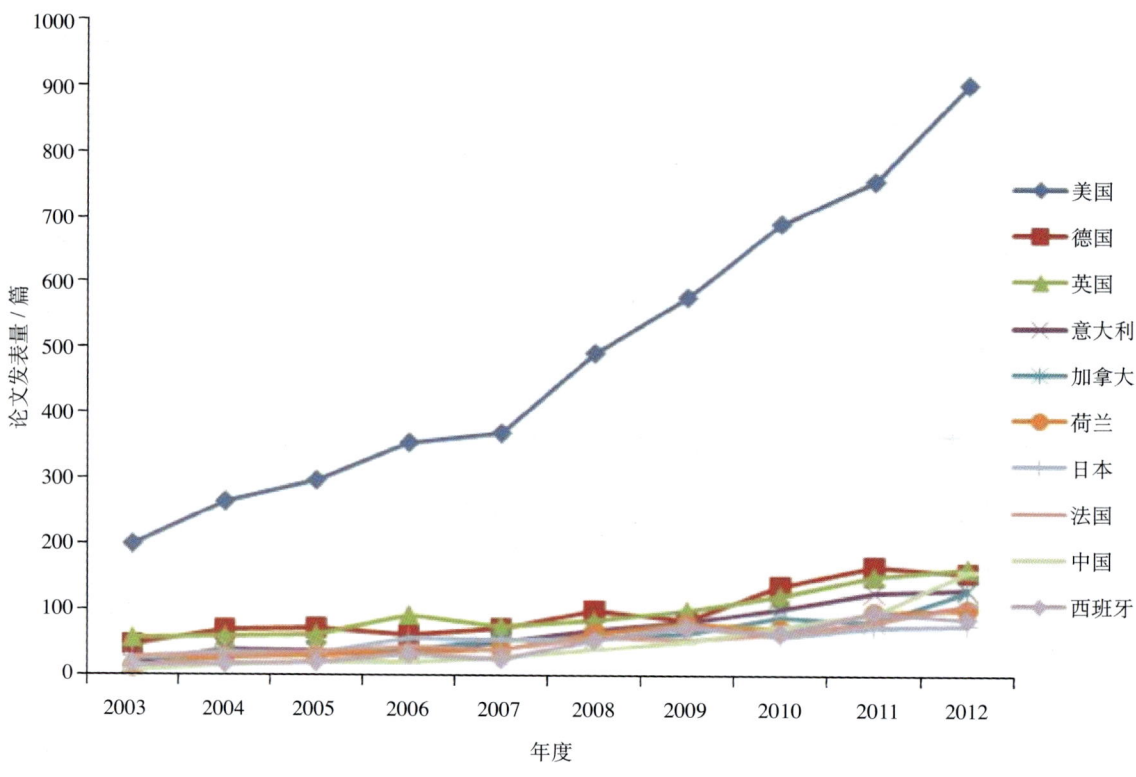

图 5-3　2003~2012 年个性化医疗领域论文发表量前 10 位国家的年度变化

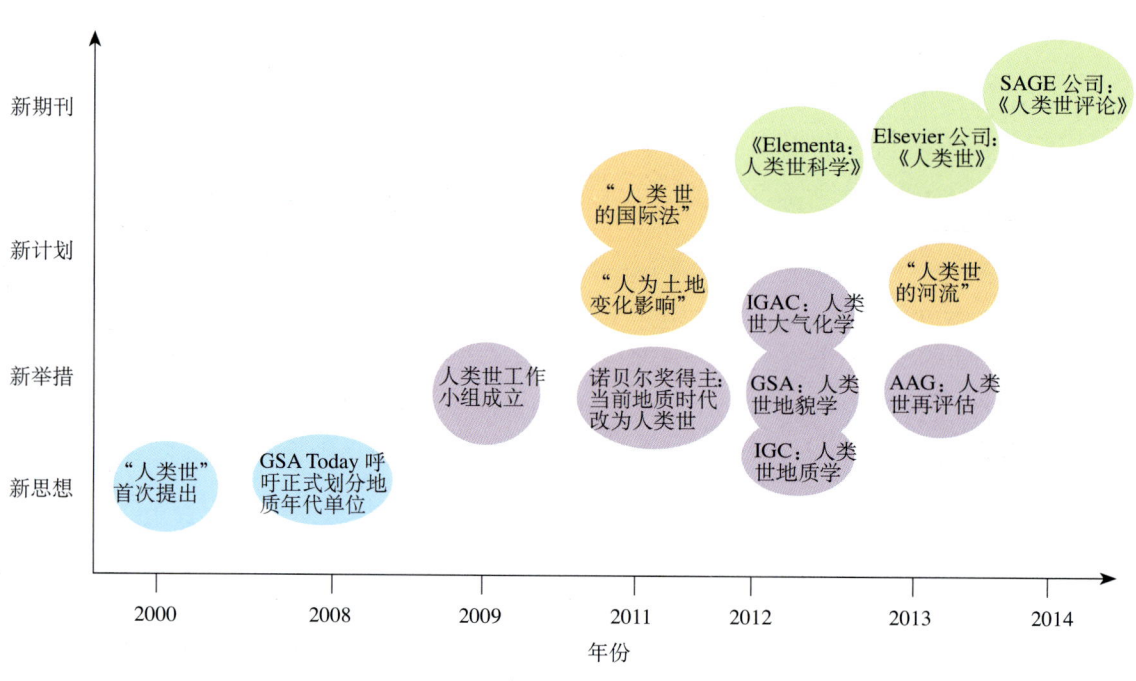

图 7-3　人类世研究发展态势图谱

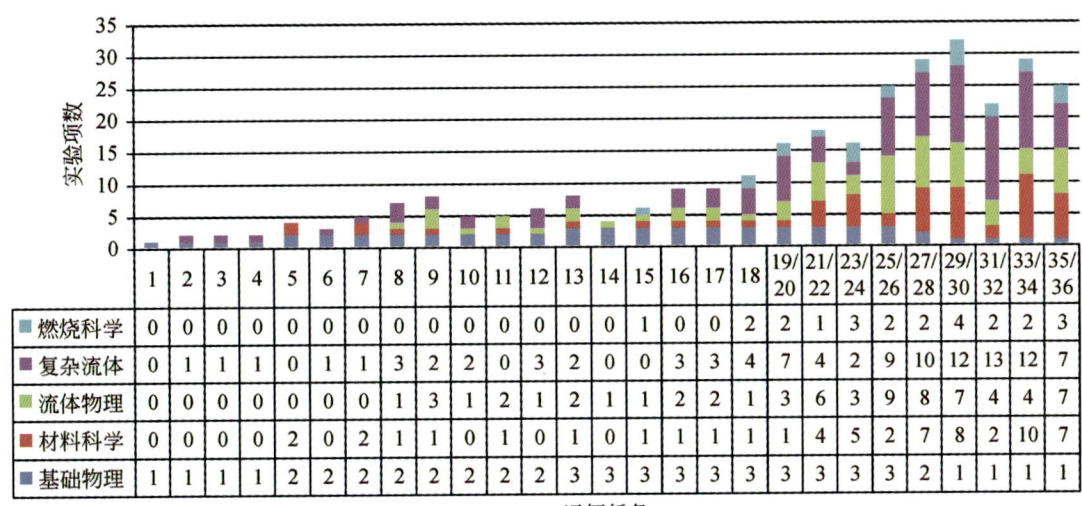

图 8-4 各远征任务开展的物理科学实验情况

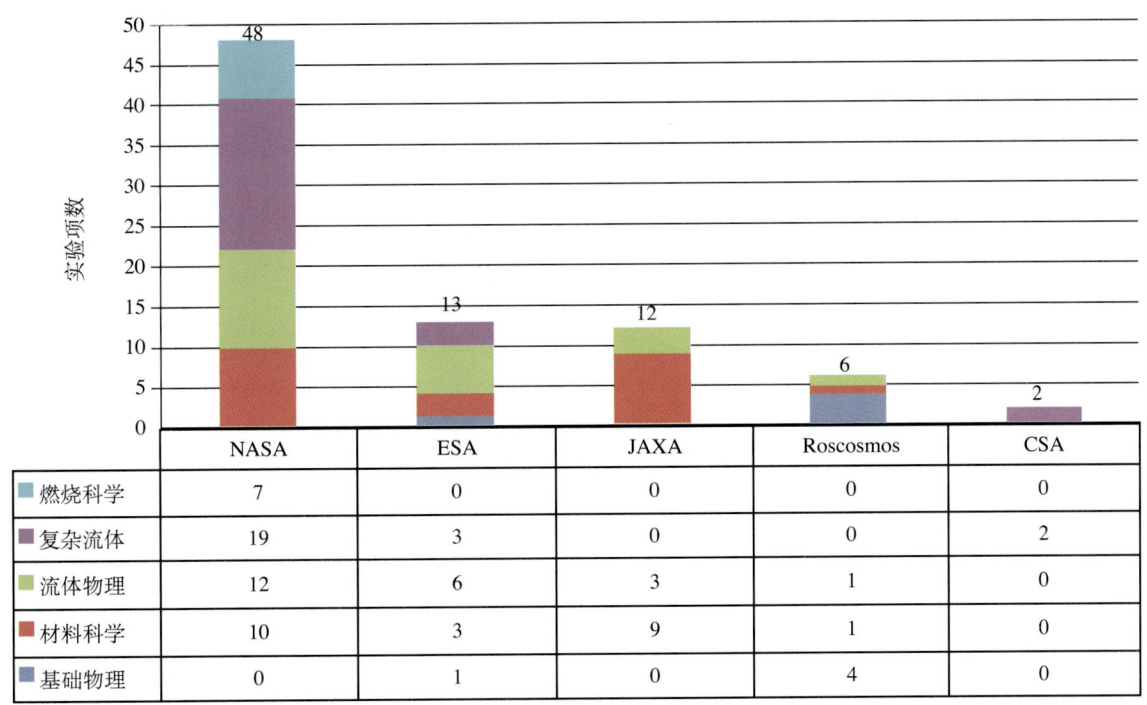

图 8-5 按实验项数统计各航天局资助实验情况

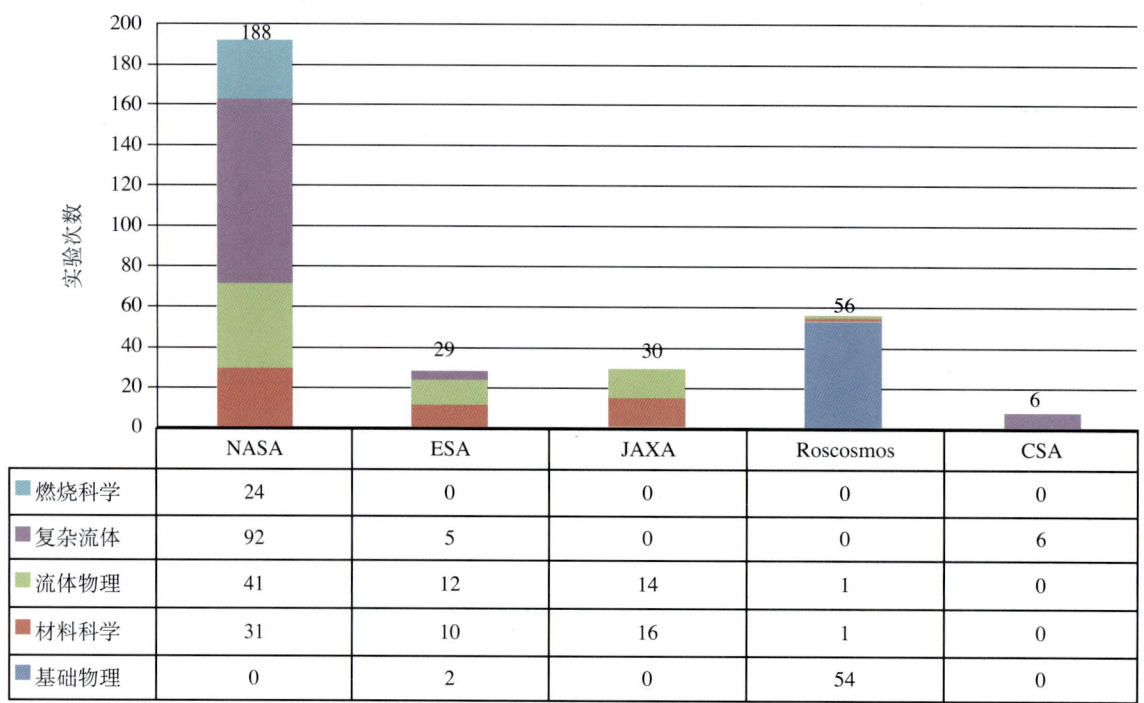

图 8-6 按实验开展次数统计各航天局资助实验情况

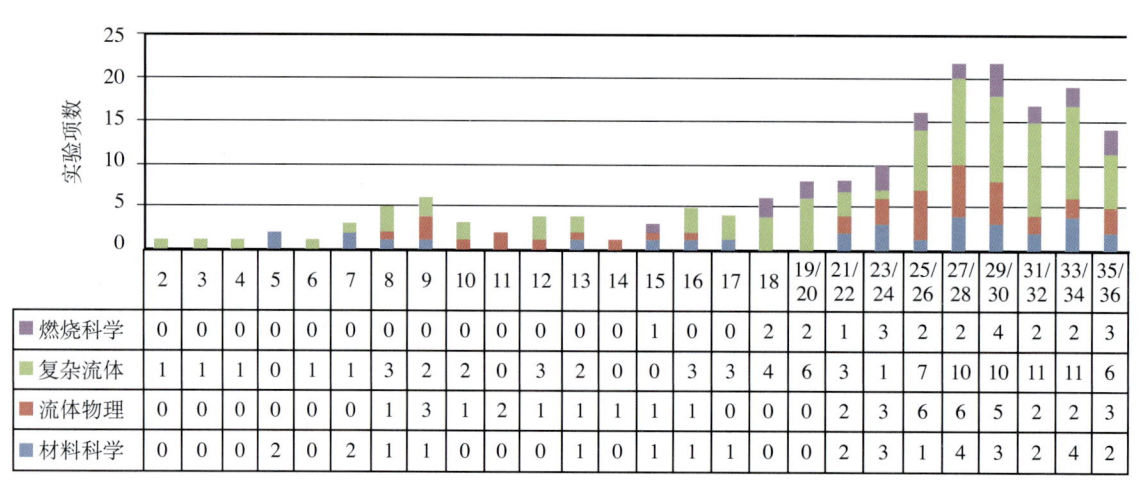

图 8-7 NASA 各远征任务开展的物理科学实验情况

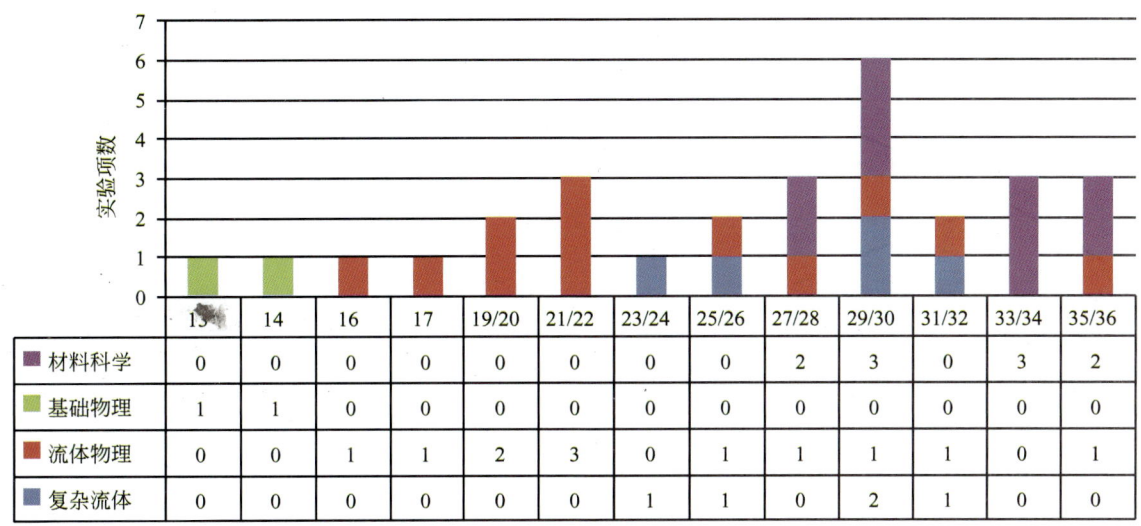

图 8-8　ESA 各远征任务开展的物理科学实验情况

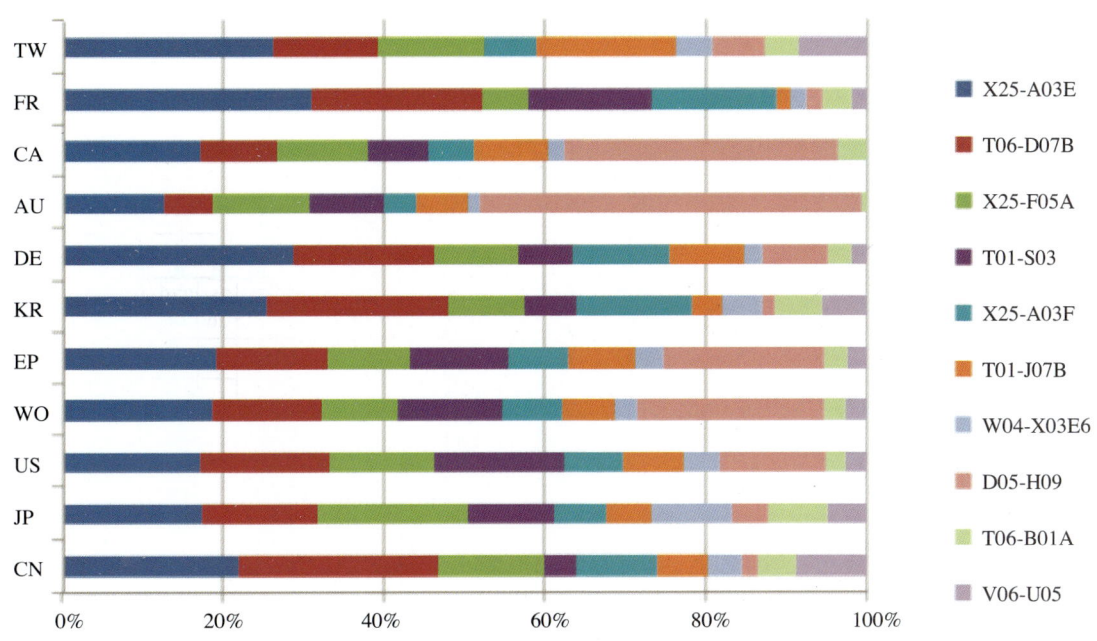

图 10-21　重点国家/地区专利技术领域分布（基于德温特手工代码）

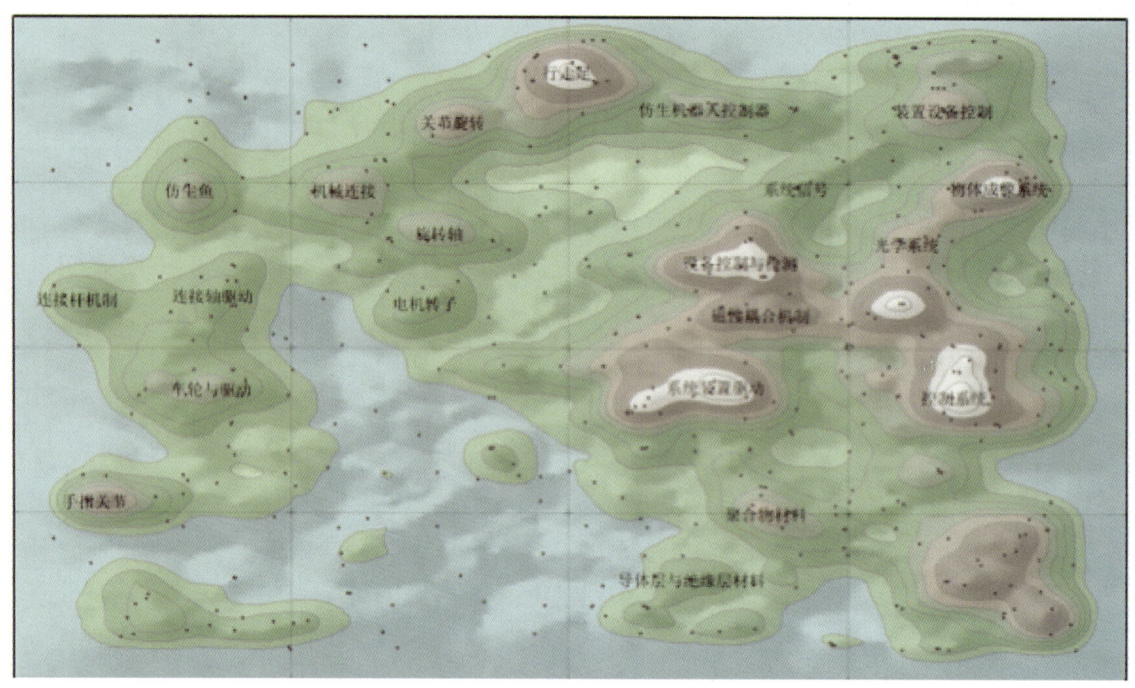

图 10-25 仿生机器人相关专利研发热点分析

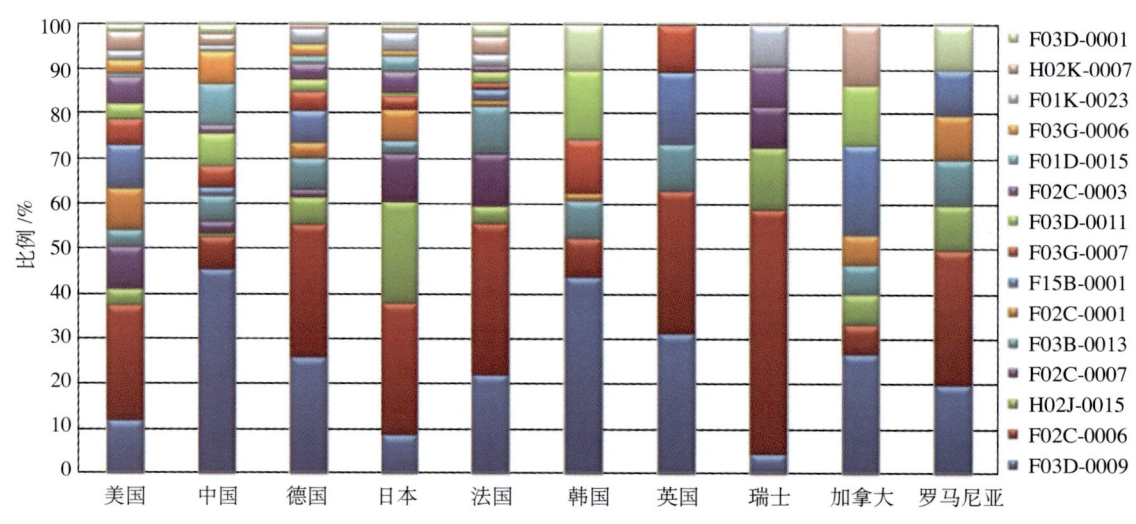

图 11-17 压缩空气储能专利主要申请国家技术布局